Dieter Conrads

Telekommunikation

Dieter Conrads

Telekommunikation

Grundlagen, Verfahren, Netze

5., korrigierte Auflage

Mit 178 Abbildungen

Studium Technik

Bibliografische Information Der Deutschen Bibliothek
Die Deutsche Bibliothek verzeichnet diese Publikation in der Deutschen Nationalbibliografie;
detaillierte bibliografische Daten sind im Internet über <http://dnb.ddb.de> abrufbar.

Bis zur 3. Auflage einschließlich erschien das Buch unter dem Titel *Datenkommunikation*.

1. Auflage 1989
2., überarbeitete und erweiterte Auflage 1993
3., überarbeitete und erweiterte Auflage 1996
4., überarbeitete und erweiterte Auflage November 2001
5., korrigierte Auflage April 2004

Umschlaggestaltung: Ulrike Weigel, www.CorporateDesignGroup.de
Gedruckt auf säurefreiem und chlorfrei gebleichtem Papier.

ISBN-13: 978-3-528-44589-8   e-ISBN-13: 978-3-322-85079-9
DOI: 10.1007/ 978-3-322-85079-9

Vorwort

Die Datenkommunikation hat in den vergangenen Jahren zunehmend an Bedeutung gewonnen, und zwar nicht nur für die Insider in den Rechenzentren und Kommunikationszentralen, sondern auch für viele Mitarbeiter, deren Arbeitsumfeld und Arbeitsinhalte durch die Möglichkeiten der Datenkommunikation verändert werden, und für Entscheidungsträger, die in diesem Bereich Entscheidungen von weitreichender Bedeutung für die Inhalte und Ausgestaltung von Arbeitsplätzen zu treffen haben, sowie für interessierte Laien, die zur Kenntnis nehmen, dass die Auswirkungen der neuen Entwicklungen der Datenkommunikation verstärkt bis in den privaten Bereich hineinreichen.

Das vorliegende Buch ist thematisch breit angelegt, was notwendigerweise eine beschränkte Darstellungstiefe zur Folge hat. Trotz der angestrebten Breite konnten nicht alle Aspekte der Datenkommunikation behandelt werden. So werden zwar Aspekte des 'Managements von Datennetzen' und der 'Sicherheit in Datennetzen' in anderen Zusammenhängen häufig erwähnt, diese Themenstellungen aber nicht in geschlossener Form in eigenständigen Kapiteln behandelt.

Das Buch hat einführenden Charakter. Ziel ist es, ohne in großem Umfang Vorkenntnisse vorauszusetzen, in leicht verständlicher Darstellung einen Überblick über das weite Feld der Datenkommunikation zu geben und einen Einblick in die Zusammenhänge zu vermitteln. Es wird deshalb zugunsten eines – evtl. etwas oberflächlichen – Verständnisses bewusst weitgehend darauf verzichtet, die teilweise nichtelementaren mathematisch/-physikalischen Grundlagen vieler Aspekte der Datenkommunikation darzustellen.

Ein zweites Ziel ist die Einführung in die durchweg englischsprachig geprägte Begriffswelt der Datenkommunikation. Es werden deshalb jeweils die englischen und die deutschen Fachausdrücke gebracht und teilweise wechselnd benutzt. Dadurch soll denjenigen Lesern, die ihr Wissen in speziellen Bereichen vertiefen möchten, der Zugang zur Originalliteratur erleichtert werden.

Gemäß den Zielsetzungen ist das Buch als Einstiegs- und Übersichtswerk für Studenten der einschlägigen Fachrichtungen geeignet. Darüber hinaus sollen solche Personen angesprochen werden, die als Nutzer oder in anderer Weise von den Entwicklungen in der Datenkommunikation Betroffene sich einiges an Hintergrundinformation aneignen möchten.

Vorwort zur 5. Auflage

Anlässlich des Erscheinens der 5. Auflage dieses Buches möchte ich allen danken, die durch Kommentare, Verbesserungsvorschläge, aber auch durch Hinweise auf Fehler durchweg positive Kritik geübt haben.

Während für die 4. Auflage, den längerfristigen Entwicklungen Rechnung tragend, wesentliche Anpassungen vorgenommen wurden, insbesondere
- das Kapitel 3 'Lokale Datenkommunikation' aufgrund der allgemeinen Hinwendung zu Ethernet und dem damit einhergehenden Bedeutungsverlust anderer LAN-Techniken gestrafft wurde,
- in Kapitel 4 'Weitverkehrsnetze' die Beschreibung der neuen IP-Version, IPv6, aktualisiert und ausgeweitet wurde
- und ein neues Kapitel 6 'Mobilfunksysteme' eingefügt wurde,

beschränken sich die Veränderungen für die 5. Auflage auf Korrekturen und Aktualisierungen, die weder den Charakter noch den Umfang des Buches ändern.

Danken möchte ich an dieser Stelle den Herren Dr. Mertens und Dr. Eickermann vom Zentralinstitut für Angewandte Mathematik des Forschungszentrums Jülich für die fortwährende Förderung dieses Projektes, dem Vieweg-Verlag für die gute Zusammenarbeit und meiner Frau für unermüdliches Korrekturlesen.

Jülich, im März 2004 Dieter Conrads

Inhaltsverzeichnis

1 Entwicklung - Perspektiven

Die Telekommunikation, die Kommunikation über größere Entfernungen, ist ein sehr altes Anliegen der Menschheit. Die frühen 'Telekommunikationssysteme' basierten auf natürlichen optischen und akustischen Hilfsmitteln (Feuerzeichen, Rauchzeichen, Signalflaggen, Signaltrommeln, Signalhörner usw.) und waren sowohl in ihrer Reichweite wie in der Signalvielfalt und der pro Zeiteinheit übermittelbaren Informationsmenge sehr beschränkt.

Der Grundstein zur modernen Telekommunikation wurde 1833 durch die Erfindung des Telegraphen (Gauss, Weber) gelegt. Der massive Ausbau der Telegraphie in der zweiten Hälfte des vorigen Jahrhunderts zeigt, dass ein großer Bedarf an solchen Möglichkeiten der Telekommunikation bestand. Dieses Kommunikationssystem war den Benutzern nicht direkt zugänglich; sowohl wegen der Leitungsführung wie auch wegen der speziellen Kenntnisse bei der Bedienung erfolgte der Zugriff in Telegraphenstationen. Die charakteristischen Berufe waren der Telegraphist für die Bedienung der Apparatur und der Telegrammbote für die Verbindung zum Endbenutzer.

Mit der Entwicklung des Telefons in den sechziger und siebziger Jahren des 19. Jahrhunderts beginnt die Geschichte der Massenkommunikation, nämlich der Kommunikation von Teilnehmer zu Teilnehmer auch im privaten Bereich. Das fand allerdings nicht sofort statt und wurde anfangs auch nicht vorhergesehen, weil zu dieser Zeit kaum jemand gewagt hätte, die totale Verkabelung bis in den privaten Bereich hinein vorherzusagen, die ja die notwendige Voraussetzung dafür ist. Tatsächlich ist die Verbreitung des Telefons in zwei Schüben erfolgt; in der ersten Phase wurde die Geschäftswelt erfasst und in der zweiten, nachfolgenden Phase die privaten Teilnehmer. In Deutschland begann der massive Ausbau im privaten Bereich erst in der zweiten Hälfte der sechziger Jahre des 20. Jahrhunderts. Mit einer Anschlussdichte von 40-50%, bezogen auf die Einwohnerzahlen, besitzen in den Industrieländern heute die meisten Haushalte einen Fernsprechanschluss, so dass eine Sättigung erreicht ist. Da in den Entwicklungsländern die Anschlussdichte noch sehr gering ist, wird weltweit die Zahl der Teilnehmer weiter steigen. Die Nutzung wird insgesamt, also auch in den Industriestaaten, weiter zunehmen.

Telex (Diensteinführung in Deutschland 1933) ist das erste Textkommunikationssystem, das eine direkte Verbindung zwischen den Dienstteilnehmern (in diesem Falle i. Allg. keine Privatpersonen) ermöglicht.

Insgesamt hat die Entwicklung der Telekommunikation bis in die Mitte der siebziger Jahre des vorigen Jahrhunderts eine stetige, aber eher ruhige Entwicklung genommen. Erwähnt werden sollte noch, dass zu diesem Zeitpunkt auch die Verteilkommunikation (Rundfunk, Fernsehen) bereits weit verbreitet war, jedoch vollständig auf terrestrischen Funkübertragungen basierend; es gab (in Deutschland) weder Kabelfernsehnetze noch eine auf die Teilnehmer ausgerichtete Satellitentechnik. Es gab auch bereits erste private Datennetze, die i. Allg. über fest geschaltete Leitungen auf der Basis früher Versionen herstellerspezifischer Netzarchitekturen betrieben wurden. Meist wurde aber – wenn überhaupt – nicht im Rahmen allgemeiner Netze kommuniziert, sondern es wurden auf der Basis privater Absprachen im Einzelfall für spezielle und beschränkte Anwendungen Punkt-zu-Punkt-Verbindungen aufgebaut.

Vor etwa zwanzig Jahren setzte dann eine rasante Entwicklung im gesamten Kommunikationsbereich ein. Die Erläuterung der technischen Grundlagen sowie der neuen Dienste und Funktionen sind Gegenstand der nachfolgenden Kapitel.

Wenn man nach der Ursache fragt, warum der Kommunikationsbereich, der zuvor jahrzehntelang in den technischen Konzepten wie im Diensteangebot relativ stabil war, plötzlich eine solche Dynamik entwickelt hat, dann gibt es eine klare Antwort: das Aufkommen der Digitaltechnik. Die vergangenen zwanzig Jahre sind gekennzeichnet durch die fortschreitende Digitalisierung aller Kommunikationsbelange:

- die **Digitalisierung der Informationsdarstellung**,

- die **Digitalisierung der Übertragungstechnik** und

- die **Digitalisierung der Vermittlungstechnik**.

Neue Konzepte und neue Technologien können sich aber nur dann gegen bereits etablierte Lösungen (und im Kommunikationsbereich gab es bereits eine voll ausgebaute und hochentwickelte Analogtechnik) durchsetzen, wenn sie gravierende Vorteile aufweisen; geringfügige Vorteile reichen nicht aus, um einen Verdrängungsprozess in Gang zu setzen. Die Vorteile der Digitaltechnik gegenüber der Analogtechnik sind:

- Generell geringere Störanfälligkeit

- Größere Sicherheit gegen unbefugten Zugriff

- Niedrigere Kosten

- Neue Leistungsmerkmale.

Bezüglich der geringeren Störanfälligkeit sei an dieser Stelle nur auf einen bzgl. dieses Merkmals eher am Rande liegenden aber grundsätzlichen Unterschied zur Analogtechnik hingewiesen: Wegen der endlichen (und i. Allg. sehr kleinen) Zahl diskreter Signalzustände können digitale Signale verlustfrei (d.h. identisch dem Originalzustand) und damit auch beliebig oft regeneriert werden. Sie können deshalb auch beliebig oft gespeichert und wieder ausgelesen werden.

Es ist vielleicht weniger bekannt, dass Informationen in digitaler Form besser gegen unbefugten Zugriff geschützt werden können. Tatsächlich kann die Digitalisierung geradezu als Voraussetzung für eine wirksame Verschlüsselung angesehen werden. Es ist bezeichnend, dass im militärischen Bereich aus diesem Grunde lange bevor die Digitaltechnik reif für eine allgemeine Einführung war (nämlich im zweiten Weltkrieg) bereits mit digitalen Signaldarstellungen (auch Sprache) experimentiert wurde.

Die Preisvorteile liegen in der möglichen hohen Integrationsdichte, die zu kleinen und bei großen Stückzahlen billig herzustellenden Einheiten hoher Funktionalität führt, d.h. logisch komplexe Funktionen können in Digitaltechnik weitaus billiger als in Analogtechnik realisiert werden. Es sind aber nicht nur die direkten Auswirkungen (geringe Material- und Herstellungskosten), sondern auch die indirekten Auswirkungen wie kleine Abmessungen, geringes Gewicht und niedriger Stromverbrauch, sowie geringer Wartungsbedarf kostensenkend wirksam. So machen z.B. bei digitalen Vermittlungseinrichtungen Raumbedarf, Gewicht und Stromverbrauch nur einen Bruchteil entsprechender analoger Einrichtungen aus, was zu enormen Einsparungen bei Gebäuden und der Versorgungsinfrastruktur führt.

Die bisher aufgezählten Vorteile liefern Argumente, und zwar hinreichende Argumente, für eine sogenannte Prozessinnovation. Darunter versteht man eine Erneuerung der Systemtechnik durch eine leistungsfähigere und/oder preiswertere unter Beibehaltung der vorhandenen Konzepte und Dienste. Eine solche Prozessinnovation ist beispielsweise die inzwischen abgeschlossene Digitalisierung des Fernsprechnetzes. Eine Prozessinnovation ist benutzerseitig evtl. durch eine verbesserte Dienstgüte (etwa verbesserte Verständlichkeit beim Fernsprechen) und niedrigere Kosten oder Gebühren bemerkbar; da nach außen sichtbar nichts Wesentliches geschieht, erregt sie i. Allg. keine größere Aufmerksamkeit.

Wenn die Telekommunikation einen so rasanten Aufschwung genommen hat und in eine allgemeine Diskussion geraten ist, so ist dies nicht wegen der bisher erwähnten Vorteile der Digitaltechnik geschehen, sondern wegen der möglichen neuen Leistungsmerkmale und den daraus resultierenden neuen Kommunikationskonzepten und -diensten.

Ausgangspunkt für die neuen Leistungsmerkmale ist die Digitalisierung der Informationen. **Alle Arten von Information**, nämlich numerische Werte, Texte, Sprache, Musik und Bilder, **werden in einheitlicher Weise als Bitketten dargestellt.**

Operationen, die auf binäre Informationen angewendet werden können, sind z.B. Rechnen, Vermitteln, Senden, Empfangen, Speichern, Suchen und Darstellen.

Für einige dieser Operationen (z.B. Vermitteln, Senden, Empfangen, Speichern und Suchen) ist es unerheblich, welche Art von Information die Bitketten repräsentieren. Ein bestimmter Kommunikationsdienst (und darauf abgestimmte dienstspezifische Endgeräte) sind darauf angewiesen, dass die Bitketten in vorgeschriebener Weise binär verschlüsselte Informationen einer bestimmten Art enthalten; beim Fernsprechdienst beispielsweise PCM-codierte Sprachsignale; die Ausgabe binärer Textdaten über ein Sprachendgerät (und umgekehrt) würde keine verständlichen Ergebnisse liefern. Für den Transport der Bitketten und manche Aspekte des Speicherns und Suchens dagegen ist die Kenntnis der Bedeutung dieser Bitketten nicht erforderlich.

Was sich hier abzeichnet, ist die Diensteintegration auf der Netzebene: Die logische Konsequenz der Digitalisierung ist das oder besser ein ISDN-Konzept, d.h. ein Konzept für ein Netz, das binär verschlüsselte Daten unterschiedlicher Bedeutung für verschiedene Zwecke (Dienste) transportieren kann. Ein solches Netz ist bezüglich der darüber abzuwickelnden Dienste offen: beliebige, auch später neu zu definierende Dienste, können darüber abgewickelt werden, solange bestimmte Randbedingungen (beispielsweise eine erforderliche Mindestdatenrate) erfüllt sind.

Es kommt ein Weiteres hinzu: Digitale Informationen sind direkt einer Verarbeitung durch Computer zugänglich. Dadurch wird die Kommunikation zu einem computergesteuerten Vorgang. Die durch die Digitalisierung erfolgte Verschmelzung von Datenverarbeitung und klassischer Kommunikation eröffnet wesentliche neue Kommunikationsmöglichkeiten. Moderne Kommunikationseinrichtungen sind heute programmgesteuerte Datenverarbeitungsanlagen mit speziellen, evtl. vergleichsweise aufwändigen Ein-/Ausgabeeinrichtungen. Der Einzug der Datenverarbeitung in die Kommunikationstechnik hat neben erhöhter Leistungsfähigkeit und Funktionalität aber weitere Folgen von grundsätzlicher Bedeutung:

1. Die hohe Innovationsrate in der Computertechnik wird auch bei kommunikationstechnischen Einrichtungen wirksam. Unter dem Aspekt, dass dadurch die Leistungsfähigkeit und Zuverlässigkeit verbessert und die Kosten gesenkt werden können, ist etwas

mehr Dynamik in diesem Bereich durchaus begrüßenswert. Es besteht aber die Gefahr, dass mit der Computertechnik auch die für den Computerbereich typische Hektik und Tendenz zu unkoordinierten Entwicklungen abfärbt, was für den Kommunikationsbereich noch fatalere Folgen hätte als in der Datenverarbeitung.

In jedem Falle wird die technische Lebensdauer von Kommunikationseinrichtungen deutlich abnehmen; betrug die Lebensdauer früher über zwanzig Jahre, so spricht man heute bereits von 5 bis 7 Jahren. Die Systemtechnik ist damit nicht länger selbst ein langfristig stabiles Element. Da ein Kommunikationssystem in seiner Gesamtheit (schon wegen der erforderlichen Kabelinfrastruktur) langfristig angelegt ist, muss der Betrieb durch Standards für Schnittstellen und Funktionen über mehrere Generationen der Systemtechnik sichergestellt werden. Je kurzlebiger die Kommunikationsprodukte sind, desto wichtiger ist die Verfügbarkeit und strikte Einhaltung langfristig stabiler Standards, um eine problemlose Kommunikation dauerhaft sicherzustellen.

2. Aus der Tatsache, dass die Nutzdaten ebenso wie die Daten über Kommunikationsbeziehungen computergerecht vorliegen und die Kommunikationseinrichtungen programmierbare Datenverarbeitungsanlagen enthalten, die (im Prinzip) solche Daten beliebig erfassen, speichern, auswerten und kombinieren können, ergibt sich – im Falle eines Missbrauchs – für die Teilnehmer die Gefahr einer weitgehenden, unzulässigen Überwachung. Die Diensteintegration auf der Netzebene würde in einem solchen Fall sowohl eine selektive (d.h. dienstspezifische) Überwachung, wie auch eine Überwachung aller Kommunikationsvorgänge ermöglichen.

Die Risiken, die mit digitalen, computergesteuerten Universalnetzen verbunden sein können, befinden sich zumindest in Deutschland, wo die Sensibilität für solche Fragestellungen vergleichsweise hoch ist, in der Diskussion. Bisher sind aber weder die damit verbundenen Gefährdungen und Folgewirkungen, und schon gar nicht die zur Bekämpfung erforderlichen technischen und rechtlichen Maßnahmen klar, so dass in den Auseinandersetzungen oftmals unterschiedliche Grundhaltungen zum Ausdruck kommen. Die neuen Kommunikationsnetze und die darüber realisierbaren Dienste sind sehr wirksame technische Hilfsmittel für die Bewältigung vielfältiger Kommunikationsprobleme. Wie bei allen wirksamen technischen Einrichtungen können leichtfertiger Umgang und missbräuchliche Nutzung negative Folgen haben. Es muss das Ziel sein, die neuen Techniken so zu gestalten und einzusetzen, dass der Nutzen vorhanden ist, die verbleibenden Risiken aber ein allgemein akzeptiertes Maß nicht überschreiten.

In der bisherigen Diskussion standen technische Gegebenheiten im Vordergrund. Obwohl diese einen prägenden Einfluss auf das Geschehen haben, soll im Folgenden eine weniger technisch motivierte Diskussion der Entwicklungen und Perspektiven folgen.

Ziel der Bestrebungen ist eine offene Kommunikation, d.h. eine Kommunikation, bei der die Teilnehmer (Menschen oder kommunikationsfähige Geräte, wie z.B. Rechner) ungehindert weltweit mit verschiedenen Zielsetzungen Informationen austauschen können. Die Entwicklung dahin vollzieht sich in drei Schritten:

1. Lösung des technischen Verbindungsproblems (Signalverbindung)

2. Lösung des Kommunikationsproblems

3. Beherrschung der (technisch) unbeschränkten Kommunikation.

Damit kommuniziert werden kann, ist es notwendig, dass signaltechnisch einwandfreie Verbindungen zwischen kommunikationswilligen Partnern hergestellt werden können. Kommunikationsnetze und -dienste beginnen fast immer als Inseln, und es ist nicht trivial, solche oft unter unterschiedlichen Randbedingungen geschaffenen Inseln zu einem funktionierenden Verbund zusammenzufügen. Es ist z.B. nicht selbstverständlich, und es war auch nicht immer so, dass man weltweit telefonieren oder telexen oder Daten austauschen kann.

Für eine Kommunikationsbeziehung, nämlich den wechselseitigen, meinungsvollen Informationsaustausch, ist die Existenz einer Signalverbindung zwar notwendig, aber nicht hinreichend. Eine Signalverbindung löst das Kommunikationsproblem nur im Sonderfall kompatibler (kommunikationsfähiger) Systeme. Ein Beispiel macht das klar: Die Existenz einer Fernsprechverbindung zwischen Japan und Deutschland garantiert nur die wechselseitig korrekte Übermittlung der gesprochenen Worte, nicht aber einen beidseitig verständlichen Informationsaustausch; dieser ist nur möglich, wenn beide Partner die gleiche Sprache sprechen (also kompatibel sind).

Die Probleme der Signalverbindung können weitgehend als gelöst angesehen werden; man könnte sie als Probleme der siebziger Jahre charakterisieren.

Ein sinngerechter Informationsaustausch (Kommunikation) setzt neben der korrekten Übermittlung auch einen Konsens bezüglich der Struktur und Interpretation der Signale voraus (der bei kompatiblen Systemen gegeben ist). Zwischen inkompatiblen Systemen wird eine offene Kommunikation nur durch die Verwendung von Standards möglich sein. Die Chancen dafür, dass eine wirklich offene Kommunikation auf der Basis allgemein anerkannter internationaler Standards erreicht werden kann, waren noch nie so gut wie heute: Zum einen existieren inzwischen zu allen wichtigen Kommunikationsaspekten internationale Standards, zum anderen ist die Bereitschaft der Hersteller groß, diese Standards in Produkte umzusetzen, ebenso wie die Bereitschaft der Anwender, die Einhaltung der Standards von den Herstellern zu fordern.

Das Kommunikationsproblem kann als Problem der achtziger Jahre bezeichnet werden.

Seit eine offene Kommunikation (z.B. im Internet) möglich ist, wird mit aller Deutlichkeit sichtbar, dass es notwendig ist, das, was technisch an Kommunikationsmöglichkeiten möglich und absehbar ist, auf das politisch und gesellschaftlich wünschenswerte und rechtlich zulässige Maß zu beschränken. Dies beinhaltet die Einordnung neuer Kommunikationsmittel und -dienste in bestehende Rechtsordnungen bzw. die Schaffung neuer Rechtsnormen (wie z.B. das Datenschutzgesetz), aber auch die Erarbeitung praktikabler Durchführungsbestimmungen. Darüber hinaus können Anwendungsmöglichkeiten (und deren Folgen) rechtlich unbedenklich und dennoch wegen möglicher politischer, arbeitsmarktpolitischer oder auch gesellschaftspolitischer und sozialer Auswirkungen unerwünscht sein.

Dies ist eine permanente Herausforderung, die im Besonderen im Hinblick auf das Internet und die darauf basierenden Möglichkeiten große und im Grunde übernationale Anstrengungen erfordert.

Die bereits angesprochene dynamische Entwicklung im Kommunikationsbereich, die qualitative und quantitative Ausweitung des Diensteangebots, wäre ohne eine entsprechende Nachfrageentwicklung nicht denkbar. Die heutigen Unternehmensstrukturen, die wirtschaftlichen und politischen Verflechtungen, aber auch die Projekte und Kooperationen im Forschungsbereich sind so komplex und vielfältig, dass deren Beherrschung ohne eine leistungsfähige Kommunikation und das Zusammenwachsen von Datenverarbeitung und Kommunikation nicht möglich wäre. Kein Verantwortlicher in Politik, Wirtschaft oder Forschung kann sich in seinem Bereich auf Strukturen einlassen, zu deren Beherrschung die notwendigen Hilfsmittel nicht vorhanden sind. Insofern kann die Komplexität in der Organisation nur in dem Maße fortschreiten, wie durch Datenverarbeitung und Kommunikation Lösungen bereitgestellt werden. Es gibt hier also eine Wechselbeziehung: Einerseits erlauben erst die Fortschritte in der Kommunikation und Datenverarbeitung das Fortschreiten zu offenbar im Zeittrend liegenden komplexeren Organisationsstrukturen, andererseits wird durch die zunehmende Komplexität verstärkt Nachfrage nach neuen Kommunikationsdienstleistungen erzeugt, was die weitere Entwicklung im Kommunikationsbereich stimuliert. Es ist abzusehen, dass im geschäftlichen Bereich die Nachfrage nach Kommunikationsdienstleistungen qualitativ und quantitativ weiter steigen wird.

Weitaus schwerer fällt eine Prognose für den privaten Bereich. Dort, wo eine Kosten-/Nutzenanalyse im eigentlichen Sinne kaum möglich ist, sind für die Akzeptanz neuer Dienste neben der Attraktivität niedrige Kosten von ausschlaggebender Bedeutung.

Mit den Kosten wird ein weiterer entscheidender Punkt angesprochen. In den Unternehmen (auch in den öffentlichen Verwaltungen und Hochschulen) setzt sich allmählich die Erkenntnis durch, dass Information ein wertvolles Gut ist und deshalb die Kommunikation (als Maßnahme für ihre Beschaffung, Bereitstellung und Verteilung) nicht nur ihren Preis hat, sondern auch haben darf. Bezogen auf eine Einheit, sind die Kommunikationskosten seit Jahren rückläufig; nichtsdestoweniger steigen die Aufwendungen für Kommunikation in den Unternehmen z.T. kräftig, weil das Diensteangebot gestiegen ist und vermehrt genutzt wird, ja, aufgrund der vorher beschriebenen organisatorischen Vorgaben genutzt werden muss (wenn etwa ein Bundesland einen Höchstleistungsrechner beschafft, der von allen Hochschulen des Landes gemeinsam genutzt werden soll).

Wenn auch die Kommunikationskosten pro Einheit gefallen sind, so sind die Kosten für elektronische Bausteine (Speicher, Logik) im gleichen Zeitraum noch weitaus stärker gefallen, d.h. das Versenden von Daten ist im Vergleich zum Verarbeiten oder Speichern permanent teurer geworden. Eine Konsequenz daraus ist, dass in Weitverkehrsnetzen die optimale Nutzung der Verbindungswege nach wie vor im Vordergrund steht, auch wenn dafür eine vergleichsweise hohe Verarbeitungs- und Speicherkapazität in den Netzknoten bereitgestellt werden muss. Die bisherigen Kostenrelationen könnten allerdings durch den Einsatz von Glasfasern verändert werden. Die Übertragungskapazität der Glasfaser ist so hoch, dass, bezogen auf die Einheit, Kostenreduktionen um 2-3 Größenordnungen möglich sind. Die Aufhebung der Monopole im Kommunikationsbereich als ordnungspolitische Maßnahme erhöht den Druck auf die Betreiber, aufgrund der technologischen Entwicklungen mögliche Kostensenkungen an die Teilnehmer weiterzugeben.

Zusammenfassend ergeben sich über die unmittelbare Zukunft hinausgehend folgende Perspektiven:

Im Infrastrukturbereich ist die Glasfaser sowohl im Lokal- wie im Fernbereich auf dem Vormarsch; durch sie werden die möglichen Übertragungsgeschwindigkeiten und Transportkapazitäten so drastisch steigen und die Kosten im Fernbereich so drastisch fallen, dass eine qualitativ neue Situation mit wesentlich veränderten Randbedingungen entsteht. Bei den Netzen geht die Entwicklung zu universell nutzbaren, diensteintegrierenden Netzen hoher Leistung auf der Basis von Glasfasern. Über einen Zugriffspunkt zu einem solchen Netz (Kommunikationssteckdose) sind potentiell alle Kommunikationsdienste zugreifbar, die über das Netz abgewickelt werden. Gleichzeitig wird der einzelne Netzteilnehmer je nach Bedarf unterschiedliche Netz- und Kommunikationsdienste in Anspruch nehmen wollen. Dies macht – aus Platz- wie aus Kostengründen – die Entwicklung universeller (multifunktionaler) Endgeräte erforderlich. Aus heutiger Sicht ist dies ein multimedia-fähiger PC.

Seit einigen Jahren finden drahtlose Netze und mit diesen mobile Endgeräte eine geradezu explosionsartige Verbreitung. Bisher war die Nutzung fast vollständig auf Sprachkommunikation beschränkt. Nachdem sich in diesem Bereich Sättigungserscheinungen bemerkbar machen, rücken nun (Stichwort: *Mobile Computing*) Datendienste – insbesondere Internet-Dienste – und datenfähige Endgeräte in den Mittelpunkt des Interesses.

Funknetze gewähren aktive und passive Kommunikationsfähigkeit zu jeder Zeit und an jedem Ort. Der sich vollziehende Paradigmenwechsel besteht darin, dass – anders als in leitungsgebundenen Netzen, wo die Netzadresse (Teilnehmernummer) letztlich den Ort des Anschlusspunktes identifiziert (und nicht den Teilnehmer) – in Funknetzen ein mobiles Endgerät, bzw. dessen Identifikation, üblicherweise einem Teilnehmer persönlich zugeordnet ist. In Zukunft wird deshalb in Funknetzen tendenziell jede Person und nicht wie im Festnetz jede Wohnung mit einem Endgerät ausgestattet sein. Da die Zahl der Einwohner die Zahl der Wohnungen übersteigt, wird in absehbarer Zeit auch die Zahl der mobilen Endgeräte (Netzteilnehmer) die der Festnetzendgeräte übersteigen. In einer Reihe von Industriestaaten mit gut ausgebauten Funknetzen – auch in Deutschland – ist dies bereits der Fall.
Es ist aber nicht abzusehen, dass die Leistungsfähigkeit drahtloser Netze an die leitungsgebundener Netze heranreichen könnte. Aus diesem Grunde werden Funknetze, selbst wenn die Nutzungsgebühren auf ein vergleichbares Niveau fallen würden, die leitungsgebundenen Netze nicht ersetzen. Es wird in Zukunft also darauf ankommen, Funknetze und die darüber angebotenen Dienste auf intelligente Art und Weise mit den Festnetzen und deren Diensten zu verknüpfen.

2 Grundsätzliche Aspekte

2.1 Topologien

Die Struktur von Verbindungen zwischen den Stationen eines Kommunikationsnetzes bezeichnet man als Netzwerktopologie.

Es ist offensichtlich, dass eine Menge von Stationen auf sehr unterschiedliche Arten systematisch miteinander verbunden werden kann. Die sich ergebenden Topologien unterscheiden sich im erforderlichen Realisierungsaufwand beträchtlich; sie haben auch prägende Eigenschaften für die darauf basierenden Kommunikationsnetze. Es besteht ein Zusammenhang zwischen dem Realisierungsaufwand (Zahl der erforderlichen Verbindungen) und der Effizienz der Kommunikation, wenn man als ein Maß dafür die Zahl der Zwischenknoten ansieht, über die eine Verbindung zwischen zwei vorgegebenen kommunikationswilligen Stationen führt. Ein anderer wichtiger Gesichtspunkt ist die Geographie: Im Allgemeinen befinden sich die durch ein Netz zu verbindenden Stationen an vorgegebenen geographischen Positionen. Zwar kann jede Topologie auf jede reale Anordnung abgebildet werden, wobei die Zahl der erforderlichen Verbindungsstrecken nur von der Topologie und nicht von der geographischen Anordnung der Stationen abhängt, aber die Längen der Verbindungsstrecken können bei Verwendung einer schlecht mit einer konkreten Anordnung zur Deckung zu bringenden Topologie stark anwachsen, was sich in der Praxis behindernd und kostentreibend auswirkt.

Gängige Topologien sind: Vollständiger Graph, Ring, Stern, Baum, Bus, vermaschtes Netz, reguläre Strukturen.

In der Praxis sind größere Netze fast immer aus kleineren Einheiten, die sich aufgrund geographischer oder/und organisatorischer Randbedingungen ergeben, zusammengesetzt. Überdies verbessern Substrukturen die Überschaubarkeit und damit die Beherrschbarkeit des Gesamtsystems. Aus diesem Grund ist häufig auch eine hierarchische Anordnung der Teilnetze anzutreffen, z.B. ein Ring oder Bus als Sammelschiene für nachgeordnete Netzelemente, die nicht notwendig die gleiche Topologie haben müssen. Während aber Verzweigungsbäume und vermaschte Netze topologieerhaltend zusammengefügt werden können (d.h. ein aus mehreren Teilnetzen mit Baumstruktur zusammengesetztes Netz hat ebenfalls Baumstruktur), gilt dies für die anderen Topologien nicht, so dass das Gesamtnetz nicht immer die topologiebedingten Eigenschaften der Teilnetze aufweist.

2.1.1 Vollständiger Graph

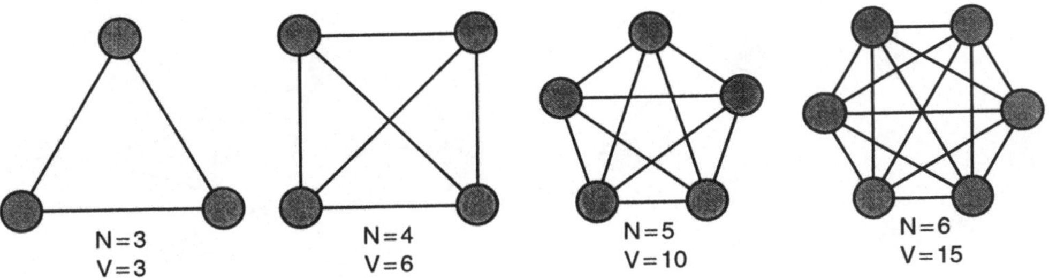

Abb. 2-1. Vollständiger Graph

Die einfachste und vielleicht auch naheliegendste Struktur ergibt sich durch eine paarweise Verbindung aller Stationen. Diese Struktur wird als vollständiger Graph bezeichnet. Sie ist dadurch ausgezeichnet, dass zwischen jedem beliebigen Paar von Stationen eine direkte Verbindung besteht (vgl. Abb. 2-1). Der erforderliche Aufwand ist sehr hoch; die Zahl der Verbindungen (V) beträgt

$$V = \frac{N(N-1)}{2} \quad (N = \text{Anzahl der Stationen}),$$

wächst also quadratisch mit der Anzahl der Stationen.

Eigenschaften:

- Da zwischen je zwei Stationen eine direkte Verbindung besteht, ist eine *Routing*-Funktion (Wegsuche) nicht notwendig, was die Komplexität eines Kommunikationssystems verringert; der Verzicht auf eine *Routing*-Funktion erhöht allerdings die Störanfälligkeit, da bei Ausfall einer Verbindung zwischen den davon betroffenen Stationen eine Kontaktaufnahme nicht mehr möglich ist.

- Der vollständige Graph bietet nicht nur eine direkte Verbindung zwischen je zwei Stationen, sondern hat auch noch die Eigenschaft, im Vergleich zu allen anderen Topologien die meisten alternativen Pfade zwischen jedem Paar von Stationen bereitzustellen, nämlich in einem Netz von N Stationen $(N-2)$ Pfade über eine Zwischenstation, $(N-2)(N-3)$ weitere Pfade über zwei Zwischenstationen usw.; d.h. unter Bereitstellung einer flexiblen *Routing*-Funktion lässt sich auf der Basis der Topologie eines vollständigen Graphen ein Kommunikationssystem maximaler Verbindungssicherheit aufbauen.

Fazit:

Der vollständige Graph hat optimale Verbindungseigenschaften, ist aber wegen der quadratisch mit der Knotenzahl wachsenden Zahl der Verbindungsstrecken aus Aufwandsgründen für größere Netze nicht geeignet. In jedem Knoten wächst die Zahl der Verbindungen linear $(N-1)$; dahinter verbirgt sich unabhängig von dem hohen Aufwand eine eklatante praktische Schwäche: Bei Hinzunahme eines neuen Knotens – was in Netzen ein alltäglicher Vorgang ist – sind alle bereits vorhandenen Stationen von einer Änderung – nämlich dem Hinzufügen einer weiteren Leitung – betroffen.

2.1.2 Ring

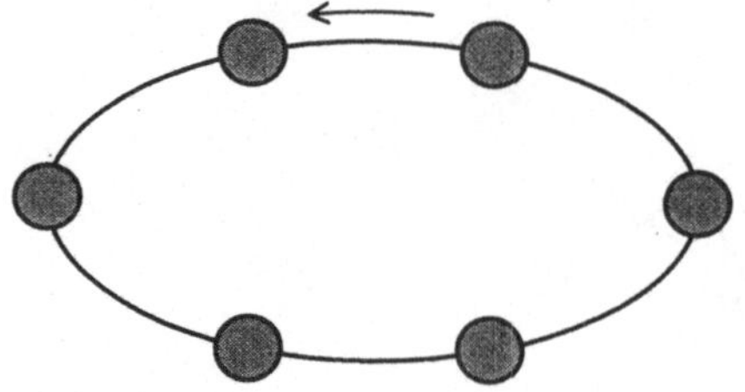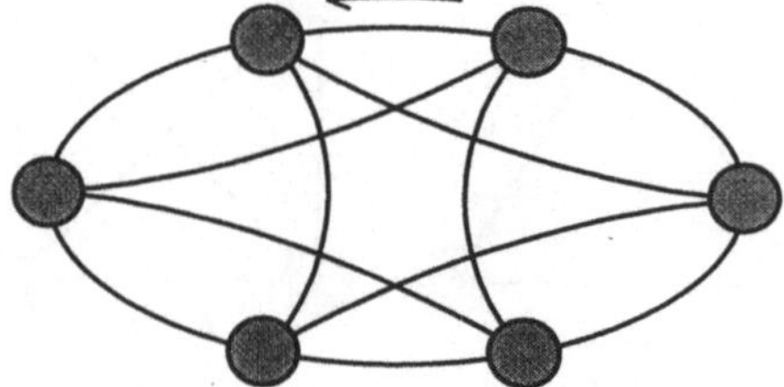

Abb. 2-2. Ringanordnungen

Ein Ring kann als eine geschlossene Kette von gerichteten Punkt-zu-Punkt-Verbindungen aufgefasst werden.

Die Auslegung der Netzstationen als aktive Elemente, die die ankommenden Informationen regenerieren und weitersenden, hat den Vorteil, dass sowohl hinsichtlich der Zahl der Teilnehmerstationen als auch hinsichtlich der geographischen Netzausdehnung große Netze aufgebaut werden können. Sie hat den Nachteil, dass – wenn nicht besondere Vorkehrungen getroffen werden – der Ausfall einer einzigen Station zum Ausfall des gesamten Rings führt. Sicherheitsüberlegungen nehmen deshalb bei Netzen mit Ringtopologie einen breiten Raum ein. Eine Maßnahme zur Erhöhung der Sicherheit ist die Mehrfachauslegung des Rings (z.B. Verzopfung, vgl. Abb. 2-2).

Die Stationen können über ein Relais (*bypass relay*) an den Ring angeschlossen sein, das bei Ausfall einer Station den Ring unter Ausschluss der nicht funktionierenden Station kurzschließt. Dies kann jedoch zu übertragungstechnischen Problemen führen: Bei Ausfall einer und erst recht mehrerer benachbarter Stationen ist zwischen den dann benachbarten funktionsfähigen Stationen eine erheblich größere Entfernung zu überbrücken als vorher. Dieses Problem wird i. Allg. durch restriktive Vorgaben etwa bezüglich der maximal zulässigen Entfernungen zwischen benachbarten Stationen entschärft.

Die Auslegung eines Rings mit aktiven Knoten gibt große Freiheit bezüglich der verwendbaren Übertragungsmedien, insbesondere sind Ringnetze für den Einsatz von Lichtwellenleitern geeignet.

Da auf einem Ring nur in einer Richtung übertragen wird, brauchen einfache Ringnetze keine *Routing*-Funktion. Die von der sendenden Station ausgehende Information passiert auf ihrem Weg um den Ring alle Stationen, also auch die adressierte, die dann die an sie gerichtete Information übernimmt.

Es gibt sehr viele Möglichkeiten, den Datenfluss auf einem Ring zu organisieren; einige davon werden in dem Kapitel über lokale Netze erläutert.

Fazit:

Ringe sind sehr gut für den Aufbau lokaler Netze geeignet, wobei aber zur Erhöhung der Betriebssicherheit besondere Maßnahmen erforderlich sind. Die mechanische Eingliederung einer weiteren Station in einen einfachen Ring ist unproblematisch, erfordert i. Allg. aber eine Betriebsunterbrechung.

2.1.3 Stern

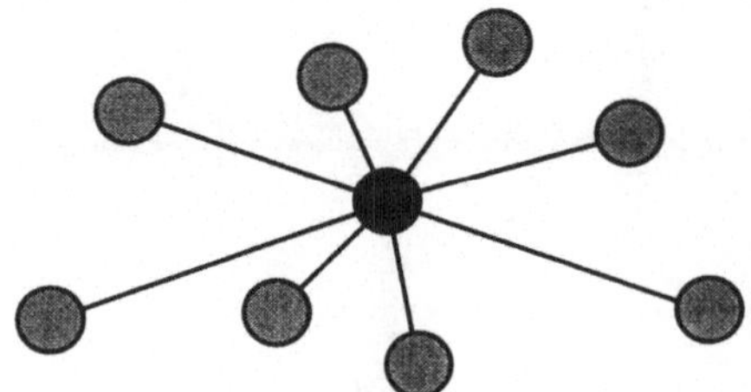
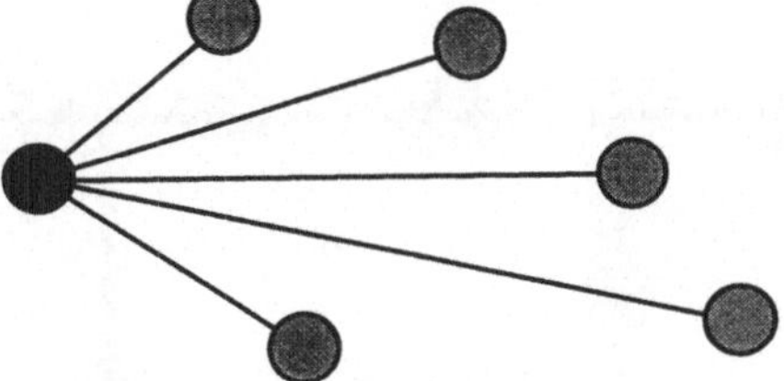

Abb. 2-3. Stern

In einem Sternnetz gibt es mit der Zentralstation eine ausgezeichnete Station, der sowohl hinsichtlich einer möglichen Überlastung (alle Verbindungen laufen über die Zentralstation) als auch bezüglich der Ausfallsicherheit (der Ausfall der Zentralstation ist gleichbedeutend mit einem Totalausfall des gesamten Netzes) besondere Bedeutung zukommt. Der Vorteil der Sternstruktur ist, dass diese kritische Station genau identifiziert ist und nur einmal im Netz vorkommt, so dass es möglich und auch kostenmäßig vertretbar ist, sie besonders leistungsfähig zu gestalten und zur Erhöhung der Sicherheit mehrfach auszulegen.

Eigenschaften:

- Ein Sternnetz mit N Stationen (ohne Zentralstation) hat genau N Verbindungen.

- Jeder Pfad zwischen zwei beliebigen Stationen führt über zwei Verbindungsstrecken, nämlich von der Ausgangsstation zum zentralen Knoten und von dort zur Zielstation. Eine *Routing*-Funktion ist nicht erforderlich.

- Die Verbindungen werden bidirektional betrieben.

- Die physikalische Eingliederung weiterer Stationen ist extrem einfach, solange der zentrale Knoten noch freie Positionen besitzt; eine Störung oder gar Unterbrechung des Netzbetriebs ist damit nicht verbunden.

Fazit:

Sternnetze haben im praktischen Betrieb große Vorteile, da einzelne Verbindungen und Stationen ohne Rückwirkungen auf die übrigen Stationen physikalisch isoliert werden können, und dies – was in der Praxis sehr wichtig ist – von einer zentralen Stelle aus. Die Sicherheitsprobleme der zentralen Struktur sind lösbar.

Die Zahl der Verbindungsleitungen (N) wächst linear mit der Zahl der Stationen; die Gesamtlänge aller Verbindungsstrecken ist beim Stern allerdings groß.

Vermittlungseinrichtungen (Nebenstellenanlagen) sind zentrale Knoten in Netzen mit Sterntopologie.

2.1.4 Bus

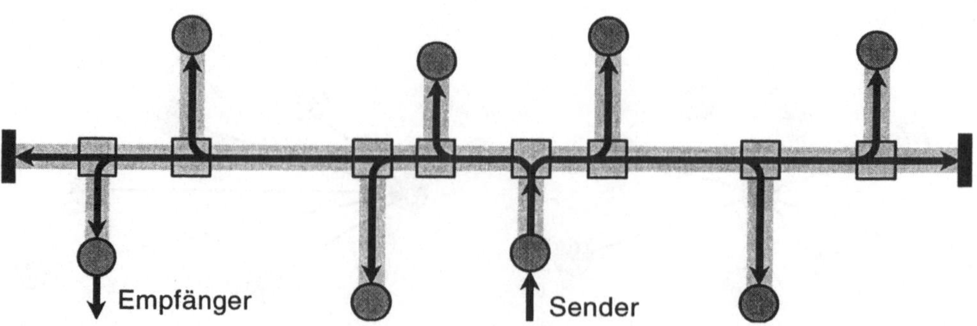

Abb. 2-4. Bus

Ein Bus ist ein universeller Informationskanal, an den die Stationen i. Allg. passiv ange-koppelt sind. Solche Netze werden auch Diffusionsnetze genannt im Gegensatz zu Teil-streckennetzen wie Ring oder Stern, bei denen die Information abschnittsweise transpor-tiert und regeneriert wird. Die Signalausbreitung erfolgt in einem Bus – ausgehend von der sendenden Station – in beide Richtungen.

Eigenschaften:

- Die passive Ankopplung führt dazu, dass das Abschalten und i. Allg. auch der Ausfall einer Station keinerlei Rückwirkungen auf die übrigen Stationen und damit auf das Netz als Ganzes hat.

- Das Hinzufügen weiterer Stationen ist problemlos und kann – bei geeigneter Realisie-rung des physikalischen Anschlusses – ohne Betriebsunterbrechung erfolgen.

- Die passive Ankopplung führt zu Beschränkungen bezüglich der Buslänge und der Zahl der anschließbaren Stationen, da das von einer sendenden Station ausgehende Signal nicht regeneriert wird.

- Bei einem einfachen Bus ist eine *Routing*-Funktion nicht erforderlich, da die ausge-sendete Information automatisch alle am Bus angeschlossenen Stationen erreicht und die adressierte Station die Information übernehmen kann.

Fazit:

Die Bustopologie ist bei lokalen Netzen sehr verbreitet. Busnetze können flexibel verän-dert werden. Die passive Ankopplung der Stationen führt zu einer inhärent guten Be-triebssicherheit; die Fehlerdiagnose ist in Busnetzen allerdings nicht einfach.

2.1.5 Baum

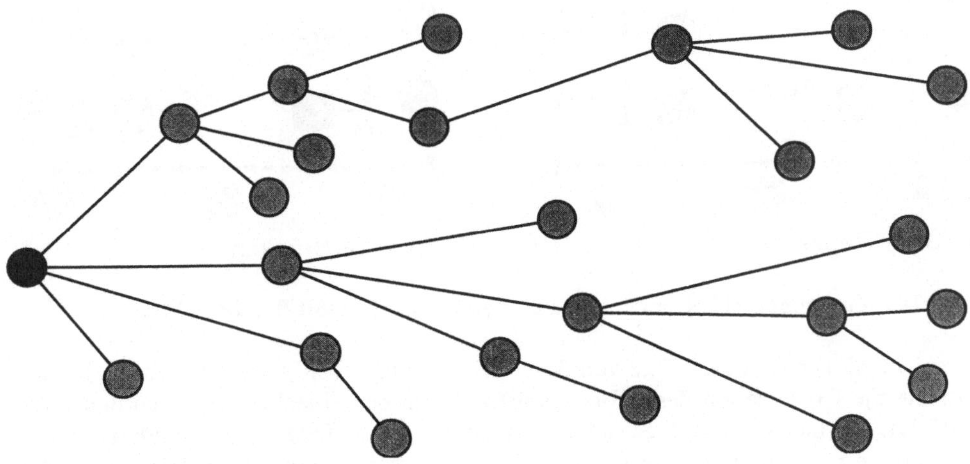

Abb. 2-5. Verzweigungsbaum

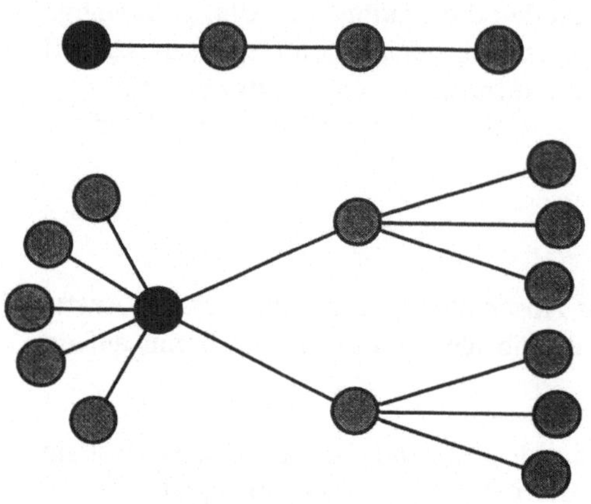

Abb. 2-6. Beispiele für Baumstrukturen

Bei einem Baum werden, ausgehend von der Wurzel, die einzelnen Blätter (Stationen) über Verzweigungselemente erreicht, die aktiv oder passiv sein können. Die Baumstruktur erlaubt eine sehr gute Anpassung an vorgegebene geographische Gegebenheiten und damit die Minimierung der für ein Netz erforderlichen Kabellängen. Die Struktur eines Verzweigungsbaums ergibt sich in vielfältiger Weise. Ein lineares Teilstreckennetz kann als Grenzfall eines Verzweigungsbaums aufgefasst werden; ein Teilstreckennetz in Baumstruktur entsteht auch durch die Kaskadierung von Sternen (vgl. Abb. 2-6).

Ein Teilstreckennetz in Baumstruktur, welches in der Logik eines kaskadierten Sterns betrieben wird (d.h. nicht als *Broadcast*-Netz, bei dem jede Information an alle angeschlossenen Stationen gesendet wird), erfordert eine *Routing*-Funktion, bei der jeder Knoten die Adressen der Stationen des von ihm ausgehenden Teilbaums kennen muss. Wenn die Stationsadressen die Baumstruktur widerspiegeln, also Strukturinformation enthalten, vereinfacht sich die *Routing*-Funktion.

Ein Verzweigungsbaum entsteht auch durch den Zusammenschluss mehrerer Busse über Repeater (Abb. 2-7a). In diesem Falle ist das Gesamtnetz ein Netz, bei dem jede gesendete Information direkt an alle Stationen gelangt (Diffusionsnetz) und das deshalb keine *Routing*-Funktion benötigt.

Von der Topologie her identisch ist ein Zusammenschluss mehrerer Busse über sogenannte Brücken (Abb. 2-7b).

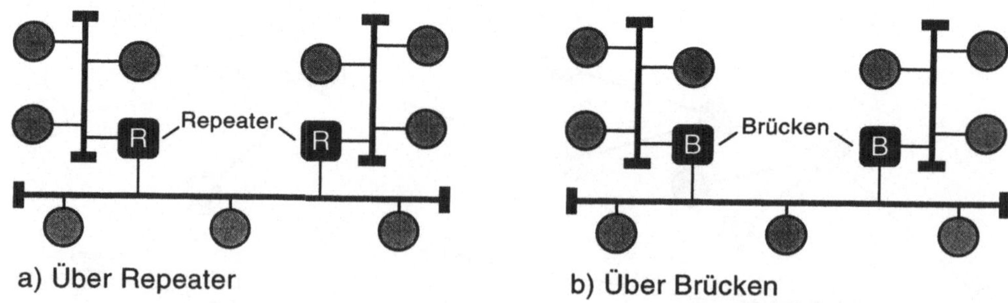

Abb. 2-7. Zusammenschluss mehrerer Busse zu einem Netz mit Baumstruktur

Von der Logik her ist dieses Netz von dem vorigen jedoch völlig verschieden, da in diesem Falle die Organisation des Informationsflusses in den einzelnen Zweigen unabhängig erfolgt; d.h. hierbei handelt es sich nicht mehr um ein einfaches Netz, sondern um ein aus mehreren unabhängig organisierten einfachen Bussen zusammengesetztes Netz. Die Brücken haben Speicherfunktion und leiten die übernommenen Informationen in einer unabhängigen, zeitversetzten Übertragung weiter. In einem solchen zusammengesetzten Netz mit Baumstruktur ist eine *Routing*-Funktion erforderlich.

Typisch ist die Baumstruktur für Breitbandverteilnetze (Kabelfernsehen) und damit auch für Breitband-LANs, die auf der gleichen Technik basieren.

Bei einem Breitbandverteilnetz wird die Information in einer Kopfstation (Wurzel des Baumes) eingespeist und von dort über Verteiler (*splitter*) allen angeschlossenen Stationen zugeleitet. Da die Übertragung unidirektional ist, muss in Kommunikationsnetzen, deren Stationen auch senden können sollen, ein unabhängiger Kanal gleicher Struktur zur Kopfstation hin existieren (Abb. 2-8). Dieser zweite Kanal kann entweder durch eine parallele zweite Leitung oder durch Benutzung eines anderen Frequenzbandes der gleichen Leitung realisiert werden. Die von der sendenden Station ausgehende Information wird *upstream* (über das Sendekabel oder die Sendefrequenz) zur Kopfstation (*headend*) übertragen, dort auf das Empfangskabel oder die Empfangsfrequenz umgesetzt und *downstream* an alle angeschlossenen Stationen verteilt.

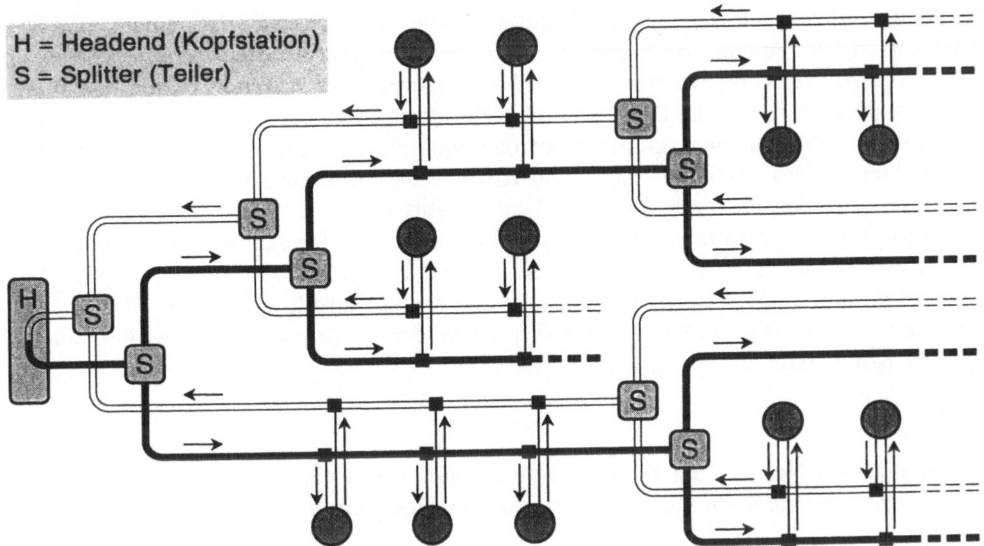

Abb. 2-8. Breitbandnetz in Baumstruktur

Das Hinzufügen weiterer Stationen ist in einem Breitbandnetz nicht ohne weiteres möglich, in den anderen Netzen mit Baumstruktur (kaskadierter Stern, zusammengeschaltete Busse) unproblematisch.

Fazit:

Die Baumstruktur erlaubt eine gute Anpassung an örtliche Gegebenheiten und wird häufig verwendet bzw. ergibt sich durch Zusammenschaltung anderer Topologien (Bus, Stern), wenn größere Entfernungen zu überbrücken sind.

2.1.6 Vermaschtes Netz

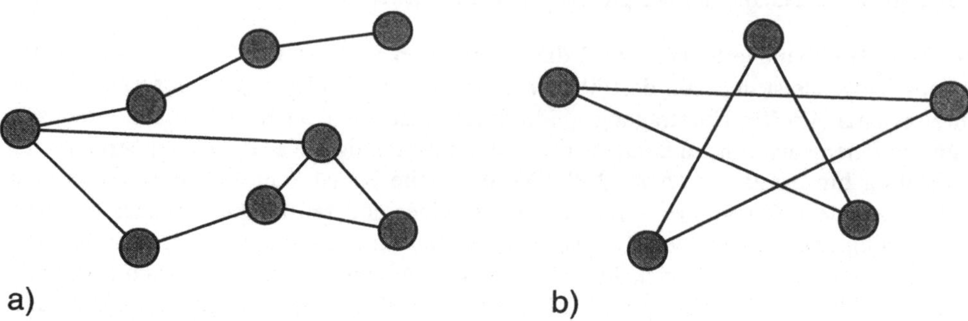

Abb. 2-9. Vermaschtes Netz

Bei einem vermaschten Netz sind die Stationen nicht in offenkundig systematischer Weise miteinander verbunden. Bedingung ist, dass zwischen je zwei Stationen mindestens ein Pfad existiert. Weitverkehrsnetze zwischen vorgegebenen Standorten bilden fast immer ein vermaschtes Netz, da die Kosten für über öffentliche und damit kostenpflichtige Netze führende Verbindungen optimiert werden müssen. Die Optimierung eines großen vermaschten Netzes unter Leistungs- und Kostengesichtspunkten und weiterer Randbedingungen (z.B. der, dass jede Station auf mindestens zwei unabhängigen Pfaden erreichbar sein soll, wie in dem Beispiel in Abb. 2-9b gezeigt) ist eine sehr anspruchsvolle Aufgabe. Darüber hinaus treten die typischen Netzwerkaufgaben wie Wegsuche (*routing*), Verstopfungskontrolle (*congestion control*) und Flusskontrolle (*flow control*), die zusammen eine optimale Lenkung und Kalibrierung der Verkehrsströme bewirken sollen, in voller Komplexität auf.

Fazit:

Das vermaschte Netz ist die typische Struktur der klassischen Weitverkehrsnetze, bei denen wegen fehlender struktureller Vorgaben alle Netzwerkprobleme auftreten.

2.1.7 Reguläre Strukturen

Bei regulären Strukturen sind alle Knoten in gleichartiger Weise in das Netz eingebunden, wobei allerdings die Randknoten Schwierigkeiten bereiten können.
Abb. 2-10 zeigt solche Strukturen, bei denen jeder Knoten mit seinen Nachbarknoten verbunden ist, wobei dies für die Randknoten so zu interpretieren ist, dass erster und letzter Knoten benachbart sind. Wenn jede Station mit ihren beiden Nachbarstationen verbunden ist (lineare Anordnung), ergibt sich ein Ring. Bei einer Verbindung mit jeweils vier Nachbarstationen (flächige Anordnung) ergibt sich das abgebildete Schema.

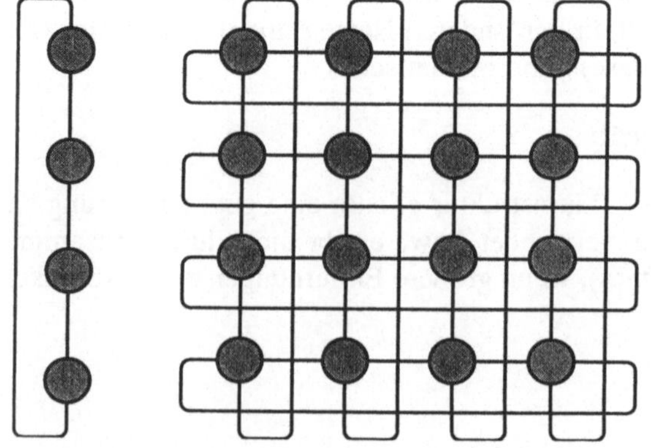

Abb. 2-10. Beispiele regulärer Strukturen

Das gleiche Schema funktioniert auch bei räumlicher Anordnung (sechs Nachbarverbindungen). Vorstellbar ist auch eine Anordnung, bei der jeder Knoten mit drei Nachbarknoten verbunden ist (binärer Verzweigungsbaum), wobei allerdings die Behandlung der Randknoten Schwierigkeiten bereitet.

Fazit:

Reguläre Strukturen sind – mit Ausnahme des Rings – für Datenkommunikationsnetze nicht von Bedeutung. Eine Rolle spielen solche Strukturen beispielsweise bei Prozessoranordnungen in Parallelrechnern.

2.1.8 Zusammenfassung

Es gibt unterschiedliche Arten, Kommunikationsnetze zu betreiben, die in Zusammenhang mit der Topologie zu sehen sind. Eine Klasse von Netzen sind die Diffusionsnetze; bei diesen gelangt die gesendete Information vom Sender oder einem Regenerator über einen universellen Informationskanal an alle Teilnehmerstationen, die passiv an diesen Kanal angekoppelt sind. Diffusionsnetze haben typischerweise Bus- oder Baumtopologie. Diffusionsnetze haben immer *Broadcast*-Eigenschaft, d.h. die von einem Sender ausgehende Information erreicht alle Teilnehmerstationen, und die adressierte oder die adressierten Stationen übernehmen die Information.

Ringnetze sind i. Allg. *Broadcast*-Netze, aber keine Diffusionsnetze, sondern Teilstreckennetze, bei denen die Information durch eine explizite Übertragung von Station zu Station weitergereicht wird. *Broadcast*-Netze benötigen keine *Routing*-Funktion, da die Information nicht gezielt zu einem bestimmten Empfänger transportiert wird, sondern prinzipbedingt alle Teilnehmer erreicht.

Weitverkehrsnetze werden praktisch niemals als *Broadcast*-Netze betrieben, weil im Fernbereich meist nutzungsabhängig Gebühren zu entrichten sind und überdies die geringe Leistungsfähigkeit der Verbindungen eine solche Vorgehensweise ausschließt.

Unüblich ist das *Broadcast*-Prinzip auch bei Netzen mit Topologien wie Stern und vollständiger Graph, die es gestatten, einen Kommunikationspartner gezielt und unmittelbar zu erreichen.

Es ist wichtig, darauf hinzuweisen, dass die physikalische Struktur (d.h. Leitungstopologie) und die logische Struktur eines Netzes nicht identisch sein müssen. So kann beispielsweise auf einem physikalischen Stern ein Ring etabliert werden (wie beim IBM Token-Ring) oder auf einem Bus ein logischer Ring (wie beim Token-Bus System). Bei der Infrastruktur, d.h. bei der physikalischen Struktur, gibt es derzeit erfreulicherweise eine Tendenz zur Vereinheitlichung und zwar zur Sterntopologie, die aufgrund der Nebenstellentechnik im Bereich der Sprachkommunikation ohnedies bereits weit verbreitet ist (vgl. Kap. 2.2.4 "Standards für die Gebäudeverkabelung").

2.2 Infrastruktur

Der Transport von Nachrichten (Information) kann kabelgebunden oder nicht kabelgebunden, d.h. durch die Atmosphäre stattfinden. Ausführlicher behandelt werden in diesem Buch kabelgebundene Systeme. Am Ende dieses Kapitels wird eine kurze Zusammenstellung nicht kabelgebundener Systeme mit Hinweis auf deren Besonderheiten gegeben.

Es ist aber festzustellen, dass in Europa und insbesondere auch in Deutschland der Mobilfunk dank rechtzeitig verabschiedeter und allgemein akzeptierter Standards und eines
liberalisierten Marktes enorme Zuwächse verzeichnet. Dieser Boom betrifft derzeit in
erster Linie die Sprachkommunikation; es ist aber davon auszugehen, dass diese Techniken in Zukunft auch in der Datenkommunikation verstärkt zum Einsatz kommen werden.
In Kapitel 6 werden die aktuellen Funktechniken und -netze ausführlicher behandelt.

Wichtig für die Informationsübertragung sind heute drei Typen von Leitern:

1. **Symmetrische Kupferkabel**

2. **Koaxialkabel**

3. **Glasfaserkabel (Lichtwellenleiter)**

2.2.1 Symmetrische Kupferkabel

Andere gängige Bezeichnungen sind: Verdrillte Leitungen, Niederfrequenzkabel, Kupferdoppelader, Fernsprechkabel.

Ein wichtiges Merkmal dieser für Signalübertragung verwendeten Kabel ist, dass die
beiden Adern nicht parallel geführt werden, sondern verdrillt sind. Dadurch wird die gegenseitige Beeinflussung durch magnetische und kapazitive Effekte (Nebensprechen)
verringert. Die Aderndurchmesser liegen meist zwischen 0,4 und 1,4 mm. Ein wichtiges
Maß für die Leistungsfähigkeit eines Mediums für Zwecke der Signalübertragung ist die
Dämpfung. Diese ist frequenzabhängig und wächst mit steigender Signalfrequenz; sie
wird in db/100 m oder db/km angegeben (20 lg (V_I / V_O) gibt die Dämpfung in db an,
wobei V_I die Eingangsspannung und V_O die Ausgangsspannung bezeichnet).

Verdrillte Kabel werden als ungeschirmte Kabel (UTP = *Unshielded Twisted Pair*) und
als geschirmte Kabel (STP = *Shielded Twisted Pair*) angeboten. Letztere sind vor allem
durch das IBM-Verkabelungssystem (Kabel Typ 1) bekannt geworden. Dieses Kabel besteht aus zwei verdrillten Doppeladern (Adernquerschnitt 0,32 mm^2) mit paarweiser Abschirmung aus Aluminiumfolie und zusätzlicher gemeinsamer Abschirmung aus Kupfergeflecht. Präziser bezeichnet man heute Kabel mit einer Gesamtabschirmung aber keiner
Abschirmung der einzelnen Doppeladern als S-UTP-Kabel und Kabel mit Gesamt- und
Einzelabschirmung dann als S-STP-Kabel.

Die über verdrillte Leitungen erreichbaren Datenraten hängen von der Qualität des Kabels und den zu überbrückenden Entfernungen ab; sie liegen grob zwischen über 100
Mbps im Meterbereich und einigen kbps im Kilometerbereich.

Einfach aufgebaute Kabel (Fernsprechkabel) können wie folgt charakterisiert werden:

Vorteile:

- Billig
- Leicht zu verlegen
- Geringe Abmessungen
- Sehr einfache Anschlusstechnik
- Fast überall bereits vorhanden (Fernsprechinfrastruktur).

Nachteile:

- Begrenzte Leistungsfähigkeit (Distanz, Übertragungsgeschwindigkeit)
- Störanfällig.

Verwendung:

Verdrillte Leitungen bilden das Rückgrat der Fernsprechinfrastruktur. Sie werden auch für langsame Datenübertragungen im Fernbereich sowie in lokalen Netzen (LANs) bei geringen Übertragungsgeschwindigkeiten eingesetzt.

Aufwändig aufgebaute Datenkabel sind dagegen ausgesprochene Hightech-Produkte, die anders zu beurteilen sind.
Solche Kabel erreichen Übertragungsleistungen, die noch vor wenigen Jahren unvorstellbar waren. Bei Bandbreiten von derzeit bis zu 600 MHz rücken Übertragungsgeschwindigkeiten von mehreren hundert Mbps (über eine Entfernung von 100 m) in den Bereich des Möglichen. Diese Kabel sind allerdings auch nicht mehr billig (was nicht so gravierend ist, da die Kosten der Kabel nur etwa 10% der Gesamtkosten einer Verkabelungsmaßnahme ausmachen) und erfordern wegen der engen Verdrillung und der doppelten Abschirmungen einen erheblichen Installationsaufwand (beim Verlegen und mehr noch beim Anbringen von Dosen und Steckern).

2.2.2 Koaxialkabel

Koaxialkabel (auch als Hochfrequenzkabel bezeichnet) bestehen aus einem zentralen Innenleiter, um den konzentrisch eine Isolierschicht (Dielektrikum), ein Außenleiter (Abschirmung) und eine Außenisolierung angebracht sind. Als Dielektrikum zwischen Innen- und Außenleiter kommen verschiedene Materialien in Frage: Sehr verbreitet ist Polyurethan (PE) in verschiedenen Strukturen; es kann aber auch Luft sein. Das Dielektrikum hat Einfluss auf die Signalausbreitungsgeschwindigkeit: bei Luft ist sie $\approx 0{,}98\,c$ (d.h. fast Lichtgeschwindigkeit) und bei PE 0,65 bis 0,8 c. Die Außenisolierung kann je nach Anforderung (Wetterbeständigkeit, Feuerbeständigkeit) aus PVC, PE oder Teflon bestehen.

Die Eigenschaften des Kabels werden durch die Art des Außenleiters beeinflusst, so dass für unterschiedliche Einsatzzwecke unterschiedliche Ausführungen existieren. Bei Kabeln für Basisbandübertragungen besteht die Abschirmung meist aus einem Kupfergeflecht, bei Kabeln für die Übertragung hochfrequenter Signale aus Aluminiumfolie; es gibt auch Universalkabel, die beide Abschirmungen besitzen.

Üblicherweise verwendete Koaxialkabel haben Durchmesser zwischen 5 und 10 mm; es gibt aber auch besonders dämpfungsarme Typen mit Durchmessern bis zu 30 mm, wobei mit steigendem Durchmesser Gewicht und Steifigkeit deutlich zunehmen und die Handhabbarkeit entsprechend abnimmt. Insbesondere wächst der minimale Biegeradius, der bei einem guten 10 mm Kabel noch bei ca. 50 mm liegt, beträchtlich an. Ein Unterschreiten des minimalen Biegeradius kann durch Veränderung der Kabelgeometrie die elektrischen Eigenschaften verschlechtern.

Eine Kenngröße von Koaxialkabeln (und auch von symmetrischen Kupferkabeln) ist der Wellenwiderstand. Der Wellenwiderstand ist eine für eine Leitungsart charakteristische Größe, die eine mathematische Verknüpfung von Eingangsspannung und Eingangsstrom erlaubt. Der Absolutwert des Wellenwiderstands ist gleich dem Quotienten, gebildet aus dem Effektivwert der Eingangsspannung und dem Effektivwert des Eingangsstroms. Bei Berücksichtigung des Phasenwinkels sind die Zusammenhänge komplexer und sollen hier nicht dargestellt werden. Wichtig ist, dass eine Leitung endlicher Länge, die am fernen Ende 'reflexionsfrei' mit dem Wellenwiderstand abgeschlossen ist, einer unendlich lang gedachten Leitung elektrisch äquivalent ist. Gängige Werte für den Wellenwiderstand von Koaxialkabeln sind 50 Ω, 75 Ω und 93 Ω.

Koaxialkabel können sehr viel höhere Freqenzen übertragen als einfache verdrillte Leitungen; der nutzbare Frequenzbereich reicht heute bis ca. 860 MHz. Typische Datenraten liegen heute bei 50 Mbps über 1,5 km bei Einsatz von Basisbandtechnik und 300 Mbps bei Verwendung von Breitbandtechnik.

Vorteile:

- Preiswert
- Hohe Bandbreite
- Einfache Anschlusstechnik

Nachteile:

- Hoher Platzbedarf
- Umständlich zu verlegen

Verwendung:

50 Ω: Messtechnik, lokale Netze (CSMA/CD, Ethernet)

75 Ω: Breitbandverteilnetze (Kabelfernsehen), Breitbanddatenübertragungssysteme, lokale Netze in Breitbandtechnik (Token-Bus, Breitband-CSMA/CD), lokale Netze in Basisbandtechnik

93 Ω: IBM 3270 Terminals.

2.2.3 Lichtwellenleiter

Die Glasfasertechnologie ist eine noch junge Technologie. Sie soll deshalb im Folgenden etwas ausführlicher behandelt werden. Über die Angabe von Vor- und Nachteilen sowie Einsatzbereichen hinaus sollen deshalb – wenn auch nur in elementarer Weise – physikalische Grundlagen und Zusammenhänge erläutert werden.

2.2.3.1 Historischer Abriß

Die Idee, Nachrichten durch Licht zu übertragen, ist uralt, wie Feuerzeichen als schon in frühgeschichtlicher Zeit angewandte Methode der Signalübertragung beweisen. Alle Verfahren, bei denen die optischen Signale durch die Atmosphäre übertragen wurden, krankten daran, dass sie vom Wetter und sonstigen atmosphärischen Bedingungen abhängig waren und prinzipiell nur auf Sichtweite funktionierten. Überdies gab es bis zum 20. Jahrhundert keine geeigneten (d.h. leicht und schnell mit Informationswerten modulierbaren) Lichtquellen. Es war erst 1966, dass Kao und Hockham [87] die Verwendung einer ummantelten Faser aus Glas vorgeschlagen haben, um atmosphärische Einflüsse bei der Ausbreitung des Lichts auszuschalten. 1970 ist es dann bei der amerikanischen Fa. Corning Glass, die auch heute noch eine Reihe von Patenten bzgl. des Prozesses der Faserherstellung hält, gelungen, den ersten Kilometer Faser mit weniger als 20 db/km Dämpfung herzustellen (dieser Wert kann als Schwelle für die praktische Einsetzbarkeit von Glasfasern angesehen werden). Kurz zuvor war mit der Erfindung des Lasers auch die Voraussetzung für eine leistungsfähige Lichtquelle geschaffen worden.

Beide – Lichtwellenleiter und Sende- und Empfangsbausteine – haben dann eine rasante Entwicklung durchgemacht, und seit etwa Mitte der achtziger Jahre sind optische Übertragungssysteme nicht mehr nur eine wichtige Option für die Kommunikation der Zukunft, sondern stehen als erprobte und in vielen Bereichen voll konkurrenzfähige Systeme zur Verfügung. Wie rasant die Entwicklung verläuft, zeigt sich auch darin, dass die ersten bedeutenderen Glasfaserstrecken der Deutschen Bundespost Anfang der achtziger Jahre (z.B. in Berlin) noch ausgesprochenen Versuchs- und Demonstrationscharakter hatten, dass aber seit 1987 im Fernbereich ausschließlich Glasfasern zum Einsatz kommen und bereits 1989 die Aufwendungen für den Ausbau des Glasfasernetzes diejenigen für den Ausbau des Kupferleitungsnetzes überstiegen.

2.2.3.2 Grundlagen

Ein Lichtwellenleiter (LWL) ist eine sehr feine zylindrische Faser aus Glas, heute i. Allg. aus hochreinem Silikatglas (SiO_2). Sie besteht aus einem Kern (*core*) mit dem Kernradius r_L und einem diesen umgebenden Mantel (*cladding*) mit einer etwas geringeren optischen Dichte. Aus Gründen des mechanischen Schutzes und zur Erhöhung der Zugfestigkeit ist die Faser je nach Anforderung von weiteren Hüllen umgeben; für die Lichtausbreitung ist jedoch nur die Glasfaser – bestehend aus Kern und Mantel – von Bedeutung.

Grundsätzlich können zwei Typen von Lichtwellenleitern unterschieden werden:

Multimodefasern, bei denen sehr viele (mehrere hundert) diskrete Wellen (Moden) zur Signalübertragung beitragen,

Monomodefasern, bei denen nur eine einzige Welle ausbreitungsfähig ist.

Multimodefasern können Stufenindexprofil aufweisen (**Stufenindexfasern**), bei denen der Dichteübergang zwischen Kern und Mantel abrupt in der Kern/Mantel-Schicht stattfindet (Abb. 2-11a), oder Gradientenprofil (**Gradientenfasern**) mit einer stetigen Abnahme der Dichte im Kern als Funktion des Radius bis zur Dichte des Mantels in der Kern/Mantel-Schicht (Abb. 2-11b). Monomodefasern haben immer Stufenindexprofil mit einem extrem dünnen Kern (Abb. 2-11c).

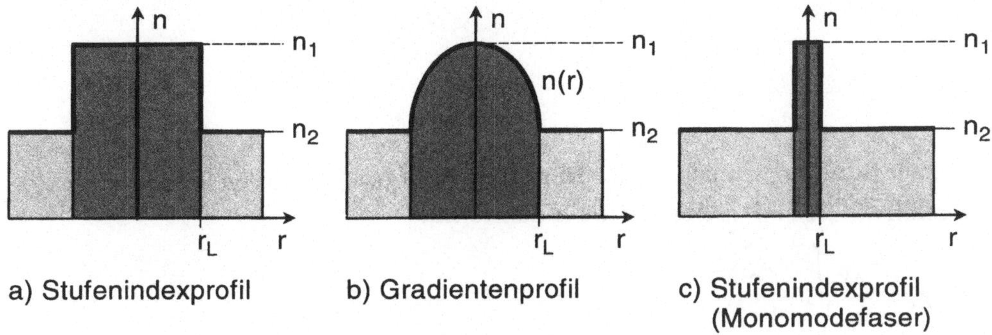

Abb. 2-11. Dichteverlauf bei verschiedenen Fasertypen

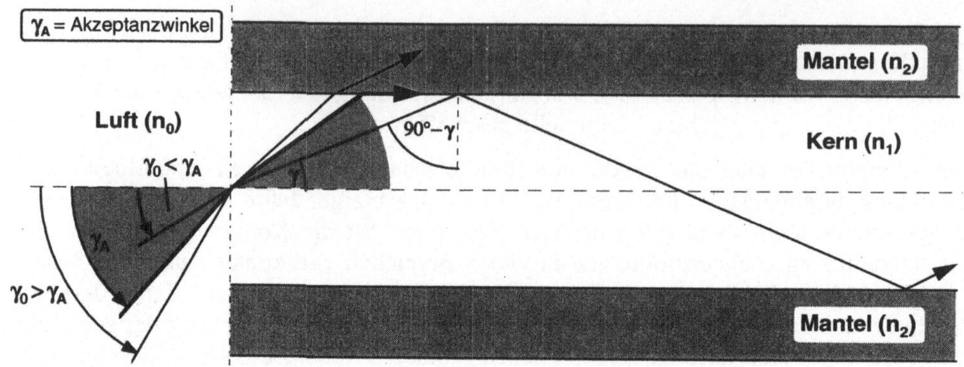

Abb. 2-12. Prinzip der Strahlenausbreitung in einer Stufenindexfaser

Die Brechzahl n (frühere Bezeichnung: Brechungsindex) eines Mediums ist eine Materialkonstante; sie hat den Wert des Quotienten, gebildet aus der Lichtausbreitungsgeschwindigkeit in Luft und in diesem Medium.

Wenn ein Lichtstrahl aus einem Medium mit Brechzahl n_0 unter einem Einfallswinkel γ_0
auf den Kern eines Lichtwellenleiters mit der Brechzahl n_1 trifft, so gilt das snelliussche
Brechungsgesetz

$$\sin\gamma = \frac{n_0}{n_1}\sin\gamma_0 .\tag{1}$$

Trifft dieser Strahl nun unter dem Einfallswinkel $90° - \gamma$ an der Kern/Mantel-Grenz-
schicht auf den Mantel mit der Brechzahl n_2, so gilt nach dem gleichen Gesetz

$$\sin(90° - \gamma) = \cos\gamma = \frac{n_2}{n_1}\sin\gamma_2,$$

und es tritt Totalreflexion ein, falls

$$\cos\gamma \geq \frac{n_2}{n_1}$$

ist. Der Grenzfall ergibt sich für den Winkel $\gamma = \gamma_C$, für den $\gamma_2 = 90°$ und

$$\cos\gamma_C = \frac{n_2}{n_1}$$

ist oder äquivalent

$$\sin\gamma_C = \sqrt{1 - \left(\frac{n_2}{n_1}\right)^2} .$$

Aus dieser Beziehung ergibt sich mit Hilfe von (1) für den maximalen Einfallswinkel γ_A
(**Akzeptanzwinkel**), bis zu dem Totalreflexion auftritt

$$\sin\gamma_A = \frac{n_1}{n_0}\sqrt{1 - \left(\frac{n_2}{n_1}\right)^2} ,$$

d.h. Strahlen, die unter einem Winkel

$$\gamma_0 \le \gamma_A = \arcsin\left\{\frac{n_1}{n_0}\sqrt{1-\left(\frac{n_2}{n_1}\right)^2}\right\}$$

in den LWL einfallen, werden unter fortwährender Totalreflexion im Kern des Lichtwellenleiters weitergeleitet.

Der Sinus des Aktzeptanzwinkels γ_A wird auch als **Numerische Apertur A_N** (*Numerical Aperture, NA*) bezeichnet und ist ein Maß für die Strahlungsleistung, die von einer Strahlungsquelle in einen LWL eingekoppelt werden kann.

Heutige LWL bestehen aus Quarzglas (Silikatglas, SiO_2) sehr hoher Reinheit, dessen Dichte im Kern durch Dotierung mit Germanium erhöht wird; die relative Brechzahländerung $\Delta = (n_1 - n_2)/n_1$ beträgt ca. 1%. Für die Brechzahl von Quarzglas gilt $n_1 \approx 1{,}5$ (d.h. die Lichtausbreitungsgeschwindigkeit beträgt etwa 200.000 km/sec). Unterstellt man jetzt noch $n_0 = 1$ (Luft), so ergibt sich als Wert für den Akzeptanzwinkel $\gamma_A \approx 12°$. Bei Multimodefasern, bei denen viele Moden zur Signalübertragung beitragen, haben diejenigen Moden, die mit Winkeln nahe dem Akzeptanzwinkel eingekoppelt werden, einen längeren Weg im Faserkern zurückzulegen als Moden entlang der Faserachse (vgl. Abb. 2-13).

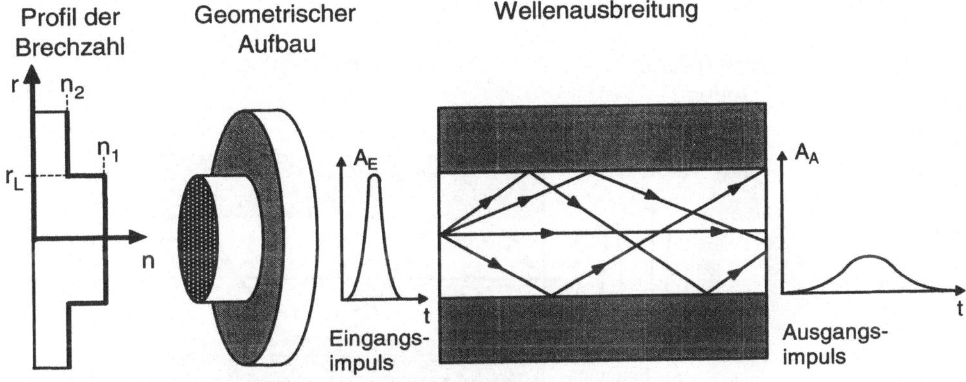

Abb. 2-13. Prinzip der Wellenausbreitung in Stufenindexfasern

Da damit auch eine Verlängerung der Laufzeit verbunden ist, führt dies dazu, dass ein Eingangsimpuls zeitlich verschmiert, also verbreitert wird, was zu einer Begrenzung der Pulsfolge führt. Dieser Effekt wird als **Modendispersion** bezeichnet. Bei Stufenindexfasern ist die Modendispersion mit etwa 50 ns/km besonders stark.

Gradientenfasern weisen eine deutlich geringere Modendispersion auf. Bei Gradientenfasern ist die Brechzahl im Kern nicht konstant, sondern ändert sich in Abhängigkeit vom Radius.

Allgemein kann die Abhängigkeit zwischen Radius und Brechzahl durch die folgende Beziehung beschrieben werden (α-Profil, nach [61]):

$$n(r) = n_1\sqrt{1-2\Delta\left(\frac{r}{r_L}\right)^\alpha} \qquad \text{für } |r| \le r_L \tag{2}$$

$$n(r) = n_2 \qquad\qquad\qquad\qquad \text{für } |r| > r_L$$

mit dem Kerndurchmesser $2\,r_L$ und der relativen Brechzahldifferenz

$$\Delta = \frac{n_1^{\,2}-n_2^{\,2}}{2n_1^{\,2}}\left(\approx \frac{n_1-n_2}{n_1}\ \text{für}\ \Delta \ll 1\right).$$

Für $\alpha \to \infty$ ergibt sich das Stufenindexprofil, für $\alpha \approx 2$ das Gradientenprofil, für das die Modendispersion minimal wird.

Mit $\alpha = 2$ folgt aus (2):

$$n(r) = n_1\sqrt{1-2\Delta\left(\frac{r}{r_L}\right)^2}$$

$$\approx n_1\sqrt{1-2\Delta\left(\frac{r}{r_L}\right)^2+\Delta^2\left(\frac{r}{r_L}\right)^4}\quad (\text{wegen}\ \Delta \ll 1)$$

$$= n_1\left[1-\Delta\left(\frac{r}{r_L}\right)^2\right],$$

d.h. der Profilverlauf ist nahezu parabolisch. Dies führt zu sinusförmigen Strahlenwegen in Gradientenfasern (vgl. Abb. 2-14).

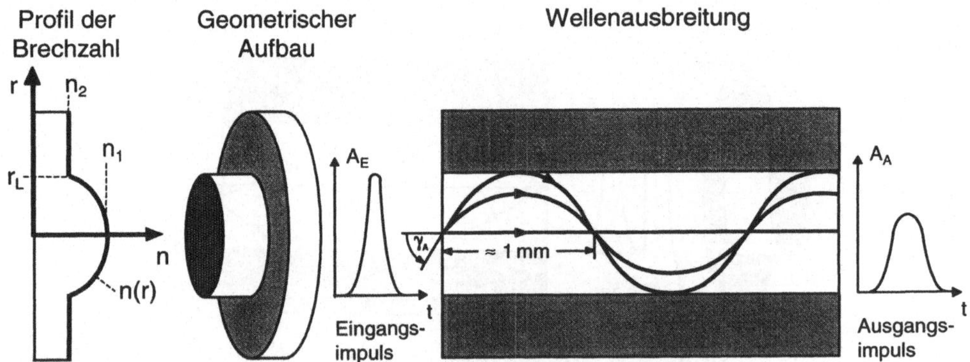

Abb. 2-14. Prinzip der Wellenausbreitung in Gradientenfasern

Die Modendispersion ist gering, weil bei größeren Einstrahlwinkeln zwar die Amplituden größer und damit die Wege durch die Faser länger werden, gleichzeitig aber mit zunehmendem Abstand von der Kernachse die Brechzahl kleiner und damit die Ausbreitungsgeschwindigkeit größer wird. Typische Werte für die Modendispersion von Gradientenfasern liegen bei 0,5 – 1 ns/km; die theoretisch möglichen Werte sind noch besser, doch treten in der Fertigung immer Abweichungen vom idealen Verlauf der Brechzahl auf.

Ein Nachteil der Gradientenfaser ist, dass der Akzeptanzwinkel nicht wie bei der Stufenindexfaser über die gesamte Kernfläche gleich ist, sondern mit zunehmendem Abstand von der Kernachse kleiner wird. Als Folge davon ist die einkoppelbare Lichtenergie bis zu einem Faktor zwei kleiner als bei Stufenindexprofilen.

Bei Monomodefasern spielt die Modendispersion praktisch keine Rolle, da die Wellenausbreitung im Wesentlichen entlang der Faserachse erfolgt (vgl. Abb. 2-15).

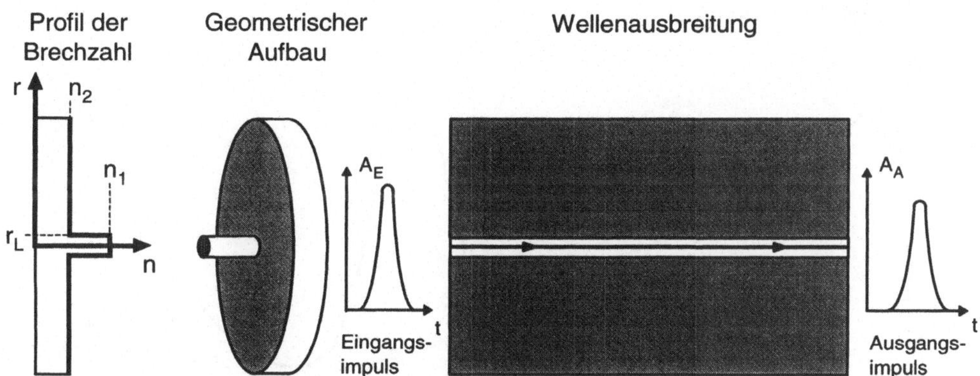

Abb. 2-15. Prinzip der Wellenausbreitung in Monomodefasern

Notwendige Voraussetzung dafür ist, dass der Kerndurchmesser nicht sehr viel größer als die Wellenlänge des verwendeten Lichts ist. Bei Verwendung von Licht der Wellenlänge 850 nm darf der Kerndurchmesser nicht größer als 6–7 μm sein, bei 1300 nm nicht größer als 9–10 μm. Monomodefasern haben immer Stufenindexprofil. Monomodefasern haben eine Reihe von übertragungstechnischen Vorteilen gegenüber Multimodefasern; sie sind aber wegen des geringen Kerndurchmessers schwerer zu handhaben, und auch das Einkoppeln der erforderlichen Sendeleistung ist aufwändiger und erfordert die Verwendung von Laserdioden anstelle der problemloseren und billigeren LEDs.

2.2.3.3 Verluste in Lichtwellenleitern

Zur Feststellung der Dämpfung wird die Strahlungsleistung am Anfang und am Ende eines Faserabschnitts gemessen; sie wird in db/km angegeben. Nicht berücksichtigt werden dabei Einkopplungsverluste beim Übergang des Lichts von der Strahlungsquelle in den Lichtwellenleiter, die durchaus spürbar sein können.

Dämpfungsverluste treten in erster Linie auf durch

- Streueffekte infolge von Materialinhomogenitäten (Rayleigh-Streuung) und

- Absorptionsvorgänge durch Materialverunreinigungen.

Während die Verluste durch die Rayleigh-Streuung systeminhärent und damit unvermeidbar sind, sind die Absorptionsverluste ein Qualitätsmerkmal und durch verbesserte Verfahren zu verringern. Beide Dämpfungsursachen sind abhängig von der Wellenlänge des Signals. Die Rayleigh-Streuung nimmt mit der 4. Potenz der Wellenlänge ab, während die Absorptionsverluste bei bestimmten Wellenlängen resonanzartig stark ansteigen (Abb. 2-16).

Wie aus der Abbildung zu ersehen ist, gibt es drei Wellenlängenfenster mit besonders niedrigen Dämpfungswerten bei 850 nm, 1300 nm und 1550 nm.

Übertragungssysteme mit einer Wellenlänge von 850 nm und 1300 nm sind Stand der Technik, 1550 nm-Systeme sind verfügbar und werden bereits eingesetzt; sie werden in Zukunft eine wichtige Rolle spielen, weil bei dieser Wellenlänge die Dämpfung (praktisch realisierbar sind 0,2 db/km) sich dem theoretischen Minimum von 0,12 db/km bei Fasern aus Silikatglas annähert. Größere Wellenlängen sind bei Silikatglas nicht sinnvoll, weil darüber die Infrarotabsorption (materialabhängig) zu einem steilen Anstieg der Dämpfung führt.

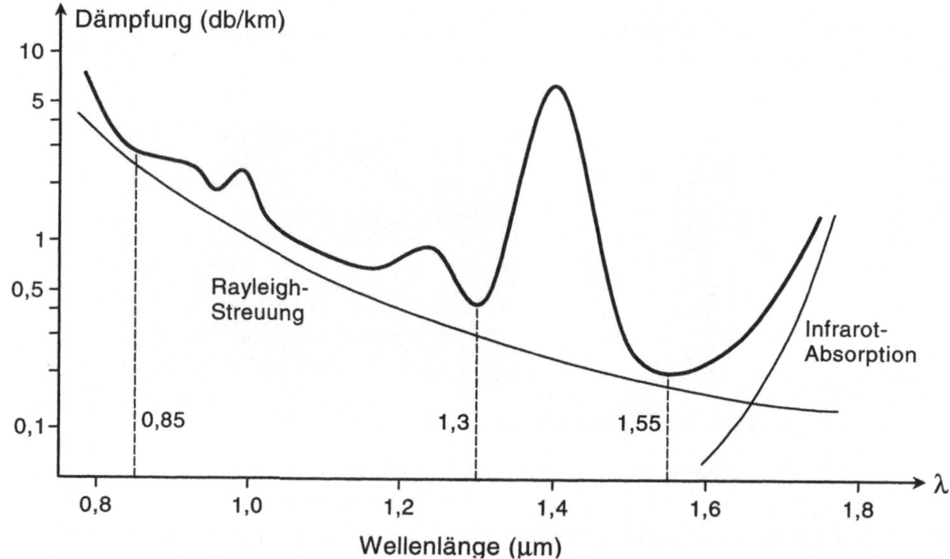

Abb. 2-16. Dämpfung einer Monomodefaser in Abhängigkeit von der Wellenlänge

Es wird heute auch bereits mit Gläsern auf der Basis von Fluor experimentiert, die eine weitere Signalverschiebung hin zu größeren Wellenlängen und damit zu niedrigeren Dämpfungswerten (theoretisch) zulassen. Die Entwicklung ist aber noch nicht so weit fortgeschritten wie bei Silikatgläsern, so dass die realisierbaren Dämpfungswerte heute noch schlechter sind als bei guten Silikatgläsern.

Verluste können auch durch Krümmungen beim Verlegen von Lichtwellenleitern auftreten. Scharfe Biegungen (*macrobending*) mit Radien um 1 mm, und noch stärker sogenannte Mikrokrümmungen (*microbending*) mit Radien in der Größenordnung des Faserdurchmessers können zu einer drastischen Verschlechterung der Dämpfungswerte führen. Da es sich dabei aber um eine Beschädigung der Faser handelt, sind solche Werte nicht regulär.

Beim Betrieb von Glasfaserstrecken treten grundsätzlich Verluste beim Ein- und Auskoppeln des optischen Signals aufgrund von geometrischen (Strahlungsfläche der Quelle, Faserstirnfläche) und strahlungstechnischen Eigenschaften (Öffnungswinkel der Quelle, Akzeptanzwinkel der Faser, spektrale Verteilung des optischen Signals) auf. Weitere Verluste können durch nicht optimale Justierung hinzukommen (Versatz, Knickung, zu großer Abstand).

2.2.3.4 Dispersionseffekte

Unter Dispersion versteht man die Streuung der Signallaufzeiten (zeitliche Verschmierung des Eingangssignals) in einem LWL. Die wichtigsten Arten sind:

- **Modendispersion,**

- **Materialdispersion** und

- **Wellenleiterdispersion.**

Die Modendispersion, die vor allem bei Multimode-Stufenindexfasern auftritt, wurde bereits erläutert. Sie bewirkt eine Impulsverbreiterung durch Laufzeitunterschiede verschiedener Moden durch den LWL-Kern.

Unter der Materialdispersion versteht man die Eigenschaft eines Mediums, Signale unterschiedlicher Wellenlänge unterschiedlich zu verzögern, d.h. die Signalausbreitungsgeschwindigkeit hängt von der Wellenlänge ab. Die Ursache der Materialdispersion liegt in der Abhängigkeit der Brechzahl (die eine Materialkonstante ist) von der Wellenlänge in Verbindung mit der Tatsache, dass das von optischen Sendern abgestrahlte Licht eine von Null verschiedene Spektralbreite $\Delta\lambda$ hat (für LEDs gilt: $\Delta\lambda \approx 40$ nm, für Laserdioden: $\Delta\lambda \approx 3$ nm).

Die Wellenleiterdispersion ist ebenfalls eine Folge nicht monochromatischer Lichtquellen. Dadurch wird das Verhältnis $2\,r_L\,/\,\lambda$ ($r_L =$ Kernradius) wellenlängenabhängig, was Variationen der Gruppengeschwindigkeiten der Moden eines Lichtwellenleiters und damit einen Dispersionseffekt zur Folge hat.

Bei Stufenindexfasern sind Modendispersion und Materialdispersion wirksam; bei Gradientenfasern kann die Modendispersion durch optimale Wahl der Brechzahl $n_1(r)$ als Funktion des Kernradius klein gemacht werden. Wellenleiterdispersion tritt in Multimodefasern nur in geringem Umfang auf, und die Auswirkungen sind gegenüber denen der anderen Dispersionsarten vernachlässigbar. Bei Monomodefasern tritt Modendispersion prinzipbedingt nicht auf, und Material- und Wellenleiterdispersion (beide zusammen werden – da wellenlängenabhängig – als chromatische Dispersion bezeichnet) sind die bestimmenden Faktoren.

2.2.3.5 Sender und Empfänger für Lichtwellenleiter

Als optische Sender (d.h. elektro-optische Wandler) kommen Lumineszenzdioden (*Light Emitting Diodes, LEDs*) oder Laserdioden (*Laser Diodes, LDs*) in Frage. Die Wellenlänge des abgestrahlten Lichts muss in ein Sendefenster (Wellenlänge niedriger Dämpfung) des verwendeten Kabels fallen. Generell sollen optische Sender eine möglichst kleine Strahlfläche mit hoher Strahldichte besitzen, möglichst kleiner als die Querschnittsfläche des Faserkerns. Darüber hinaus soll die Leistung in einem möglichst kleinen Winkel abgestrahlt werden, da Strahlung außerhalb des Akzeptanzwinkels nicht im LWL weitergeleitet werden kann. Bezüglich dieser Größen können die Eigenschaften eines Senders mit optischen Hilfsmitteln verbessert werden.

Eine wichtige Rolle spielt auch die Verteilung der Strahlungsleistung über die Wellenlänge (spektrale Strahlungsverteilung); sie wird gekennzeichnet durch die Breite $\Delta\lambda$ eines der Verteilung flächengleichen Rechtecks der Höhe $P(\lambda_0)$ ($\lambda_0 =$ Betriebswellenlänge), wie in Abb. 2-17 dargestellt. Für LEDs gilt $\Delta\lambda = 30...40$ nm, für LDs $\Delta\lambda = 1...3$ nm.

Eine weitere Anforderung ist, dass die Strahlungsquellen leicht mit einem Nutzsignal modulierbar sein müssen. Durch die Modulation der Strahlungsquellen mit dem Nutzsignal kommt es ebenfalls zu einer Verbreiterung des spektralen Datenflusses; dieser Effekt ist jedoch selbst bei sehr hohen Signalbandbreiten gering, verglichen mit den von der Strahlungsquelle selbst ausgehenden Effekten.

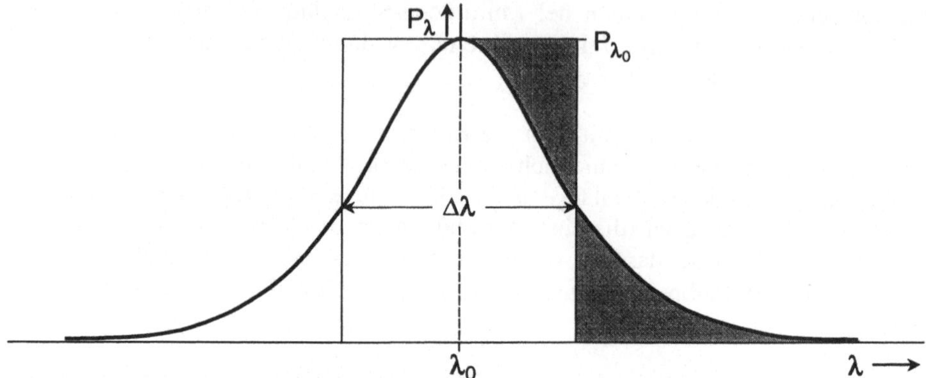

Abb. 2-17. Spektraler Leistungsfluss einer LED

Die Strahlungsleistungen liegen bei LEDs unter 5 mW, bei Laserdioden etwa um den Faktor drei höher.

In den meisten wichtigen technischen Kriterien (mit Ausnahme des Rauschens) sind Laserdioden den Lumineszenzdioden überlegen.

Als Empfänger (opto-elektrische Wandler), die die Aufgabe haben, in einem LWL ankommende optische Signale in elektrische Signale zurückzuverwandeln und die Nutzinformation zurückzugewinnen (Demodulation), sind Photodioden unterschiedlicher Ausführung geeignet. Da bei Lichtwellenleitern durch die Übertragung kein Rauschen entsteht (d.h. evtl. vorhandene Rauschanteile von der Signalquelle selbst stammen), ist die Empfindlichkeit des Empfängers (Signal/Rauschverhältnis, das die an der Photodiode erforderliche Strahlungsleistung bestimmt) vom Eigenrauschen des Empfängers sowie des nachgeschalteten Verstärkers abhängig. Es werden somit hohe Anforderungen an die Empfängerbausteine gestellt. Gängige Empfängerbausteine (Photodioden) sind:

- **PIN-Dioden**

- **Lawinendioden** (*Avalanche Photo Diode*, APD)

PIN-Dioden sind Halbleiter, bei denen die einfallenden Photonen in der Sperrschicht Ladungsträger erzeugen.

Bei Lawinendioden werden die primär erzeugten Ladungsträger durch ein starkes elektrisches Feld so beschleunigt, dass es durch Stoßionisation zu einer Vervielfachung der Ladungsträger kommt. Bezogen auf eine bestimmte Zahl einfallender Photonen werden auf diese Weise wesentlich mehr Elektronen freigesetzt als bei PIN-Dioden; die Empfindlichkeit von Lawinendioden (Avalanche-Dioden) ist deshalb erheblich größer als von PIN-Dioden.

2.2.3.6 Bewertung und Einsatzbereich

Lichtwellenleiter für die Übertragung von Informationen sind ein neues Medium, das auch eine neue Übertragungstechnik (Sender- und Empfängerbausteine) erfordert. Diese neue und noch in rascher Entwicklung befindliche Technologie steht der seit Jahrzehnten bewährten und optimierten Kupfertechnologie gegenüber. In der Summe der technischen Eigenschaften ist die Glasfaser dem Kupferkabel aber in einem Ausmaß überlegen, dass kaum bezweifelt werden kann, dass langfristig die Glasfaser das Kupferkabel weitgehend ablösen wird; insbesondere die Monomodefaser mit ihrer potentiell fast unbeschränkten Übertragungsleistung wird in Zukunft eine bedeutende Rolle spielen. Kurz- und mittelfristig werden die Glasfasersysteme als neue und hochinnovative Technologie kostenmäßig mit der etablierten Technologie in solchen Anwendungsbereichen nur schwer konkurrieren können, in denen die technische Überlegenheit nicht zum Tragen kommt.

Vorteile:

- Unempfindlich gegenüber elektrischen und magnetischen Störungen
- Produziert auch selbst keine Störstrahlung, die andere Systeme stören könnte
- Vollständige galvanische Entkopplung von Sender und Empfänger
- Kein Blitzschutz erforderlich
- Geeignet für explosionsgefährdete Umgebungen (bei Kabelbruch keine Gefahr der Funkenbildung)
- Kein Nebensprechen
- Hohe Abhörsicherheit
- Geringes Kabelgewicht
- Kleiner Kabelquerschnitt (kann Fernsprechkabel gleicher Leiterzahl ersetzen; Durchmesser eines Kabels mit 2000 Fasern: ca. 85 mm)
- Hohe Übertragungsleistung, bei Monomodefasern extrem hoch
- Über weite Bereiche Austauschbarkeit von Modulationsbandbreite (Übertragungsgeschwindigkeit) und Leitungslänge (das Produkt Übertragungsgeschwindigkeit × Entfernung ist vorgegeben).
- Geringe Dämpfung, d.h. große Reichweiten ohne Einsatz von Verstärkern. Bereits heute sind verstärkerfreie Übertragungsstrecken von über 100 km möglich, normal bei den Glasfaserstrecken (Monomodefasern) der Deutschen Telekom 30–40 km (zum Vergleich: bei Koaxialkabeln werden alle 1,5 km Verstärker eingebaut). Dies führt bei großen Entfernungen zu erheblichen Kosteneinsparungen und erhält zusätzliche Bedeutung in solchen Bereichen, wo die Kabel nicht ohne weiteres zugänglich sind (z.B. Unterwasserkabel).

Nachteile:

- Relativ teuer (wenn die höhere Leistungsfähigkeit nicht berücksichtigt wird).
- Aufwändige Anschlusstechnik (teilweise fehlende Normierungen); wegen der geringen Abmessungen ist präzises Arbeiten erforderlich. Nicht für alle Topologien geeignet; in jeder Hinsicht problemlos sind aktive Punkt-zu-Punkt-Verbindungen, d.h. Ring, Stern und vermaschte Netze.

Verwendung:

Prinzipiell können Lichtwellenleiter überall eingesetzt werden; unter heutigen Randbedingungen (insbesondere Kosten) sind folgende Bereiche zu nennen:

- Im gesamten Telekommunikationsbereich, insbesondere auf Fernverbindungsstrecken; dort sind Glasfasern heute schon die auch von den Kosten her überlegene Lösung, so dass bei neuen Strecken in Deutschland nur noch Monomodefasern verlegt werden.

- Im LAN-Bereich (alle Neuentwicklungen leistungsfähiger LANs basieren auf Lichtwellenleitern, heute meist noch Gradientenfasern). Die mit der Standardisierung von LANs befassten Gremien haben sich darauf geeinigt, eine Gradientenfaser der Abmessung 62,5/125 μm als Referenzfaser zu verwenden, d.h. die Einhaltung der Spezifikation (etwa bzgl. der überbrückbaren Entfernungen) ist anhand dieser Faser nachzuweisen. Fasern anderer Abmessungen (insbesondere der in Europa verbreiteten Abmessung 50/125 μm) dürfen verwendet werden, können aber Abweichungen von der Spezifikation zur Folge haben.

- Grundsätzlich in elektrisch gestörten Bereichen, in denen Übertragungen auf Kupferleitungen Probleme bereiten (Maschinenhallen, PKWs, Kraftwerken usw.).

- Kombinierte Starkstrom-/Signalkabel können problemlos realisiert werden. Der Einsatz solcher Kabel ist sinnvoll, wenn gleichzeitig Versorgungs- und Steuerungsaufgaben anfallen und das Verlegen aufwändig ist (z.B. Unterwassertechnik, Versorgung von Halligen und Bohrinseln, Anschluss automatischer Kameras usw.).

Die nachfolgende Tabelle enthält eine Zusammenstellung gängiger Lichtwellenleitertypen und typischer Anwendungsbereiche.

| **Silikatglas-Lichtwellenleiter** | | | **Telekommunikation** | | | | | |
Kern/Mantel-ϕ μm	Dämpfung (850/1300 nm) *db/km*	Bandbreite (850/1300 nm) *MHz × km*		Lokale Netze	Kabelfernsehen	Industrie	Medizin	Mil.
Stufenindex								
85/125	5,0/ -	20/ -		•		•	•	
100/140	5,0/ -	20/ -		•		•	•	•
105/125	10,0/ -	20/ -				•	•	
125/200	5,0/ -	20/ -				•	•	
200/240	10,0/ -	20/ -				•	•	
200/280	5,0/ -	20/ -				•	•	
Gradienten								
35/125	3,0/ -	200-1000/ -						•
50/125	**2,5/0,6**	**500-1200/-1800**	•	○	•			•
62,5/125	**3,5/0,85**	**200/300-700**		•				
85/125	3,5/1,5	100-200/300-800		•		•		
100/140	4,5/2,5	100-300/100-300		•		•	•	•
125/200	5,0/ -	100-500/ -				•	•	•
Single Mode								
8-9/125	**0,4 (1300 nm)** **0,2 (1550 nm)**	**> 20.000**	•					

2.2.4 Standards für die Gebäudeverkabelung

2.2.4.1 Ausgangssituation

Anders als im klassischen Kommunikationsbereich (Fernsprechen) gab es für die Datenkommunikation bis vor kurzem keine Vorgaben für eine standardisierte Gebäudeverkabelung mit der Folge, dass die Hersteller von Übertragungssystemen häufig eigene Kabelsysteme vorgeschrieben haben (allein in der IBM-Welt gibt es vier weit verbreitete Kabelsysteme).

Eine weitere Folge dieser Situation war, dass bei der Errichtung von Geschäftsgebäuden
– obwohl der Betrieb von Datennetzen inzwischen selbstverständlich geworden ist –
immer abgewartet werden musste, bis geklärt war, wer die Räume beziehen würde und
welches Netz (Ethernet, Token-Ring, IBM 3270,...) betrieben werden sollte, um dann im
nachhinein die entsprechende Verkabelung zu erstellen. Damit nicht genug, führt die
heute verbreitete Mobilität dazu, dass in größeren Unternehmen permanent Mitarbeiter,
Arbeitsgruppen oder sogar ganze Abteilungen umziehen und dabei verständlicherweise
ihre gewohnte Arbeitsumgebung mitnehmen wollen. Dies bedingt permanente Nachrüs-
tungen im Infrastrukturbereich, was für die für den Netzbetrieb zuständigen Mitarbeiter
außerordentlich arbeitsaufwändig ist und entsprechend hohe Kosten verursacht und letztendlich dazu führt, dass in weiten Gebäudeteilen mehrere Kabelsysteme parallel installiert sind.

Um diese Missstände zu beseitigen, haben sich seit Mitte der achtziger Jahre zunächst in
den USA die *Electronic Industries Association* (EIA) und die *Telecommunications Industries Association* (TIA) um die Spezifikation einer standardisierten Gebäudeverkabelung
bemüht. Das Ergebnis dieser Bemühungen war der 1991 verabschiedete nationale Standard EIA/TIA 568 *"Commercial Building Telecommunications Wiring Standard"*.
Dieser Standard wurde noch 1991 durch das *Technical Systems Bulletin* (TSB-) 36 um
weiter gehende Spezifikationen für ungeschirmte paarverseilte Kabel (UTP) und 1992
um Spezifikationen für *UTP Connection Hardware* ergänzt.

Auf internationaler Ebene beschäftigt sich das *Subcommittee 25* (SC 25 *"Interconnection
of Information Technology Equipment"*) des *Joint Technical Committee 1* (JTC 1 *"Information Technology"*) der ISO (*International Organisation for Standardization*) und der
IEC (*International Electrotechnical Commission*) mit der Thematik. Die 1988 innerhalb
des SC 25 gegründete *Working Group 3* (WG 3 *"Customer Premises Cabling"*) hat einen
Standard mit der Bezeichnung *"Generic Cabling Standards for Customer Premises"* vor-
gelegt (ISO/IEC 11801). Dieser Standard basiert technisch in weiten Teilen auf dem
EIA/TIA 568 Standard, geht teilweise aber darüber hinaus (z.B. im Stellenwert, den die
elektromagnetische Verträglichkeit (EMV) hat).
Nahezu deckungsgleich damit ist auf europäischer Ebene der Standard EN 50173.

2.2.4.2 Beschreibung

Der Standard gibt in zehn Kapiteln und acht Anhängen Spezifikationen für Kabel und
Anschlusstechnik sowie für die Verkabelung als Gesamtsystem:

Kapitel	Titel/Thema	Inhalt
1	*Scope*	Definition der Reichweite und Dienste des Standards, berücksichtigte Dienste
2	*Conformance And Normative References*	Nennung der Voraussetzungen, unter denen eine Kabelanlage dem Standard entspricht
3	*Definitions And Abbreviations*	Begriffe und Abkürzungen
4	*Structure Of The Generic Cabling System*	Definition der Verkabelungsstruktur und -bereiche, Verteiler, Dosen und Schnittstellen
5	*Implementation*	Richtlinien für eine standardgemäße Implementation der Gesamtanlage
6	*Line Performance*	Festlegung der nachrichtentechnischen Parameter für eine standardgemäße Übertragungsstrecke (definierte Punkt-zu-Punkt-Verbindung)
7	*Cable Specifications*	Spezifikation der Kabel für den *Backbone*- und Horizontalbereich
8	*Connecting Hardware Specifications*	Spezifikation der Anforderungen an die Verbindungstechnik
9	*Treatment of Shields*	Vorgaben für die Erdung und Schirmauflage bei Verwendung geschirmter Kabel
10	*Administration*	Bestimmungen über die Administration einer Kabelanlage

Durch den Standard wird eine strukturierte sternförmige Verkabelung festgeschrieben.

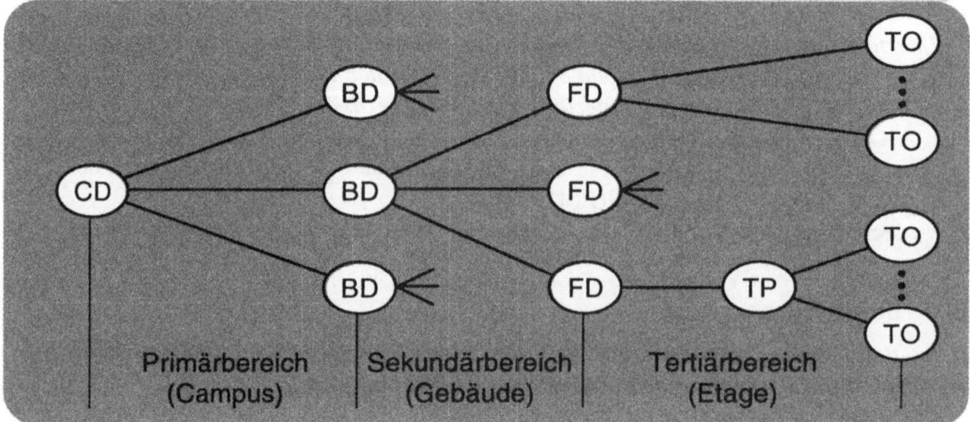

Abb. 2-18. Standard für die Gebäudeverkabelung: Struktur

Vorgesehen sind die drei Hierarchiestufen

- Primärbereich (Campus-*Backbone*; maximale Entfernung: 1500 m),

- Sekundärbereich (Gebäude-*Backbone*, Vertikalebene; maximale Entfernung: 500 m),

- Tertiärbereich (Horizontalebene, Etagenebene; maximale Entfernung: 100 m (90 m plus 10 m für Geräteanschlusskabel und *Patch*-Kabel)),

die durch Verteiler realisiert werden. Insgesamt ergibt sich somit eine Baumstruktur (vgl. Abb. 2-18). Für die Ausführung der Verkabelung werden zwei Kabeltypen empfohlen:

- Symmetrische Kupferkabel (UTP) mit einem Wellenwiderstand von $100\,\Omega \pm 15\%$ und

- Glasfaserkabel (Gradientenfaser) der Abmessung 62,5/125 µm

mit jeweils festgelegten Qualitätskriterien.

Als mögliche Alternativen werden aufgeführt:

- Ungeschirmte symmetrische Kabel mit einem Wellenwiderstand von $120\,\Omega$,

- geschirmte symmetrische Kabel mit einem Wellenwiderstand von $150\,\Omega$ (IBM Typ 1),

- Gradientenfasern der Abmessung 50/125 µm und

- Monomodefasern für den Primärbereich (Campus-*Backbone*).

Die eindeutigen Präferenzen sind für den Horizontalbereich UTP-Kabel mit $100\,\Omega$ Wellenwiderstand und für den Campus-*Backbone* in jedem Falle Lichtwellenleiter, um Probleme mit unterschiedlichen Potentialen in Gebäuden sowie sonstigen Interferenzen (z.B. auch Blitzschlag) auszuschließen.

Bereich	Kabeltyp	Empfohlene Verwendung
Horizontalbereich	Symm. Kabel ($100\,\Omega$)	Für alle Anwendungen
	LWL (62,5/125 µm)	Falls erforderlich
Gebäude-*Backbone*	Symm. Kabel ($100\,\Omega$)	Sprache und Datenkommunikation bis zu mittleren Geschwindigkeiten
	LWL	Datenkommunikation mittlerer und hoher Geschwindigkeit
Campus-*Backbone*	LWL	Für alle Anwendungen
	Symm. Kabel	Falls erforderlich

Für den Horizontalbereich werden die symmetrischen Kabel nach der geforderten Leistungsfähigkeit in sieben Kategorien unterteilt. Es werden für verschiedene Frequenzen (innerhalb der spezifizierten Bandbreite) Maximalwerte für die Dämpfung und Minimalwerte für die Nahnebensprechdämpfung angegeben.
Für die Datenkommunikation kommen die Kategorien 3 bis 7 in Frage: Für eine universelle, zukunftsorientierte Verkabelung sind mindestens Kabel der Kategorie 5 erforderlich.

Ein entscheidender Vorteil des ISO/IEC-Standardentwurfs ist, dass er über die Spezifikation von Komponenten (Kabel, Dosen, Stecker, Buchsen usw.) hinausgeht, indem alternativ auch Vorgaben für die Güte einer gesamten Übertragungsstrecke gemacht werden (*Link Performance*). Dies geschieht durch Festlegung der nachrichtentechnisch relevanten Parameter Dämpfung, Nahnebensprechdämpfung und vor allem ACR-Wert (*Attenuation to Crosstalk Ratio*).

Bei symmetrischen Kabeln wurden für Punkt-zu-Punkt-Verbindungen sechs Klassen definiert:

Klasse	Kategorie	Bandbreite	Anwendung
A	1	bis 100 kHz	Sprachkommunikation
B	2	bis 1 MHz	Sprach-/Datenkommunikation
C	3	bis 16 MHz	Ethernet, (10Base-T), Token-Ring (4 Mbps)
	4	bis 20 MHz	Token-Ring (16 Mbps)
D	5	bis 100 MHz	Fast Ethernet, FDDI (100 Mbps), ATM (155 Mbps)
E	6	bis 250 MHz	Fast Ethernet, FDDI (100 Mbps), ATM (155 Mbps)
F	7	bis 600 MHz	ATM (622 Mbps), Gigabit-Ethernet (1000 Mbps)

Die Relation zu den Komponentendefinitionen ist so, dass beispielsweise im Horizontalbereich eine Qualifikation nach Klasse D sichergestellt ist, wenn Komponenten der Kategorie 5 verwendet und die Längenbeschränkungen und Güteparameter bei der Implementierung eingehalten werden.
Über die *Link Performance* ist es möglich, bereits bestehende Verkabelungen im Sinne des Standards einzuordnen sowie aus Komponenten, deren Standardkonformität nicht im Einzelnen nachgewiesen ist (und die die Anforderungen gegebenenfalls über- wie auch unterschreiten können), insgesamt eine standardkonforme Übertragungsstrecke aufzubauen.

Der Standard enthält auch Aussagen bezüglich der Ausstattung der einzelnen Arbeitsplätze, und zwar schreibt er als Minimalausstattung pro Arbeitsplatz zwei Kommunikationssteckdosen vor: eine für symmetrische Kabel (4 Doppeladern) mit achtpoligem RJ45-Stecker (*Modular Jack*) und eine zweite mit

— einem weiteren Modular Jack (RJ45) oder
— einem IBM Datenstecker oder
— einem LWL-Steckverbinder Typ SC (*Subscriber Connector*)
  (wo bereits vorhanden, können auch ST-Stecker weiter verwendet werden).

Ein mit höheren Frequenzen immer schwierigeres Problem stellt die elektromagnetische Verträglichkeit (EMV) dar, und zwar sowohl die Störausstrahlung wie die Störfestigkeit betreffend. Grundsätzlich sind hier die nationalen Bestimmungen einzuhalten. In Europa ist die europäische Norm EN 55022 (in Deutschland eingegangen in DIN/VDE 0878) für Frequenzen von 150 KHz bis 1 GHz maßgebend.
Für die Einhaltung der (recht strengen) Vorschriften ist letztlich der Betreiber eines Systems verantwortlich; die eingeräumte Übergangsfrist ist 1995 abgelaufen.
Der Standard belässt die Problematik nicht ausschließlich bei den passiven Komponenten, sondern schiebt einen Teil der Verantwortung den Herstellern aktiver Komponenten (z.B. Hub-Produzenten) zu, indem gefordert wird, dass sie ihre Systeme gemäß den nati-

onalen EMV-Vorgaben für diejenigen Kabel qualifizieren, über die sie betrieben werden sollen.

2.2.4.3 Wertung

Mit dem Standard für die Gebäudeverkabelung ist es möglich, eine dienstneutrale (und damit auch herstellerunabhängige) informationstechnische Gebäudeverkabelung zu realisieren. Die Existenz des Standards bewirkt eine Umkehrung der Kausalität: Wurde in der Vergangenheit die Kabelinfrastruktur durch die Netztechnik bestimmt, so muss sich nun die Netztechnik an den Vorgaben des Kabelstandards ausrichten, was sinnvoller ist, da die Kabelinfrastruktur i. Allg. mehrere Generationen der Netztechnik überdauert. Es ist absehbar, dass es in diesem Bereich zu einer Bereinigung der bisherigen, aus Anwendersicht überflüssigen Vielfalt kommen wird.

Der Standard soll Planungssicherheit für mindestens zehn Jahre geben; das ist im Infrastrukturbereich kein sehr langer Zeitraum, und diese Vorgabe zeigt, dass mit diesem Standard nicht der Anspruch einhergeht, die Infrastrukturproblematik abschließend behandelt zu haben.

Bei näherer Betrachtung des Verkabelungsstandards fällt auf, dass Koaxialkabel, die in der existierenden LAN-Welt noch große Bedeutung haben, im Standard nicht vertreten sind. Die über symmetrische Kabel erzielbaren Übertragungsleistungen sind in den letzten Jahren geradezu dramatisch angestiegen, so dass für Koaxialkabel kein Bedarf mehr vorhanden ist, weil nach allgemeiner Auffassung dort, wo symmetrische Kupferleitungen nicht ausreichen, heute sinnvollerweise Lichtwellenleiter eingesetzt werden.
Generell ist festzustellen, dass die klassische LAN-Technik nicht in die Zukunft trägt. Dies gilt nicht nur für die in vielen LANs ursprünglich geforderten Koaxialkabel, sondern auch für die Netztopologie, wo die Zukunft nicht dem Bus oder Ring gehört, sondern dem im LAN-Umfeld in der Vergangenheit eher gemiedenen Stern. Auch der *Shared-Medium*-Ansatz aller LANs (bei dem die Teilnehmer das Übertragungsmedium gemeinsam nutzen) hat keine Zukunft. Das universell nutzbare Kommunikationsnetz der Zukunft wird ein vermittelndes Netz sein (basierend auf modernen LAN-*Switching*-Technologien und ATM (*Asynchronous Transfer Mode*), von ITU-T als Vermittlungstechnik des Breitband-ISDN festgeschrieben), das eine Sterntopologie – wie im Verkabelungsstandard festgelegt – verlangt.

Schließlich ist zu erörtern, wie zukunftssicher standardkonform aufgebaute Verkabelungssysteme sind.

Fast Ethernet, FDDI (jeweils 100 Mbps) und ATM (155 Mbps) können im Tertiärbereich (100 m) über eine Kategorie-5-Verkabelung (entsprechend Klasse D) übertragen werden. Es stellt sich die Frage, ob dies für die Netzteilnehmer in Zukunft ausreichend sein wird.

Für Rechner-Rechner-Verbindungen ist eine allgemein gültige Obergrenze für sinnvolle Datenraten nicht angebbar. Anders sieht es im Teilnehmerbereich aus, der hier in erster Linie angesprochen ist. Hier resultieren die höchsten zu erwartenden Anforderungen aus Videoübertragungen hoher Qualität. Gerade in diesem Anwendungsbereich kommen aber zunehmend wirkungsvollere Kompressionsverfahren zur Anwendung, was nicht nur die Übertragungsanforderungen, sondern – fast noch wichtiger – den Speicherplatzbedarf reduziert. Fernsehqualität kann heute bereits mit deutlich unter 10 Mbps übertragen werden, und auch das zukünftige hochauflösende Fernsehen wird sicher nicht über 50 Mbps erfordern.

Somit ist festzustellen, dass eine Datenrate von 155 Mbps, die in einem auf Vermittlungstechnik basierenden ATM-System ja jedem Benutzer exklusiv zur Verfügung steht, für einen normalen Benutzer ausreichen wird.

Ein zweiter Aspekt der Zukunftssicherheit neben den erreichbaren Übertragungsgeschwindigkeiten betrifft eine ausreichende Versorgung mit Netzanschlusspunkten.

Der Standard schreibt zwei Netzsteckdosen pro Arbeitsplatz vor, was i. Allg. wohl ausreichen wird. Darüber hinaus sind – zumindest potentiell – Reserven vorhanden. Der Standard sieht 8-polige Stecker und 8-adrige (d.h. 4-paarige) Kabel vor. Mit Ausnahme von Gigabit-Ethernet benötigt aber keines der vorhandenen Übertragungssysteme mehr als zwei Paare, so dass im Prinzip eine 100%-ige Kabelreserve vorhanden ist. Damit diese Reserve tatsächlich genutzt werden kann, d.h. auf je zwei Adernpaaren eines Kabels unabhängige Übertragungen laufen können, muss die Nahnebensprechdämpfung zwischen den Adernpaaren ausreichend groß sein. Dies ist für die Adernpaare eines UTP- oder S-UTP-Kabels nicht gegeben. Um also die Option auf unabhängig nutzbare Adernpaare aufrechtzuerhalten, müssen S-STP-Kabel oder aus zwei 2-paarigen S-UTP-Kabeln aufgebaute Kabel verwendet werden. Die Kosten bzw. Mehrkosten dafür sind angesichts des Vorteils (100% Kabelreserve) niedrig.

Insgesamt erfüllt der Standard den Zweck, eine universelle, firmenunabhängige informationstechnische Verkabelung realisieren zu können, und er findet auch die notwendige breite Akzeptanz.

Dennoch gibt es eine verbreitete Verunsicherung, hervorgerufen durch einen Expertenstreit darüber, ob eine reine UTP- oder wenigstens eine S-UTP- oder besser gar eine S-STP-Verkabelung die richtige Wahl ist. Diese Auseinandersetzungen sind auch vor dem Hintergrund der verschärften EMV-Vorschriften zu sehen und dem Aufwand, der letztlich erforderlich sein wird, um eine in dieser Hinsicht normenkonforme Kupferverkabelung zu erstellen. Um allen Unwägbarkeiten auszuweichen, stellt sich die Frage, ob nicht eine vollständige Glasfaserverkabelung bis zum Endgerät angebracht ist, zumal eine solche unter allen technischen Gesichtspunkten ohnedies die überlegene Lösung ist, die auch langfristig strategisch mit Sicherheit nicht falsch ist. Tatsächlich sind bereits heute die Kosten für eine Glasfaserverkabelung – abhängig von den örtlichen Randbedingungen – nicht oder zumindest nicht signifikant höher als für eine aufwändige (geschirmte) Kupferverkabelung. Ein ernstes Hindernis bilden aber die heute noch deutlich höheren Interface-Preise für die anzuschließenden Endgeräte, da an dieser Stelle der Multiplikator groß ist.

2.2.5 Richtfunkstrecken, Satellitenverbindungen

Richtfunk- und Satellitenverbindungen arbeiten im Mikrowellenbereich und in Zukunft auch im Millimeterwellenbereich, d.h. grob im Bereich zwischen 1 und 100 Ghz (vgl. Abb. 2-19).

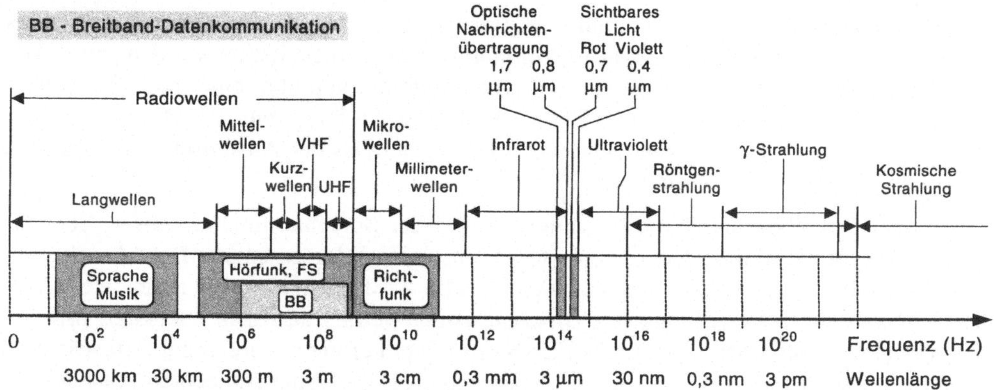

Abb. 2-19. Spektrum elektromagnetischer Wellen

Beiden gemeinsam ist, dass sie als nicht kabelgebundene Übertragungsstrecken besonders leicht abgehört werden können und daher bei Benutzung für private Verbindungen (nicht bei der Verteilung öffentlicher Fernsehprogramme) mit verschlüsselten Informationen arbeiten müssen. Während terrestrische Richtfunkstrecken ansonsten logisch wie kabelgebundene Übertragungsstrecken behandelt werden können, erfordern Satellitenverbindungen wegen der langen Signallaufzeiten teilweise eine gesonderte Behandlung. Da bei der Überbrückung größerer Entfernungen Satellitenverbindungen auch in Konkurrenz zu terrestrischen Übertragungsstrecken (insbesondere Glasfaserstrecken) gesehen werden, sollen die Besonderheiten im Folgenden kurz diskutiert werden.

Kommunikationssatelliten (Nachrichtensatelliten, Fernsehsatelliten) arbeiten in einer geostationären Position. Eine solche Position ist dadurch ausgezeichnet, dass sich dort Erdanziehung und Fliehkraft die Waage halten, wenn sich der Satellit synchron mit der Erde dreht (Abb. 2-20).

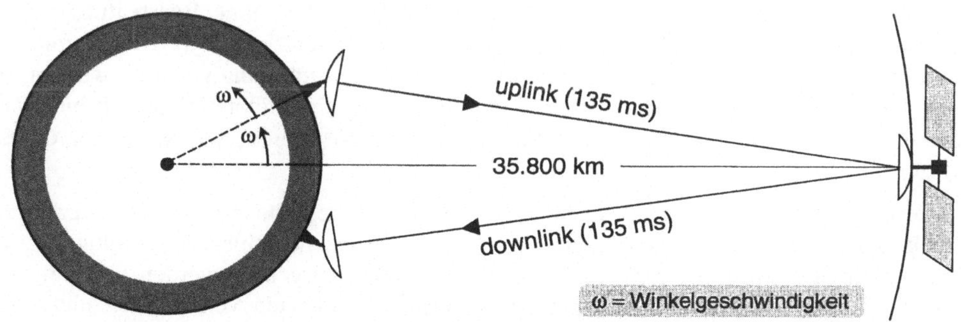

Abb. 2-20. Prinzip der Satellitenübertragung

Solche Positionen liegen in 35.800 km Entfernung über dem Äquator. Die Entfernung zu Orten auf dem 50. Breitengrad beträgt dann bereits ca. 40.000 km. Die in Relation zu den erdgebundenen Sender- und Empfängerstationen feste Position geostationärer Satelliten erspart Aufwendungen für eine automatische Antennennachführung und bewirkt überdies, dass der Satellit (elektrisch) permanent sichtbar ist und deshalb auch permanent kommuniziert werden kann. Aufgrund der großen Entfernung ergeben sich für die Verbindung von der Erdfunkstelle über den Satelliten (*uplink*) zurück zur Empfangsantenne (*downlink*) Signallaufzeiten von ca. 0,27 Sek. Diese im Vergleich zu terrestrischen Verbindungen langen Laufzeiten stellen eine Besonderheit dar, die bei der Nutzung eines Satellitenkanals für Zwecke der Datenkommunikation berücksichtigt werden muss. Bei der Sprachkommunikation erzeugen die Signallaufzeiten von über einer halben Sekunde bei einem Frage/Antwort-Spiel den Eindruck unnatürlich langsamer Reaktionen. Bei der Datenkommunikation bewirken diese Verzögerungen, dass der Austausch von Kontrollnachrichten außerordentlich langsam vonstatten geht.

Da bei der Datenkommunikation – anders als bei der Sprachkommunikation – Übertragungsfehler grundsätzlich nicht toleriert werden, muss jeder gesendete Datenblock vom Empfänger bestätigt werden. Im einfachsten Falle wird jeder einzelne gesendete Block bestätigt werden, bevor der nächste Block gesendet werden darf. Ein derartiges primitives Verfahren kann aber allenfalls bei LANs in Frage kommen; bereits bei terrestrischen Weitverkehrsnetzen würde eine solche Vorgehensweise zu einer schlechten Ausnutzung eines Übertragungskanals und unangemessenen Verzögerungen führen. HDLC als am weitesten verbreiteter Standard für die Schicht 2 (vgl. ISO-Referenzmodell) erlaubt im normalen Modus bis zu sieben ausstehende Bestätigungen. Ein solches Verfahren erfordert allerdings die Nummerierung der Blöcke, damit bei Bestätigungen darauf Bezug genommen werden kann; es brauchen nicht alle Blöcke einzeln bestätigt zu werden, sondern durch die Bestätigung eines bestimmten Blocks werden alle vorher übertragenen und noch nicht bestätigten Blöcke mit bestätigt.

Dieses Prinzip ist auch bei Satellitenverbindungen anwendbar; in diesem Falle reicht jedoch ein Nummernvorrat von acht (maximal sieben ausstehende Bestätigungen) nicht aus, sondern es kommt ein erweiterter Modus mit bis zu 127 ausstehenden Bestätigungen zur Anwendung. Bei dieser als Wiederholungsverfahren (*Automatic Repeat Request*-, ARQ-Verfahren) bezeichneten Vorgehensweise müssen auf Senderseite alle bereits übertragenen Datenblöcke so lange gespeichert werden, bis die Bestätigung eintrifft. Die erforderliche Pufferspeichergröße hängt somit von der Übertragungsgeschwindigkeit und der maximalen Zeitdauer bis zum Eintreffen der Bestätigung ab. Bei Satellitenverbindungen beträgt diese Zeit allein aufgrund der Laufzeit, d.h. ohne Bearbeitungszeiten mindestens 0,54 Sekunden für den Hin- und Rückweg. Nicht bestätigte Blöcke müssen wiederholt werden, und danach muss wiederum auf die Bestätigung gewartet werden, so dass die zu überbrückende Zeitspanne auf deutlich über eine Sekunde anwachsen kann, was bei hohen Datenraten die Bereitstellung eines Pufferspeichers beachtlicher Größe erforderlich macht.

Bei terrestrischen Verbindungen werden normalerweise, beginnend mit dem fehlerhaften Block, alle Blöcke erneut übertragen. Diese Strategie macht Fehlerwiederholungen extrem kostspielig, weil signifikante Kanalzeiten nutzlos vergeudet werden und bei den großen zu wiederholenden Datenmengen das erneute Auftreten von Fehlern nicht unwahrscheinlich ist. Es ist deshalb bei Satellitenverbindungen wünschenswert, Übertragungsprotokolle einzusetzen, die eine selektive Wiederholung eines fehlerhaften Datenblocks erlauben. Der Nachteil dabei ist, dass dann – um die Sequenz einhalten zu können – auf der Empfängerseite ebenfalls entsprechend große Pufferspeicher bereitgestellt werden müssen.

Zusammenfassend ist festzustellen, dass das Auftreten von Übertragungsfehlern bei Satellitenverbindungen wegen der langen Laufzeiten vergleichsweise kostspielig ist und überdies die Laststruktur netzabwärts von der Empfangsstation ungünstig beeinflusst (Stillstandszeiten). Dieser Sachverhalt macht es erstrebenswert, die Notwendigkeit von

Fehlerwiederholungen zu minimieren. Bei vorgegebener Bitfehlerrate kann die Blockwiederholungsrate dadurch verkleinert werden, dass nicht jeder Bitfehler notwendig zu einer Wiederholung führt. Dies kann erreicht werden, indem durch Bereitstellung und Übertragung zusätzlicher (redundanter) Information die Möglichkeit geschaffen wird, daraus auf Empfängerseite im Fehlerfalle die richtige Information rekonstruieren zu können. Man nennt solche Verfahren Fehlerkorrekturverfahren (*Forward Error Correction-*, FEC-Verfahren).

Es ist offensichtlich, dass die Wahrscheinlichkeit dafür, die richtige Information gegebenenfalls auf der Empfängerseite rekonstruieren zu können, mit dem Umfang der Zusatzinformation steigt. FEC-Verfahren erfordern permanent (also nicht nur bei Auftreten eines Fehlers) zusätzliche Bandbreite zur Übertragung der redundanten Information und überdies auf Sender- und Empfängerseite ausreichende Prozessorleistung, um die Zusatzinformation generieren bzw. die Nutzinformation rekonstruieren zu können, ohne den Informationsfluss zu verzögern.

Fehlerkorrekturverfahren (FEC) und Wiederholungsverfahren (ARQ) können einzeln, aber auch in Kombination zur Anwendung kommen. Welches Verfahren günstiger ist, hängt von den Gegebenheiten und den Ansprüchen an die Übertragungssicherheit ab. Die ausschließliche Verwendung von FEC-Verfahren ist zwingend, wenn kein Rückkanal (vom Empfänger zum Sender) zur Verfügung steht, und kann bei Punkt-zu-Mehrpunkt-Verbindungen (d.h. wenn die Information von einem Sender zu mehreren Empfängern transportiert wird) empfehlenswert sein, weil dabei die Organisation von Bestätigungen und Wiederholungen sehr komplex wird.

Satellitenverbindungen stehen insbesondere über große Entfernungen in Konkurrenz zu terrestrischen Verbindungen. Mit der Einführung der Glasfasertechnik haben auch über sehr große Entfernungen terrestrische Verbindungen wieder sehr gute Zukunftsaussichten.

Falls ein Satellit vorhanden ist, können zwischen beliebigen Orten im Empfangsbereich des Satelliten sehr schnell Verbindungen realisiert werden; dies wird benutzt, um schnell Vorablösungen zu realisieren bis eine geeignete terrestrische Infrastruktur installiert ist.

Satelliten sind auch gut geeignet, um aus besonderem Anlass (und evtl. vorübergehend) leistungsfähige Verbindungen zu abgelegenen Orten herstellen zu können (etwa beim Besuch hochgestellter Persönlichkeiten). Von besonderer Bedeutung sind Satellitenverbindungen für Entwicklungsländer, wo eine terrestrische Infrastuktur aus Zeit- und Kostengründen nicht eingerichtet werden kann bzw. wegen zu geringer Teilnehmerdichte überhaupt nicht sinnvoll ist. Optimal sind Satelliten für die Verteilkommunikation (Rundfunk und Fernsehen).

Satellitenkommunikation hat überdies den Vorteil (der mancherorts allerdings auch als Nachteil gesehen wird), dass sie mühelos Staatsgrenzen überwindet und auch zwischen nicht direkt benachbarten Staaten eine freie Kommunikation ermöglicht.

In und auch zwischen hochentwickelten Ländern wird durch die Glasfasertechnik die kabelgebundene Kommunikation eher wieder an Bedeutung gewinnen. Ausschlaggebend dafür sind nicht nur Kostengesichtspunkte, sondern auch Sicherheitsaspekte und die Erkenntnis, dass nur in kabelgebundener Technik die Zahl der Kanäle beliebig gesteigert werden kann, da sowohl die Zahl der geostationären Satellitenpositionen als auch die verfügbaren Sendefrequenzen beschränkt sind.

2.3 Übertragungstechnik

Bei der Datenkommunikation kann davon ausgegangen werden, dass die zu transportierenden Informationen in digitaler Form, d.h. in Form von Bitketten vorliegen. Im Allgemeinen, insbesondere für Zwecke der Speicherung und des Transports, werden jeweils acht binäre Informationseinheiten (Bits) zu Bytes (*octets*) zuammengefasst; darüber hinaus werden für den Transport oftmals noch größere Einheiten gebildet, die als Block, Rahmen, Paket, Nachricht o.ä. bezeichnet werden und deren Länge in der Praxis meist ein Vielfaches von Bytes beträgt.

Sollen binäre Informationen übertragen werden, die andere Größen repräsentieren (Dezimalziffern, Buchstaben, Steuerzeichen usw.), so muss bestimmten Bitkombinationen eine entsprechende Bedeutung zugewiesen werden (Zeichencodierung). Zeichencodes sind typischerweise 7- oder 8-Bit-Codes, was einen Zeichenvorrat von maximal 128 bzw. 256 Zeichen ergibt. Die wichtigsten Codes sind die internationale Fassung des von ITU-T standardisierten Internationalen Alphabets Nr. 5 (IA Nr. 5), die mit der amerikanischen Version ASCII (*American Standard Code for Information Interchange*) identisch ist und weltweit die stärkste Verbreitung gefunden hat, und EBCDIC (*Extended Binary Coded Decimal Interchange Code*), der von IBM verwendet wird. Um eine deckungsgleiche Interpretation der ausgetauschten Information sicherzustellen, müssen Kommunikationspartner sich bezüglich des zu verwendenden Zeichencodes verständigen. Zeichencodes können durch die codeabhängigen Häufigkeiten bestimmter Bitfolgen einen geringen indirekten Einfluss auf die Datenübertragung haben; ein direkter Einfluss besteht nicht, da die Codierung und Decodierung außerhalb des Übertragungssystems im engeren Sinne stattfindet.

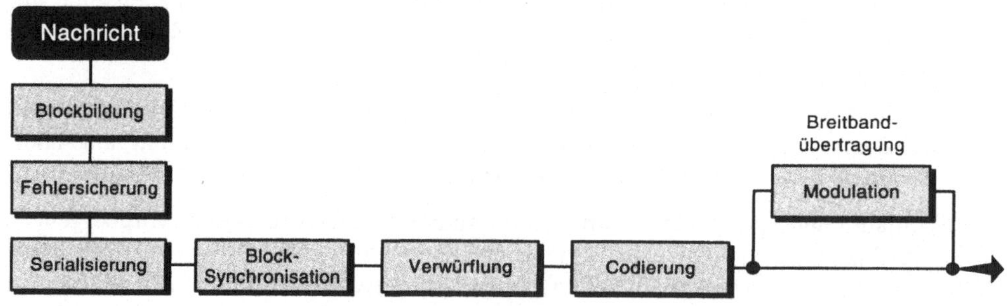

Abb. 2-21. Funktionsfolge einer seriellen Übertragung

Eine Nachricht muss zunächst in Informationsblöcke zerlegt werden, die bei vorgegebener Maximallänge i. Allg. variabel lang sein können (z.B. ein Textzeichen, aber auch mehrere tausend Bits) und als selbständige Einheiten durch das Netz transportiert werden. Die Informationsblöcke werden mit einer Fehlersicherung versehen, die zumindest das Erkennen von Übertragungsfehlern auf der Empfängerseite gewährleisten soll, darüber hinaus evtl. aber auch eine Korrektur fehlerhafter Daten erlaubt.

Die Blocksynchronisation ist notwendig, damit in dem seriellen Bitstrom auf Empfängerseite Blockanfang und Blockende erkennbar sind. Die nachfolgenden Operationen – Codierung und evtl. Verwürflung und Modulation – dienen der physikalischen Signalaufbereitung.

Bei Beschränkung auf feste Blockgrößen ist das Problem der Blocksynchronisation relativ einfach zu lösen. Schwieriger ist das Problem, wenn unterschiedlich lange Blöcke übertragen werden sollen. Wenn die zu übertragende Information zeichencodiert ist (z.B. ASCII), kann die Synchronisation über Blocksteuerzeichen erfolgen, indem bestimmten Codes (Bitfolgen) die Bedeutung 'Blockanfang' oder 'Blockende' zugewiesen wird. Diese Vorgehensweise ist nicht anwendbar, wenn bittransparent (d.h. unverschlüsselte Binärinformation) übertragen werden soll, da in diesem Falle beliebige Bitkombinationen im Datenstrom vorkommen können und deshalb keine Bitkombination für Steuerungszwecke reserviert werden kann. Es gibt zwei grundsätzliche Lösungen für dieses Problem, auf die in dem Kapitel über Standards noch näher eingegangen wird:

1. Strukturierung eines Blocks in der Weise, dass ein Steuerungsteil fester Struktur ein Längenfeld enthält, über das die Länge des variabel langen Datenteils festgelegt wird.

2. Modifikation der Originaldaten zur Verhinderung bestimmter Bitkombinationen, die dann als Blocksteuerzeichen verwendet werden. Auf der Empfängerseite müssen durch eine inverse Operation die ursprünglichen Daten wieder hergestellt werden. Die HDLC- und SDLC-Protokolle verwenden diese Strategie.

2.3.1 Digitalisierung analoger Informationen

Übertragungssysteme können für die Übertragung digitaler oder analoger Informationen ausgelegt sein. Das Fernsprechnetz ist heute noch teilnehmerseitig in weiten Teilen ein analoges Netz. Wenn digitale Informationen über das Fernsprechnetz übertragen werden sollen, müssen zur Anpassung sogenannte Modems (Modulator/Demodulator) eingesetzt werden.

Die Datennetze arbeiten auf der Basis digitaler Übertragungstechnik. Generell geht die Entwicklung hin zu digitalen Netzen (auch für die Sprachkommunikation), und es ist deshalb erforderlich, originär analoge Signale (wie z.B. Sprache) in digitale Informationen umwandeln zu können und umgekehrt.

2.3.1.1 PCM-Verfahren

Das bekannteste Verfahren zur Verwandlung kontinuierlicher analoger Signale in diskrete digitale Information ist das PCM-Verfahren (*Pulse Code Modulation*). Dabei wird aus einem analogen Signal durch Abtastung und Quantisierung ein digitaler Bitstrom erzeugt. Die Abtastung erfolgt zeitlich äquidistant; dies ist sinnvoll, weil sonst die Abszissenwerte (Abtastzeitpunkte) festgehalten und ebenfalls übertragen werden müssten. Man kann deshalb von einer Abtastrate (*sample rate*) sprechen, die die Zahl der Abtastungen pro Zeiteinheit angibt. Der Abtastwert (*sample*) ist der Wert des analogen Signals zum Abtastzeitpunkt. Da die Amplitudenwerte des analogen Signals zu den Abtastzeitpunkten nur mit endlicher Genauigkeit festgestellt werden können (die Genauigkeit hängt von der Auflösung des Analog/Digitalwandlers ab; gängige A/D-Wandler haben 8 bis 16 Bits Auflösung), ist damit eine Quantisierung verbunden, d.h., dem Wertekontinuum des analogen Signals stehen endlich viele diskrete Werte des A/D-Wandlers gegenüber (z.B. 256 bei 8 Bits Auflösung) und die Amplitudenwerte werden den Quantisierungsintervallen zugeordnet.

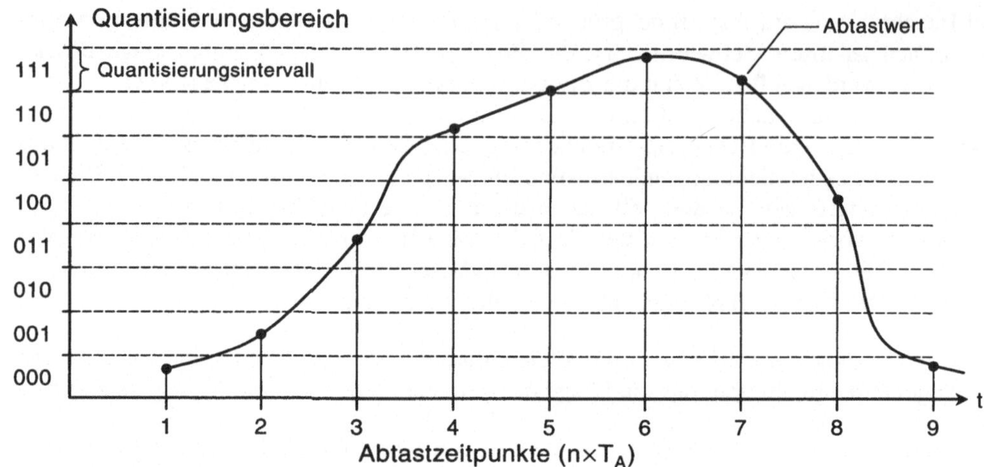

Abb. 2-22. Prinzip des PCM-Verfahrens

Es ist offensichtlich, dass auf diese Weise aus einem kontinuierlichen Analogsignal eine Folge diskreter Binärwerte erzeugt wird. Die Rechtfertigung für diese Vorgehensweise kommt aus dem Abtasttheorem, welches besagt, dass aus der Folge der diskreten Werte das analoge Ausgangssignal dann rekonstruiert werden kann, wenn die Abtastfrequenz mindestens das Doppelte der oberen Grenzfrequenz des ursprünglichen Analogsignals beträgt.

Eine wichtige Anwendung ist die Digitalisierung (PCM-Codierung) analoger Sprachsignale. Hierbei wird als Abtastrate 8 kHz festgelegt, woraus sich nach dem Abtasttheorem als obere Grenzfrequenz des zu übertragenden Sprachsignals 4 kHz ergibt (im Fernsprechnetz ist die obere Grenzfrequenz 3,4 kHz). Als Auflösung genügen bei Sprachsignalen 8 Bits, so dass sich eine Datenrate von 64 kbps ergibt (1 Codewort der Länge 1 Byte alle 125 µs). Dieser sich aus der PCM-Codierung des Sprachsignals ergebende Datenstrom von einem Byte pro 125 µs bildet die Grundlage des digitalen Fernsprechsystems und des ISDN.

Der Vollständigkeit halber soll noch nachgetragen werden, dass bei der Sprachdigitalisierung die PCM-Werte modifiziert werden. Vor dem Hintergrund, dass das menschliche Gehör im Bereich kleiner Amplituden feiner reagiert als bei großen Amplituden, kommt eine Kompressionstechnik zur Anwendung, durch die bei kleinen Amplituden die Auflösung verbessert wird auf Kosten der Auflösung bei großen Amplituden. In Deutschland und in den meisten Staaten der Welt kommt dabei eine 13-Segment-Kennlinie nach dem sogenannten A-Gesetz (logarithmische Empfindlichkeit des menschlichen Gehörs) zum Einsatz. In den USA und Japan wird eine 15-Segment-Kennlinie (*µ-law*) verwendet. Beide Varianten sind durch die ITU-T-Empfehlung G.711 standardisiert.

2.3.2 Leitungscodes

Da hier nur digitale Übertragungen betrachtet werden, muss das Übertragungssystem die logischen Zustände '0' und '1', d.h. mindestens zwei diskrete Zustände elektrisch repräsentieren können. Die kleinste Einheit eines Digitalsignals wird als Codeelement (oder auch Symbol) bezeichnet. Ein Codeelement hat n Kennzustände ($n \geq 2$ nach dem vorher Gesagten); ein zweistufiges Codeelement heißt binär (*binary*), ein dreistufiges ternär (*ternary*), ein vierstufiges quaternär (*quaternary*) usw. Ein binäres Element entspricht einem Bit, ein quaternäres kann dagegen die Information einer Zweier-Bitgruppe tragen, d.h., wenn man von einer festen Zeitdauer T eines Codeelementes ausgeht, die doppelte Informationsmenge pro Zeiteinheit befördern.

Definiert man als Schrittgeschwindigkeit

$$v_s = \frac{1}{T}$$ (Einheit **Baud**, T = Dauer eines Codeelements, Schrittdauer),

so ergibt sich die Übertragungsgeschwindigkeit (äquivalente Bitrate) zu

$$v_u = v_s \, ld \, n$$ (n = Anzahl diskreter Kennzustände eines Codeelements).

Bei binären Codeelementen stimmen somit Bitrate und Schrittgeschwindigkeit (Baudrate) überein.

Mehrere Codeelemente können zu einem Codewort zusammengefasst werden. Beim ISDN beispielsweise wird auf der Teilnehmeranschlussleitung eine 4B3T-Codierung verwendet, bei der vier Binärwerte (Bits) auf ein Codewort mit drei ternären Codeelementen abgebildet werden.

Nach den bisherigen Ausführungen wäre es wünschenswert, in einem Übertragungssystem Codeelemente mit möglichst vielen Kennzuständen zu verwenden, weil dadurch der Informationsdurchsatz bei vorgegebener Bandbreite erhöht werden kann. Gleichzeitig steigen dadurch aber die Anforderungen an das Signal-/Rauschverhältnis, d.h. es wird schwieriger (bei gleicher Sendeleistung) aus dem auf seinem Weg vom Sender zum Empfänger gedämpften und vielen verfälschenden Einflüssen ausgesetzten Signal auf der Empfängerseite die Information zurückzugewinnen. Auch eine Erhöhung der Sendeleistung bietet keinen einfachen Ausweg, weil dadurch die Störabstrahlung erhöht und die Einhaltung der EMV-Vorschriften erschwert wird. Die Eigenschaften von Sender, Empfänger und Übertragungsmedium stehen also in Beziehung zueinander und müssen gemeinsam betrachtet werden.

Zwei weitere Anforderungen an Leitungscodes sind

- Gleichstromfreiheit und

- Taktrückgewinnung.

Insbesondere bei Basisbandübertragungen zwischen galvanisch entkoppelten Stationen (typisch für lokale Netze) können keine Gleichstromanteile übertragen werden. Diese entstehen, wenn datenabhängig positive und negative Impulse ungleichgewichtig auftreten.

Auf der Senderseite werden die Codeelemente in einem bestimmten Takt erzeugt, der zur Identifikation der Elemente auch auf der Empfängerseite vorhanden sein muss. Das Taktsignal könnte auch auf einer separaten Leitung parallel zum Nutzsignal übertragen werden. Bei geeigneten Leitungscodes kann das Taktsignal aber auch aus den beim Empfänger ankommenden Nutzsignalen zurückgewonnen werden; solche Leitungscodes werden selbsttaktend genannt.

Im Folgenden werden einige binäre Leitungscodes kurz erläutert.

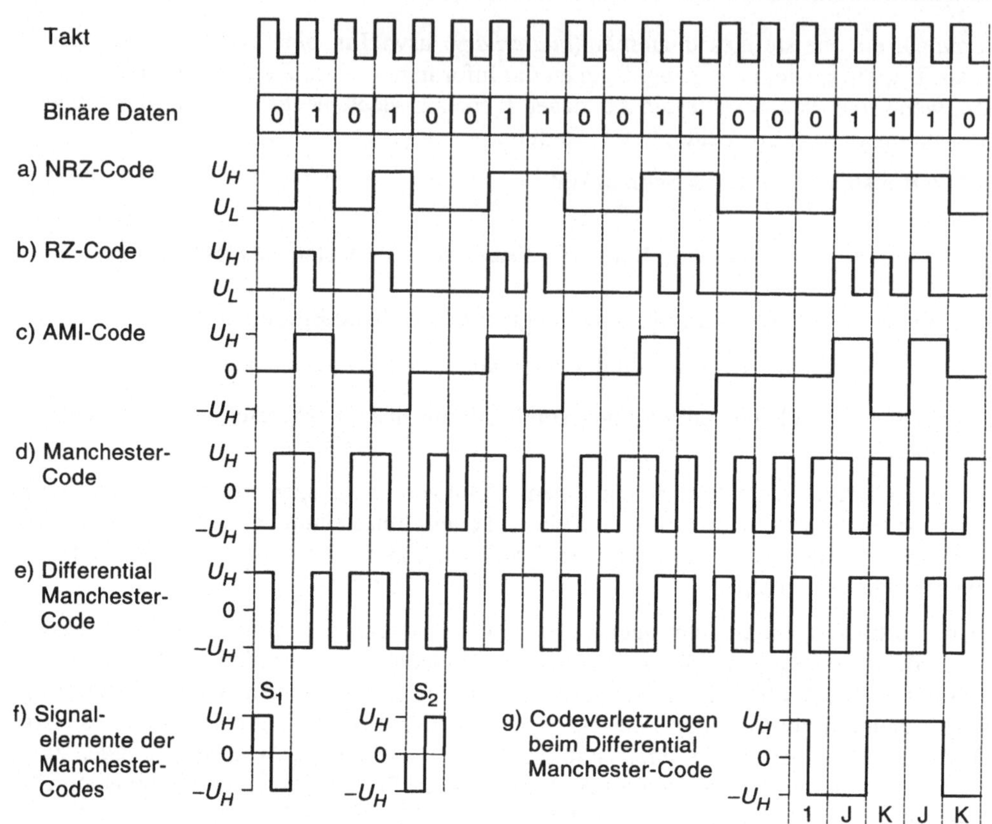

Abb. 2-23. Leitungscodes

2.3.2.1 NRZ-Code

Der NRZ-Code (*Non-Return-to-Zero*) hat die folgende Codierungsvorschrift (vgl. Abb. 2-23a):

$$'0' \Leftrightarrow U_L$$

$$'1' \Leftrightarrow U_H \quad \text{(Hierbei steht } L \text{ für } Low \text{ und } H \text{ für } High)}$$

Diese Signaldarstellungsform ist die einfachste und naheliegendste. Die Pulsdauer der Rechteckimpulse ist gleich der Schrittdauer. Durch '1'-Folgen entsteht ein ununterbrochenes Signal; das Signal ist nicht gleichstromfrei, und es erlaubt nicht die Taktrückgewinnung auf der Empfängerseite.

2.3.2.2 NRZI-Code

Der NRZI-Code (*Non-Return-to-Zero Inverted*) entspricht dem NRZ-Code mit einer Umkehrung der Wertezuordnung:

$$'0' \Leftrightarrow U_H$$

$$'1' \Leftrightarrow U_L \quad \text{(Hierbei steht } L \text{ für } Low \text{ und } H \text{ für } High)}$$

2.3.2.3 RZ-Code

Codierungsvorschrift (vgl. Abb. 2-23b):

$$'0' \Leftrightarrow U_L$$

$$'1' \Leftrightarrow U_H \rightarrow U_L \text{ nach } T/2$$

Beim RZ-Code (*Return-to-Zero*) werden zur Darstellung der Bits Rechteckimpulse der halben Schrittdauer verwendet. Das Signal ist nicht gleichstromfrei. Bei '1'-Folgen wird (im Gegensatz zum NRZ-Code) der Takt mit übertragen, bei '0'-Folgen jedoch nicht.

2.3.2.4 AMI-Code

Codierungsvorschrift (vgl. Abb. 2-23c):

$$'0' \Leftrightarrow U_L$$

$$'1' \Leftrightarrow \text{alternierend } U_H \text{ und } -U_H$$

Beim AMI-Code (*Alternate Mark Inversion*), auch Bipolar-Code, handelt es sich um einen pseudoternären Code, da drei unterschiedliche Signalzustände existieren, die aber nur zur Darstellung von zwei diskreten Werten benutzt werden. Durch die alternative Darstellung der '1' wird das Signal gleichstromfrei; '1'-Folgen enthalten Taktinformation, '0'-Folgen jedoch nicht, so dass das Signal nicht selbsttaktend ist.

An der S_0-Schnittstelle des ISDN kommt eine modifizierte AMI-Codierung mit vertauschten Darstellungen für '0' und '1' zum Einsatz.

Abgeleitet vom AMI-Code sind die HDB_n-Codes. Bei diesen werden längere '0'-Folgen verhindert, indem nach n '0'-Werten in Folge, abweichend von der Codierungsvorschrift des AMI-Codes, ein Impuls erzeugt wird, der aus diesem Grunde als Codeverletzung bezeichnet wird. Dieser Puls dient der Taktgewinnung. Positionierung und Polarität dieser eingeschobenen Pulse müssen so gesteuert werden, dass sie zum einen von echten '1'-Werten unterscheidbar sind, zum anderen die Gleichstromfreiheit des Signals erhalten bleibt; eine ausführliche Beschreibung ist beispielsweise in [13], S. 126 zu finden. Bei den HDB_n-Verfahren kann nach jeweils längstens n Schrittdauern auf der Empfängerseite ein Taktsignal erzeugt und zur Taktsynchronisation verwendet werden.

Von besonderer Bedeutung ist das HDB_3-Verfahren, das von ITU-T für 2-, 8- und 34-Mbps-Übertragungsverfahren standardisiert wurde.

2.3.2.5 Manchester-Code

Beim Manchester-Code werden die Signale aus den beiden in Abb. 2-23f dargestellten Signalelementen S_1 und S_2 zusammengesetzt, die um 180° phasenverschoben sind. Dies geschieht nach der folgenden Codierungsvorschrift (vgl. Abb. 2-23d):

$$'0' \Leftrightarrow -U_H \rightarrow U_H \text{ nach } T/2 \quad (S_2)$$

$$'1' \Leftrightarrow U_H \rightarrow -U_H \text{ nach } T/2 \quad (S_1)$$

Dieser Code ist gleichstromfrei und selbsttaktend; allerdings ist die Taktfrequenz doppelt so hoch wie die Schrittgeschwindigkeit, so dass für die Übertragung eine höhere Bandbreite erforderlich ist.

2.3.2.6 Differential Manchester-Code

Beim *Differential Manchester Code* wird aus den gleichen Signalelementen wie beim normalen Manchester-Code (Abb. 2-23f) das Signal nach der folgenden Codierungsvorschrift (vgl. Abb. 2-23e) gebildet:

'0' ⇔ Polaritätswechsel am Schrittanfang

'1' ⇔ kein Polaritätswechsel am Schrittanfang

Der *Differential Manchester Code* kommt beim Token-Ring zum Einsatz, wo für die Rahmensynchronisation gezielt Codeverletzungen benutzt werden. Es werden dort zwei Typen von Codeverletzungen benutzt (vgl. Abb. 2-23g):

J-Codeverletzung: Kein Polaritätswechsel am Schrittanfang und in der Mitte des Intervalls

K-Codeverletzung: Polaritätswechsel am Schrittanfang, kein Polaritätswechsel in der Intervallmitte

2.3.3 Asynchrone und synchrone Verfahren

Wie auch immer Signale dargestellt und vom Sender zum Empfänger transportiert werden, der Empfänger muss wissen, zu welchen Zeitpunkten er die Kennwerte der Codeelemente abtasten muss, d.h. die Signalerkennung muss synchron zur Signalgenerierung erfolgen, und zwar i. Allg. nach der halben Schrittdauer. Grundsätzlich unterscheidet man

* **Asynchrone Verfahren** und

* **Synchrone Verfahren**.

Bei **asynchronen Verfahren** existiert kein gemeinsamer Zeittakt für Sender und Empfänger; gleichauflösende Taktgeber in der Sendestation und der Empfangsstation werden durch ein Startbit, das vor der eigentlichen Nutzinformation übertragen wird, und ein oder zwei Stopbits im Anschluss an die Nutzinformation synchronisiert.

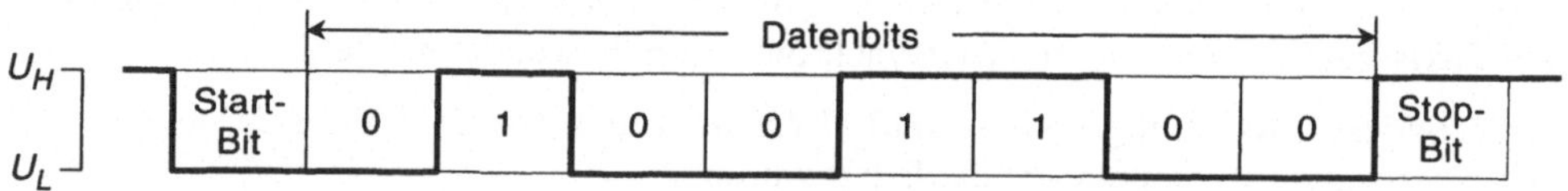

Abb. 2-24. Asynchrone Byteübertragung

Während einer Folge von Binärzeichen (zwischen Start- und Stopbit) liegen die Binärzeichen in einem festen Zeitraster und es besteht Synchronismus zwischen Sende- und Empfangsstation. Binärzeichen verschiedener Folgen von Binärzeichen stehen in keiner definierten Beziehung zueinander, d.h., die Zeit zwischen zwei aufeinander folgenden Folgen von Binärzeichen kann beliebig lang sein und ist nicht an eine bestimmte Zeitrasterung gebunden.

Da die Taktgeber nicht absolut gleich laufen und physikalisch bedingt auch Laufzeitschwankungen auftreten können, kann nur eine verhältnismäßig kleine Zahl von Bits übertragen werden bis zur erneuten Synchronisation zwischen Sende- und Empfangtakt, und auch die Datenrate kann bei diesem Verfahren nicht sehr hoch werden. Eine Synchronisation findet mit jedem Datenbyte statt, und die maximalen Datenraten reichen heute bis 56 kbps. Wegen der beschränkten Datenraten und des relativ großen Anteils an Start- und Stopbits ist die Leistungfähigkeit asynchroner Übertragungsverfahren geringer als die synchroner Verfahren; sie sind aber mit geringen Mitteln zu realisieren.

Bei **synchronen Übertragungsverfahren** liegen alle Binärzeichen in einem festen Zeitraster und zwischen den Datenstationen besteht Synchronismus, d.h. die Stationen besitzen den gleichen Schrittakt und stehen auch bezüglich des Beginns von Zeichen in einer definierten Beziehung zueinander. Die Synchronisation erfolgt am Anfang eines Blocks (Blocksynchronisation) und bleibt während der Übertragungsdauer eines Blocks erhalten.

Der gemeinsame Takt kann durch eine separate Taktleitung übertragen werden, es können aber auch selbsttaktende Leitungscodes verwendet werden, bei denen aus dem ankommenden Signal Nutzinformation und Takt gewonnen werden können.

Im Prinzip kann jede Signalflanke auf der Empfängerseite zur Resynchronisation verwendet werden. Es muss dann sichergestellt werden, dass in genügend kurzen Zeitabständen Signalflanken auftreten, d.h. längere Dauerpegel wie sie bei '0'- oder '1'-Folgen auftreten können, müssen verhindert werden. Eine Möglichkeit dazu ist die Verwendung geeigneter Leitungscodes (wie z.B. HDB_n). Eine zweite Möglichkeit besteht im Einsatz sogenannter Verwürfler (*scrambler*). Diese erzeugen aus einer beliebigen Bitfolge eine Pseudozufallsfolge. Dabei muss auf der Empfängerseite durch einen spiegelbildlich arbeitenden Entwürfler (*descrambler*) die ursprüngliche Bitfolge wieder hergestellt werden.

Synchrone Übertragungsverfahren sind leistungsfähiger und effizienter als asynchrone, aber der technische Aufwand ist auch größer.

2.3.4 Betriebsarten

2.3.4.1 Vollduplex-Betrieb

Beim Vollduplex-Betrieb (Gegenbetrieb) geschieht die Signalübertragung bidirektional simultan, d.h. die Kommunikationspartner können gleichzeitig senden und empfangen. Dazu ist es erforderlich, dass beide Stationen parallel betreibbare Sende- und Empfangseinrichtungen besitzen. Ebenso muss das Übertragungsmedium gleichzeitige Übertragungen in beide Richtungen zulassen; dies wird meist durch getrennte Kanäle für die Übertragungsrichtungen, oft auch durch getrennte Leitungen realisiert (bei den sogenannten Vierdrahtverfahren wird beispielsweise eine Doppelader pro Übertragungsrichtung verwendet).

2.3.4.2 Halbduplex-Betrieb

Beim Halbduplex-Betrieb (Wechselbetrieb) erfolgt die Signalübertragung bidirektional alternierend, d.h. die Kommunikationspartner können wechselnd in der Rolle des Senders oder des Empfängers auftreten; auf diese Weise kann ein Dialog geführt werden.

Die Festlegung der Übertragungsrichtung ist Aufgabe der Kommunikationspartner, denen dafür besondere Signale (z.B. Empfangsbereitschaft) zur Verfügung stehen. Beide Seiten müssen über Sende- und Empfangseinrichtungen verfügen, die aber nicht gleichzeitig betreibbar sein müssen. Auch die Übertragungsstrecke muss bidirektional betreibbar sein.

2.3.4.3 Simplex-Betrieb

Beim Simplex-Betrieb (Richtungsbetrieb) erfolgt die Nachrichtenübertragung unidirektional. Es besteht keine Möglichkeit, vom Empfänger Nachrichten zum Sender zurückzutransportieren (etwa Fehlermitteilungen).

Diese Betriebsart ist typisch für die Verteilkommunikation (Rundfunk und Fernsehen), in der Datenkommunikation ist sie unüblich.

2.3.5 Datenübertragungsverfahren

2.3.5.1 Basisbandübertragung

Bei einer Basisbandübertragung werden die Signale entsprechend dem verwendeten Leitungscode ohne weitere Umformung über die Leitung übertragen. Eine Leitung kann deshalb nur durch einen Übertragungskanal genutzt werden. Falls mehrere unabhängige Informationsströme zu übertragen sind, muss dies durch eine zeitliche Verschachtelung (Zeitmultiplex, TDM = *Time Division Multiplexing*) geschehen.

Kennzeichen von Basisbandnetzen:

- Preiswert

- Leicht handhabbar

- Leicht erweiterbar

- Beschränkte Bandbreite (Datenraten typischerweise $\leq$ 100 Mbps)

- Evtl. schlechte Ausnutzung der Übertragungskapazität der Leitungen

- Überbrückbare Entfernungen nicht sehr groß (typisch $\leq$ 1,5 km auf Kupferleitungen).

2.3.5.2 Breitbandübertragung

Wenn mehrere Übertragungskanäle über eine Leitung geführt werden sollen oder aufgrund der Charakteristika eines Übertragungsmediums (z.B. Luft) in einem bestimmten Frequenzbereich übertragen werden muss, dann muss die Nutzinformation auf eine Trägerschwingung aufmoduliert werden.

Bei einem Koaxialkabel als Medium wird die Bandbreite (heute bis ca. 860 MHz nutzbar) in Frequenzbänder von typischerweise 6 MHz Breite (Fernsehkanal) unterteilt, die dann unabhängig für die Übertragung von Informationsströmen benutzt werden können; dieser Vorgang wird als Frequenzmultiplex (FDM = *Frequency Division Multiplexing*) bezeichnet.

Zur Übertragung der Nutzinformation muss die codierte Bitfolge auf den Träger aufmoduliert werden. Dies geschieht durch einen Modulator auf der Sendeseite, dem empfangsseitig ein Demodulator gegenübersteht, dessen Aufgabe die Rückgewinnung des Nutzsignals ist.

Die bekanntesten Modulationsverfahren sind:

- **Amplitudenmodulation** (ASK = *Amplitude Shift Keying*),

- **Frequenzmodulation** (FSK = *Frequency Shift Keying*),

- **Phasenmodulation** (PSK = *Phase Shift Keying*).

Diese Verfahren werden nachfolgend für die Übermittlung binärer Daten (zwei Signalzustände) kurz erläutert; sie sind auch für die Übertragung analoger Signale geeignet und werden in der Praxis auch häufig dafür eingesetzt.

Amplitudenmodulation

Die für die Übertragung binärer Information einfachste Form der Amplitudenmodulation ist die 'harte Tastung' (*Binary ASK*), bei der in Abhängigkeit vom darzustellenden Wert ('0' oder '1') der Träger an- oder abgeschaltet wird.

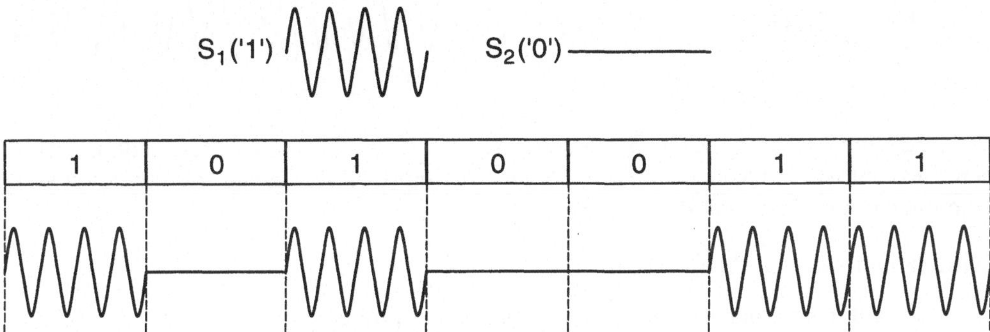

Abb. 2-25. Amplitudenmodulation

Frequenzmodulation

Den binären Zuständen sind zwei wohlunterscheidbare Frequenzen zugeordnet. Die Frequenzübergänge beim Signalwechsel erfolgen ohne Phasensprung. Verfahren, bei denen der Frequenzwechsel beim Nulldurchgang des Signals ($T = 0$) erfolgt (wie in Abb. 2-26 dargestellt), werden als phasenkohärent bezeichnet.

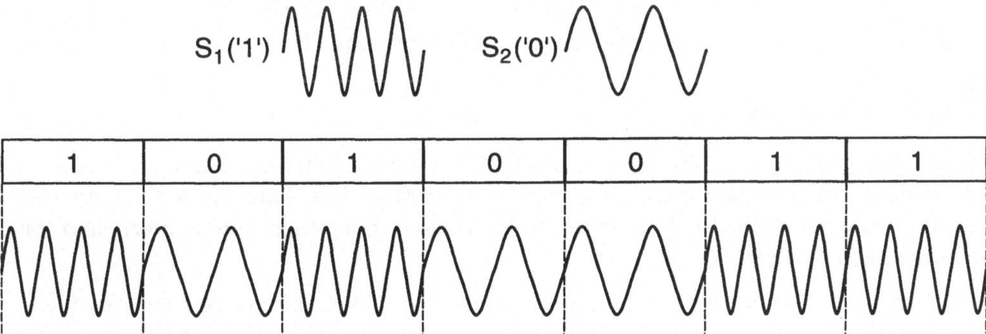

Abb. 2-26. Frequenzmodulation

Phasenmodulation

Es stehen zwei in der Phase (hier um 180°) verschobene Trägerfrequenzsignale zur Verfügung, die gemäß den darzustellenden Werten wechselnd auf den Ausgang geschaltet werden. Bei der Phasenmodulation können leicht auch mehrwertige Modulationen realisiert werden.

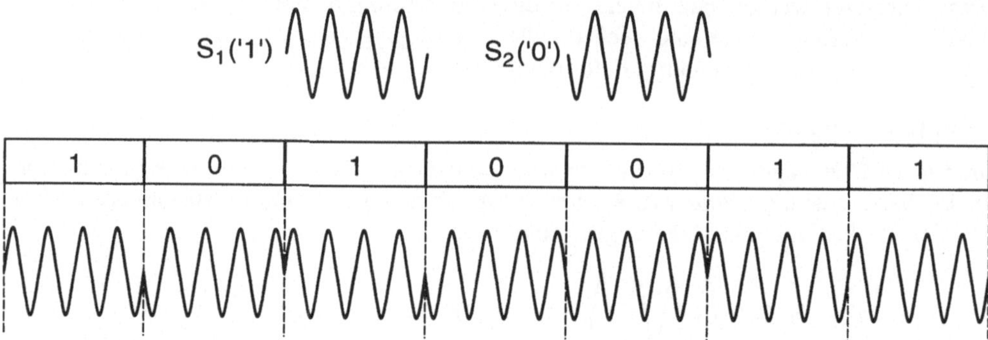

Abb. 2-27. Phasenmodulation

Die genannten Verfahren können teilweise auch in Kombination zur Anwendung kommen. Bekannt ist die Quadraturamplitudenmodulation (QAM), die eine Kombination von Amplituden- und Phasenmodulation ist.

Kennzeichen von Breitbandnetzen:

Kabelfernsehtechnik, daher weit verbreitet und wohlerprobt

- Viele unterschiedlich nutzbare Kanäle auf einem Kabel
- Relativ große Entfernungen überbrückbar (≥ 10 km)
- Übertragung nur in eine Richtung; kein Nachteil bei Verteilkommunikation (Rundfunk, Fernsehen); bei wechselseitiger Kommunikation muss ein unabhängiger Kanal für die Gegenrichtung bereitgestellt werden (zweites Kabel oder Aufteilung eines Kabels in Frequenzbereiche für Hin- und Rückrichtung)
- Nicht flexibel erweiterbar (genaue Dämpfungsrechnung erforderlich)
- Gegenseitige Beeinflussung von Nachbarkanälen nicht ausgeschlossen
- Vielfalt von unabhängigen Anwendungen problematisch (Management, Sicherheit).

2.3.6 Fehlersicherung

Bei der Übertragung von Informationen über Kommunikationswege kann das Auftreten von Fehlern grundsätzlich nicht ausgeschlossen werden. Die Aufgabe der Fehlersicherung (Übertragungssicherung) ist eine zweifache: das **Erkennen von Fehlern** und das **Beseitigen von Fehlern**.

Alle Verfahren können jedoch die Fehlerwahrscheinlichkeit nur vermindern, es bleibt immer eine von Null verschiedene Restfehlerwahrscheinlichkeit. Ziel der Übertragungssicherungsmaßnahmen ist es, die Restfehlerwahrscheinlichkeit so klein zu machen, dass sie für eine bestimmte Anwendung tragbar ist.

Im Folgenden werden vor allem Methoden zur Fehlererkennung diskutiert. Die in der Datenkommunikation meist angewendete Methode der Fehlerbeseitigung ist die Wiederholung eines als fehlerhaft erkannten Datenblocks. Eine Alternative dazu besteht darin, den Originaldaten in geeigneter Weise so viel Redundanz hinzuzufügen, dass – zumindest für bestimmte Fehler – auf der Empfängerseite eine Korrektur der fehlerhaften Daten möglich ist.

Wieviel Aufwand für die Erhöhung der Übertragungssicherheit getrieben werden muss, hängt zum einen von der Anwendung ab (im militärischen Bereich beispielsweise sind die Anforderungen besonders hoch), zum anderen von der Fehlerwahrscheinlichkeit des Übertragungskanals.

Typische Bitfehlerwahrscheinlichkeiten für Datenübertragungen sind:

- $\approx 10^{-5}$ bei Benutzung von Fernsprechleitungen,

- $\approx 10^{-6}$ bis 10^{-7} bei Benutzung der digitalen Datennetze der Deutschen Telekom,

- $\approx 10^{-9}$ bei Verwendung von Koaxialkabeln im lokalen Bereich,

- $\approx 10^{-12}$ bei Verwendung von Lichtwellenleitern.

Diese Werte sind Richtwerte; im Einzelnen hängen die Werte von den Leitungslängen, dem Umfeld und allgemein von einer soliden Auslegung und Ausführung des Übertragungssystems ab.

Da eine Übertragung i. Allg. blockorientiert erfolgt, spricht man auch von der Blockfehlerwahrscheinlichkeit und meint damit die Wahrscheinlichkeit, dass in einem Datenblock (bekannter Länge) mindestens ein Bitfehler auftritt; die Blockfehlerwahrscheinlichkeit hängt damit direkt von der Bitfehlerwahrscheinlichkeit und der Blocklänge ab.

Die Sicherung der Information wird durch Hinzufügen von Prüfbits (i. Allg. pro Byte) oder Prüfwörtern (i. Allg. pro Block) erreicht. Die Prüfinformation wird auf der Senderseite nach einem bestimmten Prinzip erzeugt und zusätzlich zur eigentlichen Nutzinformation zum Empfänger übertragen. Dort wird aus der empfangenen Information nach dem gleichen Prinzip die Prüfinformation erzeugt und mit der vom Sender übermittelten Prüfinformation verglichen. Eine Differenz gilt als Fehlernachweis und führt zur Wiederholung des als fehlerhaft erkannten Datenblocks.

Es existiert ein Zusammenhang zwischen der Bitfehlerwahrscheinlichkeit eines Übertragungskanals und der Größe eines Datenblocks als eine durch ein Prüfwort geschützte und gegebenenfalls zu wiederholende Einheit. Bei hohen Bitfehlerwahrscheinlichkeiten muss die Blockgröße klein sein, weil sich dann große Blöcke in doppelter Weise negativ auswirken:

1. Die Wahrscheinlichkeit, dass ein Block fehlerfrei übertragen werden kann, wird klein.

2. Die bei den – häufig erforderlichen – Wiederholungen zu übertragenden Datenmengen sind groß.

Generell gilt die Aussage, dass die Fehlererkennung und -beseitigung um so effizienter erfolgen muss, je größer die Wahrscheinlichkeit des Auftretens von Fehlern ist.

Der durch ein Prüfverfahren erzielbare Sicherheitsgewinn hängt zunächst natürlich vom Prüfverfahren selbst ab, wobei Aufwand und Wirkung nicht unabhängig sind. Daneben gehen aber bei jedem Verfahren die Bitfehlerrate des Übertragungskanals und die Länge der durch einen Prüfcode vorgegebener Länge zu überwachenden Information (Blocklänge) ein. Sehr viel schwieriger ist die Abschätzung der Wahrscheinlichkeit des Auftretens von Mehrfachfehlern. Die Erfahrung lehrt, dass Fehler sehr häufig *burst*-artig, d.h. zeitlich gehäuft auftreten, und auch sonstige systematische Effekte nicht auszuschließen sind. Die im weiteren Verlauf hierzu gemachten Angaben sind deshalb als praxisbezogene Richtwerte zu verstehen.

Die bekanntesten Methoden zur Erzeugung von Prüfcodes sind

- **Querparität** (VRC = *Vertical Redundancy Check*),

- **Längsparität** (LRC = *Longitudinal Redundancy Check*),

- **Zyklische Blocksicherung** (CRC = *Cyclic Redundancy Check*).

2.3.6.1 Querparität

Die Querparitätsprüfung ist die bekannteste und einfachste der Prüfmethoden: Hierbei wird zu einer Informationseinheit (meist 5 oder 8 Bits) ein Bit hinzugefügt, dessen Wert so bestimmt wird, dass die Gesamtinformation (einschl. Prüfbit) immer eine ungerade Anzahl von '1'-Werten (*odd parity*) oder eine gerade Anzahl von '1'-Werten (*even parity*) enthält. Erzeugt wird das Paritätsbit durch Modulo-2-Summation über die Bits der Informationseinheit.

Es ist offensichtlich, dass bei diesem Verfahren eine gerade Anzahl von Bitfehlern in einer überwachten Informationseinheit nicht erkennbar ist.

Sehr verbreitet ist die Querparitätsprüfung in Verbindung mit der Verwendung von Zeichencodes, hier insbesondere mit dem ITU-T IA Nr. 5 (ASCII), das ein 7-Bit-Code ist, der praktisch immer durch ein Paritätsbit auf eine Informationslänge von einem Byte ergänzt wird.

Die Rate unentdeckter Blockfehler kann durch dieses Verfahren um ca. zwei Größenordnungen gesenkt werden.

2.3.6.2 Längsparität

Die Vorgehensweise ist ähnlich wie beim Erzeugen eines Querparitätsbits, nur dass spaltenweise über die Bytes eines Blocks summiert und so als Prüfcode ein zusätzliches Byte erzeugt wird. Bei nicht zu großen Blocklängen sind die Gewinne ähnlich wie beim Querparitätsverfahren.

Längs- und Querparität können auch in Kombination angewendet werden. Dadurch können (vgl. Abb. 2-28) alle 2-Bit-Fehler, alle 3-Bit-Fehler sowieso (ungerade Zahl von Bitfehlern) und ein Teil der möglichen 4-Bitfehler erkannt werden (wenn in zwei fehlerhaften Bytes nicht die gleichen Bitpositionen betroffen sind).

Die Blockfehlerrate wird dadurch etwa um den Faktor 10^4 verringert.

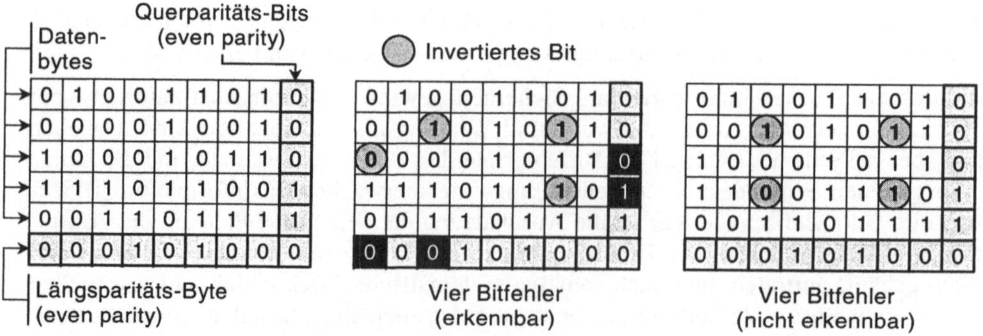

Abb. 2-28. Blocksicherung durch Paritätsverfahren

2.3.6.3 Zyklische Blocksicherung

Die zyklische Blocksicherung ist aufwändiger, aber auch erheblich wirkungsvoller als die vorher beschriebenen Paritätsverfahren. Sie ist auf beliebige Bitfolgen anwendbar, erfordert also nicht die Organisation der Information in Bytes oder anderen Einheiten. Für die zu übertragende Bitkette (Block) werden in der Regel 16 oder 32 als CRC (*Cyclic Redundancy Check*) oder FCS (*Frame Check Sequence*) bezeichnete Prüfbits berechnet und an die geschützte Information angehängt und mit dieser übertragen.

Bei diesem Verfahren werden die n Nutzbits als Koeffizienten eines Polynoms $U(x)$ (vom Grad $n-1$) interpretiert. Dazu wird ein erzeugendes Polynom

$$G(x) = g_k x^k + ... + g_0$$

(CRC- oder Generator-Polynom) des Grades k benötigt, für das g_k, $g_0 > 0$ (d.h. $= 1$) gilt.

Gängige Generatorpolynome sind:

CRC-16: $x^{16} + x^{15} + x^2 + 1$

CRC-ITU-T: $x^{16} + x^{12} + x^5 + 1$

CRC-32: $x^{32} + x^{25} + x^{23} + x^{22} + x^{16} + x^{12} + x^{11} + x^{10} + x^8 + x^7 + x^5 + x^4 + x^2 + x + 1$

Die Vorgehensweise ist wie folgt:

1. An die Nutzinformation werden k Nullbits angehängt, wenn das CRC-Polynom den Grad k besitzt. Die Nachricht, einschließlich CRC-Feld, hat dann $n + k$ Bits und entspricht dem Polynom $x^k U(x)$.

2. $x^k U(x)$ wird unter Verwendung von Modulo-2-Arithmetik durch $G(x)$ dividiert, wobei ein Restpolynom $R(x)$ entsteht, das höchstens vom Grad $k - 1$ ist und dessen Koeffizienten somit höchstens k Bits belegen.

3. Die Koeffizienten von $R(x)$ werden als Prüfsumme in das CRC-Feld eingetragen. Da bei Verwendung von Modulo-2-Arithmetik die Operationen Addition, Subtraktion und Exklusives Oder identisch sind, enthält die Gesamtnachricht einschließlich Prüfsumme das Polynom $B(x) = x^k U(x) - R(x)$, welches durch $G(x)$ teilbar ist, so dass bei Ausführung der Operation $B(x) \div G(x)$ im Empfänger kein Rest entsteht, wenn die Übertragung fehlerfrei verlaufen ist.

Die Generierung der Prüfsumme ist mit verhältnismäßig geringem Aufwand mit Hilfe von Schieberegistern und Halbaddierern (bitweise Addition) möglich. Der Vorgang ist beispielsweise in [68], S. 47 ff. ausführlich beschrieben.

Wenn Übertragungsfehler auftreten und statt des Polynoms $B(x)$ ein Polynom $B'(x)$ mit abweichenden Koeffizienten beim Empfänger ankommt, dann kann die Abweichung durch ein Fehlerpolynom $E(x)$ beschrieben werden, und es gilt

$$B'(x) = B(x) + E(x).$$

Es ist offensichtlich, dass die Division der verfälschten Information durch das Generatorpolynom $(B'(x) \div G(x))$ dann keinen Rest ergibt, wenn $E(x)$ ein Vielfaches von $G(x)$ ist; d.h., solche Abweichungen können nicht entdeckt werden.

Grundsätzlich können durch 16 Bit CRC-Verfahren alle Fehler-*Bursts* von nicht mehr als 16 Bits und etwa 99,997% aller längeren *Bursts* erkannt werden; bei 32 Bit CRC-Verfahren sind es *Bursts* von nicht mehr als 32 Bits und 99,99999995% aller längeren *Bursts* [68]. Somit kann durch Anwendung eines CRC-16 (CRC-32) die Rate unerkannter Blockfehler um ca. 5 (10) Größenordnungen verringert werden.

2.4 Vermittlungstechniken

In einem Netz sind alle Teilnehmer potentielle Kommunikationspartner, zwischen denen gegebenenfalls eine Kommunikationsverbindung hergestellt werden muss. Hierzu gibt es vier prinzipielle, sich in ihren Eigenschaften unterscheidende Vermittlungstechniken:

1. **Leitungsvermittlung** (*circuit switching*)

2. **Paketvermittlung** (*packet switching*)

3. **Nachrichtenvermittlung** (*message switching*)

4. **Zellvermittlung** (*cell switching, fast packet switching*).

In vermittelnden Netzen wird eine Kommunikationsverbindung zwischen zwei oder mehreren eindeutig bestimmten Teilnehmern hergestellt. Im Unterschied dazu sendet bei Verteilnetzen (z.B. Rundfunk- oder Fernsehnetz) ein Sender ohne individuelle Kenntnisse über die Empfängerstationen Informationen aus. Netzteilnehmer (im technischen, nicht im administrativen Sinne) ist jedermann, der über geeignete Empfangseinrichtungen in der Lage ist, diese Informationen zu empfangen, ohne dass er dem Sender bekannt sein müsste.

In vermittelnden Netzen muss – anders als bei Verteilnetzen – immer ein Rückkanal vom empfangenden zum sendenden Teilnehmer vorhanden sein, um dem Sender mitteilen zu können, ob die gewünschte Verbindung aufgebaut werden konnte, der Adressat die Informationen korrekt empfangen hat usw.

2.4.1 Leitungsvermittlung

Bei der Leitungsvermittlung wird (im Prinzip) eine Leitungsverbindung vom rufenden Teilnehmer zum gerufenen Teilnehmer geschaltet. Nach dem Verbindungsaufbau steht die Verbindung (der Kommunikationskanal) den Kommunikationspartnern zur exklusiven Benutzung zur Verfügung.

Eigenschaften:

+ Wenn eine Verbindung zustande kommt, dann erhalten die Kommunikationspartner eine garantierte Dienstgüte bezüglich Datenrate und Verzögerung, die nur von den Charakteristika der Leitung und nicht von äußeren Umständen, wie etwa der augenblicklichen Netzbelastung, abhängt.

+ Nach dem Verbindungsaufbau steht den Kommunikationspartnern eine transparente Ende-zu-Ende-Verbindung zur Verfügung.

> ⇒ In den Zwischenknoten entsteht nur für den Verbindungsaufbau Verarbeitungsaufwand.

> ⇒ Es existieren netzseitig keine Vorgaben bezüglich der zu verwendenden Protokolle; allerdings sind entsprechende Absprachen zwischen den Kommunikationspartnern erforderlich.

> ⇒ Es entstehen bei der Übertragung der Nutzdaten außer den Signallaufzeiten keine weiteren Verzögerungen.

– Es werden Netzwerkressourcen reserviert, was zu einer schlechten Auslastung der reservierten Ressourcen (Betriebsmittel) führt, wenn die Kommunikationspartner die Verbindung nicht während der gesamten Dauer ihres Bestehens voll auslasten können.

– Bereits für den Aufbau der Verbindung werden Reservierungen vorgenommen und Betriebsmittel verbraucht. Eine Verbindung, die über mehrere Teilstrecken (Zwischenknoten) führt, wird sukzessive, ausgehend vom anfordernden Knoten aufgebaut, wobei vorübergehend auch dann Ressourcen reserviert werden, wenn die Verbindung schließlich nicht zustande kommt, weil etwa auf einer späteren Teilstrecke keine Leitung frei ist oder der gerufene Teilnehmer den Ruf nicht annimmt.

– Da die Zahl der schaltbaren Verbindungen notwendigerweise beschränkt und i. Allg. deutlich kleiner als die Zahl der Netzteilnehmer ist, kann es keine Garantie für den Zugriff zum Netz geben.

– Der Zugriff zum Netz, d.h. die Verfügbarkeit freier Leitungen, garantiert nicht das Zustandekommen einer Verbindung zu einem bestimmten Teilnehmer. Wenn der gerufene Teilnehmer besetzt ist, d.h. bereits eine Kommunikationsverbindung zu einem anderen Teilnehmer unterhält, ist er für alle anderen Netzteilnehmer nicht erreichbar, da über einen Netzzugang zu einem Zeitpunkt nur eine Kommunikationsverbindung unterhalten werden kann.

– Ein Zusammenbruch der Leitungsverbindung unterbricht grundsätzlich die Kommunikationsverbindung.

Die aufgezeigten Eigenschaften zeigen an, dass Leitungsvermittlung in solchen Fällen das geeignete Vermittlungsprinzip ist, in denen die Kommunikationspartner die volle Leitungskapazität für einen nichttrivialen Zeitraum nutzen können. Dies ist der Fall bei Datenquellen, die mit konstanter Rate senden (z.B. Sprachverkehr), aber auch bei der Übertragung größerer Datenmengen zwischen Rechnern.

Das Fernsprechnetz ist das wichtigste und größte leitungsvermittelnde Netz.

2.4.2 Paketvermittlung

Bei der Paketvermittlung wird eine Nachricht (Nutzinformation) in Pakete (Informationsblöcke) fester Maximallänge zerlegt, die als in sich geschlossene und vollständige

Einheiten vom Sender zum Empfänger transportiert werden und deshalb alle Informationen enthalten müssen, die von den Netzknoten benötigt werden, um den Transport korrekt durchführen zu können (z.B. Adressinformation). Es ist Aufgabe der Zielknoten, aus den ankommenden Paketen die ursprüngliche Nachricht wieder zusammenzusetzen.

Es ist auch möglich, Pakete verschiedener Nachrichten verschachtelt zu übertragen. Die Fähigkeit, verschiedene (u.U. auch unterschiedlich organisierte) Informationsströme verschachtelt über eine Verbindungsstrecke transportieren zu können, wird als multiplexende Eigenschaft bezeichnet. Dazu müssen auf Senderseite Informationen verschiedenen Ursprungs zu einem Datenstrom zusammengefügt werden, was als Multiplexen bezeichnet wird (bei der Paketvermittlung geschieht dies durch Zerlegung in Pakete und zeitlich verschachtelte Übertragung von Paketen unterschiedlicher Herkunft). Empfängerseitig müssen aus dem Gesamtstrom der einlaufenden Daten die ursprünglichen Informationsströme wieder herausgefiltert und an unterschiedliche Instanzen weitergereicht werden, ein Vorgang, der als Demultiplexen bezeichnet wird. Wenn − wie bei der Paketvermittlung − von den unterscheidbaren Informationsströmen nur dann Daten übertragen werden, wenn wirklich Daten zur Übertragung anstehen (also nicht in regelmäßigen zeitlichen Abständen Übertragungskapazitäten reserviert werden), so spricht man von asynchronem Multiplexen (im Gegensatz zum synchronen Multiplexen).

Bei der Paketvermittlung werden (abgesehen von möglichen Tabelleneintragungen) keine Ressourcen exklusiv reserviert, insbesondere keine Leitungsverbindungen.

Eigenschaften:

+   Auch bei unregelmäßiger und insgesamt geringer Nutzung durch einzelne Teilnehmer ist eine gute Auslastung der Verbindungswege möglich, da über einen Übertragungskanal mehrere Kommunikationsverbindungen geführt werden können.

+   Keine Reservierung von Ressourcen.

+   Jeder Teilnehmer hat jederzeit Zugriff zum Netz (allerdings nicht mit einer garantierten Dienstgüte).

+   Der Ausfall von Knoten oder Verbindungsstrecken führt nicht notwendig zum Zusammenbruch einer Kommunikationsverbindung, solange noch mindestens ein nutzbarer Pfad zwischen den kommunizierenden Partnern besteht.

+   Jeder Teilnehmer kann über einen einzigen Netzzugang gleichzeitig mehrere Kommunikationsverbindungen zu anderen Netzteilnehmern unterhalten.

−   Overhead (d.h. zusätzlicher Verbrauch von Betriebsmitteln) entsteht durch die mit jedem Paket zusätzlich zu übertragende Steuerinformation (z.B. Adressen).

−   Da die Pakete von Knoten zu Knoten bis zum Zielknoten transportiert werden, entsteht in jedem Zwischenknoten für jedes Paket Bearbeitungsaufwand und überdies Bedarf an Speicherplatz für die Zwischenspeicherung.

−   Im Sender muss die Zerlegung der Nachricht in Pakete erfolgen.

– Im Empfänger muss aus den einlaufenden Paketen die Originalnachricht wieder zusammengesetzt werden. Dies kann einen erheblichen Aufwand erfordern und folgende Aufgaben beinhalten:

- Wiederherstellung der Sequenz (Pakete können einander überholen, da sie auf verschiedenen Wegen durch das Netz geleitet werden und dabei unterschiedliche Verzögerungen erleiden können).

- Ergänzen, d.h. Nachfordern verloren gegangener Pakete.

- Erkennen und Eliminieren evtl. im Netz erzeugter Duplikate.

Für diese Aufgaben ist in erheblichem Umfang Speicherplatz im Empfänger erforderlich.

– Die Pakete werden in unabhängigen Übertragungsvorgängen von Knoten zu Knoten transportiert (*Store-and-Forward*-Prinzip, Speichervermittlung).

Aus diesem Grunde kann es keine garantierte Dienstgüte bezüglich Durchsatz (Datenrate) und maximaler Verzögerung geben, da diese von der sich dynamisch ändernden Verkehrslast abhängen.

Überdies hat die Speichervermittlung typische Netzwerkprobleme zur Folge wie Überlastkontrolle (Verstopfungskontrolle, *congestion control*), Pufferspeicherverwaltung (*buffer management*) und Teilaspekte der Flusskontrolle (*flow control*), auf die später noch näher eingegangen wird.

Aus der Beschreibung ergibt sich, dass Paketvermittlung gut geeignet ist für unregelmäßig und stoßweise auftretenden Verkehr (*bursty traffic*). Eine derartige Verkehrslast ist typisch für viele Bereiche der Datenkommunikation, besonders für transaktionsorientierte Datenkommunikation.

2.4.3 Nachrichtenvermittlung

Bei der Nachrichtenvermittlung wird eine Nachricht beliebiger Länge von Knoten zu Knoten transportiert. Es braucht dabei zu keinem Zeitpunkt eine durchgehende Verbindung zwischen Sender und Empfänger zu bestehen.

Wie die Paketvermittlung arbeitet auch die Nachrichtenvermittlung nach dem *Store-and-Forward*-Prinzip, wobei die sich in den einzelnen Knoten ergebenden Verzögerungen i. Allg. größer sind als bei der Paketvermittlung. Während bei der Paketvermittlung im günstigsten Falle (keine Wartezeiten beim Transport zum nächsten Knoten aufgrund konkurrierender Pakete) bei längeren Nachrichten die Verzögerungen verhältnismäßig gering sind, da die Weitergabe paketweise überlappend von Knoten zu Knoten erfolgt (Pipeline-Effekt), ist sie bei der Nachrichtenvermittlung auch im optimalen Fall groß, da erst die vollständige Nachricht zum nächsten Knoten weitervermittelt wird. Außerdem muss jeder Knoten in der Lage sein, die vollständige Nachricht zu speichern.

In den grundsätzlichen Eigenschaften weisen Paketvermittlung und Nachrichtenvermittlung große Ähnlichkeiten auf.

Die bisherige Beschreibung der Vermittlungstechniken bezog sich auf die Basisformen, um die charakteristischen Merkmale deutlich herausstellen zu können. Man kann aber – und tut dies in der Praxis auch – die Verfahren modifizieren und kombinieren, um sie den Erfordernissen anzupassen und möglichst viele Vorteile auf ein Verfahren zu vereinen. Ein Beispiel dafür sind die beiden Betriebsweisen paketvermittelnder Netze, nämlich der verbindungslose Dienst (*connectionless service, datagram service*) und der verbindungsorientierte Dienst (*connection-oriented service, virtual circuit*).

Der verbindungslose Dienst entspricht dem oben beschriebenen Prinzip der Paketvermittlung. Hierbei besteht (auf Netzebene) keinerlei Beziehung zwischen zwei Paketen, auch dann nicht, wenn sie zwischen dem gleichen Paar von Stationen transportiert werden und zur gleichen Nachricht gehören. Beim verbindungslosen Dienst wird ein Paket als Datagramm bezeichnet. Datagramme werden als abgeschlossene Einheiten unabhängig durch das Netz transportiert, was maximale Freiheit gibt, aber auch maximalen Bearbeitungsaufwand mit sich bringt.

Beim verbindungsorientierten Dienst wird eine logische Verbindung (*virtual circuit*) zwischen den Kommunikationspartnern etabliert. Eine virtuelle Verbindung hat Aspekte einer Leitungsverbindung; wie dort gliedert sich der Kommunikationsvorgang in drei Phasen:

- **Verbindungsaufbau** (Aufbau der (logischen) Verbindung),

- **Nutzungsphase** (Nutzdaten werden zwischen den Teilnehmern ausgetauscht),

- **Verbindungsauslösung** (Abbau der (logischen) Verbindung).

Beim Aufbau einer virtuellen Verbindung werden keine Übertragungswege reserviert, so dass nach wie vor eine physikalische Verbindung quasi gleichzeitig für mehrere Kommunikationsvorgänge genutzt werden kann; aus diesem Grunde bleibt auch die Eigenschaft erhalten, dass keine Garantie bezüglich des Durchsatzes und der Wartezeiten gegeben werden kann. Da aber ein logischer Kanal besteht, ist es Aufgabe des Netzes, für die Sequenz, Eindeutigkeit und Vollständigkeit der über diesen Kanal beförderten Daten zu sorgen.

Der Bearbeitungsaufwand für Pakete in den Zwischenknoten wird verringert, wenn durch den Aufbau einer virtuellen Verbindung der Weg durch das Netz festgelegt wird, so dass nicht mehr für jedes Paket die *Routing*-Funktion aufgerufen werden muss, sondern nur noch festgestellt werden muss, zu welcher virtuellen Verbindung ein Paket gehört. In manchen Systemen wird auch Speicherplatz für jede virtuelle Verbindung in den Knoten reserviert, um zu verhindern, dass eine etablierte Verbindung in den Knoten blockiert werden kann. Durch eine solche Maßnahme kann – auf Kosten von Reservierungen – die Leistungsfähigkeit virtueller Verbindungen verbessert werden.

Beide Betriebsarten haben ihre Berechtigung: Wenn in unregelmäßigen Abständen kurze Nachrichten zu übertragen sind, die in keinem inneren Zusammenhang stehen (wie beispielsweise bei Mitteilungsübermittlungsdiensten) ist der Datagrammdienst gut geeignet, da die Informationen unmittelbar übertragen werden können und der Aufwand für das unter solchen Randbedingungen häufige Auf- und Abbauen von virtuellen Verbindungen entfällt; andere Anwendungen legen einen verbindungsorientierten Dienst nahe, und bei der Übertragung größerer Datenmengen ist dies auch aus Aufwandsgründen sinnvoll.

Bei lokalen Netzen sind die Effizienzvorteile eines verbindungsorientierten Dienstes aufgrund der spezifischen Eigenschaften geringer als bei Weitverkehrsnetzen.

Der weltweit akzeptierte Standard für Paketnetze, X.25, der in den meisten öffentlichen und privaten Paketnetzen zur Anwendung kommt, spezifiziert einen verbindungsorientierten Dienst und wurde später um einen verbindungslosen Dienst erweitert, der aber in vielen Netzen nicht implementiert ist.

Das Breitband-ISDN, aber auch lokale Netze (z.B. Gigabit-Ethernet) müssen als universelle, für alle Anwendungen einsetzbare Netze sowohl die Eigenschaften paketvermittelnder Netze besitzen (dynamische Zuordnung von Übertragungskapazität aufgrund asynchron auftretender Anforderungen der Teilnehmer) als auch die Eigenschaften leitungsvermittelnder Netze (garantierte Datenraten und angebbare maximale Verzögerungen). Ein dafür geeignetes Multiplex- und Vermittlungsprinzip ist die Zellvermittlung (*Fast Packet Switching*).

2.4.4 Zellvermittlung

Die Paketvermittlung als Vermittlungsprinzip geht auf das Ende der sechziger Jahre zurück (ARPANET) und auch der X.25-Standard existiert bereits seit 1976. Sie wurde konzipiert für analoge Übertragungsstrecken mit niedrigen Übertragungsgeschwindigkeiten (typischerweise $\leq 9,6$ kbps) und hohen Bitfehlerraten (10^{-4} bis 10^{-5}), und es ist die Aufgabe des Netzdienstes Fehlerfreiheit, Eindeutigkeit, Vollständigkeit und Sequenz einer Folge von Paketen sicherzustellen.

Da in der Datenkommunikation jedes einzelne Bit per Definition wichtig ist, hat die garantiert fehlerfreie Übermittlung der Information höchste Priorität; deshalb werden als fehlerhaft erkannte Blöcke automatisch wiederholt, was bei Übertragungsstrecken mit hohen Bitfehlerwahrscheinlichkeiten möglichst effizient, d.h. auf einer niedrigen Schicht des OSI-Modells (hardware-nah) zu geschehen hat. Gerade die Fehlerwiederholungen sind es, die zu kaum vorhersagbaren Verzögerungen beim Informationstransport durch ein Netz führen. Die Folge all dessen ist, dass X.25 als **das** heute in Weitverkehrsnetzen eingesetzte Paketvermittlungsprotokoll sehr komplex ist, einen hohen Bearbeitungsaufwand der Pakete in jedem Knoten erfordert und Informationen mit starken Schwankungen hinsichtlich Durchsatz und Verzögerungen transportiert.

Die heutigen modernen und die zukünftigen Datennetze sind digitale Netze auf Glasfaserbasis. Sie zeichnen sich aus durch hohe Übertragungsgeschwindigkeiten (≥ 2 Mbps) und niedrige Bitfehlerraten (10^{-9} oder besser). Wegen der großen Komplexität ist herkömmliche Paketvermittlung für hohe Übertragungsgeschwindigkeiten zu aufwändig, andererseits erlaubt es die niedrige Bitfehlerrate, die Fehlerbehandlung als Ende-zu-Ende-Aufgabe in die Endgeräte (d.h. auf höhere Schichten des OSI-Modells) zu verschieben. Dies bietet überdies die Möglichkeit, anwendungsabhängig evtl. Datenverluste hinzunehmen, um nicht die bei einer Fehlerwiederholung unvermeidlichen Verzögerungen zu erleiden. Gerade die bezüglich schwankender Verzögerungen kritischsten Anwendungen – Sprache und Bewegtbildkommunikation – vertragen unter bestimmten Randbedingungen geringe Datenverluste.

Ein Multiplex- und Vermittlungsprinzip, das den neuen Gegebenheiten Rechnung trägt, das effizient und für hohe Übertragungsgeschwindigkeiten geeignet ist, sowohl isochronen (leitungsvermittelten) wie auch asynchronen (paketvermittelten) Verkehr tragen kann und eine variable Bitratenzuordnung erlaubt, ist *Fast Packet Switching*.

Basis des *Fast Packet Switching* ist die Zellvermittlung (*cell switching*). Dabei werden die Informationen in kleine Blöcke fester Länge unterteilt (Zellen) und mit einem *Header* (ebenfalls fester Länge) versehen, der die Zelle identifiziert und ihren Weg durch das Netz durch Zuordnung zu einer virtuellen Verbindung bestimmt. Die Strukturen sind so einfach, dass die Zellvermittlung in den Vermittlungseinrichtungen hardware-gesteuert erfolgen kann.

Nur die *Header*-Information ist mit einer Fehlersicherung versehen; Zellen mit als fehlerhaft erkanntem und auf Empfängerseite nicht korrigierbarem *Header* werden vernichtet, ebenso überzählige Zellen im Falle einer Überlastsituation. Das Überprüfen der Nutzinformation und das Erkennen fehlender Zellen geschieht außerhalb des Übertragungsnetzes in höheren Schichten. Die Erhaltung der Sequenz wird ohne weiteren Protokollaufwand dadurch sichergestellt, dass virtuelle Verbindungen aufgebaut werden, d.h., alle logisch zusammenhängenden Zellen nehmen den gleichen Weg durch das Netz.

Zellen werden in ununterbrochener Folge generiert und übertragen; nicht benötigte Zellen werden als 'leer' gekennzeichnet. Die Zellen können in einem angebbaren Zeitraster bestimmten Verbindungen fest zugeordnet werden, wodurch geringe Verzögerungen und Verzögerungsschwankungen beim Informationstransport durch das Netz sichergestellt werden (notwendig für isochronen Verkehr, bei dem zwischen den Informationseinheiten eines Informationsstroms zeitliche Beziehungen bestehen (z.B. Sprache, Video), die beim Transport durch das Netz erhalten bleiben müssen); sie können aber auch bei Bedarf dynamisch zugeordnet werden.

Eigenschaften:

+	Für hohe Übertragungsgeschwindigkeiten geeignet.

+	Für isochronen und asynchronen Verkehr geeignet; dadurch Diensteintegration und gute Auslastung der Übertragungswege möglich.

+	Sehr hohes Maß an Nutzungsflexibilit; auch Datenströme geringer Bitrate können effizient über Hochgeschwindigkeitsübertragungsstrecken transportiert werden; variable Bitratenzuordnung; dienstspezifische Fehlerbehandlung möglich, da sie außerhalb des Transportnetzes auf höheren Schichten erfolgt.

—	Sehr viel aufwändiger als Leitungsvermittlung; die große Nutzungsflexibilität wird mit hohem technischen Aufwand erkauft: bei hohen Übertragungsgeschwindigkeiten müssen u.U. mehr als eine Million Zellen pro Sekunde vermittelt werden.

—	Die Effizienzsteigerung durch eingeschränkte Fehlerbehandlung und simple Methoden der Überlaststeuerung müssen durch entsprechende Funktionen auf höherer Ebene kompensiert werden; damit es tatsächlich zu einer Effizienzsteigerung kommt, muss das Transportnetz eine sehr niedrige Bitfehlerwahrscheinlichkeit aufweisen.

—	Neuartiges Prinzip mit neuartigen Problemen, für die teilweise noch keine befriedigenden technischen Lösungen existieren.

Eine durch ITU-T standardisierte Realisierung eines *Fast Packet Switching* Systems ist ATM (I.121: *Broadband Aspects of ISDN*, vgl. Kap. 5.3).

Eine Zwischenform (auch als Zugangstechnik für ATM-*Backbone*-Netze einsetzbar) mit gleicher Zielsetzung, nämlich effizienter als X.25 zu sein und gute Auslastung digitaler Hochgeschwindigkeitsverbindungsstrecken durch unterschiedliche (asychrone) Anwendungen zu ermöglichen, ist *Frame Relay*, das technisch noch eng an existierende Protokolle angelehnt ist (vgl. Kap. 5.6).

2.4.5 Probleme beim Aufbau und Betrieb von Netzen

Im Prinzip ist der Aufbau eines Netzes (mit vorgegebenen Standorten) einfach: Die Knoten (Standorte) werden so verbunden, dass ein vermaschtes Netz entsteht, welches alle Knoten erfasst. Lokale Netze erfordern meist die Einhaltung einer bestimmten Topologie; im nichtlokalen Bereich ist dies aus Gründen der Ökonomie praktisch niemals möglich, so dass grundsätzlich von vermaschten Netzen auszugehen ist. Wenn dieser Vorgang optimiert werden soll, was für eine ökonomische Realisierung und eine vernünftige Performance des Netzes unerlässlich ist, dann entsteht eine Optimierungsaufgabe hohen Schwierigkeitsgrades: Es soll den Teilnehmern eine optimale Dienstgüte geboten werden (nach verschiedenen Kriterien wie Durchsatz, Antwortzeitverhalten, Sicherheit,...) bei minimalen Kosten (unter Berücksichtigung der eigenen Investitionen und der Tarifstruktur der öffentlichen Netzträger) und unter Berücksichtigung der durch die öffentlichen Träger vorgegebenen Randbedingungen; dies alles für allenfalls unscharf vorgegebene und überdies wechselnde Anforderungen und unter weiteren Nebenbedingungen wie etwa der, dass jeder Knoten auf mindestens zwei disjunkten Pfaden erreichbar sein soll.

Beim Betrieb von Netzen, insbesondere vermaschten, speichervermittelten Netzen, ergeben sich netztypische Problemstellungen:

- **Wegsuche (Wegwahl, *routing*)**

- **Verstopfungskontrolle (Überlastkontrolle, *congestion control*)**

- **Flusskontrolle (*flow control*)**

- **Pufferspeicherverwaltung (*buffer management*).**

Es sind vor allem Weitverkehrsnetze, die diese Probleme aufweisen, und für die diese Probleme seit langem behandelt werden. In komplexen, aus vielen Elementen zusammengesetzten lokalen Netzen sind ähnliche Probleme zu lösen, wohingegen in einfachen LANs die Probleme nicht oder nur in vereinfachter Form auftreten.

2.4.5.1 Routing

Aufgabe der *Routing*-Funktion ist es, ausgehend von einem Quellknoten (Sender) den günstigsten Pfad durch das Netz zu einem vorgegebenen Zielknoten (Empfänger) zu bestimmen. In jedem einzelnen Knoten hat die *Routing*-Funktion die Aufgabe, festzustellen, zu welchem der direkten Nachbarknoten der Pfad führen soll, um den vorgegebenen Zielknoten zu erreichen.

Selbstverständlich ist eine optimale Wegführung anzustreben. Die erste Schwierigkeit dabei ist, dass der Begriff 'optimal' ja nicht absolut ist; es müsste also festgelegt werden, bezüglich welcher Kriterien Optimalität erzielt werden soll. Denkbare Kriterien wären beispielsweise: gutes Antwortzeitverhalten bei kurzen Nachrichten, hoher Durchsatz bei großen Datenmengen, besondere Sicherheitsanforderungen usw. Es ist offensichtlich, dass die optimale Wegführung von solchen Anforderungen abhängig sein kann (z.B. ist der erzielbare Durchsatz größer, wenn der Pfad nur leistungsfähige Verbindungsstrecken enthält, selbst wenn er dadurch verlängert wird). Selbst so einfache Aussagen wie 'kürzester Weg' bedürfen der Interpretation. In einem Netzwerk ist der 'kürzeste' Weg nicht notwendig der geographisch kürzeste, obwohl geographische Entfernungen insbesondere auch bei der Tarifierung öffentlicher Übertragungswege eine Rolle spielen. In *Store-and-Forward*-Netzen ist die Anzahl der Teilstrecken (*hops*) i. Allg. von größerer Bedeutung.

Unabhängig von den gewählten Optimalitätskriterien ist jedoch eine unter allen Umständen optimale Wegführung aus praktischen wie aus prinzipiellen Gründen nicht möglich. Um eine unter allen Umständen optimale Wegentscheidung treffen zu können, müsste ein Knoten nicht nur die Struktur des gesamten Netzes (statischer Zustand), sondern auch den dynamischen Gesamtzustand (z.B. Verkehrslast) kennen. Dazu müssten in allen Knoten entsprechende Netzparameter permanent erfasst und samt den sich lokal daraus ergebenden Auswirkungen für das *Routing* in regelmäßigen Abständen an alle anderen Knoten weitergegeben werden. Wegen der daraus resultierenden Netzbelastung können diese Informationen nicht in beliebig kurzen Zeitabständen aktualisiert werden. Je älter aber die verfügbare Statusinformation ist, desto größer ist die Wahrscheinlichkeit, dass sie nicht mehr korrekt und eine darauf basierende *Routing*-Entscheidung nicht optimal ist. Dieses Problem ist auch durch eine Verkürzung der Aktualisierungsintervalle nicht grundsätzlich lösbar, da jeder Informationstransport eine endliche Zeit $T > 0$ in Anspruch nimmt; selbst wenn ereignisgesteuert ein Knoten anlässlich einer zu treffenden *Routing*-Entscheidung Statusinformation von anderen Knoten anfordern würde, könnte diese, bis sie beim anfordernden Knoten eintrifft, bereits wieder überholt sein. Es ist darüber hinaus so, dass selbst im obigen Sinne optimale *Routing*-Entscheidungen die Situation nicht essentiell verbessern, da sie durch sich verändernde Verkehrsbeziehungen und -lasten auch im nachhinein noch suboptimal werden können. Dies liegt daran, dass eine *Routing*-Entscheidung zwar zu einem bestimmten Zeitpunkt getroffen wird, aber darüber hinaus für eine signifikante Zeitdauer wirksam ist.

Ziel der *Routing*-Funktion muss es also sein, mit geringem oder mäßigem Aufwand eine möglichst gute Wegentscheidung zu treffen. Übertriebener Drang zu optimalen Lösungen führt leicht zu absurden Situationen. Eine absurde Situation entsteht, wenn der zur Erzielung verbesserter Entscheidungen erforderliche Aufwand das Ausmaß der dadurch möglichen Effizienzsteigerung übersteigt (es wäre beispielsweise sinnlos 50% der Netzkapazität für die Verteilung möglichst aktueller Statusinformationen bereitzustellen).

In realen Netzen besteht eine Tendenz zu pragmatischen Lösungen, derart, dass man sich bemüht, einfache und überschaubare Algorithmen zu verwenden und negative Ausreißer durch besondere Maßnahmen zu erkennen und zu eliminieren.
Besonders wichtig und besonders aufwändig ist die *Routing*-Funktion, wenn in einem Netz verschiedene Pfade zwischen den Knoten existieren. Wenn aufgrund besonderer Vorgaben (etwa Topologien) nur ein Pfad existiert und klar ist, wie dieser verläuft (wie etwa beim Ring oder Stern), dann ist ein *Routing* nicht erforderlich. Ein i. Allg. vereinfachtes *Routing* ist erforderlich, wenn nur ein Pfad existiert, aber nicht automatisch klar ist, wie dieser verläuft (z.B. bei Baumstrukturen oder bei aus einfachen Topologien zusammengesetzten LANs).

Realisiert wird die *Routing*-Funktion auf der Basis von *Routing*-Tabellen. Diese enthalten im einfachsten Fall für jeden Knoten im Netz, d.h. für jede mögliche Zieladresse, die Adresse desjenigen Nachbarknotens, der auf dem Pfad zu diesem Zielknoten liegt. Eine Möglichkeit, nach bestimmten Kriterien optimale Pfade zu bestimmen und daraus *Routing*-Tabellen abzuleiten, besteht darin, die Teilstrecken mit Gewichten zu belegen (vgl. Abb. 2-29.).

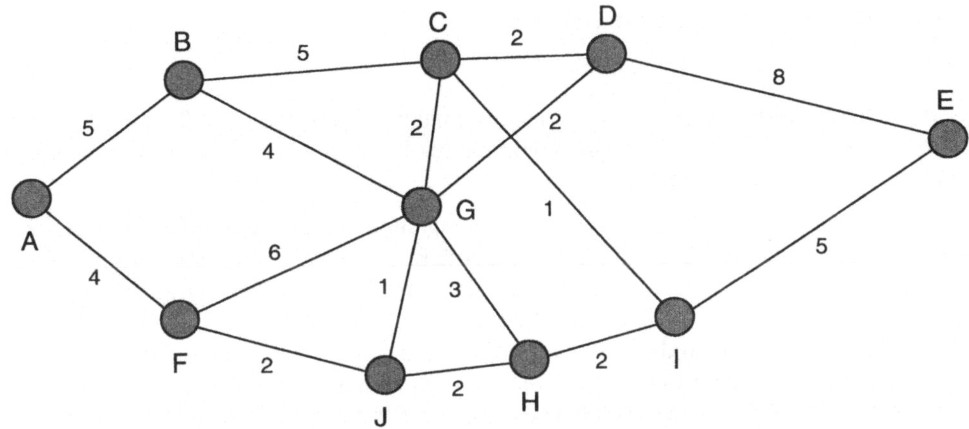

Abb. 2-29. Bestimmung optimaler Pfade in einem vermaschten Netz

Dabei kann das Gewicht einer Verbindungsstrecke die Entfernung widerspiegeln (etwa bei einer entfernungsabhängigen Tarifierung), aber auch vom vorrangigen Optimierungskriterium abhängen, falls das Netz mehr als eine Dienstklasse (*class of service*) kennt, d.h. das Gewicht kann z.B. für eine Verbindung, bei der hoher Durchsatz im Vordergrund steht, ein anderes sein als für eine Verbindung, bei der es auf gutes Antwortzeitverhalten ankommt.

In dem Beispiel existieren zwischen den Knoten *B* und *E* allein drei Pfade über drei Teilstrecken, nämlich *BCDE*, *BCIE* und *BGDE*. Durch Summation der Gewichte der Teilstrecken für die diversen Pfade erhält man als günstigste Verbindung den Pfad mit der niedrigsten Gewichtssumme, in dem Beispiel die Verbindung *BCIE* mit dem Gewicht 11. Das obige Beispiel zeigt auch, dass die kürzesten Pfade (bezogen auf die Anzahl der Teilstrecken) nicht notwendig auch die günstigsten sind. So ist dort beispielsweise die *4-Hop*-Verbindung *BGHIE* mit dem Gewicht 14 günstiger als die *3-Hop*-Verbindung *BCDE* mit dem Gewicht 15.

Die vom Knoten *B* ausgehenden optimalen Pfade sind in der nachfolgenden Tabelle zusammengestellt.

Von Knoten B ausgehende optimale Pfade								
Zielknoten	*A*	*C*	*D*	*E*	*F*	*G*	*H*	*I*	*J*
Optimaler Pfad	*BA*	*BC*	*BGD*	*BCIE*	*BGJF*	*BG*	*BGH*	*BCI*	*BGJ*
Gewicht	5	5	6	11	7	4	7	6	5

Daraus ergibt sich in *B* die folgende *Routing*-Tabelle:

Routing Tabelle im Knoten B								
Zielknoten	A	C	D	E	F	G	H	I	J
Nächster Knoten	A	C	G	C	G	G	G	C	G

Man unterscheidet zwei Klassen von *Routing*-Verfahren:

- **statische Verfahren (*static routing*) und**

- **dynamische Verfahren (*dynamic routing*).**

Bei statischem *Routing* werden vor der Inbetriebnahme des Netzes alle *Routing*-Tabellen erarbeitet und in die Knoten geladen. Während des laufenden Netzbetriebs können diese Tabellen nicht geändert werden.

Der Nachteil dieser Verfahrensweise ist die mangelnde Adaptionsfähigkeit an sich verändernde Gegebenheiten. Dies gilt uneingeschränkt für dynamisch veränderliche Netzgrößen, wie etwa die Verkehrslast. Bei Änderungen der Netzwerkkonfiguration durch Ausfall von Verbindungsstrecken oder Knoten besteht die Möglichkeit, solche defekten Komponenten durch (ebenfalls statisch vordefinierte) alternative Pfade (*alternate path facility*) zu umgehen. Damit ist es auch möglich, Knoten aus dem Netz herauszunehmen oder geplante Knoten bei der Netzgenerierung bereits zu berücksichtigen und bis zur Installation als nicht verfügbar zu deklarieren.

Trotz dieser begrenzten Möglichkeit von Konfigurationsänderungen im laufenden Betrieb, muss die mangelnde Flexibilität als gravierende Schwäche angesehen werden, insbesondere bei großen Netzen, für die permanente, auch unvorhergesehene Änderungen der Netzstruktur typisch sind. Überdies ist eine einigermaßen optimale Netzauslegung – was um so wichtiger ist, als eine nachträgliche Anpassung bei laufendem Netzbetrieb nicht mehr möglich ist – für große Netze mit hunderten oder tausenden Knoten eine sehr anspruchsvolle und rechenaufwändige Aufgabe.

Bei dynamischem *Routing* können die *Routing*-Tabellen aktuellen Netzänderungen angepasst werden; dies gilt nicht nur für strukturelle Änderungen, sondern evtl. auch für dynamisch veränderliche Netzgrößen, wie z.B. die Verkehrslast. Realisiert werden kann eine solche Neubewertung durch eine Veränderung der Gewichte der Verbindungen (etwa höheres Gewicht bei größerer Belastung, ∞ bei Ausfall).

So wünschenswert einerseits eine Anpassung der Wegwahl an die Verkehrslast für den Betrieb ist, so muss andererseits gesehen werden, dass der Aufwand dafür sehr hoch sein kann, da die relevanten Netzwerkparameter permanent erfasst, ausgewertet und die Konsequenzen (u.U. eine Folge von *Routing*-Tabellen-Änderungen) durch das Netz propagiert werden müssen, und zwar so, dass das Netz konsistent bleibt und die vorhandenen Netzkapazitäten nicht vorwiegend für diese Art der Netzverwaltung aufgezehrt werden.

Das Aufwandsproblem kann dadurch entschärft werden, dass nur lokale Veränderungen, d.h. Veränderungen, die den Knoten selbst, davon ausgehende Leitungen sowie evtl. die Nachbarknoten betreffen, adaptiv berücksichtigt werden; dies in der Erkenntnis (die im Einzelfall allerdings falsch sein kann), dass Veränderungen nur mit geringer Wahrscheinlichkeit gravierende Auswirkungen in entfernten Netzteilen haben. Unter lokalen Gesichtspunkten optimierte Wegentscheidungen können global gesehen nichtoptimal sein.

Die Konsistenz eines Netzes mit dynamischem *Routing* und deren Nachweis setzt die Existenz geeigneter Änderungs- und Verbreitungsmechanismen voraus. Da ein eine Adaption bewirkendes Ereignis zu unterschiedlichen Zeitpunkten in den einzelnen Netzknoten bekannt und damit wirksam wird, sind vorübergehende Inkonsistenzen unvermeidlich. Nicht konsistente *Routing*-Tabellen führen im schlimmsten Fall zu *Loops*, d.h. zum Kreisen von Informationsblöcken (Beispiel: Für E bestimmte Blöcke werden von G nach J, von J nach H und von H nach G geschickt). Wenn in zwei Knoten (K_1 und K_2) quasi gleichzeitig Ereignisse eintreten, die eine Adaption erforderlich machen, dann werden die Knoten des Netzes diese Ereignisse nicht in gleicher Reihenfolge erfahren, d.h. entfernungsabhängig wird ein Teil der Knoten zuerst das K_1 betreffende Ereignis erfahren und dann das K_2 betreffende Ereignis, und bei den übrigen Knoten wird es umgekehrt sein. Es muss also gefordert werden, dass die Adaptionsmechanismen unabhängig von der Sequenz funktionieren.

Die Diskussion soll hier nicht weiter vertieft werden. Es muss jedoch gesagt werden, dass in realen Netzen sehr komplexe Ereigniskombinationen auftreten können, deren Auswirkungen ohne formale Hilfsmittel nicht überschaubar sind.

Bei der bisherigen Darstellung wurde davon ausgegangen, dass jeder Knoten *Routing*-Funktionen ausführen kann. Bei großen Netzen müssen dafür große *Routing*-Tabellen gehalten und gegebenenfalls bearbeitet werden. Dies kann für kleinere Systeme einen unangemessen hohen Aufwand bedeuten. Manche Netze erlauben deshalb, dass – meist unter Anwendung hierarchischer Strukturen – kleine Systeme selbst kein *Routing* durchführen, sondern alle Blöcke an einen vorgegebenen, voll netzwerkfähigen Knoten übergeben, der dann das *Routing* durchführt.

Eine Methode, den in großen Netzen erforderlichen Aufwand für das *Routing* zu reduzieren, besteht darin, Substrukturen einzuführen. Ein Knoten eines Teilnetzes (*cluster, domain*) braucht dann nur die vollständige Kenntnis aller Knoten des Teilnetzes. Der Verkehr zu Knoten anderer Teilnetze wird dann über einen oder einige wenige Knoten geleitet, die Kenntnis des Gesamtnetzes besitzen müssen. Diese Knoten gestatten auch eine Kontrolle der über die Teilnetze hinausgehenden Verkehrsbeziehungen.

Bei einigen LANs (z.B. Token-Ring (IBM)) kommt bei über Brücken aufgebauten komplexen LAN-Strukturen ein als **Source Routing** bezeichnetes *Routing*-Verfahren zur Anwendung. Hierbei muss die sendende Station den vollständigen Weg bis zum Empfänger unter expliziter Adressierung aller Zwischenstationen (Brücken) beschreiben. Die *Routing*-Funktion, die für jeden Informationsblock in einer Brücke durchzuführen ist, wird dadurch sehr einfach: es muss lediglich das entsprechende Feld in dem zu bearbeitenden Block ausgelesen und der Block an die betreffende Adresse geschickt werden; auf dem Weg zum Zielknoten wird die Liste der Adressen sukzessive von den Zwischenstationen abgearbeitet.

Diese wenig aufwändige Methode erlaubt einen hohen Datendurchsatz, ohne dass die Brücken besonders leistungsfähig sein müssen. Beim Einsatz von *Source Routing* sind Netzstrukturen zulässig, bei denen mehrere Pfade zwischen einem Paar von Stationen existieren. (Bei über Brücken zusammengeschalteten CSMA/CD-Netzen, bei denen ein selbstlernendes *Routing*-Verfahren verwendet wird, darf zu einem Zeitpunkt nur ein Pfad zwischen zwei Stationen existieren; es können alternative Pfade vorbereitet werden, die aber nur bei Ausfall einer Verbindung zum Tragen kommen).

Da beim *Source Routing* bei jedem Block alle Zwischenstationen explizit aufgeführt sein müssen, sollte die Anzahl der Zwischenstationen aus Aufwandsgründen nicht zu groß sein. Eine sinnvolle Obergrenze dürfte bei 7–10 liegen, was auch für sehr große Netze ausreichend ist, weil dann i. Allg. hierarchische Strukturen Anwendung finden.

Nachteilig beim *Source Routing* ist, dass die sendende Station den vollständigen Pfad zum Adressaten kennen muss, d.h. sie muss in der Lage sein, durch ein im Netz definiertes Verfahren den Pfad zuvor zu ermitteln.

2.4.5.2 Verstopfungskontrolle

Unter einer Verstopfung (*congestion*) versteht man eine Überlastung von Verbindungswegen oder Knoten, verbunden mit einer signifikanten Reduktion des Netzdurchsatzes. Kennzeichnend ist, dass eine Verstopfung ihre Ursache i. Allg. nicht in den betroffenen Knoten hat (diese also weder Quelle noch Senke des verursachenden Datenstromes sind) und deshalb durch lokale Maßnahmen in den betroffenen Knoten auch nicht ohne weiteres behoben werden kann. Außerdem zeigen Verstopfungen – wie Verkehrsstauungen – die Tendenz, sich in Richtung der Quelle(n) auszubreiten, verbunden mit einer Unterbelastung des Netzes in entgegengesetzter Richtung. Die sicherste Methode zur Bekämpfung einer Verstopfung besteht darin, die kritischen Datenströme (es kann auch nur einer sein) an den Quellen, d.h. an den Stellen, wo sie ins Netz eingespeist werden, zu reduzieren. Dies ist nicht leicht zu realisieren: Zum einen ist es schwierig, aus einem Gesamtdatenstrom diejenigen Teilströme herauszufiltern (unter Wahrung des Fairness-Prinzips), die die Hauptursache der Verstopfung bilden, zum anderen sind die Kontrollinformationen, die zur Behebung der Verstopfung fließen müssen, auf das gleiche gestörte Netz angewiesen, d.h. sie werden selbst durch die Situation behindert, die sie beheben sollen. Es muss daher das Ziel einer jeden Verstopfungskontrolle sein, kritische Anzeichen rechtzeitig zu registrieren und durch geeignete Maßnahmen dem Entstehen einer Verstopfung vorzubeugen.

Es besteht auch ein Zusammenhang zwischen Verstopfungskontrolle und dynamischem *Routing*; bei dynamischem *Routing* kann versucht werden, Datenströme um überlastete Netzteile herumzuleiten. Dynamisches *Routing* ist ein Hilfsmittel zur Erzielung einer gleichmäßigen Netzbelastung und damit auch zur Vermeidung punktweiser Überlastsituationen.

2.4.5.3 Flusskontrolle

Wie nachfolgend erläutert wird, ist die Flusskontrolle (*flow control*) verwandt mit der Verstopfungskontrolle, zumindest, was die Mechanismen zur Steuerung betrifft; sie betrifft aber die kommunizierenden Partner und ist nicht wegabhängig.

Von Hause aus ist die Flusskontrolle kein Netzwerkproblem. Sie resultiert aus der Notwendigkeit, dass – wann immer zwei unterschiedlich leistungsfähige Einheiten miteinander kommunizieren – die leistungsfähigere Einheit die Sendegeschwindigkeit so weit herabsetzen muss, dass die leistungsschwächere Einheit in der Lage ist, die Daten aufzunehmen. Dies gilt auch bei einem direkten Geräteanschluss (etwa beim Anschluss eines Druckers an einen Rechner).

Die Methoden zur Steuerung des Datenflusses sind seit langem bekannt: Die Daten werden in Blöcken angemessener Größe ausgetauscht, wobei durch ein *Handshaking*-Verfahren das langsamere der Geräte den Takt bestimmt. Dieses simple Verfahren ist – mit geringen Abstrichen im Grenzbereich – auch in einfachen lokalen Netzen für Zwecke der Flusskontrolle ausreichend. Dies gilt aber nur noch mit Einschränkungen in komplexen lokalen Netzen und in Weitverkehrsnetzen überhaupt nicht. Ein Weitverkehrsnetz ist ein eigenständiges Element zwischen den kommunizierenden Partnern und schafft insbesondere durch sein ungünstiges und nicht vorhersagbares Zeitverhalten Randbedingungen, für die der oben erwähnte einfache Mechanismus zur Flusskontrolle nicht mehr ausreicht. Erst an dieser Stelle wird die Flusskontrolle ein Netzwerkproblem.

Es kann nunmehr folgendes klargestellt werden:

Flusskontrolle ist ein Mechanismus, der es gestattet, den Datenfluss an der Datenquelle so zu regulieren (d.h. reduzieren), dass die Datensenke nicht überlastet wird.

Verstopfungskontrolle ist ein Mechanismus, der es gestattet, den Datenfluss an der Quelle so zu regulieren, dass im Netzwerk (d.h. zwischen Datenquelle und Datensenke) keine Überlastprobleme auftreten.

Für beide Anliegen kann der gleiche Mechanismus zur Anwendung kommen.
Häufig verwendet werden Fenstermechanismen; im Folgenden wird ein Verfahren, das mit variablen Fenstergrößen arbeitet, kurz erläutert.

Informationen werden in Gruppen zu h Blöcken ($1 \leq h \leq k$, $h =$Fenstergröße, $k =$maximale Fenstergröße) vom Sender an den Empfänger geschickt. Die maximale Fenstergröße (k) wird zwischen Sender und Empfänger ausgehandelt und ist abhängig von der Pfadlänge (Anzahl der Zwischenknoten) und der im Empfänger verfügbaren Speicherkapazität. Die aktuelle Fenstergröße ist variabel und hängt von der aktuellen Aufnahmefähigkeit des Empfängers (Flusskontrolle) und der Lastsituation im Netz entlang dem Pfad zwischen Sender und Empfänger (Verstopfungskontrolle) ab. Dies funktioniert so, dass der Sender, nachdem er ein Kontingent von h Blöcken gesendet hat, warten muss, bis ihm ein neues Kontingent (Fenster) vom Empfänger zugewiesen wird. Unter der bei verbindungsorientierten Diensten üblichen Voraussetzung, dass Hin- und Rückkanal der Duplex-Verbindung über den gleichen Pfad zwischen Sender und Empfänger verlaufen, passiert die vom Empfänger zum Sender geschickte neue aktuelle Fenstergröße h alle Zwischenknoten. Die Zwischenknoten können nun abhängig von ihrem Lastzustand die vom Empfänger ausgehende Vorgabe zu einem Wert $h' < h$ modifizieren und dadurch den vom Sender ausgehenden Datenfluss über das aus Flusskontrollgründen erforderliche Maß hinaus drosseln.

Eine andere Methode zur Bewältigung von Überlastsituationen besteht darin, dass die Überlast erzeugenden Blöcke in den betroffenen Knoten vernichtet werden. Der Vorteil dieser Vorgehensweise ist, dass sie tatsächlich nur im Überlastfall wirksam wird und selbst keine Ressourcen verbraucht. Der Nachteil ist, dass Überlastsituationen nicht verhindert, sondern nur in rigoroser Weise beseitigt werden. Darüber hinaus müssen die vernichteten Blöcke (mindestens diese, evtl. aber auch größere Einheiten) wiederholt werden, wodurch zusätzlicher Verkehr erzeugt wird. Das Vernichten von Blöcken sollte deshalb nur in solchen Netzen praktiziert werden, bei denen die Leistungsfähigkeit im Vergleich zur mittleren Belastung groß ist, weil nur dann die notwendigen Bedingungen für den sinnvollen Einsatz dieser Methode erfüllt sind:

1. Der Überlastfall tritt ausreichend selten auf.

2. Das Netz kann die durch Wiederholungen generierte zusätzliche Last verkraften (diese würde andernfalls erst recht den Kollaps des Netzes herbeiführen).

Ohne die Diskussion vertiefen zu wollen, kann festgestellt werden, dass dieses Prinzip am ehesten bei LANs zur Anwendung kommen kann, bei denen Brücken und Gateways potentielle Schwachpunkte sind.

Die Anforderungen, die an derartige Steuerungsmechanismen gestellt werden, sind hoch:

Sie sollen unter allen Umständen ihre Aufgabe erfüllen; darüber hinaus sollen sie möglichst transparent sein, d.h. nicht selbst in nennenswertem Umfang Betriebsmittel verbrauchen und keine Auswirkungen über die beabsichtigten hinaus haben, insbesondere also nicht den Netzwerkverkehr über das erforderliche Maß hinaus drosseln.

In der vorangehenden Darstellung ist die Flusskontrolle ein Problem zwischen Sender (*source*) und Empfänger (*destination*) und gehört in die Schicht 4 des ISO-Referenzmodells. Die gleiche Problemstellung, dass nämlich eine sendende Station die empfangende Station nicht mit Daten überfluten darf, tritt aber auch lokal zwischen zwei benachbarten Knoten auf und gehört dann in die Schicht 2. Dort stehen ebenfalls entsprechende Mechanismen zur Verfügung, die im Rahmen der Standards für die Schicht 2 beschrieben werden.

Zum Schluss sei noch darauf hingewiesen, dass die Begriffsbildung nicht ganz eindeutig ist. In manchen Arbeiten (z.B. [94]) wird der Begriff *Flow Control* als Überbegriff für *Flow Control, Congestion Control* und *Buffer Management* verwendet.

2.4.5.4 Pufferspeicherverwaltung

Die Pufferspeicherverwaltung (*buffer management*) ist im Zusammenhang mit der Überlast- und Flusskontrolle zu sehen. In *Store-and-Forward*-Netzen muss eine Nachricht nicht nur im Zielknoten, sondern zumindest in Teilen auch in den Zwischenknoten gespeichert werden. Da in vermaschten Netzen dynamisch erhebliche Unsymmetrien in den Datenflüssen auftreten können mit der Folge, dass in den Knoten die Summendatenraten der Zuflüsse und Abflüsse unterschiedlich sind und starken Schwankungen unterliegen, ist eine flexible, effektive und dabei sichere Pufferspeicherverwaltung erforderlich.

Bei der Pufferspeichervergabe ist ein Kompromiss zwischen zwei gegenläufigen Zielsetzungen zu finden:

1. Einer Kommunikationsverbindung sollte so viel Pufferspeicher (und generell Betriebsmittel) zur Verfügung gestellt werden, wie sie benötigt bzw. vorhanden ist, wenn dieser Speicherplatz andernfalls ungenutzt bliebe.

2. Die Majorisierung von Pufferspeicher (Betriebsmitteln) durch eine oder einige wenige Kommunikationsverbindungen muss verhindert werden.

Das Problem besteht darin, dass einmal vergebene Pufferspeicher bei plötzlich auftretendem weiteren Bedarf u.U. nicht kurzfristig frei

gemacht werden können. Diese Problemstellung wird an dem einfachen Beispiel in Abb. 2-30 noch einmal erläutert.

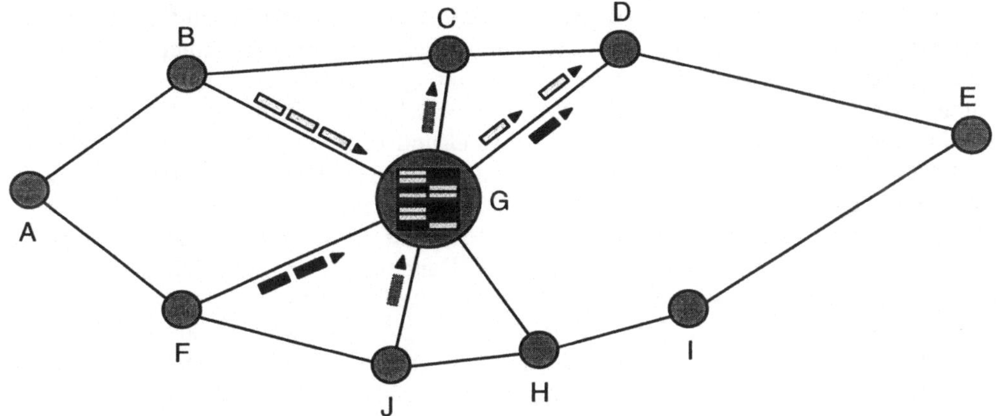

Abb. 2-30. Pufferspeicherzuteilung in einem Knoten

Zwei Datenströme seien von *B* und *F* aus über *G* nach *D* gerichtet. Unter der Annahme, dass die Summendatenrate der über *BG* und *FG* ankommenden Daten größer ist als die Leistungsfähigkeit der Teilstrecke *GD*, ist der Datenzufluss nach *G* größer als der Abfluss, und die Pufferspeicher in *G* beginnen vollzulaufen.
In dem Augenblick, wo die Puffer in *G* gefüllt sind, wirkt der Stau auf *B* und *F* zurück, da *G* dann nur noch Daten mit der Rate annehmen kann, mit der sie nach *D* abfließen. Soll nun eine Verbindung *JGC* etabliert werden, so wird der Datenfluss über diesen Pfad u.U. massiv behindert, obwohl diese Verbindung von dem Leitungsengpass *GD* nicht direkt betroffen ist. Wie die optimale Pufferzuteilung erfolgen müsste, ist logisch klar: Den Verbindungen *BGD* und *FGD* müsste in *G* genau so viel Pufferspeicherplatz zugewiesen werden, dass die Warteschlange für die überlastete Verbindungsstrecke *GD* nicht leer wird, diese Verbindung also optimal genutzt wird. Hier wird auch die enge Verbindung zwischen Pufferspeicherverwaltung und Überlastkontrolle deutlich.

Die Vergabe von Pufferspeichern kann statisch (etwa beim Aufbau einer virtuellen Verbindung) oder dynamisch erfolgen. Die Vergabe fester Pufferspeicher beim Aufbau einer virtuellen Verbindung hat den Nachteil jeder exklusiven Reservierung: eine effiziente Nutzung ist nicht sichergestellt, da oftmals nur sporadisch Daten fließen. Sie hat den Vorteil, dass eine virtuelle Verbindung in einem Knoten niemals aufgrund fehlenden Speicherplatzes blockiert werden kann. Auch bei dynamischer Speichervergabe wird man nicht den gesamten verfügbaren Speicherplatz dem freien Spiel der Kräfte überlassen, sondern immer einen Bereich für neue Anforderungen freizuhalten suchen und evtl. auch jeder virtuellen Verbindung einen Mindestbereich reservieren.

Die Vergabe von Pufferspeichern muss sorgfältig gesteuert werden, da sonst Totalblockaden (*deadlocks*) nicht auszuschließen sind. Eine bekannte *Deadlock*-Situation (*store-and-forward deadlock*) besteht darin, dass sich (im einfachsten Fall) zwei Knoten gegenseitig blockieren, indem in jedem der beiden Knoten alle Puffer belegt sind mit Datenblöcken, die für den anderen Knoten bestimmt sind. Eine andere *Deadlock*-Situation kann in einem Empfängerknoten auftreten, wenn mehrere Nachrichten parallel einlaufen und nicht genügend Speicherplatz vorhanden ist, um wenigstens eine der Nachrichten vollständig empfangen und an den Empfänger weitergeben zu können. Diese Art der Blockierung kann durch Vorabreservierung ausreichender Speicherbereiche vermieden werden.

Für alle vorher erwähnten Netzwerkprobleme gilt, dass die erforderlichen Steuerungsmechanismen einen erheblichen Aufwand implizieren und überdies unter bestimmten Randbedingungen fehlerhafte, zumindest weit vom Optimum entfernte Ergebnisse liefern können. Heuristisch motivierte Kombinationen verschiedener Prinzipien führen oftmals zu einem guten Kompromiss zwischen Aufwand und Ergebnis, was wichtig ist, da die Verfahren im laufenden Betrieb anwendbar sein müssen. Fehlentscheidungen, die katastrophale Folgen haben (Schleifen, Blockierungen o.ä.) müssen ausgeschlossen werden. Da ein formaler Nachweis dafür, dass solche Ereignisse nicht eintreten können, oftmals nicht oder nur unter rigorosen, einschränkenden Randbedingungen zu führen ist, werden i. Allg. zusätzliche Überwachungsmechanismen vorgesehen, durch die kritische Situationen erkannt und (außerhalb der normalen Mechanismen) beseitigt werden können. Solche Überwachungsmaßnahmen sind auch bei nachweislich fehlerfreien Algorithmen sinnvoll, da kritische Situationen auch durch Fehler und technisches Versagen hervorgerufen werden können.

Die größte Bedeutung in diesem Zusammenhang haben Zeitüberwachungen. Praktisch jede Aktivität in einem Netzwerk läuft zeitüberwacht ab, wofür eine große Anzahl von Zeitgebern auf allen Ebenen eingesetzt wird.

Das Kreisen von Blöcken kann durch Verwendung eines *Hop Count* verhindert werden. Dieser Zähler, der jedem Block mitgegeben wird, gibt an, über wieviele Teilstrecken ein Block maximal transportiert werden darf; der Initialwert ist von der Netzgröße abhängig. Der Zähler wird in jedem Knoten dekrementiert, und der Block wird vernichtet, wenn der Zähler auf null gelaufen ist, bevor der Block sein Ziel erreicht hat.

2.5 Standardisierung

2.5.1 Das Anliegen der Standardisierung

Das Haupthindernis für eine (im technischen Sinne) unlimitierte Datenkommunikation sind Inkompatibilitäten zwischen den Einrichtungen der Kommunikationspartner.

Es gibt auch heute schon eine Reihe von Netzen für die Datenkommunikation. Sie basieren auf Firmenlösungen (wie SNA von IBM oder DECnet von der Fa. Digital Equipment Corp.) oder auf Lösungen von großen Organisationen oder Anwendergruppen (wie beispielsweise die TCP/IP-Protokollfamilie, die auf Aktivitäten der *Defense Advanced Research Projects Agency* (DARPA) des amerikanischen Verteidigungsministeriums (*Department of Defense*, DoD) zurückgeht) oder auf Angeboten der öffentlichen Netzträger. Grundsätzlich können Kommunikationsverbindungen zwischen inkompatiblen Partnern auch durch paarweise Adaption realisiert werden, jedoch geschieht dies i. Allg. nur für spezielle Anwendungen mit eingeschränkter Funktionalität.

Sicher ist, dass für eine generelle Lösung des Kommunikationsproblems eine Firmenlösung unerwünscht und das Prinzip paarweiser Adaptionen ungeeignet ist, zum einen aus Aufwandsgründen, da die Zahl der Adaptionen (U) quadratisch mit der Anzahl (N) der verschiedenen Rechner wächst ($U = N\,(N-1)/2$), zum anderen, weil die für die verschiedenen Zielsysteme in einem System erforderlichen unterschiedlichen Adaptionen (die bestenfalls den Durchschnitt der auf den jeweiligen Systemen vorhandenen Funktionen abbilden können) zu einer unzumutbaren Vielfalt auf der Benutzerseite führen würden.

Der einzige praktikable Weg in einer Welt voller inkompatibler Fakten besteht in einer Vorgehensweise, die bisweilen als 'virtuelles Konzept' bezeichnet wird. Dabei werden 'virtuelle' Funktionen definiert, auf die dann die entsprechenden Funktionen existierender Systeme abgebildet werden. Man kann sich dies als eine Menge paarweiser Adaptionen vorstellen, bei denen eine Seite eine globale Konstante ist.

Es ist offensichtlich, dass bei der Definition 'virtueller' Funktionen sehr sorgfältig vorgegangen werden muss; sie sollte umfassend und vollständig sein; firmenpolitische Gegebenheiten dürfen dabei allenfalls eine untergeordnete Rolle spielen. Offensichtlich ist auch, dass nach diesem Prinzip eine umfassende Lösung nur dann möglich ist, wenn eine solche virtuelle Funktion allgemeine Verbindlichkeit erlangt, am besten auf der Basis eines internationalen Standards.

Wenn allgemein anerkannte internationale Standards existieren, kann man erwarten, dass

1. die Hersteller eine Unterstützung dieser Standards anbieten werden im Sinne einer Umsetzung ihrer firmenspezifischen Produkte auf diese Standards,

2. langfristig diese Standards die firmenspezifischen Lösungen ersetzen werden; dies sicherlich zuerst bei kleineren Firmen, die nicht so sehr durch den Zwang zur Kompatibilität mit den eigenen älteren Produkten eingeengt sind und deren allgemeine Interessenlage dies eher nahelegt.

Was hier ansteht, ist nicht leicht zu verwirklichen; ein Analogon wäre, wenn sich alle Nationen auf eine gemeinsame erste Fremdsprache verständigen würden, über die dann beliebig kommuniziert werden könnte, und die darüber hinaus langfristig die Nationalsprachen ablösen sollte.

Schwierig ist aber nicht nur die Durchsetzung von Standards, sondern auch deren Erarbeitung.

Einerseits ist es der Sinn eines jeden Standards, ordnungspolitisch wirksam zu werden und aus der Menge der denkbaren Lösungen – nach welchen Kriterien auch immer – eine auszuwählen und festzuschreiben. Andererseits sollen Standards technologische Entwicklungen nicht behindern. Beides ist in einem Bereich, der wie derzeit die Datenkommunikation einer raschen technologischen Entwicklung unterliegt, schwierig, aber gerade aus diesem Grunde auch wichtig. Es ist deshalb so, dass ein Standard in diesem Bereich zwar die erforderliche Stabilisierung der Randbedingungen bewirkt, aber nicht statisch ist, sondern einen stabilen Ausgangspunkt für eine Fortschreibung bildet.

Diese Ausführungen sollen zeigen, dass ein Durchbruch in Richtung auf eine unbeschränkte Kommunikationsfähigkeit nur durch die konsequente Verwendung international akzeptierter Standards erfolgen kann.

Die Aussichten dafür waren noch nie so gut wie gerade jetzt. Zum einen sind für eine Reihe wichtiger Aspekte (Funktionen) der Datenkommunikation Standards verabschiedet worden, zum anderen ist die Bereitschaft der Anwender, Standards einzusetzen, ja, die Einhaltung von Standards von den Herstellern einzufordern, in den letzten Jahren ständig gewachsen. Aus diesen Gründen kann man erwarten, dass in den kommenden Jahren eine große Anzahl von Produkten auf der Basis von Standards auf den Markt kommen wird. Bis zur allgemeinen Verbreitung dieser Standards werden dann nochmals Jahre vergehen, und es wird notwendig sein, dass einflussreiche Benutzergruppen (staatliche Instanzen, Behörden, Forschungseinrichtungen, aber auch große Unternehmen) in der konsequenten Anwendung von Standards vorangehen, selbst wenn das vorübergehend im praktischen Alltag auch Nachteile mit sich bringen kann. Die Standards sind damit ein weiteres Beispiel dafür, dass die Zeit, die zur Erarbeitung und Durchsetzung grundlegender Konzepte im Bereich Datenverarbeitung und -kommunikation erforderlich ist, in krassem Gegensatz zur allgemeinen Schnelllebigkeit dieses Bereiches steht.

2.5.2 Standardisierungsgremien

Weltweit sind eine Reihe von Organisationen damit befasst, unter verschiedenen Randbedingungen und mit unterschiedlichen Zielsetzungen Standards (im weitesten Sinne) zu erarbeiten. Es ist jedoch nicht so, dass in den Standardisierungsgremien aus dem Nichts am grünen Tisch Standards geschaffen werden. Die Standardisierungsgremien sind auf die Zuarbeit einschlägiger Firmen und Institutionen angewiesen, wenn sie zügig Standards verabschieden wollen, die praktikabel und auf der Höhe der Zeit sind. Aufgabe dieser Gremien ist es somit, auf der Basis von Vorlagen Kompromisse zu finden, die innerhalb der Gremien selbst konsensfähig und außerhalb der Gremien akzeptanzfähig sind.
Im Folgenden werden die wichtigsten Standardisierungsgremien bzw. -organisationen kurz vorgestellt.

2.5.2.1 Internationale Organisationen

ISO (*International Organization for Standardization*)

ISO ist der weltweite Zusammenschluss nationaler Standardisierungsinstitutionen, deren Aufgabe die Schaffung internationaler Standards (im Sinne von Normen) ist und deren Festlegungen als einzige die Bezeichnung 'Internationaler Standard' tragen. ISO besitzt aber keine natürliche 'Hausmacht' zur Durchsetzung ihrer Standards, d.h. kein Hersteller ist verpflichtet, sich nach diesen Standards zu richten; Anwendung finden diese Standards nur, wenn sich die Hersteller davon geschäftlichen Erfolg versprechen, z.B. dann, wenn wichtige Anwendergruppen (Behörden, große Unternehmen oder Organisationen) die Einhaltung der Standards fordern. Außer für den Bereich Elektrotechnik (der durch IEC abgedeckt wird) ist ISO für alle Bereiche zuständig, die einer Standardisierung bedürfen.

Zuständig für die Entwicklung von Standards im Kommunikationsbereich ist das ISO/IEC JTC 1 (*Joint Technical Committee 1, "Information technology"*). Dieses erste gemeinsame *Technical Committee* (TC) wurde 1987 gegründet aufgrund der starken inhaltlichen Überschneidungen im Bereich der Informationstechnologie und dem daraus resultierenden Abstimmungsbedarf zwischen ISO und IEC. Das JTC 1 ist die Vereinigung des ehemaligen ISO TC 97 (*Information processing systems*) mit den entsprechenden Gruppen bei IEC.

Innerhalb des JTC 1 sind themenorientiert eine Reihe von *Subcommittees* (SCs) tätig, z.B. SC 6 (*Telecommunications and information exchange between systems*), oder SC 25 (*Interconnection of information technology equipment*). Die eigentliche Sacharbeit wird in *Working Groups* (WGs) geleistet.

Ein Standardisierungsentwurf durchläuft drei definierte Stadien:

- *Draft Proposal (DP)*,

- *Draft International Standard (DIS)*,

- *International Standard (IS)*.

Ein *Draft Proposal* wird in den *Working Groups* und *Subcommittees* auf der Basis von Arbeitspapieren (*Working Drafts*) erarbeitet und dem übergeordneten *Technical Committee* eingereicht. Wenn nach Beratungen und evtl. Nachbesserungen in mehreren Iterationen im *Technical Committee* Konsens bezüglich des technischen Inhalts erreicht ist, wird daraus ein *Draft International Standard*. Dieser wird allen Mitgliedsorganisationen zur Zustimmung (innerhalb von sechs Monaten) zugleitet. Er wird zu einem *International Standard*, wenn zwei Drittel der an der Erarbeitung des Standards beteiligten Mitglieder zustimmen und nicht mehr als 25% der insgesamt abgegebenen Voten negativ sind. Bei Einwänden, die unter Angabe der beanstandeten Passagen erfolgen sollen, kann eine weitere Überarbeitung notwendig werden. Ein DIS ist i. Allg. bereits eine relativ stabile Grundlage, da die an einem bestimmten Thema interessierten Mitglieder meist in den technischen Gremien (TCs und SCs) vertreten sind und dort Gelegenheit haben, bereits in einem frühen Stadium ihre Position zu vertreten.

Noch immer ist es so, dass die ISO als wertfrei (d.h. ohne Termindruck) arbeitender Verband verhältnismäßig lange bis zur Verabschiedung eines Standards braucht; dies auch aufgrund der recht aufwändigen formalen Abstimmungsprozeduren, die mit eventuellen Überarbeitungen zwei bis drei Jahre in Anspruch nehmen können. Dies hat zur Konsequenz, dass in Bereichen mit einem akuten Bedarf an Regelungen in Ermangelung vorliegender ISO-Standards andere Lösungen übernommen oder erarbeitet werden müssen. Das daraus folgende Auseinanderlaufen der Aktivitäten wichtiger Standardisierungsgremien ist dem Anliegen der Standardisierung abträglich.

Inzwischen arbeiten die wichtigsten Standardisierungsgremien (insbesondere ISO, ITU-T (vormals CCITT) und CEN) in abgestimmter Weise zusammen (vgl. Abb. 2-31 auf Seite 75) mit dem Ziel einer möglichst reibungslosen gegenseitigen Übernahme bereits erarbeiteter Standards, wodurch die oben geschilderte zeitliche Problematik entschärft wird.

ITU (*International Telecommunications Union*)

Die ITU wurde 1865 gegründet, 1947 eine Unterorganisation der UNO und hatte 1995 Mitglieder aus 184 Staaten. Die für die internationale Abstimmung wichtigsten Gremien waren **CCIR** (*Comité International Consultatif des Radiocommunications*) und **CCITT** (*Comité International Télégraphique et Téléphonique*), das internationale Abstimmungsgremium der Fernmeldeverwaltungen.
Nach einer 1994 in Kraft getretenen Umorganisation, die den neuen Herausforderungen der Informationstechnologie Rechnung tragen soll, wurden drei Sektoren etabliert:

ITU-R   *Radiocommunication Sector*

ITU-T   *Telecommunication Standardization Sector*

ITU-D   *Telecommunication Development Sector*
              (Widmet sich den besonderen Problemen der Entwicklungsländer).

Organisiert werden die Arbeiten in jedem Sektor durch ein von einem Direktor geleitetes Büro.

Die Erarbeitung und Veröffentlichung von Telekommunikationsstandards ist bei ITU-T angesiedelt und wird vom TSB (*Telecommunication Standardization Bureau*) organisiert.

Die Sacharbeit wird in *Study Groups* (SGs) geleistet (z.B. SG 13 (vormals SG XVIII) für ISDN). Alle vier Jahre wird eine *Telecommunications Standardization Conference* abgehalten, auf der die erarbeiteten Entwürfe verabschiedet werden (oder auch nicht), neue *Study Groups* eingerichtet oder nicht mehr benötigte aufgelöst werden und das weitere Arbeitsprogramm beschlossen wird. Die Standards (Empfehlungen) werden in nach der Umschlagfarbe benannten Büchern veröffentlicht (z.B. Blaubuch, das die Empfehlungen der Ende 1988 abgeschlossenen Studienperiode enthält). Um die Verabschiedung von Standards zu beschleunigen, kann auf besonderen Antrag auch zwischendurch eine Konferenz einberufen werden.

Die bisherigen CCITT-Empfehlungen werden nun als ITU-T-Empfehlungen bezeichnet. Die Empfehlungen werden, nach Sachgebieten geordnet, in Serien herausgegeben. Für die Datenkommunikation sind die folgenden Serien von Bedeutung:

G-Serie:　　Fernsprechübertragung über drahtgebundene Verbindungen, Satelliten- und Funkverbindungen (auch allgemeine Übertragungs- und Netzfragen)

I-Serie:　　ISDN (aus Benutzersicht)

Q-Serie:　　Fernsprech-Zeichengabe, Fernsprechvermittlung (auch allgemeine Zeichengabe und digitale Vermittlungseinrichtungen)

T-Serie:　　Telematik-Endgeräte (Telefax, Teletex, Bildschirmtext)

V-Serie:　　Datenübertragung über das Fernsprech- und Telex-Netz

X-Serie:　　Datenübertragung über öffentliche Datennetze.

Da die ITU-T-Empfehlungen weltweit bei den Fernmeldeverwaltungen zum Einsatz kommen, erlangen sie automatisch große Verbreitung und Bedeutung. Die faktische Bedeutung ist so groß, dass ISO ITU-Empfehlungen berücksichtigen muss, falls diese für vergleichbare Funktionen vorher festgeschrieben wurden, was in der Vergangenheit des öfteren vorgekommen ist, da die ITU bei vorhandenem Regelungsbedarf bei den Telekomgesellschaften unter Zeitdruck arbeiten muss.

IEC (*International Electrotechnical Commission*)

Die IEC erarbeitet Standards im Bereich Elektrotechnik und Elektronik; diese betreffen zunehmend auch die Datenkommunikation. Bekannt geworden ist die IEC vor allem durch ihre Standards im Bereich der Prozessdatenkommunikation (IEC-Bus).

2.5.2.2 Europäische Organisationen

ETSI (*European Telecommunications Standards Institute*)

Wurde 1988 durch CEPT als unabhängige Organisation geschaffen. Mitglieder sind Netzanbieter (auch private), Hersteller und Benutzer; auch Vertreter der EU und der EFTA nehmen beratend teil.

Die Normungsarbeit wird in 12 technischen Ausschüssen mit 52 Unterausschüssen geleistet. Eine Besonderheit besteht darin, dass für besonders schwierige Themen oder bei großem Zeitdruck hauptamtlich arbeitende Projektgruppen eingerichtet werden können.

Den Standards (ETS = *European Telecommunications Standards*) kommt über die EU hinaus eine große Bedeutung für die Vereinheitlichung der europäischen Telekommunikationslandschaft zu.

CEPT (*Conférence Européenne des Administrations des Postes et des Télécommunications*)

Die CEPT hat die Harmonisierung der Verwaltungs- und Betriebsdienste der europäischen Telekomgesellschaften zum Ziel und kann als ITU-äquivalentes Forum auf europäischer Ebene angesehen werden. Die Aufgabe der Festlegung von Standards wurde an ETSI abgegeben.

CEN (*Comité Européen de Normalisation*)

Ist das Forum, in dem die nationalen Normierungsgremien auf europäischer Ebene zusammenarbeiten (europäisches Äquivalent zu ISO).

CENELEC (*Comité Européen de Normalisation Electrotechnique*)

Ist das europäische Analogon zur IEC.

Die europäischen Standardisierungs- bzw. Normierungsgremien CEPT/CEN/CENELEC sind als solche nicht Mitglieder der entsprechenden internationalen Organisationen ITU/ISO/IEC, sondern dort durch ihre nationalen Mitglieder vertreten.

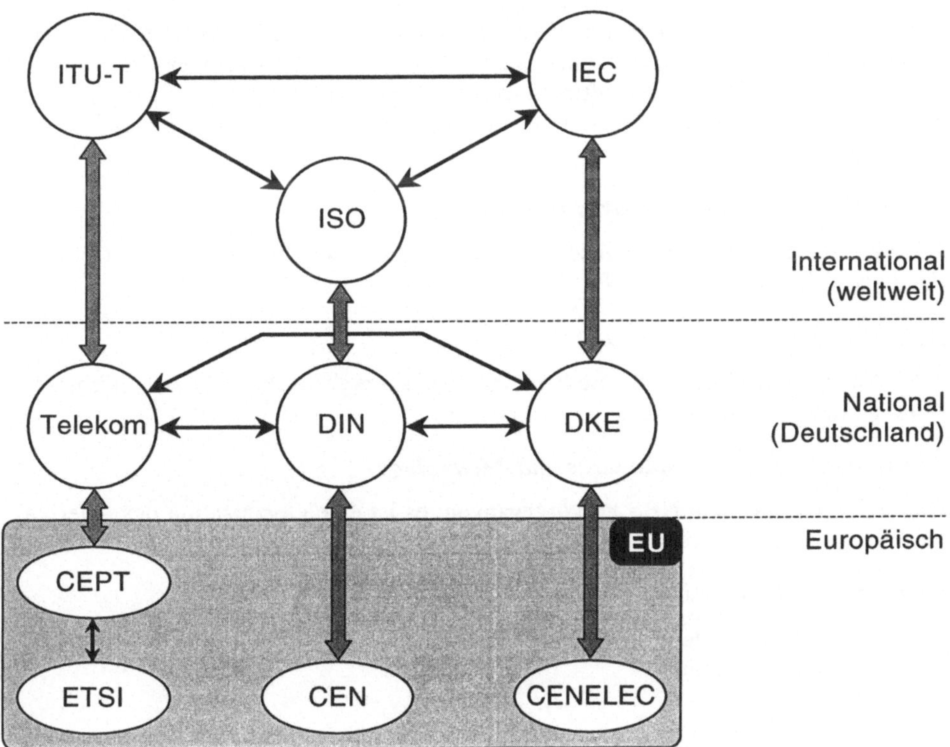

Abb. 2-31. Internationale Zusammenarbeit der Standardisierungsgremien

ECMA (*European Computer Manufacturers Association*)

Die ECMA ist ein Zusammenschluss europäischer Computerhersteller; sie befasst sich mit der Standardisierung in den Bereichen Datenverarbeitung und Datenkommunikation.

Die ECMA-Standards haben eine recht große praktische Bedeutung, da die Produktionskapazitäten bedeutender Hersteller dahinterstehen. In der Praxis bilden die ECMA-Standards häufig die Ausgangsbasis für Standards der offiziellen Standardisierungsinstitutionen; sie haben deshalb oftmals den Charakter von Vorläuferstandards. Wenn den gleichen Gegenstand betreffende offizielle Standards vorliegen, werden die ECMA-Standards (falls sie abweichen) i. Allg. zurückgezogen.

2.5.2.3 Deutsche Organisationen

DIN (Deutsches Institut für Normung e.V.)

Ist das deutsche nationale Normungsgremium und in dieser Eigenschaft Mitglied der ISO und des CEN.

DKE (Deutsche Kommission für Elektrotechnik)

Die Elektrotechnische Kommission im DIN und VDE (Verband Deutscher Elektroingenieure) ist als solche deutsches Mitglied der entsprechenden europäischen und internationalen Gremien CENELEC und IEC.

2.5.2.4 Amerikanische Organisationen

Im Folgenden werden noch einige amerikanische Standardisierungsgremien genannt, weil deren Standards wegen der führenden Position der USA in der Datenverarbeitung und auch in der Datenkommunikation oftmals weltweite Bedeutung erlangt haben und diese Organisationen als nationale Vertreter der Vereinigten Staaten in den internationalen Gremien sehr großen Einfluss haben.

ANSI (*American National Standards Institute*)

ANSI ist die nationale Normierungsbehörde in den USA (vergleichbar DIN in Deutschland) und als solche Mitglied der ISO.

NBS (*National Bureau of Standards*)

Das NBS hat in den USA große Bedeutung, weil seine Vorgaben für die öffentliche Verwaltung bindend sind.

NIST (*National Institute of Standards and Technology*)

Das NIST ist 1988 aus dem NBS hervorgegangen; es ist eine Organisation des amerikanischen Wirtschaftsministeriums (*Department of Commerce*).

IEEE (*Institute of Electrical and Electronics Engineers*)

Dieses Gremium ist vor allem durch seine Standards für lokale Netze (IEEE 802.x) international bekannt geworden.

2.5.3 Funktionale Standards

Frühe Implementationen des 1976 erstmals veröffentlichten Standards X.25 für paketvermittelnde Netze haben deutlich gemacht, dass die Verwendung von Standards noch keineswegs eine problemlose Kommunikation garantiert. In [72] wurden vier Produkte, die alle für sich in Anspruch nahmen, X.25-kompatibel zu sein, untersucht, und es stellte sich heraus, dass eine problemlose Kommunikation zwischen diesen Produkten nicht gewährleistet war. Die Ursache der Schwierigkeiten lag vor allem darin, dass die Hersteller unterschiedliche Teilmengen des unter damaligen Randbedingungen sehr aufwändigen Standards realisiert hatten.

Viele Standards enthalten definierte Alternativen und Optionen. Darüber hinaus sind die von den Standardisierungsgremien verabschiedeten Papiere nicht so vollständig und eindeutig, dass bei einer unkoordinierten Interpretation und Realisierung kompatible Produkte erwartet werden können.

Der erste Schritt nach der Verabschiedung der Standards besteht deshalb darin, für einen Gesamtvorgang (Kommunikationsdienst) einen Satz von Standards, die jeder für sich ja i. Allg. nur einen Einzelaspekt abdecken, zusammenzustellen und dabei auch die in den Standards offengelassenen Optionen und Parameter sachgerecht festzulegen. Man bezeichnet einen solchen Satz von Standards mit festgeschriebenen Optionen als funktionalen Standard, Funktionsnorm oder auch Profil. Es handelt sich dabei also nicht um die Schaffung eines neuen Standards, sondern um eine zur Erzielung kompatibler Produkte notwendige Beseitigung noch vorhandener Freiheitsgrade in den vorhandenen Standards bzw. bei der Zusammenstellung vorhandener Standards. Eine Reihe von Organisationen ist derzeit bemüht, ausgehend von den verabschiedeten Standards, solche Profile zu erarbeiten. Auch ISO selbst ist daran beteiligt und bemüht, die regionalen Aktivitäten (Nordamerika, pazifischer Raum, Europa) zusammenzuführen. Die von ISO verabschiedeten Profile tragen die Bezeichnung ISP (*International Standardized Profile*).

Besonders aktiv sind dabei europäische Instanzen im Hinblick auf den europäischen Binnenmarkt. So besteht die Hauptaufgabe der europäischen Standardisierungsgremien CEPT/CEN/CENELEC nicht etwa darin, parallel zu den entsprechenden internationalen Gremien Standards zu schaffen, sondern darin, ausgehend von den internationalen Standards europaweit einheitliche (und verbindliche) Funktionsnormen festzulegen. In den USA und England sind GOSIPs (*Government OSI Profiles*) erarbeitet und für Beschaffungen im öffentlichen Bereich verbindlich gemacht worden. In Europa ist ein für den öffenlichen Bereich verbindliches Profil durch EWOS (*European Workshop on Open Systems*) erstellt worden, und in Japan läuft eine vergleichbare Aktivität unter der Bezeichnung POSI (*Promotion for OSI*).

Bereits sehr frühzeitig haben sich mit der Zielsetzung, kompatible Produkte auf der Basis der internationalen Standards sicherzustellen, europäische Herstellerfirmen zur **SPAG** (*Standards Promotion and Application Group*) zusammengefunden. Die dazu analoge amerikanische Organisation trägt die Bezeichnung **COS** (*Corporation for OSI-Standards*). Beide Vereinigungen haben eine enge Zusammenarbeit beschlossen.

Funktionale Standards zu erarbeiten und durchzusetzen, war im Grunde auch das Ziel zweier anderer Aktivitäten, nämlich **MAP** (*Manufacturing Automation Protocol*) und **TOP** (*Technical and Office Protocols*), die auf die Initiative großer Anwender zurückgingen, nämlich General Motors (MAP) und Boeing (TOP).

Eng verbunden mit der Problematik der funktionalen Standards ist der Nachweis, dass ein konkretes Produkt tatsächlich – wie angestrebt – in allen Einzelheiten einem bestimmten Standard entspricht (Verifikation, *conformance testing*).

Für die Anwender besteht der durch den Einsatz von Standards erreichbare und auch erwartete Nutzen in einer offenen Kommunikation, d.h. darin, Produkte unterschiedlicher Hersteller einsetzen und dennoch frei kommunizieren zu können. Um diesen Nutzen sicherzustellen, ist es notwendig, dass die Übereinstimmung eines Produktes mit einem Standard von einer neutralen Instanz überprüft und zertifiziert wird. Selbst wenn eine solche Instanz letztlich nur die Übereinstimmung im Rahmen bestimmter Tests garantieren kann, hat der Benutzer den Vorteil, dass bei evtl. dennoch auftretenden Problemen keine der beteiligten Firmen dem Konkurrenzprodukt einfach Nichtkonformität vorwerfen und sich damit aus der Verantwortung stehlen kann, sondern alle beteiligten Firmen sowie die prüfende Instanz ein vitales Interesse daran haben, solche Unstimmigkeiten aufzuklären und zu beseitigen.

Viele, insbesondere kleinere Anwender, handeln bisher – aus gutem Grund – nach dem Prinzip 'alles aus einer Hand', um im Problemfall klare Verantwortlichkeiten zu haben. Hier muss das Vertrauen geschaffen werden, dass der Einsatz von Standards die erwarteten Vorteile mit sich bringt und keine unkalkulierbaren Risiken birgt.

2.5.4 Das ISO-Referenzmodell für Offene Systeme

Der Hintergrund für diese Modellbildung ist eine bei der Softwareentwicklung weit verbreitete Vorgehensweise: Man zerlegt einen komplexen Gesamtvorgang in mehrere logisch schlüssige und möglichst unabhängig behandelbare Teile, die miteinander über wohldefinierte Schnittstellen verbunden sind. Für den Kommunikationsvorgang ist dies durch das *OSI - Basic Reference Model* geschehen (OSI steht für *Open Systems Interconnection*). Darin wird der Kommunikationsvorgang in sieben **Schichten** oder **Ebenen** (*layers*) unterteilt. Die in diesem Modell gewählte Aufteilung und die Zuordnung funktionaler Einheiten zu diesen Schichten ist nicht zwingend, wie ähnliche, aber keineswegs deckungsgleiche Strukturierungen in Firmenarchitekturen wie SNA (IBM) beweisen; sie hat sich aber als sinnvoll und stabil erwiesen und ist seit 1984 als ISO-Standard (IS 7498) festgeschrieben. Diese Fixierung ist die Voraussetzung für die Erarbeitung von Standards für die einzelnen Schichten.

2.5.4.1 Struktur und Funktionsprinzip

Logisch besteht ein Kommunikationsvorgang aus den drei Phasen

– Verbindungsaufbau,
– Datentransfer,
– Verbindungsabbau.

Entsprechende Dienste werden vom Kommunikationssystem den Anwendungsprozessen durch Dienstprimitive (*service primitives*) zur Verfügung gestellt. Verbindungsaufbau und Verbindungsabbau sind bestätigte Dienste, d.h. die entsprechenden Dienstprimitiven (z.B. *Connect Request*) müssen vom Kommunikationspartner (ebenfalls ein Anwendungsprozess) in geeigneter Weise beantwortet werden, d.h. explizit positiv oder negativ bestätigt werden. Während der Datentransferphase werden Bestätigungen (*acknowledgements*) für übertragene Informationsblöcke nur innerhalb des Kommunikationssystems ausgetauscht und nicht an die Anwendungsprozesse weitergereicht.

Diese Grundelemente jedes Kommunikationsvorgangs müssen in geeigneter Weise auf das Modell abgebildet werden.

Das Modell umfasst sieben Schichten (daher auch die Bezeichnung OSI-Schichtenmodell). In jeder Schicht existieren Instanzen (Arbeitseinheiten, *entities*), durch die die schichtspezifischen Leistungen erbracht werden.

Die Anordnung ist streng hierarchisch, d.h., eine Instanz der Schicht N ((N)-Instanz) kann

- nur das Dienstangebot einer Instanz der direkt darunter liegenden Schicht $N–1$ (($N–1$)-Instanz) in Anspruch nehmen und

- ihre eigenen Dienste nur einer Instanz der direkt darüber liegenden Schicht $N+1$ (($N+1$)-Instanz) anbieten.

Die Dienste (genauer: einer Instanz) werden der darüber liegenden Schicht über Dienstzugangspunkte (*Service Access Points*, SAPs) zur Verfügung gestellt.

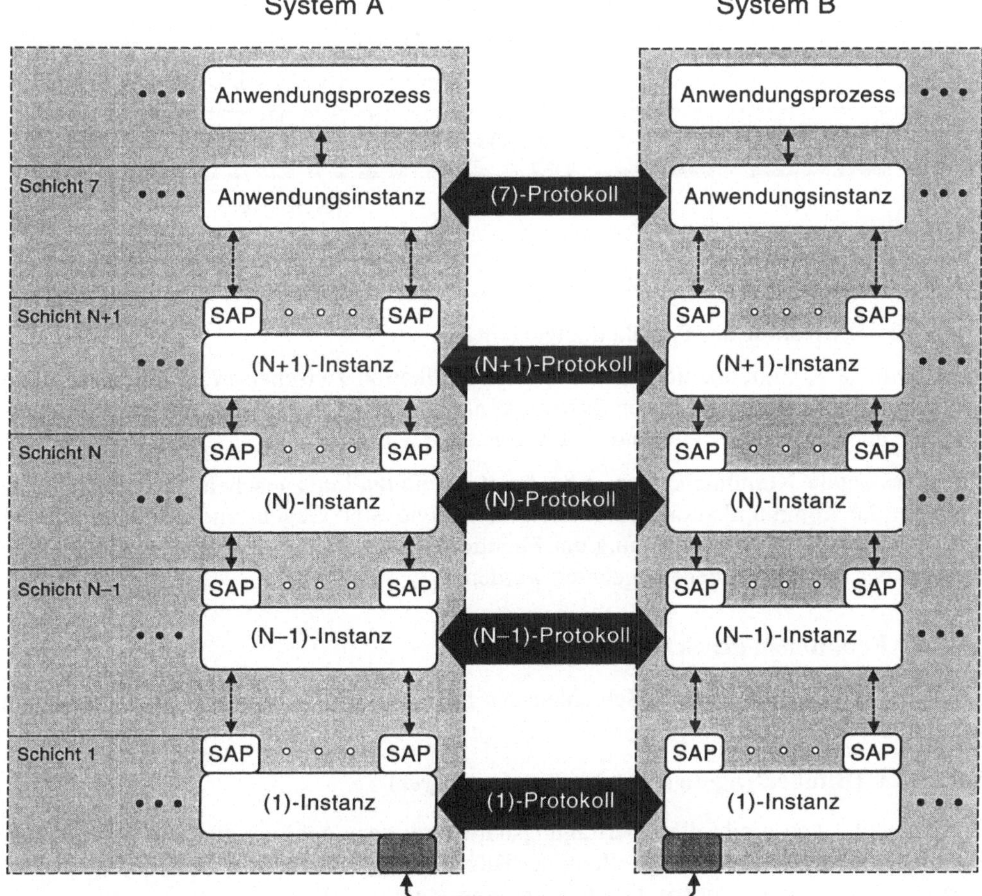

Abb. 2-32. Struktur und Funktionsprinzip des ISO-Referenzmodells

Eine Instanz kommuniziert logisch mit einer Partnerinstanz (*peer entity*), d.h. einer Instanz gleicher Ebene in einem entfernten System. Dies geschieht durch den Austausch von Protokolldatenelementen (*Protocol Data Units*, PDUs). Realisiert wird der Austausch von PDUs durch die Inanspruchnahme der Dienste der darunter liegenden Schichten. Die Kommunikation zwischen Partnerinstanzen wird durch Protokolle geregelt (vgl. Abb. 2-32). Unter einem Protokoll versteht man einen Satz von Regelungen für den Austausch von Information, d.h. konkret die Beschreibung der PDUs und ihre Wirkungen im entfernten System.

Der Transport von PDUs erfolgt in der Weise, dass eine Instanz eine von der übergeordneten Instanz übernommene PDU um eigene, für die Partnerinstanz bestimmte Kontrollinformation (*Protocol Control Information*, PCI) ergänzt und zur weiteren Bearbeitung an die nachfolgende Instanz übergibt (vgl. Abb. 2-33.). Im entfernten System entfernt jede Instanz die für sie bestimmte Kontrollinformation (und wertet sie aus) und übergibt den Rest der PDU an die nächst höhere Instanz.

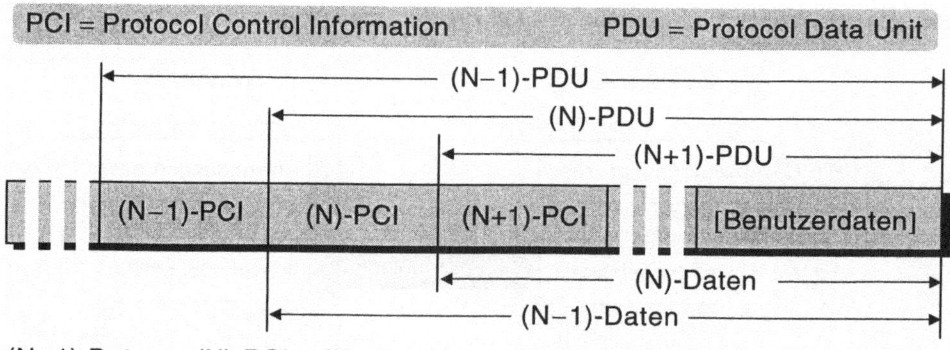

Abb. 2-33. Struktur der Protokolldateneinheiten

Die vertikale Kommunikation, d.h. die Kommunikation zwischen in der Hierarchie benachbarten Instanzen im gleichen System, konkret, wie SAPs realisiert und angesprochen werden, unterliegt nicht der Standardisierung.

Die horizontale Kommunikation, d.h. die Kommunikation zwischen Partnerinstanzen, konkret, die Kommunikationsprotokolle einer Ebene, sind Gegenstand der Standardisierung, ebenso wie die Beschreibung der Funktionen einer Ebene, d.h. der Leistungen, die der darüber liegenden Ebene angeboten werden.

2.5.4.2 Funktionen der Schichten

In Abb. 2-34 sind die sieben Schichten des Referenzmodells und ihre Bezeichnungen aufgeführt.

Schicht 1 (Bitübertragungsschicht, *Physical Layer*)

Die Schicht 1 beschreibt die Übertragungshardware; dazu gehören die elektrischen Verbindungen, die elektrische Darstellung der Bits (Leitungscodes), aber auch die Spezifikation von Kabeln und Steckern. Das Übertragungsmedium selbst gehört nicht dazu.

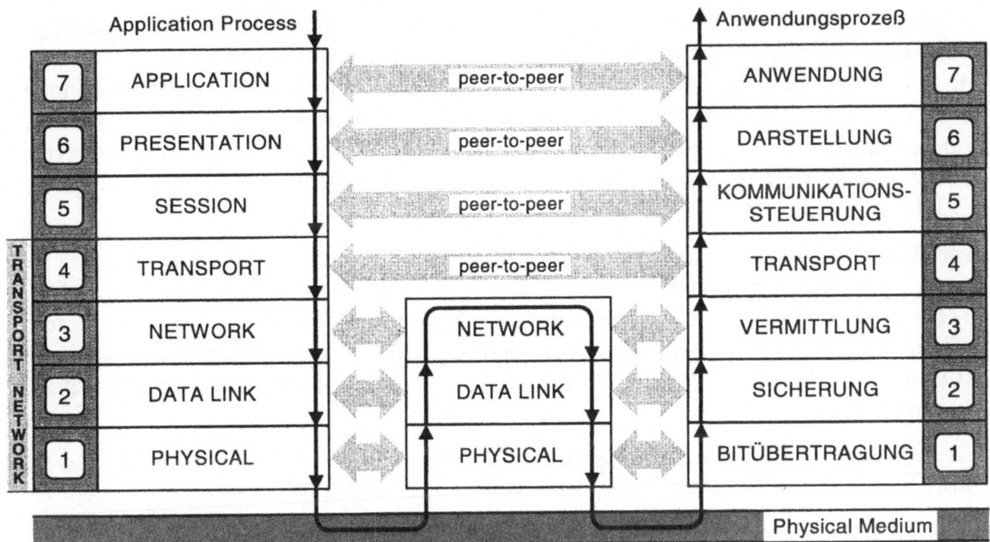

Abb. 2-34 Schichten des ISO-Referenzmodells

Schicht 2 (Sicherungsschicht, *Data Link Layer*)

Durch die Schicht 2 wird der Verkehr zwischen zwei direkt benachbarten Stationen (über eine Teilstrecke) geregelt; Fehlerbehandlung und Flusskontrolle für die Teilstrecke gehören dazu. Die Information wird in Blöcke geeigneter Länge unterteilt, die als Rahmen (*frames*) bezeichnet werden und mit einem Fehlercode versehen werden, der eine Fehlererkennung und -behebung (i. Allg. durch Wiederholung) ermöglicht.

Auf dieser Ebene wird auch Flusskontrolle betrieben; i. Allg. muss nicht jeder einzelne Rahmen bestätigt werden, sondern es kann eine vorgegebene Maximalzahl von Rahmen gesendet werden (z.B. 7), bevor eine Bestätigung abgewartet werden muss. Über das Aussenden von Bestätigungen kann eine empfangende Station den Datenzufluss steuern. Ein solcher Mechanismus wird als Fenstertechnik bezeichnet.

Bei lokalen Netzen ist die Schicht 2 nochmals unterteilt in die Teilschicht 2a (*Medium Access Control*, MAC), die den Zugriff zum Übertragungsmedium regelt, und die darüber liegende Teilschicht 2b (*Logical Link Control*, LLC), die die vom Medienzugriff unabhängigen Funktionen der Schicht 2 wahrnimmt.

Schicht 3 (Vermittlungsschicht, *Network Layer*)

Diese Schicht, die früher als Netzwerkschicht bezeichnet wurde, ist zuständig für die Wegwahl (*routing*), für das Multiplexen mehrerer Verbindungen über einzelne Teilstrecken und für Aspekte der Fehlerbehandlung und Flusskontrolle zwischen den Endsystemen einer Verbindung (nicht zwischen den Anwenderprozessen).

Die Flusskontrolle auf dieser Ebene schützt den Endpunkt einer virtuellen Verbindung vor Überlastung; sie macht die entsprechende Funktion auf der Ebene 2 nicht überflüssig, da über eine Teilstrecke mehrere virtuelle Verbindungen mit verschiedenen Ausgangs- und Endpunkten geführt werden können.

Die Fehlerbehandlung auf der Vermittlungsschicht bezieht sich nicht auf Übertragungsfehler (dafür werden die Maßnahmen auf der Ebene 2 als ausreichend angesehen), sondern auf Fehlerbedingungen, die im Zusammenhang mit dem *Routing* auftreten können. Hierzu gehört das Erkennen und Beseitigen von im Netz entstandenen Duplikaten, das Erkennen und Beseitigen permanent kreisender Blöcke (Pakete) und das Wiederherstellen der Sequenz, wenn Pakete in einer von der Sendefolge abweichenden Reihenfolge bei der Zielstation eintreffen.

Ursprünglich behandelt das OSI-Schichtenmodell verbindungsorientierte, vermaschte Weitverkehrsnetze. Der Wunsch, auch lokale Netze durch das Modell abdecken zu können, hat zu Ergänzungen des Modells geführt. Eine dieser Ergänzungen ist die bereits erwähnte Unterteilung der Schicht 2; eine andere ist die Bereitstellung eines (wahlweisen) Datagrammdienstes. Bei lokalen Netzen mit Datagrammienst ist die Schicht 3 praktisch funktionslos.

Weitere Ergänzungen der Schicht 3 betreffen den Netzverbund (*internetworking, internet protocols*).

Relativ einfach ist die Verbindung von Teilnetzen, in denen die gleichen Protokolle verwendet werden. Lediglich die Adressenvergabe muss unter übergeordneten Gesichtspunkten stattfinden, damit Eindeutigkeit gewährleistet ist.
Wenn in den Teilnetzen verschiedene Protokolle zum Einsatz kommen, muss eine Verbindung durch spezielle Instanzen (Gateways) erfolgen. Die Ebene, auf der die Protokollumsetzung stattfindet, charakterisiert den Gateway; bei einem *Level*-3-Gateway beispielsweise findet die Umsetzung auf der Ebene 3 statt. Die Schichten unterhalb der Anpassungsschicht können in den Teilnetzen unterschiedlich sein, die darüber liegenden müssen gleich sein. Der Gateway enthält für jedes der Teilnetze Instanzen bis zur Umsetzungsebene. Netze, die in allen Schichten unterschiedlich sind, können nur über *Level*-7-Gateways verbunden werden. Für jeden Gateway gilt, dass nur solche Funktionen umgesetzt werden können, die in beiden Teilnetzen äquivalent vorhanden sind.

Die Netzverbundarchitektur der ISO geht von einer Dreiteilung der Schicht 3 aus:

Schicht 3a (*Subnetwork Access*)*:*
    Wickelt die teilnetzspezifischen Protokolle (*Routing* usw.) ab.

Schicht 3b (*Subnet Enhancement*)*:*
    Ergänzt die Funktionen der Teilnetze so, dass die Anforderungen der Schicht 3c erfüllt werden.

Schicht 3c (*Internet*)*:*
    Wickelt die teilnetzunabhängigen Protokolle (*Routing* zu den Gateways, globale Adressierung usw.) ab.

Die Schichten 1, 2, 3a, 3b müssen im Gateway für jedes Teilnetz vorhanden sein.

Schicht 4 (Transportschicht, *Transport Layer*)

Die Transportschicht unterstützt die Verbindungen zwischen Prozessen in den Endsystemen; sie beschäftigt sich mit den Ende-zu-Ende-Aspekten einer Verbindung zwischen Prozessen (im Gegensatz zur Vermittlungsschicht, die Ende-zu-Ende-Aspekte der physikalischen Verbindung zwischen den Endknoten der Verbindung behandelt). Die Transportschicht verbirgt die Charakteristika des Netzes (lokales Netz, Weitverkehrsnetz, gar kein Netz) vor den darüber liegenden Schichten.

Aufgabe der Transportschicht ist es, Transportverbindungen mit bestimmten, beim Aufbau der Verbindung zwischen den Partnern aushandelbaren Dienstmerkmalen aufzubauen. Das kann beispielsweise die Forderung nach einem bestimmten Durchsatz sein, die es notwendig machen kann, dass für eine Transportverbindung mehrere Netzverbindungen aufgebaut werden müssen, über die die Daten in mehreren Teilströmen geleitet und am anderen Ende der Verbindung wieder zusammengefügt werden müssen (*splitting/combining*).

Auch das Aufteilen (*segmenting*) oder Zusammenfassen (*blocking*) der Information in sinnvoll behandelbare Einheiten und die entsprechenden Umkehroperationen auf der Gegenseite (*reassembly/deblocking*) ist Aufgabe der Transportschicht. Ebenso zählt dazu die Flusskontrolle zwischen den kommunizierenden Prozessen.

Der Aufwand, der auf der Transportebene getrieben werden muss, hängt von den geforderten Leistungen ab, die über die Leistungen der Vermittlungsschicht hinausgehen.
Die Dienste der Transportschicht werden in fünf Klassen angeboten, die sich in ihren Leistungsmerkmalen unterscheiden:

Class 0:   Die Klasse 0 ist die einfachste Klasse; sie entspricht der Transportschicht des Teletex-Dienstes (ITU-T-Empfehlung T.70). Es findet gegenüber der Vermittlungsschicht keine Fehlerkontrolle statt, und einer Transportverbindung entspricht genau eine Netzverbindung (kein Splitten/Multiplexen).

Class 1:   Einfache Fehlerbehandlungsklasse.
Es kommen gegenüber der Klasse 0 keine zusätzlichen Verfahren zur Fehlerkontrolle zum Einsatz. Es wird jedoch versucht, von der Vermittlungsschicht gemeldete Fehler zu beheben und nicht an die darüber liegenden Schichten weiterzumelden. Ein derartiger Fehler ist beispielsweise die Unterbrechung einer Netzverbindung, die von der Vermittlungsschicht gemeldet wird. In diesem Fall muss nicht automatisch auch die Transportverbindung unterbrochen werden, sondern die Transportschicht kann versuchen, eine neue Netzverbindung aufzubauen, ohne dass dies oberhalb der Transportschicht bemerkt wird.

Class 2:   Multiplexklasse.
In dieser Klasse können mehrere Transportverbindungen über eine Netzverbindung geführt werden. Das erspart den Aufbau paralleler Netzverbindungen, wenn zwischen einem Paar von Stationen mehrere Transportverbindungen aufgebaut werden müssen. In diesem Fall darf die Beendigung einer Transportverbindung nicht automatisch die Beendigung der zugeordneten Netzverbindung nach sich ziehen; erst die letzte Transportverbindung löst bei ihrem Abbau die Netzverbindung.

Class 3:   Die Klasse 3 beinhaltet die Funktionen der Klasse 1 und 2, d.h. einfache Fehlerbehandlung und Multiplexen.

Class 4:   Die Klasse 4 enthält neben den Funktionen der Klasse 3 zusätzlich Mechanismen zur Fehlererkennung und -behandlung. Die Transportschicht garantiert die Vollständigkeit, Eindeutigkeit und Sequenz der an die höheren Schichten weitergegebenen Information. Dazu sind Mechanismen zur Erkennung fehlender, duplizierter und außerhalb der Sequenz eintreffender Informationsblöcke sowie zur Beseitigung der entsprechenden Fehlerzustände erforderlich.
Diese Transportklasse ist wichtig, wenn auf einer datagramm-orientierten

Netzverbindung (häufig bei LANs) ein verbindungsorientierter Dienst bereitgestellt werden soll. In diesem Fall müssen die entsprechenden Dienstmerkmale durch die Transportebene bereitgestellt werden.

Es kann auch der umgekehrte Fall eintreten, dass nämlich ein Datagrammdienst über ein verbindungsorientiertes Netz bereitgestellt werden soll. In diesem Fall muss durch die Transportschicht für die Übertragung eines Datagramms eine Netzverbindung aufgebaut und wieder abgebaut werden.

Schicht 5 (Kommunikationssteuerungsschicht, *Session Layer*)

Die Kommunikationssteuerungsschicht dient vor allem der Synchronisation der Kommunikation zwischen den involvierten Prozessen. Wie bereits mehrfach erwähnt, kann jede Kommunikation logisch in die Phasen

- Verbindungsaufbau,
- Datentransfer und
- Verbindungsabbau

gegliedert werden.

Der Aufbau einer Kommunikationsverbindung wird durch Aussenden einer Verbindungsanforderung (*S-Connect-Request*) eingeleitet. Auf einen solchen Verbindungswunsch antwortet der gerufene Partner (*S-Connect-Response*), was – falls die gerufene Station in die Verbindung einwilligt – bei der rufenden Station zu einer Bestätigung (*S-Connect-Confirm*) führt. Bei diesem Wechselspiel tauschen die Partnerinstanzen Parameter aus, die die Funktionalität der aufzubauenden Verbindung (S-Verbindung) beschreiben (z.B. *Flow Control*-Parameter, Größe der Puffer, die auf *Session*-Ebene bereitzustellen sind, ob die Verbindung vollduplex oder halbduplex sein soll usw.). Damit eine S-Verbindung zustandekommen kann, muss der gerufene Partner die mit dem Wunsch nach einem Verbindungsaufbau übergebenen Parametervorschläge des rufenden Partners bestätigen.

Das Aushandeln der *Session*-Parameter erlaubt, dass auch Partnerinstanzen unterschiedlicher Funktionalität zusammenarbeiten können.

Der Aufbau einer S-Verbindung (wie auch deren Abbau) ist ein bestätigter Dienst, d.h. nach Ablauf des oben beschriebenen Wechselspiels befinden die beiden Partner sich in einem gegenseitig genau definierten Zustand. Dies gilt nicht notwendig während der Datentransferphase. Hierbei ist zu berücksichtigen, dass durch die Aktion einer Instanz eine Kette von Folgeaktionen ausgelöst wird, zunächst in den darunter liegenden Instanzen des eigenen Systems, dann auf den Übertragungswegen und schließlich in den Instanzen des Zielsystems bis hinauf zur Partnerinstanz. Es ist während der Datentransferphase nicht notwendig und wegen der daraus resultierenden Verzögerungen auch nicht sinnvoll, mit der nächsten Aktion (etwa dem Senden eines weiteren Datenblocks) zu warten, bis dieser ganze Weg (und der Rückweg) durchlaufen ist. Die Folge davon ist, dass weder der sendende Prozess noch der empfangende Prozess genau wissen, in welchem Zustand sich die Verbindung aktuell befindet und der diesbezügliche Wissensstand auch nicht gleich sein muss. Dies ist – wie bereits festgestellt – unproblematisch, jedoch nur, solange die Verbindung ordnungsgemäß funktioniert und zu einem normalen Ende kommt, was auch eine Resynchronisation der kommunizierenden Prozesse zur Folge hat. Wenn es jedoch zu einer Störung der Verbindung kommt, ist das ein Nachteil, da eine gesicherte Wiederaufnahme der Kommunikationsbeziehung nur auf der Basis des letzten gemeinsamen Wissensstandes möglich ist. Es ist deshalb sinnvoll, dass sich kommunizierende Prozesse auch während der Datentransferphase von Zeit zu Zeit synchronisieren, d.h. durch einen bestätigten Dienst einen gemeinsamen Wissensstand bzgl. des aktuellen Zustands der Kommunikationsverbindung herstellen. Durch solche *Synchronization Points* wird die Datentransferphase in Abschnitte unterteilt, und nach einer Unterbrechung kann an einer solchen Stelle die Kommunikation in einem definierten Zustand wieder aufgenommen werden.

Beide Kommunikationspartner können eine Verbindung beenden. Dazu gibt es zwei unterschiedlich rigorose Möglichkeiten:

- Normales Ende, d.h. Beendigung nach ordnungsgemäßer Ausführung aller zuvor initiierten Aktionen (Ende nach Synchronisation) oder

- sofortiger Abbruch der Verbindung ohne Rücksicht auf bereits initiierte Aktionen (Ende ohne Synchronisation).

Es wurde bereits darauf hingewiesen, dass die Funktionalität einer S-Verbindung zwischen den Partnerinstanzen der Kommunikationssteuerungsschicht aushandelbar ist. Dies kann natürlich nicht unabhängig von den Erfordernissen der Anwendungen geschehen, d.h. die Mindestanforderungen an die Funktionalität einer Kommunikationsverbindung sind durch die Anwendung vorgegeben. Für die Vereinfachung der Beurteilung der Eignung einer Verbindung für eine bestimmte Anwendung ist es nützlich, Klassen von Kommunikationsverbindungen zu bilden, d.h. bestimmte Kombinationen von Funktionen und Parameterwerten mit definierten Eigenschaften zusammenzustellen. ISO kennt drei Klassen von Kommunikationsverbindungen: den *Basic Combined Subset* (BCS), den *Basic Activity Subset* (BAS), der für *Message Handling* und Teletex geeignet ist, und den *Basic Synchronized Subset* (BSS), der für Dateitransfer geeignet ist.

Schicht 6 (Darstellungsschicht, *Presentation Layer*)

Aufgabe der Darstellungsschicht ist es, Unterschiede in der Informationsdarstellung in den kommunizierenden Systemen zu überbrücken, d.h. durch die Funktionen dieser Schicht wird sichergestellt, dass die ausgetauschten Informationen wechselseitig richtig interpretiert werden. Ein sehr einfaches Beispiel ist die gegebenenfalls erforderliche Abbildung unterschiedlicher Zeichencodes (wie ASCII oder EBCDIC) aufeinander.

Während des Standardisierungsprozesses war es lange Zeit unklar, welche Funktionen die Darstellungsschicht haben sollte und ob sie überhaupt erforderlich sei, weil die diskutierten Funktionen – da ohnedies anwendungsabhängig – auch in der Anwendungsschicht wahrgenommen werden könnten. Inzwischen ist diese Diskussion beendet und ein ISO-Standard für die Darstellungsschicht verabschiedet worden.

Das Konzept der ISO sieht vor, für eine Anwendung Datentypen, -werte und -strukturen abstrakt zu beschreiben (abstrakte Syntax). Für die Beschreibung wird eine standardisierte Beschreibungssprache verwendet, die die Bezeichnung ASN.1 (*Abstract Syntax Notation 1*) trägt. Vor einer Datenübertragung erfolgt eine Umsetzung der lokalen Syntax auf eine vorher vereinbarte Transfersyntax (konkrete Syntax), und im Zielsystem eine Umsetzung der Transfersyntax auf dessen lokale Syntax.

Schicht 7 (Anwendungsschicht, *Application Layer*)

Anwendungen im Sinne der Schicht 7 sind nicht benutzerspezifische Anwendungen, die sich der Standardisierung generell oder doch im Rahmen des Kommunikationsvorgangs entziehen. Es gibt aber eine Reihe von grundsätzlichen Anwendungen von Kommunikationssystemen, die vielfach benötigt werden; die wichtigsten sind:

- *File Transfer (FT):* Austausch von Dateien,

- *Remote Job Entry (RJE):* Absetzen von Rechenaufträgen in entfernten Systemen,

- *Virtual Terminal (VT):* Nutzung der interaktiven Terminal-Dienste eines entfernten Rechners vom lokalen System aus,

- *Message Handling Systems (MHS):* Austausch und Verwaltung von Mitteilungen an Benutzer anderer Systeme.

Die entsprechenden Entwicklungen bei ISO tragen die Bezeichnungen:

- *File Transfer, Access and Management (FTAM),*

- *Job Transfer and Manipulation (JTM),*

- *Virtual Terminal Protocol (VTP)* und

- *Message Oriented Text Interchange System (MOTIS).*

Neben diesen Anwendungen, die auch als spezielle Dienstelemente (*Special Application Service Elements,* SASE) bezeichnet werden, gibt es auch allgemeine Dienstelemente (*Common Application Service Elements,* CASE); diese bezeichnen Grundfunktionen, die vielen Anwendungen gemeinsam sind und deshalb sinnvollerweise nicht speziell für jede einzelne Anwendung definiert werden. Dazu gehört das Auf- und Abbauen einer Verbindung auf der Anwendungsschicht (*Association Control Service Element,* ACSE), was die Spezifikation der Anforderungen des betreffenden Dienstes an die Darstellungsschicht und die Kommunikationssteuerungsschicht sowie die Authentifizierung der Benutzer des Dienstes beinhaltet. Ein weiterer Komplex betrifft die zuverlässige Ausführung der Dienste (*Commitment, Concurrency, and Recovery,* CCR), wodurch z.B. der korrekte Wiederanlauf nach einer Störung sichergestellt werden soll.

Das Unterteilen des komplexen Kommunikationsvorgangs in Teilaspekte (Schichten) ist eine Maßnahme der Zweckmäßigkeit, die eine präzise Beschreibung und damit die Standardisierung erleichtert. Ein Benutzer interessiert sich jedoch nicht für Schichten und Strukturen, die ohnedies nicht explizit sichtbar sind, sondern für Anwendungen in ihrer Gesamtheit. Es ist deshalb wichtig, dass eine Anwendung als Ganzes durch einen vollständigen Satz von Standards für die einzelnen Ebenen beschrieben und realisiert wird.

Das ISO-Referenzmodell selbst unterliegt ebenso wie die einzelnen Standards der Weiterentwicklung. Auf einige Erweiterungen zur Abdeckung ursprünglich nicht vorgesehener Dienste (LANs, Datagrammdienst) wurde bereits hingewiesen. Insbesondere ist festzustellen, dass die Vielfalt vor allem auf der Anwendungsebene stark zunimmt. Eine Fragestellung, die ursprünglich überhaupt keinen Niederschlag im Modell gefunden hat, heute aber als eminent wichtig angesehen wird, ist das Netzwerkmanagement. Dazu zählen alle Probleme, die im weitesten Sinne mit der Organisation und dem sicheren, zuverlässigen und kontrollierbaren Betrieb von Datennetzen zusammenhängen.

Um die Managementfunktionen abdecken zu können, wird in allen Schichten der funktionale Teil durch einen Managementteil ergänzt. In den unteren Ebenen haben diese Management-Instanzen vor allem die Aufgabe, Zustandsinformationen zu sammeln (und für die höheren Managementebenen bereitzustellen) und damit einhergehend Überwachungsaufgaben. Auf der Anwendungsebene wird es gleichrangig neben den Anwendungsprozessen auch Managementprozesse geben müssen.

2.5.4.3 Bedeutung der OSI-Standards

Bevor im Folgenden einige wichtige Standards (auch Industriestandards) aufgeführt und teilweise auch beschrieben werden, soll noch kurz auf den Stellenwert der ISO-Architektur und -Standards eingegangen werden.

Zu allen Ebenen des 7-Schichten-Modells liegen von ISO verabschiedete Standards und auch Implementierungen dieser Standards vor. Es hat aber hinsichtlich des Einsatzes dieser Produkte keinen Durchbruch auf breiter Front gegeben, obwohl es nicht an Versuchen gefehlt hat, ihre Verbreitung regierungsamtlich durch Erlass entsprechender Beschaffungsrichtlinien für den öffentlichen Bereich zu erzwingen. In den USA und England sind GOSIPs (*Government OSI Profiles*) erarbeitet worden. Die Abkürzung GOSIP bedeutet aber auch *Government OSI Procurement*, d.h. es sind auch entsprechende Beschaffungsvorschriften erlassen worden. In Europa wurden OSI-Profile für Beschaffungen im öffentlichen Bereich durch EWOS (*European Workshop on Open Systems*) erstellt, und in Japan läuft eine vergleichbare Aktivität unter der Bezeichnung POSI (*Promotion for OSI*). Was durch diese Aktivitäten erreicht werden konnte, ist die Erstellung von Produkten auf der Basis der OSI-Protokolle, aber nicht deren allgemeine Verwendung.

Die Gründe dafür liegen teilweise in den OSI-Protokollen bzw. den Produkten selbst, teilweise aber auch in allgemeinen Entwicklungen.

Für viele der OSI-Implementierungen gilt, dass die Interoperabilität und die allgemeine Produktreife nicht zufriedenstellend sind. Dies ist zumindest teilweise eine Folge der geringen Verbreitung, weil sich diese Qualitätsmerkmale erst als Folge eines Wechselspiels zwischen Herstellern und einer Vielzahl von Benutzern, die ihre Erfahrungen und Wünsche in neue, verbesserte Versionen einbringen, einstellen. Überdies sind die Preise für OSI-Produkte teilweise überhöht (letztlich auch eine Folge der geringen Verbreitung).

Folgende generelle Entwicklungen sind der Verbreitung der OSI-Protokolle nicht förderlich:

Bis in die zweite Hälfte der achtziger Jahre hinein wurden die Begriffe "offene Kommunikation" und "OSI" quasi synonym verwendet, d.h. man war der Überzeugung, dass offene Kommunikation nur auf der Basis der OSI-Protokolle möglich sein werde. Inzwischen hat sich die Situation verändert. Die TCP/IP-Protokolle (Internet-Protokolle) sind eine – in mancher Hinsicht sogar überlegene – Alternative, weil sie zeitlich früher waren (d.h. ausgereifte Produkte eher verfügbar waren) und hinsichtlich ihrer "Offenheit" (allgemeine Verfügbarkeit für beliebige Plattformen) Vorteile haben, d.h. in der Praxis spielen die Internet-Protokolle weitgehend die Rolle, die man den OSI-Protokollen zugedacht hatte. Ihr einziges Manko (in dieser Hinsicht) ist, dass sie nicht das Produkt eines offiziellen Standardisierungsgremiums sind.

Hinzu kommt, dass in der derzeit außerordentlich innovativen Welt der Netze und Netzdienste die Internet-Welt viel schneller auf neue Möglichkeiten und Anforderungen reagiert als die vergleichsweise schwerfällige ISO/OSI-Welt, mit der Folge, dass sich im
Internet neue Dienste längst im praktischen Einsatz befinden, bevor sie bei ISO standardisiert sind.

Zusammenfassend ist festzustellen, dass heute "offene Kommunikation" möglich ist und
auch auf breiter Basis betrieben wird, und zwar überwiegend auf der Basis der Internet-
Protokolle, und dass es für diejenigen, die diese Protokolle einsetzen keine zwingenden
Argumente für eine Umstellung auf die OSI-Protokolle gibt.
Auch die Zukunftsperspektiven sind für die OSI-Protokolle nicht gut, weil für die wirkli-
chen Herausforderungen der Zukunft – wie Netze mit extrem hohen Übertragungsraten
oder Multimedia – weder die OSI-Protokolle noch die Internet-Protokolle in ihrer heutigen Form tauglich sind, letztere aber sehr viel schneller in diese Richtung weiterentwickelt werden.

2.5.5 Wichtige Standards

Unter "Standard" sind in diesem Kontext nicht nur die Festlegungen der Standardisie-
rungsorganisationen (allen voran ISO) zu verstehen, sondern auch Festlegungen von anderen Organisationen oder Firmen, die eine allgemeine, weit über die Organisation oder
Firma hinausreichende praktische Bedeutung erlangt haben; man nennt solche Festlegungen auch De-facto-Standards oder Industriestandards.

2.5.5.1 Standards für die Schicht 1

Zur Schicht 1 gehört die Beschreibung der physikalischen Eigenschaften (Spezifikation
des Übertragungsweges (Kabel), der Stecker, der Übertragungstechnik, der Signaldarstel-
lung usw.). Diese Spezifikationen sind unterschiedlich für die verschiedenen Arten von
Netzen (z.B. Fernsprechnetz, digitale Datennetze, Satellitenverbindungen, LANs, ...).
Bekannte Standards sind:

- V.24   (*List of Definitions for Interchange Circuits between DTE and DCE*)
- X.21   (*Interface between DTE and DCE for Synchronous Operation on Public
                 Data Networks*)
- X.21bis   (*Use of Public Data Networks of DTE which is Designed for Interfacing
                 to Synchronous V-Series Modems*)
- RS-232-C

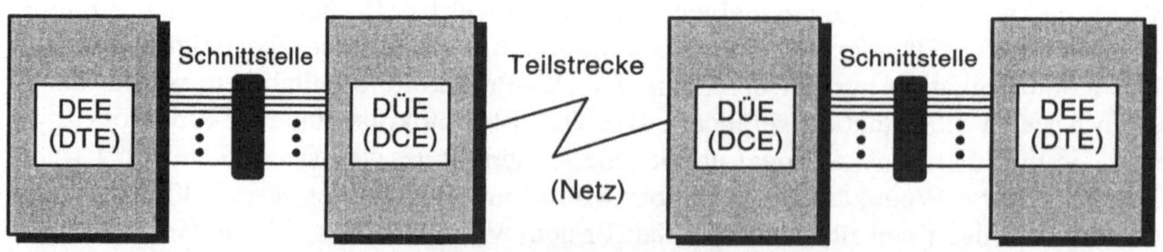

Abb. 2-35. Aufbau einer Datenfernübertragungsstrecke

Bei diesen Standards, die alle vor der Standardisierung des ISO-Referenzmodells entstanden sind, wird noch nicht klar zwischen Dienst und Protokoll unterschieden. Sie werden als Netzzugangsprotokolle bezeichnet und definieren eine Schnittstelle zwischen dem Endgerät des Benutzers (Datenendeinrichtung, DEE) und dem Abschluss des Kommunikationsnetzes (Datenübertragungseinrichtung, DÜE). Dazu gehört die Spezifikation eines Steckers und dessen Pin-Belegung. Beschrieben werden die möglichen Signalzustände und Zustandsübergänge.

Die ITU-T-Empfehlung V.24 und der vergleichbare EIA-Standard RS-232-C (EIA = *Electronic Industries Association,* eine Vereinigung amerikanischer Hersteller elektronischer Geräte) beschreiben die Funktionen von Leitungen an den Schnittstellen zwischen Datenendeinrichtungen und Datenübertragungseinrichtungen (für den Betrieb über Fernsprechwege).

Empfehlung X.21 beschreibt eine Schnittstelle zwischen DEE und DÜE zum allgemeinen Gebrauch für Synchronverfahren (DEE wird aus dem Netz getaktet) in öffentlichen Datennetzen (kommt in Deutschland vor allem im Datex-Netz zum Einsatz).

X.21bis regelt den Einsatz von Datenendeinrichtungen, die mit Schnittstellen für synchrone Modems der V-Serie (speziell V.24) ausgestattet sind, in öffentlichen Datennetzen.

2.5.5.2 Standards für die Schicht 2

Die Sicherungsschicht stellt eine gesicherte und fehlerfreie Punkt-zu-Punkt-Verbindung zwischen benachbarten Stationen zur Verfügung.

Für die Schicht 2 gibt es eine Reihe von Standards und Industriestandards, die in drei Gruppen eingeteilt werden können:

- (ältere) zeichenorientierte Protokolle

  - BSC (*Binary Synchronous Communication*)

- bitorientierte Protokolle

  - HDLC (*High Level Data Link Control*)

    * ISO 8886 (*OSI - Data Link Service*)

    * ISO 3309 (*HDLC - Frame Structure*)

    * ISO 4335 (*HDLC - Consolidation of Elements of Procedures*)

    * ISO 7809 (*HDLC - Consolidation of Classes of Procedures*)

  - LAPB (*Link Access Procedure for Balanced Mode*)

    * ISO 7776 (*HDLC - X.25 LAPB-compatible Data Link Procedures*)

  - LAPD (*Link Access Procedure for D-channels*)

    * ITU-T I.440 (*ISDN User-network Interface, Data Link Layer - General Aspects*)

    * ITU-T I.441 (*ISDN User-network Interface, Data Link Layer Specification*)

  - SDLC (*Synchronous Data Link Control*)

- LAN-Protokolle

  - IEEE 802.2 (*Logical Link Control*)
  - IEEE 802.3/4/5/6 (*Medium Access Control*).

BSC (*Binary Synchronous Communication*)

BSC ist das bekannteste der zeichenorientierten (byteorientierten) Protokolle. Es wurde Ende der sechziger Jahre von IBM entwickelt und hat, da vergleichbare Standards zu dieser Zeit nicht existierten, sehr weite Verbreitung gefunden. Allerdings werden die zeichenorientierten Protokolle zunehmend durch die leistungsfähigeren bitorientierten Protokolle wie SDLC (IBM) und HDLC (ISO, ITU-T) abgelöst.

BSC kann auf der Basis der bekannten Zeichencodes ASCII und EBCDIC realisiert werden und unterstützt Halbduplex-Verbindungen. Zeichenorientierte Protokolle basieren auf wohldefinierten Kontrollzeichen (*control characters*), die im Rahmen der Zeichencodes definiert sind, d.h., bestimmte Bitkombinationen dienen nicht der Verschlüsselung von Zeichen (Buchstaben, Ziffern, Sonderzeichen), sondern haben eine bestimmte Bedeutung für die Steuerung des Kommunikationsvorgangs.

Zeichenorientierte Protokolle sind dafür ausgelegt, Informationen zu transportieren, die auf der Basis des zugrunde liegenden Zeichencodes verschlüsselt sind. Sollen anders verschlüsselte Informationen oder binäre Informationen übertragen werden, so ergeben sich Probleme, weil dann im Nachrichtentext Bitkombinationen auftreten können, die für Steuerungszwecke reserviert sind. Gelöst wird das Problem durch sogenannte 'Escape'-Sequenzen; dabei wird für die Steuerung einer transparent zu übertragenden Nachricht den Steuerzeichen das Zeichen DLE (*Data Link Escape*) vorangestellt (z.B. DLE STX für den Start und DLE ETX für das Ende eines transparent zu übertragenden Textes; STX = *Start of Text*, ETX = *End of Text*). Um nach dem Einschalten des Transparentmodus weitere Steuerzeichen erkennen zu können, wird auf Senderseite die DLE-repräsentierende Bitkombination jedesmal verdoppelt, wenn sie im Text auftritt. Der Empfänger entfernt bei paarweise auftretenden DLEs eines und weiß, dass das verbleibende zum Text gehört; ein einfach vorhandes DLE-Zeichen dagegen markiert ein Steuerzeichen.

HDLC (*High Level Data Link Control*)

HDLC und der damit weitgehend übereinstimmende ANSI-Standard ADCCP (*Advanced Data Communication Control Procedures*) ist ein *Link*-Protokoll für codeunabhängige, bitorientierte, synchrone Datenübertragungen. Genau genommen steckt HDLC einen Rahmen mit möglichst großer Anwendungsbreite für solche Protokolle ab, der die Definition von Untermengen mit durchaus verschiedenen Eigenschaften zulässt.

HDLC erlaubt

- codeunabhängige, bitorientierte, synchrone Datenübertragungen,

- Vollduplex-Betrieb,

- Punkt-zu-Punkt- und Punkt-zu-Mehrpunkt-Verbindungen,

- Multilink-Verbindungen (*Multilink Procedure*, MLP),
  d.h. es können mehrere parallele *Link*-Verbindungen aufgebaut werden, die für die darüber liegenden Schichten wie eine leistungsfähigere Verbindung aussehen,

- die Überwachung der Sequenz durch die Vergabe von Sequenznummmern,

- Pipelining (Senden mehrerer Rahmen, bevor Bestätigungen abgewartet werden müssen),

- Flusskontrolle.

Abb. 2-36 zeigt den Aufbau eines HDLC-Rahmens.

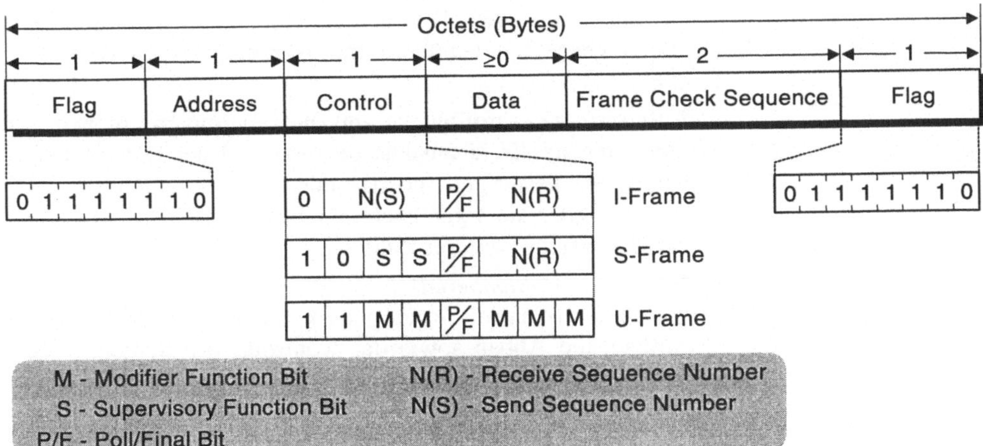

Abb. 2-36. Format eines HDLC-Rahmens

Flag

Durch die Blockbegrenzung (*flag*) werden Rahmenanfang und Rahmenende markiert (zwischen direkt aufeinander folgenden Rahmen genügt ein Blockbegrenzungszeichen). Da hierdurch eine spezielle Bitkombination (B'01111110') für Steuerungszwecke reserviert wird, müssen besondere Maßnahmen ergriffen werden, um Codeunabhängigkeit (bittransparente Übertragungen) zu gewährleisten. Das verwendete Verfahren wird als *Bit Stuffing* (auch *Zero Insertion*) bezeichnet. Dabei werden in die Information zwischen den rahmenbegrenzenden Flaggen gezielt binäre Nullen nach jeweils fünf aufeinander folgenden B'1'-Werten eingefügt. Dadurch wird verhindert, dass wie bei der Blockbegrenzung sechs B'1'-Werte in Folge auftreten können. Auf Empfängerseite werden die eingeschobenen B'0'-Werte wieder entfernt.

Address field

Das Adressfeld enthält bei Befehlen (*commands*) die Schicht-2-Adresse der empfangenden Station, bei Meldungen (*responses*) die Adresse der sendenden Station. Die Struktur des Adressfeldes ist netzabhängig.
Es gibt zwei sich gegenseitig ausschließende Adresstypen:
1-Oktett-Adressen und Mehr-Oktett-Adressen.
Bei 1-Oktett-Adressierung ist das erste Bit des Adressfeldes immer B'1', bei Mehr-Oktett-Adressierung ist das erste Bit des letzten Oktetts des Adressfeldes B'1', bei den vorangehenden Oktetts des Adressfeldes ist es B'0'.

Control field

Das erste und gegebenenfalls das zweite Bit des Steuerfeldes (vgl. Abb. 2-36) entscheidet über den Rahmentyp. Es gibt die folgenden drei Typen:

- *I-Frames (Information)*
  I-Rahmen (Datenblöcke mit Folgenummern) transportieren Daten, d.h. von Schicht 3 übernommene Information. Durch sie können im $N(R)$ -Feld gleichzeitig positive Bestätigungen empfangener Rahmen übermittelt werden (*piggybacking*).

- *S-Frames (Supervisory)*
  S-Rahmen (Kontrollblöcke mit Folgenummern) dienen der Steuerung des Datenaustausches während der Datentransferphase: Sie bestätigen (positiv oder negativ) empfangene I-Rahmen oder sie signalisieren Bereitschaft/Nichtbereitschaft zur Übernahme weiterer Rahmen.

- *U-Frames (Unnumbered)*
  U-Rahmen (Kontrollblöcke ohne Folgenummern) dienen dem Aufbau und Abbau sowie der Kontrolle von Schicht-2-Verbindungen.

$N(S)$ enthält die Sendefolgenummern, $N(R)$ die Empfangsfolgenummern. Da jeweils drei Bits zur Verfügung stehen erfolgt die Angabe modulo 8. Über diese Nummern erfolgen die Empfangsbestätigungen; sie dienen darüber hinaus der Sicherstellung der Sequenz und der Überlastkontrolle.

In der folgenden Betrachtung sei A Sendestation und B Empfangsstation. A versieht jeden an B gesendeten I-Rahmen im $N(S)$-Feld mit einer Sendefolgenummer. Die Station B gibt im $N(R)$-Feld (sie benutzt dazu einen von B an A geschickten I- oder S-Rahmen) die Nummer an, die sie als Sendefolgenummer des nächsten von A gesendeten I-Rahmens erwartet; gleichzeitig bestätigt sie dadurch alle Rahmen bis zur Sendefolgenummer $N(R) - 1$. Beim Auftreten eines Fehlers kann entweder selektiv ein bestimmter fehlerhaft empfangen gemeldeter Rahmen wiederholt werden, oder es werden alle Rahmen ab dem fehlerhaften Rahmen wiederholt.

Bei einem Nummernvorrat von 8 Nummern können maximal 7 Rahmen übertragen werden, bevor eine Bestätigung abgewartet werden muss. Man kann nun eine Maximalzahl ausstehender Bestätigungen (Fenstergröße k) festlegen, wobei hier $k \leq 7$ gilt. Über das Versenden von Bestätigungen kann die empfangende Station den Datenfluss steuern. Große Fenster erlauben eine gute Auslastung der Verbindungsleitung, erhöhen aber den Aufwand, da entsprechend große Pufferspeicher bereitgestellt werden müssen.

Im sogenannten *Extended Numbering Mode* stehen für die Folgenummern $N(S)$ und $N(R)$ jeweils sieben Bits zur Verfügung, so dass die Nummernangabe modulo 128 erfolgt. Der größere

Nummernvorrat ist wichtig für die effiziente Nutzung von Teilstrecken mit hohen Übertragungsgeschwindigkeiten und/oder langen Laufzeiten (wie beispielsweise bei Satellitenverbindungen). In diesem Fall ist das Steuerfeld zwei Oktetts lang.

Das P/F-Bit zeigt an, ob es sich bei dem Rahmen um einen Befehl (*command*) oder eine Mitteilung (*response*) handelt. Die Bezeichnung (P/F-Bit) basiert auf einer unsymmetrischen Kommunikation zwischen einer bevorrechtigten Station, die die nachgeordnete Station durch das Setzen des *Poll Bit* auffordert zu senden, und einer nachgeordneten Station, die das Ende des dadurch ausgelösten Sendevorgangs durch das Setzen des *Final Bit* anzeigt.

Durch die S-Bits im S-Rahmen werden die Steuerungsfunktionen mit Folgenummern spezifiziert (*Supervisory functions*).

Durch die M-Bits im U-Rahmen werden die Steuerungsfunktionen ohne Folgenummern spezifiziert (*Modifier functions*).

Data field   Das Datenfeld (I-Rahmen) enthält die Daten, die von der Schicht 3 zum Transport über die Teilstrecke an die Schicht 2 übergeben werden. Dieses Feld ist variabel lang; meist beträgt die Länge Vielfache von Bytes, was aber nicht durch das Protokoll vorgeschrieben ist.

Frame check sequence Der Rahmenprüfcode (CRC) wird gemäß ITU-T-Empfehlung V.41 durch das Generatorpolynom $G(x) = x^{16} + x^{12} + x^5 + 1$ ermittelt.

HDLC kennt drei Kommunikationsmodi:

- ***NRM (Normal Response Mode),***
- ***ARM (Asynchronous Response Mode),***
- ***ABM (Asynchronous Balanced Mode).***

Diese Modi werden beim Aufbau einer *Link*-Strecke durch die *Set Mode Commands* (U-Format) ausgewählt: SNRM, SARM oder SABM bzw. SNRME, SARME oder SABME bei Verwendung der Modulo-128-Nummerierung (*extended numbering*).
NRM und ARM beschreiben unsymmetrische Verbindungen, bei denen eine Leitstation (Primärstation, *primary station, master*) mit einer oder mehreren nachgeordneten Stationen (Sekundärstation, *secondary station, slave*) kommuniziert. In beiden Fällen hat die Primärstation die vollständige Kontrolle über die Verbindung, d.h. sie initialisiert die Verbindung (aktiviert die Sekundärstationen) und beendet die Verbindung, sie kontrolliert den Datenfluss von und zu den Sekundärstationen, und sie ist für die Fehlerbehandlung zuständig, wenn einfache Wiederholungen nicht ausreichen. Die Rolle der Sekundärstationen ist passiv; sie können dafür in der Regel einfacher aufgebaut sein.

Beim *Normal Response Mode* (NRM) darf eine abhängige Station nur dann senden, wenn sie dazu explizit von der Leitstation aufgefordert wurde. Beim *Asynchronous Response Mode* (ARM) darf eine abhängige Station – nachdem die Verbindung durch die Leitstation initialisiert worden ist – zeitlich asynchron, d.h. ohne vorherige Aufforderung durch die Leitstation, senden. In diesem Fall ist die Kommunikation weniger straff organisiert und eine Sekundärstation hat mehr Freiheiten. Dafür muss bei einer Punkt-zu-Mehrpunkt-Konstellation die Leitstation dafür sorgen, dass zu einem Zeitpunkt nur zu einer Sekundärstation die Verbindung aktiviert ist.

NRM ist besonders gut geeignet für Punkt-zu-Mehrpunkt-Verbindungen, wo eine zentrale Station (z.B. ein Kommunikationsprozessor) eine Reihe von abhängigen Stationen (z.B. Terminals) durch *Polling* steuert, d.h. die Leitstation erteilt den abhängigen Stationen der Reihe nach für eine definierte Zeit das Senderecht.
ARM ist geeignet, wenn zwei Stationen relativ frei und ohne den Overhead, den ein *Polling*-Verfahren mit sich bringt, Daten austauschen wollen.

Der *Asynchronous Balanced Mode* (ABM) ermöglicht Punkt-zu-Punkt-Verbindungen zwischen gleichberechtigten Partnern (Rechnern, Knoten in einem Netzwerk o.ä.). Für die später erfolgte Definition dieses symmetrischen Verfahrens, bei dem beide beteiligten Stationen sowohl die Funktionen einer Primärstation wie einer Sekundärstation wahrnehmen können, waren nicht nur technische Gründe maßgebend. In bestimmten Konstellationen (z.B. Verbindungen zwischen Unternehmen, Postverwaltungen, Staaten) ist Unsymmetrie (in diesem Falle eine hierarchische Struktur, die die totale funktionale Abhängigkeit einer Seite mit sich bringt) schwer zu ertragen.
ABM unterstützt eine gleichberechtigte Kommunikation zwischen verbundenen Stationen.

Die drei besprochenen Modi bilden die Grundlage für drei Klassen von *Link*-Prozeduren:

- *Unbalanced Normal Class (UNC)*,
- *Unbalanced Asynchronous Class (UAC)*,
- *Balanced Asynchronous Class (BAC)*.

In jeder dieser Klassen ist neben dem Modus auch ein Satz von Grundfunktionen festgelegt, die beispielsweise Aufbau und Abbau von Verbindungen (in dem jeweiligen Modus) und den Austausch von Daten und Bestätigungen regeln. Daneben ist ein Satz optionaler Funktionen definiert (z.B., ob im Fehlerfalle alle Rahmen ab dem fehlerhaften wiederholt werden oder ob selektiv wiederholt wird, ob mit erweitertem Folgenummernvorrat gearbeitet wird usw.). Diese Optionen sind nummeriert. Eine HDLC-Prozedur kann so durch die Angabe der Klasse und der Nummern der Optionen beschrieben werden. Insgesamt können auf diese Weise in dem durch HDLC abgesteckten Rahmen eine Reihe von *Link*-Prozeduren definiert werden.

ITU-T X.25/LAPB (*Link Access Procedure for Balanced Mode*)

LAPB (ISO 7776) ist das Schicht-2-Protokoll, das im Rahmen der X.25-Definition für paketvermittelnde Netze eingesetzt wird. Es handelt sich dabei um ein HDLC-Protokoll, und zwar um die Klasse BAC 2,8, d.h. um eine symmetrische Vollduplex-Verbindung, bei der (Option 2) im Fehlerfalle alle Rahmen ab dem fehlerhaft gemeldeten wiederholt werden, und (Option 8) I-Rahmen nur als Befehle (die eine Meldung nach sich ziehen) verwendet werden dürfen.

ISDN/LAPD

Bei LAPD (*Link Access Procedure for D-channels*) handelt es sich um das D-Kanal-Protokoll der Ebene 2, das ebenfalls weitgehend HDLC-konform ist. Im Einzelnen wird darauf im Rahmen der ISDN-Beschreibung eingegangen.

SDLC (*Synchronous Data Link Control*)

SDLC ist die von IBM im Rahmen ihrer *Systems Network Architecture* (SNA) definierte *Link*-Prozedur. Sie entspricht im Wesentlichen der HDLC-*Unbalanced Normal Class*.

IEEE 802.x, ISO 8802/x

Bei den lokalen Netzen existieren für die Ebene 2 die wichtigen und inzwischen in vielen Produkten realisierten Standards:

- IEEE 802.2 (*LLC Sublayer*)

- IEEE 802.3 CSMA/CD (*MAC Sublayer*)

- IEEE 802.5 Token-Ring (*MAC Sublayer*)

- IEEE 802.6 DQDB (*MAC Sublayer*)

Diese Standards sind im Kapitel über LANs ausführlich beschrieben.

Wegen der großen praktischen Bedeutung wurden die IEEE 802.x Standards von ISO als ISO 8802/x übernommen.

2.5.5.3 Standards für die Schicht 3

Aufgabe der Vermittlungsschicht (Netzwerkschicht) ist die Organisation einer Ende-zu-Ende-Verbindung zwischen den kommunizierenden Knoten.

Standards sind:

- ITU-T X.25   (*Interface between DTE and DCE for Terminals Operating in the Packet Mode and Connected to Public Data Networks by dedicated Circuit*)

- ISO 8208   (*X.25 Packet Level Protocol for DTE*)

- ITU-T I.450   (*ISDN User-network Interface, Layer 3 - General Aspects*)

- ITU-T I.451   (*ISDN User-network Interface, Layer 3 Specification*)

- IP   (*Internet Protocol*)

X.25 hat sich weltweit als **der** Standard für paketvermittelnde Netze durchgesetzt. Der X.25-Standard definiert nicht nur die Dienste und Protokolle der Ebene 3, sondern standardisiert die paketvermittelten Netzdienste bis zur Ebene 3, d.h. dadurch sind auch die Schicht 2 (LAPB) und die Schicht 1 (X.21) festgeschrieben.

X.25 regelt den Datenaustausch (Ende-zu-Ende) zwischen zwei an ein paketvermittelndes Netz angeschlossenen Datenendeinrichtungen und beschreibt die Schnittstelle zwischen der Datenendeinrichtung und dem Netz.

Es gibt verschiedene Arten von Paketen: solche, die der Steuerung der Ende-zu-Ende-Verbindung dienen, und solche, die dem Transport von Daten (das sind von der Schicht 4 an die Schicht 3 zum Transport übergebene Informationen) dienen.

Pakete, die Steuerungszwecken dienen, sind beispielsweise 'Verbindungsanforderung' (*Call Request*), 'Verbindung hergestellt' (*Call Connected*), 'Auslöseanforderung' (*Clear*

Request) und 'Auslösebestätigung' (*Clear Confirmation*). Datenpakete können beim verbindungsorientierten Dienst (*connection oriented service*, normal für X.25) nur übertragen werden, wenn zuvor eine virtuelle Verbindung zwischen kommunikationswilligen DEEs hergestellt wurde. Neben den Datenpaketen gibt es auch *Interrupt*-Pakete, die dem Benutzer eine schnelle Signalübermittlung außerhalb der normalen Sequenz erlauben.

Steuerinformationen der Ebene 4 oder auf Ebene 4 segmentierte Nutzdaten werden auf der Ebene 3 zu Datenpaketen 'verpackt', indem sie durch die notwendigen Ebene-3-Kontrollinformationen ergänzt werden. Das Format eines Datenpakets ist in Abb. 2-37 dargestellt.

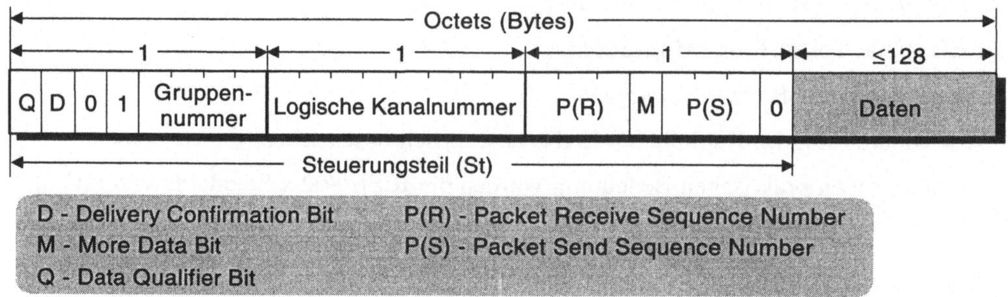

Abb. 2-37. Format eines X.25-Datenpakets

Q-Bit: Das Q-Bit (*Data Qualifier Bit*) erlaubt das Senden zweier unterscheidbarer Datenströme in den Datenpaketen. Es ist darüber möglich festzustellen, ob ein Datenpaket Benutzerdaten oder nur Steuerinformation höherer Ebenen enthält.

D-Bit: Das D-Bit (*Delivery Confirmation Bit*) fordert die Paketbestätigung von der korrespondierenden DEE (also Ende-zu-Ende). Wenn das D-Bit nicht gesetzt ist, kann die Bestätigung von der lokalen DÜE aus erfolgen. Sie wird bezüglich des Fenstermechanismus zur Flusssteuerung verwertet, besagt dann aber nicht, dass das Paket korrekt im Zielknoten eingetroffen ist.

Log. Kanäle: Über maximal 16 logische Kanalgruppen (4 Bits im ersten Oktett) mit je 256 logischen Kanälen können (theoretisch) 4096 logische Kanäle definiert werden. Ein Benutzer kann über maximal 255 logische Kanäle, also gleichzeitige Verkehrsbeziehungen (*virtual circuits*) verfügen, was unter praktischen Gesichtspunkten mehr als ausreichend ist.

P(R), P(S): Für die Empfangslaufnummer *P(R)* (*Packet Receive Sequence Number*) und die Sendelaufnummer *P(S)* (*Packet Send Sequence Number*) stehen je drei Bits zur Verfügung, d.h. die Zählung erfolgt modulo 8. Die Verwaltung der Laufnummern erfolgt wie bei HDLC. Auch der Fenstermechanismus zur Flusssteuerung arbeitet in gleicher Weise. Die Standardfenstergröße, von der abgewichen werden kann, ist $W = 2$ (die Standardfenstergröße für die Ebene 2 ist $k = 7$ im Datex-P-Netz).

M-Bit: Das M-Bit (*More Data Bit*) zeigt an, dass weitere Pakete einer logisch zusammenhängenden Datenmenge folgen werden. Das M-Bit sollte nur

gesetzt werden, wenn das Datenfeld die maximal zulässige Länge hat.
Das letzte Bit im Steuerungsteil hat bei Datenpaketen den Wert B'0'; bei Paketen für Kontrollzwecke hat es den Wert B'1', und die übrigen Bits des dritten Oktetts definieren die Funktion des Pakets.

Daten Das Datenfeld enthält die Nutzdaten der Ebene 3, d.h. Steuerinformation höherer Ebenen oder/und Benutzerdaten. Die Maximallänge dieses Feldes beträgt im Normalfall 128 Bytes; es kann aber auch eine andere Maximallänge (z.B. 1024 Bytes) vereinbart werden.

Die auf Ebene 3 generierten Pakete werden als I-Rahmen der Ebene 2 (LAPB) über die Teilstrecken der Ende-zu-Ende-Verbindung transportiert (Abb. 2-38).

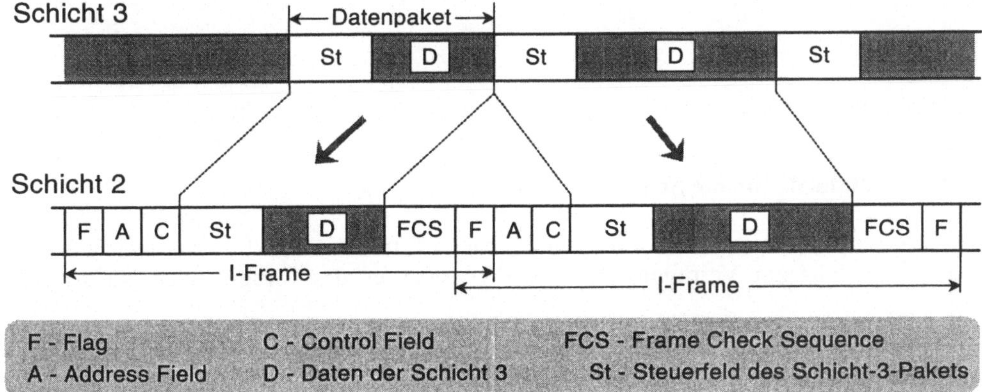

Abb. 2-38. Schichten 2 und 3 beim Datentransport

Für Transaktionen, die aus einem kurzen Frage/Antwort-Spiel bestehen, bedeutet der Aufbau und nachfolgende Abbau einer virtuellen Verbindung einen unverhältnismäßig hohen Aufwand.

Eine solche Aufgabe kann effizient durch das Leistungsmerkmal 'Einzelpaket' (*Fast Select*) gelöst werden. Dabei können bereits mit der Verbindungsanforderung bis zu 128 Bytes an Nutzinformation übergeben werden. Die Verbindungsanforderung kann mit einer Beschränkung der Antwortgabe gekoppelt werden. In diesem Falle darf die gerufene DEE die Verbindungsanforderung nur mit einer Auslöseanforderung beantworten, mit der ebenfalls bis zu 128 Datenbytes übermittelt werden können; als drittes Paket muss dann noch die Auslösebestätigung von der rufenden zur gerufenen DEE gesendet werden.

Ist die Verbindungsanforderung nicht mit einer Beschränkung der Antwortgabe gekoppelt, dann kann die gerufene DEE durch die Bestätigung der gewünschten Verbindung eine normale virtuelle Verbindung aufbauen.

X.25 hat sich weltweit als Standard für paketvermittelte Datennetze durchgesetzt. In vielen Ländern werden solche Netzdienste öffentlich angeboten; die folgende unvollständige Liste nennt einige dieser Netze:

DATEX-P	Bundesrepublik Deutschland
EURONET	Europäisches Netz; wird in vielen europäischen Ländern angeboten
TRANSPAC	Frankreich
PSS, IPSS	Großbritannien
DATAPAC	Kanada
TYMNET	USA
TELENET	USA
UNINET	USA
DDX-P	Japan

Alle diese Netze sind über das Datex-P-Netz der Telekom zu erreichen.

2.5.5.4 Standards für die Schicht 4

Die Transportschicht stellt den kommunizierenden Prozessen eine transparente Ende-zu-Ende-Verbindung zur Verfügung, die die Eigenschaften des verbindenden Netzes verbirgt.

Standards für die Transportschicht sind:

- ISO 8072 (*Transport Service Definition*)
- ISO 8073 (*Connection-oriented Transport Protocol*)
- ITU-T T.70 (*Network-independent Basic Transport Service for the Telematic Services*)
- TCP (*Transmission Control Protocol*)

Die ISO-Standards haben bisher keine sehr große praktische Bedeutung erlangt. Die ITU-Empfehlung wurde im Rahmen von Kommunikationsdiensten entwickelt, die eine Spezifikation des gesamten Kommunikationsvorgangs (d.h. aller Schichten) erfordern. Die Entwicklung war notwendig, da entsprechende ISO-Standards noch nicht vorlagen, als diese Dienste (Teletex und Bildschirmtext) spezifiziert wurden.

Die ITU-Empfehlung T.70 ist als *Class 0* in den ISO-Standard für die Transportschicht eingegangen.

2.5.5.5 Standards für die Schicht 5

Die Kommunikationssteuerungsschicht verbindet und synchronisiert die kommunizierenden Prozesse.

Standards für die Schicht 5 sind:

- ISO 8326 (*Basic Connnection-oriented Session Service Definition*)
- ISO 8327 (*Basic Connection-oriented Session Protocol Specification*)
- ITU-T T.62 (*Control Procedures for Teletex and Group 4 Facsimile Services*)

Hierfür gelten im Wesentlichen die gleichen Aussagen wie für die Standards der Schicht 4. Wirklich bedeutsam sind – neben einigen firmenspezifischen Protokollen – bisher die ITU-T-Empfehlungen, die bei den Textdiensten der Postverwaltungen (Teletex, Telefax, Textfax) eingesetzt werden.

2.5.5.6 Standards für die Schicht 6

Die Darstellungsschicht liefert der Anwendungsschicht Unterstützung bei der Formatierung und Codierung der Information. Sie sorgt für einen effizienten Datenaustausch (z.B. durch Datenkompression) und die wechselseitig richtige Interpretation der Information (z.B. durch Codeumwandlungen).

Standards für die Schicht 6 sind:

- ISO 8822 *(Connection-oriented Presentation Service Definition)*
- ISO 8823 *(Connection-oriented Presentation Protocol Specification)*
- ISO 8824 *(Specification of ASN.1)*
- ISO 8825 *(Basic Encoding Rules for ASN.1)*
- ITU-T T.73 *(Document Interchange Protocol for the Telematic Services)*
- ITU-T X.409 *(Presentation Syntax and Notation)*,
  Teil der X.400-Empfehlungen für *Message Handling Systems* (MHS)
- ISO-Code-Standards und ITU-T-Code-Standards

Während die ITU-T-Empfehlungen im Rahmen der jetzt angebotenen X.400-Implementierungen beginnen, weltweit – auch außerhalb der Postverwaltungen – Bedeutung zu erlangen, ist die Bedeutung der ISO-Standards mit der Realisierung und Verbreitung von OSI-Produkten verknüpft.

2.5.5.7 Standards für die Schicht 7

Durch die Schicht 7 werden diverse (Kommunikations-) Anwendungen definiert. Durch die Anwendungen wird oftmals nicht nur die Schicht 7 (selektiv im Sinne des Schichtenmodells), sondern der gesamte Kommunikationsvorgang beschrieben, wodurch die darunter liegenden Schichten mit festgelegt werden.

Standards für die Schicht 7 sind:

- ISO 8649 *(Service Definition for the Association Control Service Elements (ACSE))*
- ISO 8650 *(Protocol Specification for the Association Control Service Elements (ACSE))*
- ISO 8571 *(File Transfer, Access and Management (FTAM))*
- ISO 8831 *(Job Transfer and Manipulation (JTM))*
- ISO 9040/9041 *(Virtual Terminal Protocol - Basic Class)*
- ISO 10021 *(Message Oriented Text Interchange System (MOTIS))*

- Durch ITU-T standardisierte Textdienste:

  - Teletex

  - Telefax

  - Textfax (*Mixed Mode*)

  - Videotex (Bildschirmtext)

  - ITU-T X.400 ff. (*Message Handling Systems (MHS)*)

- Industriestandards:

  - SNA (*Systems Network Architecture*), IBM

  - TCP/IP (*Transmission Control Protocol/Internet Protocol*), DARPA.

Die durch ITU-T definierten Textdienste beschreiben jeweils einen solchen Dienst in seiner Gesamtheit, d.h. durch alle Schichten.

Die Firmenarchitekturen sind noch umfassender: Sie beschreiben jeweils eine vollständige Netzarchitektur einschließlich einer Reihe von Anwendungen. Da auf diesen Architekturen basierende Produkte weltweit in einer Vielzahl von (auch sehr großen) Netzen zum Einsatz kommen, sind auch die für einen geordneten Betrieb erforderlichen Managementfunktionen vorhanden.

Die von der *Defense Advanced Research Projects Agency* (DARPA) des amerikanischen Verteidigungsministeriums geförderte und koordinierte Entwicklung der TCP/IP-Protokollfamilie (Internet-Protokolle) umfasst den Kommunikationsvorgang ab der Schicht 3.

Es findet derzeit von unten eine Anpassung an internationale Standards statt. Sowohl die firmenspezifischen Netze wie auch TCP/IP-Netze können inzwischen sowohl über öffentliche X.25-Netzdienste wie über standardisierte LANs oder ATM-Netzedienste aufgebaut werden. Ziel dieser Entwicklung ist es, die Kommunikationsdienste über beliebige (standardisierte) Transportnetze anbieten zu können. Diese Entwicklung ist bereits weit fortgeschritten, da Standards für die unteren Schichten schon seit längerem existieren und die firmenspezifischen Lösungen zunehmend verdrängen. Inzwischen findet bei den firmenspezifischen Netzarchitekturen ein ähnlicher Verdrängungsprozess auch bei den anwendungsorientierten Schichten statt, allerdings weniger durch die OSI-Protokolle als durch die Internet-Protokolle.

3 Lokale Datenkommunikation

Kommunikation wird in vielfältiger Weise mit unterschiedlichen Zielen und unterschiedlichen Randbedingungen betrieben. Die Zuordnung der unterschiedlichen Kommunikationsbereiche ist in Abb. 3-1 dargestellt.

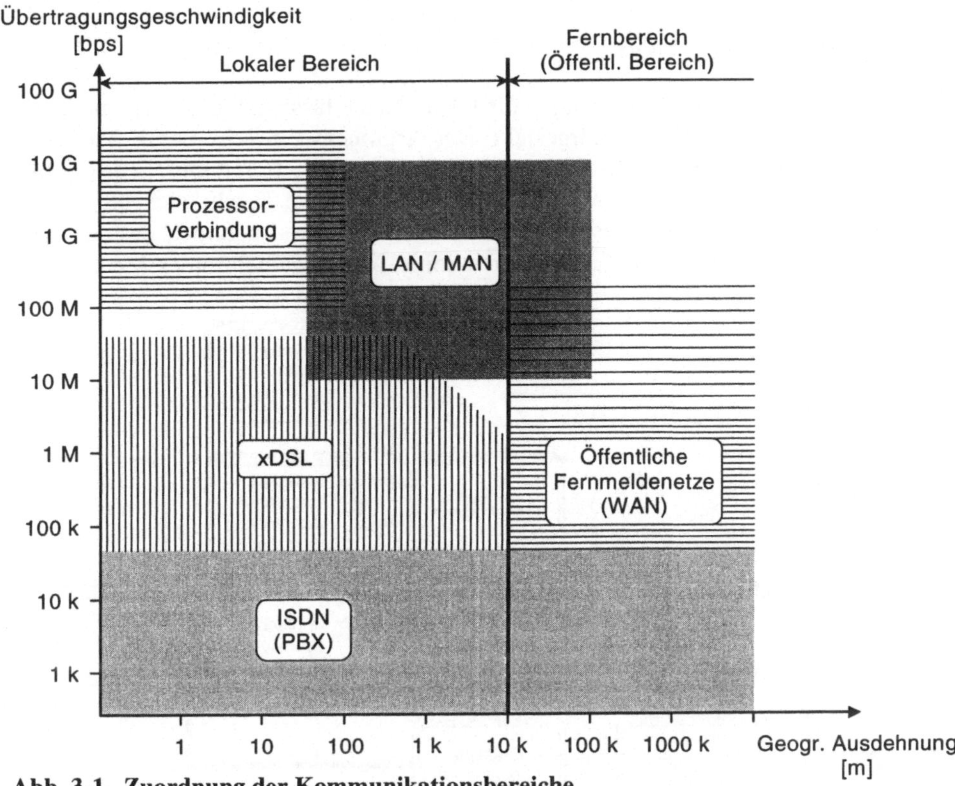

Abb. 3-1. Zuordnung der Kommunikationsbereiche

Die wichtigsten Besonderheiten der lokalen Kommunikation sind:

- Unabhängigkeit von den Angeboten der öffentlichen Netzträger (in Deutschland vor allem der Deutschen Telekom AG),

- Beschränkte geographische Ausdehnung.

Dies eröffnet die Möglichkeit, den spezifischen Randbedingungen Rechnung tragende technische Lösungen zu suchen. Auf diese Weise sind die *Local Area Networks* (LANs) in vielfältigen Ausprägungen entstanden, die speziell für die Datenkommunikation über kürzere Entfernungen ausgelegt sind.

Andererseits gibt es aber auch Argumente dafür, nicht neue, auf ein bestimmtes Umfeld zugeschnittene Lösungen zu entwickeln – selbst wenn dies möglich wäre –, sondern bestehende und in anderen Bereichen bewährte Konzepte zu übertragen. Konkret angesprochen sind damit Nebenstellenanlagen (PBX – *Private Branch Exchange*, auch PABX –

Private Automatic Branch Exchange, ISPBX – *Integrated Services Private Branch Exchange*), die sich im öffentlichen wie auch im privaten Bereich insbesondere für die Sprachkommunikation seit vielen Jahren bewährt haben.

Die Fähigkeiten sowie Stärken und Schwächen sind bei einem LAN und einem auf einer Nebenstellenanlage aufbauenden lokalen Kommunikationssystem aber nicht deckungsgleich. Beide Lösungsansätze werden in diesem Kapitel diskutiert und gegenübergestellt.

3.1 Lokale Netze (LANs)

Aus den spezifischen Randbedingungen für lokale Netze lässt sich eine Argumentationskette aufbauen, wie in Abb. 3-2 dargestellt. Das Argument 'einfache Logik' hat im Zuge der Fortschritte bei Integrierten Schaltungen an Bedeutung verloren und niedrige Bitfehlerraten sind dank Glasfasertechnologie inzwischen auch im Fernbereich möglich. Immerhin hat sich als gemeinsames Merkmal aller LANs herausgebildet, dass es *Broadcast*-Netze sind, bei denen die Teilnehmerstationen an ein gemeinsames Medium ange-

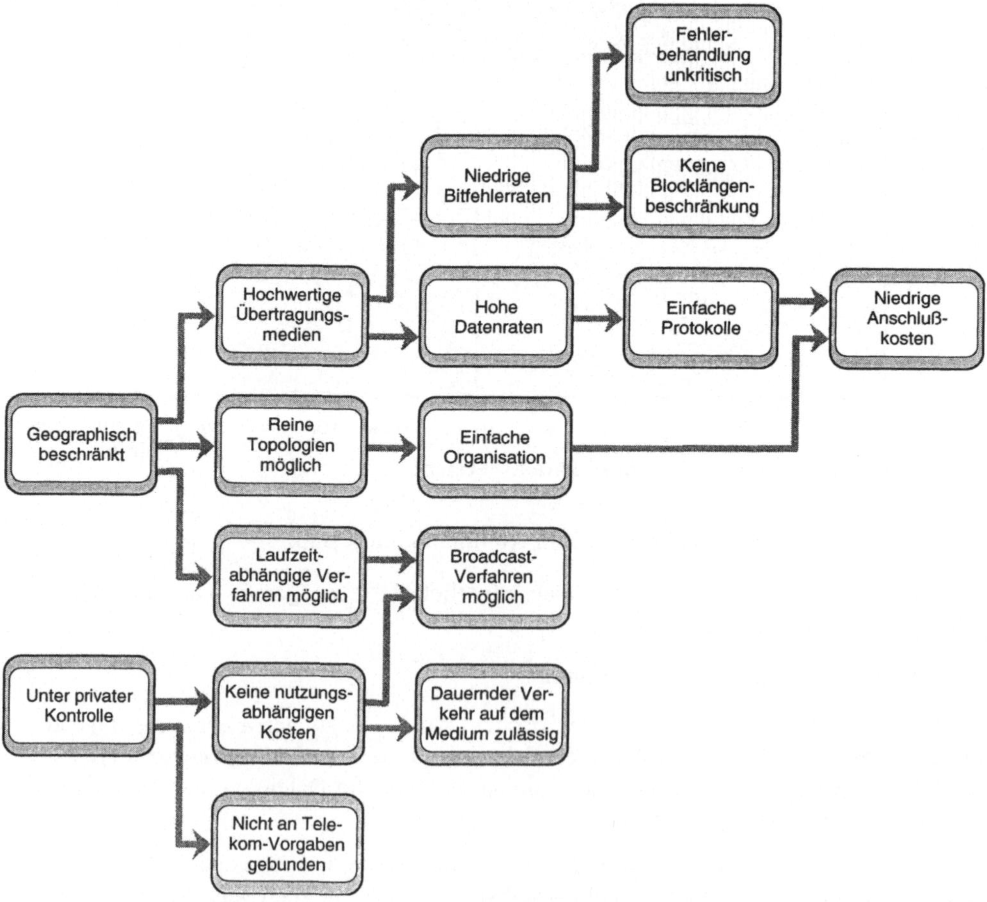

Abb. 3-2 Bestimmende Merkmale bei LANs

schlossen sind (*Shared Medium*-Ansatz). Zu einem Zeitpunkt kann nur eine Station senden, während alle Stationen das Medium abhören, die Steuerinformation interpretieren und diejenige Station, die adressiert ist, die Nachricht übernimmt. Wenn viele Stationen ein gemeinsames Übertragungsmedium benutzen wollen, ist es notwendig, den Zugriff zu diesem Medium (*Medium Access*) zu organisieren.

Mit den permanent steigenden Anforderungen an die Leistungsfähigkeit der Netze geht eine Abkehr vom *Shared-Medium*-LAN und eine Hinwendung zum LAN-*Switching* einher. Diese Entwicklung wird dadurch begünstigt, dass mit der zunehmenden Umsetzung des Standards für die Gebäudeverkabelung, der eine Sterntopologie vorsieht, auch die Infrastrukturvoraussetzungen dafür gegeben sind.

Im Allgemeinen werden LANs unterschieden nach der Art und Weise, wie der Zugriff zum Medium geregelt ist. Es gibt Verfahren, bei denen der Zugriff in deterministischer Weise organisiert ist (z.B. *Token Passing*) und probabilistische Verfahren (z.B. Ethernet bzw. CSMA/CD).

Es gibt kaum eine denkbare Variation, die nicht (vorwiegend an Hochschulen und Forschungseinrichtungen) untersucht und teilweise auch als Prototyp realisiert worden wäre. Praktische Bedeutung erlangt haben neben den im IEEE-Projekt 802 standardisierten Verfahren CSMA/CD (802.3), Token-Bus (802.4) und Token-Ring (802.5) und dem ANSI- bzw. ISO-Standard FDDI – vor allem in der Anfangsphase der LAN-Einführung – auch einige Firmenentwicklungen wie z.B. HYPERchannel der Fa. Network Systems Corp. (NSC), ARCnet der Fa. Datapoint oder auch der Cambridge Ring, der ebenfalls in kommerziellen Produkten verfügbar war. Diese sind inzwischen aber von ihrem Marktanteil her bedeutungslos geworden oder auch bereits ganz verschwunden; auch der Token-Bus hat nur eine geringe Verbreitung gefunden (fast ausschließlich im MAP-Kontext) und ist inzwischen praktisch verschwunden. Überhaupt ist festzustellen, dass mit Ausnahme von Ethernet (802.3) alle LAN-Typen strategisch bedeutungslos geworden sind in dem Sinne, dass solche LANs (insbesondere Token-Ring und FDDI) zwar noch existieren und auch noch weiter betrieben werden, für die Planung neuer Netze aber nicht mehr in Frage kommen.

Die Verfahren besitzen durchaus unterschiedliche Eigenschaften unter Berücksichtigung der Kriterien

- Eignung für unterschiedliche oder hohe Übertragungsgeschwindigkeiten,
- Anzahl der (sinnvollerweise) anschließbaren Teilnehmerstationen,
- Stabilität bei hoher Belastung und
- Anpassung an örtliche Gegebenheiten (Netzausdehnung, Strukturierung etc.).

Dennoch wäre es um des Anliegens der Einheitlichkeit willen wünschenswert, möglichst wenige Verfahren zu haben (auch als Standards), selbst unter Verzicht auf eine optimale Anpassung an örtliche Randbedingungen.

In manchen Fällen müssen auch die Standardisierungsgremien den Marktgegebenheiten Rechnung tragen und verschiedene Alternativen zulassen. Für die Zulassung weiterer Varianten sollten jedoch strenge Maßstäbe angelegt werden: Sie müssen nicht nur technisch machbar und innovativ sein, sondern es muss auch ein Bedarf dafür bestehen. Gegen diese (eigenen) Regeln hat IEEE in den achtziger Jahren verstoßen, als in kurzem Zeitabständen Ethernet (CSMA/CD), Token-Bus und Token-Ring – jeweils von unterschiedlichen Firmen bzw. Firmengruppen lanciert – standardisiert wurden, und in jüngster Vergangenheit wieder mit der Standardisierung von gleich zwei 100-Mbps-Ethernet-Varianten.

Im Folgenden werden zunächst die von IEEE standardisierten Verfahren, die heute noch Marktbedeutung haben, IEEE 802.3 und 802.5, ausführlicher besprochen.

Die nachfolgende Tabelle zeigt das OSI-Schichtenmodell mit den Erweiterungen für lokale Netze (vgl. Kapitel 2.5.4).

	Layer			**Schicht**
7	*Application*			Anwendung
6	*Presentation*			Darstellung
5	*Session*			Kommunikationssteuerung
4	*Transport*			Transport
3	*Network*	3c	*Internet*	Vermittlung (Netzwerk)
		3b	*Enhancement*	
		3a	*Subnetwork Access*	
2	*Data Link*	2b	*Logical Link Control (LLC)*	Sicherung
		2a	*Medium Access Control (MAC)*	
1	*Physical*			Bitübertragung

Der Zusammenhang zwischen den IEEE-Standards ist in Abb. 3-3 gezeigt.

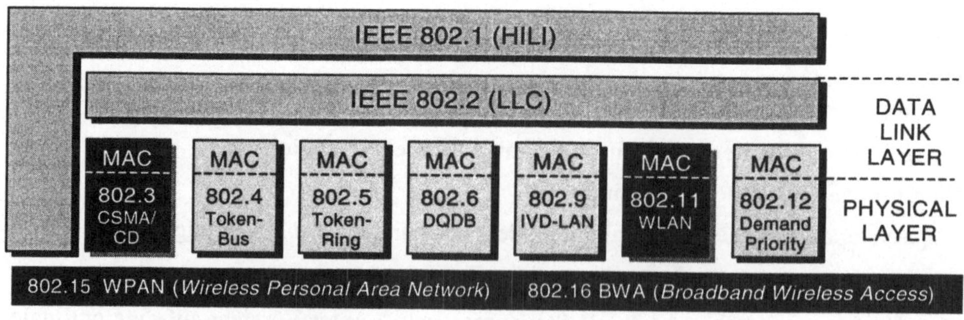

Abb. 3-3. IEEE-Standards 802

Nur die in weißer Schrift aufgeführten Arbeitsgruppen sind noch aktiv, was bedeutet, dass es auch nur dort noch Weiterentwicklungen gibt. IEEE 802.11 WLAN (*Wireless LAN*) wird in Kap. 6.6.3 (Seite 379) behandelt.

3.1.1 IEEE 802.1 – HILI (*Higher Level Interface Standard*)

Behandelt das LAN-Referenzmodell und über die Schicht 2 hinausgehende Aspekte; dazu gehören Schnittstellen zu höheren Schichten, Internetworking, Adressierung und Netzmanagement.

3.1.2 IEEE 802.2 – LLC (*Logical Link Control*)

Behandelt die Aufgaben der Sicherungsschicht für alle Zugriffsverfahren, d.h. unabhängig vom Medienzugriff und von Festlegungen der Bitübertragungsschicht.

802.2 unterstützt drei Typen von Verbindungen:

LLC Typ 1   Unbestätigter Datagrammdienst (*unacknowledged connectionless data transfer*).

LLC Typ 2   HDLC-ähnlicher verbindungsorientierter Dienst, bei dem wie üblich ein Kommunikationsvorgang in die Phasen Verbindungsaufbau, Datentransfer und Verbindungsabbau zerfällt.

LLC Typ 3   Quittierter Datagrammdienst, d.h. ein verbindungsloser Dienst wie Typ 1, jedoch mit Bestätigungen auf der Verbindungsebene. Dieser Typ soll besonders den Erfordernissen der Prozesskommunikation Rechnung tragen.

3.1.3 IEEE 802.3 – CSMA/CD

(CSMA/CD = *Carrier Sense Multiple Access with Collision Detection*)

Ethernet als erste und wichtigste Realisierung eines CSMA/CD-LAN (oftmals synonym verwendet) wurde im PARC (*Palo Alto Research Center*) der Rank Xerox Corporation im Rahmen eines Konzeptes für die Bürokommunikation entwickelt und 1976 durch eine Veröffentlichung von Metcalfe/Boggs [108] der Öffentlichkeit vorgestellt.

Es handelt sich dabei um eine Weiterentwicklung des ALOHA-Konzeptes, das von der University of Hawaii entwickelt wurde, um Kommunikationsverbindungen zwischen den Inseln herzustellen; dieses basierte auf drahtloser Übertragungstechnik, woran die Bezeichnung 'Ether' für das Übertragungsmedium noch erinnert.

Das Ethernet-Konzept wurde von der DIX-Firmengrupe (DEC, Intel, Xerox) weiterentwickelt und zur Standardisierung vorgeschlagen.

Die Entwicklung im LAN-Bereich bis zum Beginn der achtziger Jahre ist weitgehend geprägt gewesen durch die Auseinandersetzung mit diesem Konzept.

Von den standardisierten LANs ist Ethernet dasjenige, welches in seiner technischen Entwicklung am weitesten fortgeschritten ist, die größte Herstellerbasis hat, und auch den bei weitem größten Marktanteil besitzt.

3.1.3.1 Das CSMA/CD – Prinzip

Die CSMA-Verfahren gehören zu den *Random Access*-Verfahren, bei denen die Stationen im Prinzip jederzeit Zugriff zum Übertragungsmedium haben. Die Einschränkung besteht darin, dass eine Station nicht senden darf, wenn das Medium bereits durch eine andere Station in Anspruch genommen wird, weil bei gleichzeitigem Senden zweier Stationen beide Nachrichten zerstört werden.

Allen CSMA/CD-Verfahren gemeinsam ist, dass eine sendewillige Station

- zunächst das Medium abhört (LBT = *Listen Before Talking*), bevor sie eine Übertragung startet,

- mit der Übertragung beginnt, wenn sie das Medium frei findet,

- während der Übertragung das Medium weiterhin abhört (LWT = *Listen While Talking;* dies ist aus technischen Gründen nur bei kabelgebundener Übertragung möglich),

- die Übertragung abbricht, wenn sie eine Kollision mit der Übertragung einer anderen Station feststellt (erkennbar dadurch, dass sie etwas anderes hört als sie selbst gesendet hat) und nach einer durch die *Backoff*-Strategie festgelegten Wartezeit einen erneuten Übertragungsversuch startet,

- nach dem Erkennen einer Kollision ein sogenanntes *JAM*-Signal aussendet, durch welches sichergestellt werden soll, dass alle Stationen am Bus registrieren, dass eine Kollision aufgetreten ist.

Die CSMA/CD-Verfahren unterscheiden sich in ihrem Verhalten bezüglich der Aktionen, die eingeleitet werden, wenn beim ersten Abhören das Medium besetzt ist.
Die beiden Extremfälle sind *persistent* (auch *1-persistent)* und *non-persistent* (auch *0-persistent)* CSMA/CD.
Im Falle *persistent* CSMA/CD hört die sendewillige Station, die das Medium besetzt findet, das Medium weiter ab und startet die Übertragung, sobald die laufende Übertragung beendet ist.

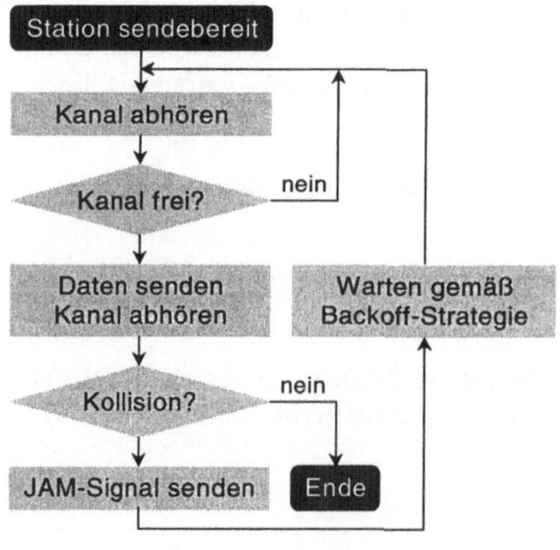

Abb. 3-4. 1-persistent CSMA/CD-Verfahren

Bei *non-persistent* CSMA/CD verhält sich die sendewillige Station, die das Medium beim Abhören besetzt findet, als ob eine Kollision eingetreten wäre; sie wartet eine gemäß der *Backoff*-Strategie ermittelte Zufallszeit und startet dann einen zweiten (weiteren) Versuch. Der Nachteil der letzten Version besteht darin, dass sich dadurch evtl. unnötige Verzögerungen ergeben, bis die Station schließlich senden kann.
Diese Schwäche hat *persistent* CSMA/CD nicht; der Nachteil dieser Variante ist, dass eine sichere Kollision eintritt, wenn mehrere Stationen während einer laufenden Übertragung sendebereit werden und unmittelbar nach Beendigung dieser Übertragung selbst zu senden beginnen.

Die Verallgemeinerung dieses Verfahrens ist *p-persistent* CSMA/CD, in dem *1-persistent* CSMA/CD als Grenzfall enthalten ist; p ist dabei eine Zufallszahl aus dem Intervall (0,1]. Die Station hört das Medium – falls es nicht frei ist – permanent ab, bis es frei wird. Dann überträgt sie mit Wahrscheinlichkeit p. Mit Wahrscheinlichkeit 1–p wartet sie eine kurze Zeit (1 *Minislot* = maximale Signallaufzeit) und überträgt dann mit Wahrscheinlichkeit p, falls das Medium noch immer frei ist, usw.
Der IEEE-Standard schreibt *persistent* CSMA/CD vor (Abb. 3-4).

Im Konfliktfall ist es entscheidend, dass die Stationen erst nach unabhängig kalkulierten, zufälligen Wartezeiten einen erneuten Übertragungsversuch starten, weil es sonst zu einer Synchronisation und damit zu sicheren weiteren Kollisionen kommen könnte.

Das im Standard festgeschriebene *Backoff*-Verfahren wird als *Truncated Binary Exponential Backoff* bezeichnet.

Es ist wie folgt definiert:

$$W = i \times T$$

W = Wartezeit,

i = Zufallszahl aus dem Intervall $0 \leq i < 2^k$ mit $k = \text{Min}(n,10)$,
n = Anzahl Wiederholungen des gleichen Blocks,

T = *Slot Time*; entspricht dem *Round Trip Delay*,
d.h. der doppelten maximalen Signallaufzeit.

Nach 10 vergeblichen Übertragungsversuchen steigt die Wartezeit (im statistischen Mittel) nicht weiter an; nach 16 Versuchen wird abgebrochen und eine Fehlermeldung erzeugt.

Dieses *Backoff*-Verfahren führt zu einer Benachteiligung alter, d.h. bereits mehrfach kollidierter Blöcke, da die Wartezeiten (statistisch) exponentiell mit der Anzahl der erlittenen Kollisionen ansteigen.

Das Entdecken von Kollisionen durch das Abhören des Mediums während der Übertragung erlaubt den frühestmöglichen Abbruch einer Übertragung. Es wird also keine unnötige Zeit auf die vollständige Übertragung ohnedies fehlerhafter Blöcke verschwendet, und so das Übertragungsmedium im Vergleich zu CSMA-Verfahren ohne *Collision Detection* effizienter genutzt.

Das Abhören des Mediums vor Beginn einer Übertragung vermindert die Gefahr von Kollisionen zwar ganz wesentlich, schließt Kollisionen aber nicht aus.

Wenn zwei Stationen quasi gleichzeitig eine Übertragung beginnen (d.h., wenn der zeitliche Beginn weniger als die Signallaufzeit zwischen den Stationen auseinanderliegt), kommt es zu einer Kollision, die durch die *Backoff*-Strategie aufgelöst werden muss.

Damit eine sendende Station eine Kollision sicher erkennen kann, muss die Dauer der Blockübertragung, die ihrerseits von der Blocklänge und der Übertragungsgeschwindigkeit abhängt, mindestens das Doppelte der Signallaufzeit zwischen den beiden in eine Kollision verwickelten Stationen betragen.

Seien A und B zwei Stationen, und die einfache Signallaufzeit zwischen ihnen sei T_{AB}. Station A beginne zum Zeitpunkt t eine Übertragung. Die ungünstigste Konstellation tritt dann ein, wenn Station B zum Zeitpunkt $t + T_{AB} - 2\varepsilon$ ihrerseits eine Übertragung beginnt und dadurch fast unmittelbar (nämlich zum Zeitpunkt $t + T_{AB} - \varepsilon$) eine Kollision erzeugt. Bis A diese Kollision bemerken kann, vergehen noch einmal $T_{AB} - \varepsilon$ Zeiteinheiten; d.h. es vergehen $2(T_{AB} - \varepsilon)$ Zeiteinheiten, im Grenzfall für $\varepsilon \to 0$ also $2T_{AB}$ Zeiteinheiten bis A eine Kollision feststellen kann.

Um bei Stationen maximaler Entfernung eine Kollision sicher erkennen zu können, muss somit die minimale Dauer einer Blockübertragung $2T$ Zeiteinheiten betragen, wenn T die maximale einfache Signallaufzeit im Netz ist; sie ist damit eine Netzkonstante und unabhängig von den beteiligten Stationen.

Der Mechanismus der Kollisionserkennung führt somit zu einem kritischen Zusammenhang zwischen den Netzparametern Übertragungsgeschwindigkeit, minimale Blocklänge, Netzausdehnung und Signallaufzeit.

Da die Signalausbreitungsgeschwindigkeit eine Materialkonstante des verwendeten Übertragungsmediums ist, ist die Signallaufzeit der Netzausdehnung direkt proportional und daher keine unabhängige Größe.

Die Abhängigkeit zwischen den Netzvariablen kann wie folgt beschrieben werden:

- Wenn (etwa im Zuge der technischen Entwicklung) die Übertragungsgeschwindigkeit vergrößert werden könnte, so müsste gleichzeitig die minimale Blocklänge vergrößert oder/und die Netzausdehnung verkleinert werden.

- Wenn eine größere Netzausdehnung zugelassen werden soll, müsste ebenfalls die minimale Blockgröße heraufgesetzt oder/und die Übertragungsgeschwindigkeit herabgesetzt werden.

3.1.3.2 Das Rahmenformat beim CSMA/CD-Verfahren

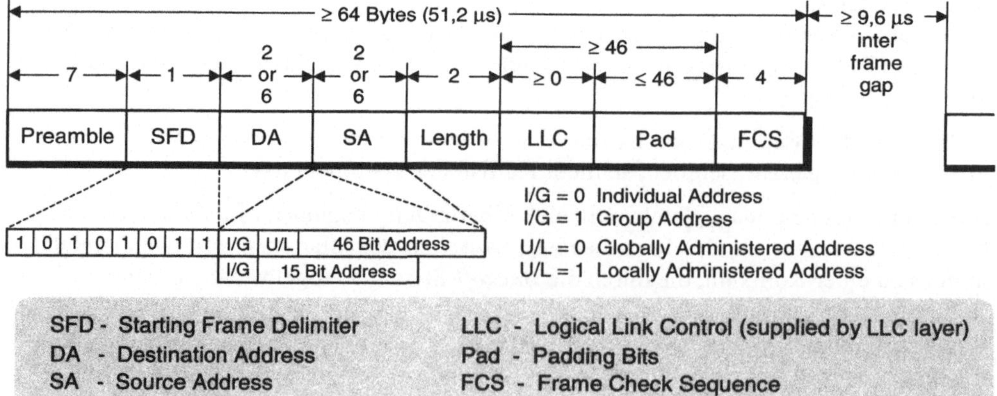

Abb. 3-5. IEEE 802.3 CSMA/CD: Rahmenformat

Preamble

Dieser Vorspann (Präambel) dient der Synchronisation der Empfangsschaltungen; er besteht aus einer binären '10'-Folge von mindestens sieben Bytes Länge.

Starting Frame Delimiter

Dieses Trennzeichen markiert den Anfang eines Informationsrahmens; es hat eine Länge von einem Byte und besteht wie die Präambel aus einer binären '10'-Folge, wobei aber das letzte Bit der Folge auf '1' gesetzt ist.

Destination Address

In diesem Feld wird die Zieladresse angegeben. Es besteht die Möglichkeit, 16- oder 48-Bit Adressen anzugeben; innerhalb eines Netzwerkes ist die Adresslänge jedoch einheitlich festzulegen. In beiden Fällen entscheidet das erste Bit darüber, ob es sich um eine Individual- oder Gruppenadresse handelt. Da es sich um ein *Broadcast*-Netz handelt, bei dem alle Stationen eine Nachricht hören können, kann eine Nachricht ohne Mehraufwand auch an Gruppen von Teilnehmern, evtl. auch an alle geschickt werden.

Bei 48-Bit Adressierung entscheidet das zweite Bit darüber, ob die Adresse global oder lokal verwaltet wird. Der große Vorrat von etwa 10^{14} Adressen macht es möglich, jeder Station eine weltweit eindeutige Adresse zuzuordnen. Die Verwaltung dieser globalen Adressen wurde für CSMA/CD-Netze ursprünglich von der Xerox Corporation wahrgenommen; inzwischen wird die Vergabe für alle standardisierten LAN-Typen durch IEEE vorgenommen.

Source Address

Gibt die Adresse des Absenders an. Der Aufbau entspricht dem der Zieladresse; eine Absenderadresse ist aber immer eine Individualadresse.

Length Field

Das Längenfeld gibt die Länge des nachfolgenden Datenfeldes an; die Maximallänge beträgt 1500 Bytes.
Abweichend vom IEEE-Standard 802.3 enthält der Ethernet-*Frame* gemäß DIX-Firmengruppe an dieser Stelle ein *Type Field*, welches Auskunft über die Nutzung des Rahmens gibt.

LLC-Information

Das Datenfeld enthält die Nutzdaten, die von der LLC-Schicht an die MAC-Schicht übergeben werden; dazu gehören neben den eigentlichen Benutzerdaten auch Steuerinformationen höherer Ebenen.

Padding Bits

Beliebige Füllbits, mit denen (in Einheiten von Bytes) gegebenenfalls das Datenfeld aufgefüllt wird.
Da – wie bereits dargelegt wurde – für die einwandfreie Funktion des CSMA/CD-Verfahrens eine minimale Rahmenlänge erforderlich ist, muss das Datenfeld gegebenenfalls künstlich verlängert werden; die Angabe im Längenfeld erlaubt es, auf der Empfängerseite die echten Nutzdaten von den Füllbits zu unterscheiden.

Die minimale Rahmenlänge beträgt 64 Bytes, was einer Übertragungszeit von 51,2 µs entspricht. Dies ist die *Slot Time*; sie liegt um einige Mikrosekunden über der maximalen doppelten Signallaufzeit im Netz.

Frame Check Sequence Es wird eine 32-Bit Prüfsequenz verwendet, die gemäß CRC-32 (ITU) bestimmt wird.

Inter Frame Gap Der zeitliche Abstand zweier aufeinander folgender Rahmen muss mindestens 9,6 µs betragen. Der Rahmenabstand ist selbst nicht Bestandteil eines Rahmens.

3.1.3.3 Netzaufbau

Basis eines Netzes ist der **Bus** (auch *ether* oder *trunk*). An diesen werden **Teilnehmerstationen** angeschlossen. Durch **Repeater** können mehrere Kabelsegmente zu einem größeren Netz zusammengefügt werden.

Der Bus wird durch ein Koaxialkabel (auch als *trunk cable* oder nach der Farbe seines Außenmantels als *Yellow Cable* bezeichnet) mit einer Impedanz von $50 \pm 2 \, \Omega$ realisiert, dessen Dämpfung 17 db/km bei 10 MHz nicht überschreiten darf und bei dem die Signalausbreitungsgeschwindigkeit wenigstens 0,77 c (c = Lichtgeschwindigkeit) betragen muss (wichtig wegen der Laufzeitabhängigkeit des CSMA/CD-Verfahrens!).

Die Maximallänge eines Segments beträgt 500 m (d.h. $\leq$ 8,5 db Dämpfung/Segment), die maximale (einfache) Laufzeit pro Segment somit 2,165 µs. Der physische Anschluss an das Kabel wird durch einen als *Tap* bezeichneten Konnektor hergestellt. Dabei wird ein Dorn in den Kabelinnenleiter gepresst und gleichzeitig durch eine Klemme der Kontakt zum Außenleiter hergestellt. Die Montage kann bei laufendem Netzbetrieb erfolgen.

Die Komponenten eines Ethernet-Anschlusses sind (vgl. Abb. 3-6):

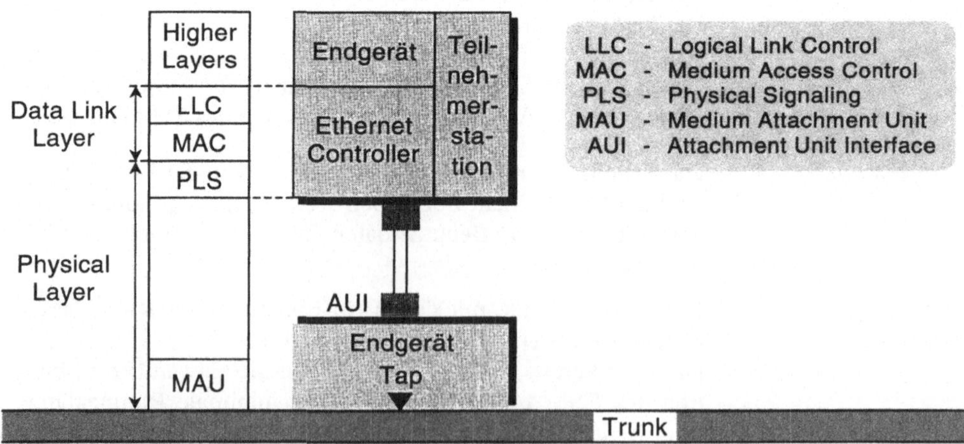

Abb. 3-6. Komponenten eines Ethernet-Anschlusses

- ***Transceiver***
- ***Transceiver Cable***
- ***Ethernet Controller***

Der ***Transceiver*** (MAU = *Medium Attachment Unit*) besteht aus dem *Tap* und dem eigentlichen *Transceiver* (*transmitter/receiver*), einer Basisband-Sende-/Empfangseinheit. An ein Kabelsegment können gemäß der Spezifikation bis zu 100 *Transceiver* angeschlossen werden, wobei der Mindestabstand 2,5 m beträgt.

Das ***Transceiver-Kabel*** (*drop cable, branch cable*) verbindet den *Transceiver* mit dem zur Teilnehmerstation gehörenden *Ethernet Controller*. Das *Transceiver*-Kabel besitzt eine vom Bus-Kabel abweichende Spezifikation; es kann dünner und flexibler sein. Die minimale Signalausbreitungsgeschwindigkeit beträgt 0,65 c, die Maximallänge 50 m, woraus sich eine maximale Laufzeit von 0,256 µs ergibt.

Dem ***Controller*** steht durch diesen Aufbau netzseitig eine Schnittstelle (AUI = *Attachment Unit Interface* genannt) zur Verfügung, die von den spezifischen Eigenschaften des Übertragungsmediums und der gewählten Übertragungstechnik unabhängig ist. Dies ist wichtig, weil dadurch auch andere Medien und Übertragungsverfahren zum Einsatz kommen können (was IEEE 802.3 zulässt), ohne dass der *Controller* davon berührt wird.

Der *Controller* realisiert die MAC- und LLC-Funktionen, und es besteht die Tendenz, auch die Funktionen höherer Kommunikationsschichten in den *Controller* zu verlagern, um die Teilnehmersysteme von diesen Aufgaben zu entlasten. Zur Netzseite enthält der *Controller* noch die als PLS (*Physical Layer Signaling*) bezeichnete Unterschicht, deren Aufgabe die Signalaufbereitung ist. Als Leitungscode wird Manchester-Code verwendet.

Über **Repeater** können mehrere Segmente von je 500 m Länge zu größeren Netzen verbunden werden (vgl. Abb. 3-7). Repeater sind Verstärker, die die Signale regenerieren. Es gibt zwei verschiedene Typen von Repeatern, *Local Repeater*, die zwei Koaxialkabel-Segmente direkt verbinden, und *Remote Repeater*, die zwei Koaxialkabel-Segmente über

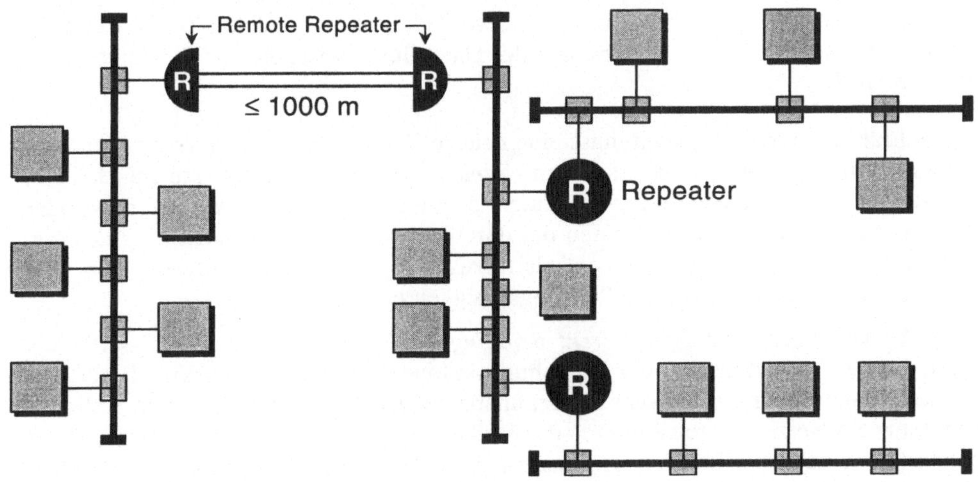

Abb. 3-7. Struktur eines CSMA/CD-Netzes

eine Punkt-zu-Punkt-Verbindung (*link*) von maximal 1000 m Länge verbinden. Für die Punkt-zu-Punkt-Verbindung werden häufig Lichtwellenleiter eingesetzt; die Signallaufzeit darf 2,57 μs nicht überschreiten. Eine Verbindung darf sich über maximal drei Koaxialkabel-Segmente erstrecken; die maximal zulässige Netzausdehnung unter Einschluss eines *Remote Repeater* beträgt 2800 m.

Ein über Repeater zusammengesetztes Netz ist im Sinne der Abwicklung des Zugriffsverfahrens immer noch **ein** Netz, in dem zu einem Zeitpunkt nur eine Operation kollisionsfrei abgewickelt werden kann.

Über eine **Brücke** (*MAC-Level-Bridge*) können nach dem gleichen Prinzip organisierte (also hier CSMA/CD-Verfahren), aber unabhängig arbeitende Segmente oder Teilnetze zu einem Gesamtnetz zusammengeschlossen werden.

Brücken sind Teilnehmerstation in jedem der beiden zu verbindenden Teilnetze. Sie übernehmen Informationsblöcke aus dem einen Teilnetz, wenn der Adressat nicht Teilnehmerstation in diesem Teilnetz ist, und übertragen sie in einer unabhängigen Operation zur Zieladresse im zweiten Teilnetz. Die Information wird also aufgrund der Zwischenspeicherung in der Brücke durch zwei zeitlich entkoppelte Übertragungsvorgänge befördert, d.h. die Vermittlung erfolgt nach dem *Store-and-Forward*-Prinzip.

Der Einsatz von Brücken bietet erhebliche Vorteile:

- Die bisherigen Beschränkungen bezüglich der Netzausdehnung entfallen.

- Es besteht – was gerade bei großen Netzen wichtig ist – die Möglichkeit der Strukturierung des Netzes, sowohl bezüglich geographischer wie insbesondere auch organisatorischer Gegebenheiten.
  Aufgrund der Filterfunktion, die eine Brücke dadurch realisiert, dass sie nur solche Informationsblöcke in ein anderes Teilnetz weiterleitet, deren Adressat dort angeschlossen ist, wird das Gesamtnetz von lokalem Verkehr (im Sinne eines Teilnetzes) entlastet. Dies führt bei entsprechender Laststruktur nicht nur zu einer erheblichen Verbesserung des Datendurchsatzes im Gesamtnetz, sondern auch zu einer Erhöhung der Sicherheit für alle Netzteilnehmer.
  Brücken sind zumindest konzeptionell in der Lage, weiter gehende Beschränkungen bei Verkehrsbeziehungen zu realisieren, etwa dadurch, dass auf der Basis von Teilnehmeradressen (*MAC-level addresses*) der Datenfluss zwischen den Teilnetzen kontrolliert wird.

Zur Durchführung ihrer Aufgaben muss eine Brücke *Routing*-Funktionen realisieren, d.h. sie muss in Abhängigkeit von der in einem *Frame* angegebenen Zieladresse entscheiden, ob der Rahmen übernommen und in das andere Segment eingeschleust werden muss oder nicht. Das Überprüfen der Zieladressen der durchlaufenden Rahmen wird als *Filtering*, das Vermitteln in ein anderes Segment als *Forwarding* bezeichnet. *Filtering Rate* und *Forwarding Rate* kennzeichnen die Leistungsfähigkeit einer Brücke.

In CSMA/CD-Netzen wird *Transparent Bridging* (in IEEE 802.1d standardisiert) verwendet, das den Vorteil hat, für die Teilnehmerstationen transparent zu sein; d.h. für diese ist das gesamte Netz **ein** logisches Netz, unabhängig von der durch Brücken realisierten Struktur des Netzes. Durch Abhören des Verkehrs auf beiden Segmenten "lernen" die Brücken (daher auch die Bezeichnung *Learning Bridges*), welche Adressen zu welchen Teilnetzen gehören und bauen auf dieser Information dynamisch und adaptiv ihre *Routing*-Tabellen auf.

Bei diesem Verfahren darf es zwischen beliebigen Teilnetzen (und damit Stationen) nur eindeutige Pfade geben, d.h. das Gesamtnetz muss *loop*-frei sein. In IEEE 802.1d ist ein als *Spanning Tree* bezeichnetes Verfahren definiert, welches von mehreren Pfaden zwischen zwei Stationen den günstigsten auswählt. Da i. Allg. eine Gewichtung der alternativen Pfade kaum möglich ist, wird von zwei Brücken, über die ein Pfad zu einer Zieladresse führt, diejenige mit der höheren Adresse ausgewählt, während die andere in den sogenannten Monitor-Status geht, in dem sie keine Rahmen mit der betreffenden Zieladresse zur Weiterleitung übernimmt, den Netzverkehr aber weiter beobachtet, um feststellen zu können, ob eine Veränderung des Netzzustands andere *Routing*-Entscheidungen erforderlich macht.

Bei anderen Netzen (z.B. beim Token-Ring) wird ein anderes, *Source Routing* genanntes *Routing*-Verfahren verwendet; dieses wird bei der Beschreibung des Token-Rings erläutert.

Analog zu einem *Remote Repeater* kann auch eine *Remote Bridge* realisiert werden, indem wie bei einem *Remote Repeater* zwei an jeweils einem Teilnetz direkt angeschlossene Teilbrücken über eine Punkt-zu-Punkt-Verbindung miteinander gekoppelt werden. Da die beiden Teilnetze zeitlich entkoppelt operieren, gibt es für die Punkt-zu-Punkt-Verbindung keine Laufzeit- und damit auch keine Längenbeschränkungen; die Verbindung kann auch über öffentliche Netze geführt werden. In einem solchen Fall ist jedoch zu beachten, dass Weitverkehrsverbindungen i. Allg. deutlich weniger leistungsfähig sind als ein Ethernet, so dass solche Brücken – bei entsprechender Verkehrslast – sehr schnell zu einem Flaschenhals werden. Dies ist vor allem deshalb problematisch, weil auf der MAC-Ebene keine Flusskontrolle stattfindet, so dass eine überlastete Brücke die überzähligen Blöcke nur vernichten kann, wodurch das Problem aber nicht dauerhaft gelöst wird, da dies von den höheren Schichten festgestellt und eine Wiederholung veranlasst wird.

3.1.3.4 Varianten des CSMA/CD-Verfahrens

Neben dem bisher beschriebenen "klassischen" Ethernet sind weitere Varianten des CSMA/CD-Verfahrens standardisiert.

Zur Unterscheidung hat man eine die Verfahren charakterisierende systematische Bezeichnungsweise eingeführt:

<**Datenrate**>   <**Übertragungsverfahren**>   <**Segmentlänge**>

↑   ↑   ↑

in Mbps   Base = Basisband   in 100 m
                     Broad = Breitband

Das normale Ethernet trägt danach die Bezeichnung 10Base5 für 10 Mbps Übertragungsgeschwindigkeit, Basisband-Übertragungstechnik und 500 m maximale Segmentlänge.

Thinwire Ethernet (Cheapernet)
In der oben angegebenen Systematik trägt dieses Verfahren die Bezeichnung 10Base2. Ziel dieser Variante ist die Bereitstellung einer verbilligten Ethernet-Version. Ausgangspunkt ist die Verwendung eines billigeren (aber auch dünneren und flexibleren und damit leichter zu verlegenden) Kabels wie RG58 A/U, welches in Laborumgebungen häufig

verwendet wird. Der Anschluss an das Medium ist technisch anders gelöst als beim normalen Ethernet: Da das Kabel flexibel ist, kann es ohne Schwierigkeit bis an die Teilnehmerstation geführt werden, und dadurch die Anschlusseinheit physisch dort integriert werden. Der Anschluss erfolgt über handelsübliche BNC-Stecker.

Einschränkungen ergeben sich beim *Thinwire* Ethernet bezüglich der maximalen Segmentlänge und der Zahl der anschließbaren Teilnehmerstationen. Da das vorgesehene Kabel eine wesentlich höhere Dämpfung hat als das Standard-Ethernet-Kabel, muss – um die Dämpfung von 8,5 db pro Segment (bei 10 MHz) nicht zu überschreiten – die Länge eines Segments auf knapp 200 m begrenzt werden; die niedrigere Signalausbreitungsgeschwindigkeit von 0,65 c im Kabel ist wegen dieser Längenbeschränkung unproblematisch. An ein Segment können maximal 30 Anschlusseinheiten in einem minimalen Abstand von 0,5 m installiert werden.

Die Änderungen beim Cheapernet beziehen sich jedoch ausschließlich auf die Bitübertragungsschicht, so dass – da auch die Übertragungsgeschwindigkeit identisch ist – Ethernet- und Cheapernet-Segmente über geeignete Repeater (und natürlich auch Brücken) zusammengeschlossen werden können.

10Base-T

Der 10Base-T-Standard definiert ein CSMA/CD-LAN mit der Standardgeschwindigkeit von 10 Mbps in Sterntopologie auf UTP-Kabeln der Kategorie 3. Die Stationen sind an eine zentrale Vermittlungseinheit (*hub*) angeschlossen. Es können mehrere solcher Vermittlungseinheiten hintereinandergeschaltet werden, so dass ein Netz in Baumstruktur aufgebaut werden kann. Entsprechend den Standards für die Gebäudeverkabelung darf die Entfernung einer Teilnehmerstation von dem zentralen Verteilpunkt (*hub*) 100 m betragen. 10Base-T-*Hubs* müssen den Spezifikationen eines IEEE 802.3 Repeaters entsprechen, d.h. die Signale nicht nur verstärken, sondern regenerieren.

Optische CSMA/CD-LANs

Andere Topologien und eine größere Netzausdehnung können durch weitgehende Verwendung von Lichtwellenleitern erzielt werden. Solche Systeme basieren auf einer Sterntopologie (auch kaskadierte Sterne), da Glasfaserstrecken i. Allg. als Punkt-zu-Punkt- oder Punkt-zu-Mehrpunkt-Verbindungen betrieben werden.
Zentrale Elemente solcher Systeme sind optische Sternkoppler, die aktiv oder passiv ausgeführt sein können. Bei passiven Sternkopplern – die als passive Netzelemente u.a. allerdings den Vorteil geringerer Ausfallwahrscheinlichkeit haben – ist wegen der Verzweigungsdämpfung die Zahl der Kanäle beschränkt.
Relativ große Freiheit bei der Netzgestaltung bieten Systeme auf der Basis aktiver Sternkoppler.

Optische Komponenten für CSMA/CD-Netze sind seit etwa 1985 auf dem Markt. Aufgrund fehlender Standards handelte es sich dabei um firmenspezifische Lösungen, und die daraus resultierende, den Intentionen eines Standards zuwiderlaufende Firmenabhängigkeit war der Verbreitung solcher Komponenten nicht förderlich.
Inzwischen liegen mehrere IEEE 802.3-Standards für optische Komponenten vor.

FOIRL (*Fiber Optic Inter-Repeater Link*). Hierdurch werden die Komponenten für eine LWL-Übertragungsstrecke definiert, die anstelle der üblichen Koaxialkabelverbindung benutzt werden kann, um zwei *Remote Repeater* miteinander zu verbinden. Dadurch steigt die maximale Entfernung von 500 m auf 1 km.

Eine solche Übertragungsstrecke besteht aus zwei durch den Standard spezifizierten FOMAUs (*Fiber Optic Medium Attachment Units*), die durch zwei Glasfasern (Referenzfaser 62,5/125 µm) miteinander verbunden sind; die Verbindung ist vollduplex.

10Base-F
Der Standard besteht aus den drei Abschnitten

* *Fiber Optic Medium/Common Elements of Star and MAU,*

* *Passive Star and MAU,*

* *Active Star and MAU.*

Der erste Teil enthält die Hardware-Spezifikationen, die vom Typ des Sternkopplers (aktiv oder passiv) unabhängig sind.

Als Lichtwellenleiter ist eine Gradientenfaser der Abmessung 62,5/125 µm spezifiziert (Referenzfaser); die anderen gängigen Abmessungen sind ebenfalls zugelassen. Für die Verbindung der MAU und des Sternkopplers mit der Faser sind 'ST'-Stecker (IEC-Standard) vorgeschrieben. Die optische Wellenlänge für die Signalübertragung ist 850 nm.

Passiver Stern
Die wichtigste Komponente des passiven Sterns ist der passive Sternkoppler. Bei diesem wird die Aufspaltung eines über einen Eingang (*input port*) eingespeisten optischen Signals auf die Ausgänge (*output ports*) durch passive optische Komponenten (z.B. Verschweißen eines Faserbündels) bewerkstelligt. Ein passiver Sternkoppler besteht aus einem in ein Gehäuse eingebauten Koppelelement dieser Art, versehen mit einer der Zahl der *Ports* entsprechenden Anzahl von Konnektoren für den Anschluss der Lichtwellenleiter.

Eine passive MAU ist über maximal 500 m lange Lichtwellenleiter mit einem Eingang und einem Ausgang des passiven Sterns verbunden.

Da die an einer MAU empfangenen optischen Signalpegel, abhängig von der sendenden MAU und dem Pfad, sehr unterschiedlich sein können, reicht zur Kollisionserkennung eine Überwachung des Gleichspannungspegels wie beim Koaxialkabel nicht aus. Es werden deshalb Codeverletzungen (CRV = *Code Rule Violations*), die bei der Überlagerung von Manchester-codierten Signalen entstehen, für die Kollisionserkennung herangezogen. Damit durch kollidierende Rahmen unter allen Bedingungen eine Codeverletzung erzeugt wird, ersetzt die sendende MAU einen Teil der Präambel durch eine der MAU eindeutig zugeordnete, 32 Bits lange Kennung, so dass auch bei gleicher Phase an den unterschiedlichen Bitpositionen eine Codeverletzung entsteht. Die empfangende MAU ersetzt die modifizierte Präambel wieder durch die normale, bevor sie den Rahmen weiterreicht.
Um die Anforderungen bei der Erkennung von Codeverletzungen aufgrund dynamischer Pegelunterschiede in Grenzen zu halten, wird als Bezugskomponente ein Sternkoppler mit 33 mit Konnektoren versehenen *Ports* zugrundegelegt. Bei Sternkopplern mit einer kleineren Zahl von *Ports* müssen durch künstliche Dämpfungsmaßnahmen die gleichen Verhältnisse geschaffen werden.

Ebenso wie die FOMAU des *Fiber Optic Inter-Repeater Link* entspricht auch die passive MAU *Controller*-seitig der Koax-MAU.

Passive Sterne können wie Koaxialkabelsegmente durch Repeater zu größeren Netzen zusammengefasst werden.

Aktiver Stern

Ein aktiver Sternkoppler verknüpft mehrere LWL-Verbindungen (jede besteht aus zwei Fasern, eine pro Übertragungsrichtung), wobei die Signale regeneriert werden. Am anderen Ende einer solchen Verbindung kann eine Station, ein Repeater oder ein weiterer aktiver Sternkoppler angeschlossen sein (vgl. Abb. 3-8).

Aktiver Sternkoppler und angeschlossene MAU (d.h. die beiden Enden einer LWL-Verbindung) sind immer aufeinander synchronisiert, da ein *Idle*-Signal übertragen wird, wenn keine Daten zu übertragen sind, und Datenübertragungen synchron zum *Idle*-Signal erfolgen. Weil die sonst vor einer Datenübertragung erforderliche Synchronisation zwischen Sender und Empfänger entfällt, ist die durch einen aktiven Stern erzeugte Verzögerung deutlich geringer als die durch einen Repeater verursachte Verzögerung. Aus diesem Grunde kann die Zahl der kaskadierten aktiven Sternkoppler größer sein als die Zahl der Repeater (4), ohne dass die in IEEE 802.3 spezifizierte *Slot Time* (*Round Trip Delay*) von 51,2 µs überschritten wird.

Eine aktive MAU erkennt Kollisionen dadurch, dass sie über ihren Eingang Daten empfängt, während sie über ihren Ausgang sendet, der aktive Sternkoppler dadurch, dass er gleichzeitig über mehr als einen Eingang Daten empfängt.

Die Vorteile des aktiven Sterns sind:

- Die Zahl der *Ports* ist theoretisch unbegrenzt.

- Die maximale Entfernung zwischen aktivem Sternkoppler und einer angeschlossenen MAU beträgt wie beim FOIRL 1 km (im Vergleich zu 500 m beim passiven Sternkoppler).

- Es können auch ohne den Einsatz von Repeatern komplexe Topologien realisiert werden.

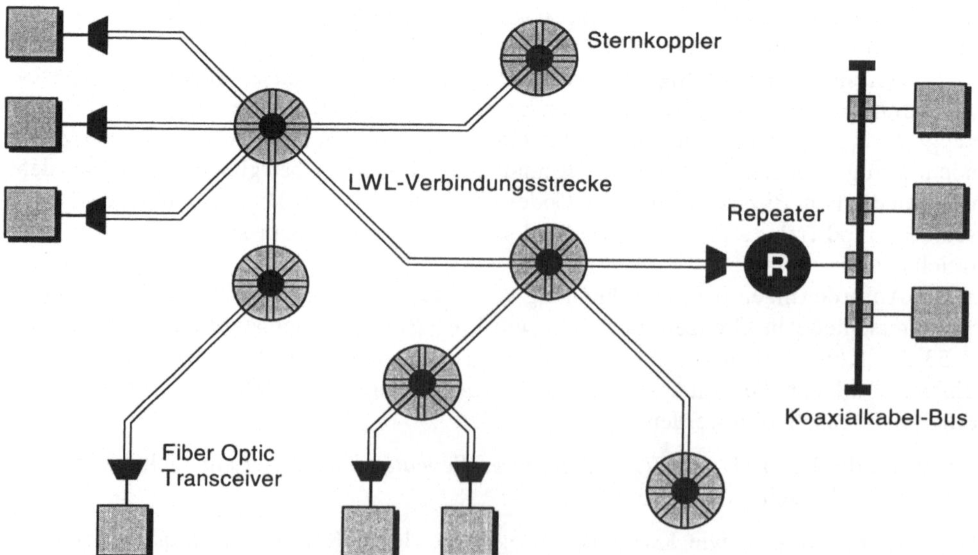

Abb. 3-8. Optisches CSMA/CD-LAN mit aktiven Sternkopplern

Fast Ethernet

Die allgemeine Entwicklung im Netzbereich, dass nämlich immer mehr Netzteilnehmer mit immer leistungsfähigeren Endgeräten immer häufiger Netzdienste in Anspruch nehmen, führte dazu, dass spätestens Anfang der neunziger Jahre Kapazitätsengpässe in normalen LANs (Ethernet oder Token-Ring) auftraten oder doch absehbar waren. Aus dieser Kenntnis resultierten Bestrebungen, einen Aufstiegspfad für solche LANs (insbesondere Ethernets) zu eröffnen. Bedauerlicherweise – aus Sicht der jeweiligen Verfechter – gab es 1992/93 zwei konkurrierende Vorschläge, die sich beim Standardisierungsprozess gegenseitig blockiert haben. Nachdem eine Einigung nicht erzielt werden konnte, wurde schließlich 1995 für beide der Standardisierungsprozess in Gang gesetzt. Es muss als Bankrotterklärung eines Standardisierungsgremiums angesehen werden, wenn aus Unfähigkeit, von zwei im Wesentlichen den gleichen Anwendungsbereich abdeckenden Vorschlägen einen auszuwählen (oder einen Kompromiss zu finden), kurzerhand beide standardisiert werden. Dies ist in diesem Falle umso schlimmer, weil beide Vorschläge hätten zurückgewiesen werden müssen, da es bereits einen entsprechenden Standard (FDDI) gab, zwar von einem anderen, im Grunde aber höherrangigen Standardisierungsgremium (ANSI X3T9.5, ISO 9314) erarbeitet.

Die eine Variante – von der *Fast Ethernet Alliance* (beteiligte Firmen u.a. 3Com, Intel, SUN) vorangetrieben – wird als 100Base-T bezeichnet; sie basiert auf dem CSMA/CD-Prinzip und wird deshalb im 802.3-Arbeitskreis behandelt und erhebt aus diesem Grunde alleinigen Anspruch auf die Bezeichnung 'Fast Ethernet'.

Die zweite Variante (u.a. vertreten durch die Firmen Hewlett-Packard, IBM, AT&T, Proteon) trägt die Bezeichnung 100Base-VG; bei dieser Version erfolgt der Medienzugriff nicht mehr nach dem CSMA/CD-Prinzip (sondern nach einem als *Demand Priority* bezeichneten *Round-Robin-Polling*-Verfahren), weshalb die Standardisierung in dem dafür neu gegründeten Arbeitskreis 802.12 erfolgte. Diese Variante bietet einen Aufstiegspfad für Ethernet-LANs und für Token-Ring-LANs, weshalb sie auch die Bezeichnung 100VG-AnyLAN trägt.
Obgleich 100Base-VG das technisch überlegene Verfahren ist, hat sich 100Base-T am Markt durchgesetzt, und 100Base-VG ist praktisch bedeutungslos.

100Base-T

Diese Variante kann logisch als direkte Weiterentwicklung des 10Base-T-Standards angesehen werden. Das Rahmenformat ist identisch, und auch das CSMA/CD-Prinzip kommt in gleicher Weise zur Anwendung. Auch die Infrastrukturvoraussetzungen sind sehr ähnlich, nämlich von einem *Hub* zwei Kupferdoppeladern zu jedem Teilnehmer, wobei allerdings wegen der höheren Datenraten die Anforderungen an die Kabelqualität höher sind (UTP-Kabel der Kategorie 5, während für 10Base-T Kategorie 3 ausreicht).

Hinsichtlich der erforderlichen Infrastruktur ist es während des Standardisierungsprozesses zu einer Verallgemeinerung gekommen. Es wurde – vergleichbar der AUI-Schnittstelle, die beim 10-Mbps-Ethernet Unabhängigkeit vom Übertragungsmedium herstellt – eine medienunabhängige Schnittstelle definiert (MII = *Medium Independent Interface*), an die unterschiedliche Übertragungssysteme mit unterschiedlichen Infrastrukturvoraussetzungen angeschlossen werden können:

- **100Base-TX** für zwei Kupferdoppeladern UTP Kat. 5 oder STP

- **100Base-FX** für zwei Gradientenfasern 62,5/125 µm

- **100Base-T4** für vier Kupferdoppeladern mindestens UTP Kat. 3

Die TX-Variante entspricht hinsichtlich der erforderlichen Kabel dem ursprünglichen 100Base-T-Vorschlag, die T4-Variante dem ursprünglichen 100Base-VG-Vorschlag. Für die FX- und TX-Variante wurde keine Neuentwicklung betrieben, sondern es wurden die bereits vorhandenen FDDI-PMDs (PMD = *Physical Medium Dependent*) übernommen, was erneut die Fragwürdigkeit der 100-Mbps-Ethernet-Aktivitäten deutlich macht.

100Base-T soll für 10Base-T-Installationen einen Migrationspfad zu 100 Mbps Übertragungsgeschwindigkeit eröffnen. In einem Netzsegment können aber 10-Mbps- und 100-Mbps-Anschlüsse nicht koexistieren, d.h. alle Netzteilnehmer müssen gleichzeitig umstellen. Um die Umstellung zu erleichtern, werden Interface-Karten angeboten, die wahlweise im 10Base-T- oder im 100Base-T-Modus betrieben werden können. Auf diese Weise können für eine Übergangszeit bereits 100-Mbps-Komponenten beschafft, aber noch in der alten Umgebung betrieben werden, bis die Umstellung dann zu einem bestimmten Zeitpunkt erfolgt. Dieser Wechsel kann für die Netzteilnehmer transparent gestaltet werden, da diese Interface-Karten in der Lage sind, festzustellen, ob sie in einer 10-Mbps- oder in einer 100-Mbps-Umgebung arbeiten, und sich automatisch darauf einstellen; d.h. wenn an zentraler Stelle ein Teilnehmer von einem 10Base-T-*Hub* auf einen 100Base-T-*Hub* umgesteckt wird, adaptiert sich das Interface beim Teilnehmer automatisch.

Obwohl sich 100Base-T möglichst eng an den 10Base-T-Standard anlehnt, gibt es zwangsläufig eine deutliche Abweichung. Bei der Beschreibung des CSMA/CD-Verfahrens wurde dargelegt, dass bei diesem Verfahren eine kritische Abhängigkeit zwischen den Netzparametern Übertragungsgeschwindigkeit, Netzausdehnung und Rahmenlänge besteht, die unter den Vorgaben des normalen Ethernet eine minimale Rahmenlänge von 64 Bytes erzwingt. Beim 100Base-T-Standard wurde bei unverändertem Rahmenformat die Übertragungsgeschwindigkeit um den Faktor 10 erhöht, was zwangsläufig eine entsprechende Verkleinerung der maximalen Segmentgröße zur Folge hat. Die maximale Segmentgröße, d.h. der maximale Abstand zweier Stationen in einem Segment beträgt deshalb nur noch 210 m. Dies ist eine systeminhärente Begrenzung, die auch bei Verwendung von Glasfasern wie im 100Base-FX-Standard nicht überschritten werden kann. Unter Anwendung der Vorgaben des Verkabelungsstandards für den Tertiärbereich (90 + 10 m) folgt daraus, dass die zulässige Entfernung bereits durch ein Ein-*Hub*-System nahezu ausgeschöpft wird; maximal können zwei *Hubs* in einem Abstand von 10 m in einem Pfad liegen.

Diese Beschränkung bedeutet auch, dass 100Base-T (in der *Shared-Medium*-Variante) nur im Tertiärbereich einsetzbar ist und trotz der hohen Übertragungsgeschwindigkeit für den *Backbone*-Bereich absolut untauglich ist. Im *Backbone*-Bereich muss also in jedem Falle eine andere Technik zum Einsatz kommen. Dies wird in einem konzeptionell aus der Vergangenheit bestimmten LAN-Umfeld FDDI, in Zukunft ATM oder naheliegender und damit wahrscheinlicher Gigabit-Ethernet in einer Vollduplex-*Switching*-Version sein.

Gigabit-Ethernet

Die Weiterentwicklung des Ethernet ist mit Fast Ethernet nicht beendet. Wenn im Teilnehmerbereich Fast Ethernet zur Norm wird, besteht im *Backbone*-Bereich Bedarf für eine leistungsfähigere Technik. Dem Rechnung tragend, wurde nach der Standardisierung von Fast Ethernet bei IEEE 1995/96 mit der Entwicklung der nächsten Geschwindigkeitsstufe begonnen, die 1998 zu einem ersten Gigabit-Ethernet-Standard führte.

Auch für Gigabit-Ethernet wurden noch Kupfer-Varianten (für Kat.-5-Kabel und für die in der IBM-Welt verbreiteten Twinax-Kabel (hier bedeutungslos)) und auch eine *Shared-Medium*-Variante definiert. Beides ist – rein technisch gesehen – zumindest fragwürdig. Für die Kupfer-Variante (Kat. 5) spricht immerhin, dass damit die seit Beginn der neunziger Jahre entstandenen Kat.-5-Verkabelungen für Gigabit-Ethernet im Tertiärbereich nutzbar sind. Um 1 Gigabit pro Sekunde über ein ungeschirmtes 100-Mbps-Kabel übertragen zu können, musste tief in die Trickkiste der Übertragungs- und Codierungstechnik gegriffen werden. Überdies werden – abweichend von den bisher gängigen Varianten – alle vier Adernpaare (die im Verkabelungsstandard vorgeschrieben sind!) einer Verbindung genutzt. Das hohe Maß an Komplexität (auch ersichtlich aus der Tatsache, dass der Kat.-5-Standard erst ein Jahr nach dem LWL-Standard verabschiedet wurde) erhöht den Entwicklungsaufwand, nicht aber die Reproduktionskosten, wenn die erforderliche Technologie zur Verfügung steht; d.h. die Kosten werden im Wesentlichen durch die absetzbaren Stückzahlen bestimmt. Von daher hat Kat.-5-Gigabit-Ethernet gute Chancen, weite Verbreitung zu finden und ein kommerzieller Erfolg zu werden.

Dass für Gigabit-Ethernet auch noch eine *Shared-Medium*-Variante (auch als Halbduplex-Variante bezeichnet) spezifiziert wurde, ist heute nur aus dem frühen Zeitpunkt des Beginns der Standardisierungsarbeit (1995/96) zu erklären, denn dazu waren erhebliche Eingriffe nötig, die man sich angesichts der zwischenzeitlichen allgemeinen Hinwendung zur Vermittlungstechnik (*Switching*) hätte sparen können.

Bei der Vermittlungstechnik wird der zentrale *Hub*, der ein ankommendes Signal auf alle Ausgangsleitungen weiterleitet, durch einen *Switch* ersetzt, der ein ankommendes Signal gezielt nur an den im *Destination-Address*-Feld angegebenen Adressaten weiterleitet. Dies kann ein *Switch* (im Rahmen der Anzahl vorhandener Anschlussleitungen) für beliebig viele disjunkte Sender/Empfänger-Paare und jeweils für beide Übertragungsrichtungen gleichzeitig (man spricht deshalb auch von einer Vollduplex-Variante). Beim Vollduplex-*Switching* gibt es kein gemeinsam genutztes Medium mehr; infolgedessen muss auch der Zugriff zum Medium nicht mehr organisiert werden, und es kann beim CSMA/CD-Verfahren keine Kollisionen mehr geben, weshalb auch alle Maßnahmen zur Kollisionserkennung und -beseitigung entfallen können.

Da sich die klassischen LANs charakteristisch darin unterscheiden, wie der Zugriff zum gemeinsam genutzten Medium organisiert ist, verlieren sie beim Vollduplex-*Switching* ihre Identität; sie werden alle gleichermaßen zu reinen *Frame-Forwarding*-Verfahren. LAN-spezifisch sind nur noch die *Frame*-Formate, die aber unter den neuen Randbedingungen ebenfalls einen Teil ihrer Sinnhaftigkeit verlieren (im Ethernet-*Frame* wird beispielsweise das *Pad*-Feld nicht mehr benötigt), aber aus Gründen der Kompatibilität zu den ja noch verbreitet im Einsatz befindlichen *Shared-Medium*-Varianten (noch) beibehalten werden.

LAN-*Switching* (gibt es für Ethernet, Token-Ring und FDDI) führt, da jeder Teilnehmer die volle Datenrate zur Verfügung hat, verglichen mit den *Shared-Medium*-Varianten zu

einer drastischen Leistungsverbesserung, insbesondere beim Ethernet-*Switching* wegen
der charakteristischen Probleme des CSMA/CD-Verfahrens bei hohen Übertragungsgeschwindigkeiten. Da aufgrund der technologischen Entwicklung *Switches* inzwischen
auch nicht mehr signifikant teurer als *Hubs* sind, spricht alles für LAN-*Switching* im Allgemeinen und Ethernet-*Switching* (vollduplex) im Besonderen.

Ungeachtet dieser Entwicklung wurde für Gigabit-Ethernet auch noch eine Halbduplex-
Variante spezifiziert, was erhebliche Änderungen erforderte.

Bei der Erhöhung der Übertragungsgeschwindigkeit auf 1 Gbps sinkt unter Beibehaltung
der minimalen *Frame*-Länge von 64 Bytes die überbrückbare Entfernung auf 25 m. Dies
reicht allenfalls, um Verbindungen innerhalb eines Raumes zu realisieren. Um im Tertiärbereich einer Standardverkabelung eingesetzt werden zu können, müssen 200 m überbrückbar sein (ein Ein-*Hub*-System mit 100 m Anschlusslänge). Dazu muss die Mindestdauer einer Übertragung von 64 auf 512 Bytes erhöht werden. Um dies zu erreichen,
wurde nicht das *Frame*-Format (durch eine entsprechende Verlängerung des *Pad*-Feldes)
verändert, sondern es werden – bei Bedarf – *Extension Bits* angehängt bis die Übertragungsdauer die erforderliche Mindestzeit von 512 Bytes ($\approx$ 4 µs) erreicht. Die *Extension
Bits* unterliegen nicht der CRC-Prüfsummenbildung und sind so codiert, dass sie eindeutig von den Nutz- und Steuerbits im *Frame* unterscheidbar sind (vgl. Abb. 3-9).

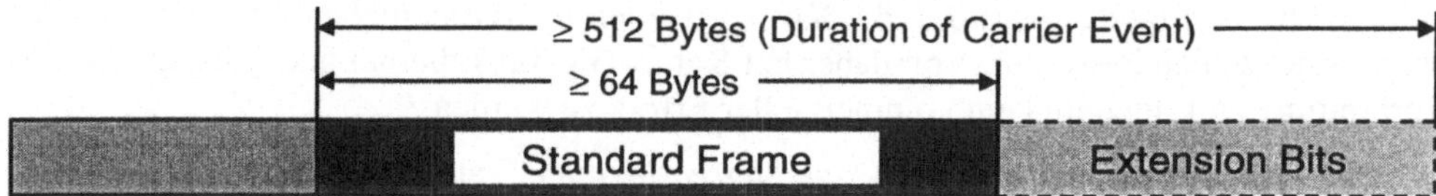

Abb. 3-9. Frame Verlängerung durch Extension Bits

Sie übermitteln keine verwendbare Information, sondern dienen lediglich dazu, das Trä-
gersignal zu erhalten, so dass für die sendende Station die laufende Übertragung noch
nicht zu Ende ist (sie also eine evtl. auftretende Kollision noch erkennen kann) und für
alle anderen Stationen das Medium für die Gesamtdauer ununterbrochen belegt ist.

Durch das Anhängen von *Extension Bits* wird bei der Übertragung kleiner Nutzdaten-
mengen die Effizienz gegenüber dem normalen Ethernet noch weiter verschlechtert. Für
Nutzdatenlängen bis 46 Bytes ist deshalb die auf die Nutzdaten bezogene erreichbare
Datenrate kaum größer als bei Fast Ethernet.

Um diesen Effizienzverlust zumindest teilweise zu kompensieren, besteht beim Halb-
duplex-Gigabit-Ethernet (und nur bei diesem!) die Möglichkeit, *Frame Bursts* zu senden.
Dabei handelt es sich um eine Kette normaler Frames (d.h. mit der Maximallänge von
1518 Bytes), die von einer Station ohne Unterbrechung durch andere Stationen an einem
Stück versendet werden dürfen. Das *Burst*-Limit betägt 8192 Bytes oder 65536 Bits, wobei das Zeitäquivalent (also 65,536 µs) entscheidend ist. Die übertragene Datenmenge
kann größer sein, da ein bei Ablauf des *Burst*-Limits gerade übertragener *Frame* noch zu
Ende übertragen werden darf. Bemerkenswert ist, dass der erste *Frame* eines *Burst* in
jedem Falle die minimale Übertragungsdauer (*slot time*) von 4096 Bits aufweisen muss
(also gegebenenfalls durch *Extension Bits* auf diese Länge gebracht werden muss), auch
wenn die Mindestdauer durch die nachfolgenden *Frames* auch so erreicht würde (Abb.
3-10).

Gigabit-Ethernet-Varianten:

| **1000Base-CX** | Kabel: | Twinax |
| | Reichweite: | ca. 25 m |

| **1000Base-TX** | Kabel: | UTP, Kat. 5 |
| | Reichweite: | 210 m |

1000Base-SX	Kabel:	Multimode-LWL
	Wellenlänge:	850 nm
	Reichweite:	bis 500 m
		(bei 62,5/125-µm-LWL eher 300 m, Begrenzung durch Kabelqualität), hat das Potential, billiger zu werden als 100Base-FX, da dessen von FDDI übernommene LWL-Übertragungstechnik vergleichsweise aufwändig ist.

1000Base-FX	Kabel:	Multimode-LWL oder Monomode-LWL
	Wellenlänge:	1300 nm
	Reichweite:	bis 500 m bei Multimode-LWL
		5 km bei Monomode-LWL
		(Bei Verwendung von Multimode-Kabeln minderer Qualität gab es anfangs Reichweitenprobleme (*Differential Mode Delay*). Diese konnten durch spezielle Anschlusskabel behoben werden.)

10-Gbps-Ethernet

Seit Anfang 2000 befindet sich 10-Gbps-Ethernet in der Entwicklung. Erste Standards wurden Mitte 2002 verabschiedet. Folgende Varianten sind geplant bzw. verabschiedet:

	LAN (8B/10B-Codierung) **X**	LAN (64B/66B-Blockcodierung) **R**	WAN (Sonet, SDH) **W**
Short (850 nm)		**10GBASE-SR** 62,5 µm MMF: 26 m 50 µm MMF: 82 m	**10GBASE-SW** 62,5 µm MMF: 26 m 50 µm MMF: 82 m
Long (1310 nm)	**10GBASE-LX4** 62,5 µm MMF: 300 m 50 µm MMF: 300 m 10 µm SMF: 10 km	**10GBASE-LR** 10 µm SMF: 10 km	**10GBASE-LW** 10 µm SMF: 10 km
Extra Long (1550 nm)		**10GASE B-ER** 10 µm SMF: 40 km	**10GBASE-EW** 10 µm SMF: 40 km

3.1.3.5 Ergänzungen im Ethernet-Standard

Wegen der inzwischen stattlichen Anzahl von Varianten für unterschiedliche Geschwindigkeiten und Medien und damit einhergehend unterschiedlichen Übertragungsverfahren
und Codierungen wurde der Aufbau einer Station in Ergänzung zu der Darstellung in
Abb. 3-6 auf Seite 110 weiter systematisiert und unter Einhaltung wohldefinierter
Schnittstellen strukturiert. Dabei entsteht ein medienunabhängiger Teil, der mit von der
Ethernet-Variante abhängigen Funktionsmodulen bedarfsgerecht kombiniert werden
kann (Abb. 3-11).

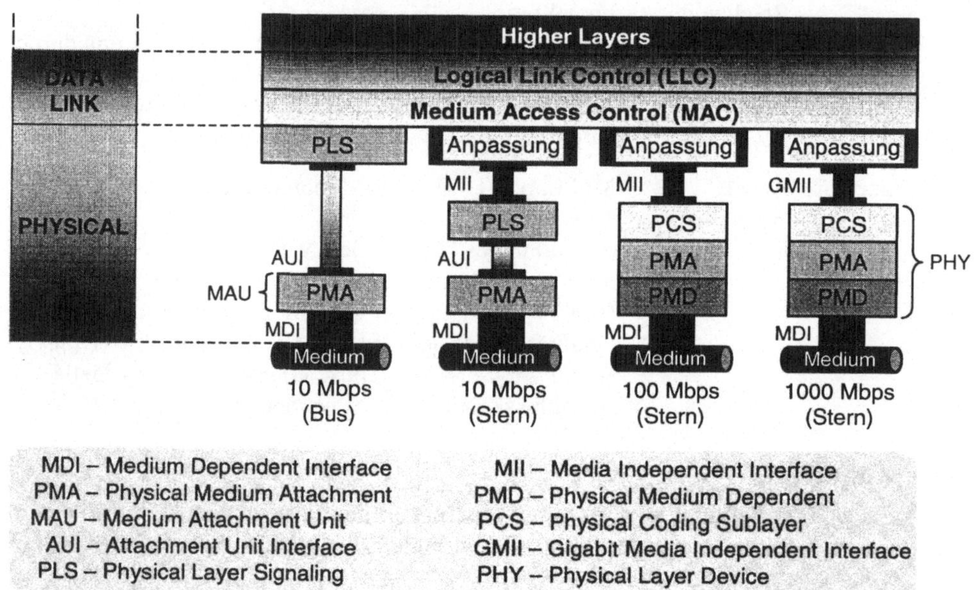

Abb. 3-11. Struktur von Ethernet Anschlusseinheiten

IEEE 802.1p/Q

Die Standards IEEE 802.1p und IEEE 802.1Q betreffen funktionale Erweiterungen beim
Ethernet. Die weniger wichtige, IEEE 802.1p, erlaubt die Vergabe von Prioritäten. Dies
ist bei anderen LANs (z.B. Token-Ring oder FDDI) schon immer möglich gewesen, für
Ethernet jedoch neu. In der Praxis wurde jedoch nur sehr eingeschränkt von dieser Möglichkeit Gebrauch gemacht. Von der Realisierung her ist IEEE 802.1p in gewisser Weise
ein Nebenprodukt von IEEE 802.1Q.

IEEE 802.1Q erlaubt die Spezifikation virtueller LANs (VLANs). Ein VLAN definiert
eine *Broadcast Domain*, d.h. Teilnehmer eines VLAN können auf der Basis ihrer MAC-
Adressen und auch per *Broadcast* ungehindert miteinander kommunizieren. Dabei können Teilnehmer einem VLAN unabhängig von ihrer physikalischen Position im Netz
zugeordnet werden. Ein VLAN definiert also unabhängig von der physikalischen Netztopologie eine geschlossene Benutzergruppe auf der Ebene 2 des OSI-Modells, aus der
heraus (oder in die hinein) nur über ein Ebene-3-Gateway (Router) Kommunikation
möglich ist.

Bemerkenswert ist, dass für die Realisierung dieser Funktion das *Frame*-Format erweitert werden musste (Abb. 3-12), was erhebliche Konsequenzen für die Komponenten hat, da in Zukunft 802.1Q-fähige Endgeräte mit alten Geräten, die das neue Format nicht kennen (und somit als fehlerhaft identifizieren) koexistieren müssen.

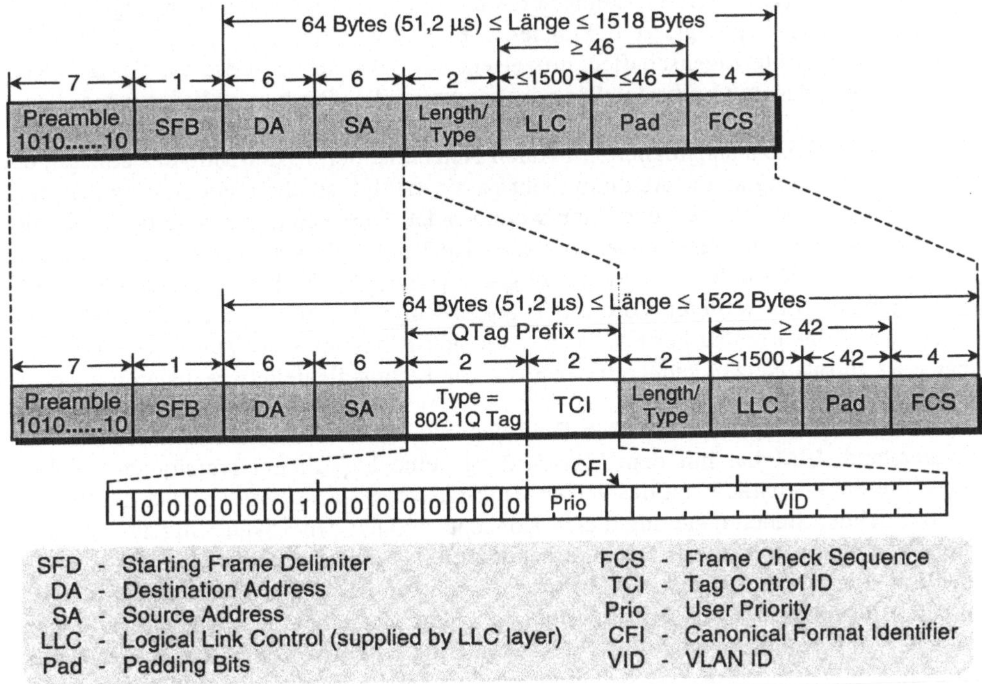

Abb. 3-12. Ethernet Frame: Altes Format und neues Format gemäß IEEE 802.1Q

Die Änderung gegenüber dem bisherigen *Frame*-Format besteht darin, dass vor dem *Length/Type*-Feld zwei zusätzliche – als *QTag Prefix* bezeichnete – Felder von je zwei Bytes Länge eingeschoben werden. Das erste dieser Felder, das *Type Field*, enthält einen festen, für das *Length/Type*-Feld, das sich beim alten Rahmenformat an dieser Position befindet, nicht legalen Wert und markiert den Rahmen dadurch als einen Rahmen neuen Formats. Die 12 Bits lange VLAN ID des zweiten Feldes erlaubt die Spezifikation von bis zu 4096 verschiedenen VLANs. Drei Bits sind für die Vergabe von acht möglichen Prioritäten vorgesehen. Das CFI-Bit (*Canonical Format Identifier*) weist auf eine mögliche *Token-Ring Encapsulation* hin.

Da alle bisherigen Felder, insbesondere auch die Länge der Nutzinformation (LLC) unverändert bleiben sollten, sind die vier Bytes des *QTag Prefix* eingeschoben, wodurch die Maximallänge eines Ethernet-Rahmens von 1518 auf 1522 Bytes steigt und gleichzeitig die maximale Länge des Pad-Felds, durch die die Mindestlänge von 64 Bytes sichergestellt wird, von 46 auf 42 Bytes sinkt.

3.1.4 IEEE 802.5 – Token-Ring

Eine wichtige und variantenreiche Klasse bilden die LANs in Ring-Topologie, bei denen die Teilnehmerstationen – wie bei den bisher besprochenen LANs – an ein gemeinsames Übertragungsmedium angeschlossen sind, welches hier aber einen geschlossenen Ring bildet. Dabei ist *Token Passing* keineswegs die einzige Möglichkeit, den Zugriff zu einem LAN in Ring-Topologie zu organisieren. Es gibt eine Reihe weiterer Verfahren, die teilweise interessante Eigenschaften aufweisen; das bekannteste dürfte das *Slotted-Ring*-Verfahren sein, das im Cambridge Ring als kommerzielles Produkt realisiert wurde.

Von den nach IEEE standardisierten lokalen Netzen ist der Token-Ring das einzige, bei dem die Ankopplung an das Medium nicht passiv erfolgt, sondern jede Station die empfangenen Signale regeneriert und dann weitersendet. Dies kann Nachteile bezüglich der Betriebssicherheit des Netzes haben, hat aber den Vorteil, dass bei geeigneter Auslegung viele Stationen angeschlossen und relativ große geographische Entfernungen überbrückt werden können. Ein weiterer Vorteil des Token-Rings gegenüber seinen ebenfalls standardisierten Konkurrenten besteht darin, dass sich Ring-Netze als Teilstreckennetze im Gegensatz zu Bus-Netzen leicht auf der Basis von Lichtwellenleitern realisieren lassen.

Besondere Bedeutung hat der Token-Ring dadurch erhalten, dass der Marktführer IBM dahinterstand. IBM hat mit dem 'Zürich-Ring' (eine Experimentalversion des Token-Rings) die Funktionsfähigkeit des Token-Ring-Konzepts nachgewiesen, war die treibende Kraft bei der Standardisierung dieses Konzepts und hat den Token-Ring zum strategischen Produkt im Bereich der Datenkommunikation gemacht. Überdies hat IBM den Token-Ring zum offenen Produkt erklärt (ebenso wie den IBM PC), d.h., die Schnittstellen wurden offengelegt, was als Aufforderung an andere Hersteller zu verstehen war, eigene Produkte zum Anschluss an den (IBM) Token-Ring zu entwickeln. Dies ist geschehen; dennoch sind Token-Ring-LANs überwiegend in IBM-Umgebungen realisiert worden. Inzwischen ist der Token-Ring für IBM kein strategisches Produkt mehr und auch IBM geht zunehmend auf Distanz zum Token-Ring.

3.1.4.1 Das Prinzip des Token-Rings

Wie alle Ringe kann der Token-Ring als eine geschlossene Kette von gerichteten Punkt-zu-Punkt-Verbindungen betrachtet werden; die Stationen sind über einen Datenweg verbunden, der in Basisbandtechnik unidirektional betrieben wird. Jede Station empfängt die auf dem Ring befindliche Information, interpretiert die Kontrollinformation, regeneriert die Signale und leitet sie zur nächsten Station weiter. Die Auslegung der Netzstationen als aktive Elemente hat den Vorteil, dass sowohl hinsichtlich der Zahl der angeschlossenen Stationen wie auch der geographischen Ausdehnung große Netze aufgebaut werden können; sie hat den Nachteil, dass – wenn nicht andere Vorkehrungen getroffen werden – der Ausfall einer einzigen Station zur Funktionsunfähigkeit des gesamten Rings führen kann.

Der Token (die Sendeberechtigung) kreist im Normalfall im Ring. Eine sendewillige Station muss warten, bis sie den Token (*free token*) erhält; dessen Status wandelt sie in 'besetzt' (*busy token*) und überträgt den anstehenden Datenblock. Die adressierte Station übernimmt die Daten, leitet sie aber gleichzeitig weiter durch den Ring (vgl. Abb. 3-13). Es ist die Aufgabe der sendenden Station, den Informationsrahmen wieder vom Ring zu entfernen, wenn dieser den Ring umrundet hat, wobei während des Transports im Ring

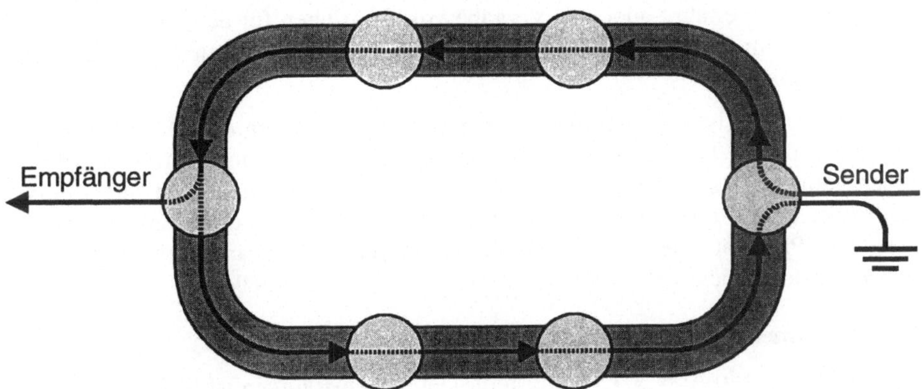

Abb. 3-13. Datenfluss im Token-Ring

alle Stationen – insbesondere auch die Empfängerstation – im Kontrollbereich des Informationsrahmens dafür vorgesehene Bitpositionen entsprechend den aktuellen Gegebenheiten verändern können. Anschließend generiert die Absenderstation einen neuen
(freien) Token und sendet ihn zur Nachbarstation.

Da es im Token-Ring eine natürliche Reihenfolge der Stationen gibt, brauchen die Stationen die Nachbarstation nicht explizit zu adressieren, wenn sie einen Informationsrahmen senden oder weiterleiten. Dadurch ist die minimale Länge eines Rahmens sehr kurz;
dies trifft insbesondere zu für den *Token Frame* (das ist der Rahmen, der im Ring kreist,
wenn keine Nutzinformation zu übertragen ist); seine Länge beträgt gemäß Token-Ring-
Standard 24 Bits.

Das Token-Prinzip bietet erhebliche Freiheiten bei der Steuerung des Zugriffs zum Ring,
die allerdings nicht alle durch den Standard abgedeckt werden. Diese Freiheiten resultieren im Wesentlichen daraus, dass der Besitz des Token unterschiedliche Interpretationen
zulässt.

Die eine Extremposition ist dadurch gekennzeichnet, dass der Besitz des Token nur zur
Übertragung eines einzigen Informationsblocks berechtigt, selbst wenn eine größere Datenmenge zur Übertragung ansteht (ein solches Verfahren wird als *non-exhaustive* bezeichnet). Im anderen Extrem darf eine Station, die im Besitz des Token ist, so viele Datenblöcke übertragen wie sie möchte (diese Verfahrensweise bezeichnet man als *ex-
haustive*); diese Auslegung ist nicht sehr sinnvoll, da sie den (unerwünschten) Effekt hat,
dass jede Station, wenn sie den Token besitzt, das Netz majorisieren, d.h. alle anderen
Stationen auf unbegrenzte Zeit vom Netzzugriff ausschließen kann. Eine mögliche Auslegung zwischen den vorgenannten Extremen könnte darin bestehen, den Token so zu
interpretieren, dass er zur Übertragung von n Datenblöcken berechtigt, wobei n eine Variable ist, die individuell für die Teilnehmerstationen festzulegen wäre. Die Auswirkung
einer solchen Regelung wäre, dass der verschiedenen Teilnehmerstationen zur Verfügung
stehende Anteil der Gesamtbandbreite unabhängig von der Netzbelastung immer in einem bestimmten Verhältnis zueinander steht.
Diese Spielart des Token-Verfahrens ist durch den Standard nicht abgedeckt; die durch
den Standard festgelegte Verfahrensweise ist *non-exhaustive*, und die Dauer der Sendeberechtigung ist befristet, d.h., es ist eine maximale *Token Holding Time* (10 ms) festgelegt, die durch Timer überwacht wird.

Das Token-Verfahren erlaubt auch die Vergabe von Prioritäten für den Netzzugriff. Die Funktionsweise ist im folgenden Kapitel beschrieben, da die Prioritätenvergabe Bestandteil des Standards ist.

Die Prioritätenvergabe ist ein wichtiges Hilfsmittel zur Steuerung des Datenflusses. Es sollte aber auch darauf hingewiesen werden, dass die Vergabe von Prioritäten auf Anwenderebene eine sehr sorgfältige Netzplanung aufgrund qualitativer und quantitativer Kenntnisse über die zu erwartenden Datenströme voraussetzt, um einerseits den Stationen mit höherer Priorität einen definierten Vorteil zu verschaffen, andererseits Stationen mit niedriger Priorität nicht auf Dauer vom Netzzugriff auszuschließen.

3.1.4.2 Das Rahmenformat beim Token-Ring

Das Rahmenformat ist in Abb. 3-15 dargestellt. Der Token-Rahmen ist nichts anderes als ein verkürzter Informationsrahmen, bei dem ein Teil der Kontrollfelder und das Datenfeld fehlen (Abb. 3-14).

Das eigentliche Datenfeld wird von Steuerinformationen der unteren Schichten eingeschlossen (*physical header* und *physical trailer*). Die Bedeutung der einzelnen Felder wird nachfolgend beschrieben.

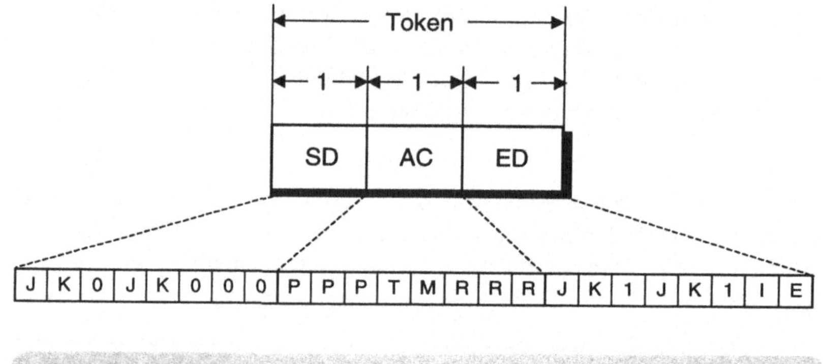

Abb. 3-14. Format des Token-Rahmens

Starting Delimiter   Trennzeichen, das den Anfang eines jeden ordnungsgemäßen Rahmens (also auch des Token-Rahmens) durch die Sequenz B'JK0JK000' markiert. Hierbei werden die beiden möglichen Codeverletzungen (*Non-data J Code Violation* und *Non-data K Code Violation*) beim *Differential Manchester*-Code gezielt für die Kennzeichnung von Rahmenanfang und Rahmenende eingesetzt.

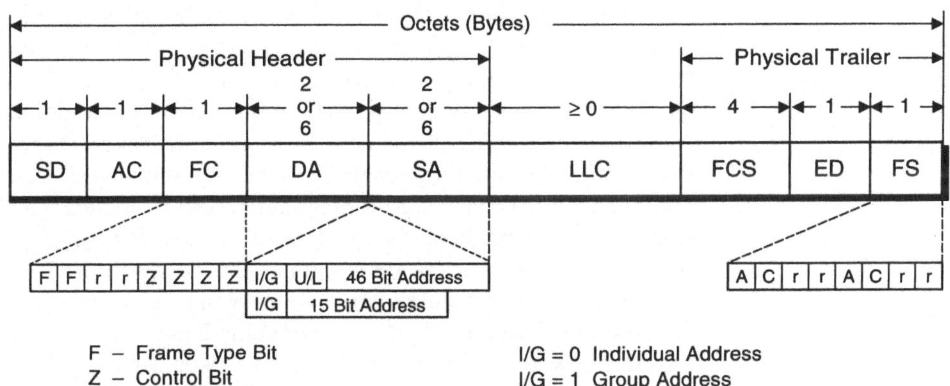

Abb. 3-15. IEEE 802.5 Token-Ring: Rahmenformat

Access Control

Über dieses Feld wird der Zugriff zum Medium gesteuert. Wie bereits erwähnt, ist beim Token-Ring-Verfahren die Vergabe von Prioritäten möglich.

Über die drei Prioritätsbits (P), die die Werte B'000' (niedrigste Priorität) bis B'111' (höchste Priorität) annehmen können, stehen acht Prioritätsstufen für Informationsrahmen und Token zur Verfügung. Diesen Prioritätsstufen entsprechen bei Reservierungen die drei R-Bits.

Eine Teilnehmerstation, die einen Informationsrahmen vorgegebener Priorität versenden will, kann einen freien Token benutzen, wenn dessen Priorität (Angabe in den P-Bits) nicht höher als die des zu versendenden Rahmens ist. Wenn eine sendebereite Station einen Informationsrahmen oder einen Token, den sie nicht benutzen darf, weiterreicht, kann sie (in den R-Bits) eine Reservierung für die gewünschte Prioritätsstufe vornehmen, falls nicht vorher eine andere Station bereits eine Reservierung für eine höhere Prioritätsstufe dort eingetragen hat. Die gerade sendende Station, die beim Entfernen der Information vom Ring die R-Bits gesetzt findet, generiert einen freien Token der angegebenen Priorität, der anschließend von der reservierenden Station, aber auch von jeder anderen Station, die einen Rahmen gleicher oder höherer Priorität zu übertragen hat, benutzt werden kann.

Eine Station, die einen Token bestimmter Priorität benutzt hat, generiert am Ende einer Übertragung i. Allg. (d.h., wenn keine Reservierung vorliegt) wieder einen Token der gleichen Priorität. Es ist Aufgabe derjenigen Station, die einen Token erhöhter Priorität generiert hat, dafür zu sorgen, dass die Token-Priorität wieder auf den ursprünglichen Wert herabgesetzt wird, damit Stationen niedrigerer Priorität nicht auf Dauer vom Netzzugriff ausgeschlossen bleiben. Sie geht dazu in den *Priority-Hold*-Status, d.h. sie registriert die ursprüngliche Token-Priorität und überwacht die durchlaufenden Token. Wenn sie einen Token der erhöhten Priorität erhält, bei dem keine Reservierung eingetragen ist, setzt sie die Priorität dieses Token wieder auf den ursprünglichen Wert herab.

Das hier beschriebene Verfahren zur Prioritätssteuerung setzt voraus, dass eine sendende Station – um eventuelle Reservierungen berücksichtigen zu können – das *Access-Control*-Feld des eigenen gesendeten Rahmens bereits wieder empfangen haben muss, bevor sie einen neuen Token generieren und absenden kann. Sie muss deshalb das Aussenden des Token künstlich verzögern, wenn die Länge des gesendeten Rahmens kleiner als der Informationsinhalt des Rings ist.

Das T (Token)-Bit hat den Wert B'0' bei einem Token-Rahmen. Eine Station, die den Token benutzen will (und darf) setzt das Bit auf B'1' und ergänzt die übrigen Felder zu einem vollständigen Informationsrahmen.

Das M (Monitor)-Bit dient der Überwachung des Rings, und zwar wird damit das permanente Kreisen von Informationsrahmen oder Token erhöhter Priorität im Ring verhindert; dies könnte geschehen, wenn eine Station, die einen Rahmen gesendet hat, nicht mehr in der Lage ist, diesen wieder vom Ring zu entfernen, oder eine Station ausfällt, nachdem sie eine Token-Reservierung vorgenommen hat.

Bei allen Rahmen ist der Wert des M-Bits anfangs B'0'. Sobald der Rahmen die 'Monitor'-Station passiert (das ist diejenige Station, die die Überwachung durchführt), setzt diese den Wert auf B'1'. Da bei ordnungsgemäßer Ringfunktion ein identischer Rahmen eine Station nicht öfter als einmal passieren kann, ist die Ankunft eines Rahmens mit bereits gesetztem M-Bit bei der Monitor-Station ein sicheres Indiz für eine Fehlfunktion, und sie leitet die zu einer Bereinigung notwendigen Maßnahmen ein.

Frame Control   Durch dieses Feld wird der Typ eines Rahmens festgelegt. Bisher definiert sind MAC-Rahmen (FF = B'00'), die reine Steuerungsaufgaben haben, und LLC-Rahmen (FF = B'01'), in denen von der LLC-Schicht übergebene Nutzinformation übertragen wird. Die Bedeutung der Z-Bits hängt vom Rahmentyp ab. Die r-Bits (reserviert für zukünftige Verwendung) werden derzeit als binäre Nullen übertragen und von den empfangenden Stationen ignoriert.

Destination Address

Dieses Feld enthält die Zieladresse. Es besteht die Möglichkeit, 16- oder 48-Bit Adressen anzugeben; innerhalb eines Netzwerks ist die Adresslänge jedoch einheitlich festzulegen. In beiden Fällen entscheidet das erste Bit darüber, ob es sich um eine Individual- oder Gruppenadresse handelt. Da es sich um ein *Broadcast*-Netz handelt, bei dem alle Stationen eine Nachricht hören können, kann eine Nachricht ohne Mehraufwand auch an Gruppen von Teilnehmern, evtl. auch an alle geschickt werden. Bei 48-Bit Adressierung entscheidet das zweite Bit darüber, ob die Adresse global oder lokal verwaltet wird. Der große Vorrat von etwa 10^{14} Adressen macht es möglich, jeder Station eine weltweit eindeutige Adresse zuzuordnen. Die globalen Adressen werden von IEEE verwaltet.

Source Address

Gibt die Adresse des Absenders an. Der Aufbau entspricht dem der Zieladresse; eine Absenderadresse ist aber immer eine Individualadresse, so dass der ersten Bitposition (I/G-Bit) eine andere Funktion zugeordnet werden kann. Beim Token-Ring zeigt dieses Bit an, dass der Rahmen *Routing*-Information enthält, die benötigt wird, wenn in einem aus mehreren Ringen bestehenden Netz Informationsrahmen über Brücken in andere Ringe transportiert werden sollen.

LLC-Information

Das Datenfeld enthält die Nutzdaten, die von der LLC-Schicht an die MAC-Schicht übergeben werden; dazu gehören neben den eigentlichen Benutzerdaten auch Steuerinformationen höherer Ebenen. Eine verfahrensbedingte Mindestlänge existiert nicht. Die Maximallänge, die sich aus der maximalen *Token Holding Time* von 10 ms ableitet, ist 4096 Bytes.

Frame Check Sequence

Es wird eine 32-Bit Prüfsequenz verwendet, die gemäß CRC-32 (ITU) bestimmt wird.

Geschützt durch die Prüfsequenz ist der Bereich vom *Frame-Control*-Feld bis einschließlich der *Frame Check Sequence* selbst. Das *Access-Control*-Feld und das *Frame-Status*-Feld können nicht geschützt werden, weil darin Informationen untergebracht sind, die während der Übertragung eines Rahmens von Zwischenstationen verändert werden können und dann zwangsläufig eine Fehlermeldung auslösen würden.

Auf den ersten Blick scheint es erstaunlich, dass man sich beim Token-Ring auf eine Verfahrensweise eingelassen hat, die es notwendig macht, Teile der Steuerinformation ungesichert zu lassen, dies um so mehr als der Token-Ring auch auf Fernsprechleitungen realisiert werden kann, einem Medium, das von Hause aus eine verhältnismäßig hohe Bitfehlerrate aufweist ($\approx 10^{-5}$), die durch Anwendung eines 32 Bit-Prüfcodes um etwa zehn Größenordnungen verbessert werden kann. Bei genauerer Untersuchung ist aber festzustellen, dass eine unerkannte Verfälschung der ungeschützten Felder keine irreversiblen Fehlsteuerungen oder sonstigen katastrophalen Folgen für die Funktion des Token-Rings haben kann; mögliche Fehlfunktionen können durch die eingebauten Überwachungsmechanismen erkannt und beseitigt werden.

Ending Delimiter

Ähnlich dem *Starting Delimiter*, enthält auch das den Rahmen beendende Trennzeichen J- und K-Codeverletzungen. Die ersten sechs Bits haben immer die Form 'JK1JK1'.

Das I-Bit (*intermediate frame*) wird bei allen Rahmen außer dem letzen gesetzt, wenn mit einem Token mehrere Rahmen übertragen werden; beim letzten Rahmen, oder wenn nur ein Rahmen übertragen wird, hat es den Wert B'0'. Das Übertragen mehrerer Rahmen mit einem Token ist vom Prinzip her zulässig, solange die maximale *Token Holding Time* von 10 ms nicht überschritten wird.

Das E-Bit (*error detected*) wird von einer Station, die einen Rahmen sendet, stets auf B'0' gesetzt. Stationen am Ring lassen das Bit unverändert, solange sie keine Fehlerbedingung feststellen. Wenn sie eine Fehlerbedingung feststellen, setzen sie das E-Bit auf B'1', falls es noch den Wert B'0' hatte (in diesem Falle ist diese Station die erste, die diese Fehlerbedingung feststellt); falls das Bit bereits den Wert B'1' hat (in diesem Fall hat vorher bereits eine andere Station einen Fehler entdeckt), leitet sie es unverändert weiter. Folgende Fehlerbedingungen führen zum Umsetzen des E-Bits:

- Die Prüfsequenz zeigt einen Übertragungsfehler an (CRC *check*).
- Ein Rahmen enthält außerhalb der Trennzeichen Codeverletzungen.
- Die Rahmenlänge ist kein ganzzahliges Vielfaches eines Bytes.

Frame Status

Die Bits dieses Feldes sind im Zusammenhang mit Kontrollfunktionen (wie Feststellen der Adresse der Vorgängerstation (NAUN = *Nearest Active Upstream Neighbor*) oder Feststellen der Eindeutigkeit einer Adresse) von Bedeutung.

Da dieses Feld nicht durch die Prüfsequenz geschützt ist, sind – um die Fehlerwahrscheinlichkeit zu verringern – die Bits doppelt vorhanden, und die Information wird nur dann akzeptiert, wenn die jeweiligen Bits übereinstimmen und eine sinnvolle Kombination ergeben.

Eine Station, die einen Rahmen aussendet, setzt das A-Bit (*address recognized*) und das C-Bit (*frame copied*) auf B'0'. Eine Station am Ring, die die angegebene Zieladresse als ihre eigene erkennt, setzt das A-Bit, und wenn sie den Rahmen übernimmt, auch noch das C-Bit auf B'1'. Wenn der Rahmen zum Absender zurückkommt, werden die Bits wie folgt interpretiert:

AC = B'00': Keine Station hat die Zieladresse erkannt, die Information wurde nicht übernommen.
$\Rightarrow$ Die adressierte Station existiert nicht oder ist nicht aktiv.

AC = B'11': Die Zieladresse wurde von einer Station erkannt und die Information übernommen.
$\Rightarrow$ Die adressierte Station existiert und verhält sich ordnungsgemäß.

AC = B'10': Die Zieladresse wurde von einer Station erkannt, die Information aber nicht übernommen.
$\Rightarrow$ Die adressierte Station existiert, hat aber die Information nicht übernehmen können, weil (vermutlich) sie selbst oder eine auf dem Wege liegende Brücke überlastet war.

Die Kombination AC = B'01' (Adresse nicht erkannt, aber Information übernommen) ist unzulässig und wird verworfen.

3.1.4.3 Funktion des Token-Rings

Um trotz der dafür nicht besonders guten Voraussetzungen einer Ring-Topologie auch unter ungünstigen Umständen eine zuverlässige Funktion des Token-Rings zu gewährleisten, ist ein erheblicher Aufwand erforderlich.

Neben strukturellen Vorkehrungen (wie die Wahl der Stern-Ring-Topologie, Auslegung des Ringleitungsverteilers; (vgl. Kapitel 3.1.4.4 'Netzaufbau')) sind dazu auch Maßnahmen im operationalen und funktionalen Bereich erforderlich.

Auch der Prozess der Eingliederung einer Station in den Ring ist kompliziert.

Grundsätzlich sind alle Adapter am Ring gleich aufgebaut und gleichwertig; einer jedoch übernimmt als 'aktiver Monitor' besondere Aufgaben bei der Überwachung der Ringfunktionen. Die anderen Adapter überwachen als 'passive Monitore' (*standby monitors*) das Funktionieren des aktiven Monitors und stehen in Bereitschaft, dessen Funktion zu übernehmen; somit wird das Prinzip der verteilten Kontrolle trotz der ausgezeichneten Station nicht durchbrochen.

Funktionen des aktiven Monitors

Die Aufgaben des aktiven Monitors sind:

- Erzeugen des Ringtaktes.

- Überwachung des Token.
  Das beinhaltet das Erzeugen eines neuen Token, falls der Token verloren geht, und das Verhindern mehrerer Token.

- Unterbinden permanent kreisender Informationsblöcke oder Token erhöhter Priorität.
  Grundsätzlich ist es die Aufgabe des aktiven Monitors bei undefinierten Zuständen auf dem Ring, diesen zu säubern (indem ein *Purge Ring Frame* an alle Stationen geschickt wird) und anschließend durch Erzeugen eines neuen Token wieder eine ordnungsgemäße Operation zu ermöglichen.

- Verhindern mehrerer aktiver Monitore.

- Verzögern des Token-Rahmens.

  Durch Verzögern des Token-Rahmens um 24 Bit-Zeiten (die Länge des Token-Rahmens beträgt 24 Bits) stellt der aktive Monitor sicher, dass eine Station auch bei einem extrem kleinen Ring den Token-Rahmen vollständig senden kann, bevor sie ihn wieder empfängt.

In regelmäßigen Abständen sendet der aktive Monitor einen *Active Monitor Present Frame* an alle Stationen am Ring und zeigt damit den anderen Stationen, dass er in Funktion ist. Gleichzeitig wird dadurch eine Prozedur in Gang gesetzt, die allen Stationen die Adresse ihrer Vorgängerstation (NAUN = *Nearest Active Upstream Neighbor*) liefert.

Während der normalen Operation braucht eine Station die Adresse ihrer Vorgängerstation nicht zu kennen; im Fehlerfalle ist die Kenntnis aber erforderlich, um die defekte Station isolieren zu können. (Wenn eine Station auf ihrer Empfängerseite einen nicht behebbaren Fehler feststellt, liegt der Verdacht nahe, dass entweder der eigene Empfänger oder der Sender der Vorgängerstation defekt ist.)

Besondere Sorgfalt ist bei dem Auswahlprozess für einen aktiven Monitor erforderlich. In Gang setzen kann diesen Prozess, der als *Token-claiming Process* bezeichnet wird,

- der derzeitig aktive Monitor, wenn er Probleme bei der Durchführung seiner Aufgaben hat,

- ein passiver Monitor, wenn er Indizien dafür hat, dass der aktive Monitor nicht ordnungsgemäß arbeitet (i. Allg. durch Ablauf von Timern, z.B. für das Passieren ordnungsgemäßer Token),

- eine neu in den Ring eingegliederte Station, die feststellt, dass kein aktiver Monitor vorhanden ist.

Um zu verhindern, dass sich ein defekter aktiver Monitor immer wieder selbst etablieren kann, darf sich der derzeitig aktive Monitor an dem Auswahlprozess nicht beteiligen, wenn dieser durch einen passiven Monitor in Gang gesetzt wird. Sind mehrere Stationen an dem Auswahlprozess beteiligt, dann wird diejenige Station mit der höchsten Adresse neuer aktiver Monitor.

Eingliedern einer Station in den Ring

Wie in Abb. 3-18 auf Seite 137 zu sehen ist, ist eine nicht aktive Station physisch vom Ring getrennt.

Die Eingliederung einer Station geht in fünf Schritten vor sich:

1. Wenn ein Adapter vom Ring abgekoppelt ist, ist gleichzeitig die Verbindung vom und zum Ringleitungsverteiler im Ringleitungsverteiler kurzgeschlossen. Über diese Schleife können Teile des Adapters und die Verbindung zwischen Adapter und Ringleitungsverteiler durch Aussenden entsprechender Informationsrahmen getestet werden, ohne dass der Ring davon berührt wird. Nur nach erfolgreichem Abschluss dieses Tests wird eine Station durch Aktivieren des Relais im Ringleitungsverteiler physisch in den Ring eingegliedert.

2. Die Station hört nun den Ring ab. Wenn sie (innerhalb durch Timer vorgegebener Fristen) keine Aktivitäten des aktiven Monitors wahrnimmt, setzt sie den Prozess zur

Auswahl eines aktiven Monitors in Gang. Dadurch initialisiert die erste Station am Ring die Ring-Operation.

3. Danach überprüft die Station durch Aussenden eines *Duplicate Address Test Frame* die Eindeutigkeit ihrer Adresse. Falls die Adresse nicht eindeutig ist, koppelt sie sich wieder vom Ring ab.

4. Durch die Teilnahme an dem Prozess zur Ermittlung der Adressen aktiver Nachbarstationen, durch den sie die Adresse ihrer Nachbarstation erfährt und selbst gegenüber ihrer Folgestation identifiziert wird, wird die Station auch logisch in den Ring eingegliedert.

5. Wenn in einem Ring von den *Default*-Werten abweichende operationale Parameter benutzt werden, muss die Station diese bei einem entsprechenden *Server* erfragen. Falls ein solcher *Server* nicht existiert, werden die *Default*-Werte benutzt. Solche Informationen sind beispielsweise die Ring-Nummer oder Timer-Werte im Zusammenhang mit intermittierend auftretenden Fehlern (*soft errors*), über die für bestimmte Fehlertypen Grenzwerte für die Fehlerrate vorgegeben werden.
Gleichzeitig teilt die Station ihre Kenndaten, wie z.B. Adaptertyp oder Versionsnummer des Mikroprogramms (*microcode level*), mit. Diese Daten sind u.U. dafür entscheidend, ob eine Station problemlos mit anderen Stationen zusammenarbeiten kann oder nicht.

Die vom aktiven Monitor oder einer eingliederungswilligen Station durchzuführenden Funktionen, die hier (unvollständig) beschrieben wurden, müssen nicht nur initiiert, sondern auch überwacht werden. In vielen Fällen verbergen sich dahinter aufwändige Prozesse, bei denen sehr viele Rahmen erzeugt und durch den Ring transportiert werden und in deren Verlauf eine Reihe von Ausnahme- und Fehlerbedingungen auftreten können. Diese müssen so behandelt werden, dass der Ring zuverlässig (und möglichst schnell) wieder in einen wohldefinierten, operablen Zustand gelangt.

3.1.4.4 Netzaufbau

Bausteine zum Aufbau eines Token-Rings wurden neben IBM auch von mehreren anderen Herstellern geliefert. 1988/89 wurde der Standard um eine umschaltbare 16-Mbps-Version (umschaltbar 4/16 Mbps) erweitert. Dabei ist die Logik des *Token-Passing*-Verfahrens unverändert geblieben mit einer Ausnahme, die als *Early Token Release* bezeichnet wird: *Early Token Release* besagt, dass sendende Stationen unmittelbar an den übertragenen Informationsrahmen einen neuen Token (*free token*) anschließen, also nicht zwingend den Empfang des Kopfteils des gesendeten Rahmens (*physical header*) abwarten müssen, bevor sie den neuen Token generieren. Diese Maßnahme ist im Hinblick auf eine effiziente Nutzung der Übertragungskapazität sinnvoll, weil mit der Übertragungsgeschwindigkeit der Informationsinhalt eines Rings wächst, so dass die Wahrscheinlichkeit steigt, dass bis zum Empfang der selbstgesendeten Informationsrahmen Wartezeiten entstehen, die ohne *Early Token Release* nicht nutzbar wären.

Komponenten eines Token-Ring-Netzes sind neben dem eigentlichen Ring (im Sinne der Kabelinfrastruktur) Token-Ring-Adapter, Mehrfachanschlusseinheiten (Ringleitungsverteiler) und Brücken.

Über **Adapter** werden Geräte (i. Allg. Rechner) an einen Token-Ring angeschlossen; Gerät und Adapter zusammen realisieren eine Teilnehmerstation.

Ringleitungsverteiler verbinden die über Anschlusskabel (*lobe, drop cable*) daran angeschlossenen Adapter zu einem Ring.

Mit Hilfe von **Brücken**, die jeweils zwei Ringe zusammenschließen, können komplexe Token-Ring-Netze aufgebaut werden.

Die nachfolgende Beschreibung basiert im Wesentlichen auf dem Angebot der Fa. IBM. Es gibt aber weitere Anbieter, deren Token-Ring-Komponenten funktional nicht immer identisch mit den IBM-Komponenten sind. Es gibt beispielsweise andere Verkabelungskonzepte, Ringleitungsverteiler mit mehr Anschlusspositionen und integrierten Managementfunktionen, die dann auch als aktive Komponenten ausgelegt sind, usw.

Adapter sind von IBM lieferbar für die diversen PCs (auch Workstations) und für die dem Großrechnerbereich zuzurechnenden Terminalsteuereinheiten IBM 3174 und Kommunikationssteuereinheiten IBM 3720, 3725 und 3745; letztere schaffen die Voraussetzung dafür, an einen Token-Ring angeschlossene PCs und Workstations an die SNA-Welt anbinden zu können.

Basis des IBM Token-Rings war das IBM-Verkabelungssytem. Dieses besteht aus dem Datenkabel des Typs 1 (das ist ein hochwertiges aus zwei einzeln und insgesamt nochmals abgeschirmten, verdrillten Kupferdoppeladern bestehendes Kabel), dazu gehörenden Konnektoren und weiteren für die Kabelinstallation erforderlichen Komponenten. Dieses System ist von IBM entwickelt worden, die Komponenten wurden von IBM selbst jedoch weder produziert noch installiert.

Auf der Basis dieses Verkabelungssystems arbeitet der Token-Ring mit einer Übertragungsrate von wahlweise 4 oder 16 Mbps; bei 4 Mbps können maximal 260 Stationen an einen Ring angeschlossen werden, und die maximale Entfernung zwischen einem Ringleitungsverteiler (wird im Folgenden noch näher beschrieben) und einem Endgerät beträgt ca. 300 m, zwischen zwei Ringleitungsverteilern maximal 200 m, wobei diese Maximalwerte nicht unabhängig voneinander sind (genaue Information über die zulässigen Entfernungen bei verschiedenen Netzkonfigurationen ist in [81] zu finden).

Die Vorgaben des Standards für die Gebäudeverkabelung sind auch beim Token-Ring wirksam, wobei die erforderlichen Anpassungen – da der Token-Ring von Hause aus schon auf einer Sterntopologie basiert – gering sind. Der Token-Ring funktioniert mit 4 Mbps im Tertiärbereich (Teilnehmerbereich, 100 m vom Verzweigungspunkt) auf UTP-Kabeln der Kategorie 3, wobei die Zahl der maximal an ein Segment anschließbaren Stationen 72 beträgt. Für 16-Mbps-Token-Ringe ist UTP-Kabel der Kategorie 4 erforderlich. Mit einer weniger Bandbreite erfordernden Codierung (anstelle von *Differential Manchester*) reicht auch Kat. 3.

Um die geographische Ausdehnung eines Token-Rings zu vergrößern, können auf der Verbindungsstrecke zwischen zwei Ringleitungsverteilern (nicht zwischen Ringleitungsverteiler und Endgerät!) Leitungsverstärker eingesetzt werden, wodurch die maximal überbrückbare Entfernung von 200 m auf 750 m steigt.
Noch größere Entfernungen (wiederum nur zwischen Ringleitungsverteilern) können überbrückt werden, wenn Lichtleiterumsetzer zum Einsatz kommen. Bei Einsatz eines Lichtleiterumsetzerpaares vergrößert sich die zulässige Entfernung auf 2000 m, was aber immer noch keine Obergrenze darstellt, da mehrere Paare hintereinandergeschaltet wer-

den können. Voraussetzung für die Verwendung der Lichtleiterumsetzer ist der Einsatz eines zweiadrigen Glasfaserkabels, das von IBM im Rahmen des IBM Verkabelungssystems als Datenleitung Typ 5 bezeichnet wird und die Abmessung 100/140 μm besitzt. Es können aber auch Fasern anderer Abmessungen verwendet werden.

Für die Realisierung des Token-Rings wurde die Stern-Ring-Topologie gewählt, die eine Reihe von Vorteilen hat, auf die im Folgenden noch einzugehen sein wird. Gemeint ist damit, dass auf der Basis einer physikalischen Sterntopologie ein Ring geschaltet wird. Das Gerät, das bis zu acht sternförmig herangeführte Verbindungen (je eine Doppelader pro Übertragungsrichtung) zu einem Ring verbindet, ist der Ringleitungsverteiler (vgl. Abb. 3-16).

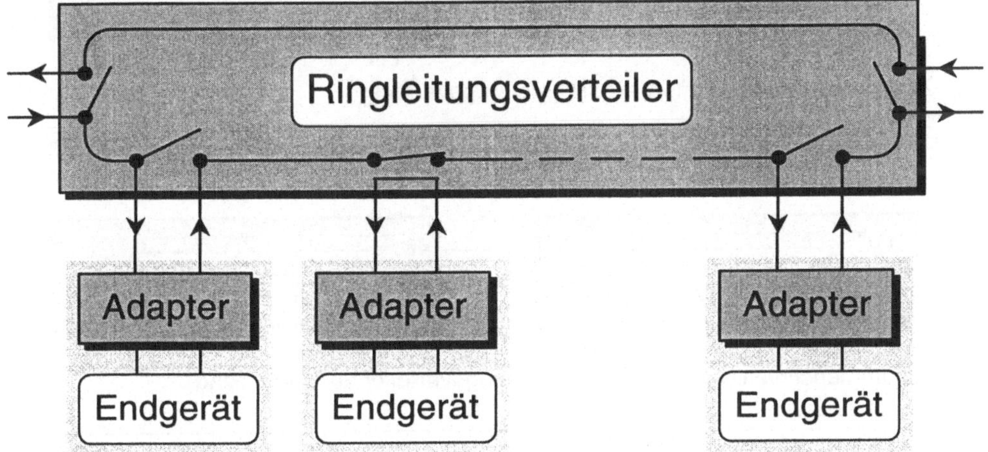

Abb. 3-16. Stern-Ring-Verbindung über Ringleitungsverteiler (schematische Darstellung)

Der Ringleitungsverteiler ist ein passiv arbeitendes Gerät. Die Relais werden von den angeschlossenen Adaptern mit Spannung versorgt. Die Auslegung ist derart, dass im spannungsfreien Zustand die Verbindung innerhalb des Ringleitungsverteilers kurzgeschlossen ist; dies hat den Vorteil, dass der Ausfall oder das Abschalten eines angeschlossenen Gerätes, aber auch eine Leitungsunterbrechung automatisch zur Abkopplung im Ringleitungsverteiler führt, wobei die am Ring verbleibenden Stationen ungestört weiter kommunizieren können. Die Struktur der Relaisverbindungen ist dabei so, dass bei geschalteter Überbrückung im Ringleitungsverteiler die vom Adapter kommenden Verbindungsleitungen ebenfalls kurzgeschlossen sind, wodurch Adapter und Anschlussleitung ohne Beeinträchtigung der Ringoperationen getestet werden können.

Hier zeigt sich ein weiterer Vorteil der Stern-Ring-Struktur: Während bei einfacher Ringstruktur der Ausfall mehrerer benachbarter Stationen, die als aktive Elemente im Normalfall als Signalregeneratoren wirken, zu übertragungstechnischen Problemen führen kann, weil die Entfernung zwischen den dann benachbarten Stationen gravierend anwächst, ändern sich die zu überbrückenden Entfernungen bei der Stern-Ring-Strukur nur unwesentlich.

Es können mehrere Ringleitungsverteiler zusammengeschaltet werden, wobei der im Innern eines Ringleitungsverteilers geschlossene Ring aufgetrennt wird, wenn ein Verbindungskabel zu einem weiteren Ringleitungsverteiler eingesteckt wird (vgl. Abb. 3-17 a).

Wenn eine Kette von mehreren Ringleitungsverteilern durch eine zusätzliche Verbindungsleitung zwischen dem ersten und dem letzten Gerät zu einem geschlossenen Ring
verbunden wird (was zum Betrieb nicht erforderlich ist!), entsteht ein Ersatzring (vgl.
Abb. 3-17 b). Bei einer Kabelunterbrechung zwischen zwei Ringleitungsverteilern entsteht dann durch Ziehen des schadhaften Kabels – dadurch werden die Ringverbindungen
innerhalb der benachbarten Ringleitungsverteiler hergestellt – ein funktionstüchtiger
Ring unter Einbeziehung der Ersatzleitung (vgl. Abb. 3-17 c), wobei sogar die Reihenfolge der Stationen am Ring unverändert bleibt.

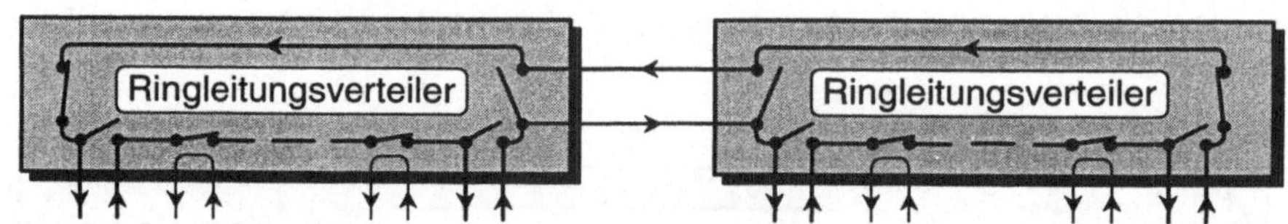

a) Zusammenschaltung mehrerer Ringleitungsverteiler

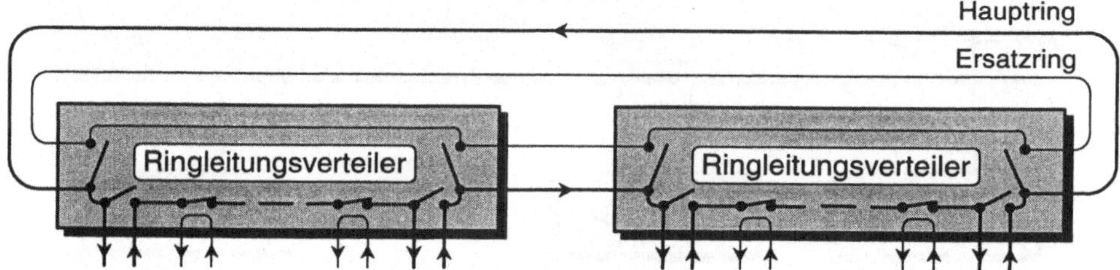

b) Zusammenschaltung mehrerer Ringleitungsverteiler zu einem Ring

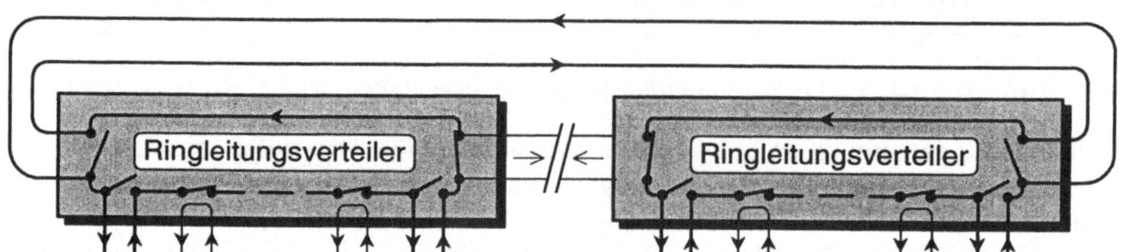

c) Nutzung des Ersatzrings bei einer Kabelunterbrechung zwischen zwei Ringleitungsverteilern

Abb. 3-17. Varianten beim Zusammenschluss mehrerer Ringleitungsverteiler

Die Ringleitungsverteiler sind vorgesehen für die Aufstellung in Verteilerräumen des
Verkabelungssystems. Hierbei kommt der sterntypische Vorteil eines zentralen Zugriffs-
punktes zum Tragen, der es außerordentlich erleichtert, fehlerhafte Komponenten zu
identifizieren und zu isolieren.

Die zweite Gruppe von Geräten, die zum Aufbau eines Token-Rings erforderlich ist,
besteht aus den Adaptern, die die Verbindung zwischen den anzuschließenden Geräten
und dem Token-Ring herstellen.
Wie bereits erwähnt, wird vom Adapter aus das Überbrückungsrelais im Ringleitungsverteiler gesteuert und damit das Ankoppeln bzw. Abkoppeln des Gerätes bewirkt; auch
im Adapter selbst müssen abhängig vom Operationszustand unterschiedliche Datenpfade
geschaltet werden; dies ist in Abb. 3-18 schematisch dargestellt.

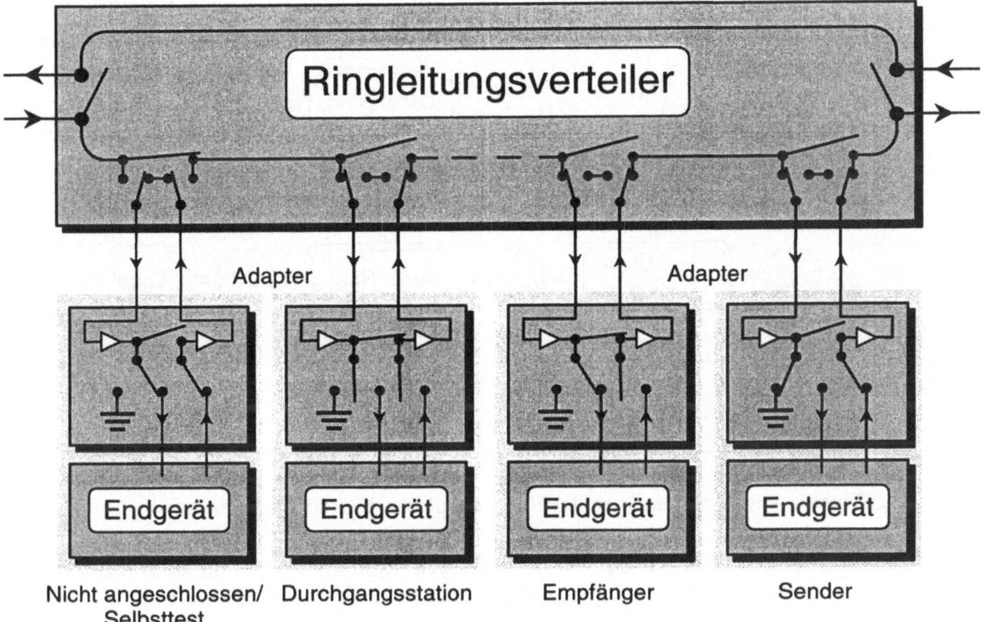

Abb. 3-18. Schem. Darstellung der Schaltzustände in Ringleitungsverteiler und Adapter

Insgesamt gibt es vier Zustände:

1. Das Gerät ist vom Ring abgekoppelt.
   In diesem Zustand ist es nicht aktiv oder im Selbsttest.

2. Das Gerät ist angekoppelt und wirkt als Durchgangsstation.
   In diesem Zustand wird auf dem Ring befindliche Information regeneriert und weitergeleitet.

3. Das Gerät ist Empfängerstation.
   In diesem Zustand wird die einlaufende Information ausgekoppelt und zum Endgerät
   übertragen, gleichzeitig aber auch unter Verstärkung im Ring weitergeleitet.

4. Das Gerät fungiert als Sender.
   In diesem Fall wird die vom Endgerät kommende Information auf den Ring übertragen; der nach der Umrundung des Rings zum Absender zurückkehrende Rahmen muss
   übernommen und vernichtet werden.

Mit Hilfe der bisher beschriebenen Token-Ring-Komponenten können einfache Token-
Ringe aufgebaut werden. Der Aufbau komplexer Token-Ring-Netze erfordert den Einsatz von Brücken. Eine Brücke wird durch einen Rechner realisiert, der über je einen
Adapter Teilnehmerstation in jedem der beiden zu verbindenden Token-Ring-Segmente
ist und auf dem das IBM Token-Ring-Netzwerk-Brückenprogramm zum Einsatz kommt.

Wenn mehrere Brücken ihrerseits zu einem Ring verbunden werden, so entsteht ein
Backbone-Ring, d.h. eine Hierarchie von Ringen; es können aber auch vermaschte Netze
aufgebaut werden (vgl. Abb. 3-19).

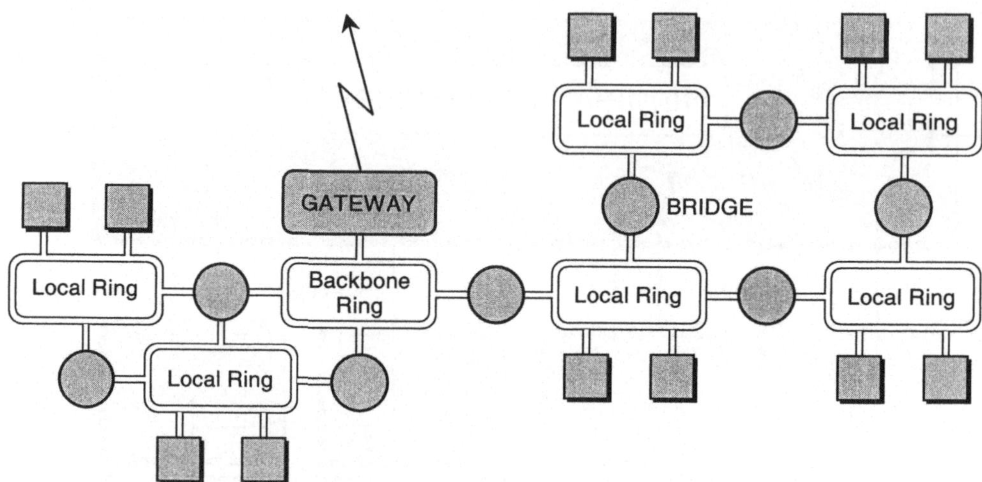

Abb. 3-19. Einsatz von Brücken zum Aufbau komplexer Token-Ring-Netze

In einem zusammengesetzten Token-Ring-Netzwerk können Stationen außerhalb des lokalen Ringsegments der Absenderstation nicht mehr direkt adressiert werden. Es muss deshalb ein *Routing* (Wegsuche) durchgeführt werden.

Beim Token-Ring wird dafür *Source Routing* verwendet; hierbei muss die sendende Station den vollständigen Weg bis zum Empfänger unter expliziter Auflistung aller dazwischenliegenden Ringe und Brücken beschreiben.

Falls die Zieladresse, nicht aber der Weg dorthin bekannt ist, kann durch Aussenden eines Rahmens mit der bekannten Zieladresse an alle Ringe (*all-rings broadcast*) der Weg dorthin ermittelt werden.

Wenn in einem zusammengesetzten Token-Ring-Netz ein Rahmen das Segment des Absenders verlassen soll, so wird das Vorhandensein von *Routing*-Information (*routing information field*) durch das Setzen des ersten Bits in der Absenderadresse angezeigt. Das *Routing-Information*-Feld schließt direkt an das *Source-Address*-Feld an. Es besteht aus einem 16 Bits langen Steuerfeld (*routing control field*), welches insbesondere die Länge der *Routing*-Information angibt, sowie aus bis zu acht Segment-Nummern von je zwei Bytes Länge, welche jeweils einen Ring und eine Brücke kennzeichnen. Da bis zu acht Segment-Nummern angebbar sind, können auf dem Pfad vom Absender bis zur Zielstation maximal sieben Brücken passiert werden.

Es sollte darauf hingewiesen werden, dass 'Nachrichten an alle' (*broadcast frames*) in den Brücken einer besonderen Behandlung bedürfen.

Bei dem hier beschriebenen *Source Routing* dürfen zwischen je zwei Teilnehmerstationen mehrere Pfade existieren, und es dürfen zwischen zwei Ringen auch mehrere Brücken installiert sein.

Die Existenz mehrerer alternativer Pfade zwischen zwei Netzknoten kann die Verbindungssicherheit im Netz erhöhen, weil bei Unterbrechung einer Verbindung durch Ausfall von Netzkomponenten u.U. über einen alternativen Pfad weiter kommuniziert werden kann.

Es würde hier zu weit führen, die Vorteile und Nachteile des *Source Routing* im Vergleich zu anderen bekannten *Routing*-Methoden zu diskutieren. Beim Token-Ring wurde diese Methode gewählt, um die Belastung der Brücken durch Ausführung der *Routing*-Funktion gering halten und die Brücken billig und in der Ausführung ihrer Aufgaben schnell machen zu können; tatsächlich reicht als Brücke in einem Token-Ring ein normaler PC mit entsprechender Software aus. Unter den heutigen Randbedingungen ist diese Argumentation allerdings nicht mehr stichhaltig.

Nachdem *Transparent Bridging* durch IEEE 802.1d festgeschrieben worden ist, wird es in standardkonformen LANs in Zukunft keine reinen *Source Routing Bridges* mehr geben, sondern nur noch *Transparent Bridges*, die optional für Token-Ring-Umgebungen zusätzlich *Source Routing* unterstützen.

Durch den Einsatz von Brücken können in flexibler Weise große und komplexe, insbesondere auch vermaschte Netze aufgebaut werden. Management und Betrieb solcher Netze sind aber erheblich aufwändiger als bei einfachen lokalen Netzen mit reiner Topologie (wie Ring, Stern, Bus oder Baum).

3.1.5 Performance lokaler Netze

Im Folgenden sollen einige Aussagen zur Performance lokaler Netze gemacht werden, und zwar über die bisher besprochenen, nach IEEE 802 standardisierten lokalen Netze. Es werden grundsätzliche Aspekte diskutiert und einige qualitative Aussagen gemacht werden. Für weiter gehende quantitative Analysen wird z.B. auf Bux [21] oder Hammond/O'Reilly [68] verwiesen, wo auch eine Fülle weiterer Literatur angegeben ist. Die Präsentation quantitativer Ergebnisse ist nur sinnvoll, wenn auch die Annahmen und Randbedingungen, unter denen sie gewonnen wurden, angegeben und diskutiert werden.

Grundsätzlich können quantitative Ergebnisse durch Messungen an realen Systemen gewonnen werden oder durch Abbildung des realen Systems auf ein Modell, welches dann eine analytische Behandlung zulässt oder durch Simulation zu Ergebnissen führt.

Bei Messungen an realen Systemen stellt sich die Frage, was gemessen werden soll, wo gemessen werden soll (Messpunktauswahl), wie gemessen werden soll (Messungen können die zu messenden Größen verändern!) und inwieweit die Ergebnisse verallgemeinerbar sind.

Bei der Simulation oder einer analytischen Behandlung ist die Modellbildung kritisch. Hierbei sind grundsätzliche Annahmen bzgl. der Ankunftsprozesse, der Verteilung der Informationslängen, der Verfügbarkeit von Datenpuffern usw. zu machen, die nicht immer nur nach der Maxime der optimalen Abbildung des realen Systems getroffen werden, sondern u.U. auch unter dem Aspekt, zu behandelbaren Modellen zu kommen. In jedem Fall müssen bei Verwendung von Modellen auch Messungen durchgeführt werden, um die Annahmen zu verifizieren und um zu brauchbaren Ausgangsdaten zu kommen. Es muss auch überprüft werden, ob die Lösungen des Modells auch tatsächlich verlässliche Aussagen über das reale System bzw. dessen relevante Charakteristika machen.

Betrachtungen über diverse Aspekte der Leistungsfähigkeit von Kommunikationseinrichtungen können von verschiedenen Standpunkten aus angestellt werden. Mindestens zwei Gruppen mit nicht deckungsgleichen Interessen sind zu nennen:

- die Betreiber von Netzen und

- die Benutzer von Netzen.

Für den Betreiber eines Netzes sind folgende Aspekte wichtig:

- Leistungsfähigkeit (Durchsatz, Zeitverhalten),

- Steuerbarkeit des Datenflusses,

- Fairness,

- Flexibilität,

- Infrastrukturfragen,

- Gesamtkosten.

Diese über Performance im engeren Sinne hinausgehenden Aspekte werden im Hinblick auf ein Netz in seiner Gesamtheit gesehen.

Für den Benutzer sind die meisten dieser Gesichtspunkte ebenfalls von Bedeutung, aber nicht im Hinblick auf das Ganze, sondern bezogen auf seine individuellen Kommunikationsanforderungen und Randbedingungen. Darüber hinaus hat ein Benutzer kein Interesse und i. Allg. auch keine Möglichkeit, einen Kommunikationsvorgang differenziert zu sehen. Jeder individuelle Kommunikationsvorgang läuft in Konkurrenz mit anderen Kommunikationsvorgängen ab, und bei der Bearbeitung der Kommunikationsvorgänge in den beteiligten Systemen spielen die Leistungsfähigkeit dieser Systeme und die Konkurrenz mit anderen Aktivitäten um die erforderlichen Betriebsmittel eine wesentliche Rolle. Für den Betreiber sind differenzierte Kenntnisse über alle Teilvorgänge eine wichtige Voraussetzung für die Optimierung der beteiligten Komponenten.

Nach diesen Vorbemerkungen sollen im Folgenden die zwei vorher besprochenen standardisierten Verfahren unter Performance-Gesichtspunkten kurz besprochen werden. Die zwei Verfahren unterscheiden sich in der Übertragungstechnik und im Medienzugriffsverfahren; aus den unterschiedlichen Methoden des Medienzugriffs lassen sich charakteristische Eigenschaften ableiten.

3.1.5.1 CSMA/CD

Das CSMA/CD-Verfahren ist ein faires Verfahren, bei dem alle Teilnehmer gleich behandelt werden. Beim Auftreten von Kollisionen werden durch die *Backoff*-Strategie zwar bereits vorher kollidierte Rahmen gegenüber neu hinzukommenden tendenziell benachteiligt (da die Wartezeiten mit der Zahl der erlittenen Kollisionen steigen), das Verfahren wird dadurch aber insofern nicht unfair, als alle Stationen davon gleichermaßen betroffen sein können.

Es gibt in der *Shared-Medium*-Variante keine Möglichkeit, Prioritäten zu vergeben und dadurch verschiedene Service-Klassen einzurichten oder anderweitig steuernd in den Verkehrsfluss einzugreifen. Das Verfahren arbeitet optimal bei niedriger Verkehrslast, wenn die Kollisionsgefahr sehr gering ist; in diesem Falle sind die Wartezeiten sehr kurz, weil eine sendebereite Station fast unmittelbar mit der Übertragung beginnen kann. Andererseits ist einsichtig, dass bei hoher Last, hervorgerufen durch sehr viele Anforderungen, die Zahl der Kollisionen ansteigt und der Durchsatz bereits weit unterhalb der eine natürliche Grenze darstellenden Nenndatenrate nicht weiter ansteigt und schließlich so-

gar wieder absinkt. Ein Verfahren, bei dem der effektive Durchsatz bei Überlast gegen
Null geht, wird als instabil bezeichnet. Das grundsätzliche Verhalten der zwei betrachteten Verfahren bei Last ist Abb. 3-20 dargestellt.

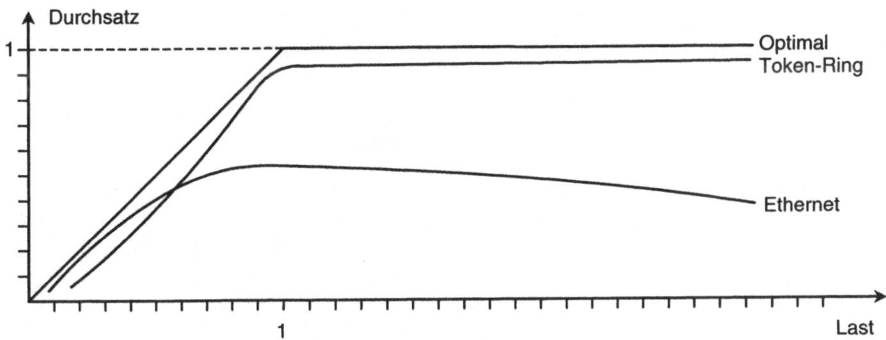

Abb. 3-20. Qualitative Darstellung des Lastverhaltens von LANs

Besonders ungünstig für das CSMA/CD-Verfahren ist es, wenn die Last durch sehr viele
kleine Anforderungen hervorgerufen wird, weil dadurch die Wahrscheinlichkeit von Kollisionen groß wird. Im anderen Extrem – wenn die gesamte Last durch eine einzige
Punkt-zu-Punkt-Verbindung über das LAN erzeugt wird – ist die Kollisionswahrscheinlichkeit null und die Nennübertragungsleistung kann ohne verfahrensbedingte Abstriche
über eine solche Verbindung genutzt werden.

Im Allgemeinen muss beim CSMA/CD-Verfahren bei hoher Last mit instabilem Verhalten gerechnet werden. Diese Eigenschaft des CSMA/CD-Verfahrens erfordert eine genaue Analyse der zu erwartenden Verkehrslast oder die Beschränkung auf unkritische
Umgebungen. Bei einer Netzauslastung unter 40–50% ist die Gefahr der Instabilität nach
übereinstimmenden Untersuchungen gering.

Durch das mögliche instabile Verhalten kann sich die Gleichbehandlung aller Stationen –
bisher als Merkmal der Fairness angesehen – als unfair erweisen. Wenn eine leistungsfähige Station evtl. entgegen bestehenden Absprachen das Verkehrsaufkommen drastisch
erhöht und dadurch das Netz in die Instabilität treibt, so gilt zwar nach wie vor der
Gleichheitsgrundsatz, weil alle Stationen davon gleichermaßen betroffen sind, aber unter
solchen Randbedingungen wird das nicht unbedingt als fair empfunden.

In kleinen Netzen mit wenigen Stationen (PCs) ist die mittlere Netzbelastung typischerweise auch heute noch gering. In großen Netzen jedoch oder in *Client/Server*-Umgebungen mit leistungsfähigen Endgeräten geraten CSMA/CD-Netze leicht in den Überlastbereich mit einem drastischen Anstieg der Kollisionen. Auch in Prozessumgebungen
ist Vorsicht geboten, selbst wenn die Netzanforderungen im Normalfall gering sind, weil
es für solche Umgebungen typisch ist, dass bei einem Alarm oder im Störungsfall eine
Lawine von Folgeaktionen ausgelöst wird; es muss sichergestellt sein, dass auch im ungünstigsten Fall die Anforderungen an das Netz nicht zu hoch werden.

3.1.5.2 Token-Ring

Das Token-Verfahren verhält sich bezüglich des Medienzugriffs im Gegensatz zum
CSMA/CD-Verfahren deterministisch. Das Verfahren ist fair, da der Besitz des Token
nur für eine befristete Zeit das Senderecht an eine Station überträgt und während eines
Token-Umlaufs jede Station die Chance erhält, Daten zu senden. Das Verfahren erlaubt,
Prioritäten zu vergeben, was zur Einrichtung von Dienstklassen oder einer anderweitigen
Organisation des Datenflusses benutzt werden kann; in jedem Falle können Rahmen, die
Steuerungszwecken dienen, bevorzugt befördert werden.

Die Organisation des Medienzugriffs durch Token verbraucht Netzwerkressourcen, die
für Nutzdatenübertragungen dann nicht mehr zur Verfügung stehen. Bei bekannter Netzkonfiguration kann dieser Overhead exakt berechnet werden; er liegt bei üblichen Konfi-
gurationen im Bereich weniger Prozentpunkte. Insbesondere steigt dieser Overhead bei
zunehmender Netzbelastung nicht an, sondern nimmt im Gegenteil (relativ) ab.

Eine überschlägige Rechnung macht dies klar: Zugrundegelegt wird ein Ring von 5 km
Leitungslänge (Signalausbreitungsgeschwindigkeit 0,8 c) und 100 Stationen, Übertragungsgeschwindigkeit 4 Mbps (0,25 µs/Bit). Ein Token-Umlauf dauert dann:

Signallaufzeit pro Ringumlauf (5 km)	*20,8 µs*
1 Bit Verzögerungszeit pro Station (100 × 0,25 µs)	*25,0 µs*
24-Bit-Verzögerung durch Monitor-Station	*6,0 µs*
Summe	*51,8 µs*

Das heißt, wenn im ungünstigsten Fall nur eine Station am Ring aktiv ist, muss sie nach
Abschluss einer Übertragung einen vollen Token-Umlauf (im obigen Beispiel gut 50 µs)
warten, bevor sie die nächste Übertragung starten kann. Diese Wartezeit muss in Relation
zur Dauer einer Nutzübertragung gesetzt werden. Wenn die gleiche Station permanent
senden will, kann man davon ausgehen, dass große Datenmengen zu übertragen sind und
in möglichst großen Einheiten übertragen wird. Legt man eine Rahmengröße von
4000 Bytes zugrunde, so ergibt sich eine Übertragungszeit von ca. 8 ms und der durch
die Token-Umlaufzeit hervorgerufene Overhead beträgt mit den Zahlen des Beispiels ca.
0,65 %.

Wenn mehrere sendewillige Stationen vorhanden sind, muss die oben angegebene Token-
Umlaufzeit auf alle während eines Umlaufs durchgeführten Übertragungen umgelegt
werden, wodurch der Overhead relativ abnimmt.

Zusammenfassend ist folgendes festzustellen:

1. Wenn nur eine einzige Station senden will, bedeutet die Wartezeit von der Dauer eines Token-Umlaufs zwischen zwei Übertragungen eine unnötige Verzögerung, die bei
   großen zu übertragenden Datenmengen aber nur eine geringfügige Verminderung der
   erzielbaren Datenrate zur Folge hat, wie auch das obige Beispiel zeigt. Generell besteht aber der Nachteil, dass eine Station, wenn sie sendebereit wird, auch bei unbelastetem Netz im Mittel eine halbe Token-Umlaufzeit warten muss, bis sie wieder in
   Token-Besitz gelangt und übertragen darf.

2. Der durch den Token erzeugte Overhead steigt mit abnehmender Rahmenlänge relativ
   an.

3. Mit steigender Übertragungsgeschwindigkeit und Ringausdehnung steigt auch der durch das Token-Verfahren induzierte Overhead an, da der wesentlich durch Laufzeiteffekte bestimmten Token-Umlaufzeit immer kürzere Übetragungszeiten (für die gleiche Datenmenge) gegenüberstehen. Gleichzeitig steigt auch der Informationsinhalt des Rings an (im obigen Beispiel mit gut 200 Bits kaum mehr als die minimale Rahmenlänge), wodurch das Aussenden des neuen freien Token verzögert werden kann, wenn die sendeberechtigte Station auf die Ankunft des Kopfes des von ihr ausgesendeten Rahmens warten muss; dies gilt nicht beim 16-Mbps-Token-Ring mit *Early Token Release*.

Insgesamt hat das Token-Ring-Verfahren durchweg positive Eigenschaften. Der erreichbare Durchsatz (auf der MAC-Ebene) liegt nur wenig unterhalb der Nennübertragungsleistung und das Verfahren ist auch unter Überlastbedingungen stabil.

Zusammenfassung: Unabhängig von spezifischen Eigenheiten vermindern kleine Rahmenlängen wegen des konstanten Sockels von Kontrollinformationen in jedem Rahmen in der Größenordnung von 20 Bytes die Effizienz bei beiden Verfahren. Ganz extrem ist dies bei '1-Byte'-Übertragungen (bezogen auf die Nutzinformation) wie sie bei Terminalanschlüssen für den Informationsfluss vom Terminal zum Rechner typisch sind. Für den logischen Vorgang 'Übertragung eines Zeichens vom Terminal zum Rechner' sind bis zu vier Rahmen im Netz zu übertragen: Übertragen des Zeichens von der Tastatur zum Rechner oder zur Steuereinheit, Rückübertragung von dort zum Bildschirm und evtl. Bestätigungen der jeweiligen Rahmen. Dies ergibt einen Overhead von etlichen tausend Prozent, der beim CSMA/CD-Verfahren wegen der verfahrensbedingten minimalen Rahmenlänge von 64 Bytes (bei einer Datenrate von 10 Mbps) noch um ein Mehrfaches höher ist als beim Token-Ring. Eine derartig ineffiziente Nutzung eines Netzes ist nur deshalb tragbar, weil der Mensch als Initiator der Aktionen nicht sehr leistungsfähig ist, so dass auch 100 aktive Terminals ein 10-Mbps-LAN nicht übermäßig belasten. Die Belastung ist aber sehr viel größer als die Menge der ausgetauschten Nutzdaten bei vordergründiger Betrachtung vermuten lässt.

Mit steigender Belastung der Netze steigen auch die Wartezeiten an, die sendebereite Stationen erleiden, bevor sie einen bereitstehenden Datenblock absenden können. Beim Token-Ring ist für diese Wartezeiten eine feste Obergrenze angebbar. Die maximale Wartezeit tritt dann ein, wenn alle Stationen am Ring ihr Senderecht für eine Übertragung maximaler Länge nutzen (was sehr unwahrscheinlich ist). Beim CSMA/CD-Verfahren steigen im Falle einer Überlastung die Wartezeiten sehr stark an, aber auch bei normaler Belastung ist verfahrensbedingt eine Obergrenze für die Wartezeiten im deterministischen Sinne nicht angebbar. Unter normalen Betriebsbedingungen sind die Unterschiede allerdings gering. Die Wahrscheinlichkeit, dass bei einem (nicht überlasteten) CSMA/CD-System Wartezeiten in der Größenordnung der für den Token-Ring garantierbaren Werte auftreten, liegt um mehrere Zehnerpotenzen unter der Wahrscheinlichkeit des Auftretens von Übertragungsfehlern (vgl. [127]); d.h. das beim CSMA/CD-Verfahren durch die Zugriffsmethode bedingte probabilistische Verhalten wird überdeckt durch statistische Effekte des Übertragungsvorgangs (Übertragungsfehler), die bei allen Verfahren in gleicher Weise auftreten.

Wenn die Performance nicht auf der untersten Ebene (MAC-Ebene) gemessen wird, sondern auf der einen Benutzer interessierenden Ebene 7 (d.h. die Performance eines dem Benutzer zur Verfügung stehenden Kommunikationsdienstes wie z.B. *File Transfer*), dann wird gleichzeitig die Effizienz der Netzsoftware und die Leistungsfähigkeit des Knotens (Rechners) mitgemessen, wohinter (außer in extremen Grenzfällen) die Einflüsse eines speziellen LAN verschwinden.

Solche Messungen werden, um reproduzierbare Ergebnisse zu bekommen, auf unbelasteten Systemen durchgeführt; sie gestatten eine Beurteilung der Leistungsfähigkeit des Kommunikationssystems (Hardware und Software), liefern dem Endbenutzer aber irreführende Werte, da er im Normalfall auf einem belasteten System arbeitet, bei dem viele verschiedene Aktivitäten um die vorhandenen Betriebsmittel konkurrieren.

Die von einem Benutzer für eine einzelne Punkt-zu-Punkt-Verbindung über ein lokales Netz beobachtbaren effektiven Datenraten liegen oft deutlich unterhalb der nominalen Übertragungsleistung des Netzes, obwohl Workstations und leistungsfähige PCs heute leicht Datenraten von 10 Mbps (am oberen Leistungsende auch bis weit über 100 Mbps) realisieren können. Eine wichtige Ursache dafür liegt darin, dass LANs auch heute zu einem erheblichen Teil noch *Shared-Medium*-Systeme sind, bei denen sich die Netzteilnehmer die verfügbare Bandbreite teilen und sich bei wachsenden Teilnehmerzahlen und wachsender Nutzung immer häufiger gegenseitig Bandbreite wegnehmen. Ein weiterer, nicht notwendig an die Netzbelastung gekoppelter Engpass kann die Geschwindigkeit sein, mit der Daten von oder zu einem Sekundärspeichermedium (Plattenspeicher) transportiert werden können; dies umso mehr, als auch ein Plattenspeicher ein *Shared Medium* ist, das gleichzeitig von mehreren Benutzern in Anspruch genommen werden kann. Bei kleineren Datenmengen kann auch der Protokoll-Overhead der höheren Schichten spürbar werden.

Messungen haben gezeigt, dass im Großrechnerumfeld die Zahl der maximal pro Sekunde bearbeitbaren Datenblöcke eine – in einer gegebenen Systemumgebung – kaum veränderbare Begrenzung darstellt. Dieser Wert resultiert aus der Zahl der pro Zeiteinheit bearbeitbaren Interrupts und ist deshalb nahezu unabhängig von der Größe der Datenblöcke. Aus diesem Grunde sind die erzielbaren Datenraten eng an die Größe der übertragenen Blöcke gekoppelt.

3.1.6 Brücken und Router

In größeren Einrichtungen sind für die flächendeckende Versorgung mit Kommunikationsdienstleistungen heute komplexe lokale Netze erforderlich, die sich aus einer Vielzahl evtl. auch verschiedenartiger Netzsegmente zusammensetzen. Zur besseren Beherrschbarkeit und Steuerbarkeit werden dabei oft hierarchische Strukturen aufgebaut, die häufig mit Organisationsstrukturen korrespondieren. Verbreitet ist die Einrichtung eines zentralen (auch zentral verwalteten) *Backbone*-Netzes, über das nachgeordnete Teilnetze miteinander und mit zentralen Einrichtungen verbunden werden. Die Teilnetze können selbst wieder zusammengesetzte Netze sein (und sind es heute vielfach auch), kritisch betrachtet werden muss aber vor allem die Nahtstelle zum *Backbone*.

Zur Ankopplung bzw. Abkopplung von Teilnetzen müssen Gateways eingesetzt werden, die auf verschiedenen Ebenen des OSI-Modells angesiedelt sein können. Wenn ein Übergang auf der Schicht N erfolgt, dann werden durch einheitliche Vorgaben auf der Schicht N die Unterschiede der darunter liegenden Schichten für die darüber liegenden Schichten transparent. Der Übergang bewirkt also Protokolltransparenz für die darüber liegenden Schichten in dem Sinne, dass verschiedene solcher Protokolle auf dem Netz koexistieren, nicht aber sinnvoll miteinander kommunizieren können.
Zur Diskussion stehen hier:

- *Layer-2-Gateways* (Brücken) und

- *Layer-3-Gateways* (Router).

Beide, Brücken und Router, bewirken eine Segmentierung des Netzverkehrs, d.h. lokaler Verkehr (Absender und Empfänger im gleichen Segment) wird nicht in andere Segmente weitergeleitet.

3.1.6.1 Brücken

Brücken (*MAC-Level-Bridges*) vermitteln (*routen*) Informationsblöcke (Rahmen, *frames*) auf der Basis der Hardware-Adressen (MAC-*Level*-Adressen; MAC = *Medium Access Control*), die deshalb im Gesamtnetz identisch aufgebaut und eindeutig sein müssen; d.h. ein über Brücken zusammengesetztes Netz ist für die darüber liegenden Schichten **ein** (logisches) Netz.

Wirklich problemlos funktionieren Brücken bisher nur zwischen gleichartigen Netzelementen (z.B. Ethernet ↔ Ethernet, Token-Ring ↔ Token-Ring). Sie funktionieren schließlich auch zwischen diesen Standard-LANs und FDDI; hierbei gibt es aber Schwierigkeiten, die beispielsweise aus den unterschiedlichen maximalen Rahmenlängen der verschiedenen LAN-Typen oder aus der unterschiedlichen Anordnung (Zählung) der Bits (etwa im Adressfeld) resultieren.

Bei Brücken zwischen identischen LAN-Typen werden die Rahmen von einem Segment in das andere weitergeleitet; bei nicht identischen LANs werden in Analogie dazu die Informationsrahmen des abgebenden Netzsegments in solche des übernehmenden Netzsegments umgeformt. Dazu wird der Datenteil unverändert in das Datenfeld des neuen Rahmens kopiert, und *Source Address* und *Destination Address* werden in die entsprechenden Felder übernommen. Dieses Verfahren wird als *Address Translation* bezeichnet. Hierbei kann jede Station jede andere im Gesamtnetz erreichen.

So wünschenswert diese Vorgehensweise aus funktionalen Gründen ist, sie bereitet selbst bei LANs mit sehr ähnlichen Rahmenstrukturen (das sind die IEEE 802.x-Standards und FDDI) Probleme. Der Standard IEEE 802.1d beschäftigt sich mit dieser Problematik und schafft teilweise Abhilfe.

Wenn ein Umsetzen der MAC *Frames* nicht möglich ist (da Standards noch fehlen oder eine Umsetzung wegen zu großer Unterschiede der Rahmenstruktur grundsätzlich nicht möglich ist), kommt ein anderes Verfahren zur Anwendung, das als *Encapsulation Bridging* (heute auch als *Tunneling*) bezeichnet wird.

Dabei werden – wenn als Beispiel eine FDDI-Ethernet-Brücke betrachtet wird – Ethernet-Rahmen ausgehend von einem Ethernet-Segment über einen FDDI-Ring zu einem anderen Ethernet-Segment übertragen. Dazu wird ein kompletter Ethernet-Rahmen zum Transport über den FDDI-Ring als Nutzinformation in das Datenfeld des FDDI-Rahmens gepackt und am Ende des FDDI-Transportabschnitts wieder ausgepackt und in originaler Form an das angeschlossene Ethernet-Segment abgeliefert.

Das Verfahren hat den Vorteil, dass es – zumindest, wenn die maximale Rahmenlänge des Ausgangsnetzes kleiner als die des zwischendurch benutzten Netzes ist – immer funktioniert, auch wenn dieses auf einem Teilabschnitt benutzte LAN ein völlig anderes ist.

Das Verfahren hat aber zwei gravierende Nachteile:

- Die Implementierungen sind herstellerabhängig, d.h. sie funktionieren nur zwischen Brücken des gleichen Herstellers, zwingen also zur Festlegung auf einen Hersteller.

- Es können auf diese Weise nur Verbindungen zwischen Partnern auf gleichartigen Netzsegmenten hergestellt werden. Partner auf verschiedenartigen Netzsegmenten, seien es Teilnehmer verschiedener nachgeordneter Netzsegmente oder eines nachgeordneten Segments und des *Backbone*, können nicht miteinander kommunizieren.

Aufgrund dieser Nachteile ist *Encapsulation Bridging* nicht allgemein empfehlenswert; es wurde und wird aber als Übergangslösung eingesetzt, wenn neue Techniken aufkommen und bessere standardisierte Lösungen noch nicht existieren.

Es gibt zwei nach unterschiedlichen Verfahren arbeitende Brücken,

Source Routing Bridges und

Transparent Bridges.

Beim *Source Routing* muss die sendende Station den vollständigen Weg zum Empfänger unter Angabe aller im Pfad liegenden Netzsegmente und Brücken beschreiben. In diesem Fall muss die erforderliche *Routing*-Information also in den Netzknoten vorhanden sein, während die Brücken die entsprechenden Eintragungen im *Routing*-Feld der an sie adressierten Rahmen nur auslesen müssen, um die nächste Brücke oder den Zielknoten zu adressieren.
Source Routing kommt heute nur noch in Token-Ring-Netzen zur Anwendung.

Sehr viel weiter verbreitet und auch durch IEEE 802.1d festgeschrieben ist *Transparent Bridging*.
Beim *Transparent Bridging* ist die Information über die Netzstruktur (*Routing*-Information) in den Brücken konzentriert. Die Teilnehmerstationen benötigen keinerlei *Routing*-Information, sie wissen nicht einmal, ob das Netz ein über Brücken aus mehreren Segmenten zusammengesetztes Netz ist oder nicht (die Brücken sind also transparent). Maßgebend für die Weitergabe von Rahmen in einer Brücke ist die im *Destination-Address*-Feld der Rahmen angegebene Zieladresse. Durch Beobachtung des Verkehrs (in diesem Falle der *Source-Address*-Felder der durchlaufenden Rahmen) auf beiden Segmenten, die die Brücke verbindet, lernt die Brücke (daher auch die Bezeichnung *Learning Bridge*), welche Adressen sich auf welcher Seite der Brücke befinden und erstellt daraus ihre *Routing*-Tabelle. Dadurch entsteht eine vollständige Ordnung aller im Gesamtnetz vorhandenen Knoten, da nicht nur die Adressen von Knoten der direkt zugänglichen Segmente erfasst werden, sondern auch die Adressen in weiter entfernten, d.h. durch weitere Brücken abgetrennten Segmenten.

Transparent Bridges müssen auf beiden Seiten die durchlaufenden Rahmen überwachen und aufgrund der in den Rahmen eingetragenen Zieladressen *on the fly* entscheiden, ob ein Rahmen übernommen und an das andere Segment weitergegeben werden muss oder nicht. Dazu arbeiten die Brücken im *Promiscuous Mode*, d.h. sie übernehmen – anders als normale Stationen, die nur die an sie selbst adressierten Rahmen übernehmen – zunächst alle passierenden Rahmen und stellen anhand der angegebenen Zieladresse und ihrer *Routing*-Tabelle fest, ob ein Rahmen an das andere Segment weitergeleitet werden muss oder nicht (im letzteren Fall wird der eingelesene Rahmen sofort wieder gelöscht). Bei schnellen Netzen (wie FDDI) und großen Netzen (mit vielen potentiellen Zieladressen, mit denen die gerade durchlaufende Zieladresse verglichen werden muss) sind die Leistungsanforderungen sehr hoch.

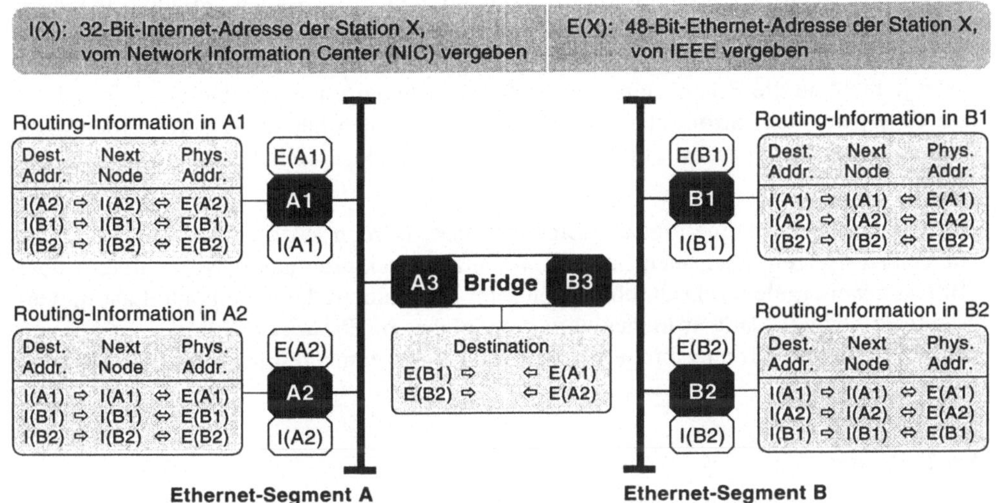

Abb. 3-21. Transparent Bridging am Beispiel TCP/IP über Ethernet

Die maximale Anzahl Rahmen, die in diesem Sinne pro Sekunde überprüft werden kann, wird als *Filtering Rate* bezeichnet. Sie sollte auf jedem Teilnetz der maximal möglichen Rahmenfolge entsprechen, damit eine effiziente Nutzung des Netzes möglich ist.

Die zweite wichtige Kenngröße ist die *Forwarding Rate*. Damit wird die maximale Rate (Rahmen/s) bezeichnet, mit der Rahmen von einem Teilnetz in das andere übermittelt werden können. Sie sollte der maximalen Rahmenfolge des langsameren der beiden Teilnetze entsprechen.

Eigenschaften von Brücken:

- Brücken vermitteln protokolltransparent auf der Basis der MAC-*Level*-Adressen. Dies ist von Vorteil bzw. sogar notwendig, wenn Kommunikation auf der Basis beliebiger u.U. sogar unbekannter Ebene-3-Protokolle möglich sein soll.

- Brücken können Filterfunktionen realisieren. Streng genommen können sie als *Layer-2*-Gateways nur auf der Basis der MAC-*Level*-Adressen filtern. Teilweise sind in den Brücken jedoch darüber hinausgehende Filtermöglichkeiten realisiert.
  Bei Brücken wie bei Routern gilt jedoch, dass durch exzessive Nutzung von Filterfunktionen die Performance deutlich herabgesetzt werden kann.

- Brücken (*Transparent Bridges*) sind in ihrer Funktion als Brücke nicht adressierbar, so dass Verkehrsströme nicht gezielt gesteuert werden können.
  Als Station im Netz sind sie (etwa zu Managementzwecken) über ihre Hardware-Adressen ansprechbar, und die meisten modernen Geräte sind auch TCP/IP-fähig, d.h. sie können eine Internet-Adresse zugeteilt bekommen und über diese angesprochen werden.

- Da Brücken im OSI-Sinne eine Ebene tiefer angesiedelt sind als Router, ist der Protokoll-Overhead niedriger als bei Routern mit der Folge, dass der Durchsatz – gleiche Prozessorleistung vorausgesetzt – höher sein kann. Diese Folgerung gilt in großen Netzen jedoch nicht uneingeschränkt: In großen Netzen können die Adresstabellen wegen der Sicht des Gesamtnetzes als Einheit sehr groß werden, wodurch der *Routing*-Vorgang verlangsamt werden kann. Dies ist insbesondere deshalb kritisch, weil die von einer Brücke von einem Netzsegment in ein anderes weiterzuleitenden Rahmen ja nicht an die Brücke adressiert sind, sondern aufgrund der *Routing*-Information *on the fly* aus dem Strom aller durchlaufenden Rahmen herausgefiltert werden müssen, was bei Hochgeschwindigkeitsnetzen wie FDDI zu sehr hohen Anforderungen führt.

- Da das Gesamtnetz eine logische Einheit bildet, werden *Broadcast*-Nachrichten (die in TCP/IP-Netzen, aber auch in anderen Netzarchitekturen häufig vorkommen) über Brücken weitergeleitet. Dadurch ist schon im Normalbetrieb eine erhöhte Last im Gesamtnetz bedingt, darüber hinaus wird die Gefahr von *Broadcast*-Stürmen erhöht und vor allem deren Wirkungsbreite über einzelne Netzsegmente hinaus auf das Gesamtnetz vergrößert.

3.1.6.2 Router

Router sind Gateways der Ebene 3 (Vermittlungsschicht) und werden zwischen verschiedenartigen Teilnetzen eingesetzt, die logisch eigenständige Teile des Gesamtnetzes bleiben.

Router **müssen** eingesetzt werden, wenn Netze mit verschiedenen Adressstrukturen, *Routing*-Verfahren, Blocklängen usw. verbunden werden müssen, also etwa an der LAN-WAN-Schnittstelle.

Router **können** auch im lokalen Bereich zwischen gleichartigen oder ähnlichen Netzen anstelle von Brücken eingesetzt werden. Sie bewirken im Vergleich zu Brücken eine stärkere Abtrennung der Teilnetze voneinander und haben – da sie explizit adressiert werden – nicht die Probleme, die aus der Transparenz der Brücken entstehen können (Zeitkritikalität, Flusskontrolle). Router sind universell einsetzbare Netzkomponenten,

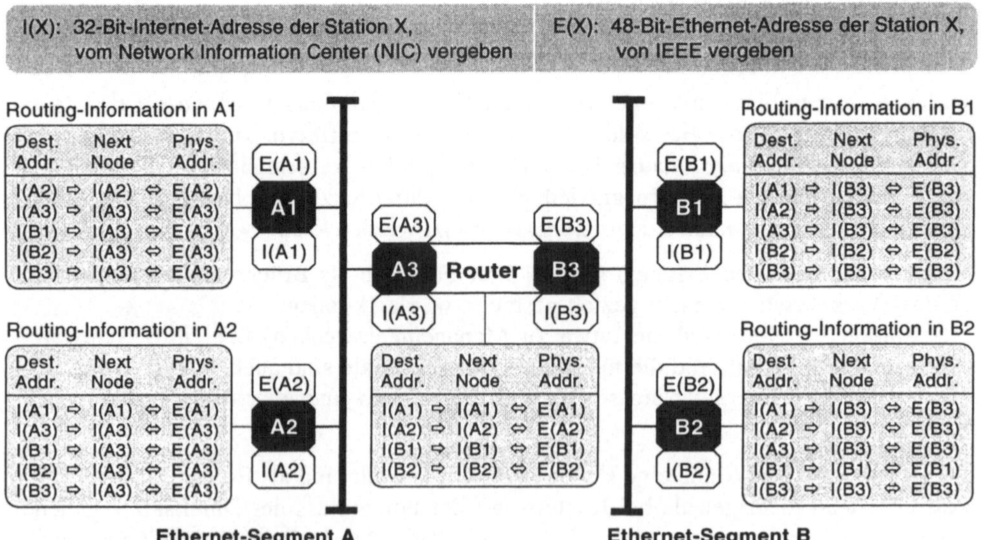

Routing-Information in A1:

Dest. Addr.	Next Node	Phys. Addr.
I(A2) ⇨	I(A2) ⇔	E(A2)
I(A3) ⇨	I(A3) ⇔	E(A3)
I(B1) ⇨	I(A3) ⇔	E(A3)
I(B2) ⇨	I(A3) ⇔	E(A3)
I(B3) ⇨	I(A3) ⇔	E(A3)

Routing-Information in A2:

Dest. Addr.	Next Node	Phys. Addr.
I(A1) ⇨	I(A1) ⇔	E(A1)
I(A3) ⇨	I(A3) ⇔	E(A3)
I(B1) ⇨	I(A3) ⇔	E(A3)
I(B2) ⇨	I(A3) ⇔	E(A3)
I(B3) ⇨	I(A3) ⇔	E(A3)

Routing-Information in A3:

Dest. Addr.	Next Node	Phys. Addr.
I(A1) ⇨	I(A1) ⇔	E(A1)
I(A2) ⇨	I(A2) ⇔	E(A2)
I(B1) ⇨	I(B1) ⇔	E(B1)
I(B2) ⇨	I(B2) ⇔	E(B2)

Routing-Information in B1:

Dest. Addr.	Next Node	Phys. Addr.
I(A1) ⇨	I(B3) ⇔	E(B3)
I(A2) ⇨	I(B3) ⇔	E(B3)
I(A3) ⇨	I(B3) ⇔	E(B3)
I(B2) ⇨	I(B2) ⇔	E(B2)
I(B3) ⇨	I(B3) ⇔	E(B3)

Routing-Information in B2:

Dest. Addr.	Next Node	Phys. Addr.
I(A1) ⇨	I(B3) ⇔	E(B3)
I(A2) ⇨	I(B3) ⇔	E(B3)
I(A3) ⇨	I(B3) ⇔	E(B3)
I(B1) ⇨	I(B1) ⇔	E(B1)
I(B3) ⇨	I(B3) ⇔	E(B3)

Abb. 3-22. Funktionsweise eines Routers am Beispiel TCP/IP über Ethernet

die eine Vielzahl auch technisch unterschiedlicher Netzsegmente miteinander verbinden können.

Eigenschaften von Routern

- Router vermitteln protokollspezifisch; sie sind in der Regel aber nicht auf ein bestimmtes Protokoll festgelegt, sondern beherrschen als Multiprotokoll-Router die meisten Protokolle von Bedeutung. Über Router können somit nur Kommunikationsdienste abgewickelt werden, die auf unterstützten Ebene-3-Protokollen aufsetzen. Dies bedeutet eine Einschränkung in der allgemeinen Nutzbarkeit, wird im Hinblick auf einen geordneten und überschaubaren Netzbetrieb aber eher als Vorteil gesehen. Eine Folge davon ist beispielsweise, dass fehlerhafte Pakete nicht weitergeleitet werden.

- Natürlicherweise können Router auf der Ebene 3 filtern. Diese Fähigkeiten sind um dienstspezifische Filtermöglickeiten ergänzt worden, was insgesamt sehr umfassende Filterfähigkeiten zur Folge hat.

- Inzwischen gibt es auch bezüglich der Vermittlungsfunktion erweiterte Router, die zusätzlich Brücken-Funktionalität haben (BRouter) und die zwischen gleichartigen LAN-Segmenten unbekannte oder nicht *Routing*-fähige Ebene-3-Protokolle *'bridgen'*, d.h. protokolltransparent vermitteln können. Aus Sicherheitsgründen ist dies u.U. allerdings nicht wünschenswert.
  Man muss feststellen, dass sowohl Router wie Brücken im Zuge der Produktentwicklung zusätzliche Funktionalität bekommen haben. Während Router zusätzliche Brückenfunktionalität erhalten haben, weisen Brücken erheblich erweiterte Managementfunktionen auf, die weit über das hinausgehen, was sie natürlicherweise als Gateways der Ebene 2 leisten müssen.

- Router sind in jedem der durch sie verbundenen Teilnetze adressierbare Einheiten, d.h. sie können zur Steuerung von Verkehrsströmen gezielt angewählt werden. Sie sind deshalb auch in die *Flow Control*-Mechanismen der LLC-Schicht einbezogen.

- Router reichen *Broadcast*-Nachrichten nicht weiter; die Teilnetze sind somit bezüglich solcher Nachrichten voneinander isoliert, was zu einer insgesamt geringeren Belastung führt.

3.1.6.3 Wertung

Router haben eindeutige Vorteile unter Management- und Sicherheitsgesichtspunkten; durch sie werden eigenständige, unter Managementaspekten unterschiedlich behandelbare Netzeinheiten erzeugt. Es ist deshalb empfehlenswert – und diese Einschätzung gewinnt in großen Einrichtungen mit komplexen Netzen an Boden – Router auch für die Strukturierung lokaler Netze vorzusehen. Ihr Einsatz empfiehlt sich insbesondere an der Nahtstelle zwischen *Backbone*-Netz und den nachgeordneten Segmenten, die meist auch eine organisatorische Nahtstelle ist.

Grundsätzliche Performance-Nachteile gegenüber Brücken sind durch den Einsatz von Routern nicht zu erwarten, jedoch liegen die Kosten für sehr leistungsfähige Geräte höher.

Auch die Beschränkung auf protokollspezifische Vermittlung ist nicht unbedingt ein Nachteil. In manchen Fällen ist es gar nicht erwünscht, dass die Benutzer unkontrolliert beliebige Protokolle und Dienste über ein Netz abwickeln können, und auch für die allgemeine Betriebssicherheit ist die Beschränkung auf einige wenige weit verbreitete Protokolle von Vorteil.

Nachteilig neben den höheren Gerätekosten für leistungsfähige Router sind die hinsichtlich Qualifikation und Betreuungsaufwand deutlich höheren Anforderungen für einen qualifizierten Betrieb (und unqualifiziert kann ein Router-Netz nicht betrieben werden).

Routern, die sehr fortgeschrittene Kontrollfunktionen realisieren, kommt beim Management und für die Sicherheit in großen Netzen eine Schlüsselrolle zu.

Abschließend ist festzustellen, dass die allgemeine Hinwendung zum *Switching* auch vor den klassischen Brücken und Routern nicht halt macht; d.h. Brücken werden zunehmend durch *Layer-2-Switches* und Router durch *Layer-3-Switches* abgelöst. *Multilayer Switches* können Pakete auf der Basis von Ebene-2- und Ebene-3-Informationen *routen*.

3.1.7 IEEE 802.6 – DQDB (*Distributed Queue Dual Bus*)

Seit Ende 1987 beschäftigt sich IEEE Project 802.6 mit DQDB als Vorschlag für ein *Metropolitan Area Network* (MAN). Das Konzept wurde unter der Bezeichnung QPSX (*Queued Packet Switch Exchange*) an der University of Western Australia entwickelt.

Unter einem MAN versteht man ein Netz, ähnlich einem LAN, welches jedoch

- eine wesentlich höhere Datenrate aufweist als die klassischen IEEE-LANs,

- einen wesentlich größeren geographischen Bereich abdecken kann und

- Diensteintegration erlaubt, d.h. gleichermaßen asynchronen (paketvermittelten) wie isochronen (leitungsvermittelten) Verkehr tragen kann.

Diese Eigenschaften haben MANs auch für die Telekomverwaltungen interessant gemacht, die sowohl in Europa wie auch in den USA und in Australien auf DQDB basierende Dienstangebote etabliert haben.

Eine wichtige Aufgabe solcher MANs ist die Verbindung privater LANs mit LAN-typischen Geschwindigkeiten. MANs werden aber auch als Vorläufer bzw. als Zugang zum Breitband-ISDN gesehen, was die Notwendigkeit einschließt, auch isochronen Verkehr (Sprache, Video) transportieren zu können.

Durch DQDB wird (anders als bei FDDI) die Übertragungstechnik nicht festgeschrieben, sondern durch sogenannte *Physical Layer Convergence Functions* eine Anpassung an etablierte Übertragungssysteme vorgenommen. Für den amerikanischen Markt gibt es Anpassungen an ANSI DS3 (45 Mbps) und ITU G.707-9 SDH (SONET, 155 Mbps), für den europäischen Markt an ITU G.703 (34 und 140 Mbps).

3.1.7.1 Funktionsweise des DQDB

DQDB basiert auf zwei entgegengesetzt gerichteten Bussen, auf denen in vorformatierten 125-μs-Rahmen *Slots* fester Länge von jeweils einer ausgezeichneten Station am Anfang der Busse erzeugt werden (es handelt sich also um ein *Slotted-Bus*-System). Jede Station hat über ihre *Access Unit* (AU) Lese- und Schreibzugriff auf beide Busse (vgl. Abb. 3-23).

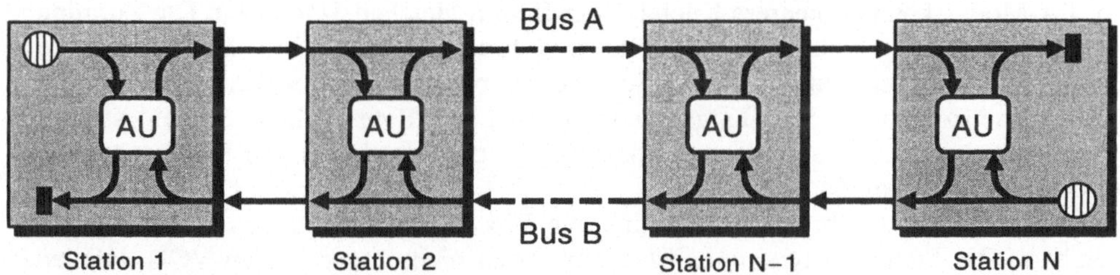

Abb. 3-23. DQDB Doppel-Bus-Architektur

Die Ausfallsicherheit eines solchen Systems kann erhöht werden, wenn die Busse ringförmig angeordnet werden. Beide Busse beginnen und enden dann in der gleichen Station, ohne dass dadurch jedoch ein logischer Ring erzeugt wird (vgl. Abb. 3-24 a)). Wenn nun alle Stationen die Fähigkeit der *Slot*-Generierung und der Bus-Terminierung besitzen, so können bei einer Leitungsunterbrechung zwei Busse konfiguriert werden, die vor bzw. hinter der Unterbrechungsstelle beginnen bzw. enden (vgl. Abb. 3-24 b)).

Im DQDB-Protokoll gibt es zwei verschiedene Typen von *Slots*: *Pre-Arbitrated* (PA) und *Queued Arbitrated* (QA). Die *Slot*-Typen sind im *Access Control Field* (ACF) am Anfang der *Slots* markiert. Die PA-*Slots* sind für isochronen Verkehr konstanter Bitrate

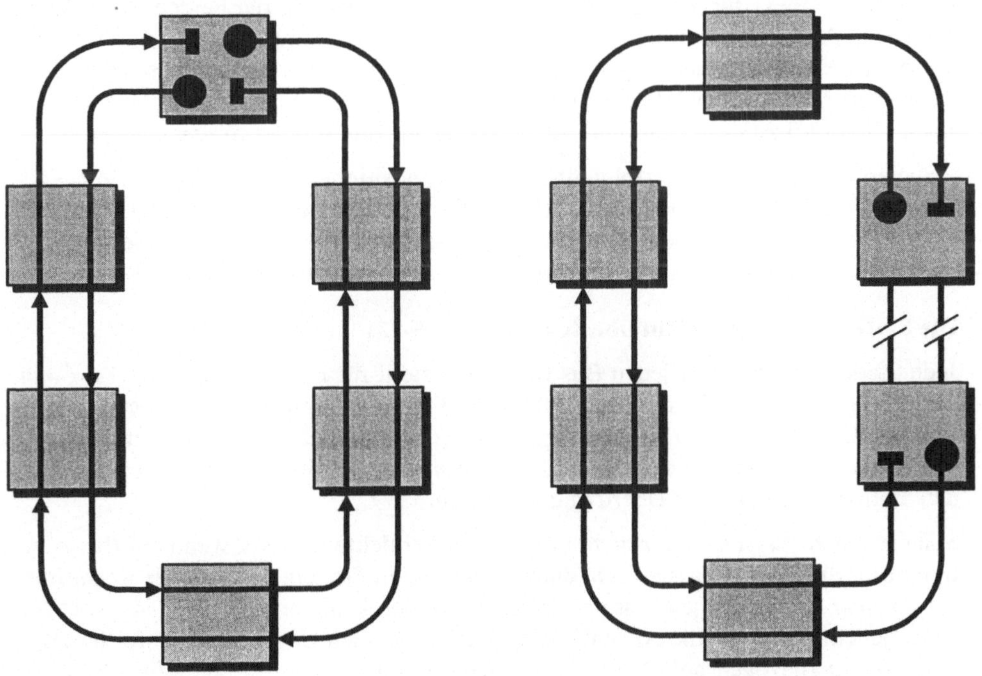

a) Ringe intakt

b) Rekonfiguration nach einer Leitungsunterbrechung

Abb. 3-24. Rekonfigurationsfähigkeit bei ringförmiger Anordnung der Busse

vorgesehen, die QA-*Slots* für asynchronen Datenverkehr. Sequenzen beider *Slot*-Typen müssen von den Knoten an den Bus-Anfängen generiert werden.

Im PA-Modus können mehrere Knoten Zugriff zum gleichen *Slot* haben. Die Zuordnung erfolgt byteweise in Abhängigkeit von der erforderlichen Bitrate. Eine Station wird durch Management-Prozeduren der DQDB-Schicht davon unterrichtet, welche Byte-Positionen ihr für eine isochrone Verbindung zugeordnet sind. Ein Byte in einem *Slot* eines 125-μs-Rahmens entspricht einer Datenrate von 64 kbps; die Zuordnung von Bandbreite erfolgt also in Einheiten von 64 kbps.
Jeder PA-*Slot* ist darüber hinaus durch einen *Virtual Channel Identifier* (VCI) gekennzeichnet. Die Stationen ignorieren *Slots* mit ihnen nicht zugeordneten VCIs. Für jeden sie betreffenden VCI muss eine Station die ihr zugeordneten Byte-Positionen im *Slot* kennen.

Das Generieren von PA-*Slots* und deren Markierung mit VCIs ist die Aufgabe der Knoten am Beginn der Busse. Sie müssen auch sicherstellen, dass jeder VCI-Wert periodisch so häufig generiert wird, dass die für eine isochrone Verbindung geforderte Bandbreite sichergestellt ist.

Im Vordergrund des derzeitigen Interesses an DQDB und auch im Mittelpunkt der Diskussionen steht der *Queued Arbitrated Access*, d.h. der für asynchronen Datenverkehr über verteilte Warteschlangen organisierte Zugriff zu den QA-*Slots*.

Da die Busse gerichtet sind, muss eine Station die relative Position jeder anderen Station kennen, d.h. sie muss für jede Zieladresse wissen, über welchen der beiden Busse sie zu erreichen ist. Ansonsten ist die logische Behandlung der beiden Busse vollkommen identisch, so dass es genügt, die Vorgänge für eine Übertragungsrichtung zu beschreiben. Im Folgenden werden die Abläufe für eine Datenübertragung auf Bus A beschrieben, d.h. von einer Station J zu einer Station K, die bezogen auf Bus A *downstream* gelegen ist.

Die Steuerung des Zugriffs erfolgt über zwei Bitpositionen im *Access Control Field* (ACF) der QA-*Slots* (vgl. auch Abb. 3-27 auf Seite 156). Diese Bits sind das *Busy Bit*, das einen *Slot* als frei bzw. belegt markiert, und das *Request Bit*, das einen Übertragungswunsch einer Station signalisiert. Im Einzelnen sind die Abläufe wie folgt:

1. Die Station will selbst nicht übertragen (Abb. 3-25)

Jede Station unterhält für jeden Bus (hier dargestellt für Bus A) einen *Request Counter* (RQ) genannten Zähler. Dieser Zähler wird inkrementiert, wenn in Gegenrichtung (d.h. auf Bus B) ein *Slot* mit gesetztem *Request Bit* die Station passiert. Durch Setzen des *Request Bits* signalisiert eine Station den *upstream* (bezogen auf Bus A) gelegenen Stationen den eigenen Übertragungswunsch.

Solange der *Request Counter* nicht null ist, wird er dekrementiert, wenn auf Bus A ein freier *Slot* die Station passiert. Da durch jeden freien *Slot* ein anstehender *Request* einer *downstream* gelegenen Station befriedigt werden kann, enthält der *Request Counter* zu jedem Zeitpunkt die Anzahl der noch ausstehenden Übertragungsanforderungen *downstream* (bezogen auf Bus A) gelegener Stationen, also die aktuelle Länge der verteilten Warteschlange in der betrachteten Station.

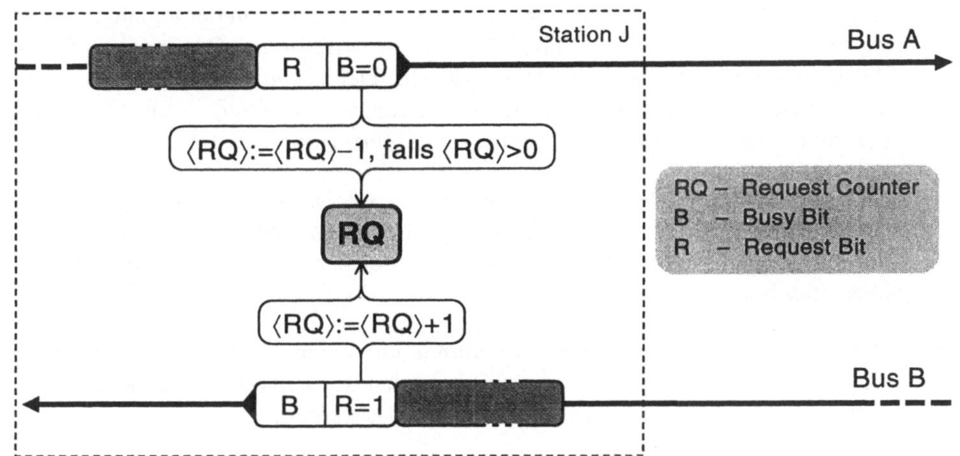

Abb. 3-25. Übertragungsrichtung Bus A: Knoten nicht sendebereit

2. Die Station will selbst übertragen (Abb. 3-26)

Wenn eine Station sendebereit wird, geschehen folgende Aktionen:

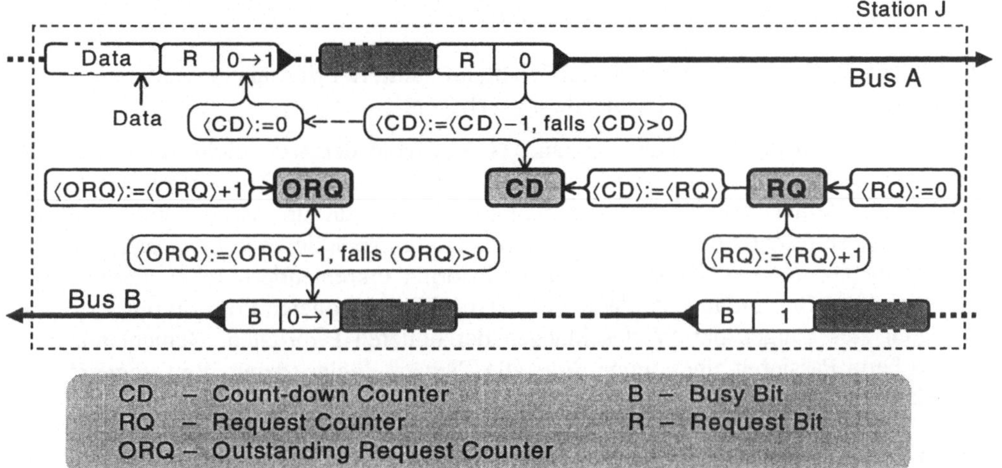

Abb. 3-26. Übertragungsrichtung Bus A: Knoten ist sendewillig

- Die Station meldet durch Setzen des *Request Bits* in einem auf Bus B passierenden *Slot* den Übertragungswunsch den (bzgl. Bus A) *upstream* gelegenen Stationen, so dass er dort durch Inkrementieren der *Request Counter* berücksichtigt werden kann. Da das *Request Bit* erst gesetzt werden kann, wenn ein *Slot* mit noch nicht gesetztem *Request Bit* die Station erreicht, dieser Vorgang aber von den nachfolgend beschriebenen Aktionen entkoppelt werden soll, existiert ein weiterer Zähler, der *Outstanding Request Counter* (ORQ), der inkrementiert wird. Solange ORQ > 0 ist, wird in jedem *Slot* auf Bus B mit nicht gesetztem *Request Bit* dieses Bit gesetzt und der Zähler dekrementiert.

- Der aktuelle Wert des *Request*-Zählers (RQ), der die Position der eigenen Anforderung in der verteilten Warteschlange wiedergibt, wird in den *Count-Down Counter* (CD) übernommen und anschließend gelöscht. Der *Count-Down Counter* wird für jeden auf Bus A passierenden freien *Slot* dekrementiert. Wenn er auf null gelaufen ist, wird der nächste freie *Slot* für die eigene Übertragung genutzt.

- Nachdem der *Request*-Zähler gelöscht worden ist, werden in ihm nun wieder die auf Bus B passierenden *Requests* gezählt. Er gibt somit nach Abschluss der eigenen Übertragung die Warteschlangenposition für einen eventuellen weiteren Übertragungswunsch an.

Eine Station kann zu einem Zeitpunkt immer nur einen Übertragungswunsch (*Request*) anstehen haben, d.h. erst wenn ein anstehender *Request* abgearbeitet worden ist, kann ein neuer Übertragungswunsch angemeldet werden.

Das vorher beschriebene Verfahren zeigt, wie der Zugriff zum Bus bei belastetem System organisiert wird, d.h. wenn mehrere Stationen um den Zugriff zum Medium konkurrieren. Bei gering belastetem System, wenn die Zahl der auf Bus A passierenden freien *Slots* größer ist als die Zahl der auf Bus B registrierten Requests, der *Request*-Zähler also auf null steht, kann eine sendebereite Station den nächsten freien *Slot* sofort nutzen, muss also nur eine minimale Wartezeit hinnehmen.

Das DQDB-Zugriffsverfahren lässt sich leicht auf mehrere Prioritäten erweitern, und dies ist (mit vier Prioritäten) auch im Standard geschehen.

Realisiert werden die Prioritäten, indem das ACF-Feld der *Slots* nicht ein *Request Bit* enthält, sondern eines pro Prioritätsstufe. Dazu korrespondierend unterthält jede Station vier *Request*-Zähler (pro Übertragungsrichtung). Wenn nun ein *Request* einer bestimmten Prioritätsstufe registriert wird, so werden der korrespondierende *Request*-Zähler und gleichzeitig alle *Request*-Zähler niedrigerer Priorität inkrementiert. Jeder dieser Zähler enthält also die Gesamtlänge der Warteschlange der zugeordneten Priorität unter Berücksichtigung der Längen der Warteschlangen der höheren Prioritäten. Dementsprechend müssen beim Passieren eines freien *Slots* alle *Request*-Zähler (deren Wert ungleich null ist) dekrementiert werden.

3.1.7.2 Eigenschaften des DQDB-Verfahrens

- Jede Station muss von allen anderen Stationen deren relative Position am Bus kennen, um zu wissen, über welchen der beiden Busse sie erreichbar sind. Jede neu hinzukommende Station muss diese Information "lernen" und bei Umkonfigurationen muss diese Information in davon betroffenen Stationen aktualisiert werden.

- Die gleichzeitige Verwaltung einer Vielzahl korrelierter Zähler ist aufwändig; da gleichzeitig auch Datenübertragungen von bzw. zu beiden Bussen laufen können, sind die Anforderungen an die Leistungsfähigkeit der *Attachment Unit* hoch.

- Beim Einschalten (auch nach einem evtl. kurzzeitigen Ausfall) einer Station hat diese keine gültigen, d.h. den aktuellen Netzzustand widerspiegelnden Zählerstände. Die Request-Zähler müssen auf irgendeine Weise sinnvoll initialisiert werden.

- Es ist zu diskutieren, welche Auswirkungen Fehlfunktionen (etwa falsche oder fehler-haft interpretierte Zählerstände) auf die Funktion des Gesamtsystems haben können. Wie bei allen Systemen, deren Stationen auf ein gemeinsames Medium zugreifen, gibt es Fehlertypen, die das Gesamtsystem unbrauchbar machen, nämlich dann, wenn sich eine Station in kritischer Weise nicht an die "Spielregeln" hält.

- Das Hauptproblem bei DQDB, das auch Rückwirkungen auf den Standardisierungs-prozess hat, ist die Tatsache, dass das Verfahren in Überlastsituationen nicht fair ist, noch überhaupt ein vorhersagbares Verhalten an den Tag legt. Letztlich beruhen diese unerwünschten Eigenschaften darauf, dass die die Zählerstände beeinflussenden Er-eignisse (das Erkennen von *Busy Bits* bzw. *Request Bits*) in den verschiedenen Stationen nicht wirklich gleichzeitig wahrgenommen werden, sondern hierbei Laufzeiteffekte auftreten. Diese werden vor allem dann wirksam, wenn die Entfernungen zwischen den Stationen größer als eine *Slot*-Länge werden; wieviel dies in Zeit bzw. Bus-Länge ausmacht, hängt von der Übertragungsgeschwindigkeit ab. Tendenziell werden in Über-lastsituationen (dadurch gekennzeichnet, dass alle Stationen permanent senden wol-len) diejenigen Stationen bevorzugt, die näher am Bus-Anfang liegen, und solche, die bereits vor dem Eintreten einer allgemeinen Überlastsituation ein hohes Verkehrs-aufkommen hatten. Da die Verkehrslast sich dynamisch ändert, bewirkt deren Einfluss auf das Überlastverhalten nicht vorhersagbare Effekte.

Um dem unerwünschten unfairen Verhalten abzuhelfen, ist als Option ein *Bandwidth Balancing Mechanism* (in der Literatur als BBM oder auch BWB-Mechanismus be-zeichnet) vorgeschlagen worden. Dieser Mechanismus beruht darauf, dass jede Station in regelmäßigen Abständen auf ein ihr zustehendes Übertragungsrecht verzichtet. Konkret wird dies durch einen Zähler erreicht (den BWB-*Counter*), der für jeden von der Station für eine eigene Übertragung genutzten *Slot* inkrementiert wird, bis er einen vorgegebenen Wert M (BWB-Modulus; $M = 7$ ist in der Diskussion) erreicht hat. Dann wird der *Request Counter* (bzw., wenn eine weitere Übertragung ansteht, der *Count-Down Counter*) inkrementiert und der BWB-Zähler zurückgesetzt. Es liegen Ergebnisse von Untersuchungen vor, die zeigen, dass sich nach einer relativ langen Übergangsphase ein fairer Gleichgewichtszustand einstellt. Je kleiner der Modulus M gewählt wird, desto kürzer ist diese Übergangsphase, desto mehr Bandbreite wird u.U. aber auch verschenkt.
Eine eingehende Diskussion der genauen Randbedingungen und Ergebnisse würde hier zu weit führen; genauere Angaben mit z.T. ausführlichen Abhandlungen und wei-teren Literaturstellen sind in [4], [5], [32], [128] zu finden.

Wenn auch das nicht faire Verhalten von DQDB im Grenzbereich nicht überbewertet werden sollte, weil es in einem korrekt dimensionierten Netz nur in Ausnahmefällen wirksam werden kann, so ist es doch – insbesondere auch bei einem Dienstangebot öf-fentlicher Betreiber – nicht wünschenswert. Es zeigt aber, dass das DQDB-Verfahren (ebenso wie FDDI) für extrem hohe Übertragungsgeschwindigkeiten (im Gigabit/s-Bereich) nicht besonders gut geeignet ist.

3.1.7.3 Das Format der DQDB-Slots

Wie bereits erwähnt, handelt es sich bei DQDB um ein getaktetes Verfahren, bei dem auf jedem der beiden Busse eine Kopfstation *Slots* fester Länge erzeugt. Die Grundstruktur dieser *Slots* (Länge 53 Bytes, davon 5 Bytes Steuerinformation und 48 Bytes Nutzinfor-mation) stimmt mit der Struktur der ATM-Zellen (ATM = *Asynchronous Transfer Mode*), dem Übertragungsmodus des Breitband-ISDN, überein. Diese Übereinstimmung unterstreicht das Bemühen, bereits durch strukturelle Übereinstimmung eine Verbindung zwischen dem DQDB-MAN und dem Breitband-ISDN zu erleichtern.

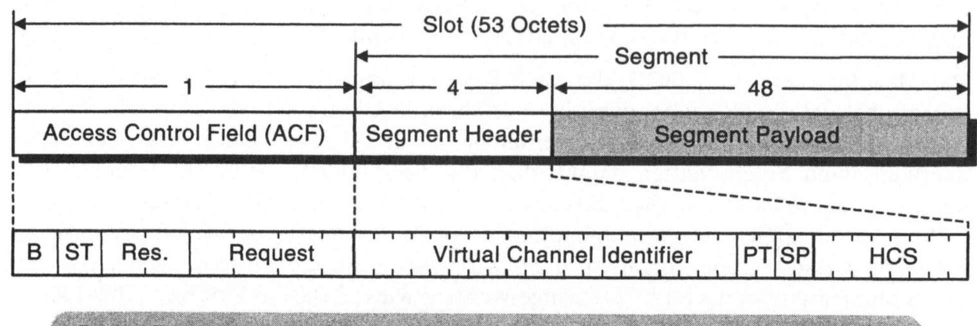

Abb. 3-27. Format des DQDB-Slot

Access Control Field	In diesem Feld wird der Typ des *Slots* (PA (*Pre-Arbitrated*) für isochronen und QA (*Queued Arbitrated*) für asynchronen Verkehr) angezeigt. Ferner enthält dieses Feld das *Busy Bit*, das den *Slot* als frei bzw. belegt kennzeichnet, sowie vier *Request Bits*, über die für jede der vier Prioritätsstufen Übertragungsanforderungen angemeldet werden können.
Virtual Channel Identifier	Ordnet den PA-*Slots* virtuelle Kanäle zu. Stationen, die in einer isochronen Verkehrsbeziehung zu anderen Stationen stehen, identifizieren darüber die sie betreffenden *Slots*.
Payload Type	Charakterisiert die Nutzinformation.
Segment Priority	Gibt die Priorität des Segments an: korrespondiert mit den *Request*-Prioritäten im ACF-Feld.
Header Check Sequence	Prüfsumme für die Information im *Segment Header*.
Segment Payload	Die Segment-Nutzinformation (*Segment Payload*) ist nicht so zu verstehen, dass sie (nur) Nutzinformation im Sinne der Anwender enthielte. Sie besteht aus sogenannten *Protocol Data Units* (PDUs), von denen es je nach Nutzungsart des Segments verschiedene gibt. Sie sind charakterisiert durch vorangestellte *Header*-Informationen und haben einen nachgestellten *Trailer*, der z.B. eine Prüfsumme (CRC) für die Nutzinformation enthält. Wenn es um asynchronen Verkehr im Sinne der klassischen IEEE-LANs geht, muss die DQDB-MAC-Schicht der darüber liegenden LLC-Schicht die gleichen Dienste wie bei

den anderen LANs zur Verfügung stellen. Die dafür spezifizierten PDUs müssen in ihrem *Header* insbesondere die Zieladresse (*destination address*) und die Absenderadresse (*source address*) in dem üblichen 16- bzw. 48-Bit Format enthalten.

Für andere Netzdienste – etwa im Zusammenhang mit dem Breitband-ISDN – sind andere, darauf abgestimmte PDUs mit anderen Strukturen und Inhalten zu definieren.

3.1.8 FDDI (*Fiber Distributed Data Interface*)

FDDI wurde vom *Accredited Standards Committee* (ASC) X3T9.5 entwickelt und ist ein ANSI-Standard, der von ISO übernommen worden ist (ISO 9314). Es handelt sich um ein modifiziertes Token-Ring-Verfahren, das für einen optischen Doppelring von 100 km Ausdehnung entwickelt wurde. Die derzeitige Übertragungsgeschwindigkeit beträgt 100 Mbps; sie wurde gewählt, weil etwa bis zu dieser Geschwindigkeit einigermaßen preiswerte Bausteine zur Verfügung stehen. Das Konzept reicht jedoch bis etwa 500 Mbps, so dass ohne grundsätzliche Verfahrensänderungen bis zu dieser Grenze auch höhere Geschwindigkeiten realisiert werden könnten, wenn entsprechende Bausteine verfügbar werden.

Die FDDI-Spezifikation besteht aus vier Teilen (vgl. Abb. 3-28):

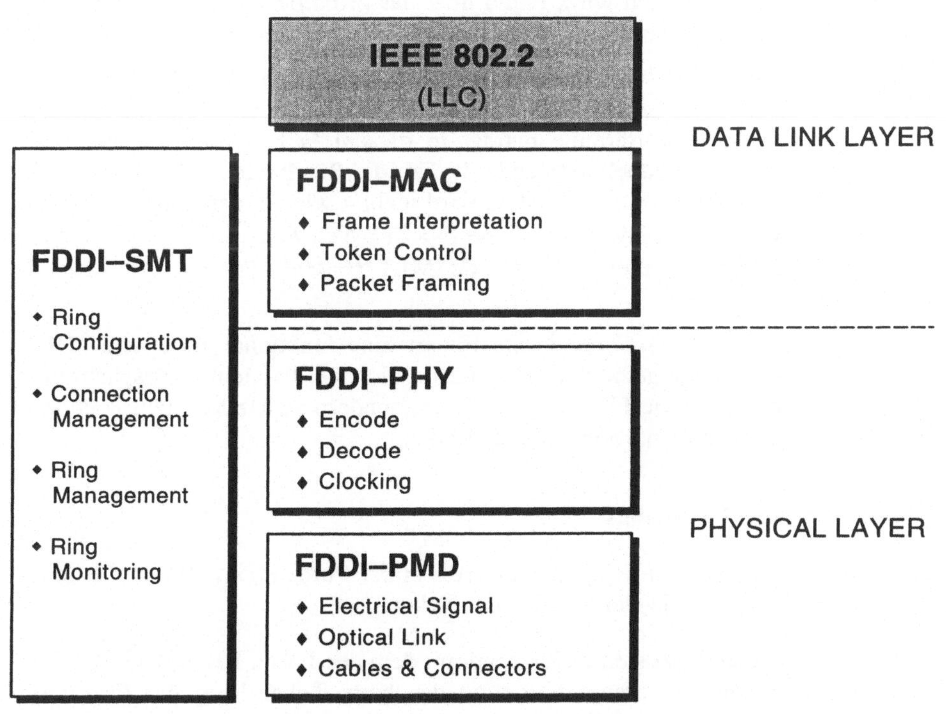

Abb. 3-28. FDDI-Spezifikation und OSI

FDDI-PMD   *Physical Medium Dependent;* spezifiziert die optischen Komponenten (Lichtwellenleiter und Zubehör).

FDDI-PHY   *Physical Layer Protocol;* beschreibt die Komponenten der physikalischen Ebene, soweit sie vom Übertragungsmedium unabhängig sind.

FDDI-MAC   *Medium Access Control;* beschreibt das Medienzugriffsverfahren und die Rahmenformate; über FDDI-MAC sollen die LLC-Funktionen gemäß IEEE 802.2 abgewickelt werden können.

FDDI-SMT   *Station Management;* beschreibt die in jeder Ringstation für einen geordneten Betrieb erforderlichen Management-Funktionen (z.B. Monitor- und Maintenance-Funktionen wie Initialisieren, Aktivieren, Überwachen, Fehlerbehandlung).

Zu diesen ursprünglichen Standards existieren inzwischen vier Erweiterungen:

SMF-PMD   *Single Mode Fiber PMD;* spezifiziert den (alternativen) Einsatz von Monomodefasern (im Gegensatz zu Gradientenfasern im ursprünglichen Standard), wodurch die maximalen Entfernungen zwischen zwei Stationen auf bis zu 60 km steigen.

SPM-PMD   *SONET Physical Layer Mapping;* beschreibt eine (für Europa noch bedeutungslose) weitere Alternative zum ursprünglichen PMD, durch die es möglich wird, FDDI über das öffentliche SONET (amerikanischer Standard für Glasfasernetze) zu transportieren.

TP-PMD   Die *Twisted-Pair*-Variante erlaubt Anschlüsse von FDDI-Stationen über UTP Kat.-5-Kabel (und STP-Kabel) an einen Konzentrator. Die zulässige Entfernung beträgt in diesem Fall 100 m (Tertiärbereich gemäß Verkabelungsstandard). Um die Bandbreitenanforderungen an das Kabel gering zu halten, wird nicht – wie bei den anderen Varianten – ein zweiwertiger Code (NRZI = *Non Return to Zero Inverted)*, sondern ein dreiwertiger Code (MLT-3 = *Multi-Level Transmission 3)* verwendet.

HRC   *Hybrid Ring Control;* spezifiziert eine funktional erweiterte FDDI-Version, allgemein als FDDI-2 bezeichnet, die nicht nur asynchronen Verkehr (wie FDDI) tragen kann, sondern zusätzlich auch noch isochronen (kanalvermittelten) Verkehr.

3.1.8.1 Funktion des FDDI-Rings

Verändert gegenüber dem Token-Ring gemäß IEEE 802.5 wurden bei FDDI insbesondere die Prioritätsregelung und die Generierung des Token.

Das FDDI-Rahmenformat deckt sich weitgehend mit dem des Token-Rings. Bei FDDI ist dem Rahmen eine Präambel vorangestellt, und das beim Token-Ring der Prioritätssteuerung dienende *Access-Control*-Feld entfällt, da es für den andersartigen Prioritätsmechanismus beim FDDI-Ring nicht benötigt wird.

Wie auch beim Token-Ring darf eine Station nur dann senden, wenn sie sich im Besitz der Sendeberechtigung (des Token) befindet. Anders als beim Token-Ring ist die *Token Holding Time* (THT), die die Sendeerlaubnis zeitlich begrenzt, variabel. Die Dauer der Sendeerlaubnis ist lastabhängig und dient der Prioritätssteuerung. Innerhalb der *Token Holding Time* kann eine Station mehrere Pakete senden; die maximale Rahmenlänge ist mit 4500 Bytes geringfügig größer als beim Token-Ring. Unmittelbar nach Aussenden des letzten Rahmens reicht die sendeberechtigte Station den Token an ihre Nachfolgestation weiter (*Early Token Release*). Darin liegt eine der wesentlichen und aufgrund der geänderten Randbedingungen notwendigen Änderungen gegenüber dem 4-Mbps-Token-Ring.

Beim Token-Ring muss die im Token-Besitz befindliche Station – bevor sie einen neuen freien Token generiert – die Rückkehr des Rahmenkopfes (speziell des *Access-Control*-Feldes; vgl. Beschreibung dieses Feldes beim Token-Ring) des von ihr selbst ausgesendeten Rahmens abwarten, um feststellen zu können, ob Reservierungen vorgenommen wurden und sie evtl. einen Token erhöhter Priorität aussenden muss. Weil der Informationsinhalt eines Token-Rings i. Allg. klein ist, entstehen dadurch nur in seltenen Fällen Verzögerungen. Beim FDDI-Ring jedoch kann aufgrund der hohen Übertragungsgeschwindigkeit und der großen geographischen Ausdehnung der Informationsinhalt etliche zigtausend Bits betragen; das Blockieren weiterer Übertragungen bis zur Rückkehr des eigenen Rahmens hätte deshalb notwendigerweise eine schlechte Auslastung des Mediums zur Folge.

Die Konsequenz des sofortigen Aussendens des Token nach der eigenen Übertragung ist, dass – im Gegensatz zum Token-Ring – mehrere (vollständige) Rahmen gleichzeitig über den Ring transportiert werden können; zuständig für das Entfernen der Rahmen vom Ring sind die jeweiligen Absender.

Die Zugriffsregelung erfolgt zeitgesteuert und wird deshalb als *Timed Token Rotation* (TTR)-Protokoll bezeichnet. Jede Station misst für sich die aktuelle *Token Rotation Time* (TRT). Das ist die Zeit zwischen Aussenden und Wiedereintreffen eines freien Token; diese Zeit ändert sich bei jedem Umlauf des Token in Abhängigkeit davon, wieviele Stationen das Senderecht für Übertragungen nutzen. Der Minimalwert, der sich ergibt, wenn keine Station sendewillig ist, wird als *Ring Latency* (RL) bezeichnet und ist für eine gegebene Ringkonfiguration eine Konstante, die sich aus der Ringlänge (Signallaufzeit) und der Zahl der Stationen (Durchlaufverzögerung pro Station: 600 ns) errechnet. Die *Token Holding Time* (THT) ist nun wie folgt definiert: $THT = TTRT - TRT$, wobei die *Target Token Rotation Time* (TTRT) eine Vorgabe ist, die im Rahmen der Initialisierungsprozedur festgelegt wird, durch die Stationen sich Bandbreite für synchronen Datenverkehr reservieren.

FDDI unterstützt zwei Klassen von Verkehr: synchronen Verkehr und asynchronen Verkehr. Für den synchronen Verkehr (nicht gleichzusetzen mit isochronem Verkehr!), der mit garantierten Verzögerungszeiten abgewickelt werden soll, muss bei der Initialisierung Bandbreite im Rahmen der Festlegung der *Target Token Rotation Time* reserviert werden. Für die Übertragung synchroner Daten darf unabhängig vom aktuellen Wert der *Token Holding Time* (also insbesondere auch bei negativem Wert) jeder freie Token genutzt werden. Asynchrone Daten dürfen nur übertragen werden, wenn die THT größer als Null ist.

Der asynchrone Verkehr kann auch noch in Prioritätsklassen unterteilt werden, indem Wertebereichen der *Token Holding Time* (THT) Prioritätsklassen zugeordnet werden, d.h. bei kleinen Werten dürfen nur (asynchrone) Rahmen hoher Priorität übertragen werden usw.

Es ist offensichtlich (und wird in [130] auch nachgewiesen), dass der Festlegung der *Target Token Rotation Time* (TTRT) große Bedeutung für den Betrieb eines FDDI-Rings zukommt. Kleine Vorgabewerte für die TTRT führen zu einer Begünstigung des synchronen Verkehrs und garantieren dieser Klasse kleine maximale Verzögerungen ($\leq 2 \times$ TTRT); andererseits wird der asynchrone Verkehr häufig vom Zugriff ausgeschlossen, was für diese Klasse die Randbedingungen verschlechtert und zugleich negative Folgen für den Gesamtdurchsatz hat; große Werte für die TTRT haben den gegenteiligen Effekt.

3.1.8.2 Aufbau eines FDDI-Rings

Ein FDDI-Ring besteht aus zwei gegenläufig betriebenen Lichtwellenleiter-Ringen. Der zweite Ring ist i. Allg. als Ersatzring konzipiert, der nur bei Ausfall von Komponenten des Hauptrings zum Einsatz kommt. Es können aber auch beide Ringe unabhängig betrieben werden, solange keine Störung vorliegt; im Störungsfall werden sie durch Verbindungen in den der Unterbrechungsstelle benachbarten Stationen (diese gehen dann in den sogenannten *Wrap Mode*) zu einem Ring verbunden (vgl. Abb. 3-29). Bei weiteren Unterbrechungsstellen zerfällt der Ring u.U. in mehrere Teilringe. Damit auch beim Zusammenschalten von Haupt- und Ersatzring eine Ausdehnung von 100 km gewährleistet ist, muss der Ring für 200 km Leitungslänge ausgelegt sein.

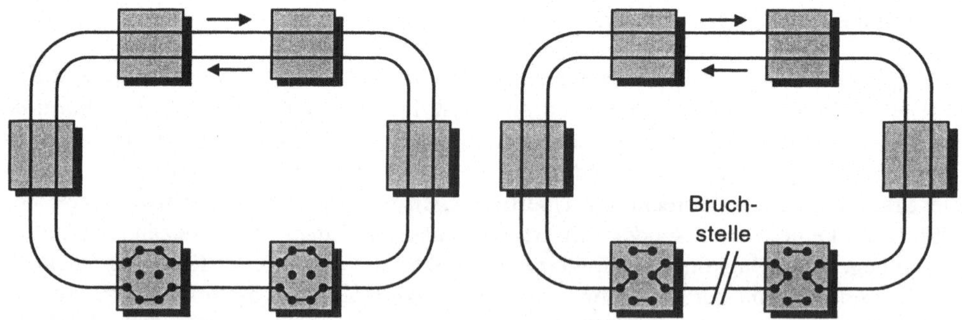

Abb. 3-29. Zusammenschalten von Haupt- und Ersatzring bei einer Unterbrechung

Die wichtigsten Daten sind:

Maximale Ausdehnung	100 km
Lichtwellenleiter	Gradientenfaser 62,5/125 µm (Referenzfaser)
Optische Wellenlänge	1325 nm
Codierung	4B5B ($\Rightarrow$ 125 MBaud Schrittgeschwindigkeit)
Maximale Anzahl Stationen	500 (d.h. 1000 Anschl. an Doppelring)
Max. Abstand benachbarter Stationen	2 km

Es gibt drei verschiedene Typen von Ringstationen wie in Abb. 3-30 dargestellt.

Dual Attachment Station (DAS)

Hierbei handelt es sich um vollwertige Ringstationen, die mit beiden Ringen verbunden sind und im Störungsfall die beiden Ringe zusammenschalten können (dies wird als *Wrap Mode* bezeichnet). Die FDDI-PHY-Elemente müssen für jeden Ring vorhanden sein. Die MAC-Einheiten können einfach oder doppelt vorhanden sein; wenn die beiden Ringe unabhängig betrieben werden sollen, müssen sie für jeden Ring vorhanden sein. Die Stationen besitzen auch einen *Bypass Switch;* das ist ein optischer Überbrückungsschalter, durch den – entweder explizit gesteuert oder auch automatisch (etwa bei Stromausfall) – die Glasfaserverbindung an der betreffenden Station vorbeigeführt wird (*Thru Mode*). Dies kann natürlich nur funktionieren, wenn für die Verbindung zwischen den dann benachbarten Stationen (zwischen denen sich eine oder mehrere Stationen im *Thru Mode* befinden können) die zulässige Maximalentfernung nicht überschritten wird; andernfalls müssen diese Stationen in den *Wrap Mode* schalten.

Die Verbindung zu den Lichtwellenleitern erfolgt über A-*Port* (*Primary In + Secondary Out*) und B-*Port* (*Primary Out + Secondary In*), so dass stets A- und B-*Port* benachbarter Stationen miteinander verbunden werden müssen.

Single Attachment Station (SAS)

SAS-Stationen sind als preiswertere Variante für den Anschluss von Endgeräten an ein FDDI-Netz konzipiert. Sie besitzen nur einen, als S-*Port* (*Slave Port*) bezeichneten Ringanschluss und können deshalb nicht direkt, sondern nur über einen M-*Port* (*Master Port*) eines Konzentrators an einen FDDI-Ring angeschlossen werden.

Die Verwendung von SAS-Stationen in Verbindung mit Konzentratoren reduziert nicht nur die Anschlusskosten, sondern erhöht auch die Betriebssicherheit des Rings. DAS-Stationen sind als aktive Elemente im Ring kritisch für die Gesamtfunktion. Normale

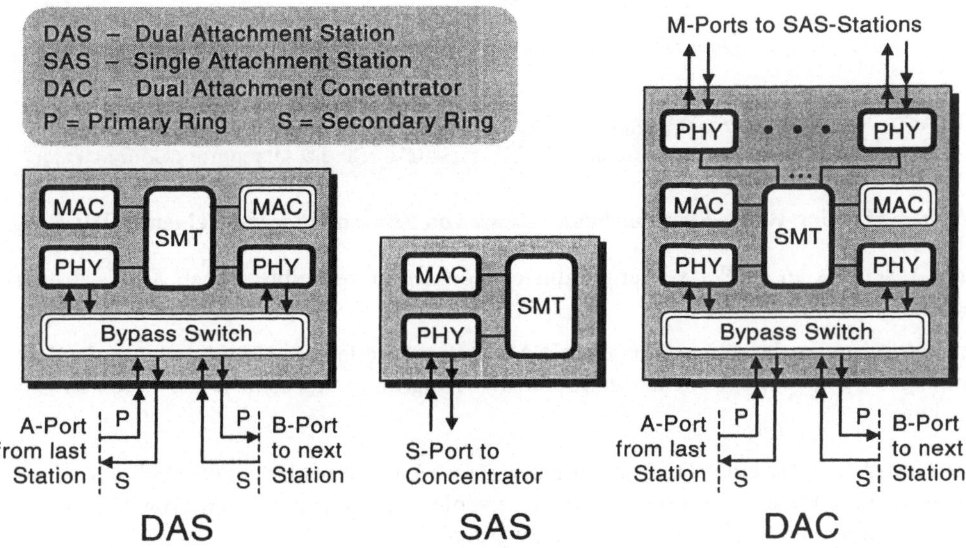

Abb. 3-30. Typen von Ringstationen beim FDDI-Ring

Benutzerstationen als DAS-Stationen in einem Ring sind ein Sicherheitsrisiko, weil sie beliebig manipuliert, insbesondere jederzeit ausgeschaltet werden können. Zwar werden diese Risiken durch die *Wrap-* und *Thru*-Funktion gemildert, es ist aber nicht akzeptabel, wenn die eingebauten Sicherheitsreserven durch derartiges Fehlverhalten von Benutzern aufgebraucht werden.

Das Fehlverhalten einer SAS-Station führt – ohne Rückwirkungen auf den Hauptring – zum Ausschluss dieser Station im Konzentrator.

Dual Attached Concentrator (DAC)

Konzentratoren werden wie DAS-Stationen über A/B-*Ports* an den Doppelring angeschlossen. Sie stellen aber eine Anzahl von M-*Ports* zur Verfügung, über die daran angeschlossene SAS-Stationen in den Ring eingebunden werden.

Konzentratoren können kaskadiert werden, so dass eine Ring-Baum-Struktur entsteht (vgl. Abb. 3-31).

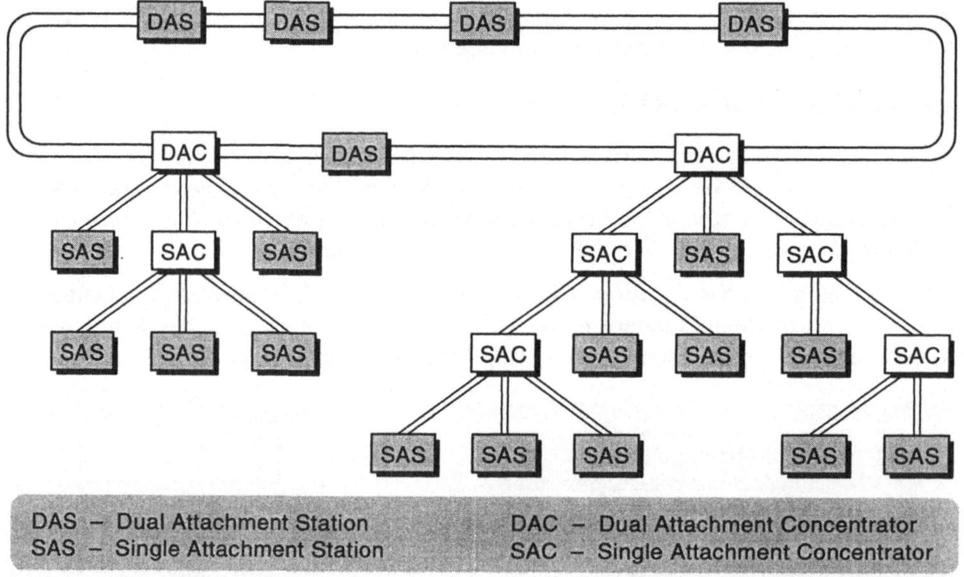

Abb. 3-31. Ring-Baum-Struktur beim Einsatz von Konzentratoren an einem FDDI-Ring

Zum Anschluss an M-*Ports* übergeordneter Konzentratoren gibt es auch *Single Attachment Concentrators* (SACs).

Bei Ausfall einer der angeschlossenen SAS-Stationen oder bei Unterbrechung der Verbindungsleitung schließt ein Konzentrator den Ring unter Ausschluss der defekten Einheit kurz.

Die A- und B-*Ports* einer DAS (auch eines DAC) können auch als zwei S-*Ports* betrieben werden, was den Anschluss an zwei verschiedene Konzentratoren erlaubt; dadurch können redundante Strukturen geschaffen werden.

Die wichtigsten Anschlussvarianten sind in Abb. 3-32 beispielhaft dargestellt.

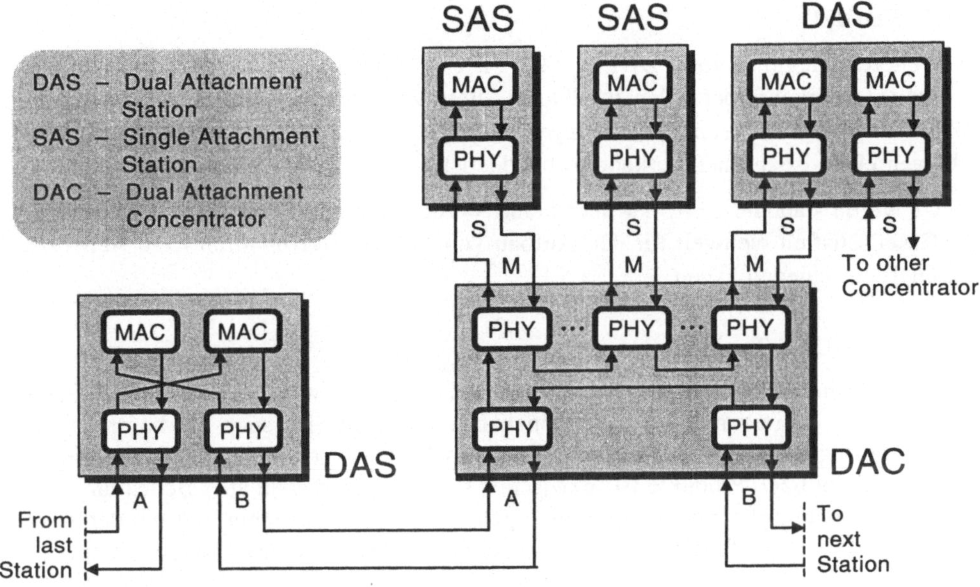

Abb. 3-32. Anschlussvarianten beim FDDI-Ring

3.1.8.3 Einsatzbereich

FDDI-Ringe können als lokale *Backbone*-Netze und als leistungsfähige Verbindungen
zwischen Computern eingesetzt werden. FDDI ermöglicht aber auch den Austausch von
Daten zwischen Rechnern und Peripheriegeräten in standardisierter Weise. Die Aufgabe
des ASC X3T9 ist die Entwicklung von Input/Output-Interface-Standards, woran auch
die Bezeichnung *Fiber Distributed Data Interface* (FDDI) erinnert.

3.1.8.4 Perspektiven

FDDI ist eine ausgereifte Technik, die ähnlich problemlos einsetzbar ist wie die klassischen LANs. FDDI hat jedoch keine weite Verbreitung gefunden, weil der Einsatz im
Wesentlichen auf den *Backbone*-Bereich beschränkt geblieben ist. Dies ist sicherlich
auch eine Folge der trotz erheblicher Preissenkungen im Vergleich zu Token-Ring oder
gar Ethernet sehr hohen Preise. Dies gilt – obgleich deutlich billiger als die LWL-
Versionen – auch für die *Twisted-Pair*-Version, die schon aufgrund der Entfernungsbe-
schränkungen auf den Teilnehmeranschlussbereich zugeschnitten ist.

Die Markteinführung von FDDI begann Ende der achtziger Jahrre, d.h. vor fast 15 Jahren, was in diesem Umfeld eine lange Zeit ist. Das Alleinstellungsmerkmal, das in der
Vergangenheit die guten Perspektiven begründete, nämlich dass es zu FDDI im Hoch-
leistungsbereich keine Alternative gab, gilt nicht mehr. Inzwischen sind konkurrierende
Techniken auf dem Markt, die einer weiteren Verbreitung von FDDI entgegen stehen. Im
Teilnehmeranschlussbereich sind dies die 100-Mbps-Ethernet-Versionen, die zu deutlich
niedrigeren Preisen angeboten werden, was – da die Übertragungstechnik teilweise identisch ist – hauptsächlich durch wesentlich höhere Stückzahlen zu erklären ist. Im *Backbone*-Bereich steht mit Gigabit-Ethernet nun eine deutlich leistungsfähigere und dennoch
preiswertere Technik zur Verfügung, so dass auch hier nichts für den weiteren Einsatz
von FDDI spricht.

3.1.8.5 FDDI-2

Die Weiterentwicklung von FDDI zu FDDI-2 zielt darauf ab, auch isochronen (kanal-vermittelten) Verkehr übertragen zu können. Diese Weiterentwicklung geschieht so, dass FDDI-2 funktional eine echte Übermenge von FDDI ist, d.h. die Funktionsweise ist identisch, wenn kein isochroner Verkehr vorhanden ist.

FDDI-2 wurde standardisiert, hat aber keine Verbreitung gefunden, weil sich die Telekom-Gesellschaften weltweit für den Aufbau von MANs (*Metropolitan Area Networks*) für DQDB entschieden haben.

3.1.9 Weitere LAN-Typen

Neben den bisher beschriebenen standardisierten Verfahren gibt es eine Reihe weiterer Verfahren, die interessante Eigenschaften haben und teilweise auch als kommerzielle Produkte verfügbar sind bzw. waren. Die praktische bzw. kommerzielle Bedeutung all dieser Verfahren bzw. Produkte ist inzwischen minimal. Sie haben aber Bedeutung auch für die Entwicklung der Standardprodukte gehabt, und die Konzepte und die damit gewonnenen Erfahrungen finden auch in modernen Entwicklungen ihren Niederschlag.

Es sind vor allem LANs in Ring-Topologie, die in zahlreichen Varianten untersucht worden sind. Im Folgenden werden besprochen:

- Pierce-Ring

- Cambridge-Ring.

Pierce-Ring und Cambridge-Ring arbeiten nach dem *Slotted-Ring-* oder *Empty-Slot*-Verfahren. Das Grundprinzip des *Slotted Ring* besteht darin, dass der Ring in Zeitschlitze (*slots*) fester Länge unterteilt wird, denen Minipaket-Rahmen (*minipacket frames*) entsprechen, die permanent im Ring kreisen. Sie haben ein festes Format, und der Kontrollteil gibt insbesondere darüber Auskunft, ob ein Rahmen frei oder belegt ist (vgl. Abb. 3-33).

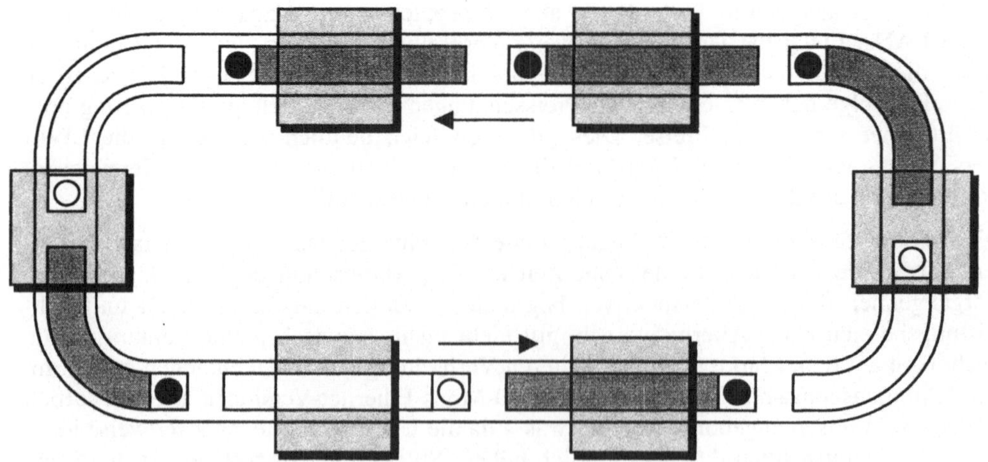

Abb. 3-33. Funktionsprinzip beim Slotted Ring

Eine sendewillige Station kann einen freien *Slot* als belegt markieren, wie einen Container mit Information (Daten und Adressinformation) beladen und weitersenden.

Je nachdem, welche Station für das Entfernen der Information vom Ring zuständig ist (Empfänger oder Sender), wieviele *Slots* ein Ring enthält und ob eine Station einen *Slot* mehrfach in direkter Folge benutzen darf, ergeben sich unterschiedliche Verfahren.

3.1.9.1 Pierce Ring

Beim Pierce-Ring ([118], [119]) ist der Empfänger dafür zuständig, die vom Sender kommende Information vom Ring zu nehmen. Das Verfahren ist nicht fair, da die in einer Übertragung engagierten Stationen einen *Slot* im Prinzip dauerhaft belegen können, zumindest gegenüber solchen Stationen, die in Übertragungsrichtung zwischen Sender und Empfänger liegen. Das Verfahren hat aber die bemerkenswerte Eigenschaft, mehr als 100% der Nennübertragungsleistung erbringen zu können. Bei geeigneten Sender/-Empfänger-Konstellationen kann der Ring nämlich in Teilabschnitte zerfallen, wie in Abb. 3-34 dargestellt, wobei die Sender/Empfänger-Paare jeweils mit voller Geschwindigkeit kommunizieren können.

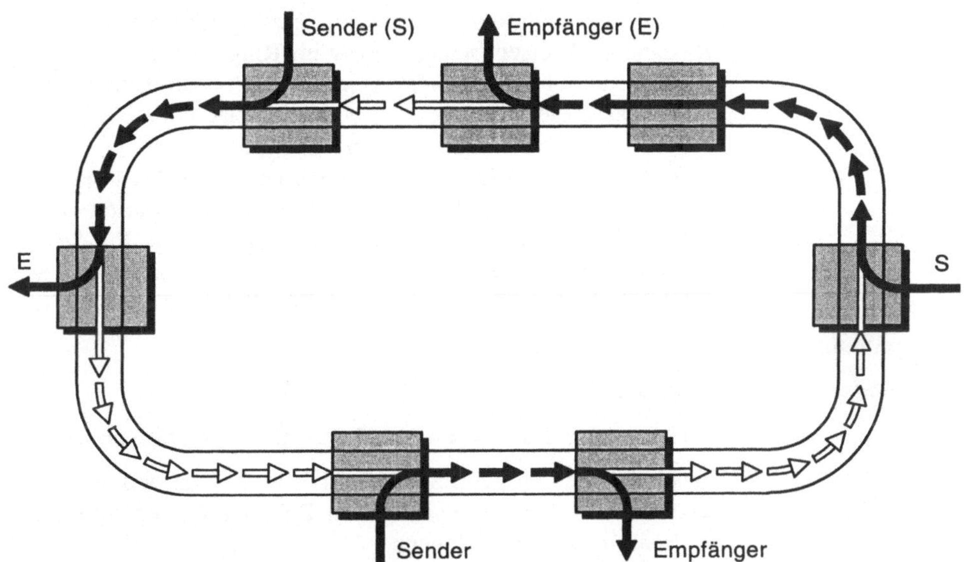

Abb. 3-34. Operation mehrerer unabhängiger Sender-/ Empfängerpaare in einem Ring

3.1.9.2 Cambridge-Ring

Beim Cambridge-Ring ist die sendende Station dafür zuständig, die gesendete Information wieder vom Ring zu entfernen. Sie darf den mit der gesendeten Information zu ihr zurücklaufenden *Slot* nicht sofort wieder benutzen, um weitere Daten zu transferieren, sondern muss ihn als frei kennzeichnen und zur nächsten Station weiterleiten. Dadurch wird das Blockieren eines *Slots* durch eine Station (*hogging*) ausgeschlossen, und alle Stationen erhalten reihum in gleicher Weise Gelegenheit zu senden (*round robin scheme*), d.h. das Verfahren ist fair.

Das Rahmenformat beim Cambridge-Ring ist in Abb. 3-35 dargestellt.

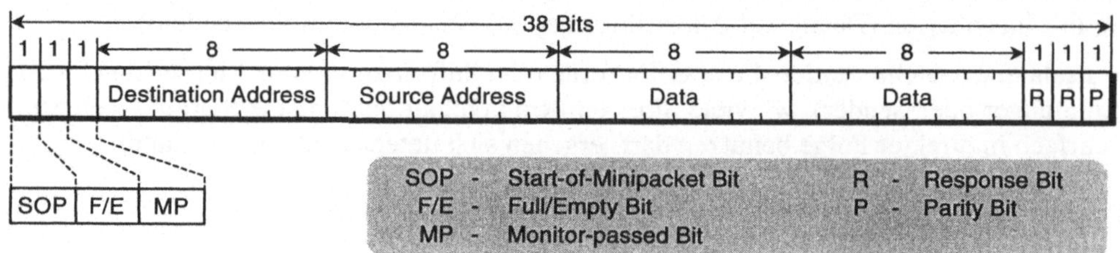

Abb. 3-35. Struktur eines Minipaket-Rahmens beim Cambridge-Ring

Start of Minipacket	Dieses Bit kennzeichnet den Beginn eines Minipaket-Rahmens.
Full/Empty Bit	Zeigt den Belegungszustand des Minipaket-Rahmens an.
Monitor-passed Bit	Dient der Überprüfung der im Ring kreisenden Minipaket-Rahmen. Beim Cambridge-Ring gibt es – ähnlich wie beim Token-Ring – eine Monitor-Station, die als ausgezeichnete Station den Ring initialisiert, Statistiken führt und darüber hinaus die korrekte Funktion des Rings überwacht. Dazu gehört vor allem, das permanente Kreisen belegter *Slots* im Ring zu verhindern. Eine solche Situation kann eintreten, wenn durch einen Übertragungsfehler das Besetzt-Bit gesetzt werden sollte oder eine Station während des Sendens ausfällt und dann nicht mehr in der Lage ist, den *Slot* wieder freizugeben. Um eine solche Situation erkennen und bereinigen zu können, setzt die Monitor-Station das von der sendenden Station gelöschte *Monitor-passed*-Bit. Ein *Slot*, bei dem dieses Bit bei der Ankunft im Monitor bereits gesetzt ist, wird durch Löschen des Besetzt-Bits grundsätzlich als frei markiert.
Destination Address	Zieladresse.
Source Address	Absenderadresse.
Data	Pro Minipaket-Rahmen können 2 Datenbytes übertragen werden.
Response Bits	Diese Bits werden beim Senden auf B'11' gesetzt und zeigen der sendenden Station – wenn sie den Rahmen wieder empfängt – die Reaktion des Empfängers:

RR = B'00'   Paket zurückgewiesen, da Station nicht empfangsbereit (z.B. kein Empfangspuffer frei).

RR = B'01'   Annahme des Pakets durch Empfänger verweigert; beim Cambridge-Ring können Stationen über das *Source-Select*-Register vorwählen, ob sie von allen, von keiner oder nur von einer bestimmten Adresse Pakete empfangen wollen.

RR = B'10'   Paket von Empfänger übernommen.

RR = B'11'   Keine Reaktion des Empfängers (Bits unverändert): Station mit der angegebenen Adresse existiert nicht oder ist abgeschaltet.

Parity	Paritätsbit zur Rahmensicherung.

Der Cambridge-Ring arbeitet mit einer Übertragungsgeschwindigkeit von 10 Mbps auf verdrillten Kabeln (zwei Doppeladern). Der Repeater-Abstand, d.h. der Abstand zwischen zwei Stationen darf 200 m nicht übersteigen, sollte i. Allg. sogar unter 100 m liegen. Die eigentlichen Repeater in ihrer Funktion als Signalregeneratoren werden nicht über die angeschlossene Station, sondern über das Netz mit Strom versorgt.

Die Verzögerung durch einen Repeater beträgt drei Bitzeiten, also 300 ns, die Verzögerung durch das Kabel 5 ns pro Meter. Auf der Basis dieser Werte lässt sich der Informationsinhalt eines Rings in Bits berechnen. Bei den meisten installierten Ringen ist er so gering, dass nur ein oder zwei *Slots* unterzubringen sind. Um zwei *Slots* von 38 Bits Länge unterbringen zu können, muss ein Ring beispielsweise 1000 m lang sein mit mindestens 10 Teilnehmerstationen.

Die Ringverzögerung (Signalumlaufzeit) wird i. Allg. kein ganzzahliges Vielfaches eines *Slot* sein; der Zwischenraum (*gap*) zwischen dem letzten und dem ersten *Slot* wird mit Nullen aufgefüllt.

Das Charakteristikum des Cambridge-Rings im Besonderen und der *Slotted*-Ringe im Allgemeinen ist die geringe Minipaketlänge. Selbst bei Datenpaketen ist der Anteil der Nutzinformation nur 16/38, der Overhead also mindestens 58%. Neben den Datenpaketen fließen aber noch eine Reihe von Kontrollpaketen der MAC-Ebene, und die Datenpakete der MAC-Ebene enthalten häufig auch Kontrollinformation der höheren Ebenen, so dass der tatsächliche Overhead bezogen auf die eigentliche Nutzinformation noch erheblich höher ist.
Es wird eine Hierarchie von Protokollen benötigt, um Daten in benutzerüblichen Einheiten über den Ring zu transportieren. Die Notwendigkeit, Daten 16-Bit-weise über den Ring zu transportieren, ist besonders ungünstig, wenn größere Datenmengen zu übertragen sind, und ein Overhead von ca. 60% ist für diese Art von Verkehr sehr hoch. Völlig anders ist die Situation, wenn Daten in kleinen Einheiten übertragen werden müssen (etwa byteweise, wie für Terminaleingaben typisch); hierfür ist der Cambridge-Ring sehr gut geeignet und arbeitet vergleichsweise effizient. Das Verhalten gegenüber unterschiedlichen Lasten ist beim Cambridge-Ring also deutlich anders als bei den vorher besprochenen, standardisierten LANs, die bei Verwendung großer Rahmenlängen besonders effizient arbeiten, bei sehr kleinen Blocklängen aber extrem ineffizient sind.

Das zweite bemerkenswerte Faktum ist die der intuitiven Vorstellung widersprechende geringe Anzahl von *Slots* auf einem typischen Ring. Zum einen führt sie zu einer erheblichen Vergeudung von Übertragungsleistung durch das *Gap*, das ja maximal *Slot*-Größe haben und somit bei einem 1-*Slot*-Ring bis zu 50% der Übertragungsleistung ausmachen kann; zum anderen gehen dadurch spezifische Eigenschaften des Verfahrens verloren. Tatsächlich ist ein 1-*Slot*-Ring nichts anderes als ein funktional abgemagerter Token-Ring mit fester und extrem kleiner Rahmenlänge.

Bei zukünftigen LANs, die auf der Basis von Lichtwellenleitern über sehr viel größere Entfernungen mit erheblich höherer Geschwindigkeit arbeiten, sind die Randbedingungen für das *Slotted-Ring*-Prinzip günstiger. Durch feste Zuordnung von *Slots* kann relativ leicht die Möglichkeit geschaffen werden, isochronen Verkehr zu übertragen. Das Nachfolgesystem, der *Cambridge Fast Ring*, hat diese Fähigkeit.

3.2 Nebenstellenanlagen

Nebenstellenanlagen (NStAnl) sind private Vermittlungseinrichtungen, an die mehrere Teilnehmerendeinrichtungen (Nebenstellen) über Nebenstellenanschlussleitungen angeschlossen werden und die durch eine oder mehrere Hauptanschlussleitungen (Amtsleitungen) mit dem öffentlichen Fernmeldenetz verbunden sind [9]. Die Vermittlung (Durchschaltevermittlung, Kanalvermittlung, *Switching*) erfolgt derart, dass die vermittelnde Einrichtung transparent ist, sobald die Verbindung aufgebaut ist; dadurch haben die kommunizierenden Partner Protokollfreiheit, da netzseitig diesbezüglich keine Vorgaben erforderlich sind.

Nebenstellenanlagen haben zwei Aufgaben:

- Sie vermitteln interne Verbindungen zwischen Nebenstellen (gebührenfrei).

- Sie stellen über Hauptanschlussleitungen Verbindungen zwischen lokalen Nebenstellen und entfernten Teilnehmern her.

Bei großen Unternehmen macht der Internverkehr einen großen Teil der Gesamtlast einer Nebenstellenanlage aus. Beim Internverkehr können den Teilnehmern durch die Nebenstellenanlage zusätzliche Leistungsmerkmale angeboten werden, die im öffentlichen Netz nicht verfügbar sind, insbesondere solche, die den Benutzungskomfort erhöhen.

Es gibt verschiedene Arten von Nebenstellenanlagen:

- Fernsprech-Nebenstellenanlagen
  Diese dienen der Vermittlung des Sprachverkehrs und sind am weitesten verbreitet. Sie werden seit langem auch für die Datenkommunikation mitbenutzt; allerdings läuft der Datenverkehr über Sprechwege, d.h. über Zusatzeinrichtungen wie Modems (Modem = Modulator/Demodulator) werden die Daten übertragungstechnisch wie Sprache behandelt.

- Telex-Nebenstellenanlagen

- ISDN-Nebenstellenanlagen

  Diese Anlagen sind dafür konzipiert, Sprach-, Text- und Datenverkehr in gleichberechtigter und integrierter Weise abzuwickeln; sie werden als integrierte Nebenstellenanlagen (ISPBX = *Integrated Services Private Branch Exchange*) bezeichnet und mit der allgemeinen Einführung des ISDN voll zum Tragen kommen.

Nützlich für die Charakterisierung von Nebenstellenanlagen ist die vor allem im englischen Sprachraum verbreitete Unterscheidung nach Generationen:

1. Generation: Hierbei handelt es sich um elektromechanische Vermittlungseinrichtungen zum Aufbau analoger Verbindungen. Sie sind geeignet für Sprachverkehr und für einfachen Datenverkehr über Modems.

2. Generation: Anlagen der 2. Generation sind aus elektronischen Komponenten aufgebaut und besitzen eine speicherprogrammierte Steuerung. Außer in der Steuerung arbeiten sie noch weitgehend analog. Eingesetzt werden diese Anlagen für den Sprachverkehr, aber auch schon in größerem Umfang für den Datenverkehr, der aber immer noch unter Einsatz von Zusatzbausteinen über Sprechwege abgewickelt wird. Die elektronische Steuerung gestattet aber die Bereitstellung einer Reihe zusätzlicher Leistungsmerkmale. Diese Anlagen sind heute noch weit verbreitet.

3. Generation

Bei den Anlagen der 3. Generation handelt es sich um volldigitale Anlagen mit speicherprogrammierter Steuerung und integrierter Sprach-/Datenkommunikation. Die durchgängige Digitalisierung bis in die Teilnehmeranschlussleitungen erlaubt den gleichrangigen Anschluss unterschiedlicher digitaler Endgeräte.

Die Anlagen haben eine verteilte Architektur, die es – konsequent entwickelt – erlaubt, abgesetzte Einheiten zu installieren und zu einer Gesamtanlage zusammenzuschalten. Die Anlagen sind blockierungsfrei ausgelegt, d.h. unter allen Betriebszuständen kann zwischen einer freien Zubringerleitung und einer freien Abnehmerleitung eine Verbindung geschaltet werden. Manche der Anlagen bieten einen LAN-Anschluss (meist Ethernet).

In allen Fällen werden a/b-Schnittstellen zum Anschluss der existierenden analogen Endgeräte (vor allem Fernsprechapparate) angeboten.

Die heute angebotenen modernen Nebenstellenanlagen sind Anlagen der 3. Generation, die aber in ihrer derzeitigen Auslegung – zumindest in Deutschland – noch stark von der Sprachkommunikation her geprägt sind. Wirklich wirksam werden können diese Anlagen erst mit der Einführung des öffentlichen ISDN, und wenn die Datenkommunikation nicht nur konzeptionell gleichrangig behandelt wird.

4. Generation

Die Anlagen der 4. Generation werden in Ergänzung zu den Fähigkeiten der Anlagen der 3. Generation auch noch breitbandige digitale Kanäle vermitteln können.

Nicht nur weil damit eine Neuverkabelung mit Lichtwellenleitern im Teilnehmeranschlussbereich verbunden ist, sondern auch weil die technischen Konzepte ebenso wie die sinnvollerweise darüber abzuwickelnden Dienste für ein Breitbandnetz noch weitgehend offen sind, wird bis zu einem Regeleinsatz (d.h. außerhalb von Forschungsvorhaben und Feldversuchen) noch einige Zeit vergehen.

Wenn im Folgenden von Nebenstellenanlagen die Rede ist, so sind volldigitale Anlagen der 3. Generation gemeint.

3.2.1 Kriterien zur Beurteilung der Leistungsfähigkeit von NStAnl

Die wichtigsten Größen für eine quantitative Beurteilung einer Nebenstellenanlage sind

- der **Verkehrswert** (Verkehrsleistung) und

- die **Vermittlungsleistung**.

Der Verkehrswert kommunikationstechnischer Einrichtungen (wie z.B. Leitungsbündel, Bedienplätze, Steuerungen) ist ein Maß für die Belastung solcher Einrichtungen und wird in *Erl* (nach dem dänischen Mathematiker A. K. Erlang) angegeben.

Wenn etwa ein Leitungsbündel von 100 Leitungen mit 60 *Erl* belastet ist, so bedeutet das, dass im Mittel während einer bestimmten Bezugszeit 60 Leitungen belegt sind. Manchmal ist es günstiger, den Verkehrswert nicht für eine ganze Anordnung, sondern normiert auf eine Einheit (z.B. eine Leitung) anzugeben. Statt 60 *Erl* für ein Leitungsbündel von 100 Leitungen, würde man dann eine Belastung von 0,6 *Erl* pro Leitung für dieses Bündel angeben.

Da Kommunikationssysteme im zeitlichen Verlauf sehr ungleichmäßig belastet sind, andererseits Konzentrationsvorgänge eine wichtige Rolle spielen, ist es für die Auslegung solcher Systeme von entscheidender Bedeutung, mit den richtigen Bezugsgrößen zu arbeiten.

Bezugszeit bei der Angabe des Verkehrswertes ist die Hauptverkehrsstunde.

Die Belastung der Fernmeldenetze (insbesondere des Fernsprechnetzes) im Tagesverlauf ist dadurch gekennzeichnet, dass sie nach einem Minimum in der zweiten Nachthälfte ab etwa sieben Uhr anwächst, zwischen zehn und elf Uhr ein Maximum hat, über Mittag wieder abnimmt, am Nachmittag ein zweites Maximum hat (niedriger als das Vormittagsmaximum) und nach einem kleinen weiteren Maximum in den frühen Abendstunden absinkt. Im Wochenverlauf gibt es deutliche Einbrüche an den Wochenenden (was auch unterstreicht, dass die Last wesentlich durch die geschäftliche Nutzung der Netze verursacht wird) und im Jahresverlauf sichtbare Minderbelastungen während der Ferienzeit und zum Jahreswechsel.

Die Hauptverkehrsstunde ist nun wie folgt definiert:

> Unter der **Hauptverkehrsstunde** (HVStd, *busy hour*) versteht man diejenige Folge von vier unmittelbar aufeinander folgenden Viertelstunden, in der die über mindestens zehn Arbeitstage gemittelte Verkehrsmenge maximal ist.

Es wird unterstellt, dass die Stärke des Verkehrs während der Hauptverkehrsstunde nur statistisch um den Mittelwert – eben den Verkehrswert – schwankt und somit die für verkehrstheoretische Untersuchungen wichtige Voraussetzung erfüllt ist, dass sich die Anordnung im statistischen Gleichgewicht befindet.

Nach dieser Definition ist es klar, dass die Hauptverkehrsstunde keine universelle Größe ist, sondern für verschiedene Länder, Städte, ja sogar Nebenstellenanlagen oder Leitungsbündel unterschiedlich sein kann.

Im Fernsprechnetz wird für einen normalen Teilnehmer ein Verkehrswert von 0,05 *Erl* zugrundegelegt, 0,1 – 0,15 *Erl* für einen vielbenutzten Geschäftsanschluss.

Der Verkehrswert gibt einen Mittelwert an und sagt nichts über die Struktur der Verkehrslast aus; es lässt sich daraus beispielsweise nicht ablesen, ob die 0,1 *Erl* eines Fernsprechteilnehmers durch ein 6-Minuten-Gespräch oder sechs 1-Minuten-Gespräche pro Stunde zustande gekommen sind. Für manche Fragestellungen ist dies auch unerheblich, für Nebenstellenanlagen jedoch, die für jeden Verbindungsaufbau und -abbau Leistungen erbringen müssen, ist dies wichtig.

Bei digitalen Nebenstellenanlagen sind die Steuerungen zentralisierte Einrichtungen, die i. Allg. einen weitaus höheren Konzentrationsfaktor aufweisen als beispielsweise Leitungen und die wie andere Einrichtungen auch für einen bestimmten Verkehrswert ausgelegt sein müssen.

Die Vermittlungsleistung, angegeben in BHCA (*Busy Hour Call Attempts*) gibt an, wieviele abgehende und ankommende Rufe eine Nebenstellenanlage pro Stunde verarbeiten kann. Sie ist durch die Bearbeitungszeit pro angebotenem Anruf und damit wesentlich durch die verfügbare Prozessorleistung bestimmt.
Umgekehrt kann die erforderliche Vermittlungsleistung einer Anlage bestimmt werden, wenn der Verkehrswert und die mittlere Belegungszeit pro Anruf bekannt sind.

Wenn z.B. von einem ankommenden Verkehr von 2000 *Erl* und einem abgehenden Verkehr von 2200 *Erl* ausgegangen wird und die mittlere Belegungsdauer für ankommende Rufe 120 Sekunden und für abgehende Rufe 100 Sekunden beträgt, so ergibt sich:

$$\text{BHCA (ankommend)} = \frac{2000 \times 3600}{120} = 60.000\,,$$

$$\text{BHCA (abgehend)} = \frac{2200 \times 3600}{100} = 79.200\,.$$

Insgesamt muss die Steuerung also 139.200 Rufe pro Stunde bearbeiten können.

Da die Anforderungen statistisch eintreffen, sollten die auf der Basis von Mittelwerten über eine Stunde (ankommender und abgehender Verkehr) ermittelten Anforderungen 50% der für eine Anlage angegebenen Vermittlungsleistung nicht überschreiten. Die tragbare Auslastung einer Steuerung hängt allerdings auch noch von der erlaubten Wartezeitgrenze für anstehende Verbindungswünsche ab.

Die Berechnung der mittleren Belegungsdauer erfolgt auf der Basis des sogenannten *Call Mix*.

Ein von einer Steuerung bearbeiteter Verbindungswunsch durchläuft verschiedene Phasen und kann in jedem Stadium abgebrochen werden:

- Ruf nach Abheben des Hörers abgebrochen
- Wahlvorgang nach 1, ...,n Ziffern abgebrochen
- Kein Pfad zum gerufenen Teilnehmer frei
- Gerufener Teilnehmer besetzt
- Gerufener Teilnehmer meldet sich nicht
- Erfolgreiche Verbindung

Wenn diesen Alternativen (jeweils für ankommende und abgehende Rufe) Belegungsdauern zugeordnet werden und sie mit den relativen Häufigkeiten (*Call Mix*) gewichtet werden, kann daraus die mittlere Belegungsdauer bestimmt werden.

Große öffentliche Nebenstellenanlagen haben 500.000 bis 1.000.000 BHCA, in Zukunft auch über 1.000.000 BHCA; Nebenstellenanlagen für den privaten Bereich liegen meist deutlich darunter.

Ein qualitatives Merkmal von Nebenstellenanlagen ist die Blockierungsfreiheit. Eine Anlage arbeitet blockierungsfrei, wenn unabhängig vom Belegungszustand jeder freie Eingang jeden freien Ausgang erreichen kann (volle Erreichbarkeit). Darauf wird im nachfolgenden Abschnitt über Koppelfelder noch weiter eingegangen.

3.2.2 Aufbau einer Vermittlung

Im Allgemeinen führen Koppelanordnungen eine Konzentration bzw. Expansion durch ($M > N$ in Abb. 3-36), da die Verkehrswerte für die Anschlussleitungen gering sind. Koppelanordnungen mit gleicher Anzahl von Ein- und Ausgängen werden in Verteilstufen (Richtungswahlstufen) eingesetzt; ihnen angeschlossen sind meist aber Konzentrations- oder Expansionskoppelstufen.

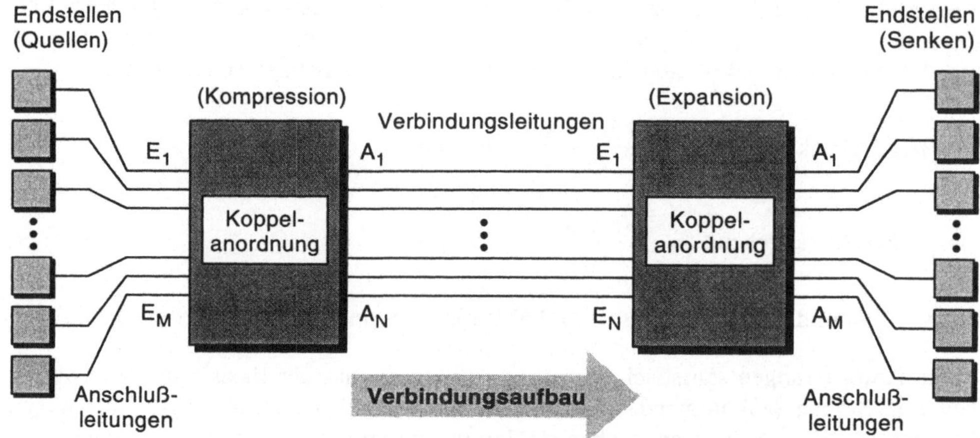

Abb. 3-36. Schematischer Aufbau einer vermittelten Verbindung

Anders als bei Leitungssystemen für den Transport materieller Güter (Wasser, Gas, Strom), bei denen Konzentration und Expansion durch einfache Querschnittsänderungen erfolgen, muss beim Informationstransport die Individualität der einzelnen Nachrichten erhalten bleiben. Nachrichtentransportsysteme gleichen deshalb eher dem Eisenbahnnetz, bei dem der Verkehr, ausgehend von Nebenstrecken, auf Hauptstrecken verdichtet und im Zielbereich wieder über Nebenstrecken zu den Endpunkten verteilt wird, wobei die Individualität der Transporteinheiten (Waggons) erhalten bleibt. Die Analogie lässt sich sogar noch weiter führen, weil auch im Eisenbahnbereich an Knotenpunkten Waggons (etwa richtungsabhängig) verschiedenen Zügen zugeordnet werden, was entsprechend eine wichtige Aufgabe von Vermittlungseinrichtungen ist und bei PCM-Systemen genau dem Bild entspricht.

Die Hauptkomponenten einer NStAnl sind:

- **Koppelanordnung (Durchschalteanordnung),**
- **Steuerwerk,**
- **Peripherie.**

3.2.2.1 Peripherie

Die Peripherie besteht aus Anschlussbaugruppen, die über die Anschlussleitungen die Teilnehmergeräte bedienen. Eine solche, für eine bestimmte Teilnehmergruppe ausgelegte Einrichtung, wird als Teilnehmersatz bezeichnet. Teilnehmersätze existieren z.B. für analoge und digitale Nebenstellen, für analoge und digitale Amtsleitungen und für Sonderfunktionen.

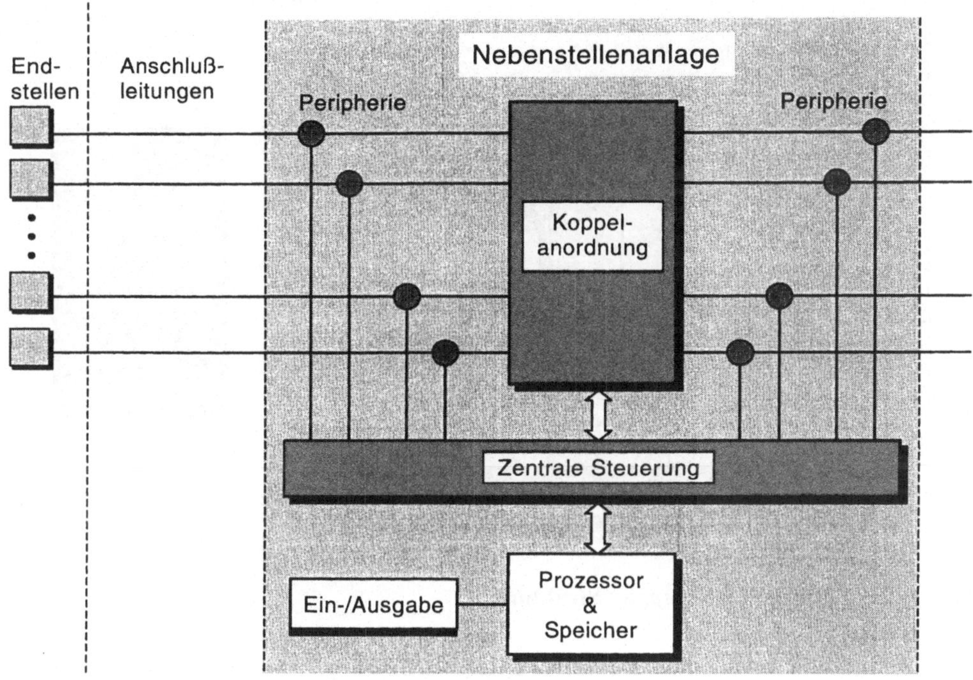

Abb. 3-37. Struktur einer Nebenstellenanlage

Gegenüber den Teilnehmergeräten muss eine NStAnl "Intelligenzfunktionen" wahrnehmen, die durch das Kunstwort **BORSCHT** charakterisiert werden:

B (*Battery Feeding*): Stromversorgung der Teilnehmergeräte durch die NStAnl
O (*Overvoltage Protection*): Überspannungsschutz
R (*Ringing*): Anrufsignalisierung
S (*Signalling*): Signalisierung der Wählinformation
C (*Coding*): Codierung = Analog/Digital-Wandlung
H (*Hybrid*): Trennung der Übertragungsrichtungen einer Vollduplex-Verbindung
T (*Testing*): Prüfzugang = Prüfung von Teilnehmeranschlussleitung und Endgerät

Da digitale Koppeleinrichtungen weder Gleichstrom schalten können noch überspannungsfest sind, müssen bei digitalen NStAnl die BORSCHT-Funktionen überwiegend in den Teilnehmersätzen realisiert werden; sie sind deshalb einmal pro Teilnehmer vorhanden, was die Kosten in die Höhe treibt.

In der praktischen Realisierung werden auf einer Anschlussbaugruppe meist mehrere Teilnehmersätze zusammengefasst. Nach innen ist die Anschlussbaugruppe über Datenleitungen mit der Koppelanordnung und über Steuerleitungen mit der zentralen Steuerung verbunden. Beide Verbindungen sind i. Allg. als Bus (Highway) ausgeführt. Die Nutzdaten mehrerer (z.B. 30) Teilnehmer werden durch eine Gruppenkoppelstufe gebündelt (Zeitmultiplex) und über den Datenbus zur Koppelanordnung geleitet, während die dazugehörenden Steuersignale über den Signalbus der zentralen Steuerung zugeführt werden (vgl. Abb. 3-38).

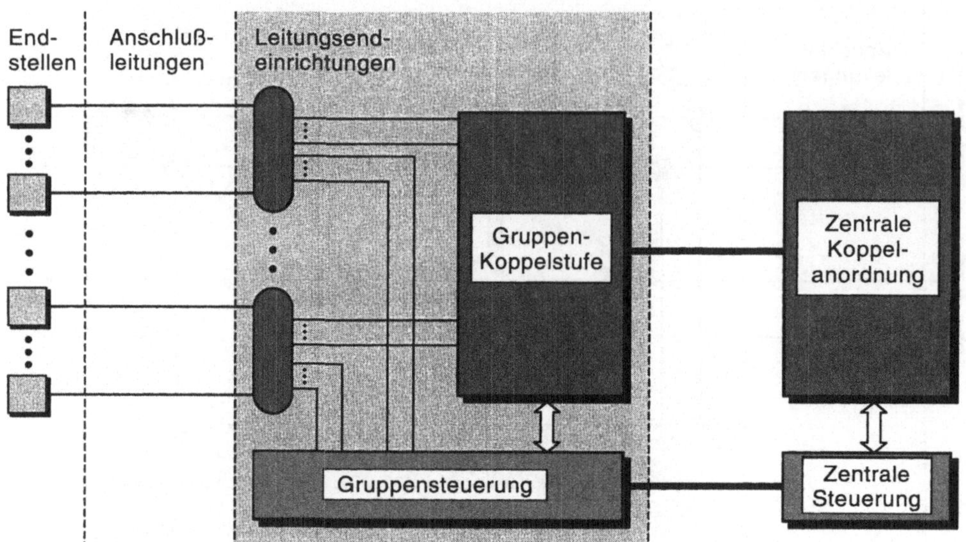

Abb. 3-38. Periphere Baugruppe: Struktur

Bei diesem Aufbau werden Teilfunktionen der Vermittlung in die Peripherie verlagert. Die dadurch entstehende hierarchische Struktur kann nicht nur zur Erhöhung der Sicherheit eines Systems beitragen, sondern ermöglicht bei konsequenter Weiterentwicklung auch das Auslagern peripherer Komponenten und damit den Aufbau räumlich verteilter Systeme.

3.2.2.2 Zentrale Steuerung

Die Netzintelligenz – im Wesentlichen konzentriert in der zentralen Steuerung – verknüpft die Komponenten einer NStAnl zu einem funktionstüchtigen Ganzen und macht auch das Kommunikationsnetz insgesamt funktionsfähig.
Da immer mehr und immer komplexere Funktionen zu realisieren sind, besteht die Tendenz, zur Entlastung der zentralen Steuerung Funktionen in den Teilnehmerbereich zu verlagern. Eine Anpassung an steigende Anforderungen kann aber auch durch eine weitere Zentralisierung vorgenommen werden, indem Aufgaben funktionsspezifisch dafür besonders leistungsfähigen Steuerungskomponenten zugeordnet werden.

Moderne Nebenstellenanlagen sind rechnergesteuert; d.h., die Steuerungsfunktionen werden durch ein im Programmspeicher niedergelegtes Steuerprogramm realisiert (SPC = *Stored Program Control;* speicherprogrammierte Steuerung).

Die Grundaufgaben der Steuerung sind:

- **Vermittlung,**

- **Betriebsunterstützung** und

- **Verwaltung.**

Die wesentlichen Vermittlungsaufgaben sind Aufbauen, Überwachen und Abbauen von Verbindungen. In diesem Zusammenhang ist das Koppeln und das Signalisieren wichtig; dazu gehört aber auch die Auswahl eines von evtl. mehreren geeigneten Leitungsbündeln (*Routing*).

Zu den Aufgaben der betrieblichen Unterstützung zählen die Erfassung der Betriebs- und Verkehrsdaten sowie Maßnahmen zur Erhöhung der Betriebssicherheit.

Bei rechnergesteuerten Systemen stellt das Erfassen und Speichern von Betriebs- und Verkehrsdaten kein grundsätzliches technisches Problem dar.

Sehr wichtig und sehr viel schwieriger lösbar ist bei zentralen Einrichtungen das Sicherheitsproblem, insbesondere wenn – wie bei Kommunikationseinrichtungen – sehr hohe Anforderungen an die Verfügbarkeit gestellt werden.

Um die geforderte Ausfallrate von $\lambda = 5 \times 10^{-6}\ h^{-1}$ ($\approx$ ein Ausfall pro 23 Jahre) für einen Totalausfall im 24-Stunden Betrieb [9] gewährleisten zu können, müssen bereits bei der Auslegung entsprechende Vorkehrungen getroffen werden.

Die Ausfallrate einer Komponente ist bestimmt durch die Ausfallraten der Bausteine, aus denen sie aufgebaut ist. Die Ausfallraten elektronischer Bausteine liegen während der Betriebsbrauchbarkeitsdauer (das ist die Zeitspanne zwischen den Frühausfällen (Einbrennzeit) und den Verschleißausfällen) zwischen $10^{-6}\ h^{-1}$ und $10^{-9}\ h^{-1}$; in dieser Phase ist $\lambda = 1/\text{MTBF}$ (*Mean Time Between Failure*: mittlere Zeit zwischen Ausfällen; manchmal wird auch MTTF (*Mean Time To Failure*: mittlere Zeit bis zum Ausfall) verwendet).

Bei kleinen Nebenstellenanlagen im privaten Bereich, bei denen die entscheidenden, zentralisierten Funktionen durch wenige VLSI-Bausteine ($\lambda \approx 10^{-7}\ h^{-1}$) erbracht werden, kann die geforderte Sicherheit heute schon ohne Mehrfachauslegung erreicht werden.

Bei größeren Anlagen müssen die zentralen Teile zur Erreichung der geforderten Betriebssicherheit jedoch doppelt ausgelegt werden.

Es gibt verschiedene Möglichkeiten, den Betrieb von doppelt ausgelegten Bauteilen zu organisieren.

1. Aktive Reserve (*hot standby*)

    Hierbei bearbeiten zwei identische Einheiten, die beide in gleicher Weise mit allen Eingangssignalen versorgt werden, alle Aufgaben, wobei die Ergebnisse der Reserveeinheit jedoch nicht verwertet werden. Da beide Komponenten immer den gleichen "Wissensstand" haben, kann im Störungsfall die Reserveeinheit nahezu unterbrechungsfrei die Aufgaben der gestörten Einheit übernehmen.

    Es ist offensichtlich, dass bei dieser Anordnung eine dritte Komponente benötigt wird, der Vergleicher, der die Ergebnisse der beiden parallel betriebenen Einheiten miteinander vergleicht; je nachdem, ob dieser Vergleich nur bei den Endergebnissen oder auch bei Zwischenschritten erfolgt, spricht man von synchronem oder mikrosynchronem Parallellauf.

    Der Vorteil dieser Vorgehensweise ist, dass die Ergebnisse der Betriebssteuerung permanent von außen überwacht werden. Der Nachteil besteht darin, dass die Vergleichseinheit eine zusätzliche Komponente ist, die selbst auch mit einer endlichen Fehlerwahrscheinlichkeit behaftet ist und deshalb in die Gesamtrechnung mit einbezogen werden muss (versagende Überwachungseinrichtungen, die vorhandene Fehler nicht anzeigen oder Fehlalarme auslösen sind bei technischen Einrichtungen keine Seltenheit).

Wenn der Vergleicher eine Differenz meldet, so liegt damit zunächst nur ein Indiz für eine Fehlfunktion vor; insbesondere gibt es keine Information darüber, welche der beiden Komponenten falsche Ergebnisse liefert. Die Komponenten müssen also über Selbsttesteinrichtungen verfügen, die es gestatten, die gestörte Einheit zu identifizieren.

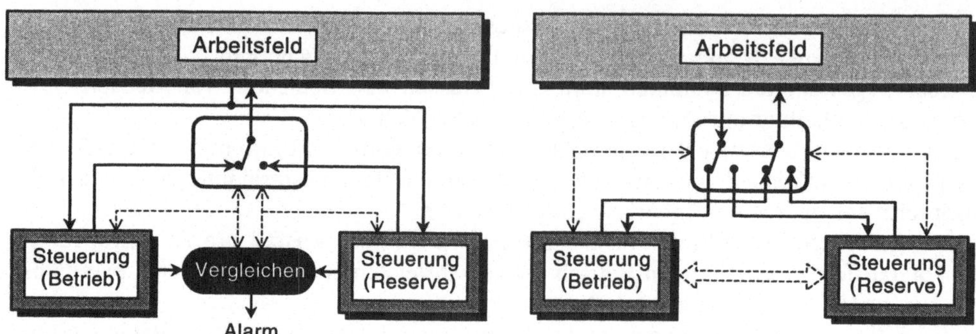

Abb. 3-39. Möglichkeiten der Organisation doppelt ausgelegter Einheiten

2. Passive Reserve (*cold standby*)

Die logische Alternative zur aktiven Reserve ist die passive Reserve. Hierbei wird nur eine der beiden identischen Komponenten mit den Eingangssignalen versorgt und kann deshalb auch nur alleine Ergebnisse produzieren.
Eine externe Überwachung der Betriebssteuerung erfolgt nicht, die Überwachung der Funktionsfähigkeit kann nur durch Selbsttests erfolgen.
Bei Ausfall der Betriebssteuerung kann die Übernahme der Funktionen durch die Reserveeinheit nicht unterbrechungsfrei erfolgen, so dass diese Anordnung für die Verlängerung der unterbrechungsfreien Betriebszeit so nicht geeignet ist; wohl kann dadurch im Falle einer Störung die Unterbrechungsdauer drastisch verkürzt werden.
Die Wirksamkeit dieser Anordnung wird verbessert, wenn die Betriebssteuerung den jeweiligen Systemzustand entweder auf einem von beiden Einheiten zugreifbaren Speichermedium ablegt oder auf dem Wege direkter Kommunikation an die Reserveeinheit übergibt. In diesem Falle kann eine nahezu unterbrechungsfreie Übergabe erfolgen in dem Sinne, dass nur gerade in Bearbeitung befindliche Vorgänge verloren gehen. Falls eine direkte Kommunikation zwischen den beiden Einheiten vereinbart ist, kann die Reserveeinheit die aktive Einheit auch insofern überwachen, als sie feststellen kann, ob diese überhaupt noch arbeitet.

3. Lastteilung (*load sharing*)

Hierbei kommt es zwischen den beiden wiederum identischen Komponenten zu einer quantitativen Aufteilung der Last, d.h. die beiden Einheiten teilen sich die Bearbeitung der Verbindungswünsche, wobei jede aber eine übernommene Verbindung vollständig bearbeitet.
Auch bei dieser Anordnung gibt es eine externe Überwachung nur in dem Sinne, dass jede Einheit den Totalausfall der anderen feststellen kann, so dass das Feststellen von Fehlfunktionen wiederum nur durch Selbsttests erfolgen kann. Damit beim Ausfall einer der beiden Komponenten nicht notwendigerweise die betroffene Teilmenge der Verbindungen unterbrochen wird, müssen sich die beiden Komponenten über eine

direkte Verbindung (*interprocessor link*) über den Status der von ihnen bearbeiteten Verbindungen unterrichten. Um den Aufwand dafür in Grenzen zu halten, muss hingenommen werden, dass gerade in Bearbeitung befindliche Vorgänge (etwa Aufbau einer Verbindung) im Störfall bei der Übernahme unterbrochen werden.

Um zu gewährleisten, dass eine Komponente die Aufgaben der ausgefallenen Komponente mit übernehmen kann, müssen die Komponenten so ausgelegt werden, dass jede die Gesamtlast bewältigen kann. Dadurch ergibt sich für den zeitlich stark überwiegenden Normalbetrieb mit zwei parallel arbeitenden Steuerungen der Vorteil niedriger Belastung mit großen Leistungsreserven.

4. Funktionsteilung (*function sharing*)

Hierbei erfolgt zwischen den beiden Komponenten eine qualitative, d.h. funktionsbezogene Aufteilung der Last. Damit jede der beiden Komponenten gegebenfalls die Funktionen der anderen übernehmen kann, müssen auch hier die beiden Komponenten identisch sein. Damit entfällt die Möglichkeit einer leistungssteigernden Spezialisierung. Das macht diese Variante im Vergleich zur vorher beschriebenen Lastteilung nicht besonders attraktiv.

Bei allen doppelt ausgelegten Systemen ist zu berücksichtigen, dass nach Ausfall einer Komponente die verbleibende Komponente während der Reparaturzeit ohne Reserve arbeitet und damit eine erhöhte Wahrscheinlichkeit für einen Totalausfall besteht. Auch unter Berücksichtigung dieser Tatsache reicht eine Verdopplung der zentralen Komponenten jedoch aus, wenn die Reparaturzeit sich in üblichen Grenzen hält.

Es wurde bereits mehrfach erwähnt, dass Einrichtungen für eine automatische Fehlererkennung und -lokalisierung vorhanden sein müssen. Die entsprechenden Tests müssen während des laufenden Betriebs permanent durchgeführt werden. Eine nichttriviale Aufgabe ist die Fehlerabschaltung, d.h. das definierte Ausgliedern einer defekten Einheit aus dem laufenden Betrieb, und der Wiederanlauf, d.h. das störungsfreie Wiedereingliedern einer reparierten Einheit in den laufenden Betrieb. Problematisch ist auch das Prinzip des Selbsttests, weil es davon ausgeht, dass eine Komponente, die bei sich selbst eine Fehlfunktion feststellt, noch in der Lage ist, wohldefinierte Operationen durchzuführen, nämlich die Ersatzkomponente zu informieren und sich selbst aus dem laufenden Betrieb auszugliedern.

Bei allen doppelt ausgelegten Systemen können die Komponenten sich gegenseitig auf einer Zeitbasis überwachen. Wenn eine Komponente ohne definierte Fehlerabschaltung kein Lebenszeichen mehr von sich gibt, kann die zweite Komponente versuchen, sie außer Betrieb zu setzen und die Aufgaben zu übernehmen. Da die Einheiten untereinander verbunden sind (direkt über Inter-Prozessor-Verbindung und indirekt beispielsweise über Umschalteinheiten) besteht auch immer die Gefahr, dass eine defekte Einheit durch sporadisches oder permanentes Aussenden unorthodoxer Signale den Betrieb der funktionsfähigen Reserveeinheit stört.

Alle bisherigen Ausführungen bezogen sich auf die Ausfallsicherheit der Hardware. Moderne NStAnl werden aber durch Rechner gesteuert, auf denen umfangreiche und komplexe Software abläuft. Ein Richtwert für die geforderte Zuverlässigkeit lautet: maximal zwei Stunden Ausfallzeit in 30 Jahren durch Softwarefehler ([55], S.142). Wenn man bedenkt, dass in einem solchen Zeitraum mit Sicherheit mehrere Versionswechsel erforderlich sein werden und es bis heute keine Methode gibt, die Fehlerfreiheit derartiger

Programme formal nachzuweisen, dann ist jedem, der im Umgang mit Rechnern geschult ist, klar, dass diese Forderung nur schwer zu erfüllen sein wird.

Beim Betrieb einer NStAnl fallen eine Reihe von Verwaltungsaufgaben an, darunter

- die (automatische) Gebührenerfassung,

- das Erstellen von Verkehrs- und Betriebsstatistiken, die für die vorbeugende Wartung, aber auch für die Systemauslegung und Planung benötigt werden,

- das Verwalten von Leistungsmerkmalen, soweit diese durch den Betreiber zugeordnet werden (dazu gehört auch das Festlegen bzw. Feststellen von Teilnehmerberechtigungen und Teilnehmereigenschaften),

- die Bereitstellung eines oder mehrerer Bedienplätze sowie abgestufter Autorisierungen für den Betrieb der Anlage (Operateur, Manager).

3.2.2.3 Koppelanordnung

Die von den Quellen (Teilnehmern) über die **Zubringer**kanäle (Teilnehmeranschlussleitungen) an eine Vermittlungsstelle herangeführten Verbindungswünsche werden als **Verkehrsangebot** bezeichnet. Das Verkehrsangebot wird über die Koppelanordnung in die **Abnehmer**kanäle weitergeleitet. Wenn nicht das gesamte Verkehrsangebot weitergeleitet werden kann, tritt ein **Verlust** ein; dieser wird meist relativ zum Verkehrsangebot in Prozent angegeben.

Ein Verlust kann eintreten, wenn die Koppelanordnung nicht in der Lage ist, die gewünschte Verbindung herzustellen (obwohl genügend Abnehmerkanäle vorhanden sind), oder wenn nicht genügend Abnehmerkanäle vorhanden sind. Dies kann durch Wahl eines zu großen Konzentrationsfaktors geschehen, aber auch bei Richtungswahlstufen auftreten, bei denen die Zahl der Zubringer- und Abnehmerkanäle gleich ist. Da das Verkehrsangebot statistischer Natur ist (Gleichverteilung bezogen auf die Ausgangskanäle also nur ein unwahrscheinlicher Sonderfall wäre), könnte ein Verlust nur dann mit Sicherheit ausgeschlossen werden, wenn jeder der Ausgangskanäle in der Lage wäre, die Summe der Last aller Zubringerkanäle zu tragen. Wegen der statistischen Natur des Verkehrsangebots ist eine im deterministischen Sinne garantiert verlustfreie Auslegung großer Netze aus Aufwandsgründen ausgeschlossen. Der Aufwand lässt sich drastisch reduzieren, wenn geringe Verluste in Kauf genommen werden.

Beim Fernsprechverkehr wird ein Gesamtverlust von bis zu 5% (d.h. 1-2% pro Knoten) als tolerabel angesehen; dieser Wert muss vor dem Hintergrund gesehen werden, dass annähernd 25% aller Anrufe ohnedies nicht erfolgreich sind, weil der gerufene Teilnehmer entweder besetzt ist oder den Ruf nicht annimmt. Bei volldigitalen Vermittlungseinrichtungen, die ja nicht speziell für den Sprachverkehr konzipiert sind, sollte der Verlust 0,1% nicht übersteigen.

Raummultiplex-Koppeleinrichtungen

Bevor im Folgenden auf den Aufbau von Koppeleinrichtungen näher eingegangen wird, soll darauf hingewiesen werden, dass Verbindungen oder Leitungen aus mehreren (i. Allg. zwei oder vier) Adern bestehen, so dass die Koppeleinrichtungen aus entsprechend vielen parallel arbeitenden Ebenen aufgebaut sein müssen. Da dies für die Beschreibung der Prinzipien unerheblich ist, wird darauf nicht weiter eingegangen.

Grundelemente von Koppeleinrichtungen sind **Wähler** und **Koppler**. Wähler sind Elemente, bei denen ein Eingang wahlweise auf verschiedene Ausgänge geschaltet werden kann; bei Kopplern können in einer Matrixanordnung M Eingänge mit N Ausgängen verbunden werden.

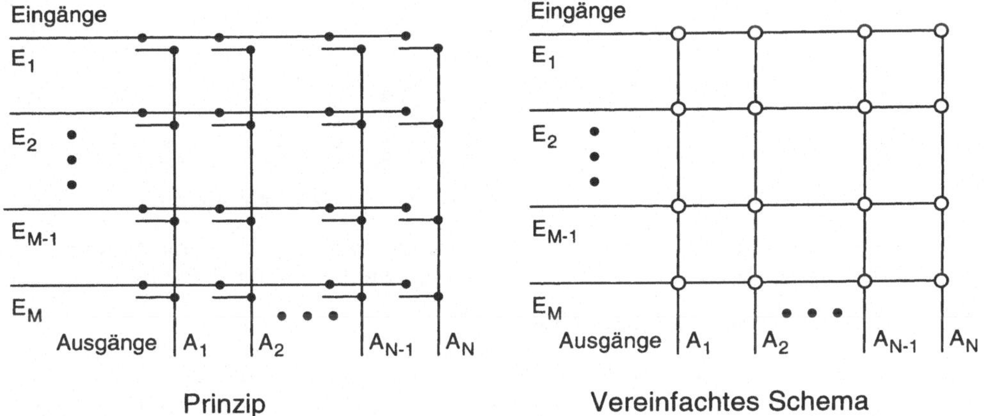

Kurzform: $M \mid N$

Abb. 3-40. Koppelmatrix

In Abb. 3-40 besteht die Koppelanordnung aus einer einzigen Koppelmatrix von $M \times N$ Koppelpunkten. Es ist offensichtlich, dass die Kontakte in den Koppelpunkten sorgfältig gesteuert werden müssen. Wenn ein Kontakt geschlossen ist (und damit die Verbindung von einer Eingangsleitung zu einer bestimmten Ausgangsleitung hergestellt ist), dürfen weitere Kontakte der gleichen Zeile oder Spalte nicht mehr geschlossen werden. Durch das Schließen weiterer Kontakte der gleichen Zeile würde der Eingang mit mehreren Ausgängen verbunden, was bei Individualverbindungen nicht zulässig ist und dem Anliegen der Konzentration widerspricht (bei definierter Steuerung könnten so allerdings *Multicasts* realisiert werden); durch das Schließen mehrerer Schalter einer Spalte würden mehrere Eingänge auf den gleichen Ausgang geschaltet, was sinnlos ist.

Die Anordnung hat den Vorteil, blockierungsfrei zu sein, da von jedem Eingang aus jeder freie Ausgang unabhängig vom Belegungszustand erreichbar ist. Sie hat den Nachteil, sehr aufwändig zu sein, da die Zahl der Koppelpunkte ($Z = M \times N$) quadratisch mit der Zahl der Teilnehmer wächst (wenn M wächst, muss – wenn die Verkehrswerte unverändert bleiben – N entsprechend mitwachsen). Die Zahl der Koppelpunkte pro Teilnehmer wächst mit der Anzahl der Teilnehmer und kann sehr groß werden. Bei einem Verkehrswert von 0,1 *Erl* pro Teilnehmer und $M = 10.000$ muss $N = 1000$ sein, d.h., die Zahl der Koppelpunkte pro Teilnehmer ist in diesem Fall 1000.

Eine solche einstufige Anordnung ist deshalb für große Teilnehmerzahlen aus Aufwandsgründen nicht geeignet. Die Lösung besteht darin, statt eines großen Koppelfeldes mehrere kleine Koppelfelder vorzusehen. Damit nach wie vor jeder Teilnehmer an einer der kleinen Koppelstufen jeden Ausgang erreichen kann, muss nun, wie in Abb. 3-41 a) dargestellt, eine zweite Koppelstufe nachgeschaltet werden. Die Stufen einer Koppelanordnung werden der Reihe nach mit A, B, C,... bezeichnet.

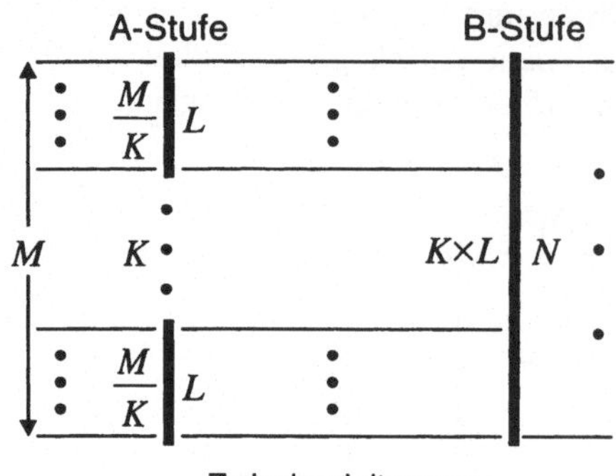
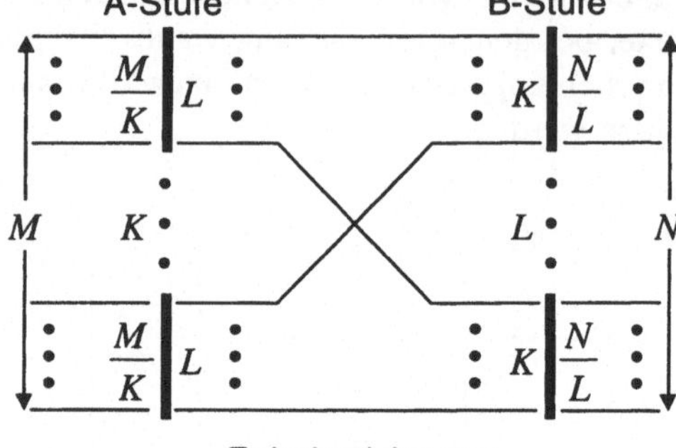

a) Einfache Anordnung mit einem
   Koppelfeld in der B-Stufe

b) Verbesserte Anordnung mit mehreren
   Koppelfeldern in der B-Stufe

Abb. 3-41. Zweistufige Koppelanordnungen

Die Verbindungen zwischen den Koppelfeldern der verschiedenen Stufen heißen Zwischenleitungen (*links*). Bei der Anordnung in Abb. 3-41 a) beträgt die Zahl der Koppelpunkte

$$Z = K \times \frac{M}{K} \times L + K \times L \times N.$$

Mit den Zahlen des Beispiels von vorhin ($M = 10.000$, $N = 1000$) und $K = 100$ und $L = 10$ ergibt sich daraus

$$Z = 10.000 \times 10 \text{ (A-Stufe)} + 100 \times 10 \times 1000 \text{ (B-Stufe)}$$

$$= 1.100.000,$$

und die Zahl der Koppelpunkte pro Teilnehmer (Z/M) ist 110.

Diese Anordnung ist intern blockierungsfrei. Wegen der Auslegung für einen Verkehrswert von 0,1 *Erl* ($M/K = 10 \times L$) kann es (ebenso wie bei einstufiger Anordnung) in der Eingangsstufe zu einer Blockierung kommen.

Das Beispiel zeigt, dass nun die B-Stufe mit Abstand die meisten Koppelpunkte aufweist, und es liegt nahe, auch die B-Stufe in mehrere kleinere Koppelfelder aufzubrechen wie in Abb. 3-41 b) gezeigt.

Bei dieser Anordnung beträgt die Zahl der Koppelpunkte :

$$Z = K \times \frac{M}{K} \times L + K \times \frac{N}{L} \times L + K \times N.$$

Mit den Zahlen des Beispiels ist demnach die Zahl der Koppelpunkte 200.000 und die Zahl der Koppelpunkte pro Teilnehmer 20.

Die Zwischenleitungen wurden systematisch so gewählt, dass zwischen jedem Koppelfeld der A-Stufe und jedem Koppelfeld der B-Stufe genau eine Zwischenleitung existiert. Bei dieser Anordnung besteht volle Erreichbarkeit jedes Ausgangs von jedem Eingang aus, jedoch nur bei unbelastetem System. Wenn zwischen einem Paar von Koppelfeldern der A- und B-Stufe bereits eine Verbindung besteht, dann sind – da zwischen jedem Paar nur eine Zwischenleitung existiert - alle weiteren Ausgänge dieses Koppelfeldes der

B-Stufe für alle weiteren Eingänge des Koppelfeldes der A-Stufe nicht mehr erreichbar; die Anordnung ist also nicht blockierungsfrei.

Durch die Einführung weiterer Koppelstufen kann die Zahl der Koppelpunkte pro Teilnehmer u.U. noch weiter verringert werden; allerdings steigt die Zahl der Zwischenleitungen, so dass in Abhängigkeit von Teilnehmerzahl und Verkehrswert ein Kostenoptimum gesucht werden muss.

Die Wegsuche, d.h. die Auswahl eines Pfades durch die Koppelanordnung, ist eine wichtige Aufgabe der Steuerung. Bei den bisher gezeigten Anordnungen existierte zwischen jedem Ein- und Ausgang genau ein Pfad; bei mehrstufigen Anordnungen können aber mehrere Pfade existieren, und es ist die Aufgabe der Steuerung, einen zu suchen und durchzuschalten. Im Übrigen besteht die Notwendigkeit, Verbindungen zwischen fest bestimmten Ein- und Ausgängen zu schalten, nur bei ankommenden Rufen, wenn ein auf einer bestimmten Leitung eines Leitungsbündels ankommender Ruf zu einem bestimmten Teilnehmer vermittelt werden muss. Bei abgehenden Rufen genügt es, den Teilnehmer auf irgendeine freie Leitung eines bestimmten abgehenden Leitungsbündels zu schalten; dadurch wächst die Zahl der möglichen Pfade, und die Wahrscheinlichkeit einer Blockierung nimmt ab.

Auch mehrstufige Koppelanordnungen können blockierungsfrei ausgelegt werden. Für quadratische Koppelanordnungen ($M = N$) hat C. Clos [27] ein Schema mit nicht blockierender, regulärer Zwischenleitungsanordnung angegeben. In Abb. 3-42 ist eine dreistufige Clos'sche Anordnung dargestellt.

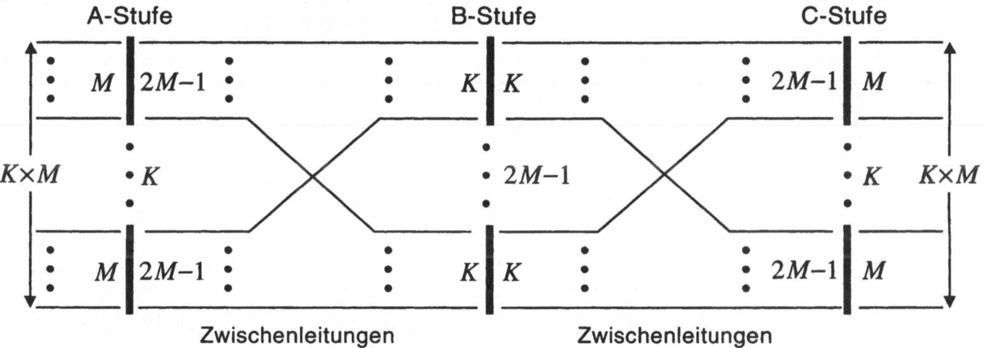

Abb. 3-42. Dreistufige Clos'sche Koppelanordnung

Der Kern der Vorgehensweise besteht darin, auf der Zwischenstufe (B-Stufe) mit $2M - 1$ quadratischen Koppelfeldern zu arbeiten.

Am Beispiel $M = 3$ (vgl. Abb. 3-43) wird erläutert, dass die Anordnung dadurch blockierungsfrei ist. In diesem Beispiel besteht die B-Stufe aus $2M - 1 = 5$ quadratischen Koppelfeldern. Der ungünstigste Fall der Zwischenleitungsvergabe tritt ein, wenn von je einem Koppelfeld der A- und C-Stufe schon 2 (allgemein $M - 1$) Ein- bzw. Ausgänge belegt sind, und zwar nicht durch Verbindungen miteinander, so dass bereits 4 (allgemein $2M - 2$) Koppelfelder der B-Stufe für Verbindungen zwischen diesen Koppelfeldern blockiert sind. Da die B-Stufe aber aus 5 (allgemein $2M - 1$) Koppelfeldern besteht, ist immer noch ein Koppelfeld der B-Stufe vorhanden, um den letzten der 3 (M) Ein- bzw. Ausgänge der betreffenden Koppelfelder der A- bzw. C-Stufe miteinander verbinden zu können.

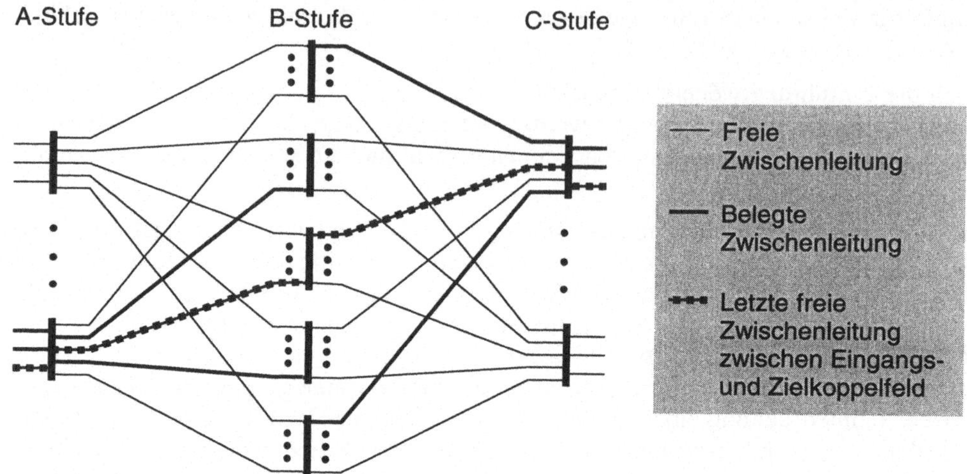

Abb. 3-43. Beispiel für eine dreistufige Clos'sche Zwischenleitungsanordnung

Das Clos'sche Prinzip der Zwischenleitungsanordnung ist auch auf Anordnungen mit mehr als drei Stufen übertragbar, indem die B-Stufe wiederum durch eine dreistufige Clos'sche Anordnung ersetzt wird. Clos hat auch die Formeln für die Berechnung der Anzahl der Koppelpunkte angegeben.

Anzahl Ein-/Ausgänge	Anzahl Koppelpunkte		
	$S = 1$	$S = 3$	$S = 5$
20	400	477	612
27	729	761	945
64	4096	2.880	3.248
100	10.000	5.700	6.091
200	40.000	16.371	16.016
500	250.000	65.582	56.685
1.000	1.000.000	186.737	146.300
5.000	25.000.000	2.106.320	1.298.858
10.000	100.000.000	5.970.000	3.308.488
Anzahl Koppelpunkte für S-stufige Clos'sche Koppelanordnungen			

Die Tabelle zeigt, dass bei kleinen Teilnehmerzahlen die mehrstufige Auslegung wenig bringt, bei großen Teilnehmerzahlen jedoch in erheblichem Umfang Koppelpunkte eingespart werden können; noch mehr Koppelpunkte lassen sich jedoch bei mehrstufigen Anordnungen einsparen, wenn eine geringe Blockierungswahrscheinlichkeit zugelassen wird.

Zeitmultiplex-Koppeleinrichtungen

Bisher wurden "klassische" Koppeleinrichtungen zwischen verschiedenen physikalischen Leitungen beschrieben, die auch als Raummultiplex (Raumvielfach) bezeichnet werden. Bei volldigitalen Systemen spielen Zeitmultiplex (Zeitvielfach) und Kombinationsvielfach eine sehr wichtige Rolle. Diese sind den herkömmlichen Raummultiplex-Koppelanordnungen äquivalent.

Basis der digitalen Übertragungstechnik ist der 64-kbps-Sprachkanal. Dieser kommt dadurch zustande, dass das analoge Sprachsignal mit einer Abtastrate (*sample rate*) von 8 kHz (d.h. alle 125 µs) mit einer Auflösung von 8 Bits digitalisiert wird. Aufbauend auf diesem Basiskanal mit 64 kbps gibt es eine Hierarchie von Multiplex-Systemen, beginnend mit dem PCM30-System, bei dem dreißig 64-kbps-Nutzkanäle (+ 2 Hilfskanäle) im Zeitmultiplex über eine 2,048-Mbps-Leitung übertragen werden.

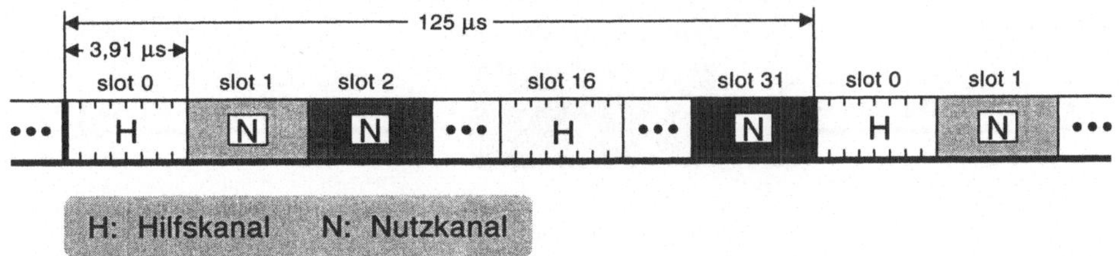

Abb. 3-44. Zeitrahmen beim PCM30-System

Dazu wird ein Zeitrahmen von 125 µs (jeder 64 kbps-Kanal liefert alle 125 µs ein 1 Byte langes Codewort) in 32 Zeitschlitze (*slots*) von 3,9 µs Dauer unterteilt, von denen jeder (außer den beiden Hilfskanälen) einem 64-kbps-Nutzkanal für die Dauer einer Verbindung fest zugeordnet wird. Die Position eines Zeitschlitzes im Zeitrahmen wird als Zeitlage bezeichnet; jeder 64-kbps-Nutzkanal hat somit nach dem Zeitschlitz, den er einnimmt, eine bestimmte Zeitlage.

Ziel einer PCM-Vermittlungsstelle ist es, solche als Zeitlagen auf einer Multiplex-Leitung befindlichen 64-kbps-Kanäle auf andere Multiplex-Verbindungen zu vermitteln, ohne – wie dies bei herkömmlichen Vermittlungseinrichtungen notwendig wäre – die Multiplex-Verbindung zunächst in Einzelleitungen aufzuspalten, um diese dann vermitteln zu können.

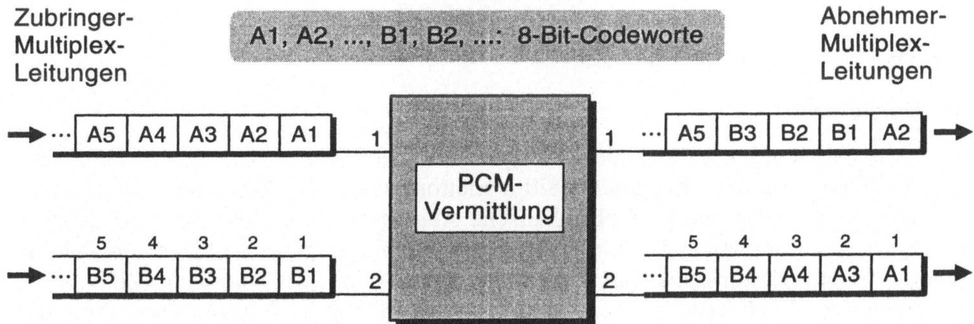

Abb. 3-45. Aufgabe einer PCM-Vermittlung

Wie in Abb. 3-45 gezeigt, werden die Kanäle (Zeitlagen) der Zubringer-Multiplexleitungen durch die PCM-Vermittlung zu den verschiedenen Abnehmer-Multiplexleitungen vermittelt, wobei sie u.U. ihre Zeitlage ändern (d.h. ihre Position im Zeitrahmen der Abnehmerleitung ist eine andere als in der Zubringerleitung); dies geschieht notwendigerweise dann, wenn zwei Codeworte (Nutzinhalte von Zeitschlitzen), die in zwei verschiedenen Zubringerkanälen die gleiche Zeitlage haben, auf die gleiche Abnehmerleitung vermittelt werden müssen. Die Grundaufgaben einer PCM-Vermittlung sind somit wie in Abb. 3-46 schematisch dargestellt:

- **Zeitlagenvielfach,**

- **Raumlagenvielfach,**

- **Kombinationsvielfach.**

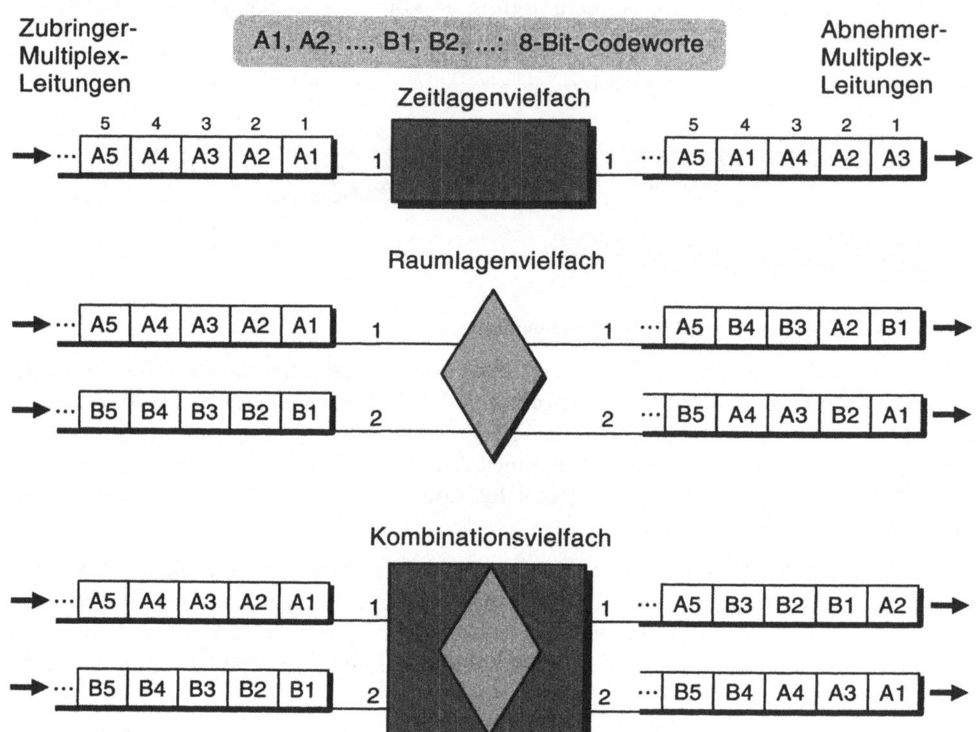

Abb. 3-46. Grundelemente digitaler PCM-Vermittlungen

Zeitlagenvielfach

Beim Zeitlagenvielfach werden die Zeitlagen der Codeworte zwischen der Zubringer-Multiplexleitung und der Abnehmer-Multiplexleitung verändert. Da es nur eine physikalische Zubringerleitung und eine physikalische Abnehmerleitung gibt, ist ein Kanal auf der Eingangsseite eindeutig durch die Zeitlage (Nummer des Zeitschlitzes) im Zeitrahmen der Zubringerleitung und auf der Ausgangsseite eindeutig durch die Zeitlage im Zeitrahmen der Abnehmerleitung bestimmt. Die Zuordnung ist fest und wiederholt sich bei jedem Zeitrahmen. Wenn ein Codewort ausgangsseitig einem Zeitschlitz niedrigerer Nummer zugeordnet ist als eingangsseitig, so kann es erst im nächstfolgenden Zeitrahmen übertragen werden. Ein Zeitlagenvielfach muss also die Codeworte zwischenspeichern, um eine Umordnung vornehmen zu können. Die Codeworte der Zubringer-Multiplexleitung werden sequentiell in den sogenannten Sprachspeicher eingespeichert. Die Ordnung der Zeitlagen für die Abnehmer-Multiplexleitung ist im Haltespeicher niedergelegt, d.h. die Werte dieses Speichers werden als Zeiger für den Sprachspeicher beim Auslesevorgang benutzt. Der Haltespeicher wird zyklisch durchlaufen und steuert den Auslesevorgang. Sprach- und Haltespeicher haben jeweils so viele Positionen wie ein Zeitrahmen Zeitschlitze hat.

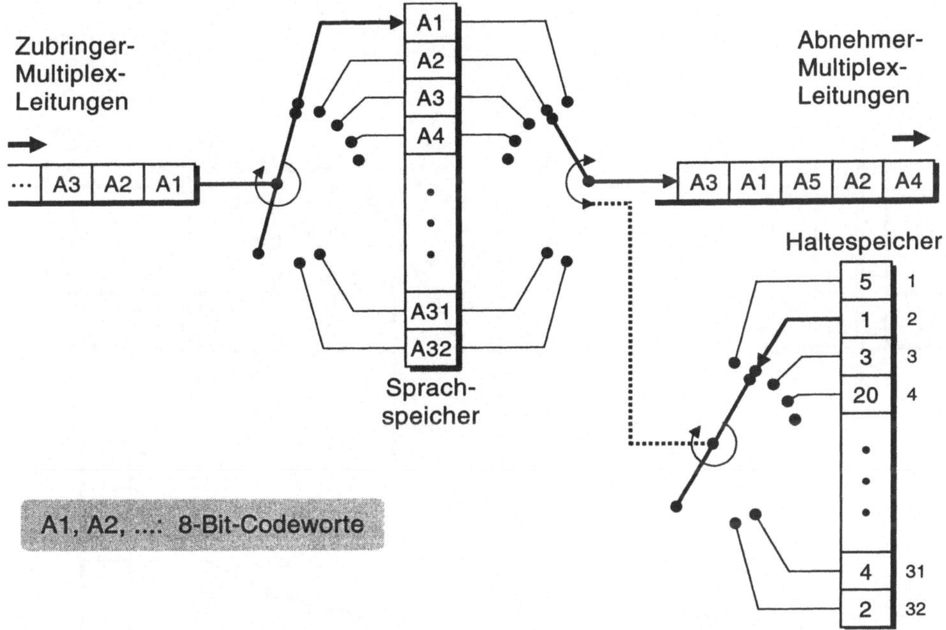

Abb. 3-47. Funktionsprinzip des Zeitlagenvielfachs

Raumlagenvielfach.

Bei einem reinen Raumlagenvielfach ist kein Sprachspeicher erforderlich, da die Zeitlagen unverändert bleiben und nur im richtigen Moment (für die Dauer eines Zeitschlitzes) die richtigen Zubringer- und Abnehmer-Multiplexleitungen miteinander verbunden werden müssen.

Kombinationsvielfach.

Die gewünschte Funktion einer PCM-Vermittlung ist die eines Kombinationsvielfachs; diese Funktion kann auch durch das Hintereinanderschalten einfacher Raum- und Zeitlagenvielfache erzielt werden. Die elegantere Methode ist aber die des Kombinationsvielfachs.

Im Folgenden Beispiel wird für vier PCM30 Zubringer- und Abnehmer-Multiplexleitungen das Funktionsprinzip eines Kombinationsvielfachs beschrieben. Das Prinzip ist auch auf eine größere Zahl von Zubringer- und Abnehmerleitungen übertragbar, doch werden die Geschwindigkeitsanforderungen an die zentralen Elemente immer größer.

Sprach- und Haltespeicher haben nun statt der 32 Plätze für ein reines Zeitlagenvielfach zwischen zwei PCM30-Leitungen $4 \times 32 = 128$ Positionen. Auf der Eingangsseite ist dem Sprachspeicher für jede der ankommenden Multipexleitungen ein Zwischenspeicher in Form doppelter Schieberegister vorgeschaltet. Während auf der Eingangsseite der Schieberegister parallel je ein Codewort aus allen Zuleitungen übernommen wird, werden auf der Ausgangsseite alle vier Codeworte innerhalb eines Zeitschlitzes der PCM-Leitung (3,91 µs) in den Sprachspeicher eingeschrieben. Auf der Ausgangsseite erfolgt – gesteuert durch den Haltespeicher – der Auslesevorgang in analoger Weise.

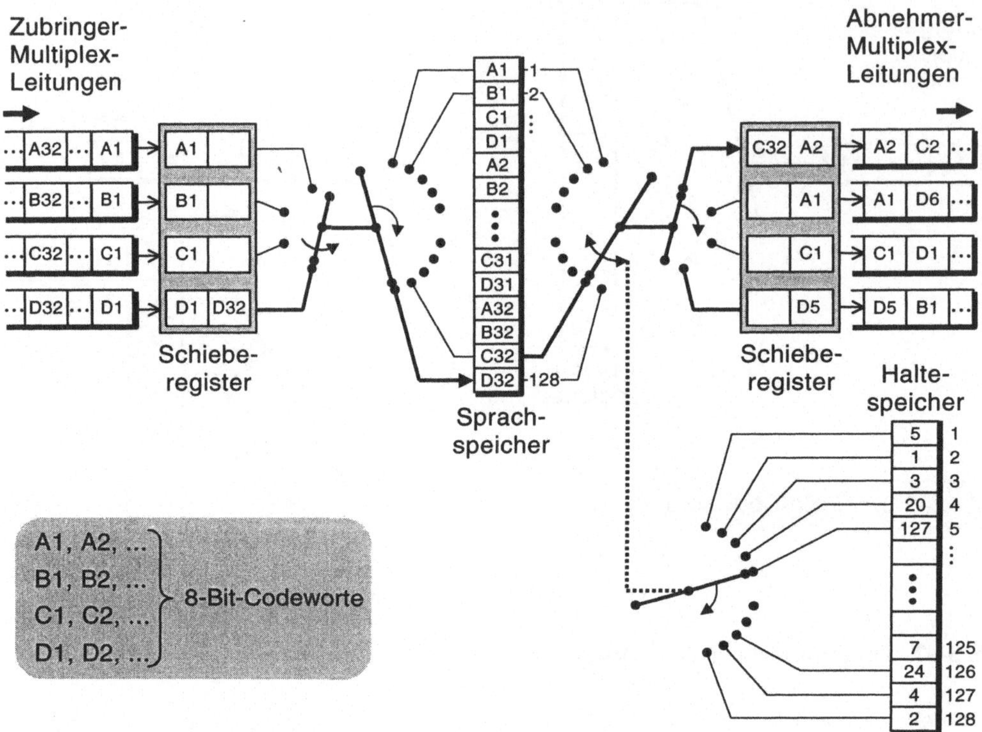

Abb. 3-48. Funktionsprinzip eines Kombinationsvielfachs

Auf der Basis der hier im Prinzip und teilweise auch nur beispielhaft beschriebenen Koppelelemente können in vielfältiger Weise Koppelanordnungen aufgebaut werden.

3.2.3 Anforderungen an Vermittlungseinrichtungen durch Datenverkehr

Nebenstellenanlagen sind bisher vorwiegend für die Belange der Sprachkommunikation ausgelegt worden. Digitale Anlagen, die in integrierter Weise auch Daten vermitteln können, müssen auch den andersartigen Anforderungen der Datenkommunikation genügen. Datenverkehr weicht in doppelter Hinsicht in seinen Eigenschaften systematisch vom Sprachverkehr ab:

- Bei Terminalanwendungen sind extrem lange Verbindungszeiten (Stunden) normal.

- Für den Nachrichtenaustausch zwischen Rechnern sind sehr kurze Verbindungsdauern (oft nur Bruchteile von Sekunden) typisch.

Durch sehr lange Verbindungszeiten wie bei Verbindungen zwischen Terminals und Rechnern werden Pfade in der Koppelanordnung dauerhaft belegt. Verkehrswerte von 0,05 – 0,1 *Erl* wie für einen Fernsprechanschluss reichen da bei weitem nicht aus; Basis für die Auslegung von Vermittlungseinrichtungen und Leitungsbündeln müssen Verkehrswerte von wenigstens 0,5 *Erl* sein.

Die kurzen Verbindungszeiten, die bei Rechner-Rechner-Verbindungen auftreten, erfordern hohe Vermittlungsleistung und kurze Verbindungsaufbauzeiten; es besteht die Gefahr, dass das Verhältnis von Verbindungsaufbauzeit (d.h. Overhead) zur Nutzungszeit sehr ungünstig wird.

Für Datenverkehr ausgelegte NStAnl müssen sich also durch hohe Vermittlungsleistung auszeichnen und für hohe Verkehrswerte ausgelegt sein.

Ein weiterer Punkt ist die tolerierbare Verlustrate. Es wurde bereits gesagt, dass im Fernsprechbereich eine Verlustrate von bis zu 5% als tolerabel gilt, weil dies angesichts von 20-25% aufgrund der Situation beim gerufenen Teilnehmer ohnedies nicht erfolgreicher Anrufe kaum spürbar ist. In der Datenverarbeitung müssen die Verfügbarkeit von Rechnern und die Ausstattung mit Zugängen (*ports*) jedoch so sein, dass das Zurückweisen des Verbindungswunsches eines Terminals die seltene Ausnahme bleibt. Infolgedessen muss auch die Zurückweisung eines solchen Verbindungswunsches durch das Netz die absolute Ausnahme sein.

3.3 Entwicklung und Perspektiven

In der Mitte der achtziger Jahre – vor der massiven Verbreitung der LANs – war die Nutzung von ISDN-Nebenstellenanlagen für die lokale Datenkommunikation eine reale Planungsalternative. Die aus heutiger Sicht bescheidenen Übertragungsgeschwindigkeiten (64 kbps oder geringe Vielfache davon) waren für die überwiegende Anzahl der Anwendungen ausreichend, zumal die meisten Endgeräte (Terminals, PCs) höhere Geschwindigkeiten ohnedies nicht realisieren konnten. Dagegen wurde der ungeheure Kostenvorteil der Nutzbarkeit der vorhandenen Fernsprechinfrastruktur gesehen.

Praktisch konnte diese Option nicht zum Tragen kommen, weil in der Anfangsphase der ISDN-Einführung (und auch später noch) die Aspekte der Datenkommunikation sträflich vernachlässigt wurden. Somit gab es zu den LANs keine reale Alternative, und diese sind denn auch auf breiter Front eingeführt worden.

Die verfügbaren Übertragungsgeschwindigkeiten (4 Mbps beim Token-Ring, 10 Mbps beim Ethernet) waren größer als die damaligen Anwendungen benötigten und die Endgeräte nutzen konnten, was anfangs eine minimale mittlere Auslastung der LANs von deutlich unter 5% zur Folge hatte. Die hohen Übertragungsleistungen waren aber – da sie keinen Aufpreis kosteten – als Zukunftsreserve willkommen.
Mit der allgemeinen Verfügbarkeit LAN-typischer Übertragungsgeschwindigkeiten entwickelten sich dann auch die Anwendungen, die solche hohen Übertragungsgeschwindigkeiten benötigen (graphische Benutzeroberflächen, *Diskless Workstations*, generell Netzdienste, die den schnellen Austausch großer Datenmengen bedingen (*Client/Server-Konzept*)).
Da in der Folge immer mehr Teilnehmer mit immer leistungsfähigeren Endgeräten immer häufiger auch anspruchsvolle Netzdienste nutzten, waren Kapazitätsengpässe absehbar und sind in großen Einrichtungen auch längst eingetreten. Es zeigt sich nun, dass gerade die LAN-Eigenschaft, die in der Anfangsphase den Teilnehmern höhere als die benötigten Datenraten bescherte – nämlich die *Shared-Medium*-Eigenschaft –, sowohl quantitativ wie qualitativ eine Begrenzung darstellt. Anders ausgedrückt: LANs sind keine skalierbare Technik, d.h. die Systemleistung wächst nicht mit der Zahl der Teilnehmer und es gibt kaum eine Möglichkeit, in kompatibler Weise höhere Geschwindigkeitsstu-

fen einzuführen, so dass Geräte unterschiedlicher Geschwindigkeit zusammenarbeiten können.

Es bietet sich an, dem negativen Effekt der *Shared-Medium*-Eigenschaft durch eine Verkleinerung der Segmente entgegenzuwirken. Das hat den großen Vorteil, dass auf der Seite der Endgeräte keinerlei Veränderungen erforderlich sind. Die Schwierigkeit besteht darin, dass bei der Aufteilung eines großen Segments in mehrere kleine diese miteinander verbunden werden müssen und diese Maßnahme nur dann den gewünschten Erfolg hat, wenn die Zuordnung der Teilnehmer zu den Segmenten so geschieht, dass sich jeweils die Teilnehmer mit den intensivsten Kommunikationsbeziehungen im gleichen Segment befinden.

Dieses Problem entfällt, wenn im Grenzfall das Segment auf einen Benutzer verkleinert wird. Dies ist der Übergang zu LAN-*Switching*. Es können nun unabhängig von den geographischen Gegebenheiten auf Software-Ebene logische Segmente (VLANs = *Virtual LANs*), etabliert und beliebig verändert werden.

Die Voraussetzung für eine freie anwendungsgerechte Verkleinerung von Netzsegmenten und erst recht für den Grenzfall des LAN-*Switching* ist die Existenz einer Sternverkabelung. Bei einem auf Sternverkabelung basierenden LAN (z.B. Ethernet 10Base-T) erfolgt der Übergang zum LAN-*Switching* (z.B. Ethernet-*Switching*), bei dem jeder Teilnehmer die volle LAN-Geschwindigkeit zur Verfügung hat, ohne Eingriffe beim Teilnehmer, der darüber nicht einmal unterrichtet sein muss.

Vom ursprünglichen *Shared-Medium*-Ansatz ist beim LAN-*Switching* nur noch wenig übrig. Da LANs halbduplex arbeiten, d.h. zu einem Zeitpunkt nur eine Übertragung in einer Richtung (A → B oder B → A) laufen kann, bleibt in dieser Hinsicht, aber auch nur in dieser Hinsicht, beim LAN-*Switching* der Zugriff zum Medium zu organisieren. Beim Vollduplex-LAN-*Switching*, das heute die Norm ist, entfällt auch diese Einschränkung. Vollduplex LAN-*Switching* ist echtes *Switching*, bei dem Zugriffskonflikte auf dem Medium ausgeschlossen sind.

Mit Vollduplex-LAN-*Switching* ist der Sonderweg (Abweichen von der im klassischen Telekom-Bereich etablierten Vermittlungstechnik), der mit den *Shared-Medium*-LANs zu Beginn der organisierten Datenkommunikation im lokalen Bereich beschritten wurde, beendet, und eine Gegenüberstellung der grundsätzlich unterschiedlichen Eigenschaften von *Share-Medium*-LANs und vermittelnden PBX-Systemen allenfalls noch von historischem Interesse.

Es stellt sich nun die Frage, was beim Vollduplex-LAN-*Switching* noch LAN-typisch ist. Alle LANs sind (von Hause aus) *Shared-Medium*-Systeme, und die verschiedenen LAN-Typen unterscheiden sich charakteristisch darin, wie der Zugriff zum gemeinsam genutzten Medium organisiert wird. Wenn es kein gemeinsam genutztes Medium mehr gibt und infolgedessen der Zugriff zum Medium auch nicht mehr organisiert werden muss, dann verlieren die LANs ihre Identität; das einzige, was bleibt, sind die LAN-spezifischen *Frame*-Strukturen, die aber unter diesen Randbedingungen auch zumindest einen Teil ihrer Sinnhaftigkeit verlieren. Die alten *Frame*-Strukturen wurden aber (noch) beibehalten, um die Kompatililität zu den an vielen Stellen ja noch betriebenen *Shared-Medium*-LANs sicherzustellen.

Es ergibt sich nun die weitere Frage: Wenn schon Vermittlungstechnik, warum dann auf der Basis einer "aufgebohrten" LAN-Technik und nicht auf der Basis einer originären Vermittlungstechnik wie ATM? Tatsächlich ist ATM im Vergleich zu LAN-*Switching* (gibt es in den Ausprägungen Ethernet-*Switching*, Token-Ring-*Switching* und FDDI-*Switching*, wobei die letzteren keine Zukunft mehr haben und deshalb im Folgenden auf Ethernet-*Switching* abgehoben wird) die überlegene Technik. Die Vergangenheit lehrt jedoch an vielen Beispielen, dass technische Überlegenheit keineswegs automatisch Markterfolg oder gar eine Marktüberlegenheit zur Folge hat.

Ethernet-*Switching* (Fast Ethernet, Gigabit-Ethernet, vollduplex) hat zwei Vorteile gegenüber ATM:

- Es ist deutlich billiger.
  Dies ist zum (kleineren) Teil eine Folge der mit höherer Komplexität einhergehenden technischen Überlegenheit von ATM. Zum größeren Teil ist es die Folge davon, dass eine Reihe potenter Unternehmen die Ethernet-Entwicklung (einschließlich Vollduplex-*Switching*) vorangetrieben haben und die Produkte in der Erwartung hoher Stückzahlen über niedrige Preise am Markt durchgesetzt haben.

- Der Einsatz von Ethernet ist weniger anspruchsvoll.
  Damit ist nicht gemeint, dass ATM im Betrieb häufiger Probleme bereitet, was angesichts der Neuheit und Komplexität hin und wieder der Fall sein mag, sondern, dass beim Übergang von klassischem Ethernet zu den leistungsfähigeren Versionen im Grunde genommen alles beim alten bleibt: Es sind keine neuen Einsatz- oder Betriebskonzepte erforderlich, und es funktioniert auch genau so problemlos, nur eben schneller. Dies ist in Umgebungen, wo nicht neue innovative Dienste eingeführt werden sollen, sondern ein Kapazitätsengpass besteht, ein großer Vorteil. Zwar kann ATM auch wie ein Ethernet-LAN betrieben werden (Stichwort LAN-Emulation), aber dies kann – obwohl für die Akzeptanz von ATM in der Einführungsphase wichtig – nicht abschließend die Zielsetzung sein. Letztlich lassen sich die höheren Kosten (und das sind nicht nur die Investitionen sondern auch die Kosten für die Weiterbildung der Mitarbeiter und die Erarbeitung und Umsetzung adäquater Einsatzkonzepte) nur rechtfertigen, wenn die ATM-spezifischen Vorteile zum Tragen kommen. Diese Vorteile sind in erster Linie der gleichzeitige, effiziente Transport asynchroner und isochroner Informationsströme und die Fähigkeit, Dienstgüteeigenschaften verbindlich aushandeln zu können. Erforderlich sind diese Fähigkeiten vor allem bei Diensten, die unter den Begriff Multimedia subsumiert werden können.

Am Beispiel ATM wird auch klar, dass der Zeitpunkt der Verfügbarkeit einer Technik und des Bedarfs für die realisierten Leistungsmerkmale eine entscheidende Rolle spielen kann. Mitte der neunziger Jahre bestand weitgehend Konsens darüber, dass nur ATM als Netztechnik das Potential habe, alle Dienste einschließlich neuer Multimedia-Dienste über ein einziges Netz bereitstellen zu können. Tatsächlich sind Multimedia-Dienste seit dieser Zeit in aller Munde, eine nennenswerte Verbreitung haben sie aber bis heute nicht gefunden, so dass ATM als *'Enabling Technology'* nicht benötigt wurde.

Inzwischen sind die neuen Ethernet-Varianten so leistungsfähig (und dennoch billig), dass sie nach allgemeiner Auffassung trotz funktionaler Unterlegenheit (verglichen mit ATM) alle Anforderungen im lokalen Bereich erfüllen können, d.h. eine simple Dienstklassenbildung (auf der Basis von Prioritätsvergabe) dürfte ausreichen, um auch zeitkritische Multimedia-Informationsstöme transportieren zu können. Infolgedessen besteht nun selbst bei verbreiteter Nutzung von Multimedia-Diensten keine Notwendigkeit mehr, ATM einzusetzen, so dass ATM im lokalen Bereich nach einem respektablen Start Mitte der neunziger Jahre in Zukunft wohl keine große Rolle mehr spielen wird.

4 Weitverkehrsnetze

Als – etwa Anfang der siebziger Jahre – die Datenverarbeitung begann, ihren elitären Status zu verlieren, und durch interaktive Techniken einer Vielzahl von Benutzern der Zugriff zu Datenverarbeitungsanlagen ermöglicht wurde, entstand allgemein ein erhöhter Kommunikationsbedarf. Bis zu diesem Zeitpunkt wurden – wenn überhaupt – im Einzelfall und für bestimmte, beschränkte Anwendungen i. Allg. auf der Basis zweiseitiger Absprachen spezielle Lösungen geschaffen. Der verstärkte Kommunikationsbedarf erforderte einen generellen Ansatz für die Organisation der Kommunikation.

Ein frühes Netz für die Datenkommunikation war das ARPANET, eine Entwicklung, die vom amerikanischen Verteidigungsministerium gefördert und koordiniert wurde (ARPA = *Advanced Research Projects Agency*, heute DARPA = *Defense Advanced Research Projects Agency*).

Sowohl bei der Entwicklung und Verbreitung der sogenannten ARPA-Protokolle (TCP/IP-Protokollfamilie) wie auch bei der Weiterentwicklung und Verbreitung des Betriebssystems UNIX (Entwicklung der Bell Laboratories) hat die UCB (*University of California at Berkeley*) eine wichtige Rolle gespielt, wodurch die beiden Entwicklungen in einen Zusammenhang gebracht worden sind. Aus Gründen, die hier nicht weiter erörtert werden sollen, ist die Verbreitung beider Produkte bis Mitte der achtziger Jahre weitgehend auf den Forschungsbereich beschränkt geblieben. Die Ansiedlung im Forschungsbereich hat bewirkt, dass im Zuge der Entwicklung und Fortentwicklung sehr viele Konzepte und Ideen erprobt und die Resultate veröffentlicht worden sind, so dass dadurch das Wissen über Computernetzwerke in beachtlichem Umfang gefördert worden ist.

Etwa seit 1987 haben die TCP/IP-Protokolle (wieder parallel mit dem Betriebssytem UNIX) eine außerordentliche Bedeutung und Verbreitung erlangt und sich aufgrund der früheren Verfügbarkeit und der weiteren Verbreitung zu Lasten der OSI-Protokolle als Standardlösung für offene Kommunikation etablieren können.

Wenn auch die ARPA-Protokolle zunächst auf den Forschungsbereich beschränkt geblieben sind, so haben doch die Erkenntnisse, die in diesem Umfeld gewonnen wurden, in erheblichem Umfang Eingang in die firmenspezifischen Netzarchitekturen und auch in die OSI-Standards gefunden.

Für die Firmen ergab sich die Notwendigkeit, ihre Datenverarbeitungsprodukte kommunikationsfähig zu machen, so dass zumindest zwischen den eigenen Produkten und Produktlinien eine problemlose Kommunikation nach einheitlichen Grundsätzen möglich wurde. Dazu war die Entwicklung einer Architektur notwendig, um eine einheitliche und verbindliche Grundlage für die Entwicklung einzelner Produkte zu haben.

Die frühen Versionen der Herstellernetze besaßen nur eine bescheidene Funktionalität und Produktbasis. Sie wurden aber Zug um Zug weiterentwickelt und besitzen heute alles, was zum Aufbau und Betrieb auch sehr großer Datennetze mit hoher Funktionalität erforderlich ist.

Die Fortentwicklung der Architekturen und der darauf basierenden Produkte (d.h. die induktive Vorgehensweise) hat Vorteile und Nachteile:

- Vorteilhaft an dieser Vorgehensweise ist, dass sich die Entwicklung an konkreten (und sich ebenfalls entwickelnden) Anforderungen der Benutzer und praktischen Notwendigkeiten orientiert, was z.B. zur frühzeitigen Berücksichtigung von Betriebsaspekten sowie Aspekten der Implementierbarkeit und Performance geführt hat.

- Nachteilig sind oftmals umständliche und in sich nicht schlüssige konzeptionelle Lösungen, die aus dem Zwang zur Kompatibilität mit älteren Versionen resultieren; diese erschweren auch eine knappe und verständliche Darstellung der Architekturen.

  Der Zwang zur Kompatibilität besteht auf zwei Ebenen:

  1. Die Anwendungsschnittstelle muss unverändert bleiben, und funktional muss jede neue Version eine Obermenge der vorherigen Version sein, so dass existierende Anwendungen weiter betrieben werden können. Dadurch werden Investitionen der Benutzer in verteilte Anwendungen geschützt.

  2. Alte und neue Versionen, d.h. Netzwerkprodukte, die einen unterschiedlichen Stand der Architektur repräsentieren, müssen problemlos zusammenarbeiten können. Dies ist unerlässlich, weil in einem großen Netzwerk niemals alle Komponenten auf dem gleichen Entwicklungsstand gehalten oder immer wieder gleichzeitig auf einen neuen Stand gebracht werden können.

Konzepte, die für Weitverkehrsnetze (*Wide Area Networks*, WANs) entwickelt worden sind, können auch im lokalen Bereich zum Einsatz kommen (die Umkehrung gilt nicht). Tatsächlich werden die Netzwerkprodukte der Hersteller häufig auch im lokalen Bereich eingesetzt.

Eine wesentliche Randbedingung für Weitverkehrsnetze besteht darin, dass bei grundstücksüberschreitender Kommunikation die Übertragungseinrichtungen der öffentlichen Netzanbieter benutzt werden müssen. Technische Vorgaben, Leistungsgrenzen öffentlicher Übertragungstechnik sowie die Gebührenpolitik öffentlicher Anbieter haben damit einen erheblichen Einfluss auf die Gestaltung von Weitverkehrsnetzen. Was das Transportnetz betrifft, d.h. den Teil eines Netzes, der für den Transport der Daten vom Quellknoten zum Zielknoten verantwortlich ist, haben sich seit den Anfängen grundsätzliche Veränderungen vollzogen. Anfangs gab es keine für eine allgemeine Datenkommunikation geeigneten Netzdienste der öffentlichen Anbieter. Private Netze mussten deshalb auf der Basis von vom Netzanbieter überlassenen, fest geschalteten Leitungen (Standleitungen) aufgebaut werden. Da für solche Leitungen Protokollfreiheit besteht, mussten die Funktionen der OSI-Schichten 1 bis 3 Bestandteil der Herstellerarchitekturen sein und spielten dort eine wichtige Rolle. Später kamen – insbesondere für die Überbrückung großer Entfernungen – Satellitenverbindungen hinzu, die logisch zwar wie Standleitungen behandelt werden können, technisch aber wegen der langen Signallaufzeiten eine besondere Behandlung erfordern. Konzeptionell wichtiger ist aber, dass inzwischen weltweit öffentliche paketvermittelnde (X.25, *Frame Relay*, Internet) Datennetze zur Verfügung stehen, die bei nicht zu hohem Verkehrsaufkommen zwischen einem Paar von Knoten erhebliche Gebühreneinsparungen ermöglichen und deshalb in solchen Fällen sinnvollerweise verwendet werden. Bei diesen sind aber die Protokollschichten 1 bis 3 (X.25) durch die Netzanbieter vorgegeben. Die fortschreitende Fähigkeit, über öffentlich angebotene Netze kommunizieren zu können, bewirkt zunehmend die Verwendung der entsprechenden Protokolle auch auf Standleitungen. Dies eröffnet die Möglichkeit, auf einer einheitlichen Protokollbasis bedarfsgerecht entweder Standleitungen oder die Dienste öffentlicher Paketnetze zu nutzen und bietet zudem die Möglichkeit einer Ersatzschaltung über das öffentliche Netz, wenn eine Verbindung über eine Standleitung ausfällt. Dies galt in der Vergangenheit in erster Linie für öffentlich angebotene X.25- und *Frame-Relay*-Netzdienste. Inzwischen besteht der Wunsch und auch die Möglichkeit, das allgegenwärtige Internet für die Kommunikation zwischen Unternehmensstandorten zu verwenden. Das Stichwort lautet VPN (*Virtual Private Network*). Dabei werden unter Benutzung der allgemeinen Internet-Infrastruktur geschützte, exklusiv nutzbare virtuelle Kommunikationskanäle zwischen den Standorten etabliert.

Da im lokalen Bereich zunehmend LANs für die Abdeckung der lokalen Kommunikationsbelange eingesetzt werden, können Weitverkehrsnetze als Verbindungen zwischen LANs angesehen werden. Daraus ergibt sich als Anforderung an die Netzwerkarchitekturen, auch Verbindungen über LANs zu unterstützen, damit Kommunikationsvorgänge – über welche Entfernungen auch immer – in gleicher Weise und mit gleicher Funktionalität abgewickelt werden können. Es wurde bereits gesagt, dass die Konzepte der Weitverkehrsnetze auch lokal verwendet werden können; es muss aber angestrebt werden, dass die Kommunikationsdienste auf einer für diesen Bereich (und allgemeiner für jeden Bereich) optimalen Netzinfrastruktur angeboten werden. Weil auch im LAN-Bereich Standardprotokolle zunehmend die firmenspezifischen Lösungen verdrängen und die öffentlichen Netzdienste ohnedies auf internationalen Standards basieren, ist damit – abgesehen von einem in seiner Bedeutung abnehmenden historischen Ballast – ganz allgemein von unten her (im Sinne des OSI-Schichtenmodells) eine Anpassung an internationale Standards im Gange.

In der Vergangenheit haben mehrere bedeutende Firmen (z.B. Siemens (Transdata), Digital Equipment Corp. (DNA (*Digital Network Architecture*), Produktname DECnet) eigene Netzwerkarchitekturen entwickelt und etabliert, die inzwischen wieder verschwunden sind. Die weltweit wichtigste und einzige verbliebene Herstellerarchitektur ist SNA (*Systems Network Architecture*) der Fa. IBM. SNA hat eine sehr große Bedeutung erlangt, nicht nur als Architektur des mit Abstand größten Computerherstellers, sondern darüber hinausgehend als Industriestandard, der von vielen anderen Herstellern zumindest insofern unterstützt wurde, als sie einen Übergang von der eigenen Architektur zu SNA bereitstellten (auch DEC im Rahmen von DNA). Die allgemeine Hinwendung zu internationalen Standards ist auf die Herstellerarchitekturen nicht ohne Wirkung geblieben. Die oben erwähnte Unterstützung von Standards auf den unteren Ebenen unterstreicht dies, obgleich in diesem Falle die Verwendung von Standards nicht das primäre Ziel, sondern die Folge der Bestrebungen war, öffentliche Netzdienste und LANs integrieren zu können.

IBM hat immer eine reservierte Haltung bezüglich allgemeiner, insbesondere der OSI-Standards eingenommen. Zwar hat auch IBM sich verpflichtet, die OSI-Standards zu unterstützen, sobald und soweit sie vorliegen, und hat dies auch durch Produkte in die Tat umgesetzt, nicht zuletzt, um der bei öffentlichen Ausschreibungen eine zeitlang geforderten OSI-Fähigkeit zu genügen. Das Ziel war jedoch auch langfristig nicht die Ablösung des Firmenstandards, sondern die Koexistenz beider Architekturen mit Übergangsmöglichkeiten an definierten Stellen. Die Vorstellung war, dass es auch langfristig vorteilhafter und deshalb vorzuziehen sei, innerhalb der IBM-kompatiblen Welt (die ja nicht klein ist) SNA zu verwenden, wohingegen die Kommunikation mit der Außenwelt in einheitlicher Weise auf der Basis der OSI-Standards erfolgen solle.
Mit der abnehmenden Bedeutung der Großrechner und der zunehmenden Bedeutung der Unix-Systeme haben jedoch auch bei IBM die TCP/IP-Protokolle automatisch an Bedeutung gewonnen. Dies betrifft nicht nur die Unix-Systeme selbst, sondern auch alle ande-

ren Systeme, um die Kommunikationsfähigkeit innerhalb des gesamten Produktspektrums des Unternehmens sicherzustellen. Ob unter diesen Umständen die Zweigleisigkeit – SNA innerhalb der IBM-Großrechnerwelt und TCP/IP zu Fremdprodukten sowie innerhalb der eigenen Workstation- und PC-Welt – auf Dauer sinnvoll ist und von IBM durchgehalten werden wird, muss bezweifelt werden.

4.1 SNA (*Systems Network Architecture*)

Bei seiner Einführung 1974 war SNA nicht mehr als eine Methode, um Terminals in **einheitlicher** Weise an **einen** Rechner anzuschließen. Ganz allgemein stand in den ersten Jahren das Bestreben im Vordergrund, Terminals in flexibler Weise einen wahlfreien Zugriff auf Hosts zu ermöglichen. Im Laufe der Zeit ist daraus eine Architektur für ein vollwertiges Computernetzwerk entstanden, das auch neueren Entwicklungen der verteilten Informationsverarbeitung (etwa der Integration von PCs) Rechnung trägt. Im Folgenden wird der Versuch unternommen, eine kurze Beschreibung der wesentlichen Konzepte und der im SNA-Umfeld üblichen Bezeichnungen zu geben, was ein schwieriges Unterfangen ist.

4.1.1 Beschreibung

SNA ist die Beschreibung der logischen Strukturen, Formate, Protokolle sowie der operationalen Sequenzen, die notwendig sind, um Informationen durch das Netz transportieren und die Konfiguration und Operation des Netzes als Ganzes steuern und überwachen zu können. Auch bei SNA ist der Kommunikationsvorgang in sieben Schichten unterteilt (Abb. 4-1), die aber, ungeachtet der gleichen Anzahl von Schichten, mit Ausnahme der beiden untersten Schichten bezüglich der Zuordnung von Funktionen mit denen des ISO-Referenzmodells nicht gut übereinstimmen.

Ein SNA-Netzwerk dient der Kommunikation zwischen Endbenutzern (*end users*), die entweder Personen an einem Kommunikationsterminal (*terminal operators*) oder Anwendungsprogramme (*application programs*) in einem Rechner sein können. Die Endbenutzer sind selbst nicht Bestandteil eines SNA-Netzes; gegenüber dem Netz werden sie durch sogenannte LUs (*Logical Units*) repräsentiert. LUs sind also Netzkomponenten,

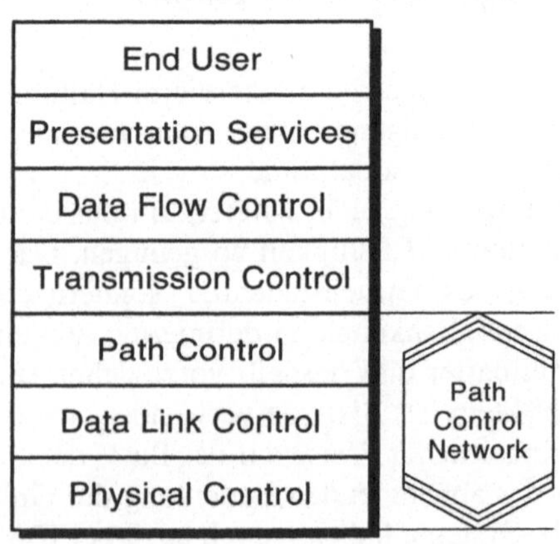

Abb. 4-1. Die Schichten bei SNA und ISO

über die Endbenutzer die Dienste eines SNA-Netzes in Anspruch nehmen können. Eine LU kann mehrere Endbenutzer bedienen. Realisiert wird ein Kommunikationsvorgang zwischen zwei Endbenutzern, indem die zugeordneten LUs eine Verbindung untereinander aufbauen (LU-LU-*Session*). Dies geschieht i. Allg. auf Initiative einer der beiden beteiligten LUs, kann aber auch durch Dritte veranlasst werden.

Eine LU kann mit genau einer anderen LU in Verbindung stehen (*single session*), etwa wenn eine ein Terminal und die andere ein Anwendungsprogramm repräsentiert; sie kann aber auch gleichzeitig mehrere Verbindungen zu verschiedenen anderen LUs unterhalten (*multiple sessions*), wenn etwa ein Anwendungsprogramm mit mehreren anderen Anwendungsprogrammen kommunizieren will. Ein Paar von LUs kann auch mehrere Verbindungen miteinander unterhalten (*parallel sessions*), wenn mehrere Anwendungsprogramme der einen LU mit mehreren Anwendungsprogrammen der anderen LU kommunizieren (vgl. Abb. 4-2).

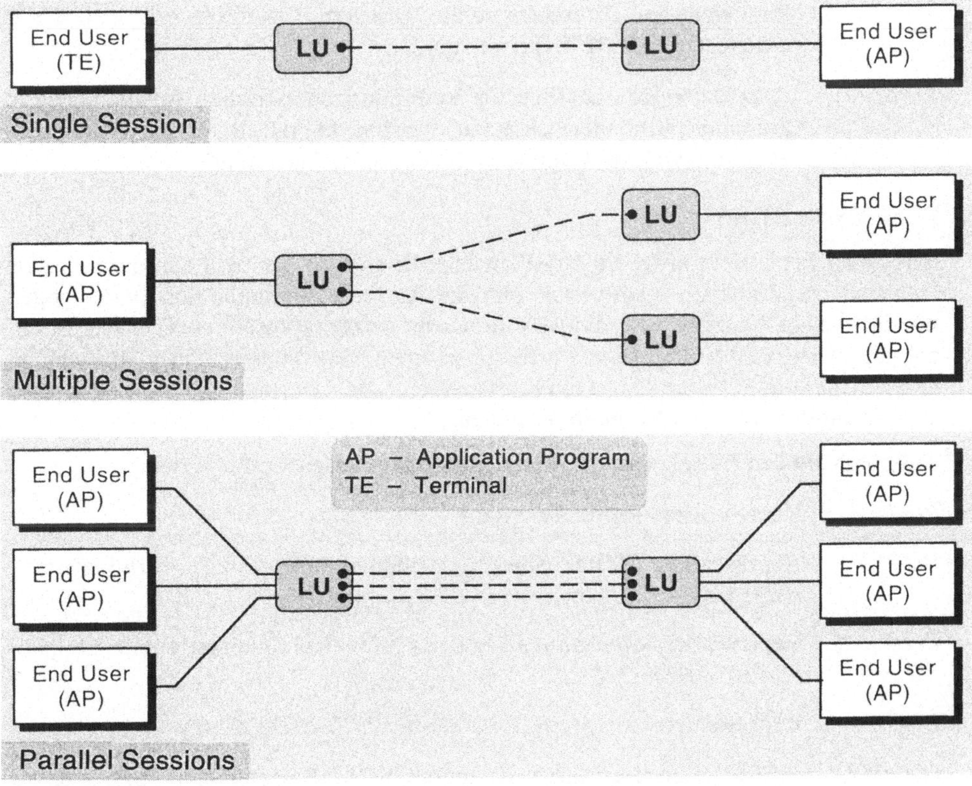

Abb. 4-2. LU-LU-Sessions

Bisher wurde in abstrakter Form der Kommunikationsvorgang aus der Sicht der Endbenutzer beschrieben. Im Folgenden wird der prinzipielle Aufbau eines SNA-Netzes erläutert.

Ein SNA-Netz besteht aus dem eigentlichen Netz (hier als *Path Control Network* bezeichnet), das die übertragungstechnischen Einrichtungen und die Art ihrer Nutzung beschreibt, und sogenannten *Network Addressible Units* (NAUs), die aufgrund ihrer Netzwerkadressen über das Netz gezielt in Verbindung zueinander treten können.

Es gibt drei Typen von *Network Addressible Units*:

1. LUs (*Logical Units*)

Die bereits erwähnten LUs repräsentieren Endbenutzer (Terminalbenutzer oder Anwendungsprogramme) gegenüber dem SNA-Netz. Ihre Funktionen werden durch Programme realisiert, die addressierbar sind.

Endbenutzer bzw. Endgeräte und Anwendungsprogramme haben unterschiedliche Fähigkeiten und demzufolge unterschiedliche Anforderungen an das Netz. Dem wird durch unterschiedliche Typen von LU-*Sessions*, kurz LU-Typen, Rechnung getragen.

LU 0:   Ist nicht durch SNA vorgegeben; wird für Anwendungen benutzt, die ihre eigenen Protokolle spezifizieren.

LU 1,2,3,4:   Diese LU-Typen definieren *Sessions* für verschiedene, nicht intelligente Endgeräte wie Bildschirmgeräte, Drucker, Tastaturen usw. (LU 2 z.B. unterstützt IBM 3270-Terminals).

LU 6:   Spezifiziert den LU-Typ für Verbindungen zwischen Anwendungsprogrammen. Besonders die letzte Version, LU 6.2, ist für die weitere Entwicklung von SNA von außerordentlicher Bedeutung.

2. PUs (*Physical Units*)

PUs bezeichnen nicht etwa die physikalischen Einheiten, sondern sie repräsentieren physikalische Einheiten – soweit sie relevant für die Kommunikation sind – gegenüber dem SNA-Netz (so, wie die LUs die Endbenutzer repräsentieren). Jedes Terminal, jede Steuereinheit und jeder Prozessor in einem Netz beherbergt (mindestens) eine PU. Über die PU werden Netzwerkressourcen (z.B. Übertragungsstrecken) gesteuert, die mit dem Gerät in Verbindung stehen.

Entsprechend den Fähigkeiten der Geräte gibt es verschiedene PU-Typen:

PU 1:   Repräsentiert Terminals.

PU 2:   Repräsentiert *Cluster Controller* (Steuereinheiten, z.B. Terminalsteuereinheiten).

PU 4:   Repräsentiert *Communication Controller* (Kommunikationssteuereinheiten, z.B. IBM 3725).

PU 5:   Repräsentiert Hosts (z.B. Rechner mit /370-Architektur).

Diese PUs repräsentieren die klassische hierarchische Struktur eines SNA-Netzes, bestehend aus Hosts, Kommunikationssteuereinheiten, Terminalsteuereinheiten und Terminals. Neu hinzugekommen ist die

PU 2.1:   Sie ermöglicht eine gleichberechtigte (*peer-to-peer*) Kommunikation. Wichtigster Vertreter ist der IBM PC, der als PU 2.1 über LU 6.2-*Sessions* mit anderen PCs, aber auch mit allen Hosts eines SNA-Netzes in Verbindung treten kann (für Programm-zu-Programm-Kommunikation).

3. SSCPs (*System Services Control Points*)

SSCPs haben vollständige Kontrolle über einen Teil eines SNA-Netzes, der als *Domain* bezeichnet wird und dessen physikalische Einheiten durch PUs und dessen Endbenutzer durch LUs repräsentiert werden. SSCPs benutzen SSCP-PU-*Sessions*, um beispielsweise Übertragungsstrecken ihrer *Domain* zu aktivieren bzw. zu deaktivieren. LUs benutzen SSCP-LU-*Sessions*, um *Sessions* zu anderen LUs anzufordern. Wenn ein Netzwerk aus mehreren *Domains* besteht, koordinieren die SSCPs ihre Aktivitäten durch SSCP-SSCP-*Sessions*.

SSCPs sind zentrale Steuerelemente eines SNA-Netzes; sie stehen an der Spitze einer *Domain*, die ein hierarchisch organisierter, baumstrukturierter Teil eines SNA-Netzes ist (*multiple-domain network*), aber auch das gesamte Netzwerk sein kann (*single-domain network*).

In einem nächsten Schritt der Konkretisierung besteht ein SNA-Netz nicht aus einem Transportnetz (*path control network*), über das adressierbare Einheiten verbunden sind, sondern aus Knoten und Übertragungsstrecken.

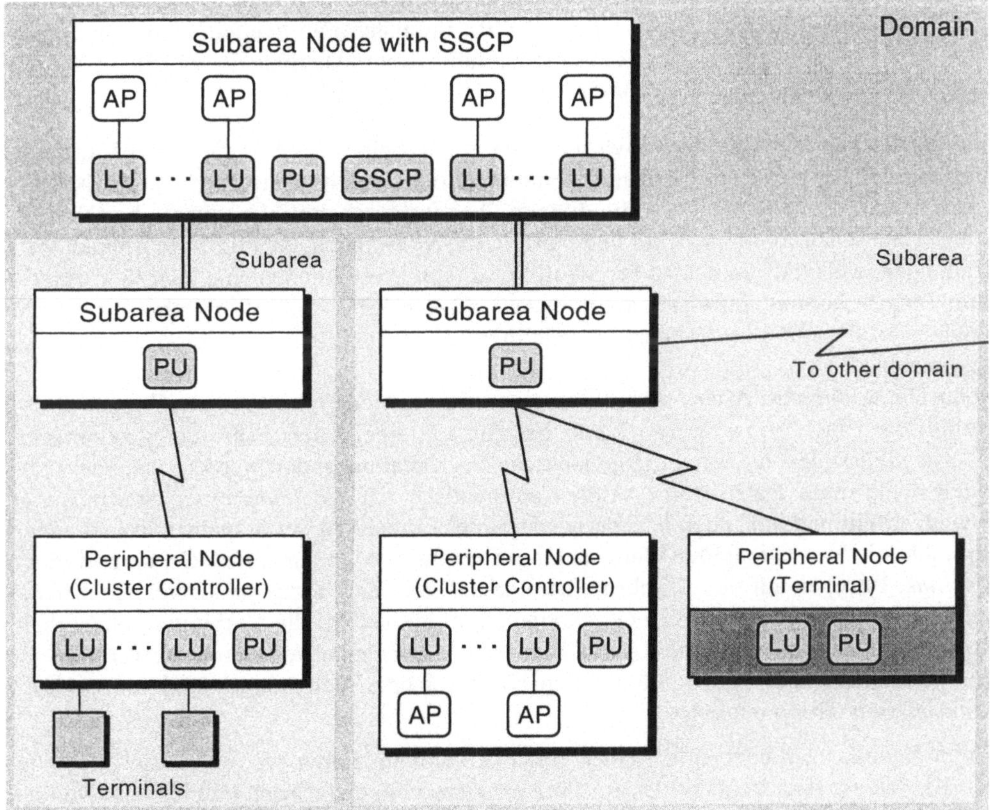

Abb. 4-3. Struktur eines SNA-Netzes

SNA-Knoten sind Geräte (wie Prozessoren, Steuereinheiten, Terminals), die zumindest in Teilen zu einem SNA-Netz gehören. Jeder Knoten beherbergt eine PU und kann zusätzlich einen SSCP und/oder eine oder mehrere LUs enthalten.

Man unterscheidet zwei Typen von Knoten: **Subarea Nodes** und **Peripheral Nodes**.

Subarea Nodes sind bezüglich der *Routing*-Funktion (auch bzgl. *Resource Management* und *Flow Control*) vollwertige Knoten, die Nachrichten von allen (erreichbaren) anderen SNA-Knoten empfangen und an alle anderen Knoten gezielt weiterleiten können.

Ein **Peripheral Node** ist beim Versenden wie beim Empfangen von Nachrichten vollständig von einem *Subarea Node* abhängig, dem er zugeordnet ist. Er kann abgehende Nachrichten nur an seinen *Subarea Node* abgeben, der dann für ihn die *Routing*-Funktion durchführt, und er kann aus dem Netz ankommende Nachrichten nur über seinen *Subarea Node* empfangen. Da er die im Netz verwendeten Kontrollformate (insbesondere Adressformate) nicht versteht, muss im *Subarea Node* eine Umsetzung auf ein Format durchgeführt werden, das nur für den Verkehr zwischen dem *Subarea Node* und seinem nachgeordneten *Peripheral Node* bedeutsam ist; diese Anpassungsfunktion wird als *Boundary Function* bezeichnet.

Eine *Subarea* besteht aus einem *Subarea Node* und allen ihm zugeordneten *Peripheral Nodes*.
Subarea Nodes können einen SSCP enthalten (*Subarea Node with SSCP*) oder keinen SSCP enthalten (*Subarea Node without SSCP*); im ersten Fall handelt es sich um einen Host (PU 5), im zweiten Fall um eine Kommunikationssteuereinheit (PU 4). Terminals oder *Cluster Controller* sind *Peripheral Nodes* (PU 1 bzw. PU 2).

Die klassischen Verbindungen zwischen den Knoten eines SNA-Netzes sind Kanalverbindungen (z.B. zwischen Host und Kommunikationssteuereinheit oder Terminalsteuereinheit) und Punkt-zu-Punkt-Verbindungen über festgeschaltete Leitungen, bei Verbindungen zwischen *Subarea Node* und *Peripheral Nodes* auch Punkt-zu-Mehrpunkt-Verbindungen, wobei als Schicht-2-Protokoll SDLC (im Wesentlichen eine HDLC-Variante) zum Einsatz kommt. Inzwischen sind LANs (Token-Ring) und öffentliche Datennetze sowie zwischen *Subarea Nodes* auch Satellitenkanäle als mögliche Verbindungen hinzugekommen.
Benachbarte *Subarea Nodes* sind durch eine oder mehrere *Transmission Groups* (TGs) verbunden. Eine *Transmission Group* besteht aus einer oder mehreren gleichartigen Übertragungsstrecken (*links*), die logisch wie ein Kanal behandelt werden: die Nachrichtenelemente eines Datenstroms werden automatisch auf die *Links* einer *Transmission Group* verteilt und am anderen Ende wieder unter Einhaltung der Sequenz zusammengefügt, d.h. die Verwaltung der Warteschlangen erfolgt pro *Transmission Group* und nicht pro *Link*. Bezogen auf den Durchsatz ist eine aus mehreren *Links* bestehende *Transmission Group* einem *Link* höherer Geschwindigkeit äquivalent; die Verbindungssicherheit ist aber größer, weil durch den Ausfall einzelner *Links* zwar der Durchsatz vermindert, die Verbindung aber nicht unterbrochen wird, solange noch mindestens ein *Link* der *Transmission Group* intakt ist.

Wenn Endbenutzer über eine LU-LU-*Session* kommunizieren wollen, muss zwischen den Knoten der betreffenden LUs ein Pfad existieren. Im einfachsten Fall sind die Knoten benachbart, und es existiert eine direkte Verbindung in Form einer *Transmission Group*; i. Allg. wird ein Pfad aber über mehrere Zwischenknoten und *Transmission Groups* führen.

Die hierarchische Struktur der *Subareas*, bestehend aus einem *Subarea Node* und einer Anzahl nachgeordneter *Peripheral Nodes*, spiegelt sich auch in den Adressen und bei der *Routing*-Funktion wieder.

Eine Netzwerkadresse besteht aus zwei Feldern, der

- *Subarea Address*, die eine *Subarea* kennzeichnet, und der
- *Element Address*, die die *Network Addressable Unit* innerhalb der *Subarea* adressiert.

Insgesamt stehen für die Addressierung 16 Bits (31 Bits bei Verwendung von *Extended Network Addressing*, ENA) zur Verfügung; die Aufteilung auf die beiden oben genannten Felder ist variabel (8 bis 15 Bits für die *Element Address*), aber einheitlich für ein Netz festzulegen; ebenso ist einheitlich für ein Netz festzulegen, ob *Extended Network Addressing* verwendet wird oder nicht. Bevor *Extended Network Addressing* verfügbar war, konnte es in großen Netzen zu Engpässen in der Adressierung kommen, da durch die Aufteilung des Nummernraums von 16 Bits (65.536 Adressen) auf zwei Felder die Zahl der praktisch nutzbaren Adressen drastisch verringert wird.

Das eigentliche *Routing* findet in und zwischen den *Subarea Nodes* statt und hat das Ziel, Nachrichteneinheiten vom sendenden (*Source*) *Subarea Node* gezielt zum empfangenden (*Destination*) *Subarea Node* transportieren zu können. Dazu muss für jeden erreichbaren Knoten (*destination subarea node*) festgelegt sein, über welche *Transmission Group* und damit zu welchem benachbarten *Subarea Node* eine Nachrichteneinheit zu transportieren ist. Die geordnete Menge der *Transmission Groups* und Knoten, die einen Pfad in seiner Gesamtheit beschreiben, wird als *Explicit Route* (ER) bezeichnet. Eine *Explicit Route* wird angesprochen (identifiziert) durch die *Subarea*-Adressen ihrer Endknoten und eine *Explicit Route Number* sowie die Nummer der *Explicit Route* in Gegenrichtung (*reverse explicit route number*); letztere macht klar, dass zu jeder *Explicit Route* zwischen zwei Endpunkten immer auch eine *Explicit Route* in Gegenrichtung zwischen den gleichen Endpunkten gehört, die nicht notwendigerweise, aber meist den gleichen Pfad in umgekehrter Richtung beschreibt. Zwischen einem Paar von *Subarea Nodes* können bis zu acht *Explicit Routes* definiert sein. Dies dient nicht nur einem verbesserten Durchsatz und einer erhöhten Verbindungssicherheit zwischen den Knoten, sondern kann auch benutzt werden, um Verbindungen mit unterschiedlichen Eigenschaften (z.B. maximaler Durchsatz, minimale Antwortzeit usw.) zu definieren.

Eine *Explicit Route* verbindet *Subarea Nodes*. Wenn die kommunikationswilligen NAUs nicht in den *Subarea Nodes* selbst angesiedelt sind, muss die Verbindung bis zu einem *Peripheral Node*, der die NAU enthält, durch ein sogenanntes *Peripheral Link* verlängert werden (vgl. Abb. 4-4). Bevor eine Nachrichteneinheit über ein *Peripheral Link* an einen *Peripheral Node* weitergeleitet werden kann, muss der *Subarea Node* die erforderlichen Anpassungen durch Ausführung der *Boundary Function* gewährleisten. Eine Verbindung zwischen zwei LUs besteht somit aus einer *Explicit Route* zwischen den *Subarea Nodes* sowie gegebenenfalls an einem oder an beiden Enden einer *Boundary Function* und einem *Peripheral Link*.

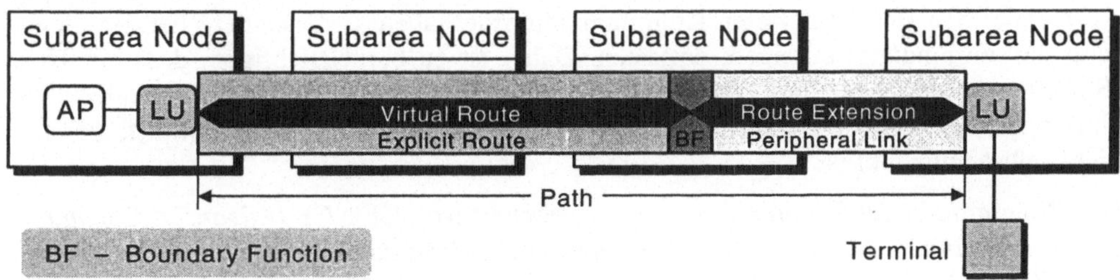

Abb. 4-4. Virtual Route und Route Extension

Logisch werden *Source Subarea Node* und *Destination Subarea Node* Ende-zu-Ende
vollduplex durch eine oder mehrere *Virtual Routes* (VRs) verbunden. Falls die zu verbindenden LUs in einer *Subarea* liegen, verläuft die *Virtual Route* innerhalb des *Subarea
Node*. Falls *Source* und *Destination Subarea Node* verschieden sind, wird einer *Virtual
Route* eine *Explicit Route* zwischen den betreffenden Knoten zugeordnet, die bereits vorhanden sein kann oder zu diesem Zweck aufgebaut wird. Eine *Explicit Route* kann mehrere *Virtual Routes* tragen. Der Ergänzung einer *Explicit Route* um ein *Peripheral Link*
entspricht die Ergänzung einer *Virtual Route* um eine *Route Extension*.

Virtual Routing ergänzt eine *Explicit Route* um Mechanismen zur Flusssteuerung (*Virtual
Route Pacing*) und zur Sequenzüberwachung.

Es gibt drei für Endbenutzer zugängliche Prioritätsklassen, die für *Virtual Routes* spezifiziert werden, aber durch die Zuordnung zu einer *Explicit Route* auch auf diese wirken.

Wenn eine LU stellvertretend für einen Endbenutzer eine *Session* zu einer anderen LU
aufbauen will, tut sie das nicht auf der Basis der bisher besprochenen Netzadressen, sondern auf der Basis von Namen; dadurch werden die rufenden Endbenutzer unabhängig
davon, wo bestimmte, über Namen aufrufbare Anwendungen im Netz angesiedelt sind.
Die Umsetzung eines Namens auf eine Netzadresse ist Aufgabe des *Directory Service* im
SSCP, bei dem die LU die *Session* anfordert.

Die LU fordert i. Allg. nicht einfach eine *Session* an, sondern eine *Session* mit bestimmten Eigenschaften (*Class of Service*, COS). Der SSCP stellt darauf eine Liste von maximal acht, nach ihrer Eignung für die gewünschte *Class of Service* geordneten *Virtual
Routes* bereit. Die *Session* wird dann der ersten bereits aktiven bzw. aktivierbaren *Virtual
Route* dieser Liste zugeordnet (eine *Virtual Route* kann mehrere *Sessions* tragen). Die
Zuordnung einer *Session* zu einer *Virtual Route* ist für die Dauer der *Session* fest, sofern
keine Fehlerbedingungen auftreten. Da durch die *Virtual Route* auch die *Explicit Route*
festgelegt wird, nehmen alle Nachrichteneinheiten, die innerhalb einer *Session* ausgetauscht werden, den gleichen Weg durch das Netz.

Im Folgenden soll beispielhaft noch kurz auf Produkte eingegangen werden, die ein
SNA-Netz in einer typischen IBM Host-Umgebung realisieren (Abb. 4-5). SSCP und
damit Mittelpunkt einer *Domain* ist ein Host (IBM /370, 43x1, 30xx, ES 9000). Die
SNA-Funktionen (SSCP, PU, LU) werden durch die Zugriffsmethode ACF/VTAM (*Ad-
vanced Communications Function/Virtual Telecommunication Access Method*) realisiert.
Den Präfix ACF tragen die SNA-Produkte seit 1976 erstmals Netzwerke mit mehreren
Hosts (*multiple domains*) möglich wurden.

Dem Host vorgeschaltet sind *Communication Controller* (IBM 3705/20/25/45), die als
Vorrechner den Host von vielen Kommunikationsaufgaben, insbesondere bei der Steuerung der Verbindungsleitungen, entlasten. Dabei ist zu berücksichtigen, dass der Host
(SSCP) zwar den Auf- und Abbau von *Sessions* kontrolliert und auch in Fehlerfällen
aktiv wird, der normale Datenfluss in einer *Session* den Host aber nicht berührt, wenn er
nicht selbst Endpunkt ist.

Das Programm in der Kommunikationssteuereinheit ist ACF/NCP (*Advanced Communi-
cations Function/Network Control Program*). Dieses Programm wird durch den Baustein
NPSI (*NCP Packet Switching Interface*) ergänzt, der Verbindungen über öffentliche
Paketnetze ermöglicht.

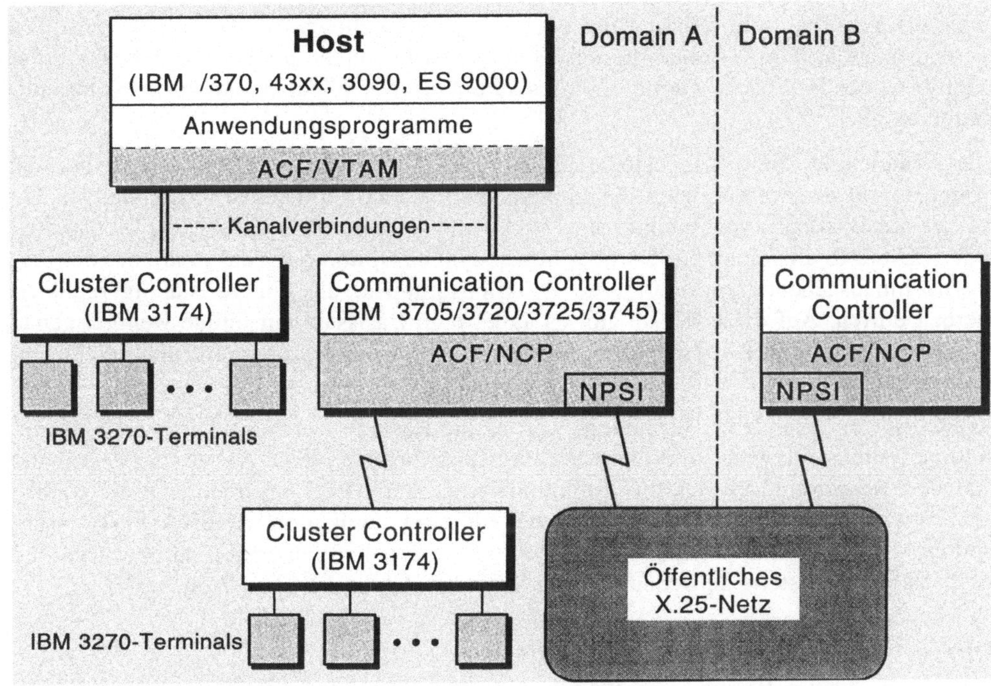

Abb. 4-5. Beispiel für ein SNA-Netz

An eine Kommunikationssteuereinheit oder auch direkt an einen Host können Terminal-steuereinheiten 3174 (*cluster controller*) angeschlossen werden, die wiederum die Verbindung zu IBM 3270 Terminals steuern.

4.1.2 Weitere Entwicklungen

Im Folgenden wird kurz auf einige bedeutsame Entwicklungen eingegangen, die teils SNA selbst betreffen, teils in das SNA-Umfeld gehören.

4.1.2.1 APPC (*Advanced Program-to-Program Communication*)

APPC (Synonym für LU 6.2) stellt für die Programm-zu-Programm-Kommunikation eine universelle Schnittstelle bereit. In vielen Fällen werden die Anwendungsprogramme (oftmals auch als Transaktionsprogramme (*transaction programs*) bezeichnet) nicht Programme normaler Benutzer sein, sondern durch IBM bereitgestellte Programme, die APPC benutzen, um den Normalbenutzern höherwertige Dienste zur Verfügung zu stellen.
Während bei Terminals die möglichen Transaktionen wohldefiniert und beschränkt sind, wird durch die Menge der Anwendungsprogramme ein ganzes Spektrum unterschiedlicher Kommunikationsanforderungen definiert. APPC (LU 6.2) ist deshalb ungleich aufwändiger und komplexer als die übrigen LUs.

APPC stellt seine Dienste über sogenannte *Verbs* (z.B. *Allocate* (für den Aufbau einer *Session*), *Send Data, Receive and Wait*) zur Verfügung. Die Menge dieser *Verbs*, die die APPC-Schnittstelle beschreibt, wird als *Protocol Boundary* bezeichnet.

Neben allgemeinen Forderungen wie Flexibilität, Vollständigkeit und Effizienz kommen hier als wichtige Forderungen hinzu, dass die Funktionen von höheren Programmiersprachen aus aufrufbar sein müssen und besondere Vorkehrungen für Fehlerfälle getroffen werden müssen, damit – ohne die bei Terminalverbindungen übliche Einbeziehung der Intelligenz des Bedieners – ein definiertes automatisches Wiederanlaufen der Kommunikation möglich ist.

Die Komplexität, die die angestrebte Eignung für alle Arten von Programmen mit sich bringt, macht es sinnvoll, auch die Implementation von Teilmengen zuzulassen. In LU 6.2 ist ein Basissatz von Funktionen (*Verbs* und Parameter) definiert, der Bestandteil jeder LU 6.2-Realisierung ist. Darüber hinaus gibt es *Option Sets*; das sind über den Basissatz hinausgehende wohldefinierte Funktionsgruppen, die nur vollständig realisiert werden dürfen. Auf diese Weise gibt es außer dem Basissatz nur einige wenige, genau festgelegte funktionale Teilmengen, auf die die Anwendungsprogramme sich leicht einstellen können.

APPC ist von besonderer Bedeutung, weil es die Basis für wichtige Dienste ist. Damit sind verteilte Steuerungs- und Überwachungsfunktionen gemeint, die durch Programme realisiert werden und über APPC kommunizieren. Auf APPC basieren auch die wichtigen Entwicklungen der IBM im Bereich der Bürokommunikation wie SNADS (s. unten) und DIA (*Document Interchange Architecture*), und schließlich erfolgt darüber auch die Einbeziehung der stetig an Bedeutung gewinnenden PCs in die SNA-Welt.

4.1.2.2 SNI (*Systems Network Interconnect*)

SNI beschreibt das Konzept der IBM für den Zusammenschluss mehrerer SNA-Netze. Die Begründung liegt nicht darin, dass dadurch Begrenzungen in der Netzgröße umgangen werden können, was angesichts von maximal 256 *Subarea Nodes* (bevor *Extended Network Addressing* verfügbar war) Gegenstand von Überlegungen gewesen sein mag, sondern darin, dass Endbenutzern von SNA-Netzen, die technisch, organisatorisch und betrieblich unabhängig sind und bleiben sollen, die Möglichkeit gegeben wird, miteinander zu kommunizieren.

Die Anforderungen an einen Netzverbund lauten deshalb:

- Bewahrung der technischen Unabhängigkeit der Einzelnetze, damit technische Änderungen (z.B. Konfigurationsänderungen) sich nicht auf die anderen Netze auswirken.

- Beibehaltung eines autonomen Managements, damit beispielsweise Fehlerbedingungen nicht auf die anderen Netze durchschlagen.

- Aus Sicht eines Endbenutzers sollte es keinen Unterschied machen, ob der Kommunikationspartner Endbenutzer des eigenen oder eines anderen Netzes ist.

Da es sich bei SNI um die Verbindung gleichartiger Netze handelt, sind die Konzepte und Protokolle der beteiligten Netze gleich, also keine grundsätzlichen Unterschiede zu überwinden.

Die innerhalb eines Netzes gewährleistete Eindeutigkeit von Netzwerk-Namen und Netzwerk-Adressen ist beim Zusammenschluss mehrerer Netze zu einem Verbund nicht sichergestellt, und es würde den obigen Forderungen widersprechen, die Eindeutigkeit durch Änderungen in den einzelnen Netzen herbeiführen und weiterhin durch ein übergeordnetes Management sicherstellen zu wollen. Weiterhin kann nicht erwartet werden, dass die Adressstruktur (Aufteilung der Adressbits auf *Subarea Address* und *Element Address*), die in einem Netz einheitlich festgelegt sein muss, in unabhängig aufgebauten

Netzen gleich ist; ebenso kann *Extended Network Addressing* benutzt werden oder auch nicht.

Um Unterschiede dieser Art überwinden zu können, ist ein Gateway für die Verbindung der Netze erforderlich. Der Gateway besteht aus einem Gateway-SSCP (Gateway-VTAM) und einem *Gateway Node* (Gateway-NCP). Der Gateway-SSCP ist für die Initialisierung und Beendigung von *Sessions* über Netzgrenzen hinweg verantwortlich. Die Aufgabe ähnelt der beim Aufbau von *Cross-Domain-Sessions*, wobei allerdings das Umsetzen der Namen hinzukommt, so dass in jedem der beteiligten Netze mit den dort gültigen Namen gearbeitet werden kann. Der Gateway-SSCP ist SSCP in jedem der Netze, die er verbindet.

Der *Gateway Node* führt die Adressumsetzungen und das *Routing* über die Netzgrenzen hinweg durch. Bei Verbindungen über Netzgrenzen hinweg, gibt es keine durchgehende Ende-zu-Ende Verbindung (*Virtual Route*) zwischen *Source Subarea Node* und *Destination Subarea Node*, sondern die *Virtual Routes* in den einzelnen Netzen enden im *Gateway Node* und werden dort verknüpft.

Wenn mehr als zwei SNA-Netze verbunden werden sollen, gibt es keine topologischen Vorgaben. Ein Gateway kann mehr als zwei Netze verbinden (z.B. Sternstruktur mit einem zentralen Gateway), es können auch mehrere Gateways eingesetzt werden (Verkettung von Netzen oder Zusammenschluss zu einem Ring); auch parallele Gateways zwischen zwei Netzen sind möglich.

4.1.2.3 NetView

Netzwerkmanagement hat in den Anfängen bei keiner der Netzwerkarchitekturen eine Rolle gespielt. Die Netze waren klein und durch die Fachleute, die zum Betrieb unerlässlich waren, überschaubar. Mit zunehmender Verbreitung und Vergrößerung der Netze reichten menschliche Intuition und Ad-hoc-Lösungen für die Sicherstellung eines geordneten Netzbetriebs nicht mehr aus. Spätestens seit Mitte der achtziger Jahre ist es klar, dass für die Planung, den Betrieb und die geordnete Weiterentwicklung von Netzen die Verfügbarkeit entsprechender Managementfunktionen von entscheidender Bedeutung ist.

Bei SNA ist die Entwicklung ähnlich verlaufen: Zuerst gab es keine Managementfunktionen, dann eine Fülle von Programmprodukten, die in unkoordinierter Weise Einzelaspekte des Netzwerkmanagements mehr oder minder gut abdeckten, was die Aufgabe kaum erleichterte. Inzwischen hat (auch) IBM die strategische Bedeutung des Netzwerkmanagements erkannt und mit NetView den Versuch unternommen, die unterschiedlichen Aspekte des Netzwerkmanagements unter ein gemeinsames Dach zu bringen.
Die Funktionen beinhalten:

- Überwachung und Steuerung des Normalbetriebs,

- Fehlererkennung und -beseitigung,

- Änderungsdienst (Konfiguration, Ausbau),

- Performance-Überwachung und -Verbesserung.

Die Bedeutung dieses Ansatzes wird noch unterstrichen durch NetView/PC für das Management von lokalen Netzen (Token-Ring) und Nebenstellenanlagen, das diese Aufgaben *standalone*, aber auch im Zusammenspiel mit NetView erbringen kann, so dass sich hier Perspektiven für ein umfassendes, unterschiedliche Netzwerke einbeziehendes Netzwerkmanagement eröffnen.

4.1.2.4 SNADS (SNA *Distribution Services*)

Endbenutzer eines SNA-Netzes kommunizieren (wie die Benutzer des Fernsprechsystems)
in einer direkten *Session* miteinander, d.h. beide Teilnehmer (und der Pfad zwischen ihnen) müssen gleichzeitig für die Kommunikation bereit sein. Es gibt aber Anwendungen,
bei denen ein direkter Kontakt nicht nötig, nur schwer möglich oder auch unerwünscht
ist. Nicht nötig ist ein direkter Kontakt etwa beim Absetzen von Nachrichten, wie es für
Büroumgebungen, aber auch im Netzwerkmanagement-Bereich typisch ist; nicht gut
möglich sind direkte Kontakte bisweilen über große Entfernungen wegen der Zeitdiffe-
renz; zeitversetzte Kommunikation kann wünschenswert sein, um ungewollte Unterbre-
chungen zu vermeiden oder u.U. günstige Nachttarife für den Transport der Nachrichten
nutzen zu können.

SNADS definiert eine Architektur für einen asynchronen Datenaustausch zwischen
SNA-Anwendungen. Das Fehlen eines generellen Angebots für solche Dienste hat zu
anwendungs-, system- und produktspezifischen Lösungen geführt.

Die *SNA Distribution Services* werden durch ein Netz von *Distribution Transaction Programs* bereitgestellt, die über LU 6.2-*Sessions* miteinander Verbindung aufnehmen können, um den asynchronen Datenaustausch zu realisieren; dieses Netz trägt die Bezeichnung *Distribution Services Network*.

Die *SNA Distribution Services* können generell von Anwendungen genutzt werden. Eine
asynchron zu übertragende Nachricht (hier als *Distribution* bezeichnet) wird vom Anwendungsprogramm an die *Distribution Services* übergeben. Die *Distribution Services*
übernehmen bereits im Absenderknoten die Verantwortung für die Nachricht, transportieren sie in eigener Verantwortung durch das SNA-Netz und behalten auch im Zielknoten die Verantwortung dafür so lange, bis die Nachricht an den Adressaten übergeben
werden kann. Dabei braucht zu keinem Zeitpunkt zwischen den *Distribution Transaction
Programs* in Quell- und Zielknoten eine durchgehende *Session* zu bestehen, und die
Nachricht kann in Zwischenknoten beliebig lange zwischengespeichert werden.

Bei der asynchronen Kommunikation ergeben sich einige Besonderheiten:

- Die auszutauschenden Nachrichten (z.B. auch *Files*) können sehr groß sein. Da keine
  direkte Verbindung zwischen den Benutzern besteht, so dass die für die Benutzer gültigen Beschränkungen für die Inanspruchnahme von Ressourcen nicht greifen, müssen die erforderlichen Ressourcen – evtl. auch auf Zwischenknoten – im Rahmen des
  Dienstes bereitgestellt werden.

- Das Verteilen einer Nachricht, d.h. das Verschicken an mehrere oder auch sehr viele
  Empfänger, ist nicht ungewöhnlich.

- Da der Transport einer Nachricht durch eine vom Absender unabhängig agierende
  Instanz erfolgt, entsteht beim Absender – abhängig von der Anwendung unterschiedlich stark – das Bedürfnis, sich über den Status der Nachricht informieren zu können
  (ob sie bereits abgeschickt ist, bereits im Zielknoten angekommen ist, bereits dem
  Adressaten übergeben werden konnte).

- Anders als bei synchroner Kommunikation, wo auch Bestätigungen synchron erfolgen,
  müssen bei asynchroner Kommunikation besondere Mechanismen für die Zuordnung
  von Bestätigungen zu Nachrichten bereitgestellt werden.

4.2 TCP/IP

Basierend auf den Erfahrungen im ursprünglichen ARPANET, das das erste paketvermittelnde Netz war und dessen Entwicklung auf das Jahr 1969 zurückgeht, begann Mitte der siebziger Jahre die Entwicklung der heutigen Internet-Protokolle. Diese wurden ab 1980 in den konkreten Netzbetrieb eingeführt, und seit 1983 ist ihre Verwendung im DoD-INTERNET obligatorisch. Gleichzeitig wurde das DoD-INTERNET (auch DDN = *Defense Data Network*) aufgespalten in einen nichtmilitärischen Teil (ARPANET) und einen militärischen Teil (MILNET). 1986 fiel die Entscheidung, im NSFnet (*National Science Foundation Network*) – ursprünglich als Verbindungsnetz der amerikanischen Supercomputer-Zentren gegründet – ebenfalls die Internet-Protokolle zu verwenden. Dieses Netz mit seinen nachgeordneten *Mid-level Networks* (in der Regel regionale Netze wie beispielsweise NYSERNet (*New York State Educational Research Network*) oder NorthWestNet, das die nordwestlichen Bundesstaaten der USA erfasst) und den diesen nachgeordneten *Access Networks* (typischerweise Campusnetze einzelner Universitäten) war bis 1995 der wichtigste Teil des INTERNET. Nach der Einstellung des NSFnet sind die vormals daran angeschlossenen Einrichtungen über verschiedene (kommerzielle) INTERNET-Anbieter erreichbar.
Die aktuelle Entwicklung im INTERNET ist durch Kommerzialisierung sowohl im Betrieb wie in der Nutzung und die beginnende Nutzung durch private Teilnehmer geprägt.

Parallel dazu wurden nach 1980 – ebenfalls mit finanzieller Unterstützung des amerikanischen Verteidigungsministeriums – die Internet-Protokolle in das Betriebssystem UNIX integriert und insbesondere mit den Berkeley-Versionen dieses Betriebssystems (BSD 4.x, BSD = *Berkeley System Distribution*) in großem Umfang kostenlos an Universitäten und Forschungseinrichtungen verteilt. Gleichzeitig wurden, basierend auf IP und TCP, weitere Kommunikationsdienste entwickelt und verbreitet, so dass eine über die eigentlichen Internet-Protokolle hinausgehende Kommunikationskultur entstanden ist. Zu nennen sind hier vor allem die *Berkeley Services*, die in UNIX-typischer Weise von lokalen UNIX-Systemen her bekannte Dienste auf entfernten UNIX-Systemen verfügbar machen, und NFS (*Network File System*), eine inzwischen von sehr vielen Herstellern unterstützte Entwicklung der Fa. SUN Microsystems, die es ermöglicht, einen *File* auf einem entfernten System wie einen lokalen *File* zu benutzen, d.h. satzweise darauf zuzugreifen (vgl. Abb. 4-6).
Etwa seit 1987 hat ein massives Wachstum des DoD-INTERNET eingesetzt mit Wachstumsraten bis zu 15% pro Monat. Inzwischen sind weit über 100.000 Teilnetze mit über fünfhundert Millionen Teilnehmern miteinander verbunden. Dieses außerordentliche, von den Entwicklern der Protokolle nicht vorhergesehene Wachstum (in der von Großrechnern geprägten, LAN-freien Welt der siebziger Jahre waren einige dutzend Netze und einige hundert Hosts eine realistische Vorstellung) hat Probleme bereitet und eine Weiterentwickung der Konzepte hin zu einer stärkeren (hierarchischen) Strukturierung erzwungen und macht in naher Zukunft eine weiter gehende Erneuerung unausweichlich.

Die Internet-Protokollfamilie ist kein Standard einer einschlägigen Institution, sondern ein firmenunabhängiger de-facto-Standard des amerikanischen Verteidigungsministeriums. Abgesehen von diesem formalen Manko, existiert mit diesen Protokollen erstmals ein wirklicher Standard in dem Sinne, dass über diese Protokolle praktisch alle auf dem Markt erhältlichen Computer vom kleinen PC bis zum Supercomputer miteinander kommunizieren können.

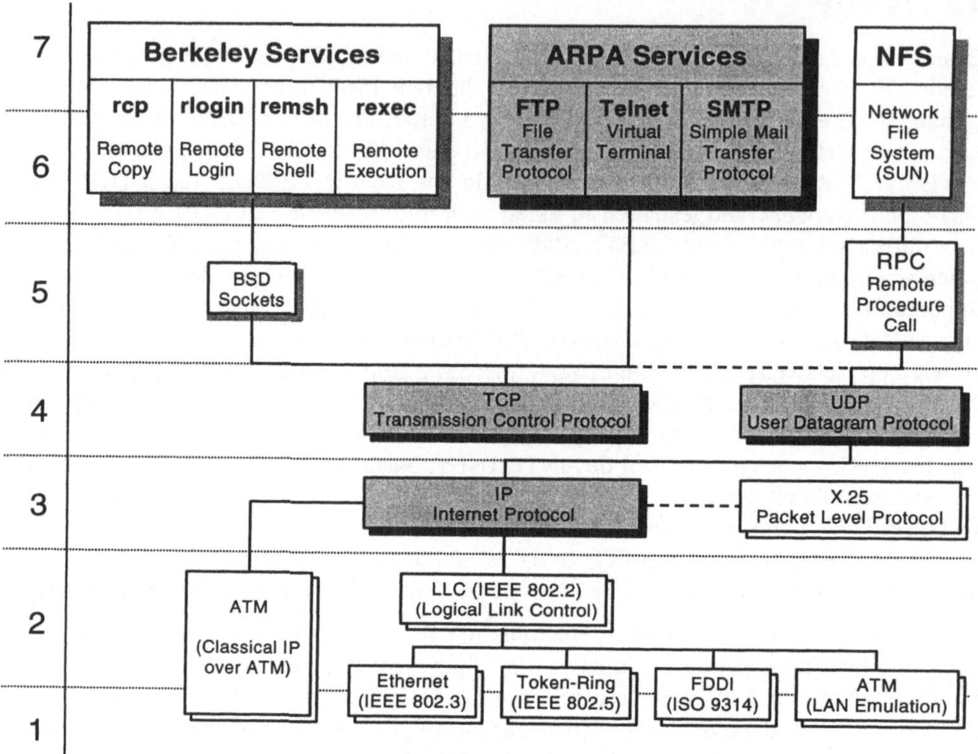

Abb. 4-6. Kommunikationsprotokolle und -dienste im Internet-Umfeld

Die Steuerung der Aktivitäten und die Weiterentwicklung obliegt dem IAB (*Internet Architecture Board*). Abb. 4-7 zeigt die Struktur des IAB. Es gibt zwei Gruppierungen, die IETF (*Internet Engineering Task Force*), die für die kurz- und mittelfristige betriebsrelevante Fortentwicklung und die IRTF (*Internet Research Task Force*), die für längerfristige grundsätzliche Fragestellungen zuständig ist. Die eigentliche Sacharbeit wird in Arbeitsgruppen (*Working Groups*) geleistet, die bei der IRTF als Forschungsgruppen (*Research Groups*) bezeichnet werden. In der deutlich größeren IETF sind die Arbeitsgruppen noch thematisch zu (bei der Gründung 8) Bereichen (*areas*) zusammengefasst. Die Abstimmung zwischen den Arbeitsgruppen und auch das Setzen von Prioritäten obliegt den *Steering Groups*, wobei die IESG (*Internet Engineering Steering Group*) aus den Vorsitzenden der Bereiche, die IRSG (*Internet Research Steering Group*) aus den Vorsitzenden der Arbeitsgruppen besteht. Entsprechend der gewachsenen Bedeutung des Internet ist die IETF heute eines der wichtigsten Standardisierungsgremien.

Die Arbeitsergebnisse, Vorschläge für Protokolle und verabschiedete Protokollstandards werden in sogenannten RFCs (*Request for Comment*) veröffentlicht, von denen es inzwischen über 3400 gibt und die von diversen Einrichtungen kostenlos elektronisch verschickt werden. Einmal vergebene RFC-Nummern werden niemals neu vergeben. Wenn im Zuge der Entwicklung ein Sachverhalt neu beschrieben werden muss, so wird daraus ein neuer RFC, der einen Hinweis enthält, welcher alte RFC dadurch ersetzt wird.

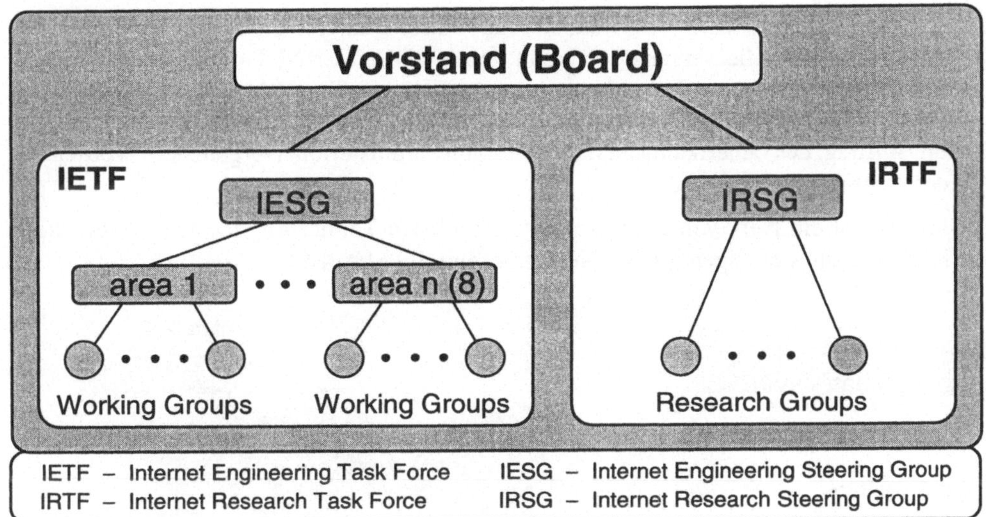

Abb. 4-7. Die IAB-Organisation

4.2.1 Einführung

Die TCP/IP-Protokollfamilie (auch ARPA- oder Internet-Protokolle) umfasst als Protokoll für die Schicht 3 das *Internet Protocol* (IP), darauf aufsetzend für die Schicht 4 das *Transport Control Protocol* (TCP) sowie für die Schichten 5 bis 7 die Kommunikationsdienste

- TELNET (interaktiver Terminaldienst),

- FTP (*File Transfer Protocol*) und

- SMTP (*Simple Mail Transfer Protocol*).

Zusätzlich gibt es mit dem UDP (*User Datagram Protocol*) noch ein sehr einfaches Ebene-4-Protokoll, das im Wesentlichen die Funktionen der IP-Schicht den Anwendungen zugänglich macht, und die darauf basierenden Dienste *Trivial File Transfer Protocol* (TFTP) und den *Domain Name Service* (DNS). Ebenfalls auf Anwendungsebene angesiedelt ist SNMP (*Simple Network Management Protocol*), das Internet-Management-Protokoll.

ISO Layer						
5-7	TFTP	(NFS)	DNS	Telnet	SMTP	FTP
4	UDP			TCP		
3	ICMP			IP		
	ARP/RARP					
2	Ethernet	Token-Ring	FDDI	ATM	PDN	Andere

Abb. 4-8. Die Internet-Protokollfamilie

Unter einem Internet wird die Realisierung eines Netzverbunds auf der Basis der TCP/IP-Protokollfamilie verstanden. Wenn vom DoD-INTERNET oder vom internationalen INTERNET oder auch nur kurz vom INTERNET die Rede ist, so ist damit ein ganz bestimmter weltweiter Netzverbund auf der Basis dieser Protokolle angesprochen, der im Auftrag des amerikanischen Verteidigungsministeriums organisiert worden ist und der zentral verwaltet wird.

Ein Internet ist ein Netz von miteinander verbundenen Teilnetzen, das den Teilnehmern den Eindruck eines einzigen großen Netzes vermittelt (Abb. 4-9).

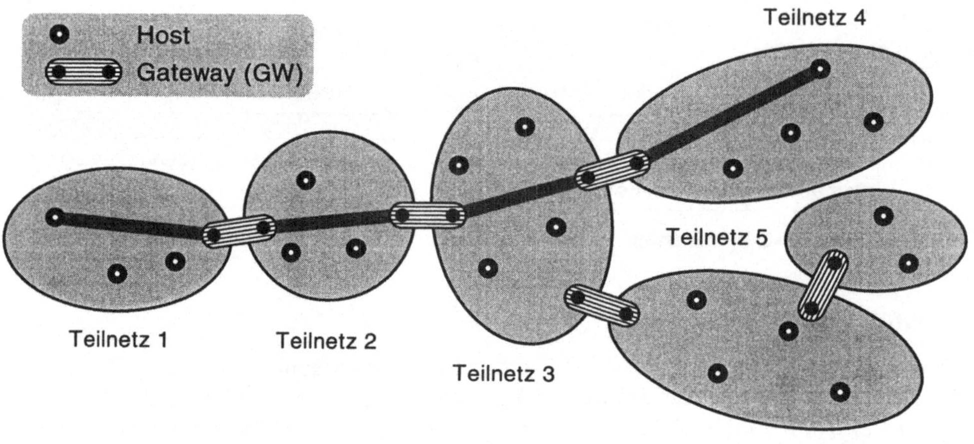

Abb. 4-9. Struktur eines Internet

Die Teilnetze sind durch Gateways miteinander verbunden. Gateways sind Stationen, die in mindestens zwei Teilnetzen Knoten sind und Verkehr zwischen diesen Teilnetzen vermitteln. Auch Rechner (Hosts) können Teilnehmer in mehreren Teilnetzen sein. Sie sind aber nur über mehrere Netze (und damit Wege) erreichbare Hosts und keine Gateways, solange sie nicht für dritte Verkehr zwischen den Teilnetzen vermitteln. Es ist offensichtlich, dass ein solcher Host – mit entsprechender Software ausgerüstet – die Funktion eines Gateways haben kann. An wichtigen Nahtstellen im INTERNET werden i. Allg. aber spezielle, auf die Gateway-Funktion hin optimierte Stationen als Gateways eingesetzt.

Gateways, die auf der Ebene 3 des OSI-Schichten-Modells vermitteln, werden Router genannt. Da IP ein Ebene-3-Protokoll ist, werden die Gateways in einem Internet als Internet-Router, IP-Router oder oft auch nur als Router bezeichnet.

Ein Pfad von einem *Source Host* zu einem *Destination Host* enthält im allgemeinen Fall (Quell- und Zielknoten liegen nicht im gleichen Teilnetz) als Zwischenknoten (*intermediate nodes*) nur Gateways. Der Weg eines Datenpakets durch ein Zwischennetz (*intermediate network*) führt direkt von dem Gateway, über den das Paket in das Teilnetz eintritt, zu dem Gateway, über den das Paket das Teilnetz wieder verlässt. Da beide Gateways Teilnehmerstationen in diesem Teilnetz sind, können sie direkt adressiert werden. Es ist eine Forderung an die Teilnetze, dass alle Stationen innerhalb eines Teilnetzes direkt adressierbar sein müssen; d.h. es darf in einem Teilnetz kein (auf IP-Ebene sichtbares) *Routing* geben.

Teilnetze im Internet sind nicht notwendig geographisch disjunkt; sie können auch gleiche geographische Regionen abdecken, aber unterschiedlichen Organisationen gehören, wodurch z.B. die sinnvolle Platzierung eines Gateways erschwert werden kann.

IP als Ebene-3-Protokoll ist die unterste der im Rahmen der TCP/IP-Protokollfamilie festgelegten Schichten; über die darunter liegenden Netzebenen wird keine Aussage getroffen, und sie können sehr unterschiedlich sein.
Teilnetze können sein:

- LANs
  Standard-LANs wie Ethernet, CSMA/CD gemäß IEEE 802.3, Token-Ring, FDDI, auch firmenspezifische LANs (inzwischen bedeutungslos) und seit kurzem auch ATM (nicht nur im lokalen Bereich). Das im TCP/IP-Umfeld originäre und mit Abstand am weitesten verbreitete LAN ist Ethernet.

- WANs,
  insbesondere öffentliche X.25- oder ATM-Netze. IP kann aber auch direkt auf den synchronen Übertragungssystemen der Telekomgesellschaften (in den USA SONET (*Synchronous Optical Network*), in Europa SDH (*Synchronous Digital Hierarchy*) aufsetzen (Bezeichnung: *IP over Sonet*)).

- Einzelne Punkt-zu-Punkt-Verbindungen (im Nah- wie im Fernbereich).

Es ist offensichtlich, dass die Gateways neben dem *Routing* weitere nichttriviale Funktionen haben, wenn sie zwischen bezüglich der Übertragungsleistung sowie sonstiger Netzparameter (etwa maximale Größe eines Datenpakets) unterschiedlichen Teilnetzen vermitteln.

4.2.2 Namen und Adressen im Internet

In einem Internet hat man drei **unabhängige** Namens-/Adressebenen (vgl. Abb. 4-10).

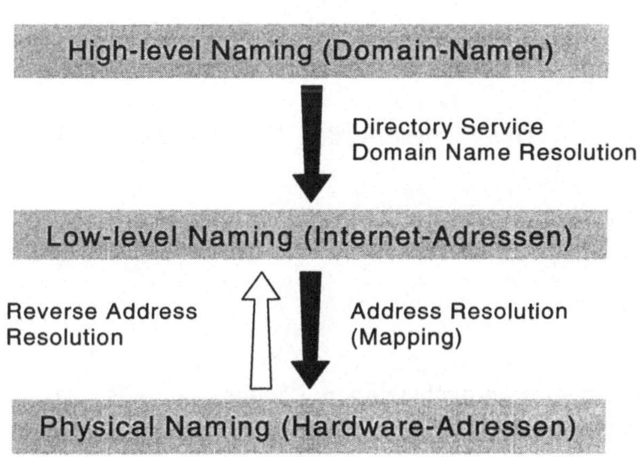

Abb. 4-10. Namen und Adressen im Internet

4.2.2.1 Domain-Namen

Bezeichnungen (Adressen), die in technischen Systemen zur eindeutigen Identifikation von adressierbaren Geräten (z.B. Rechnern) dienen, bestehen in der Regel aus strukturierten Zahlenkombinationen von beträchtlicher Länge und sind ungeeignet für die Benutzung durch Menschen.

Adäquat für Menschen ist die Verwendung von Namen, die durch Hinzufügen sinnhafter qualifizierender Merkmale eindeutig gemacht werden.

Ein gutes Beispiel hierfür ist das Fernsprechsystem. Hier werden als primäre Kennung Familiennamen verwendet, die durch Hinzufügen von Vornamen und Adressen (Land, Stadt, Straße, Hausnummer) eindeutig gemacht werden. Die Zuordnung von Namen zu Telefonnummern muss allerdings der Fernsprechkunde selbst mittels des Telefonbuchs oder der Fernsprechauskunft vornehmen. In modernen Datennetzen erfolgt die Umsetzung von Namen auf Adressen automatisch durch einen im Netzwerk verfügbaren Dienst, der die Bezeichnung *Directory Services* trägt.

Die qualifizierenden Elemente eines Internet-Namens bilden einen hierarchischen Namensraum. Der Namensraum einer einzelnen Hierarchiestufe wird als *Domain* oder, wenn auf die hierarchische Relation Bezug genommen wird, auch als *Subdomain* bezeichnet.

Das **Domain Name System** des Internet besteht aus zwei wichtigen Komponenten:

- **Name Syntax**
  Enthält die Regeln, nach denen Namen gebildet werden. Bei einem hierarchischen System kann das Recht zur Namensvergabe stufenweise delegiert werden, da die Namenseindeutigkeit nur innerhalb einer jeden *Subdomain* gewährleistet sein muss.

- **Directory Server**
  Ein System (Rechner), das in effizienter Weise Namen auf Adressen abbildet.

Ein Name besteht aus einer Folge von Elementen (*labels*), die durch Punkte getrennt sind.

→→ aufsteigende Hierarchie

rst. ... .uvw.xyz

Abb. 4-11. Struktur von Internet-Namen

Inneramerikanisch bezeichnet die oberste Hierarchiestufe den Verwendungszweck des Netzes, z.B.

. com	für *commercial organizations*,
. gov	für *governement institutions*,
. edu	für *educational institutions*,
. mil	für *military groups*,

außeramerikanisch besteht sie aus einem zweibuchstabigen Ländercode, z.B. **.de** für Deutschland. Zuständig für die Vergabe solcher *Top-level Domains* ist die neu gegründete ICANN (*Internet Corporation for Assigned Names and Numbers*). In den einzelnen Ländern muss es nun eine Institution geben (in Deutschland z.B. das DE-NIC, das von deutschen INTERNET-Anbietern gemeinsam getragen wird), die für diese *Domain* das Recht der Namensvergabe besitzt, d.h. die Elemente der nachgeordneten *Subdomains* eindeutig benennt. Diese Stufe kennzeichnet Organisationen (Firmen, Universitäten, Forschungseinrichtungen usw.) in dem jeweiligen Land (z.B. **unido** (Universität Dortmund), **fz-juelich** (Forschungszentrum Jülich)).

In einer solchen Einrichtung existiert dann i. Allg. wieder eine für die Namensvergabe auf dieser Ebene (typischerweise Kurzbezeichnungen für Abteilungen oder Institute) autorisierte Stelle. Darunter können dann Namen für einzelne Rechner vergeben werden. Dies können Phantasienamen sein (Namen wie asterix o.ä. sind in der Unix-Welt beliebt), sinnvoller sind oftmals aber Namen, die den Rechner in irgendeiner Weise charakterisieren (Rechnertyp, Betriebssystem, eine besondere Funktion, die der Rechner hat).
Ein vollständiger Name eines Rechners könnte z.B. lauten:

sun1.ipp.fz-juelich.de

und würde die SUN Nr.1 (**sun1**) im Institut für Plasmaphysik (**.ipp**) des Forschungszentrums Jülich (**.fz-juelich**) in Deutschland (**.de**) benennen.

Die hier beispielhaft angegebene Strukturierung ist sinnvoll, aber nicht zwingend so vorgeschrieben. Zulässig und manchmal sinnvoll ist auch, dass eine Stelle mehrere nachgeordnete *Subdomains* verwaltet.

Durch die hierarchische Struktur wird ein logischer Baum definiert (Abb. 4-12), der unabhängig von der Topologie des realen Netzes ist.

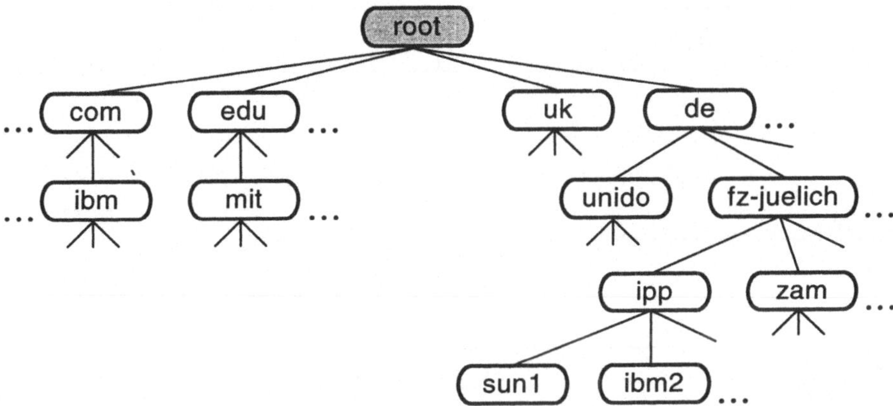

Abb. 4-12. Baumstruktur der Internet-Namen

Die Namen sind netzweit eindeutig, wenn jede zur Namensgebung autorisierte Stelle (*naming authority*) gewährleistet, dass die Namen innerhalb einer Hierarchiestufe eindeutig sind. Eine *Naming Authority* hat darüber hinaus die Verpflichtung, einen *Name Server* (BIND-*Server*, BIND = *Berkeley Internet Name Daemon*) bereitzustellen, der im Zusammenspiel mit anderen *Name Servern* in der Lage ist, den Namen Internet-Adressen zuzuordnen.

4.2.2.2 Internet-Adressen

Die entscheidenden Größen im Internet sind die Internet-Adressen (IP-Adressen). Sie identifizieren Teilnetze und Rechner im Gesamtnetz und müssen deshalb netzweit eindeutig sein. Das *Routing* im Internet basiert auf diesen Adressen.

Für das internationale INTERNET werden die Adressen (wie auch die Namen) ebenfalls vom *Network Information Center* (InterNIC *Registration Services*) vergeben, wodurch die weltweite Eindeutigkeit gewährleistet werden kann. Um nicht weltweit einzelne

Adressen vergeben zu müssen, bekommen nationale Einrichtungen (wie etwa das DE-NIC) Adresskontingente zur eigenständigen Verteilung zugewiesen.

Die Internet-Adressen haben eine Länge von 32 Bits; die allgemein verbreitete Notation ist:

ddd.ddd.ddd.ddd mit **ddd** ganze dezimale Zahlen $\in$ [0,255].

Die Adressen sind unterteilt in eine *netid*, die das Teilnetz identifiziert, und eine *hostid*, die eine Station in einem Teilnetz kennzeichnet.

Um den vorhandenen 32-Bit-Adressvorrat gut ausnutzen zu können, ist die Aufteilung eines Adresswortes in *netid* und *hostid* variabel. Es entstehen so verschiedene Netzklassen.

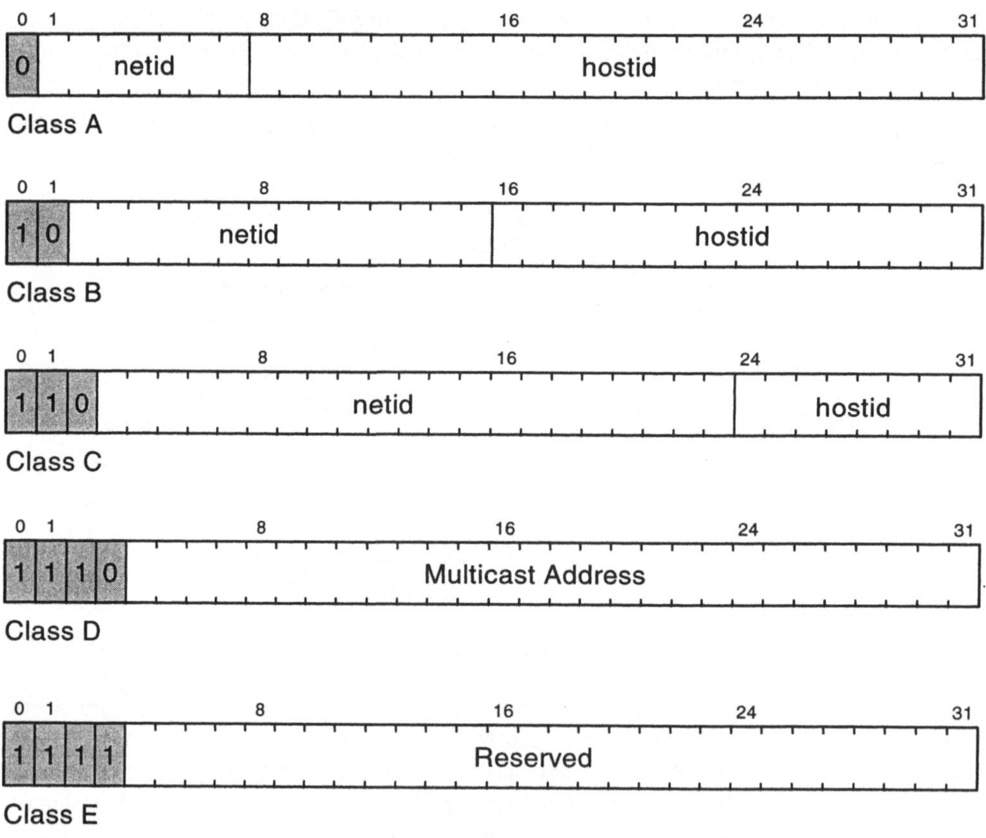

Abb. 4-13. Struktur der Internet-Adressen

Klasse-A-Netze können sehr groß sein, d.h. sehr viele Hosts enthalten. Naturgemäß kann es davon nur wenige geben, und im internationalen INTERNET sind nur wenige der wichtigsten Netze (wie z.B. das ARPANET oder das NSFnet) Klasse-A-Netze.

Klasse-B-Netzadressen werden üblicherweise großen Forschungseinrichtungen und Universitäten oder anderen vergleichbar großen Einrichtungen zugeordnet. Mit 14 Bits Adressraum für die Netzidentifikation kann es mehr als 16.000 solcher Netze geben, und in jedem dieser Netze stehen 16 Bits für die Host-Adressierung zur Verfügung (> 65.000), was in den meisten Fällen mehr als ausreichend sein dürfte.

Klasse-C-Netzadressen werden an kleine Einrichtungen vergeben. Es kann davon sehr viele geben, doch steht für die Host-Adressierung nur ein Byte zur Verfügung (254 Hosts unter Berücksichtigung der nicht nutzbaren Bitkombinationen).

Klasse-D-Netzadressen sind definiert und werden als *Multicast*-Adressen verwendet.

Klasse-E-Netzadressen sind für zukünftige Nutzung reserviert.

Class	Initial Bits	No. of Bits netid	No. of Bits hostid	Value of High Order Byte	32-Bit Net Mask
A	0xxx	7	24	0 – 127	FF 00 00 00
B	10xx	14	16	128 – 191	FF FF 00 00
C	110x	21	8	192 – 223	FF FF FF 00
D	1110			224 – 239	
E	1111			240 – 255	

Die in der Tabelle angegebene Netzmaske (*net mask*) ist eine 32-Bit-Maske, die B'0'-Werte in allen der Host-Identifikation dienenden Bitpositionen enthält und in den der Netzidentifikation zugeordneten Bitpositionen B'1'-Werte; sie ist bei der nachfolgend beschriebenen Subnetzadressierung von Bedeutung.

Die Aufteilung der Internet-Adressen in eine *netid* und eine *hostid* hat Vorteile und Nachteile.

Die Nachteile sind:

- Da eine Station (Host) als Station in einem bestimmten Netz durch *netid + hostid* identifiziert wird, bekommt eine Station notwendigerweise eine andere Adresse, wenn sie in ein anderes Teilnetz wandert.

- Wenn die Zahl der Teilnehmerstationen in einer Einrichtung wächst und eine Klasse-C-Adresse durch eine Klasse-B-Adresse ersetzt werden muss, dann müssen alle Stationen des C-Netzes neue Adressen bekommen. Da überdies die Software es nicht generell zulässt, dass ein physikalisches Netz mehrere *netids* im Internet-Sinne haben kann, kann der Übergang auch nicht gleitend erfolgen, sondern muss im gesamten Teilnetz gleichzeitig für alle Hosts vollzogen werden, was große praktische Schwierigkeiten mit sich bringt.

- Wenn ein Host über mehrere Netze erreichbar ist (d.h. Teilnehmerstation in verschiedenen Teilnetzen ist), so hat er verschiedene Adressen (auch Namen) abhängig davon, über welches der Netze er angesprochen wird. Daraus folgt, dass die vorhandene Redundanz in den Pfaden nur genutzt werden kann, wenn bekannt ist, dass dieser Host unter verschiedenen Adressen (Namen) erreichbar ist.

Der Hauptvorteil der Aufteilung der Internet-Adressen in *netid* und *hostid* besteht darin, dass außerhalb eines Teilnetzes nur die *netid* (hinter der sich eine große Zahl von Hosts verbergen kann) für *Routing*-Zwecke herangezogen werden muss, wodurch die *Routing*-Tabellen klein gehalten werden können und der *Routing*-Vorgang effizient wird.

Wie bereits erwähnt, erfolgt die Vergabe der Netzadressen für das gesamte INTERNET zentral; die Vergabe von Host-Adressen ist dagegen eine lokale Aufgabe einer (zentralen) Stelle in einer Organisation, der eine Netzadresse zugewiesen wurde. Bei größeren

Netzen (insbesondere Klasse-B-Netzen) ist ein flacher Adressraum von vielen tausend Hosts nur sehr schwer verwaltbar und entspricht auch nicht den netztechnischen Gegebenheiten, da große Einrichtungen heute i. Allg. sehr komplexe, strukturierte lokale Netze besitzen. Es ist deshalb wünschenswert, dass sich hinter einer Internet-Netzadresse einer Einrichtung mehrere physikalische Netze verbergen können und dass sich dieses auch in der Namensstruktur widerspiegelt.

Subnetting ist die allgemeinste (und standardisierte) Methode, um hinter einer Internet-Netzadresse mehrere physikalische Netze etablieren zu können. Es ist dies eine Erweiterung des ursprünglichen Adressierungsschemas, die aufgrund des nicht vorhergesehenen außerordentlichen Größenwachstums des INTERNET notwendig wurde. Durch *Subnetting* kann das Entstehen einer Vielzahl kleiner Internet-Teilnetze innerhalb einer Institution verhindert werden, wodurch auch die durch die Adressaufteilung in *netid* und *hostid* angestrebte *Routing*-Effizienz in Frage gestellt würde.

Beim *Subnetting* (vgl. Abb. 4-14) wird der lokale Teil der Internet-Adresse (bisher als *hostid* bezeichnet) nochmals unterteilt in Subnetz-Adresse und *hostid* (im Subnetz). Die Aufteilung ist von der lokalen Autorität frei wählbar, sie sollte jedoch für alle Subnetze gleich sein, und alle Stationen müssen daran teilnehmen. Bei Klasse-B-Netzen wird häufig die Byte-Grenze gewählt (ein Byte für die Subnetzadressierung und ein Byte für die Host-Adressierung), weil dies zu leicht lesbaren Adressen führt und effizient implementierbar ist. Bekanntgemacht wird die gewählte Aufteilung durch die Subnetzmaske (*subnet mask*), eine 32-Bit-Maske, bei der alle der Netzidentifikation dienenden Bitpositionen (*netid + subnet-id*) auf B'1' und die der Host-Identifikation dienenden Positionen auf B'0' gesetzt sind.

Subnetting erlaubt die Spezifikation mehrerer physikalischer Netze; da aber nur eine einstufige Hierarchie in der Internet-Adresse dafür vorgesehen ist, können lokale Netzstrukturen (etwa eine hierarchische Struktur) nicht auf die Adressen abgebildet werden.

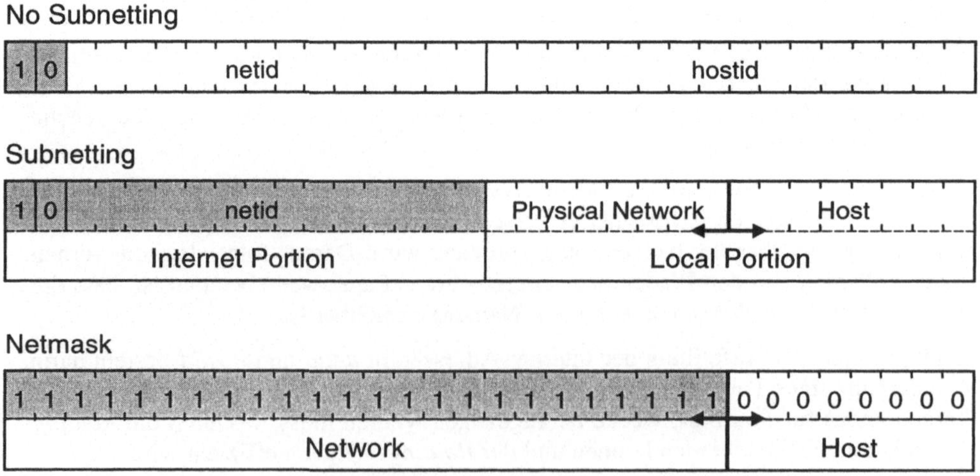

No Subnetting

Subnetting

Netmask

Abb. 4-14. Internet-Adressstruktur ohne/mit Subnetting (Klasse-B-Netz)

4.2.2.3 Hardware-Adressen

Wenn konkret in einem physikalischen Netz Daten von einer Station zu einer anderen transportiert werden sollen, so kann dies nur auf der Basis der Hardware-Adressen geschehen; d.h. eine Station, die die Internet-Adresse des gewünschten Zielrechners kennt, muss – um tatsächlich Daten senden zu können – auch deren Hardware-Adresse in dem physikalischen Netz kennen, durch das sie mit dieser Station verbunden ist.

Nur in dem äußerst seltenen Sonderfall, dass Internet-Adressen und Hardware-Adressen frei wählbar sind, kann erreicht werden, dass die Hardware-Adresse aus der Internet-Adresse ableitbar ist.

Im Normalfall werden die 32-Bit-Internet-Adressen vom *Network Information Center* vergeben und haben absolut nichts zu tun mit den Hardware-Adressen in den unterschiedlichen physikalischen Netzen. Im Falle von LANs gemäß IEEE-Standard sind dies 48-Bit-Adressen, mit denen die Hersteller jedes produzierte Interface aufgrund der ihnen von IEEE zugewiesenen Adresskontingente versehen; im Falle öffentlicher Datennetze werden die – i. Allg. nach ITU-T-Empfehlungen aufgebauten – Adressen von den Telekomgesellschaften vorgegeben. Eine Zuordnung von physikalischen Adressen zu Internet-Adressen ist dann nur über Tabellen möglich.

Für die Adressen in öffentlichen Netzen bzw. allgemeiner in Netzen ohne *Broadcast*-Eigenschaft (auch als NBMA-Netze (*Non-Broadcast Multiple Access*) bezeichnet) müssen diese Tabellen statisch aufgebaut werden, indem der Betreiber einer Station die entsprechenden Eintragungen vornimmt. Um die einzelnen Teilnehmer von dieser Aufgabe zu entlasten, kann diese Information auch einmalig in einem *Server* bereitgestellt werden; zusätzlich sind dann standardisierte Methoden erforderlich, wie die einzelnen Stationen den *Server* lokalisieren und die benötigten Informationen dort abfragen können.

Bei lokalen Netzen mit *Broadcast*-Fähigkeit auf Hardware-Ebene (z.B. im Ethernet) gibt es eine standardisierte Vorgehensweise, die *Address Resolution Protocol* (ARP) genannt wird, um eine solche Tabelle dynamisch aufzubauen. Die Vorgehensweise ist in Abb. 4-15 beschrieben.

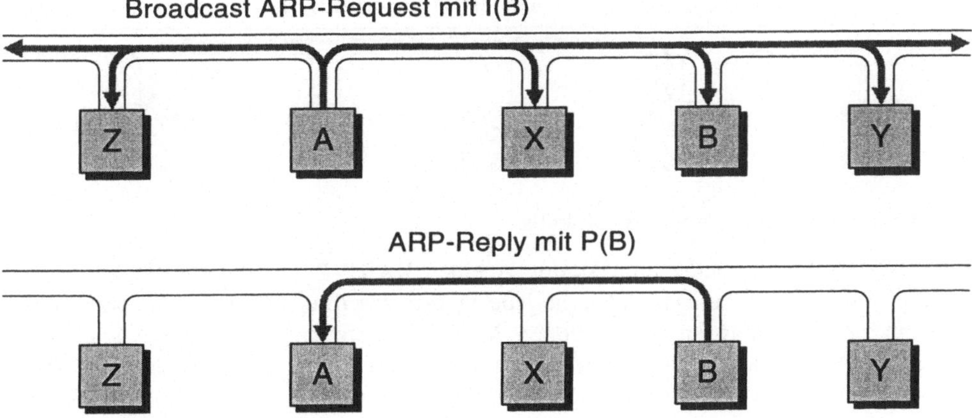

Abb. 4-15. Funktion des ARP-Protokolls

Eine Station A will Daten an eine Station B mit der Internet-Adresse I(B) schicken, deren physikalische Adresse P(B) sie noch nicht kennt. Um diese zu erfahren, sendet A per *Broadcast* einen ARP-*Request* an alle Stationen des physikalischen Netzes, der die eigene physikalische Adresse (die im gesendeten *Frame* als *Source Address* ohnedies enthalten ist) und die Internet-Adresse von B enthält. Alle Stationen erhalten und überprüfen den ARP-*Request*, und diejenige Station, deren Internet-Adresse angegeben ist (B), beantwortet den *Request*, indem sie einen ARP-*Reply* mit der eigenen physikalischen Adresse P(B) an die anfragende Station A schickt. Station A trägt diese Adresse in ihre Tabelle (*Address Resolution Cache*) ein und kann nun die Übertragung durchführen und bei nachfolgenden Übertragungen aufgrund dieses Eintrags die Adressauflösung unmittelbar vornehmen.

Auch für die Umkehrfunktion – nämlich das Herausfinden einer Internet-Adresse zu einer bekannten physikalischen Adresse – gibt es eine standardisierte Vorgehensweise, das *Reverse Address Resolution Protocol* (RARP).

Diese Funktion ist beispielsweise für *Diskless Workstations* von Bedeutung. Solche *Workstations* laden ihre gesamte Software (gegebenenfalls also auch die Internet-Software) von einem *Server*. Ein solcher *Server* versorgt in der Regel eine Reihe solcher *Workstations* und müsste jede mit der ihr individuell zugeordneten Internet-Adresse versehen, was relativ aufwändig wäre. Die Lösung besteht darin, dass die Internet-Adresse als stationsspezifische Information nicht mitgeladen wird, wohl aber eine standardisierte Methode (eine Implementation des RARP-Protokolls), wie eine Station ihre Internet-Adresse erfragen kann.

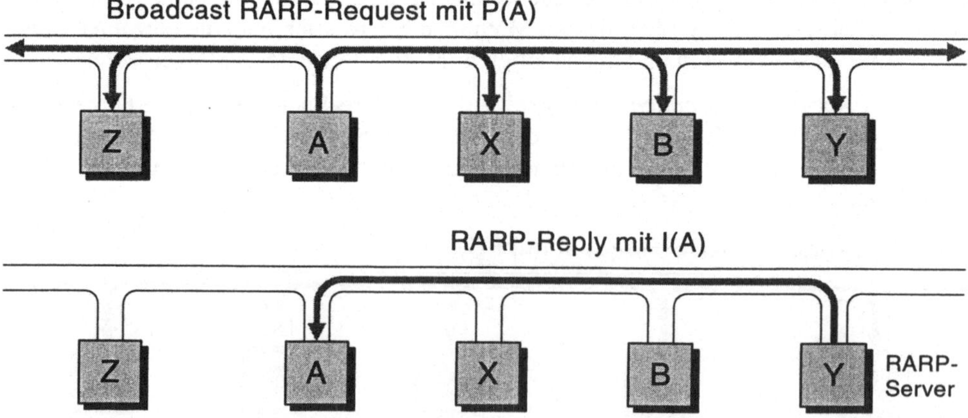

Abb. 4-16. Funktion des RARP-Protokolls

Beim RARP-Protokoll sendet eine Station A einen RARP-*Request* unter Angabe ihrer eigenen physikalischen Adresse P(A), die jede Station aus ihrer Interface-Hardware auslesen kann, per *Broadcast* an alle Stationen. Wenn im Netz wenigstens ein sogenannter RARP-*Server* (eine Station, die für alle Stationen die Zuordnung physikalische Adresse – Internet-Adresse kennt) etabliert ist, so antwortet dieser mit einem RARP-*Reply* an die anfragende Station, der die gewünschte Internet-Adresse I(A) enthält.

4.2.3 IP (*Internet Protocol*)

Das Internet-Protokoll ist in der Lage, ein Internet-Datagramm (auch als Internet-Paket bezeichnet) von einem Quellknoten über mehrere Zwischennetze zu einem Zielknoten in einem anderen Teilnetz zu transportieren. Es handelt sich hierbei um einen verbindungslosen Dienst (*connectionless packet service*), einen *Unreliable Datagram Service*, bei dem auf dieser Ebene weder die Richtigkeit der Daten, noch die Einhaltung der Sequenz oder die Vollständigkeit und Eindeutigkeit einer Folge von Datagrammen garantiert wird.

Wenn den Applikationen ein zuverlässiger, verbindungsorientierter Dienst zur Verfügung gestellt werden soll, so muss dieser durch die darüber liegende Transportschicht erbracht werden; TCP leistet das. Dazu wird den Daten einer Applikation ein TCP-*Header* vorangestellt (Abb. 4-17). Aus dieser Einheit, einem TCP-Segment, wird durch Voranstellen des Datagramm-*Header* (IP-*Header*) ein IP-Datagramm der Internet-Schicht. Zur Übertragung in einem physikalischen Netz wird aus dem IP-Datagramm durch Einschluss zwischen *Frame Header* und *Frame Trailer* ein in seiner Ausprägung vom physikalischen Netz abhängiger *Frame* (Rahmen) erzeugt (z.B. ein Ethernet-*Frame* in einem Ethernet).

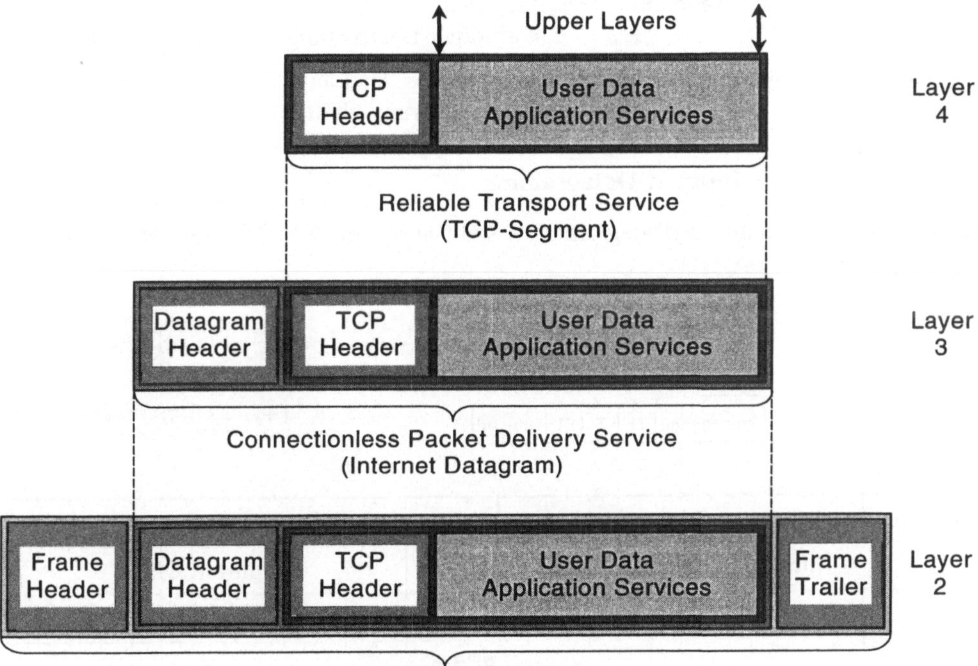

Abb. 4-17. Transporteinheiten im Internet

4.2.3.1 Fragmentierung

Die maximale Datagrammlänge ist sinnvollerweise auf die maximale Rahmenlänge des für eine Übertragung benutzten physikalischen Netzes abgestimmt. Es kann aber nicht ausgeschlossen werden, dass ein Datagramm auf seinem Weg zum Zielknoten ein Teilnetz passieren muss, dessen maximale Rahmenlänge kleiner als die gewählte Datagrammlänge ist (Rahmenlängen gängiger Netze sind: Datex-P: 128 Bytes, Ethernet: 1500 Bytes, FDDI: 4500 Bytes). In einem solchen Fall müssen aus einem Datagramm zum Weitertransport mehrere Rahmen erzeugt werden, wobei der Datagramm-*Header* im Wesentlichen repliziert wird und die Daten entsprechend der möglichen Länge aufgespalten werden. Diesen Vorgang nennt man Fragmentierung (*fragmentation*).

Die Fragmentierung ist eine netztechnische Maßnahme, von der im allgemeinen Fall weder der Quell- noch der Zielknoten etwas wissen muss. Es muss deshalb auch die Umkehroperation existieren (die als *Reassembly* bezeichnet wird), die spätestens vor der Weitergabe an die Transportschicht im Zielknoten aus mehreren Fragmenten eines Datagramms wieder die ursprüngliche Dateneinheit herstellt.

Wenn nicht alle Fragmente eines Datagramms das Zielsystem fehlerfrei erreichen, so muss das gesamte Datagramm von der Quellstation wiederholt werden.

Die Wahl der Datagrammlänge im Verhältnis zur maximalen Rahmenlänge des benutzten physikalischen Netzes hat Einfluss auf die Effizienz der Datenübermittlung:

- Datagrammlänge $\ll$ Rahmenlänge $\Rightarrow$ ineffiziente Nutzung des physikalischen Netzes.

- Datagrammlänge $>$ Rahmenlänge $\Rightarrow$ Fragmentierung,
  d.h. erhöhter Bearbeitungsaufwand in den Knoten.

Im Internet (IPv4) gilt die Vorschrift: Datagramme der Länge 576 Bytes können ohne Fragmentierung übertragen werden.

4.2.3.2 Format eines Internet-Datagramms

Ein Internet-Datagramm (IP-Datagramm) besteht aus dem Datenteil und dem vorangestellten IP-*Header*.

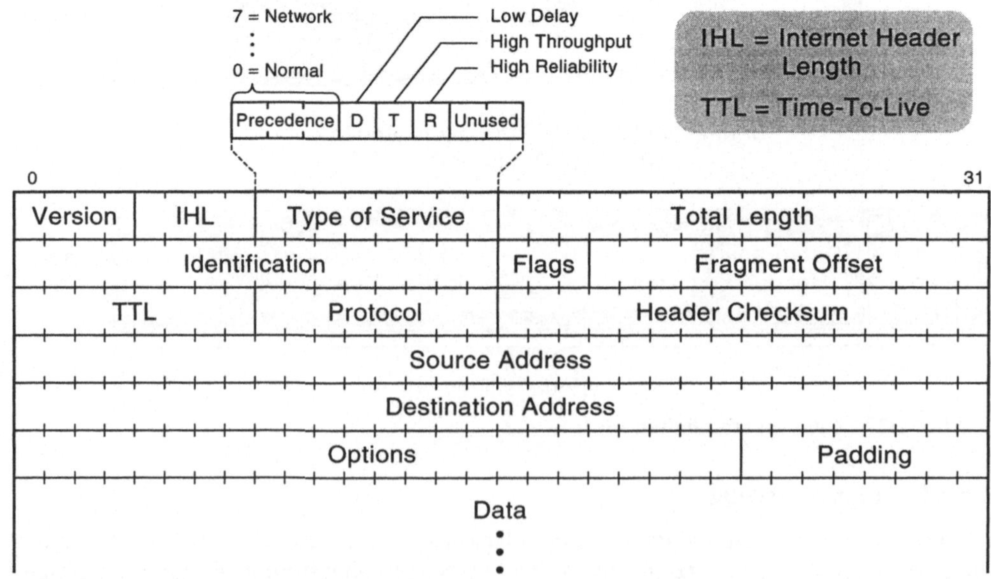

Abb. 4-18. Format eines Internet-Datagramms

Version	Kennzeichnet die IP-Protokollversion; darüber wird sichergestellt, dass gleiche Protokollversionen zusammenarbeiten; die aktuelle Version (seit 1981 im Einsatz) ist IPv4.

IHL

Die Angabe der *Internet Header Length* erfolgt in 32-Bit-Worten. Die Normallänge ohne Optionen ist 5. Da Optionen nicht immer Wortlänge besitzen, sind am Ende gegebenenfalls Füllbits (*padding bits*) bis zur nächsten Wortgrenze einzufügen.

Type of Service

Alle Bits des TOS-Feldes haben – falls sie überhaupt beachtet werden – nur den Rang eines *Best Effort*.

Precedence (Priorität):
Wird von den meisten Hosts und Gateways ignoriert. Bietet prinzipiell aber die Möglichkeit, z.B. Kontrollinformation vorrangig zu befördern.

Total Length

In diesem Feld wird die Gesamtlänge des Datagramms in Bytes angegeben. Die protokollbedingte Maximallänge beträgt aufgrund der Länge dieses Feldes 64 kByte; die tatsächliche Länge sollte von der maximalen Rahmenlänge des benutzten physikalischen Netzes abhängen.

Identification

Dieses und die beiden folgenden Felder steuern Fragmentierung und *Reassembly* von Datagrammen.

Jedes Datagramm besitzt eine von der sendenden Station erzeugte eindeutige Identifikation. Bei Fragmentierung wird nahezu der gesamte Datagramm-*Header* in jedes Fragment kopiert, insbesondere auch diese Identifikation, die in Verbindung mit der *Source Address* zusammengehörende Fragmente identifiziert.

Flags

Die beiden *Low-order*-Bits haben die Bedeutung:

Don't Fragment: Damit wird eine Fragmentierung unterbunden. Führt zum Verwerfen des Pakets und Generieren einer ICMP-Nachricht, falls fragmentiert werden müsste.

More Fragments: Mit Hilfe dieses Bits kann eine Zielstation er kennen, wann sie alle Fragmente eines Datagramms empfangen hat.

Fragment Offset

Die Datenbytes eines zu fragmentierenden Datagramms werden durchnummeriert und auf die Fragmente verteilt; das erste Fragment hat den *Offset* 0, bei den weiteren erhöht er sich jeweils um die Länge des Datenfelds eines Fragments.

Wenn beim *Destination Host* ein Fragment fehlt, was aufgrund der Information dieses Feldes feststellbar ist, muss vom *Source Host* das gesamte Datagramm erneut übertragen werden.

Time-to-Live (TTL)   Jedes Datagramm hat eine vorgegebene maximale Lebensdauer im Internet (1 – 255 Sek.), die in diesem Feld angegeben wird; d.h. auch bei *Routing*-Fehlern (etwa *Loops*) verbleibt ein Datagramm nicht permanent im Netz, sondern wird nach Ablauf der Zeitvorgabe eliminiert durch den Gateway, der den Ablauf feststellt. Im Grunde ist die Bezeichnung dieses Feldes und die bisherige Beschreibung irreführend. Da keine Startzeit angebbar ist und Zeitmessungen in einem Netz ohnehin problematisch sind, dekrementiert jeder Gateway bei Ankunft eines Datagramms dieses Feld, das damit de facto ein *Hop Count* ist.

Protocol   Da verschiedene *Upper Layer Protocols* (ULPs) die Dienste des IP in Anspruch nehmen können, muss das auftraggebende ULP angegeben werden, damit die Daten im Zielknoten an das gleiche ULP übergeben werden können. Wichtige ULPs in diesem Kontext sind z.B. TCP (Protokoll-Nr. 6) und UDP (Protokoll-Nr. 17).

Header Checksum   Dieses 16-Bit-Feld enthält Längsparitätsbits, die nur über den IP-*Header* gebildet werden; die Daten eines Datagramms sind auf dieser Ebene ungeschützt.

Source Address   Internet-Adresse des Quellknotens.

Destination Address   Internet-Adresse des Zielknotens.

Options   Ein Datagramm muss keine Optionen spezifiziert haben; die Optionen sind aber obligatorischer Bestandteil von IP und müssen deshalb in jeder Standard-Implementation verfügbar sein.
Viele Codes sind undefiniert (*for future use*). Die spezifizierten Optionen dienen vor allem

- der Datagramm- oder Netzsteuerung
  (*datagram and network control*) und

- der Fehlersuche und Messungen
  (*debugging and measurement*).

Die wichtigsten Optionen sind:

Record Route
Der Weg eines Datagramms durch das Netz wird mitprotokolliert.

Loose Source Routing
Hierbei schreibt die sendende Station Zwischenknoten vor, über die der Weg zum Zielknoten führen soll (nicht notwendig einen vollständigen Pfad!).

Strict Source Routing
Der vollständige Pfad vom sendenden Knoten bis zum Zielknoten wird vorgeschrieben (d.h. alle Zwischen-Gateways müssen in der angegebenen Reihenfolge direkt erreichbar sein).

Timestamp Option
Statt der Internet-Adressen (wie bei *Record Route*) trägt jeder
Gateway den Bearbeitungszeitpunkt ein (wahlweise auch Internet-Adresse und Zeitpunkt). Datum- und Zeitangabe (in Millisekunden seit Mitternacht) erfolgt in *Universal Time*. Die Zeiten in den verschiedenen Gateways müssen nicht konsistent sein.

4.2.3.3 Routing im Internet

Um ein Datagramm zu der im *Destination-Address*-Feld des IP-*Header* angegebenen
Empfängerstation befördern zu können, ermittelt die Station zunächst die **netid** der
betreffenden Adresse. Es können nun mehrere Fälle eintreten (Abb. 4-19):

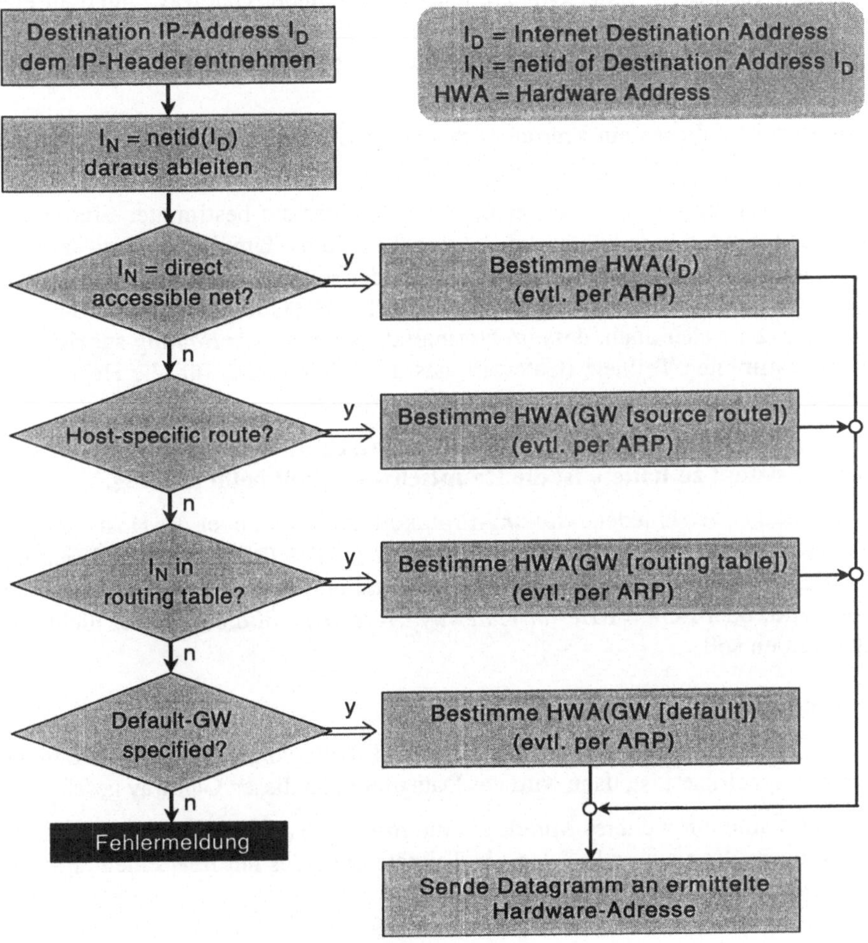

Abb. 4-19. Der Routing-Algorithmus im Internet

- ***Direct Routing***

  Die ***netid*** ist die des eigenen Teilnetzes, d.h. die Zielstation liegt im gleichen Teilnetz wie die sendende Station (so dass ein *Routing* im allgemeinen Sinne nicht erforderlich ist) und ist dort durch die ***hostid*** identifiziert. Die dazu gehörende Hardware-Adresse wird ermittelt (evtl. per ARP) und das Datagramm dorthin gesendet.

- ***Source Routing*** (auch ***host-specific routing***)

  Beim *Source Routing* gibt der Absender den Pfad zur Zielstation explizit vor. Der aktuelle Eintrag für den nächsten Gateway wird ausgewertet, die Hardware-Adresse dieser Station ermittelt und das Datagramm dorthin befördert.

- ***Indirect Routing***

  Dieses ist der Normalfall. Jedes System, insbesondere jeder Gateway, unterhält eine auf IP-Adressen basierende *Routing*-Tabelle, deren Einträge für eine gegebene Zieladresse (***netid*** der ***Destination Address***) den nächsten Knoten (Gateway) angibt, an den das Datagramm zu schicken ist.

  Wenn für eine Zieladresse ein Eintrag vorhanden ist, so wird die Hardware-Adresse des angegebenen Gateways ermittelt und das Datagramm dorthin gesendet.

  Der *Routing*-Vorgang ist um so effizienter, je schneller ein bestimmter Eintrag gefunden werden kann, d.h. je kürzer die *Routing*-Tabelle ist. Um die *Routing*-Tabellen kurz zu halten, findet das *Routing* auf der Basis der ***netid*** der IP-Adresse statt, d.h. ein Gateway benötigt keine Information über einzelne Hosts in entfernten Teilnetzen. Die Konsequenz ist aber auch, dass im Normalfall (kein *Source Routing* spezifiziert) von einem bestimmten Teilnetz (Gateway) aus die Datagramme für alle Hosts eines Zielnetzes den gleichen Pfad durch das Internet nehmen.

  Die Information für die Routing-Tabellen zu beschaffen, zu aktualisieren und jederzeit konsistent zu halten, ist die Hauptschwierigkeit beim *Routing*.

  Es sind im Internet verschiedene *Routing*-Protokolle definiert, über die Hosts und vor allem Gateways *Routing*-Information austauschen (z.B. RIP = *Routing Information Protocol*, das ein *broadcast*-fähiges Netz voraussetzt und deshalb im lokalen Bereich verwendet wird, oder EGP = *Exterior Gateway Protocol*), auf die hier aber nicht eingegangen werden soll.

- ***Default Routing***

  Wenn für ein Zielnetz kein Eintrag in der *Routing*-Tabelle vorhanden ist, aber ein *Default Gateway* spezifiziert ist, dann wird das Datagramm an diesen Gateway geschickt.

  Default Routes sind ein weiteres Mittel, um die *Routing*-Tabellen kurz zu halten. Sie sind insbesondere dann sinnvoll, wenn ein Teilnetz ohnedies nur über einen einzigen Gateway an die Außenwelt angebunden ist.

4.2.4 ICMP (*Internet Control Message Protocol*)

ICMP ist ein Vehikel zum Austauschen von Fehler- und Kontrollnachrichten zwischen Gateways und Hosts auf IP-Ebene.

ICMP-Nachrichten benutzen Internet-Datagramme wie ein ULP (*Upper Layer Protocol*, es trägt die Protokoll-Nr. 1); ICMP ist aber ein integraler Bestandteil jeder IP-Implementation.

Die ICMP-Nachrichten dienen nicht dazu, den *Unreliable Packet Delivery Service* des IP zu einem *Reliable Service* aufzuwerten. Vielmehr sollen Hosts und Gateways, die über das Schicksal eines einmal abgeschickten Datagramms ansonsten keinerlei Information hätten, durch Bereitstellung von Informationen in den Stand gesetzt werden, sachgerechte Entscheidungen zu treffen und insbesondere sinnlosen Netzverkehr zu vermeiden (der z.B. dadurch entstehen könnte, dass Datagramme wiederholt werden, deren Zielknoten nicht erreichbar ist).

Die ICMP-Nachricht ist komplett im Datenteil eines IP-Datagramms untergebracht. Eine ICMP-Nachricht enthält stets den gesamten IP-*Header* sowie die ersten 64 Datenbits des die Nachricht auslösenden Datagramms.

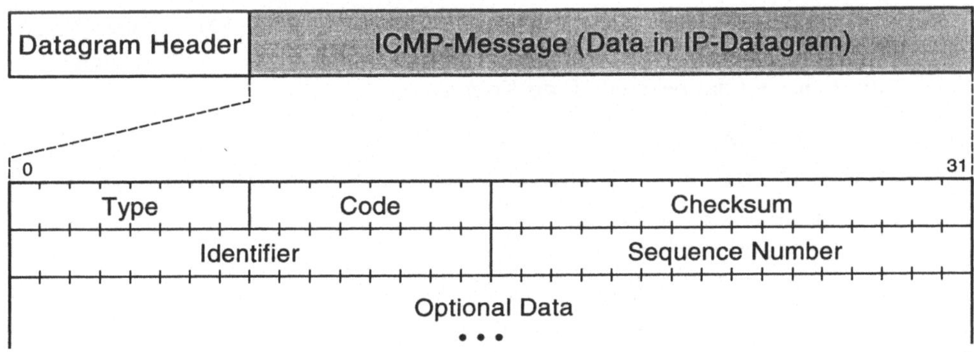

Abb. 4-20. Format einer ICMP-Nachricht

Type   Identifiziert die ICMP-Nachricht

Typ	Bezeichnung
0	*Echo Reply*
3	*Destination Unreachable*
4	*Source Quench*
5	*Redirect (change a route)*
8	*Echo Request*
11	*Time exceeded for a Datagram*
12	*Parameter Problem on a Datagram*
13	*Timestamp Request*
14	*Timestamp Reply*
15	*Information Request*
16	*Information Reply*
17	*Address Mask Request*
18	*Address Mask Reply*

Code   Dieses Feld liefert Detailinformation zur eher generellen Klassifizierung
             durch den Nachrichtentyp; die Bedeutung ist vom Typ der Nachricht abhängig.

Checksum   Die Prüfsumme eines IP-Datagramms schützt nur den IP-*Header* und.lässt
             den Datenteil ungeschützt. Um die ICMP-Nachricht zu schützen, die ja im
             Datenteil eines IP-Datagramms enthalten ist, wird darüber in gleicher Weise
             eine eigene Prüfsumme (Längsparität) gebildet.

Bei allen Nachrichten der Art *Request/Reply* werden zwei Felder *Identifier* und *Sequence-No.* (jeweils 16 Bits) verwendet, um eintreffende Antworten den jeweiligen Anfragen zuordnen zu können. Hilfsmittel, um zusammengehörende *Requests* und *Replies* identifizieren zu können, sind notwendig, da eine Station mehrere, auch gleichartige Anfragen ausstehen haben kann, und auf einen *Request* u.U. auch mehrere Antworten eintreffen können. Es folgt eine kurze Erläuterung der ICMP-Nachrichten:

Echo Request/Reply

gestattet, die Erreichbarkeit eines Zielknotens zu überprüfen. Es können auch Testdaten mitgeschickt werden, die unverändert retourniert werden. Auf diesen beiden Nachrichtentypen basiert das bekannte **Ping**-Kommando.

Destination Unreachable

Diese Nachricht liefert im *Code*-Feld eine Aufschlüsselung der Ursache:

    0:    *Network Unreachable*

    1:    *Host Unreachable*

    2:    *Protocol Unreachable*

    3:    *Port Unreachable*

    4:    *Fragmentation Needed and DF(Don't Fragment)-Bit Set*

    5:    *Source Route Failed*

Source Quench

Wenn mehr Datagramme ankommen als eine Station (Host oder Gateway) bearbeiten kann und dies dazu führt, dass Datagramme verloren gehen, dann sendet sie eine *Source-Quench*-Nachricht an die sendende Station (*source*) und fordert sie dadurch auf, die Sendegeschwindigkeit zu reduzieren.

Weder für das Absenden einer solchen Nachricht noch für die Reaktion darauf gibt es verbindliche Vorschriften.

Eine häufig implementierte Vorgehensweise bei der Erzeugung von *Source-Quench*-Nachrichten ist, dass die überlastete Station für jedes verworfene Datagramm eine Meldung an dessen Absender schickt. Vorzuziehen – aber schwieriger zu realisieren – wäre ein Verfahren, dass es erlaubt, den Zufluss von Datagrammen zur überlasteten Station zu drosseln, bevor es zum Verlust von Datagrammen kommt; es müssten dann andere Kriterien für das Aussenden dieser Nachrichten herangezogen werden, etwa wenn relevante Warteschlangen bestimmte vorgegebene Längen überschreiten.

Die Reaktion auf den Empfang einer *Source-Quench*-Nachricht ist ebenfalls nicht vorgeschrieben, also abhängig von der individuellen Implementation. Da es auch keine reziproke Nachricht gibt, durch die das Ende einer Überlastsituation angezeigt werden könnte, senkt eine Station nach eigenem Gutdünken die Rate, wenn sie eine oder mehrere *Source-Quench*-Nachrichten erhält, und steigert sie wieder, wenn sie keine mehr empfängt.

Redirect (Change Route Request)

Diese Meldungen werden vom ersten Gateway, den ein Datagramm erreicht, an Hosts im gleichen Teilnetz geschickt. Generell kann davon ausgegangen werden, dass Gateways bessere und insbesondere aktuellere *Routing*-Informationen besitzen als Hosts, da sie permanent über dynamische *Routing*-Protokolle *Routing*-Informationen untereinander austauschen und deshalb unmittelbar auf Veränderungen im Netz reagieren können.

Wenn ein Router von einem Host ein Datagramm bekommt und feststellt, dass Datagramme für die angegebene Zieladresse besser über einen anderen Gateway das eigene Teilnetz verlassen würden, dann sendet er einen *Change Route Request*, in dem er dem sendenden Host die Internet-Adresse des besser geeigneten Gateways mitteilt. Das die Meldung auslösende Datagramm wird vom Gateway korrekt weiterbefördert.

Time Exceeded

Für die Generierung dieser Nachricht gibt es zwei mögliche Ursachen, die im *Code*-Feld angezeigt werden:

Time-to-live Exceeded (Code 0)

Ein Gateway, der ein Datagramm eliminiert, weil der TTL-Zähler abgelaufen ist, sendet an die in dem Datagramm angegebene *Source Address* eine *Time-to-live exceeded*-Nachricht.

Fragment Reassembly Time Exceeded (Code 1)

Wenn in einem Host das erste Fragment eines Datagramms eintrifft, wird ein Zeitgeber gestartet, der das Eintreffen der weiteren dazugehörenden Fragmente überwacht. Wenn dieser Zeitgeber abläuft, bevor alle Fragmente des Datagramms eingetroffen sind, wird diese Nachricht an den Quellknoten geschickt.

Parameter Problem on a Datagram

Zeigt ein Problem bei der Interpretation des IP-*Header* in einem Datagramm an. Der IP-*Header* wird mit der Nachricht zurückgeschickt, und ein Zeiger zeigt auf das Feld, welches das Problem bereitet.

Timestamp Request/Reply

Drei Zeiten (in Millisekunden seit Mitternacht, *Universal Time*) gehen ein:

Originate Timestamp

Sendezeitpunkt des *Requests*; wird von der *Request* sendenden Station eingetragen und später von der antwortenden Station in den *Reply* übernommen.

Receive Timestamp

Ankunftszeitpunkt des *Requests* im Zielknoten.

Transmit Timestamp

Zeitpunkt zu dem der *Reply* an die anfragende Station zurückgeschickt wird.

Diese Nachrichten können Zeitabschätzungen dafür liefern, wie lange ein Datentransport zwischen zwei Stationen im Netz dauert. Man kann darüber auch unterschiedliche Zeitangaben in den beteiligten Knoten aufdecken und die Zeitgeber (mit begrenzter Genauigkeit) synchronisieren.

Information Request/Reply

Über diese Nachrichten kann ein Host die ***netid*** seines Netzes erfahren. Dazu sendet er einen *Information Request*, in dem die Bits der ***netid*** der Zieladresse auf B'0...0' gesetzt sind (das bedeutet: im eigenen Netz); dies kann auch per *Broadcast* geschehen. Gateways antworten darauf mit einem *Information Reply* mit voll spezifizierter *Source Address* und *Destination Address*.

Address Mask Request/Reply

Wenn *Subnetting* verwendet wird, wird die Aufteilung der Internet-Adresse in die das Netz bzw. den Host spezifizierenden Bits durch die *Subnet Mask* angegeben.

Um die *Subnet Mask* zu erfragen, kann ein Host einen *Address Mask Request* aussenden. Wenn der Host die Adresse eines Gateways kennt, kann die Anfrage gezielt erfolgen, andernfalls wird sie per *Broadcast* abgesetzt.

In der Antwort wird die *Subnet Mask* mitgeteilt.

4.2.5 IPv6 (*Internet Protocol Version 6*)

Es wurde bereits darauf hingewiesen, dass das explosionsartige Wachstum des INTERNET von den Entwicklern der Internet-Protokolle nicht vorhergesehen werden konnte und die jenseits aller damaligen Vorstellungen liegende Größe des heutigen INTERNET tiefergehende Änderungen am aktuellen Internet-Protokoll (IPv4) notwendig macht, wenn ein geordneter Betrieb und ein weiteres Wachstum für die Zukunft gesichert werden sollen.

Das zunächst dringendste Problem sind die knapp werdenden Internet-Adressen. Die Länge der Internet-Adresse beträgt 32 Bits, was einen theoretischen Adressvorrat von vier Milliarden Adressen ergibt. Da die Adressen aber eine Struktur besitzen, sinkt notwendigerweise die Effizienz, d.h. es ergeben sich größere nicht nutzbare Wertebereiche. Insbesondere sind Klasse-B-Adressen (davon gibt es insgesamt etwa 16.000) knapp, so dass deren Vergabe inzwischen sehr restriktiv erfolgt.

Eine 1993 eigens dafür ins Leben gerufene Arbeitsgruppe (*Address Lifetime Expectation* (ALE)) ist zu dem Ergebnis gelangt, dass die Adressvorräte zwischen 2005 und 2011 erschöpft sein werden. Diese Prognose ist mit großen Unsicherheiten behaftet und wird insgesamt eher als optimistisch angesehen. Immerhin ist klar geworden, dass die Situation nicht eine ausschließlich die Adressproblematik ansprechende Notmaßnahme erzwingt, sondern genügend Zeit bleibt, um eine längerfristig angelegte, auch andere Bereiche erfassende Weiterentwicklung in Gang zu setzen.

Direkt mit den Internet-Adressen sind Probleme des *Routing* und der *Routing*-Effizienz verbunden. Das Waschstum des INTERNET hat – noch verstärkt durch die aus der Verknappung der Klasse-B-Adressen resultierende Praxis, stattdessen Gruppen von Klasse-C-Netzen zu vergeben – zu einem überproportionalen Anwachsen der *Routing*-Tabellen in den Routern geführt, was auch hinsichtlich der *Routing*-Effizienz problematisch ist. Es wird deshalb angestrebt, in die Adressen Strukturinformationen des Netzes einzubringen und dadurch das *Routing* zu vereinfachen.

Ein weiteres Problem des INTERNET, das eher eine Folge der Kommerzialisierung und der universelleren Nutzung und damit nur indirekt eine Folge des Größenwachstums ist, ist ganz allgemein die Netzsicherheit. Dies betrifft zum einen die

Authentifizierung (Sicherstellen, dass ein Kommunikationspartner tatsächlich derjenige ist, der er vorgibt zu sein, und der Integrität von Paketen),

zum anderen die

Vertraulichkeit (Schutz der im Netz transportierten Daten gegen unbefugte Kenntnisnahme).

Für Authentifizierung und Vertraulichkeit gibt es eine für jede IPv6-Implementation verbindliche Lösung und zusätzlich die protokolltechnischen Vorkehrungen für eigene, zwischen den Kommunikationspartnern abzustimmende Lösungen.

Die Vertraulichkeitsproblematik ist nicht mit einem weltweit einheitlichen Ansatz zu lösen. Dieses Problem ist nicht nur ein technisches, sondern auch ein politisches und hängt mit der Interpretation des Begriffes "unbefugt" zusammen. "Befugt" (im politischen Sinne) sind nicht nur die vom Absender genannten Adressaten, sondern auch staatliche Stellen (z.B. Strafverfolgungsbehörden, Geheimdienste), so dass sich das Problem ergibt, dass autorisierte staatliche Stellen (weiterhin) abhören können sollen, die Daten gleichzeitig aber sicher vor einem Zugriff durch unbefugte Dritte sein sollen. Protokolltechnisch können hier nur Optionen bereitgestellt werden, die eine mit den jeweiligen staatlichen Vorgaben konforme Vorgehensweise ermöglichen.

Die Diskussionen um die IPv4-Nachfolge laufen seit 1990. Ende 1993 hat das IETF einen IPng-Bereich (IP *new generation*) gegründet mit dem Ziel, die bis dato eingegangenen Vorschläge auszuwerten und Empfehlungen für das weitere Vorgehen auszuarbeiten. Alle Interessengruppen wurden ermuntert, Vorschläge – auch Teilaspekte betreffend – für IPng zu machen, und es wurde ein Kriterienkatalog für IPng erarbeitet. Folgende Punkte werden genannt (in Schlagworten):

– Komplette Spezifikation

– Einfachheit

– Skalierbarkeit (mindestens 10^9 Teilnetze)

– Topologische Flexibilität

– Performance

– Zuverlässigkeit (robuste Dienste)

– Übergangsregelungen (von IPv4 nach IPng)

– Medienunabhängigkeit

– Datagrammdienst

– Einfache Konfigurierbarkeit

– Sicherheit

– Eindeutige Namen

– Freie Verfügbarkeit (der IP-Standards)

– *Multicast*-Fähigkeit

– Erweiterbarkeit (Anpassung an neue Anforderungen)

– Dienstklassen

– Unterstützung mobiler Endgeräte und Netze

– Kontrollprotokolle (für Tests und Fehlererkennung: ICMP)

– Unterstützung privater Netzdienste (oberhalb IP)

Insbesondere soll die Entwicklung evolutionären Charakter haben und ein weicher Übergang von IPv4 nach IPng gewährleistet werden (der unvermeidliche längere Parallelbetrieb der beiden Versionen muss unproblematisch sein).

Ausgewählt wurde schließlich ein Vorschlag mit der Bezeichung SIPP (*Simple Internet Protocol Plus*). Das neue Internet-Protocol trägt die Versionsnummer 6 (IPv6).
Obwohl noch nicht alle Details ausgearbeitet waren, wurde die Entscheidung gefällt, um alle Kräfte auf eine Entwicklung konzentrieren zu können.

Der nachfolgende Überblick basiert auf RFC 2460, *Internet Protocol, Version 6 (IPv6) – Specification* [37]. Zunächst wird in einem kurzen Überblick auf einige grundsätzliche Neuerungen bzw. Veränderungen eingegangen, die aus dem IP-*Header* nicht direkt ersichtlich sind. Sie zeigen, dass IPv6 trotz zusätzlicher Möglichkeiten und Optionen nicht einfach ein komplexeres IPv4 ist, sondern verspricht, an manchen Stellen protokolltechnisch effizienter zu sein als IPv4.

- Erweiterte Adressierungs- und *Routing*-Fähigkeiten

  Die IP-Adressgröße wurde von 4 auf 16 Bytes erhöht (als Alternative war auch die Übernahme der OSI-Adressen diskutiert worden). Damit ist nicht nur eine sehr große Zahl von Teilnetzen und Netzstationen adressierbar, sondern es können auch Adresshierarchien für ein effizienteres *Routing* aufgebaut werden, und es bestehen auch einfache Möglichkeiten der Autokonfiguration von Adressen (etwa durch Einbeziehen der 48-Bit-IEEE-LAN-Adressen).

  Neben vereinfachtem *Routing* bieten sich im Kontext mit besonderen *Source-Routing*-Fähigkeiten verbesserte Möglichkeiten der Verkehrslenkung (RFC 2373 [74]).

  IPv6 benutzt ein vereinfachtes *Header*-Format. Einige der im IPv4-*Header* vorhandenen Felder sind weggefallen (solche, die kaum benutzt wurden) oder optional gemacht worden mit dem Ziel, den Bearbeitungsaufwand für einen "normalen" *Header* zu minimieren. Der Erfolg der Maßnahmen ist dadurch ersichtlich, dass der IPv6-*Header* nur doppelt so lang ist wie der IPv4-*Header*, obgleich Adressen vierfacher Länge verwendet werden.

- Die Methode der Realisierung von Optionen ist grundsätzlich verändert worden. Optionen werden nicht mehr innerhalb des IPv6-*Header* spezifiziert, sondern durch zusätzliche sogenannte *Extension Header*, die zwischen dem eigentlichen IPv6-*Header* und dem nachfolgenden *Header* des Transportschichtprotokolls eingeschoben werden. Da nur wenige Optionen, die als *Hop-by-Hop*-Optionen bezeichnet werden, eine Bearbeitung in den Zwischenknoten erfordern, entsteht für die meisten Optionen in den Zwischenknoten kein Bearbeitungsaufwand. Dennoch ist diese Methode flexibler und mächtiger als die bisherige (auch die im IPv4-*Header* aus der maximalen Gesamtlänge resultierende Längenbeschränkung von 40 Bytes für Optionen entfällt).

  Eine wichtige, Funktionserweiterungen erleichternde Eigenschaft von IPv6 besteht darin, dass zu einer Option angegeben werden kann, wie Router oder Endgeräte, die diese Option nicht unterstützen, damit umgehen sollen.

- Es sind Vorkehrungen für eine sichere Authentifizierung getroffen. Die Unterstützung dieses speziellen *Extension Header* ist obligatorisch für jede IPv6-Implementation.

- IPv6 erhält *Quality of Service* (QoS)-Möglichkeiten dadurch, dass Pakete als zu einem bestimmten Datenstrom (*flow*) gehörend markiert werden können, für den der Absender eine besondere Bearbeitung anfordern kann (z.B. möglichst verzögerungsfreier Transport).

- IPv6 verzichtet auf die *Header Checksum.* Man ist der Meinung, dass in modernen digitalen Netzen mit sehr niedrigen Bitfehlerraten der auf den Ebenen 2 und 4 erbrachte Fehlerschutz ausreichend ist, so dass auf einen zusätzlichen Schutz auf Ebene 3 verzichtet werden kann. Gleichzeitig wird dadurch der Bearbeitungsaufwand in den Knoten verringert, weil die sonst in jedem Knoten erforderliche Berechnung und Neuberechnung der Prüfsumme (wegen des in jedem Knoten zu dekrementierenden *Hop Count*) entfällt.

4.2.5.1 Format des IPv6-Header

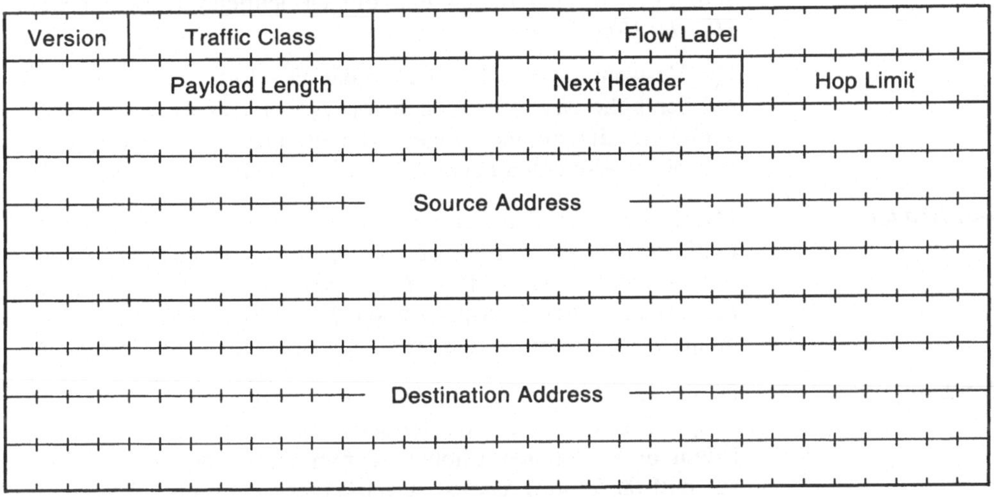

Version	Traffic Class	Flow Label	
Payload Length		Next Header	Hop Limit
Source Address			
Destination Address			

Abb. 4-21. IPv6 Header-Format

Version	Nummer der Internet Protokollversion (6); darüber wird sichergestellt, dass in Netzen, in denen verschiedene Protokollversionen koexistieren, die jeweiligen Pakete korrekt bearbeitet werden.
Traffic Class	Das *Traffic-Class*-Feld gestattet es erzeugenden Hosts oder weiterleitenden Routern, Pakete mit unterschiedlichen Prioritäten zu versehen bzw. unterschiedlichen Verkehrsklassen zuzuordnen. Derzeit laufen Bestrebungen, auf der Basis des IPv4-TOS-Feldes (*Type of Service*) sogenannte *Differentiated Services* (DS) zu etablieren (RFC 2475 [10], RFC 2474 [113]). Dabei sollen Pakete (anwendungsabhängig) bestimmten Prioritäts-/Verkehrsklassen zugeordnet werden, die eine der vordefinierten Charakteristik entsprechende Behandlung in den Knoten (Routern) erfahren.

Durch das *Traffic-Class*-Feld sollen diese Möglichkeiten auf IPv6-Pakete übertragbar sein.

Flow Label   Bietet Quellen (Hosts) die Möglichkeit, Folgen von Paketen als zusammengehörend zu kennzeichnen und für ein solche Folge eine besondere (bevorzugte) Behandlung in den Routern zu erwirken.

Die Funktionen dieses Feldes sind noch weitgehend undefiniert. Hosts und Router, die die Funktionen des *Flow-Label*-Feldes nicht unterstützen, löschen das Feld beim Erzeugen von Paketen und ignorieren den Inhalt beim Weiterleiten oder Empfangen von Paketen.

Payload Length   Länge des Pakets in Bytes (ausgenommen den IPv6-*Header*, aber unter Einschluss aller *Extension Header*). Aufgrund der Feldlänge von 16 Bits beträgt die maximale Paketgröße 64 kByte. Größere Paketlängen sind dennoch möglich; dazu wird in diesem Feld '0' eingetragen und die tatsächliche Länge in einer *Hop-by-Hop*-Option angegeben.

Die Verwendung von Paketen größer als 64 kBytes bereitet auch auf den höheren Protokollebenen (*Upper Layer Protocols*, ULP) Probleme, die Veränderungen oder Ergänzungen nötig machen. Beispielsweise enthält auch UDP ein 16 Bits langes Längenfeld.

Next Header   Identifiziert den Typ des unmittelbar folgenden *Header*. Dieses Feld wird in gleicher Weise und mit den gleichen Werten wie das *Protocol Field* im IPv4-*Header* verwendet (dient i. Allg. der Identifikation des Transportschicht-Protokolls). Zur Identifikation der IPv6 *Extension Header* sind zusätzliche Werte festgelegt.

Hop Limit   Dient der Schadensbegrenzung beim Auftreten von *Routing Loops*. Das Feld wird von der sendenden Station gesetzt und in jedem durchlaufenen Knoten dekrementiert. Wenn der Zähler auf null läuft, wird das Paket vernichtet (und eine ICMP-Nachricht an den Absender des Pakets geschickt).

Source Address   16-Byte-Addresse des Absenders.

Destination Address   16-Byte-Adresse des Empfängers.

4.2.5.2 Extension Header

Im IPv6 werden Optionen durch spezielle *Extension Header* angegeben, die zwischen dem IPv6-*Header* und dem *Header* des Transportschicht-Protokolls (z.B. TCP) eingeschoben werden. Sie werden durch spezielle *Next Header*-Werte im IPv6-*Header* oder vorangehenden *Extension Header* spezifiziert.

Nur der '*Hop-by-Hop Options*' *Extension Header* muss in Zwischenknoten beachtet werden und erfordert somit dort Bearbeitungsaufwand.

Für alle *Extension Header* gilt grundsätzlich, dass sie in der gleichen Reihenfolge bearbeitet werden müssen, in der sie hinter dem IPv6-*Header* aufgeführt sind.

Die Länge eines jeden *Extension Header* muss eine Vielfaches von 8 Bytes betragen; gegebenenfalls sind *Padding*-Bytes einzufügen.

Hop-by-Hop Options Header

Wird durch den Wert 0 im *Next-Header*-Feld des IPv6-*Header* spezifiziert.

Wenn ein *Hop-by-Hop Options Header* vorhanden ist, muss er direkt hinter dem IPv6-*Header* stehen.
Der *Hop-by-Hop Options Header* enthält Optionen, die beim Transport des Pakets vom Sender zum Empfänger in den Zwischenknoten beachtet werden müssen.

Beim *Hop-by-Hop Options Header* können (wie auch beim *Destination Options Header*) mehrere Optionen aufgeführt werden, die als TLV-Optionen (*Type, Length, Value*) bezeichnet werden, da sie jeweils durch Typ, Länge und Wert spezifiziert werden.

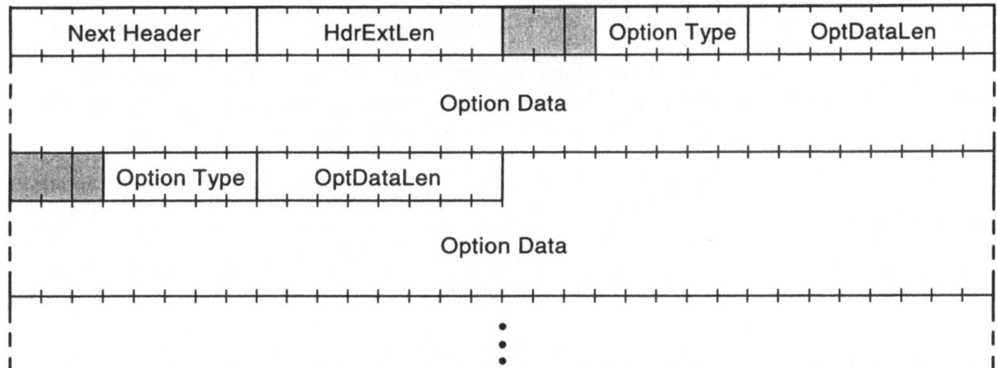

Abb. 4-22. Hop-by-Hop Extension Header

Next Header   Bedeutung wie im IPv6-*Header*.

HdrExtLen   *Header Extension Length*. Länge des *Hop-by-Hop Options Header* in Einheiten von 8 Bytes (ohne die ersten 8 Bytes).

Option Type   Identifiziert die Option.

Die beiden höchstwertigen Bits geben Auskunft darüber, wie zu verfahren ist, wenn ein IPv6-Knoten diesen Optionstyp nicht kennt:

00   Option überspringen und mit der Bearbeitung des *Header* fortfahren.

01   Paket vernichten.

10   Paket vernichten und ICMP *Parameter Problem*-Nachricht (*Code 2*) an Absender des Pakets schicken, wobei der Pointer auf die unbekannte Option zeigt.

11   Paket vernichten. Nur wenn Zieladresse des Pakets keine Multicast-Adresse ist, ICMP-Nachricht (*Parameter Problem, Code 2*) zurück an Absender schicken.

Das dritthöchste Bit gibt an, ob der Inhalt des Optionsdaten-Feldes auf dem Weg verändert werden kann ('1') oder nicht ('0'). Dies ist von Bedeutung, wenn ein *Authentication Header* vorhanden ist. Falls eine Veränderung möglich ist, darf das Feld nicht in den zu schützenden Bereich einbezogen werden.

OptDataLen   *Option Data Length.* Länge des Datenfeldes dieser Option in Bytes.

Option Data   Optionsspezifische Daten (variabel lang).

Destination Options Header

Wird durch den Wert 60 im vorausgehenden *Header* spezifiziert.

Aufbau und Logik sind identisch mit dem *Hop-by-Hop Options Header*, nur dass diese Optionen – wie schon der Name sagt – für das Zielsystem bestimmt sind.

Routing Header

Wird durch den Wert 43 im *Next-Header*-Feld des vorausgehenden *Header* spezifiziert.

Durch den *Routing Header* können sendende Stationen den Weg von Paketen durch das Netz bestimmen bzw. beeinflussen. Dazu werden ein oder mehrere Zwischenknoten angegeben, die auf dem Weg des Pakets zum Zielrechner durchlaufen werden sollen.

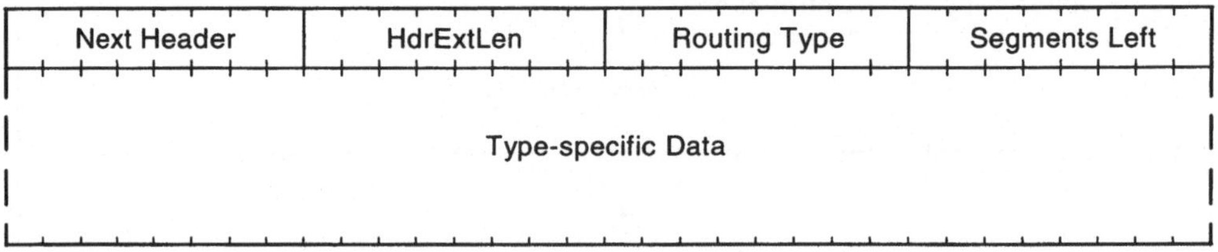

Next Header	HdrExtLen	Routing Type	Segments Left
	Type-specific Data		

Abb. 4-23. Routing Header

Next Header   Bedeutung wie im IPv6-*Header.*

HdrExtLen   *Header Extension Length.* Gibt die Länge des *Routing Header* in Einheiten von 8 Bytes an (ohne die ersten 8 Bytes).

Routing Type   Identifziert die spezielle *Routing*-Variante.

Segments Left   Verbleibende Anzahl der explizit aufgeführten Knoten, die bis zur Erreichung des Zielknotens noch angesteuert werden müssen.

Type-specific Data Variabel langes Feld, dessen Format durch den *Routing Type* bestimmt wird und dessen Länge so zu wählen ist, dass die Gesamtlänge des *Routing Header* ein ganzzahliges Vielfaches von 8 Bytes ergibt.

Im Folgenden wird der bereits festgelegte *Type 0 Routing Header* (Abb. 4-24) beschrieben.

Reserved   32-Bit-Feld. Vom Sender auf null zu setzen, vom Empfänger zu ignorieren.

Address [1...N]   N-elementiger Vektor von 128-Bit-IPv6-Adressen. *Multicast*-Adressen sind beim *Routing*-Typ 0 nicht zugelassen.

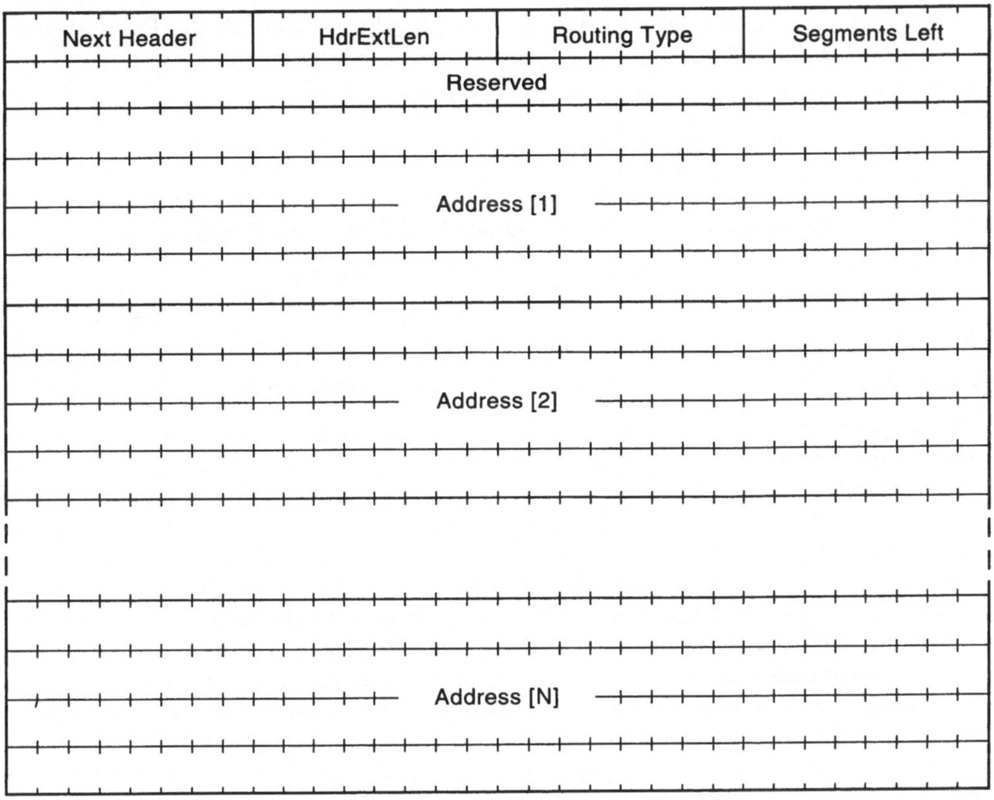

Next Header	HdrExtLen	Routing Type	Segments Left
Reserved			
Address [1]			
Address [2]			
Address [N]			

Abb. 4-24. Typ-0-Routing Header

Der *Routing Header* wird erst untersucht, wenn ein Paket die im *Destination-Address*-Feld des IPv6-*Header* angegebene Zieladresse erreicht hat. Dort wird beim Auswerten des *Next-Header*-Feldes im vorher stehenden *Extension Header* die Existenz eines *Routing Header* festgestellt und das entsprechende Bearbeitungsmodul aktiviert. In den Zwischenknoten werden folgende Funktionen ausgeführt:

1. $\langle Segments\ Left \rangle = 0$

   Zielstation erreicht. Fortfahren mit der Bearbeitung der *Header* mit dem im *Next-Header*-Feld des *Routing Header* angegebenen *Header*.

2. $\langle Segments\ Left \rangle > 0$

   - $N = \langle HdrExtLen \rangle\ /\ 2$

     Errechne die Zahl N der im *Routing Header* aufgeführten Adressen durch Division des in HdrExtLen angegebenen Wertes durch zwei. Dieser Wert ist durch zwei teilbar, da die Längenangabe in 8-Byte-Einheiten erfolgt (ohne die ersten 8 Bytes) und jede der aufgeführten Adressen 16 Bytes lang ist.

   - $\langle Segments\ Left \rangle := \langle Segments\ Left \rangle - 1$

     Segments Left um 1 dekrementieren.

   - $i = N - \langle Segments\ Left \rangle$

Ermittle den Index i der nächsten Adresse im Adressvektor, die das Paket ansteuern soll, durch Subtraktion des Wertes in *Segments Left* von N.

- *Destination Address* im IPv6-*Header* und *Address* [i] austauschen.

- Paket an diese Zieladresse senden.

Durch diese Vorgehensweise werden die im Adressvektor aufgeführten Adressen der Reihe nach in das *Destination-Address*-Feld des IPv6-*Header* eingetragen und dann angesteuert.

Fragment Header

Wird durch den Wert 44 im *Next-Header*-Feld des voranstehenden *Header* spezifiziert.

Unter Fragmentierung versteht man das Aufspalten eines Datenpakets in mehrere kleinere Pakete, das notwendig wird, wenn die Länge des ursprünglichen Pakets größer ist als die maximale Rahmenlänge (MTU = *Maximum Tranfer Unit*) eines Netzes, über das das Paket transportiert werden soll. Während bei IPv4 der Router an der Nahtstelle zu einem Teilnetz mit zu kleiner *MTU-size* für die Fragmentierung zuständig ist, ist bei IPv6 der Absender zuständig. Dadurch wird gegebenenfalls der Bearbeitungsaufwand in den Zwischenknoten reduziert und damit der Transport der Pakete durch das Netz beschleunigt. Andererseits muss der Absender in Erfahrung bringen können, wie groß die minimale *MTU-size* entlang des Pfades ist, den ein Paket vom Sender zum Empfänger nimmt (*Path MTU*); diese Funktion wird als *Path MTU Discovery* bezeichnet [106]. Im Normalfall wird ein Sender die Pakete gleich in einer der *Path MTU* entsprechenden Größe erzeugen und damit eine Fragmentierung vermeiden. Es gibt aber Fälle, in denen die Paketgröße durch andere Umstände bestimmt ist, so dass fragmentiert werden muss, falls die *Path MTU* kleiner ist.

Die minimale *MTU-size,* die jedes Teilnetz unterstützen können muss, beträgt bei IPv6 1280 Bytes (IPv4: 576 Bytes), d.h Pakete, die maximal 1280 Bytes lang sind, müssen niemals fragmentiert werden. Bei Netzen, deren Transporteinheiten kleiner als 1280 Bytes sind, muss eine Fragmentierung unterhalb der IP-Ebene durchgeführt werden (trifft z.B. für ATM-Netze zu). Um die Effizienz des Informationstransports zu steigern, wird empfohlen, nicht einfach Pakete der Größe 1280 Bytes zu versenden, sondern über die *Path-MTU-Discovery*-Funktion die *Path MTU* für einen Pfad zu ermitteln und möglichst große Pakete zu verwenden.

Im IPv6 ist wie im IPv4 der Zielknoten für das Wiederherstellen des ursprünglichen Pakets verantwortlich.

Ein Paket (Originalpaket) besteht aus einem nicht-fragmentierbaren und einem fragmentierbaren Teil. Der nicht-fragmentierbare Teil umfasst den IPv6-*Header* sowie alle *Extension Header*, die auf dem Pfad von Sender zum Empfänger ausgewertet werden. Das sind – falls vorhanden – die *Hop-by-Hop*-Optionen und der *Routing Header*. Jedes fragmentierte Paket enthält den nicht-fragmentierbaren Teil des Originalpakets (mit entsprechend angepasstem *Payload-Length*-Feld des IPv6-*Header*), dann den *Fragment Header*, der die Fragmentierung beschreibt und die Fragmente identifiziert, und danach jeweils ein Fragment des fragmentierbaren Teils, wobei die Länge der Fragmente so zu wählen ist, dass sie ein Vielfaches von 8 Bytes beträgt (gilt nicht für das letzte Fragment) und die minimale *Path MTU* nicht überschritten wird.

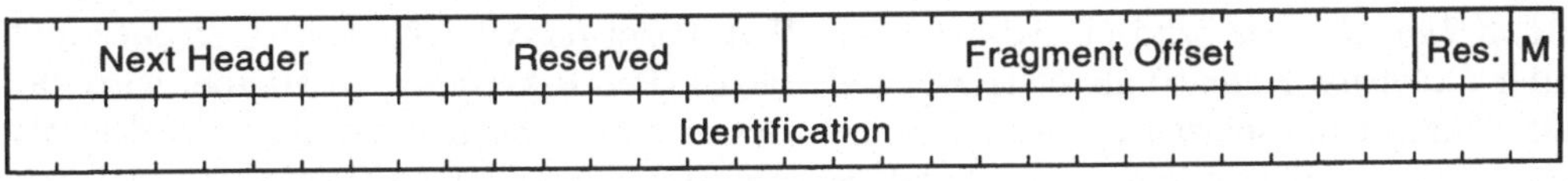

Next Header	Reserved	Fragment Offset	Res.	M
Identification				

Abb. 4-25. Fragment Header

Next Header   Bedeutung wie im IPv6-*Header*.

Reserved   Reserviert für zukünftige Anwendungen. Wird vom Sender auf null gesetzt, im Empfäger ignoriert.

Fragment Offset   Gibt (in Einheiten von 8 Bytes) den Abstand der Daten im Fragment an, bezogen auf den Beginn des fragmentierbaren Teils des Original-pakets.

M-Flag   M = '1' *More Fragments*

                M = '0' *Last Fragment*

Identification   Eine Identifikation (Zahl), die dem Originalpaket zugeordnet ist und auf Empfängerseite benutzt wird, um die zum gleichen Paket gehörenden Fragmente zu identifizieren und zusammenzufügen. Der Wert muss von dem aller anderen fragmentierten Pakete abweichen, die in letzter Zeit zwischen den gleichen Knoten verschickt wurden. Da die Länge dieses Feldes 32 Bits beträgt, wird unterstellt, dass dies bei sukzessivem Hochzählen automatisch erfüllt ist.

Die nachfolgend beschriebenen *Authentication Header* (AH) und *Encapsulating Security Payload* (ESP) gehören in den Kontext der IP-Sicherheitsphilosophie (IPsec), deren Grundsätze in RFC 2401 (*Security Architecture for the Internet Protocol*, [91]) beschrieben sind.

IPsec umfasst neben Sicherheitsprotokollen, realisiert durch *Authentication Header* (AH) und *Encapsulating Security Payload* (ESP), auch ein System zur Bereitstellung und Verwaltung von Schlüsseln sowie Verfahren zur Authentifizierung und Verschlüsselung.

Von besonderer Bedeutung für die Realisierung der IPsec-Funktionen ist das Konzept der *Security Associations* (SAs). Eine *Security Association* (Sicherheitsverband) ist eine unidirektionale logische Verbindung für Sicherheitsbelange. Es handelt sich hierbei um eine Abstraktion der IP-Schicht, die durch die Benutzung von *Authentication Header* und *Encapsulating Security Payload* implementiert wird. Aller Verkehr, der einer *Security Association* zugeordnet ist, erfährt die gleiche sicherheitstechnische Behandlung. Eine typische bidirektionale Kommunikationsverbindung erfordert zwei *Security Associations*, eine für jede Richtung.

Beide, *Authentication Header* und *Encapsulating Security Payload*, können in zwei unterschiedlichen Modi eingesetzt werden: *Transport Mode* und *Tunnel Mode*.

Beim *Transport Mode* wird (im Wesentlichen) nur die Nutzlast (d.h. die Information der Transportschicht und der darüber liegenden Schichten) eines IP-Pakets geschützt.

Beim *Tunnel Mode* wird ein vollständiges IPv6-Paket (einschließlich IPv6-*Header* und aller *Extension Header*) als Nutzlast in ein neues IPv6-Paket gepackt. Hierbei wird das als Nutzlast transportierte Paket in seiner Gesamtheit einschließlich aller *Header* (als *Inner IP Packet* bezeichnet) geschützt, während für den *Outer IP Header* die gleichen Einschränkungen wie beim *Transport Mode* gelten.

Beide Modi können bei Sicherheitsverbindungen zwischen Endgeräten (*hosts*) wahlweise zur Anwendung kommen Wenn wenigsten einer der Endpunkte einer Sicherheitsverbindung ein sogenannter *Security Gateway* ist (das ist eine Pakete vermittelnde Zwischenstation (z.B. Router, *Firewall*), auf der die IPsec-Funktionen implementiert sind), muss *Tunnel Mode* verwendet werden.

IPsec verfolgt zwei Stoßrichtungen:

1. Durch konkrete Festlegungen in allen Bereichen (Schlüsselverwaltung, Authentifizierungsverfahren, Verschlüsselungsverfahren), die verbindliche Bestandteile jeder IPsec-Implementierung sind, werden die Voraussetzungen dafür geschaffen, Sicherheitsfunktionen auf einer einheitlichen Grundlage im Internet weltweit nutzen zu können.

    Die Festlegungen sind:

    – Für die Schlüsselverwaltung IKE (*Internet Key Exchange* [69]) mit dem Protokoll ISAKMP (*Internet Security Association and Key Management Protocol* [105]) und dem OAKLEY *Key Determination Protocol* [116].
    – Für die Authentifizierung HMAC (*Hashed Message Authentication Code*) mit MD 5 (*Message Digest 5*) oder mit SHA-1 (*Secure Hashing Algorithm 1*) [96], [102], [103].
    – Für die Verschlüsselung DES (*Data Encryption Standard*), ein symmetrisches Verschlüsselungsverfahren mit einem geheimen Schlüssel von 56 Bits Länge [101].

2. Die Sicherheitsprotokolle sollen einen Rahmen bilden, der es gestattet, andere Verfahren einzusetzen, auf die (geschlossene) Nutzergruppen sich verständigen. Da unterschiedliche Verfahren auch unterschiedliche Voraussetzungen und Randbedingungen implizieren, müssen die Protokolle ein hohes Maß an Nutzungsflexibilität aufweisen, was das Verständnis und die Beschreibung nicht vereinfacht.

Bemerkenswert ist, dass die IPsec-Funktionen nicht auf IPv6 beschränkt sind, sondern in gleicher Weise für IPv4 gelten.

Authentication Header (AH)

Wird durch den Wert 51 im *Next-Header*-Feld des voranstehenden *Header* spezifiziert.

Der *Authentication Header* (RFC 2402 [89]) stellt die Hilfsmittel für die Sicherung der Authentizität des Absenders und die Integrität der übermittelten Informationen bereit. Auch ein (optionaler) Schutz vor einem wiederholten Empfang des gleichen Pakets (*anti-replay service*) wird geboten.
Die Vertrauenswürdigkeit kann durch einen Authentifizierungsalgorithmus gewährleistet werden, der durch den *Authentication Header* bereitgestellt wird. Die Unterstützung des *Authentication Header* ist für jede IPv6-Implementation obligatorisch, und es werden auch bestimmte Algorithmen bereitgestellt. Von entscheidender Bedeutung ist auch die Bereitstellung und Verwaltung von Schlüsseln für die Verschlüsselung und Sicherung der Information. Das *Key Management Protocol* IKE (*Internet Key Exchange*) kommt per *Default* zur Anwendung.

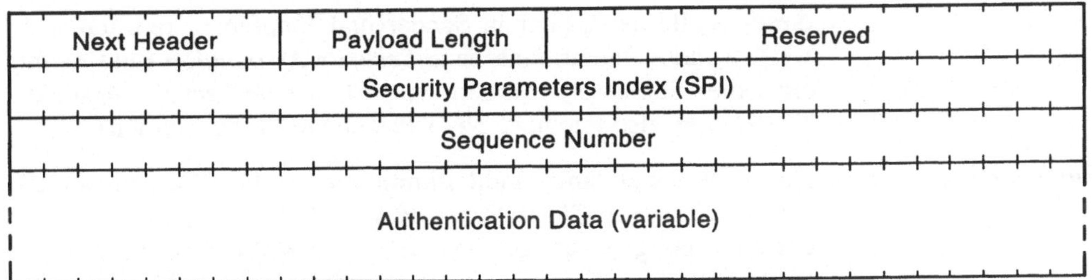

Abb. 4-26. Authentication Header

Next Header   Bedeutung wie im IPv6-*Header*.

Payload Length   Länge des *Authentication-Data*-Feldes in Einheiten von 4 Bytes, wobei – wie bei allen IPv6-*Extension Header* – die ersten 8 Bytes (zwei 4-Bytes-Einheiten) nicht berücksichtigt werden.

Bei einer Authentifizierungsprüfsumme (*authentication data*) von 96 Bits Länge (*default*) ist auch die Forderung erfüllt, dass die Gesamtlänge eines *Extension Header* ein Vielfaches von 8 Bytes betragen muss. Bei Verwendung anderer Prüfsummen müssen zur Erfüllung dieser Bedingung gegebenenfalls *Padding*-Bytes angehängt werden.

Reserved   Wird auf Senderseite zu null initialisiert, auf Empfängerseite ignoriert.

Security Parameters   Eine 32-Bit-Zahl, die in Kombination mit der IP-Zieladresse und
Index (SPI)   einem *Security Protocol* (mögliche Alternativen hierfür sind *Authentication Header* (AH) und *Encapsulating Security Payload* (ESP)) die *Security Association* (SA) für das Paket identifiziert. Die SA enthält alle für die sicherheitstechnische Behandlung des Pakets erforderlichen Angaben.

Der SPI-Wert 0 ist für lokale implemtentationsabhängige Zwecke reserviert und darf niemals in einem Paket über das Netz gesendet werden.

Die Werte von 1 bis 255 sind für zukünftige Nutzung reserviert. Diese reservierten Werte werden nur vergeben, wenn die Verwendung zuvor in einem RFC beschrieben worden ist.

Sequence Number   Dieser 32 Bit Zähler wird beim Einrichten einer *Security Association* zu 0 initialisiert und für jedes Paket, das die SA nutzt, inkrementiert (so dass der erste verschickte Wert 1 ist). Dieser Zähler kann empfängerseitig benutzt werden, um Duplikate zu erkennen (*anti-replay service*). Der Sender aktualisiert (d.h. inkrementiert) das Feld in jedem Fall, es liegt im Ermessen des Empfängers, ob er dieses Feld auswertet (um Duplikate zu entdecken) oder nicht.

Wenn die *Anti-Replay*-Funktion aktiviert ist (*default*), müssen die Zählerwerte aufsteigend sein, d.h. der Zähler darf nicht vom höchsten Wert ($2^{32}-1$) auf 0 umspringen. Das bedeutet, dass an dieser Stelle der Zähler in Sender und Empfänger reinitialisiert werden muss, indem eine neue *Security Association* (und damit ein neuer Schlüssel) etabliert wird (über eine *Security Association* können also maximal $2^{32}-1$ Pakete verschickt werden).

Authentication Data   Dieses variabel lange Feld nimmt die Authentifizierungsprüfsumme (*Integrity Check Value*, ICV) auf. Die Länge dieses Feldes muss ein ganzzahliges Vielfaches von 4 Bytes betragen; evtl. müssen *Padding* Bytes angehängt werden, um sicherzustellen, dass die Gesamtlänge des *Authentication Header* ein Vielfaches von 8 Bytes beträgt.

Der *Authentication Algorithm* (Prüfsummenverfahren) zur ICV-Berechnung wird durch die *Security Association* bestimmt. Unterstützt werden müssen die Verfahren HMAC mit MD5 [102] und HMAC mit SHA-1 [103]. Weitere Verfahren können unterstützt werden.

Wünschenswert ist, dass möglichst große Teile eines IPv6-Pakets in die Prüfsummenberechnung einbezogen werden und damit geschützt sind. Felder, die während des Transports vom Sender zum Empfänger in nicht vorhersehbarer Weise verändert werden können, können grundsätzlich nicht einbezogen werden. Geschützt durch die Prüfsumme werden:

- Felder des IPv6-*Header* und der *Extension Header*, die beim Transport unververänderbar sind oder, wenn sie veränderbar sind, bei der Ankunft im Zielsystem einen vorhersagbaren Wert haben (letzteres ist z.B. beim *Routing Header* der Fall),
- der *Authentication Header* selbst, wobei das *Authentication-Data*-Feld für die Berechnung auf 0 gesetzt wird,
- Protokolldaten höherer Schichten (einschließlich Nutzinformation), von denen grundsätzlich angenommen wird, dass sie während des Transports unveränderlich sind.

Encapsulating Security Payload (ESP)

Wird durch den Wert 50 im *Next-Header*-Feld des voranstehenden *Header* spezifiziert.

Encapsulating Security Payload (RFC 2406 [90]) kann optional die Vertraulichkeit durch Verschlüsselung oder die Integrität (Authentizität) von Informationen eines IPv6-Pakets gewährleisten, wobei mindestens eine der Optionen ausgewählt werden muss (durch eine *Security Association*). *Encapsulating Security Payload* wird – wie schon die Bezeichnung nahelegt – durch einen ESP-*Header* und einen ESP-*Trailer* realisiert, die die verschlüsselte und/oder authentifizierte Information des IP-*Payload*-Feldes einschließen.

Die Authentifizierung (wenn ausgewählt) erfolgt im gleichen Funktionsumfang (Authentizität des Absenders, Integrität der übermittelten Informationen und optional Schutz gegen Mehrfachempfang des gleichen Pakets) und in gleicher Weise wie beim *Authentication Header*. Die beiden Protokolle unterscheiden sich im Umfang der geschützen Bereiche, der beim *Authentication Header* größer ist. Geschützt wird ein IPv6-Paket ab dem

ESP-*Header*, und zwar einschließlich ESP-*Header* durch Authentifizierung und ausschließlich ESP-*Header* durch Verschlüsselung (vgl. Abb. 4-27).

Original IPv6-Paket

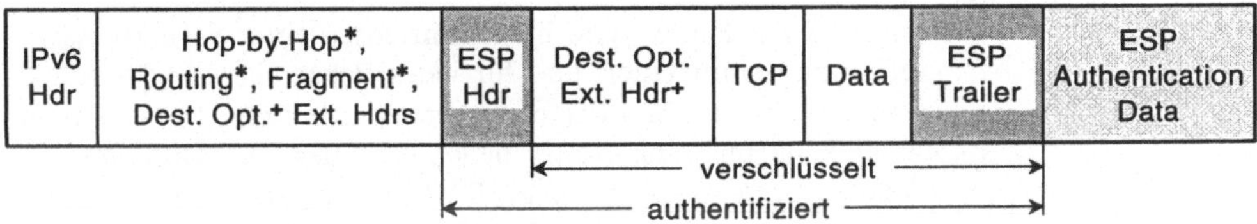

IPv6-Paket mit ESP

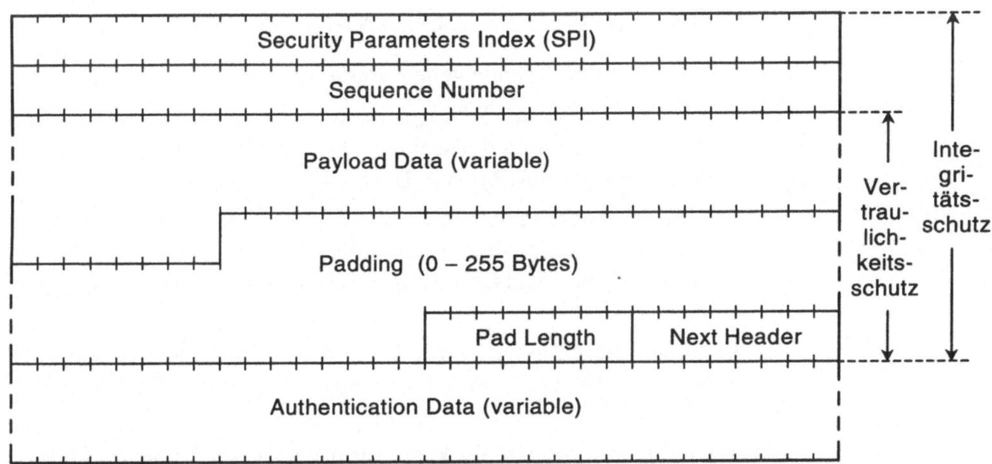

  * falls vorhanden
  + kann – falls vorhanden – vor oder/und hinter dem ESP-Header aufgeführt sein

Abb. 4-27. Format eines ESP-Pakets

Um einen möglichst großen Schutzbereich zu erhalten sollte der ESP-*Header* deshalb so weit vorne wie möglich in einem IP-Paket angeordnet sein. Andererseits dürfen nur Informationen verschlüsselt werden, die beim Transport eines Paketes nicht benötigt werden. Somit sollte der ESP-*Header* unmittelbar vor den *Destination Options Extension Header* (das sind die Optionen, die erst im Zielsystem ausgewertet werden) stehen; er darf aber auch dahinter stehen. Im Gegensatz dazu werden beim *Authentication Header* Teile des IPv6-*Header* selbst sowie weitere *Extension Header* geschützt.

Abb. 4-28. IPv6-Paketstruktur ohne/mit ESP

Security Parameters Index (SPI)   Eine 32-Bit-Zahl, die in Kombination mit der IP-Zieladresse und einem *Security Protocol* (mögliche Alternativen hierfür sind *Authentication Header* (AH) und *Encapsulating Security Payload*

(ESP)) die *Security Association* (SA) für das Paket identifiziert. Die SA enthält alle für die sicherheitstechnische Behandlung des Pakets erforderlichen Angaben.

Der SPI-Wert 0 ist für lokale implemtentationsabhängige Zwecke reserviert und darf niemals in einem Paket über das Netz gesendet werden.
Die Werte von 1 bis 255 sind für zukünftige Nutzung reserviert. Diese reservierten Werte werden nur vergeben, wenn die Verwendung zuvor in einem RFC beschrieben worden ist.

Sequence Number   Dieser 32 Bit Zähler wird beim Einrichten einer *Security Association* zu 0 initialisiert und für jedes Paket, das die SA nutzt, inkrementiert (so dass der erste verschickte Wert 1 ist). Dieser Zähler kann empfängerseitig benutzt werden, um Duplikate zu erkennen (*anti-replay service*). Der Sender aktualisiert (d.h. inkrementiert) das Feld in jedem Fall, es liegt im Ermessen des Empfängers, ob er dieses Feld auswertet (um Duplikate zu entdecken) oder nicht.

Wenn die *Anti-Replay*-Funktion aktiviert ist (*default*), müssen die Zählerwerte aufsteigend sein, d.h. der Zähler darf nicht vom höchsten Wert ($2^{32}-1$) auf 0 umspringen. Das bedeutet, dass an dieser Stelle der Zähler in Sender und Empfänger reinitialisiert werden muss, indem eine neue *Security Association* (und damit ein neuer Schlüssel) etabliert wird (über eine *Security Association* können also maximal $2^{32}-1$ Pakete verschickt werden).

Payload Data   Das Datenfeld, beschrieben durch die Angaben im *Next-Header*-Feld, enthält die gegebenenfalls zu verschlüsselnde Information. Die Länge muss ein ganzzahliges Vielfaches eines Bytes sein.

Padding   Es kann mehrere Gründe geben, *Padding*-Bytes einzufügen:

– Manche Verschlüsselungsalgorithmen verlangen, dass die Länge der zu verschlüsselnden Information ein ganzzahliges Vielfaches von N Bytes (z.B. $N = 4$ oder 8) beträgt.

– Um für bestimmte Felder im *Header* eine vorgeschriebene Position sicherzustellen. So muss beispielsweise das *Next-Header*-Feld rechtsbündig in einem 4-Byte-Wort stehen (vgl. Abb. 4-28).

– Wenn verschlüsselt wird, können *Padding*-Bytes eingefügt werden, um die wahre Länge der Nutzinformation zu verschleiern.

Das Feld ist optional. Es kann entfallen, wenn keine *Padding*-Bytes benötigt werden.

Pad Length   Gibt die Zahl der vor diesem Feld stehenden *Padding*-Bytes an (max. 255). Der Wert 0 ist zulässig und bedeutet, dass keine *Padding*-Bytes eingefügt wurden.

Next Header   Bedeutung wie im IPv6-*Header.*

Authentication Data   Dieses variabel lange Feld nimmt die Authentifizierungsprüf-
                            summe (*Integrity Check Value*, ICV) auf. Die Länge dieses Fel-
                            des muss ein ganzzahliges Vielfaches von 4 Bytes betragen; evtl.
                            müssen *Padding* Bytes angehängt werden, um sicherzustellen,
                            dass die Gesamtlänge des ESP-*Header* ein Vielfaches von 8
                            Bytes beträgt.

                            Der *Authentication Algorithm* (Prüfsummenverfahren) zur ICV-
                            Berechnung wird durch die *Security Association* bestimmt. Un-
                            terstützt werden müssen die Verfahren HMAC mit MD5 [102]
                            und HMAC mit SHA-1 [103]. Weitere Verfahren können unter-
                            stützt werden.

                            Während zum Schutz der Vertraulichkeit nur das *Payload*-Feld
                            verschlüsselt wird, wird in den Integritätsschutz auch noch der
                            ESP-*Header* eingeschlossen.

                            Wenn beide Optionen – Authentifizierung und Verschlüsselung –
                            ausgewählt sind, wird auf Senderseite zuerst verschlüsselt und
                            dann die Prüfsumme für die Authentifizierung gebildet. Das *Au-
                            thentication-Data*-Feld wird nicht in die Verschlüsselung einbe-
                            zogen. Dadurch wird es möglich, die auf Empfängerseite erfor-
                            derlichen Maßnahmen in der logisch und vom Arbeitsaufwand
                            her richtigen Reihenfolge durchzuführen, nämlich zuerst die In-
                            tegrität das Pakets zu überprüfen, und erst wenn diese gesichert
                            ist, die (aufwändigere) Entschlüsselung vorzunehmen.

4.2.6 ICMPv6 (*Internet Control Message Protocol for IPv6*)

Eine wichtige Entscheidung im Kontext der IPv6-Entwicklung war es, auch für diese
Protokollversion ICMP zu nutzen, allerdings mit einer Reihe von Änderungen und einem
systematischeren Aufbau im Vergleich zu ICMPv4.

ICMPv6 (beschrieben in RFC 2463 [31]), ist integraler Bestandteil von IPv6 und muss
auf jedem IPv6-Knoten vollständig implementiert sein.

Eine ICMPv6-Nachricht wird (wie bei ICMPv4) formal wie ein *Upper Layer Protocol*
behandelt, d.h. sie erscheint hinter dem IPv6-*Header* und evtl. vorhandenen *Extension
Header*, angezeigt durch den Wert 58 im *Next-Header*-Feld des direkt voranstehenden
Header.

ICMPv6-Nachrichten werden in zwei Klassen unterteilt: Fehlernachrichten und informa-
tionelle Nachrichten. Anders als bei ICMPv4 werden diese Klassen in den Angaben im
Type-Feld systematisch unterschieden. Fehlernachrichten haben im höchstwertigen Bit
des *Type*-Feldes eine 0, d.h. sie tragen Nummern zwischen 0 und 127, wohingegen in-
formationelle Nachrichten Nummern zwischen 128 und 255 aufweisen.

Die Generierung von ICMPv6-Fehlernachrichten unterliegt Einschränkungen. ICMPv6-
Fehlernachrichten dürfen nicht erzeugt werden aufgrund des Empfangs einer ICMPv6-
Fehlernachricht. Einschränkungen gibt es auch bei *Multicast-* und *Broadcast*-Nach-
richten.

Um die Inanspruchnahme der vorhandenen Netzkapazitäten durch ICMPv6-Fehlernachrichten zu begrenzen, dürfen IPv6-Knoten solche Nachrichten nur mit einer limitierten Rate versenden. Die Limitierung kann durch eine Begrenzung der Zahl der Nachrichten pro Zeiteinheit oder durch Begrenzung des Bandbreitenanteils für solche Nachrichten erfolgen. Die Parameter für die Begrenzung müssen konfigurierbar sein.

Im Folgenden werden die in RFC 2463 [31] definierten ICMPv6-Nachrichten beschrieben. Weitere Typen werden zur Realisierung bestimmter Funktionen festgelegt.

Das generelle Format einer ICMPv6-Nachricht (Abb. 4-29) entspricht dem einer ICMPv4-Nachricht.

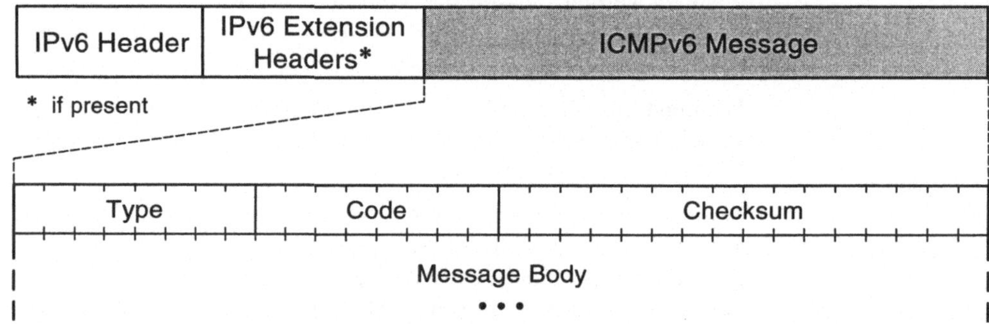

Abb. 4-29. Format einer ICMPv6-Nachricht

Type   Identifiziert die ICMP-Nachricht

Klasse	Typ	Bezeichnung
Error Messages	1	*Destination Unreachable*
	2	*Packet Too Big*
	3	*Time Exceeded*
	4	*Parameter Problem*
Informational Messages	128	*Echo Request*
	129	*Echo Reply*

Code   Dieses Feld liefert Detailinformation zur eher generellen Klassifizierung durch den Nachrichtentyp; die Bedeutung ist vom Typ der Nachricht abhängig.

Checksum   Die Prüfsumme schützt die gesamte ICMPv6-Nachricht, beginnend mit dem *Type*-Feld, sowie einige Felder des IPv6-*Header* (insbesondere Quell- und Zieladresse), die der Nachricht für die Prüfsummenberechnung als Pseudo-*Header* vorangestellt werden. Der Einschluss von IPv6-*Header*-Informationen in die Prüfsummenbildung ist notwendig, weil der IPv6-*Header* (im Gegensatz zum IPv4-*Header*) nicht durch eine eigene Prüfsumme geschützt wird.

Message Body   Abhängig von Klasse und Typ der ICMPv6-Nachricht.

4.2.6.1 ICMPv6 Error Messages

ICMPv6-Fehlernachrichten gehen an den Absender des die Nachricht auslösenden Pakets zurück, d.h. die *Source Address* des auslösenden Pakets wird *Destination Address* der ICMPv6-Fehlernachricht.

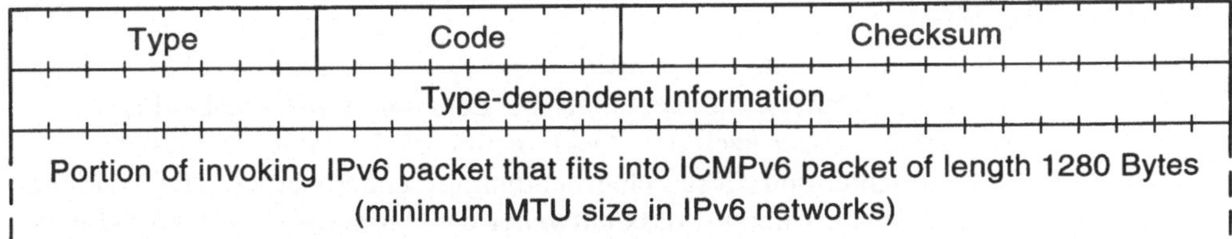

Abb. 4-30. Format einer ICMPv6 Error Message

Destination Unreachable (Type = 1)

Wird von einem Knoten (i. Allg. einem Router) generiert, wenn ein IPv6-Paket nicht zur angegebenen Zieladresse befördert werden kann. Mögliche Ursachen werden im *Code*-Feld angegeben. Eine *Destination-Unreachable*-Nachricht wird nicht erzeugt, wenn ein Paket aufgrund einer Überlastsituation nicht weiterbefördert wird.

Code   *0* *No Route to Destination*
Für die Zieladresse ist kein Eintrag in der *Routing*-Tabelle und keine *Default Route* definiert.

1 *Communication with Destination Administratively Prohibited*
Etwa durch Sperrung einer Adresse in einem *Firewall.*

2 *Not Assigned*

3 *Address Unreachable*
Problem auf einem Verbindungsweg (*Link*-Ebene); wenn z.B. die *Next-Hop*-IP-Adresse nicht auf eine *Link*-Adresse abgebildet werden kann.

4 *Port Unreachable*
Problem mit dem Transport-Protokoll; wenn beispielsweise (per *Port*-Nr.) in einem Paket ein Transport-Protokoll spezifiziert ist, welches im Zielknoten nicht unterstützt wird.

Type-dependent Information
   Unused.
   Vom Sender zu löschen, vom Empfänger zu ignorieren.

Packet Too Big (Type = 2)

Diese Fehlermeldung wird generiert, wenn ein Router feststellt, dass ein Paket größer ist als die MTU (*Maximum Transfer Unit*) auf dem Verbindungsweg, auf dem das Paket zum nächsten Knoten weiterbefördert werden muss. Die Information in dieser Nachricht wird im Rahmen des Prozesses zur Bestimmung der maximalen MTU auf einem Pfad (*Path MTU Discovery* (PMTU)) verwendet.
Diese Fehlernachricht wird (dies ist eine Ausnahme) auch für *Multicast*-Nachrichten gesendet.

Code   *0* Vom Sender zu löschen, vom Empfänger zu ignorieren.

Type-dependent Information
         MTU (Maximum Transfer Unit)
         Angabe der MTU auf dem Verbindungsweg zum nächsten Knoten.

Time Exceeded *(Type = 3)*

Code   *0* *Hop Limit Exceeded in Transit*
              Wenn ein Router ein Paket erhält, bei dem das *Hop-Limit*-Feld im IPv6-
              Header 0 ist oder nach dem Dekrementieren 0 wird, dann muss das Pa-
              ket vernichtet und diese Fehlermeldung gesendet werden. Die Meldung
              ist ein Hinweis darauf, dass entweder der Anfangswert des *Hop-Limit*-
              Feldes im Absender zu niedrig gewählt wurde oder ein *Routing Loop*
              existiert.

           1 *Fragment Reassembly Time Exceeded*
              Eine ICMPv6-Fehlermeldung mit diesem *Code* wird im Zielknoten ge-
              neriert, wenn – nach Erhalt eines Fragmentes – nicht alle weiteren
              Fragmente des gleichen Paketes innerhalb einer vorgegebenen Zeit ein-
              treffen.

Type-dependent Information
         Unused
         Vom Sender zu löschen, vom Empfänger zu ignorieren.

Parameter Problem *(Type = 4)*

Wenn in einem IPv6-Knoten ein Paket aufgrund der Angaben im IPv6-*Header* oder
einem *Extension Header* nicht ordnungsgemäß bearbeitet werden kann, dann muss das
Paket verworfen und diese Fehlernachricht an den Absender zurückgeschickt werden.

Code   *0* *Erroneous Header Field Encountered*

           1 *Unrecognized Next Header Type Encountered*

           2 *Unrecognized IPv6 Option Encountered*

Type-dependent Information
         Pointer
         Der *Pointer* zeigt auf die Position im die Fehlernachricht auslösenden Pa-
         ket, wo das Problem aufgetreten ist.

4.2.6.2 ICMPv6 Informational Messages

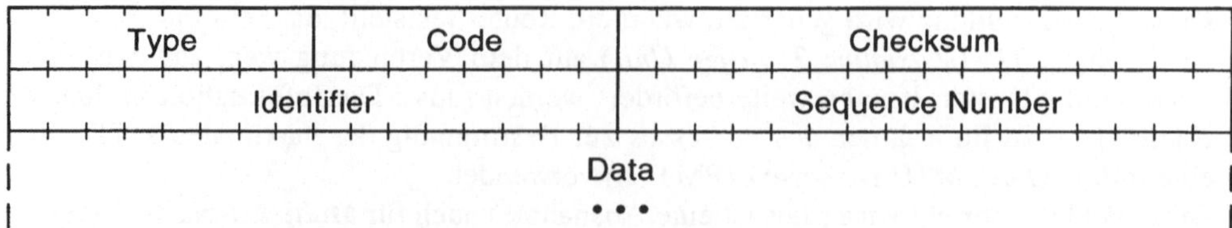

Abb. 4-31. Format einer ICMPv6 Informational Message

Informational Messages sind häufig vom Typ *Request/Reply*. Ein *Request* ist keine Reaktion auf ein anderes Paket und kann an jede gültige IP-Adresse verschickt werden. Ein *Reply* ist die Reaktion auf einen *Request* und geht an den Absender des auslösenden *Requests*, d.h. *Destination Address* der *Reply*-Nachricht ist die *Source Address* des *Requests*.

Echo Request *(Type = 128)*

Aufforderung an den Zielknoten, eine *Echo-Reply*-Nachricht zurückzuschicken. Dient Diagnosezwecken.

Code   0

Identifier   Eine Hilfe, um eintreffende Antworten den jeweiligen *Requests* zuordnen zu können. Ein solches Hilfsmittel ist erforderlich, da eine Station mehrere auch gleichartige Anfragen ausstehen haben kann und auf einen *Request* u.U auch mehrere Antworten eintreffen können.

Sequence Number   Eine Hilfe, um eintreffende Antworten den jeweiligen *Requests* zuordnen zu können.

Data   Beliebige Information nicht vorgegebener Länge.
                Ist von der antwortenden Station unverändert zurückzuschicken.

Echo Reply *(Type = 129)*

Wird als Antwort auf eine *Echo-Request*-Nachricht an den Absender der *Echo-Request*-Nachricht zurückgeschickt. Dient Diagnosezwecken.

Code   0

Identifier   Wird aus dem *Identifier*-Feld des auslösenden *Requests* übernommen. Dient der Zuordnung von *Request* und *Reply* in der den *Request* aussendenden Station.

Sequence Number   Wird aus dem *Sequence-Number*-Feld des auslösenden *Requests* übernommen. Dient der Zuordnung von *Request* und *Reply* in der den *Request* aussendenden Station.

Data   Wird aus dem *Data*-Feld des auslösenden *Requests* unverändert übernommen.

4.2.7 TCP *(Transmission Control Protocol)*

Aufbauend auf einem verbindungslosen, nicht sicheren Dienst der Schicht 3 (IP) realisiert TCP als Schicht-4-Protokoll einen verbindungsorientierten, sicheren Transportdienst (vergleichbar ISO/TP4). Sicherheit wird durch positive Rückmeldungen (*acknowledgements*) und Wiederholung fehlerhafter Datenblöcke erreicht. Dazu wird ein Fenstermechanismus (*sliding window mechanism*) verwendet, der mit variablen Fenstergrößen arbeitet, um eine Ende-zu-Ende-Flusskontrolle zu ermöglichen.

TCP-Verbindungen sind vollduplex. Wie bei allen verbindungsorientierten Diensten muss zunächst eine Verbindung (*virtual circuit*) aufgebaut werden, bevor Nutzdaten fließen können, und zur Beendigung des Kommunikationsvorgangs muss diese Verbindung wieder abgebaut werden.

Logisch transportiert TCP einen unstrukturierten Strom von Datenbytes, der zum Zweck
der Übertragung in Segmente (das sind die Transporteinheiten im TCP; vgl. Abb. 4-17
auf Seite 217) unterteilt wird. Die Segmentgröße sollte auf die Größe eines IP-Datagramms abgestimmt sein; i. Allg. wird ein Segment in einem IP-Datagramm übertragen.

Ausgangspunkt und Endpunkt eines Datenstroms werden durch *Ports* definiert, d.h. Anwendungen nehmen über einen *Port* die Dienste des Transportnetzes in Anspruch, und
umgekehrt sind die Anwendungen gegenüber dem Transportnetz durch *Ports* identifiziert
(vergleichbar den LUs bei SNA und den SAPs (*Service Access Points*) bei ISO/OSI).
Allgemein verfügbare Dienste sind über sogenannte *well-known Ports*, d.h. fest zugeordnete und allgemein bekannte *Port*-Nummern erreichbar (z.B. TELNET (*Port* 23), FTP
(*Port* 21) und viele andere). Ansonsten werden *Port*-Nummern – und dies betrifft den
größeren Teil des Nummernvorrats – beim Aufbau einer Verbindung zur Identifikation
der Verbindung vergeben. Insgesamt sind die Endpunkte jeder Verbindung durch *Port*-
Nummer und IP-Adresse eindeutig bestimmt.

Eine Verbindung (*connection*) kann von einem Teilnehmer (Prozess) durch ein *Active
Open* zu einem Kommunikationspartner aufgebaut werden, der zuvor durch ein *Passive
Open* angezeigt hat, dass er bereit ist, eine Verbindung zu akzeptieren. Im Falle allge-
mein verfügbarer Dienste wird ein den Dienst erbringender *Server* seine Dienste durch
ein *Passive Open* auf die dem Dienst zugeordnete *well-known Port*-Nummer anbieten.
Danach kann von einem Teilnehmer (*Client*) aus durch ein *Active Open* auf diese *Port*-
Nummer eine Verbindung zu dem *Server* hergestellt und damit der Dienst in Anspruch
genommen werden.

Um die TCP-Dienste erbringen zu können, wird den Daten eines Segments ein Segment-
Header vorangestellt.

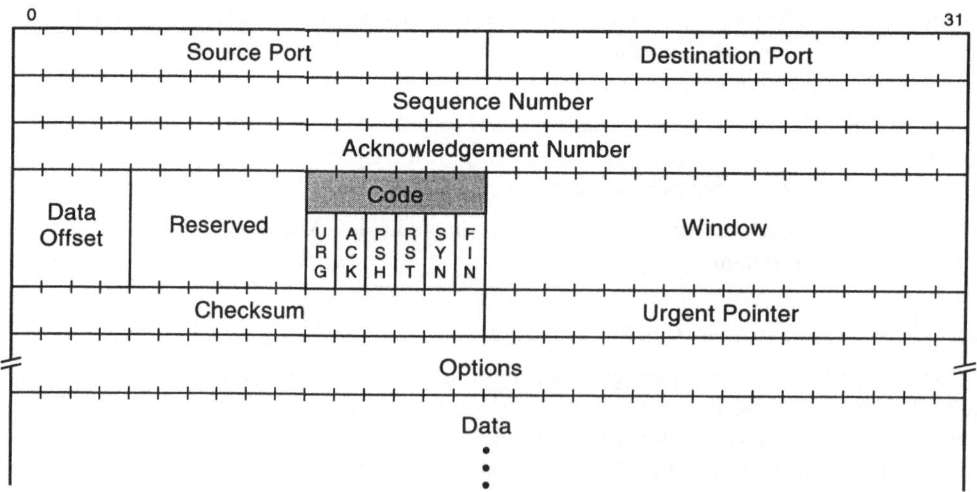

Abb. 4-32. Format eines TCP-Segments

Source Port   Identifiziert die Anwendung auf der Senderseite.

Destination Port   Identifiziert die Anwendung auf der Empfängerseite.

Sequence Number   TCP betrachtet die zu übertragenden Daten als nummerierten Byte-Strom, wobei die Nummer des ersten Bytes nicht automatisch 1 ist, sondern beim Aufbau der Verbindung festgelegt wird. Dieser Byte-Strom wird für die Übertragung in Segmente aufgeteilt, und die *Sequence Number* ist die Nummer des ersten im Segment enthaltenen Datenbytes.

Acknowledgement Number

Dieses Feld bezieht sich auf einen Datenfluss in Gegenrichtung, d.h. hiermit werden Daten bestätigt, die die Station, die das Segment absendet, zuvor von der Zielstation empfangen hat (*Piggybacking*-Funktion). Die *Acknowledgement Number* bezieht sich auf die Byte-Nummern des empfangenen Byte-Stroms. Es wird dadurch der korrekte Empfang aller Bytes bis zu dieser Nummer (ausschließlich) bestätigt; man könnte also auch sagen, dass es die Nummer desjenigen Bytes ist, dessen Empfang die Station als nächstes erwartet.

Die Gültigkeit der Eintragung in diesem Feld wird über das ACK-Bit des *Code*-Feldes gesteuert. Es kann natürlich nur dann durch ein abgehendes Segment der Empfang von Daten bestätigt werden, wenn ein Datenfluss in Gegenrichtung stattfindet.

Data Offset   Da der Segment-*Header* Optionen enthalten kann, ist seine Länge nicht fix. Im *Data-Offset*-Feld wird die Länge (und damit der Beginn des Datenteils) in 32-Bit-Einheiten angegeben.

Reserved   Reserviert für zukünftige Nutzung.

Code   Die Bits des *Code*-Feldes steuern die Funktionen des Segments:

Bit	Bedeutung
URG	*Urgent pointer field is valid*
ACK	*Acknowledgement field is valid*
PSH	*This segment requests a push*
RST	*Reset the connection*
SYN	*Synchronize sequence numbers*
FIN	*Sender has reached end of its byte stream*

URG   vgl. *Urgent-Pointer*-Feld.

ACK   Wenn das ACK-Bit gesetzt ist, enthält das Feld *Acknowledgement Number* einen gültigen Wert.

PSH   Die *Push*-Funktion bewirkt auf der Senderseite, dass die Daten sofort gesendet werden (bevor die Sendepuffer gefüllt sind), und auf der Empfängerseite, dass sie sofort an die Anwendung weitergereicht werden (bevor die Empfangspuffer gefüllt sind). Diese Funktion ist beispielsweise für interaktive Verbindungen wichtig.

RST   *Reset:* Aufforderung, die Verbindung zu lösen.

SYN   Wenn das SYN-Bit gesetzt ist, enhält das *Sequence-Number-Feld* die *Initial Sequence Number* (ISN), d.h. die Station teilt der Zielstation mit, dass sie die Nummerierung ihres Byte-Stroms mit ISN + 1 beginnen wird. In der Bestätigung übergibt die angesprochene Zielstation ihre ISN. Auf diese Weise synchronisieren die Stationen ihre *Sequence Numbers* (*Handshake*-Verfahren zum Aufbau einer Verbindung).

FIN   Die Station hat alle Daten ihres Byte-Stroms übertragen und fordert die Gegenstation auf, die bestehende Verbindung abzubauen, sobald sie alle Daten korrekt empfangen und selbst keine Daten mehr zu senden hat.

Window   Spezifiziert die Anzahl der Datenbytes (beginnend mit der im *Acknowledgement*-Feld angegebenen Byte-Nummer), die der Sender des Segments als Empfänger eines Datenstromes in Gegenrichtung akzeptieren wird. Erlaubt der Zielstation, den einlaufenden Datenstrom den aktuellen Gegebenheiten (Systemlast, verfügbarer Pufferspeicherplatz) anzupassen. Das Variieren der Fenstergröße ist somit ein Mittel zur Ende-zu-Ende-Flusskontrolle. Es bietet keine Handhabe, Überlastsituationen in Zwischenknoten zu beseitigen bzw. zu vermeiden.

Checksum   16-Bit Längsparität über das gesamte Segment (*Header* + Daten).

Urgent Pointer   Damit können Teile des zu übertragenden Byte-Stroms als dringend markiert werden. Der Wert des *Urgent Pointer* kennzeichnet das letzte vordringlich abzuliefernde Datenbyte. Es hat die Nummer

< Sequence Number> + <Urgent Pointer>.

Sobald die als *urgent* gekennzeichneten Datenbytes im Zielsystem angekommen sind, sollen sie schnellstmöglich an den Zielprozess weitergeleitet werden. Der Inhalt dieses Feldes ist nur gültig, falls URG = 1 ist.

Options   Über das *Options*-Feld kann die TCP-Software der beiden Endpunkte einer Verbindung Informationen austauschen. Die wichtigste Option ist das Aushandeln der Segmentgröße. Hierzu wird die maximale Segmentgröße, die bearbeitet werden kann, angegeben. Die Gegenseite kann diesen Wert akzeptieren oder – falls sie selbst stärkeren Beschränkungen unterliegt – ihrerseits einen kleineren Wert vorgeben.

Die Segmentgröße muss im Zusammenhang mit der IP-Datagrammgröße gesehen werden, die ihrerseits wieder der maximalen Rahmengröße des physikalischen Netzes Rechnung tragen soll. Es sollen aber auch die Gegebenheiten im Endsystem wie z.B. verfügbarer Pufferspeicherplatz berücksichtigt werden. Dieser Abstimmprozess ist vor allem dann wichtig, wenn leistungsmäßig sehr unterschiedliche Systeme miteinander kommunizieren sollen.

4.2.8 UDP (*User Datagram Protocol*)

UDP ist ein sehr einfaches Schicht-4-Protokoll, das den Benutzern (Anwendungen) im
Wesentlichen die Funktionalität von IP zur Verfügung stellt, d.h. einen nicht zuverlässigen verbindungslosen Transportdienst ohne Flusskontrolle. UDP erlaubt aber zwischen
zwei Rechnern (identifiziert durch ihre IP-Adressen) mehrere unabhängige Kommunikationsbeziehungen (Multiplexen/Demultiplexen). Die Identifikation der auftraggebenden
bzw. auftragnehmenden Prozesse geschieht wie bei TCP durch *Port*-Nummern, hier
UDP-*Port*-Nummern. Wie bei TCP gibt es *well-known Port*-Nummern, die allgemein
bekannten Anwendungen fest zugeordnet sind, und solche, die dynamisch zugeordnet
werden.

Die Transporteinheiten bei UDP tragen die Bezeichnung *User Datagram* oder auch
UDP-Datagramm. Sie bestehen aus einem UDP-*Header* und den UDP-Daten.

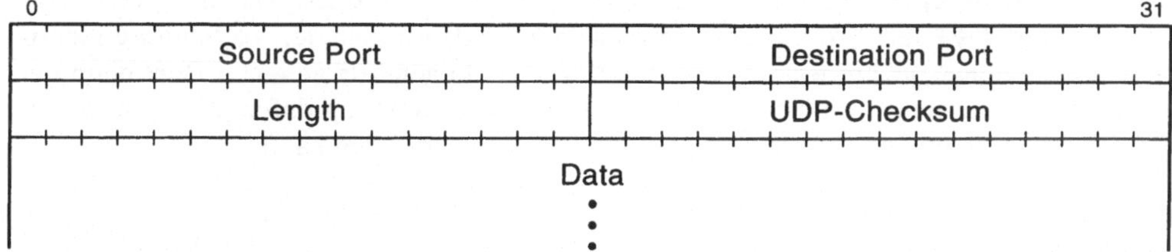

Abb. 4-33. Format eines UDP-Datagramms

Source Port   Identifiziert den sendenden Prozess, also den Prozess, an den gegebe-
                       nenfalls Rückmeldungen zu senden sind. Die Angabe ist optional, das
                       Feld sollte den Wert null enthalten, wenn die Option nicht genutzt
                       wird.

Destination Port   Identifiziert den Prozess im Zielsystem, an den die Daten abzuliefern
                       sind.

Length   Im Längenfeld wird die Gesamtlänge des UDP-Datagramms in Bytes
                       angegeben; die Mindestlänge beträgt somit 8 (= *Header*-Länge).

UDP-Checksum   Die Angabe ist optional (0 bedeutet: keine Angabe). Für die Berech-
                       nung der Längsparität wird dem UDP-Datagramm ein (nicht mitüber-
                       tragener) Pseudo-*Header* von 12 Bytes Länge vorangestellt, der im
                       Wesentlichen IP-*Source Address*, IP-*Destination Address* und die im
                       IP-Datagramm angegebene Protokoll-Nr. für UDP (17) enthält.

                       Da der Datenteil eines IP-Datagramms nicht durch die IP-*Checksum*
                       geschützt ist, bedeutet ein Verzicht auf die UDP-*Checksum*, dass der
                       Inhalt des UDP-Datagramms (*Header* und Daten) nicht durch eine
                       Prüfsumme gesichert ist.

Entsprechend der geringen Funktionalität ist auch der Protokoll-Overhead für UDP nied-
rig. Dies ist der Grund, weshalb die meisten NFS-Implementationen auf UDP aufsetzen.
Ansonsten wird UDP vor allem bei kurzen Transaktionen wie z.B. Anfragen beim *Name
Server* eingesetzt.

4.2.9 Anwendungsdienste im Internet

Die Inanspruchnahme bzw. Bereitstellung der Internet-Anwendungsdienste (auch ARPA-*Services*) basiert auf dem *Client/Server*-Prinzip. Auf einer *Server*-Maschine wird ein Dienst durch einen *Server*-Prozess erbracht, der seine Bereitschaft durch eine Verbindung zu dem dem betreffenden Dienst zugeordneten *well-known Port* bekundet.

Soll der Dienst von einem anderen System im Internet aus in Anspruch genommen werden, so muss dort für den Dienst ein *Client*-Prozess existieren, der eine (TCP-) Verbindung zu dem *well-known Port* auf der *Server*-Maschine herstellt, über die dann Kommandos/Daten des Anwenders (Anwender kann i. Allg. auch ein Programm sein) zum *Server* geleitet werden und dessen Antworten/Daten zum Anwender zurückfließen.
Beim Aufbau einer Verbindung zwischen *Client* und *Server* wird nur auf der *Server*-Seite die Nummer des dem Dienst zugeordneten *well-known Port* verwendet, auf der *Client*-Seite wird eine beliebige freie *Port*-Nummer zugeordnet. Da eine TCP-Verbindung durch das Paar von *Port*-Nummern an den beiden Enden der Verbindung identifiziert wird, können mehrere unterscheidbare Verbindungen zur gleichen *Port*-Nummer im *Server*-System hergestellt werden. Dies ist die Voraussetzung dafür, dass ein *Server* seine Dienste gleichzeitig für mehrere Benutzer/*Clients* erbringen kann.

Server sind meist deutlich komplexer als *Clients*, da die Dienste i. Allg. von mehreren Benutzern/*Clients* zeitgleich in Anspruch genommen werden können. Dies kann so realisiert werden, dass ein *Master Server* eine Verbindung annimmt, evtl. auch einige Überprüfungen o.ä. durchführt, für die eigentliche Durchführung des Dienstes (etwa den Transfer eines *Files*), die längere Zeit in Anspruch nehmen kann, aber einen *Slave Server*-Prozess erzeugt und dann selbst für die Annahme weiterer Verbindungen wieder frei ist. *Slave Server* werden dynamisch in benötigter Anzahl generiert und nach Abschluss ihrer Arbeit wieder beendet.

Es ist offensichtlich, dass ein solches Konzept ohne unterstützende Fähigkeiten des Betriebssystems (insbesondere *Multitasking*-Fähigkeit, d.h. die Fähigkeit, mehrere Prozesse gleichzeitig in Bearbeitung zu haben) kaum zu realisieren ist. *Multitasking*-Fähigkeit ist auf *Server*-Seite auch dann erforderlich, wenn nur ein *Server*-Prozess existiert, weil dieser ansonsten – sobald er gestartet ist – den Rechner blockieren würde. Aus diesen Gründen wird auf kleinen Systemen ohne entsprechende Betriebssystem-Fähigkeiten (etwa PCs) oftmals nur der *Client*-Teil eines Dienstes implementiert, d.h. der betreffende Dienst kann von einem solchen System aus in Anspruch genommen werden, wird aber für andere nicht auf diesem System bereitgestellt. Bei fast allen Internet-Diensten (Ausnahme TFTP) kann bei der Angabe des Zielsystems (auf dem der Dienst in Anspruch genommen werden soll) die IP-Adresse oder der *Domain*-Name verwendet werden, wobei im letzteren Fall der *Client* die Auflösung unter Benutzung des *Name Server* vornimmt.

4.2.9.1 TELNET

Die Funktion *Interactive Terminal Login* wird in der TCP/IP-Protokollfamilie durch das TELNET-Protokoll realisiert.

TELNET erlaubt es einem Benutzer (kann auch ein Anwendungsprogramm sein), eine TCP-Verbindung zu einem *Login-Server* auf einem entfernten System herzustellen, und sendet dann Eingabedaten vom Terminal direkt zur entfernten Maschine und leitet in Gegenrichtung Ausgaben vom entfernten System an das Terminal, so, als sei dieses ein

lokales Terminal des entfernten Systems (Abb. 4-34). Dazu ist es erforderlich, dass das
Betriebssystem der *Server*-Maschine eine als Pseudo-Terminal bezeichnete Schnittstelle
unterstützt, die es gestattet, von einem Progamm aus Zeichen einzuschleusen als ob sie
von einem realen Terminal kämen, und umgekehrt für ein Terminal bestimmte Ausgaben
zu übernehmen.

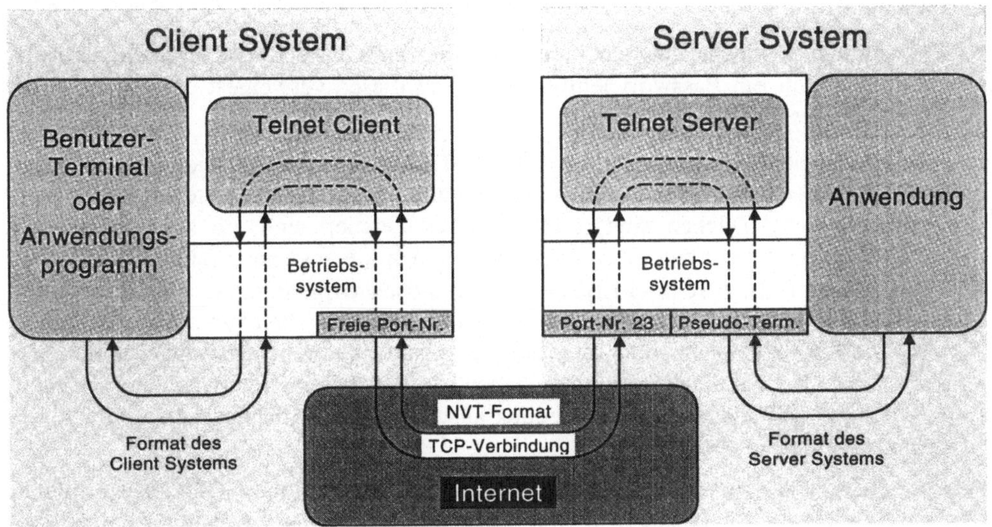

Abb. 4-34. TELNET Client/Server-Beziehung

TELNET hat zwei wichtige Komponenten:

1. Um die mögliche Heterogenität in den Terminals und in den beteiligten Systemen zu
   beherrschen, ist das *Network Virtual Terminal* (NVT) als Standard-Interface zwischen
   den beteiligten Systemen definiert (betrifft insbesondere die Interpretation von Steuerzeichen). Das Standard-NVT-Format wird auf der Internet-Verbindung zwischen
   Client und *Server* benutzt. Im *Client* werden die vom Terminal kommenden und im
   lokalen System gültigen Zeichen vor dem Weitertransport zum *Server* auf das NVT-
   Format umgesetzt, und umgekehrt werden die vom *Server* im NVT-Format ankommenden Sequenzen in das im *Client*-System gültige Format gewandelt.
   Der *Server* realisiert die entsprechenden Umwandlungen.

2. Es ist ein Mechanismus vorhanden, mit dessen Hilfe *Client* und *Server* Optionen für
   die TELNET-Verbindung aushandeln können (z.B., ob 7- oder 8-Bit ASCII-Code
   verwendet werden soll), und dazu ein Satz von Standardwerten. Dieser Mechanismus
   ist symmetrisch, d.h. *Client* und *Server* sind beim Aushandeln von Optionen gleichbe-
   rechtigt.

4.2.9.2 FTP (*File Transfer Protocol*)

FTP ist das Standard *File Transfer*-Protokoll der TCP/IP-Protokollfamilie und setzt auf
TCP als zuverlässiger Transportverbindung auf.

FTP leistet mehr als nur den bittransparenten Transfer von Dateien zwischen den beteiligten Systemen.

- FTP kann von Programmen aus benutzt werden. Die meisten Implementierungen haben aber zusätzlich eine interaktive Schnittstelle, über die ein Benutzer über den FTP-*Server* im entfernten System mit dem *File*-System dieses Rechners korrespondieren kann. Er kann etwa eine Liste aller *Files* in einem Verzeichnis (*Directory*) anfordern, aber auch konkrete Maßnahmen durchführen (z.B. ein neues *Subdirectory* einrichten).

- FTP verlangt zwingend, dass sich ein Benutzer durch eine User-Id eindeutig identifiziert und durch ein Passwort legitimiert. Ohne dieses verweigert der *Server* jeden Zugriff auf das dortige *File*-System.

- FTP erlaubt nicht nur einen bittransparenten Transport ganzer Dateien. Der Benutzer kann Datenformate angeben, z.B. ob die Inhalte binäre Zahlenwerte darstellen oder alphanumerische Zeichen sind, und, wenn es Zeichen sind, ob sie ASCII- oder EBCDIC-verschlüsselt sind. Beim Transfer werden die gegebenenfalls erforderlichen Umsetzungen (z.B. ASCII $\leftrightarrow$ EBCDIC) automatisch vorgenommen. Es ist zu beachten, dass bei solchen Umsetzungen Information verloren gehen kann, und die Umsetzungen dann nicht mehr umkehrbar eindeutig sind (wenn etwa zwei Systeme unterschiedliche Gleitkommadarstellungen haben, so dass bei einer Umwandlung Genauigkeit verloren geht, so kann diese bei einer anschließenden Rückkonversion nicht wieder hinzugefügt werden).

Wie bei anderen Internet-Diensten auch, können die Dienste eines FTP-*Servers* gleichzeitig von mehreren *Clients* aus in Anspruch genommen werden. Anders als bei den anderen Diensten werden für eine FTP-Sitzung u.U. aber mehrere Transportverbindungen zwischen einem *Client* und dem *Server* etabliert.

Zu Beginn einer FTP-Sitzung wird zunächst eine Kontrollverbindung aufgebaut, über die z.B. die Authentisierungs-Prozedur abgewickelt wird und über die Steuerinformationen (auch Kommandos) laufen. Falls es zum Transfer einer Datei kommt, wird dafür eine separate Verbindung aufgebaut (vgl. Abb. 4-35). Beide Verbindungen basieren auf TCP als Transportprotokoll; bei der Kontrollverbindung handelt es sich um eine TELNET-Verbindung mit reduzierter Funktionalität (keine aushandelbaren Optionen).

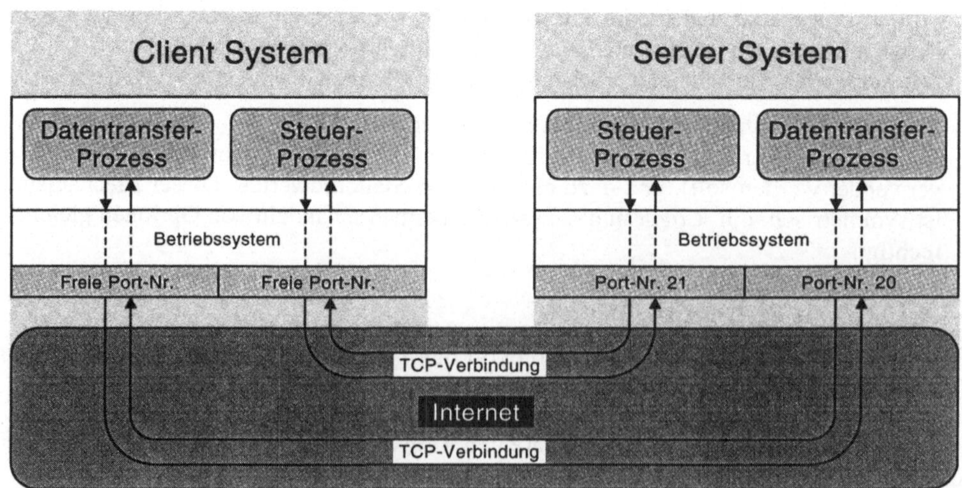

Abb. 4-35. FTP Client/Server-Beziehung

Während die Kontrollverbindung für die gesamte Dauer einer FTP-Sitzung bestehen bleibt, werden Datentransfer-Verbindungen dynamisch für die Übertragung von Dateien auf- und anschließend wieder abgebaut.

4.2.9.3 TFTP (*Trivial File Transfer Protocol*)

Das normale *File Transfer*-Protokoll der TCP/IP-Protokollfamilie, FTP, ist vergleichsweise komplex und verlangt sogar auf der einfacheren *Client*-Seite, dass parallel mehrere TCP-Verbindungen unterhalten werden, was auf kleineren Systemen ohne adäquate Betriebssystemunterstützung nicht leicht zu realisieren ist.

Für solche Anwendungsfälle, wo die volle Funktionalität von FTP nicht erforderlich und die Komplexität nicht erwünscht ist, enthält die TCP/IP-Protokollfamilie ein sehr viel einfacheres und unaufwändigeres *File Transfer*-Protokoll, TFTP.

TFTP sieht keine Authentifizierung vor und unterstützt nur einfache *File Transfers*. Es basiert auch nicht auf TCP als Transportprotokoll, sondern auf dem sehr viel einfacheren UDP. Um die Verbindung gegen Fehlerbedingungen (z.B. Verlust von Datagrammen) robust zu machen, existiert symmetrisch auf Sender- und Empfängerseite ein Timeout- und Wiederholungsmechanismus. Ein *File* wird in Blöcken fester Länge (512 Bytes) transferiert, die, mit 1 beginnend, durchnummeriert werden. Nach dem Absenden eines Blocks wartet der Sender die Bestätigung der betreffenden Blocknummer ab. Trifft diese nicht (rechtzeitig) ein, wird der Timeout also wirksam, so wird der Block wiederholt. Umgekehrt bestätigt der Empfänger einen empfangenen Block sofort mit seiner Blocknummer. Trifft vor Ablauf des Timers kein weiterer Block ein (obwohl der *File* noch nicht komplett übertragen ist), so wird die Bestätigung der betreffenden Blocknummer wiederholt. Das Ende der Übertragung wird durch einen Block mit einer Blocklänge von weniger als 512 Bytes erkannt.

TFTP beschränkt sich auf wenige Kernfunktionen, und die Implementationen nehmen deshalb auch vergleichsweise wenig Speicherplatz ein, so dass das Programm auch leicht in ROMs untergebracht werden kann. TFTP ist deshalb ein geeignetes Protokoll für das initiale Laden der Betriebssoftware von *Diskless Workstations* von einem *Load Server* im Netz aus.

4.2.9.4 SMTP (*Simple Mail Transfer Protocol*)

Electronic Mail ist (nicht nur im INTERNET) der am weitesten verbreitete Datenkommunikationsdienst.

Der Dienst wird durch zwei Standards beschrieben,

- das *Simple Mail Transfer Protocol* (SMTP), das beschreibt, wie die *Mail*-Systeme (*Client* und *Server*) Mitteilungen austauschen, und

- das in RFC 822 festgelegte Format der Mitteilungen.

Eine Mitteilung besteht immer aus einem *Mail Header* und dem *Mail Body*, dem eigentlichen Inhalt der Mitteilung.

Der *Header* besteht aus **'Schlüsselwort: Wert'**-Paaren, von denen einige, wie

| **To:** | (Empfänger), |
| **From:** | (Absender) |

obligatorisch sind, weitere wie

| **Reply-to:** | (wenn eine Antwort an andere Stelle als den Absender gehen soll) |

optional sind.

Eine Adresse hat die Form:

> *local part @ domain name*

Der *Domain*-Name identifiziert einen Rechner (wird in üblicher Weise im *Name Server* zu einer IP-Adresse aufgelöst).

Der *Local Part* ist im einfachsten Fall die User-Id des Benutzers in dem angegebenen Rechner.

Mehr Flexibilität an dieser Stelle erhöht die Funktionalität des *Mail*-Systems beträchtlich.

Es können Alias-Namen angegeben werden. Die Angaben können aber auch eine Position bezeichnen (an den geschäftsführenden Direktor, an den diensthabenden Arzt, ...), die dann auf den jeweiligen Teilnehmer umgesetzt werden. **Ein** Benutzer kann so verschiedene Namen und Bezeichnungen haben und ist unter allen erreichbar (n:1-Zuordnung).

Die Angabe kann aber auch eine Gruppe bezeichnen (an die Arbeitsgruppe XYZ, ...), wodurch alle Mitglieder der Gruppe angesprochen werden (1:n-Zuordnung).

Diese Dienste werden vom *Mail*-System, auch *Mailer* (*Client* und *Server*) im Zusammenspiel mit dem *Name Server* erbracht.

Das hier angegebene Adressformat (*local part @ domain name*) ist nur für Mitteilungen innerhalb des INTERNET so einfach. Es ist aber wünschenswert, auch Teilnehmern anderer Netze Mitteilungen zukommen lassen zu können bzw. von diesen erreichbar zu sein. Dafür müssen *Mail Gateways* oder *Mail Relays* die Netze verbinden. Über die dann erforderlichen Adressformate lassen sich keine generellen Aussagen machen; sie sind i. Allg. aber aufwändiger, da sowohl ein geeigneter Gateway als auch der Adressat im fremden Netz eindeutig daraus hervorgehen müssen.

Beim *Mail*-Dienst gibt es zwei Besonderheiten, die bei den anderen Diensten nicht gängig sind:

- *Mail* wird auch innerhalb eines Systems verschickt.

- *Mail* kann weitergeleitet werden (*mail forwarding*).

Das Weiterleiten von Mitteilungen ist wünschenswert, wenn ein Benutzer (temporär oder permanent) seinen Arbeitsplatz gewechselt hat. Falls dies nicht allgemein bekannt ist und weiterhin Mitteilungen für diesen Benutzer an der Adresse des alten Arbeitsplatzes ankommen, so genügt es, wenn diesem System die neue Adresse bekannt ist, um Mitteilungen automatisch an den neuen Arbeitsplatz weiterleiten zu können.

Auch ein explizites Weiterleiten kann sinnvoll sein, wenn ein Benutzer eine Mitteilung erhält, von der er glaubt, dass ein anderer Benutzer sie ebenfalls erhalten sollte. In diesem Falle wird er sie explizit per Kommando weiterleiten, was etwas anderes ist als ein erneutes Verschicken, weil die Historie (d.h. Herkunft) der Nachricht erhalten bleibt (d.h. im Wesentlichen wird die gesamte empfangene Nachricht (*Header* + Inhalt) mit einem neuen *Header* versehen und erneut verschickt).

Eine Internet-Nachricht enthält nur druckbare Zeichen.
Dies gilt auch für die Kommunikation zwischen *Client* und *Server* im Rahmen von SMTP. Eine Aktion zwischen *Client* und *Server* beginnt mit einem 3-ziffrigen Code, dessen Interpretation für bessere menschliche Lesbarkeit angefügt ist. So antwortet beispielsweise der *Server*, nachdem der *Client* eine TCP-Verbindung (*Port*-Nr. 25) zu ihm aufgebaut hat, mit

220 READY FOR MAIL

Der Dienst *Electronic Mail* unterscheidet sich seiner Natur nach von den anderen Anwendungsdiensten:

- Eine Identifikation ist nicht erforderlich, d.h. ein Teilnehmer soll einem anderen Teilnehmer eine Mitteilung zukommen lassen können, ohne sich ausgewiesen zu haben. Infolgedessen ist eine Authentifizierungsprozedur nicht vorgesehen. Dies hat allerdings zur Konsequenz, dass letztlich auf die Absenderangabe nicht vertraut werden darf.

- Der Austausch von Nachrichten ist seiner Natur nach ein asynchroner Vorgang, d.h. es besteht keine Notwendigkeit, dass Absender und Empfänger eine direkte (zeitgleiche) Verbindung zueinander aufnehmen. Ein Absender kann zu irgendeinem (ihm genehmen) Zeitpunkt eine Mitteilung absenden, und der Empfänger zu irgendeinem späteren Zeitpunkt darauf zugreifen. Der *Client* agiert deshalb – was den Transport der Mitteilung angeht – nicht im unmittelbaren Auftrag des Teilnehmers. Der Teilnehmer übergibt die zu sendende Nachricht dem *Client*, der die Nachricht bearbeitet (z.B. Alias-Namen auflöst u.ä.) und in einem eigenen Speicherbereich (*outgoing mail spool area*) ablegt. Damit ist die Interaktion zwischen dem Benutzer und dem *Client* beendet.
  In einem zweiten, unabhängigen Vorgang versucht der *Client* dann, die Nachricht an die angegebene Zieladresse zu transportieren. Wenn das Zielsystem vorübergehend nicht erreichbar ist, so wird dieser Versuch in regelmäßigen Abständen wiederholt. Erst wenn sich die Nachricht nach einer vorgegebenen (langen) Zeit als unzustellbar erweist, wird sie an den Absender zurückgegeben.
  Auf dem Zielsystem übernimmt der *Mail Server* die Nachricht, bearbeitet sie (überprüft beispielsweise, ob sie weitergeleitet werden muss) und speichert sie gegebenenfalls in der dem Adressaten zugeordneten *Mailbox*.

Da SMTP auf TCP basiert, wird zwar nicht zwischen Absender und Empfänger, wohl aber zwischen *Transfer Client* auf der einen Seite und *Mail Server* auf der anderen Seite eine zuverlässige Ende-zu-Ende-Verbindung aufgebaut. Infolgedessen befindet eine Nachricht sich immer in einem wohldefinierten Zustand:

Sie ist entweder noch im lokalen System (dann befindet sie sich in der *Mail Spool Area* und ist noch nicht übertragen worden oder wird gerade übertragen), oder sie ist nicht mehr im lokalen System; dann ist sie vollständig und korrekt zum Zielsystem übertragen worden.

Bei *Store-and Forward*-Netzen mit *Message Switching* oder wenn Gateways zwischengeschaltet sind, können Nachrichen (vorübergehend) im Netz verschwinden, d.h. weder Sender noch Empfänger wissen, wo sich die Nachricht gerade befindet, noch haben sie Einfluss darauf, wann und wie der Weitertransport vor sich gehen wird.

4.2.9.5 SNMP (*Simple Network Management Protocol*)

Im Internet sind die Management-Funktionen auf der Anwendungsebene angesiedelt. Das hat mehrere Vorteile:

1. Ein Internet besteht i. Allg. aus einer Reihe unterschiedlicher Teilnetze. Management-Funktionen auf den unteren Ebenen wären deshalb teilnetzspezifisch; positiv ausgedrückt: Die Management-Funktionen können für das gesamte Internet einheitlich dargeboten werden.

2. Die Objekte des Managements können an beliebiger Stelle im Netz liegen; es muss keine direkte physische Verbindung zu einem solchen Objekt vorhanden sein.

Nachteil dieser Konzeption ist, dass das Netz als ganzes funktionsfähig sein muss, um die Management-Funktionen gewährleisten zu können. Das bedeutet, dass für manche Management-Funktionen (insbesondere im Bereich des Fehler-Managements) zusätzliche netzspezifische Management-Werkzeuge vorhanden sein müssen.

Die Objekte des Internet-Managements sind Hosts und vor allem Gateways.

Ähnlich wie bei SMTP wird das Internet-Management durch zwei unabhängige standardisierte Teilbereiche beschrieben:

- Das Protokoll SNMP, das festlegt, wie Management-Information kommuniziert wird (Formate und Bedeutung von SNMP-Nachrichten) und

- die Spezifikation der Daten (MIB = *Management Information Base*).

Wie bei den anderen Anwendungsdiensten funktioniert auch das Management nach dem *Client/Server*-Prinzip.
In jedem Objekt (vor allem Gateways) muss ein *Server* installiert sein, der die in der MIB (*Management Information Base*) spezifizierten Informationen sammelt, diese gegebenenfalls einem *Client* zur Verfügung stellt (per SNMP) und von einem *Client* Kommandos entgegennimmt.

Ein Manager (in einem Internet gibt es i. Allg. mehrere Manager mit begrenzten Zuständigkeitsbereichen) benutzt einen SNMP-*Client* (i. Allg. auf einem Host installiert), um von einem *Server* Netzinformation abzurufen oder per Kommando Steuerungsfunktionen wahrzunehmen.

Es ist klar, dass für das Ausführen von Management-Funktionen eine Authentifizierung erforderlich ist. Diese ist in der Regel mehrstufig: Während der für eine Komponente verantwortliche Manager alle Funktionen ausführen darf, kann einer größeren Zahl von Teilnehmern (etwa den Managern anderer Komponenten im Netz) ein eingeschränkter Management-Zugriff gewährt werden (etwa das Auslesen von Konfigurationsparametern oder Statistik-Daten).

Die *Management Information Base* (MIB) spezifiziert die Informationseinheiten (*items*), die vorgehalten werden müssen, und welche Operationen darauf erlaubt sind.

Die MIB-Variablen sind in acht Kategorien eingeteilt:

system	Betreffen das Betriebssystem im SNMP-*Server*
interface	Betreffen die Interfaces zu den einzelnen Netzsegmenten
address translation	Betreffen die Adress-Umsetzung (z.B. ARP-*Requests*)
ip	
icmp	
tcp	
udp	
egp	Betreffen das *Routing*-Protokoll EGP (*Exterior Gateway Protocol*)

Beispiele für MIB-Variable der Kategorie *ip* sind:

Zahl der empfangenen Datagramme,

Zahl der abgesendeten Datagramme,

Zahl der fragmentierten Datagramme,

die IP-*Routing*-Tabelle.

Für die Namensvergabe existieren Regeln, und es gibt vorgegebene Typen von Variablen (z.B. Typ *Counter*: 32-Bit Integer-Zahl).

Inzwischen gibt es eine erweiterte MIB, die die Bezeichnung MIB-II trägt.

4.2.10 Perspektiven

Ende der achtziger Jahre setzte ein rasantes Wachstum des Internet ein, das durch die Erfindung des *World Wide Web* (WWW) und die dadurch gesteigerte Attraktivität für private Nutzer ab Anfang der neunziger Jahre noch verstärkt wurde. Heute ist das Internet die weltumspannende, allgegenwärtige Netzplattform. Unter den heutigen Randbedingungen offenbart das diese Plattform tragende Internet-Protokoll (IP), das in seinen Anfängen auf das Jahr 1975 zurückgeht und in der heute aktuellen Version (IPv4) seit 1981 im Einsatz ist, quantitativ und qualitativ Schwächen.

Die enorm große Zahl der Teilnetze beeinträchtigt die Effizienz (was durch massiven Einsatz extrem leistungsfähiger Technik kompensiert werden muss), und die weiter wachsenden Teilnehmerzahlen (bereits über 500 Mio.) lassen das Ende der Adressvorräte absehbar werden. Diese Probleme werden durch die neue IP-Version (IPv6) behoben. Bislang wurde IPv6 aber außer in Pilotprojekten kaum eingesetzt, weil die Notwendigkeit dazu zwar absehbar aber nicht dringend war. Inzwischen findet IPv6 aber zunehmend Unterstützung in den Betriebssystemen der Endgeräte und auch bei den Netzausrüstern (insbesondere Cisco). Wenn – wie es geplant ist – Internetfähigkeit für Funktelefone obligatorisch wird, ist der verbreitete Einsatz von IPv6 zwingend.

Die qualitativen Probleme liegen auf einer anderen Ebene. IP (und dies gilt auch für IPv6) liefert einen verbindungslosen *Best-effort*-Datagrammdienst (das ursprüngliche ARPANET war sogar das erste paketvermittelnde Netz überhaupt), der simpel und robust ist (die Knoten müssen lediglich *Routing* und *Fragmentation/Reassembly* beherrschen) und in der Vergangenheit der entscheidende Faktor für den Erfolg der Internet-Plattform war. Ein solcher Datagrammdienst ist gut geeignet für klassische Datenkommunikationsdienste (*File Tranfer, E-Mail, Remote Terminal Access*), für die das Internet-Protokoll entwickelt wurde und die ja auch Bestandteil der Internet-Protokollfamilie sind.

Der verbindungslose Ansatz ist aber unzureichend, wenn das Internet – was bei der allgemeinen Verbreitung außerordentlich attraktiv wäre – eine universell nutzbare Netzplattform sein soll, womit der Anspruch einhergeht, auch isochrone Informationsströme (Multimedia, Sprache (*Voice over* IP, VoIP)) adäquat transportieren und für die klassischen Dienste Dienstgütegarantien (etwa den Durchsatz betreffend) geben zu können. Dienstgüte ist (wie Sicherheit (Verschlüsselung, Authentifizierung)) ihrer Natur nach ein Ende-zu-Ende-Aspekt. Alle Dienstgüteeigenschaften, die eine Folge von Paketen betreffen, bereiten Probleme, weil IP nur Einzelpakete (Datagramme) kennt, manche, wie beispielsweise *Delay Variation*, können auf dieser Basis überhaupt nicht definiert werden.

Die Notwendigkeit, Dienstgüteeigenschaften (*Quality of Service*, QoS) zusichern zu können, kam in der Vergangenheit weniger von den Anforderungen durch neue Dienste (insbesondere Multimedia), die bei weitem nicht so schnelle und weite Verbreitung gefunden haben, wie dies Mitte der neunziger Jahre erwartet wurde. Der Druck kam und kommt von den kommerziellen Nutzern, für die es nicht akzeptabel ist, mit ihren u.U. unternehmenskritischen Anwendungen gleichrangig mit hunderttausenden privater Internet-Surfer um die verfügbaren Ressourcen konkurrieren zu müssen. Diese Klientel muss bestimmte Dienstgüteeigenschaften fordern können und ist auch bereit, dafür zu zahlen.

Die Ansätze, um Dienstgüte im Internet zu etablieren, sind *Differentiated Services* und RSVP.
RSVP (*Resource Reservation Protocol*) kann eigentlich nur als Perversion des IP-Konzeptes bezeichnet werden, da hierbei entlang eines Pfades (den es im IP formal nicht gibt!) vom Empfänger zum Sender Ressourcen für eine Folge logisch zusammengehörender Pakete (als *Flow* bezeichnet) in den Netzknoten reserviert werden. Damit das funktioniert, muss verhindert werden, was Kern des IP-Protokolls ist und deshalb letztlich nicht verhindert werden kann, dass nämlich jedes Paket für sich auf nicht vordefinierten Wegen vom Sender zum Empfänger befördert wird. Um zusammengehörende Pakete erkennen zu können, was auf IP-Ebene nicht vorgesehen ist, werden für die Definition der *Flows* außer den IP-Adressen auch noch die TCP-*Port*-Nummern (also Information der darüber liegenden Ebene 4) herangezogen. Das ist nicht nur konzeptionell unsauber, sondern bereitet auch Probleme, wenn fragmentiert werden muss (weil diese Information in nachfolgenden Fragmenten nicht enhalten ist) oder auch bei Verschlüsselungen. Insgesamt ist RSVP so komplex und aufwändig, dass es für große Teilnehmerzahlen ungeeignet und damit im Grunde nicht zukunftsfähig ist.

Differentiated Services (DS) ist ein weiterer Ansatz, um Dienstgüte im Internet zu realisieren. Kern dieses Ansatzes ist, dass Informationsströme klassifiziert werden (wobei das wo und wie zu klären ist) und den unterschiedlichen Verkehrsklassen in den Netzknoten eine unterschiedliche Behandlung (Priorität) zuteil werden kann. Das Manko hierbei ist, dass es sich um einen (IP-konformen) *Per-hop*-Ansatz handelt, obwohl Dienstgüte ihrer Natur nach ein Ende-zu-Ende-Aspekt ist.

Generell ist festzustellen, dass Dienstgüte (*Quality of Service*, QoS) im Internet-Kontext (das gilt für RSVP wie für *Differentiated Services*) nicht die Verbindlichkeit hat wie bei ATM. Bei ausreichenden Kapazitätsreserven und nicht zu hohem Anteil des Verkehrs, der eine bevorzugte Behandlung erfordert, dürfte die durch eine durchgängige Verwendung von *Differentiated Services* mögliche Dienstgüte aber in der Praxis ausreichen.

Eine interessante und wohl auch wichtige Entwicklung ist MPLS (*Multiprotocol Label Switching*). Bei MPLS wird einem Paket eine Kennung (*label*) vorangestellt, auf deren Basis das Paket durch einen Netzbereich (bezeichnet als *Administrative Domain* oder *Autonomous System*, konkret durch das Netz eines Netzbetreibers (*Internet Service Provider*, ISP)) geschleust wird. Diese Kennung ist damit dem VPI (*Virtual Path Identifier*) bei ATM logisch äquivalent.

Ursprüngliches Ziel von MPLS war es, Pakete auf der Basis der Kennungen hardware-gesteuert sehr effizient und schnell zu vermitteln. Zu dieser Zeit erfolgte eine Vermittlung auf der Basis der Auswertung der IP-*Header*-Informationen noch software-basiert und deshalb vergleichsweise langsam. Inzwischen ist die Technologie so weit fortgeschritten, dass *Multilayer Switches* Pakete auf der Basis von *Layer*-3-Informationen genau so schnell vermitteln können wie auf der Basis von *Layer*-2-Informationen (oder Kennungen). Infolgedessen steht bei MPLS nun nicht mehr das Argument der Beschleunigung des Vermittlungsvorgangs im Vordergrund, sondern die Möglichkeit der Verkehrslenkung (*traffic engineering*).

Im Internet werden Pakete auf der Basis der im IP-*Header* angegebenen Zieladresse und der dazu in den *Routing*-Tabellen der Knoten enthaltenen Informationen weitergeleitet. Zwar wird jedes Paket einzeln bearbeitet, aber, solange die Informationen in den *Routing*-Tabellen unverändert bleiben (im Netz also keine Veränderungen stattgefunden haben, die zu Änderungen der benutzten Einträge führen), nehmen alle Pakete vom gleichen Sender zum gleichen Empfänger (mehr noch: vom Teilnetz des Senders zum Teilnetz des Empfängers) den gleichen Weg durch das Netz. Das ist eine für die Netzbetreiber unangenehme Eigenschaft. Die Netzbetreiber müssen – schon aus Gründen der Versorgungssicherheit – redundante Netzstrukturen aufbauen, und es ist ihr Anliegen, die vorhandenen Ressourcen gleichmäßig auszulasten, oder allgemeiner, die Verkehrsströme nach vorgebbaren Kriterien durch das Netz leiten zu können. Dies kann mit Hilfe von MPLS geschehen. Pakete mit gleichem MPLS-*Label* erfahren im Netz die gleiche Behandlung; das betrifft nicht nur den Pfad durch das Netz, sondern auch die Behandlung in den einzelnen Knoten, wenn diese beispielsweise *Differentiated Services* unterstützen. Durch die Vorgabe weniger oder vieler *Label* kann eine eher grob oder auch fein granulierte Steuerung vorgenommen werden. MPLS ist für die Netzbetreiber deshalb ein Werkzeug, um die Netzstrukturen und die Verkehrsflüsse in ihren Netzen zu optimieren.

Zusammenfassend ist festzustellen: Wenn ein Netz Eigenschaften haben soll, die ihrer Natur nach eine Verbindungsorientierung erfordern, dann ist die Realisierung auf der Basis eines verbindungsorientierten Netzdienstes die adäquate und konzeptionell saubere Lösung. Bei der Verbreitung, die die Internet-Protokolle inzwischen gefunden haben, hat der Aspekt der Kontinuität aber einen so hohen Stellenwert, dass ein Paradigmenwechsel, wie der Übergang von einem verbindungslosen zu einem verbindungsorientierten Netzprotokoll darstellt, praktisch ausgeschlossen ist. Man wird deshalb fortfahren, dem Internet die gewünschten/benötigten Funktionen mehr oder minder organisch aufzupfropfen. Im Ergebnis werden die Internet-Protokolle schließlich funktional sehr nahe an ATM sein und auch mindestens so komplex.

5 Öffentliche Kommunikationsnetze

Zum 1.1.1998 sind in Deutschland (und EU-weit) die letzten Monopole im Telekommunikationsbereich gefallen (insbesondere das allgemeine Sprachvermittlungsmonopol). Grundlage der Liberalisierung des Telekommunikationsbereichs in Europa ist das Grünbuch der EU von 1987, welches die Liberalisierung und Harmonisierung der Telekommunikationsmärkte der Mitgliedsstaaten zum Ziel hat und damit einhergehend die Einführung eines vollständigen Wettbewerbs in diesem Bereich. In der Folge hat es eine Reihe von Richtlinien der EU-Kommission und Entschließungen des Rates der EU gegeben, die Zielvorgaben schrittweise zu erreichen (z.B. bereits 1988 eine Richtlinie zur Freigabe des Marktes für Telekommunikationsendgeräte). 1993/94 wurden die Beschlüsse gefasst, die eine vollständige Liberalisierung der Kommunikationsmärkte bis zum 1.1.1998 vorsahen; für einige weniger entwickelte Länder (Griechenland, Irland, Spanien Portugal) gab es eine bis zum Jahre 2003 verlängerte Frist, die aber von keinem der Länder ausgeschöpft wurde.

In Deutschland ist den Vorgaben dadurch Rechnung getragen worden, dass das Bundesunternehmen Deutsche Telekom zum 1.1.1997 in eine private Aktiengesellschaft (Deutsche Telekom AG, DTAG) umgewandelt und das Telekommunikationsgesetz (TKG) verabschiedet worden ist, das die Spielregeln für den liberalisierten deutschen Telekommunikationsmarkt festlegt.

Eine unmittelbare Folge der Liberalisierung ist ein erhöhter Bedarf an Regulierung. Zuständig ist dafür eine Regulierungsbehörde, die seit Auflösung des Bundespostministeriums zum Jahresende 1997 dem Bundeswirtschaftsminister untersteht.

In einem durch ein Staatsunternehmen wahrgenommenen Monopol können staatliche (politische) Vorgaben durch unmittelbaren Durchgriff auf die Firmenleitung durchgesetzt werden; überdies ist ein Monopol, d.h. das (alleinige) Versorgungsrecht fast immer mit einer Versorgungspflicht gekoppelt. Dies gilt in einem liberalisierten Markt mit konkurrierenden Firmen nicht, so dass das Einhalten bestimmter Vorgaben durch entsprechende Auflagen (Regulierungen) sichergestellt werden muss.

Dies betrifft Fragen der Versorgungssicherheit bei solchen Diensten, die als unverzichtbar angesehen werden (wozu unzweifelhaft das Telefon gehört), d.h., es muss durch entsprechende Auflagen sichergestellt werden, dass jedermann zu fairen Konditionen Zugang zu solchen Diensten hat. Ein weiterer Punkt, der nicht selbstverständlich ist, ist die Gebühreneinheit im Raum, d.h., dass bestimmte Dienste überall zu gleichen Konditionen angeboten werden. Dies gilt bisher für die Telekommunikationsdienste, aber z.B. auch für die Gelbe Post. In unserem föderalen Staat haben die Flächenländer bisher immer sorgfältig darauf geachtet, dass die verhältnismäßig dünn besiedelten ländlichen Gebiete nicht grundsätzlich gegenüber den Ballungsräumen benachteiligt werden; sie werden das auch in Zukunft tun.

Ein weiteres Ziel der Regulierungen ist die Sicherstellung eines fairen Marktzugangs für alle Wettbewerber. Mit der Liberalisierung ist der bisherige Monopolist zwar de jure kein Monopolist mehr, nimmt de facto aber nach wie vor eine Monopolposition ein, d.h., er ist ein übermächtiger Wettbewerber, dem es ohne entsprechende Auflagen relativ leicht fallen würde, das Entstehen von Konkurrenz wirkungsvoll zu behindern. Man spricht von 'asymmetrischer Regulierung', die vor allem den bisherigen Monopolisten betrifft und den konkurrierenden Unternehmen eine faire Chance für den Markteintritt sichern soll. Sobald ein funktionierender Markt mit mehreren konkurrenzfähigen Unternehmen etabliert ist, können solche Auflagen wieder entfallen.

Das größte Problem der Mitbewerber der Deutschen Telekom ist der Zugang zum Endkunden, und zwar zum Massenkunden, d.h. zu privaten Haushalten und zu kleinen Gewerbetreibenden. Es wäre weder für die neuen Mitbewerber der Telekom betriebswirtschaftlich möglich, noch volkswirtschaftlich vertretbar, zusätzlich zu dem bereits bestehenden Netz von Teilnehmeranschlussleitungen der Telekom für neue Anbieter in großem Stil weitere gleichartige Leitungen zu den Kunden zu verlegen. Die Telekom ist deshalb verpflichtet, ihre Einrichtungen (und damit sind primär die Teilnehmeranschlussleitungen gemeint) den Mitbewerbern zu fairen Konditionen zur Verfügung zu stellen. Es besteht in diesem Kontext sogar ein Entbündelungsgebot, d.h. die Telekom muss die Komponenten und Dienste so zur Verfügung stellen, wie der Mitbewerber das wünscht und darf solche Leistungen nicht zwangsweise bündeln, konkret z.B. den Zugang zu den Teilnehmeranschlussleitungen nur über die eigenen Vermittlungseinrichtungen zulassen (was automatisch bedeuten würde, dass die Mitbewerber auch nur solche Dienste und Dienstmerkmale anbieten könnten, die auch die Telekom anbietet).
Das Problem des Kundenzugangs ist Teil des umfassenderen *Interconnection*-Problems, das das Zusammmschalten der Netze konkurrierender Anbieter betrifft. Obwohl die Formulierungen allgemein gehalten sind (es wird von marktbeherrschenden Unternehmen gesprochen) geht es zunächst darum, unter welchen Konditionen (insbesondere Entgelt und Frist) die Telekom ihre Einrichtungen den Mitbewerbern zugänglich machen muss.

Da der Zugang zum Kunden das große Problem ist, werden auch drahtlose Techniken intensiv studiert. Eine Infrastruktur in drahtloser Technik ist zweifellos preiswerter und schneller zu erstellen als eine leitungsgebundene, ob sie aber leistungs- und kostenmäßig ein vollwertiger Ersatz sein kann, ist derzeit nicht geklärt.
Die Zahl der Funktelefone ist deutlich schneller gewachsen als Mitte der neunziger Jahre prognostiziert wurde (fast 50 Mio. statt der vorhergesagten ca. 10 Mio. bis Ende 2000); die meisten davon werden bisher aber zusätzlich zu ortsgebundenen Telefonen eingesetzt.

Wer sind nun die Mitbewerber der Telekom? Es gibt zwei Gruppen, die prädestiniert sind, sich im Telekommunikationsbereich zu engagieren.

1. Die Energieversorgungsunternehmen (EVUs)

   Die EVUs verfügen über große Leitungsnetze, insbesondere Freileitungsnetze, und bestücken diese seit vielen Jahren weit über den eigenen Bedarf hinaus mit Glasfaserkabeln. Sie haben in geringem Umfang und meist auf große Unternehmen beschränkt über ihre Elektrizitätsleitungen und teilweise auch über Fernwärmetrassen Zugang zu Endkunden. Ungünstig ist, dass sie − bis vor kurzem selbst Monopolisten − in Deutschland nur regional operiert haben und deshalb auch nur in der Region, in der sie für die Stromversorgung zuständig waren, Datenleitungen besitzen. Des Weiteren enden ihre (Daten-) Leitungsnetze i. Allg. an den Rändern der Kommunen, so dass sie innerörtlich kaum über Datenleitungen verfügen.
   Große Hoffnungen werden derzeit in eine mögliche Nutzung der Stromleitungen für den Informationstransport gesetzt. Die Techniken dafür sind entwickelt und funktio-

ren ein Durchbruch für die praktische Nutzung möglich erscheint. Damit stünde dann ein weiteres, im Vergleich zum Fernsprechnetz noch vollständiger ausgebautes Netz für die kommunikationstechnische Anbindung privater Nutzer zur Verfügung.

2. Die Kommunen

Die Kommunen sind im Zuge der Modernisierung der Verwaltung seit Jahren bemüht, kommunale Einrichtungen, die typischerweise über das Ortsgebiet verstreut liegen, datentechnisch miteinander zu verbinden. Sie verfügen über mehr oder minder vollständige Rohrleitungsnetze, die entweder bereits mit Datenkabeln bestückt sind oder mit vergleichsweise geringem Aufwand damit bestückt werden können und dann eine brauchbare Grundstruktur für die Versorgung der ansässigen Unternehmen und Bürger mit Telekommunikationsdiensten darstellen.

Die Kommunen haben zwei Probleme. Das erste Problem besteht darin, dass erhebliche Investitionen nötig sind, um, aufbauend auf den vorhandenen Grundstrukturen, vermarktbare Netze und Dienste zu etablieren; Investitionen, zu denen die finanzschwachen Kommunen kaum in der Lage sind. Sie sind also auf finanzstarke Partner angewiesen, die sie in der Regel aber unschwer finden; oftmals sind es die Sparkassen, die mit ihren im Ortsbereich verstreuten Filialen dann auch attraktive Kunden des gemeinsamen Unternehmens sind.

Das zweite Problem besteht darin, dass es zweifelhaft ist, ob sich Kommunen auf diesem Gebiet überhaupt engagieren dürfen. Die Gemeindeordnungen lassen eine wirtschaftliche Betätigung nur für öffentliche Zwecke zu, d.h. in Bereichen, in denen ein öffentliches Interesse daran besteht, bestimmte Dienste für die Bürger in kommunaler Regie zu erbringen. Streng genommen dürfte dies für den Bereich der Telekommunikation kaum gegeben sein. Der Begriff 'öffentlicher Zweck' ist aber genügend schwammig, um es den Kommunen zu ermöglichen, durch Überlassung von Trassen und Leitungen oder Gründung gemeinsamer Unternehmen mit kommerziellen Partnern in verfassungsverträglicher Weise die Telekommunikation als kommunale Einnahmequelle zu erschließen.

Es ist offensichtlich, dass kein einzelnes Unternehmen aus den genannten Gruppen für sich genommen der Telekom ernsthaft Paroli bieten kann. Zusammenschlüsse, Gründung gemeinsamer Subunternehmen, Partnerschaften und Kooperationen sind notwendig und auch etabliert worden. Die Hektik, mit der solche Allianzen (oft noch ergänzt durch einen ausländischen Partner, um auch international auftreten zu können) geschlossen und auch wieder aufgelöst worden sind, um mit anderen Partnern neu zu erstehen, zeigt, dass der Markt noch nicht konsolidiert ist.

Auch optimistische Prognosen gehen davon aus, dass alle Mitbewerber zusammengenommen bis zum Jahre 2005 der Telekom kaum mehr als 20-30% Marktanteil werden abnehmen können. Das zeigt, dass die Zahl der sogenannten *Global Player* – das sind Unternehmen, die bundesweit mit vollständigem Dienstangebot operieren – nur sehr klein sein kann. Neben solchen großen Unternehmen gibt es auch kleinere Mitbewerber, die nur regional präsent sein werden und/oder nur bestimmte Dienste anbieten. Diese sind außerhalb des eigenen Bereichs in jedem Falle auf die Zusammenarbeit mit größeren Partnern angewiesen.

Da die Telekom in jedem Falle in den kommenden Jahren das dominierende Unternehmen auf dem deutschen Telekommunikationsmarkt bleiben wird, bezieht sich die nachfolgende Beschreibung auf das Netz- und Diensteangebot der Deutschen Telekom AG. Es ist aber festzuhalten, dass inzwischen weitere Unternehmen mit vergleichbaren oder auch abweichenden Dienstangeboten am Markt operieren. Auch die Telekom selbst ist als kommerzielles Unternehmen mit ihren Angeboten vielfältiger und flexibler geworden als sie es vorher war.

Die Deutsche Telekom bietet im Bereich der Datenkommunikation Netzdienste an, bei denen die Netzspezifikation nur bis maximal zur Schicht 3 des OSI-Schichtenmodells durch die Telekom vorgegeben ist, über die die Teilnehmer in darüber hinaus nicht durch Vorschriften der Telekom festgelegter Weise Datenkommunikation betreiben können; die Telekom bezeichnet diese Netz- bzw. Transportdienste als Übermittlungsdienste. Daneben bietet die Telekom aber auch Kommunikationsdienste an, die Teledienste (Telematikdienste) genannt werden. Dabei handelt es sich um Dienste, bei denen die Vorgaben der Telekom bis zur Schicht 7 (Anwendungsebene) reichen und bei denen auch die angeschlossenen Endgeräte den Vorschriften der Telekom entsprechen müssen und einer Zulassung bedürfen.

Die wichtigsten Netze und Dienste im öffentlichen Telekommunikationsnetz und ihre Zuordnung sind in Abb. 5-1 zusammengestellt.

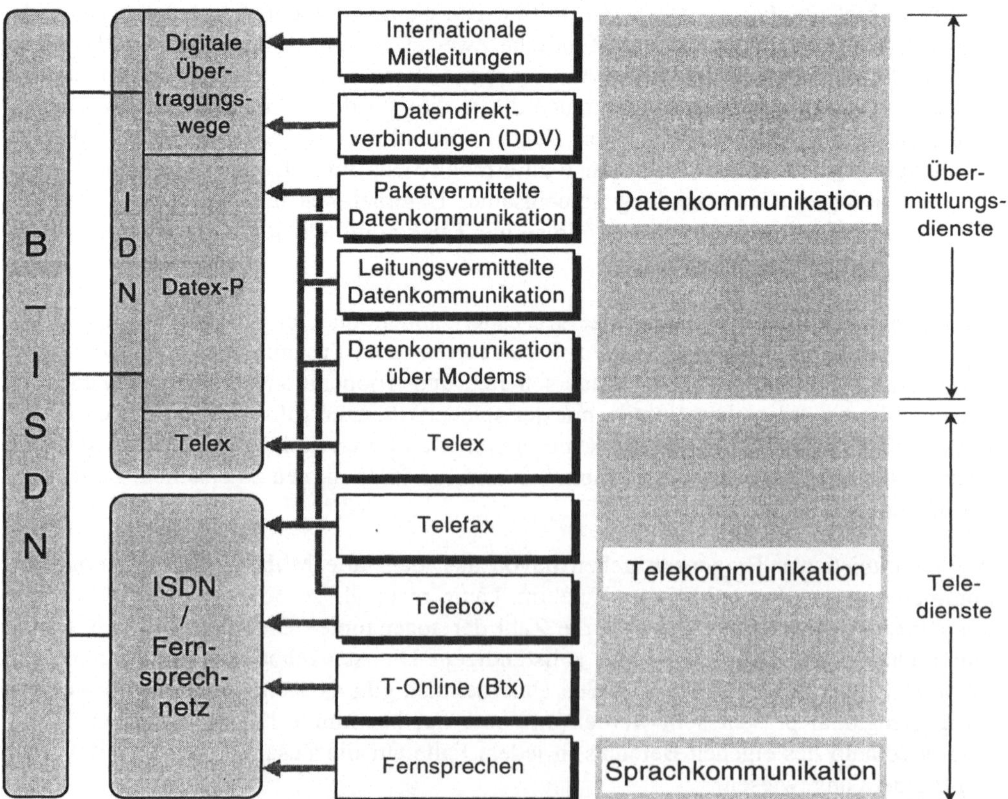

Abb. 5-1. Die wichtigsten Netze und Dienste der Deutschen Telekom

Die wichtigsten Netze, die im Folgenden angesprochen werden, sind:

- **Fernsprechnetz**

- **ISDN**

- **Breitband-ISDN**

- **xDSL-Techniken**

- **Integriertes Text- und Datennetz (IDN)**
  - Telex-Netz
  - Datex-P-Netz
  - digitale Übertragungswege (Datendirektverbindungen, DDV)

- **Frame Relay**

- **Datex-M**

5.1 Fernsprechnetz (T-Net)

Das Fernsprechnetz/ISDN, das im Jahr 2000 mit knapp 50 Mio. Sprachkanälen (analoge Anschlüsse, Telefonzellen, ISDN-Kanäle) immer noch den größten Teil des Umsatzes erbracht und – im Gegensatz zu vielen anderen Fernmeldediensten – trotz sinkender Margen aufgrund der Konkurrenzsituation solide Gewinne abgeworfen hat, dient überwiegend der Sprachkommunikation.

Das Fernsprechnetz ist aber auch der Träger nichtsprachlicher Kommunikationsdienste wie Telefax und T-Online (man könnte durchaus bereits von einer Diensteintegration sprechen) und steht auch als Transportnetz für Datenübertragungen über Modems zur Verfügung. Durch die in letzter Zeit beachtlichen Zuwächse beim Telefax- und T-Online-Dienst ist es von den Teilnehmerzahlen her sogar das wichtigste Netz für die Datenkommunikation. Außerdem ist das Fernsprechnetz in seiner modernisierten Form – als digitales Fernsprechnetz – die Basis für das ISDN.

Während bei einem Versorgungsgrad von über 50% (bezogen auf die Einwohnerzahl) seit den späten achtziger Jahren für die Teilnehmerzahlen große Zuwächse nicht mehr zu erwarten waren, sagten die damaligen Prognosen, die bisher in etwa zutreffend waren, eine Verdopplung der Verkehrslast innerhalb der nächsten zwanzig Jahre voraus. Nun sind aber zwei Entwicklungen sichtbar, die sich negativ auf den klassischen drahtgebundenen Fernsprechdienst auswirken werden.

Die eine betrifft die Nutzung des Internet für Sprachkommunikation. Es gibt Aussagen, dass das weltweite Verkehrsaufkommen im Fernsprechnetz und im Internet im Jahre 2000 etwa gleichauf lagen. Wenn man die jeweiligen Zuwachsraten betrachtet, wird der Fernsprechverkehr in wenigen Jahren nur noch einen Bruchteil des Internetverkehrs ausmachen, und es liegt nahe zu versuchen, diesen Verkehr auch noch über das Internet abzuwickeln. *Voice over IP* (VoIP) ist deshalb ein aktuelles Thema. Um Sprachdienste in der aus dem Fernsprechnetz gewohnten Qualität anbieten zu können, sind allerdings Dienstgüteeigenschaften erforderlich, die das Internet heute durchweg noch nicht bietet. Es wird aber intensiv daran gearbeitet, so dass kein Zweifel daran besteht, dass VoIP in wenigen Jahren eine reale Alternative sein wird.

Die zweite Entwicklung, die auf die Dauer nicht ohne Rückwirkungen auf den klassischen Fernsprechdienst bleiben kann, ist die geradezu explosionsartige Verbreitung von Funktelefonen. Ende 2003 lag der Bestand in Deutschland bei über 60 Mio. Funktelefonen und damit bereits deutlich über der Zahl der Festnetzanschlüsse (ca. 45 Mio.). Damit besitzt inzwischen nahezu jeder in Frage kommende Bürger (das sind alle bis auf die ganz jungen und ganz alten Einwohner) ein Handy. Bisher wurden Funktelefone überwiegend nicht zu Lasten sondern zusätzlich zu Festnetzanschlüssen beschafft. Ein erheblicher Teil des Gesprächsaufkommens läuft aber – auch heute schon – von Handy zu Handy und hat damit Rückwirkungen auf die Nutzung des Festnetzes.

5.1.1 Digitalisierung des Fernsprechnetzes

Die Digitalisierung des Fernsprechnetzes ist eine notwendige Voraussetzung für die Einführung des ISDN. Unabhängig von den ISDN-Vorbereitungen stellt die Digitalisierung des Fernsprechnetzes eine Prozessinnovation dar, die kostenwirksamen technischen Entwicklungen Rechnung trägt und deshalb ökonomisch zwingend ist. Im Gegensatz zu einer Produktinnovation, bei der – wie beim ISDN – neue Leistungsmerkmale im Vordergrund stehen, bleiben bei einer Prozessinnovation – wie der Digitalisierung des Fernsprechnetzes – die sichtbaren Leistungsmerkmale unverändert, während bei der Qualität der Darbietung (Übertragungsgüte, Zuverlässigkeit, Preiswürdigkeit) durchaus Veränderungen, d.h. Verbesserungen angestrebt werden.

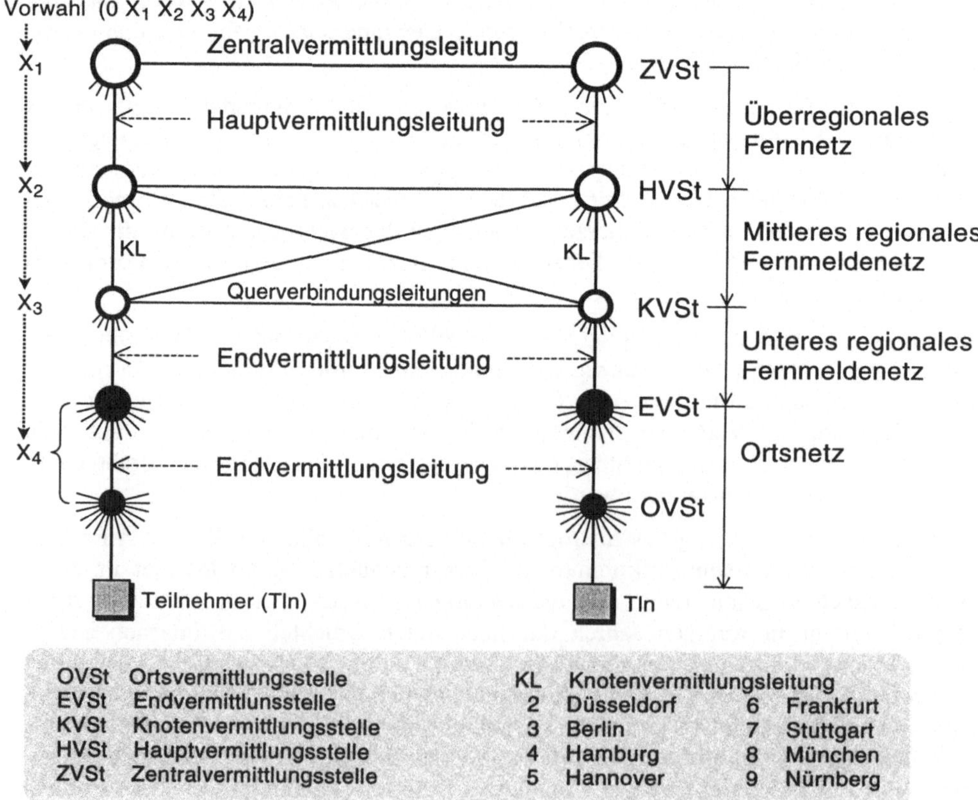

Abb. 5-2. Struktur des analogen Fernsprechnetzes

Die dekadisch hierarchische Struktur des analogen Fernsprechnetzes spiegelt sich, wie in Abb. 5-2 gezeigt, in den Vorwahlnummern wider.

Die Elemente des digitalen Fernsprechnetzes sind:

- digitale Übertragungsstrecken,
- digitale Vermittlungseinrichtungen,
- der zentrale Zeichengabekanal.

5.1.1.1 Digitalisierung der Übertragungsstrecken

Ähnlich wie bei der analogen Übertragungstechnik steht auch für die digitale Übertragungstechnik eine Hierarchie von Übertragungssystemen zur Verfügung, bei denen eine Anzahl von 64-kbps-(Sprach)-Kanälen im Zeitmultiplexverfahren übertragen wird. Die unterste Stufe bildet das Primärmultiplexsystem (PCM30) mit 30 Nutz- und zwei Hilfskanälen und einer Gesamtbitrate von 2,048 Mbps. Die höherrangigen Systeme ergeben sich dadurch, dass jeweils vier Systeme der darunter liegenden Stufe durch eine Multiplex-Einrichtung zusammengeschaltet werden; die nachfolgende Tabelle enthält eine Zusammenstellung der wichtigsten Kenndaten.

Ebene	*Bezeichnung*	*Anzahl Nutzkanäle*	*Bitrate (Mbps)*	*Kabel*	*Regenerator-abstand (km)*
Untere Regionalebene	PCM30	30	2	symmetrisch	ca. 2
Mittlere Regionalebene	PCM120	120	8	symmetrisch Koax 1,2/4,4	ca. 6,5
	PCM480	480	34	Koax 1,2/4,4 LWL	ca. 4
Überregionale Fernebene	PCM1920	1920	140	Koax 2,6/9,5 LWL	ca. 4,5
	PCM7680	7680	565	Koax 2,6/9,5 LWL	ca. 1,5 ca. 35
Digitale Übertragungssysteme					

1973 hat die Deutsche Telekom damit begonnen, auf der unteren Regionalebene PCM30-Systeme einzusetzen. Seit 1982 standen PCM480-Systeme (für Koaxialkabel) zur Verfügung, die vorwiegend im mittleren regionalen Fernmeldeliniennetz eingesetzt wurden. Seit 1986 sind auch die Übertragungssysteme PCM1920 und PCM7680 für die überregionale Fernebene einsatzbereit, so dass seither im gesamten Netz der Ausbau der Übertragungskapazitäten nur noch digital erfolgt.

Parallel zur Digitalisierung der Übertragungstechnik erfolgte seit dem Beginn der achtziger Jahre auf der Fernebene der Ausbau mit Glasfasern, anfangs mit Gradientenfasern, seit 1988 ausschließlich mit Monomodefasern; bereits seit 1987 wurden auf der Fernebene nur noch Glasfasern verlegt. Ebenso wie die Digitaltechnik stellen auch Glasfasern eine technische Innovation dar, deren Nutzung unter dem Aspekt der Wirtschaftlichkeit zwingend ist. Allein schon der Vergleich der Verstärkerabstände bei der Verwendung von Kupferkabeln (vgl. Tabelle) mit den Regeneratorabständen bei Lichtwellenleitern (ca. 20 km bei Gradientenfasern, 30-40 km bei Monomodefasern) unterstreicht die auch kostenmäßig wirksame Überlegenheit der Glasfaser im Fernnetzbereich.

5.1.1.2 Digitalisierung der Vermittlungstechnik

Solange noch analoge Vermittlungssysteme in EMD-Technik (EMD = Edelmetall-Motor-Drehwähler) im Einsatz waren, musste vor und hinter der Vermittlungseinrichtung eine Analog/Digitalwandlung vorgenommen werden, wenn digitale Übertragungsstrecken eingerichtet wurden. 1983 bzw. 1984 hat die Deutsche Telekom die Systementscheidung für die digitale Fernvermittlungstechnik (DIVF) bzw. die digitale Ortsvermittlungstechnik (DIVO) getroffen; für beide Bereiche fiel die Entscheidung zugunsten des Systems 12 der Fa. SEL (heute Alcatel) und des Systems EWSD der Fa. Siemens. Sowohl im Fern- wie im Ortsbereich wurden 1985 die ersten digitalen Vermittlungssysteme installiert.

Voraussetzung für den Einsatz digitaler Vermittlungseinrichtungen ist das Vorhandensein digitaler Übertragungsstrecken, weshalb für die Digitalisierung der Übertragungsstrecken ein gewisser Vorlauf erforderlich ist und die Digitalisierung von Übertragungstechnik und Vermittlungstechnik nur koordiniert erfolgen kann.

Nach der Installation digitaler Fern- und Ortsvermittlungssysteme können durchgehende digitale Verbindungen von Ortsvermittlungsstelle zu Ortsvermittlungsstelle aufgebaut werden (vgl. Abb. 5-3).

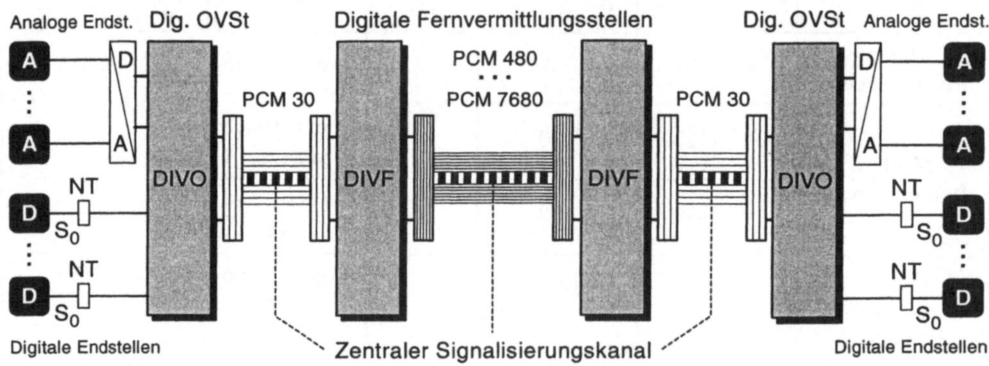

Abb. 5-3. Prinzipdarstellung des digitalen Fernsprechnetzes und des ISDN

Die Digitalisierung von Kommunikationsvorgängen bewirkt nicht nur technische Verbesserungen, sondern wirkt daneben auch kostensenkend, so dass die Einführung der Digitaltechnik auch eine ökonomische Notwendigkeit darstellt. Einige der Argumente für die Digitalisierung des Fernsprechnetzes waren:

1. Die Kosten für die digitale Fernvermittlungstechnik betragen weniger als 40% der entsprechenden analogen EMD-Technik. Bei der digitalen Ortsvermittlungstechnik sind die direkten Preisvorteile geringer (u.a., weil die Realisierung der BORSCHT-Funktionen auf der Teilnehmerseite einen gegenüber analogen Anlagen erhöhten Aufwand erfordert); die Preistendenz für Digitaltechnik ist jedoch nach wie vor fallend.

2. Die gleiche Tendenz (deutlich fallende Preise für die Digitaltechnik) gilt auch für die Übertragungstechnik; weitere Kosteneinsparungen sind durch den Einsatz von Glasfasern im Fernnetz möglich.

3. Digitale Vermittlungseinrichtungen führen zu Raum-, Gewichts- und Stromeinsparungen von teilweise über 60%. Wenn der für den erwarteten Verkehrszuwachs erforderliche Kapazitätsausbau in herkömmlicher, analoger Technik erfolgen würde, wären für die Bereitstellung der erforderlichen Stellflächen im Hochbau Milliardenbeträge erforderlich (Schätzung für den Fernnetzbereich: 3 Mrd. DM), abgesehen davon, dass in den Zentren der Ballungsgebiete, wo zentrale Einrichtungen eines Sternnetzes sinnvollerweise plaziert sind, das Raumangebot nicht beliebig erweiterbar ist.

4. Im analogen Fernsprechnetz gehen etwa 6% der Netzkapazität durch nicht abrechenbare Leitungsbelegungen beim Verbindungsaufbau und durch abgebrochene Verbindungswünsche verloren. Die deutlich kleineren Verbindungsaufbauzeiten und die Verwendung eines zentralen Signalisierungskanals lassen erwarten, dass der unvermeidliche Overhead auf unter 1% absinken wird, also 5% der Netzkapazität für abrechenbare Netzdienste gewonnen werden. Bezogen auf den Wiederbeschaffungswert der Einrichtungen bedeutet dies Einsparungen in Milliardenhöhe. Einsparungen in gleicher Größenordnung werden bei dem in den kommenden Jahren erforderlichen Ausbau der Kapazitäten wirksam.

5. Der geschätzte Personalbedarf für den Betrieb eines digitalen Netzes liegt um 50% unter dem für das analoge Netz.

6. Weitere Netzgewinne in der Größenordnung von 10% lassen sich durch die Blockierungsfreiheit digitaler Vermittlungseinrichtungen (volle Erreichbarkeit aller Leitungsbündel) und die flexiblere Netzgestaltung (Einsparung einer Fernnetzebene durch Abgehen von den streng dekadischen Hierarchiestufen (vgl. Abb. 5-2 auf S. 266.)) erzielen.

Ausgehend von diesen Fakten – insbesondere der möglichen Strukurveränderungen aufgrund der erheblich höheren Leistungsdichte digitaler Vermittlungssysteme – verfolgte die Deutsche Telekom abweichend von den ursprünglichen Planungen folgende Strategie: Das digitale Fernsprechnetz wird auf nur noch zwei Vermittlungsebenen reduziert:

1. Die Fernebene, bestehend aus 23 voll vermaschten Vermittlungsystemen. Diese Maßnahme konnte – da die Digitalisierung der Fernebene wegen des im Vergleich zum Aufwand besonders hohen Einsparungspotentials vorrangig vorangetrieben wurde – bereits 1994 abgeschlossen werden.

2. Die Regional-/Ortsebene, bestehend aus ca. 500 Vermittlungssystemen. Die Durchführung dieser Maßnahme ist nochmals beschleunigt und bereits 1997 abgeschlossen worden.

Seit 1998 ist also das Fernsprechnetz – in neuer Struktur – vollständig digitalisiert. Dies ist eine bemerkenswerte Entwicklung, da die ursprünglichen, noch für die alte Bundesrepublik aufgestellten Planungen, eine vollständige Digitalisierung der Fernebene bis zum Jahre 2000 vorsahen und mindestens weitere fünf Jahre für die vollständige Erneuerung der ca. 6000 analogen Ortsvermittlungsstellen. Dies zeigt die enorme Dynamik der technologischen Entwicklung und die daraus resultierenden Kostenvorteile sowohl bei den Betriebskosten, die angesichts des Wegfalls des Fernsprechmonopols 1998 und der nachfolgenden Wettbewerbssituation eine möglichst rasche Umstellung geradezu erzwungen haben, wie auch bei den Investitionen, die deutlich niedriger waren als ursprünglich angenommen und eine beschleunigte Umrüstung erst ermöglichten.

5.1.1.3 Zentralkanalzeichengabe

In der Anfangsphase der Digitalisierung des Netzes erfolgte die Zeichengabe noch in herkömmlicher Weise innerhalb der vermittelten Kanäle. Bei programmgesteuerten Vermittlungseinrichtungen ist es jedoch sinnvoll, die steuernden Rechner zum Austausch von Steuerinformationen direkt zu verbinden (zentraler Zeichengabekanal). Dies kann weltweit zwischen Produkten unterschiedlicher Hersteller nur dann funktionieren, wenn der Informationsaustausch auf der Basis international standardisierter Protokolle erfolgt. Zum Zweck des standardisierten Austausches von Zeichengabeinformationen zwischen digitalen Vermittlungseinrichtungen über einen separaten Signalisierungskanal hat ITU-T das Zeichengabesystem Nr. 7 spezifiziert (Q.701...). Da die Verwendung dieses Systems eine notwendige Voraussetzung für das ISDN ist, wird in diesem Zusammenhang noch einmal darauf eingegangen.

5.2 ISDN

Das ISDN basiert auf dem digitalen Fernsprechnetz. Beim digitalen Fernsprechnetz reicht die digitale Verbindung von Ortsvermittlungsstelle zu Ortsvermittlungsstelle; die Teilnehmeranschlussleitung wird unverändert analog betrieben, so dass sich auch bezüglich der angeschlossenen bzw. anschließbaren Endgeräte keine Änderungen ergeben.

Die Weiterführung der Digitaltechnik bis zum Teilnehmer ist die logische Weiterentwicklung des digitalen Fernsprechnetzes. Eine durchgehende digitale Verbindung von Teilnehmer zu Teilnehmer erlaubt die Realisierung einer Reihe neuer Leistungsmerkmale. Der durchgehende 64-kbps-Kanal hat – abgesehen von der Festlegung der für Sprachübertragung geeigneten Bitrate – keine dienstspezifischen Eigenschaften. Er kann deshalb für alle Kommunikationsdienste benutzt werden, für die eine Datenrate von 64 kbps ausreichend ist, d.h. auf dieser Basis kann ein diensteintegrierendes Netz – das ISDN – aufgebaut werden (vgl. Abb. 5-3 auf Seite 268).

5.2.1 Beschreibung des ISDN

Das ISDN, wie es die Deutsche Telekom seit Ende 1988 im Regeldienst eingeführt hat, basiert auf ITU-T-Empfehlungen, die im Rotbuch (Empfehlungen der 1984 abgeschlossenen Studienperiode) veröffentlicht wurden. Der Bedeutung des ISDN entsprechend, gibt ITU-T die ISDN betreffenden Empfehlungen in einer eigenen Serie, der I-Serie, heraus.

Die Empfehlungen sind inhaltsbezogen zu Gruppen zusammengefasst:

I.100-Serie   Beschreibt das allgemeine ISDN-Konzept, die Struktur der Empfehlungen und die Terminologie. Die Empfehlung I.120 (Diensteintegrierendes Digitales Netz, ISDN) besagt, dass sich das ISDN aus dem digitalen Fernsprechnetz entwickelt und darauf aufbauend durch Hinzufügen neuer Netzfunktionen weiterentwickelbar ist.

I.200-Serie   Dienstaspekte. Es werden die 'Prinzipien der Dienstedefinitionen' (I.210), die 'Datenübermittlungsdienste im ISDN' (I.211) und 'Standardisierte Dienste im ISDN' (I.212) beschrieben. Dadurch wird festgelegt, dass das ISDN als Transportnetz (Regulierung durch die Fernmeldeverwaltung bis Ebene 3) zur Übermittlung beliebiger Daten benutzt werden kann, ebenso wie für öffentlich angebotene, standardisierte Kommunikationsdienste, die bis zur Anwendungsebene (Ebene 7) durch die Fernmeldeverwaltung spezifiziert sind, wodurch auch die anschließbaren Endgeräte weitgehend bestimmt sind.

I.300-Serie Beschäftigt sich mit den Netzaspekten; es wird insbesondere festgelegt, dass sich die ISDN-Rufnummer auf den T-Bezugspunkt bezieht (vgl. Abb. 5-4 auf Seite 273), sich also nicht auf einen einzelnen Kanal bezieht und auch unabhängig von der Zahl der angeschlossenen Endgeräte ist.

I.400-Serie Behandelt die Teilnehmerschnittstellen und stellt den umfangreichsten Teil der ISDN-Empfehlungen dar. Ziel ist es, die Schnittstellen so eindeutig zu beschreiben, dass die Endgeräte von der Art der Implementierung des Netzes unabhängig sind. Es werden definiert:

- die Referenzkonfiguration für den Teilnehmeranschlussbereich, wodurch Funktion und Ausführungsart von Endgeräten festgelegt werden (I.411),

- die Kanalstrukturen an der Teilnehmerschnittstelle (I.412),

- die elektrisch/physikalischen Eigenschaften der Teilnehmerschnittstellen (I.430 und I.431) und

- die Schichten 2 und 3 des D-Kanal-Protokolls (I.440/441 und I.450/451).

I.500-Serie Netzinterne Schnittstellen.

I.600-Serie Unterhaltungsprinzipien.

Die für die Teilnehmerschnittstelle festgelegten Kanalstrukturen sind:

B + B + D$_{16}$ **Basisanschluss (*Basic Access*, BA),**

30 × B + D$_{64}$ **Primärmultiplexanschluss (*Primary Rate Access*, PRA),**

wobei B einen leitungsvermittelten 64-kbps-Basiskanal, D$_{16}$ einen 16-kbps und D$_{64}$ einen 64-kbps paketvermittelten Signalisierungskanal bezeichnet.

Beim Basisanschluss stehen dem Teilnehmer also zwei unabhängig vermittelbare 64-kbps-Basiskanäle und ein zusätzlicher unabhängiger Signalisierungskanal mit einer Bitrate von 16 kbps zur Verfügung, insgesamt also eine Nettobitrate von 144 kbps.

Beim Primärmultiplexanschluss stehen 30 Basiskanäle und ein 64 kbps-Signalisierungskanal zur Verfügung, woraus sich eine Nettobitrate von 1,984 Mbps ergibt. Die Basiskanäle sind unabhängig vermittelbar; es existieren keinerlei Festlegungen, wie sie zu verwenden sind; insbesondere können auch mehrere Kanäle zwischen den gleichen Endpunkten vermittelt und zu einem Kanal höherer Bitrate zusammengefasst werden. Die Deutsche Telekom bietet jedoch Kanäle höherer Bitrate (N × 64 kbps, N>1) in der ersten Phase der ISDN-Einführung nicht an.

Die D-Kanäle (D$_{16}$ und D$_{64}$) dienen vorrangig der Signalisierung, sie dürfen gemäß ITU-T-Standard aber auch für paketorientierte Datenübertragungen den Teilnehmern zur Verfügung gestellt werden bzw. für Kommunikationsdienste benutzt werden, die über einen paketvermittelten Kanal niedriger Bitrate abgewickelt werden können. Für typische paketorientierte Anwendungen, für die die ISDN-Basiskanäle als leitungsvermittelte Kanäle ungeeignet und aufgrund der Gebührenstruktur auch zu teuer sind, bietet sich die Benutzung des D-Kanals geradezu an. Die Deutsche Telekom hat in der ersten Phase des ISDN-Aufbaus (nationales ISDN) eine über Signalisierungsaufgaben hinausgehende Verwendung des D-Kanals nicht zugelassen, so dass entsprechende Angebote erst in einer späteren Phase (EURO-ISDN) möglich wurden.

Es ist wichtig festzustellen, dass der D-Kanal kein (transparent) durchgehender Kanal von Teilnehmer zu Teilnehmer ist; er existiert nur zwischen dem Teilnehmerendgerät und der Ortsvermittlungsstelle (ISDN-fähige DIVO); im Netz selbst werden entsprechende Aufgaben über den Zentralzeichengabekanal unter Benutzung des ITU-T-Zeichengabesystems Nr. 7 wahrgenommen. Beim Aufbau privater Netze unter Einbeziehung des ISDN als Transportnetz wäre es durchaus wünschenswert, den D-Kanal anstelle eines B-Kanals für die Ende-zu-Ende Signalisierung einsetzen zu können. Dazu ist es aber erforderlich, D-Kanal-Protokollelemente zwischen den Teilnehmern transparent durch das Netz transportieren zu können.

Die *Outband*-Signalisierung, d.h. die Benutzung eines permanent verfügbaren, unabhängigen Kanals für Signalisierungszwecke, führt zu einer bei leitungsvermittelnden Netzen bisher nicht vorhandenen Flexibilität und ist die Grundlage für zahlreiche neue und fortschrittliche Leistungsmerkmale. Während bisher Kontrollinformation und Nutzinformation über den gleichen (logischen) Kanal transportiert werden, was insbesondere eine strenge Aufteilung eines Kommunikationsvorgangs in Signalisierungsphasen (Auf- und Abbau der Verbindung) und Nutzphase (Datentransferphase bei nichtsprachlicher Kommunikation) zur Folge hat, werden beim ISDN unabhängige Kanäle dafür benutzt. Es können deshalb auch während der Nutzphase Signalisierungsvorgänge stattfinden, aber auch Kontrollinformationen zwischen Partnern ausgetauscht werden, zwischen denen weder eine Nutzverbindung besteht noch aufgebaut werden soll.

Eine im ISDN angebotene Funktion, die auf unabhängiger Signalisierung basiert, ist der Dienstwechsel. Darunter versteht man, dass eine einmal (für einen bestimmten Dienst) aufgebaute Verbindung im Wechsel auch für andere Dienste genutzt werden kann. Entscheidend (auch für die Gebührenabrechnung) ist dabei, dass der Dienstwechsel nicht etwa durch einen impliziten (und für den Teilnehmer nicht merkbaren) Abbau der bestehenden und Aufbau einer neuen Verbindung zustandekommt, sondern die bestehende Verbindung durch Signalisierungsvorgänge der Nutzung durch einen anderen Dienst zugeführt wird. Ein oft angeführtes Beispiel für einen sinnvollen Dienstwechsel ist der Wechsel von Fernsprechen zu Fernkopieren, wenn sich während eines Gesprächs die Notwendigkeit der Übermittlung eines Textes oder einer Abbildung ergibt; durch Signalisierungsvorgänge wird der Dienst 'Fernsprechen' deaktiviert, die Fernkopie übertragen und anschließend das Telefongespräch weitergeführt.

Auswirkungen der leistungsfähigen Signalisierung sind beim Fernsprechen die Anzeige der Rufnummer des rufenden Teilnehmers, Anzeige und evtl. Abspeichern der Rufnummer eines Teilnehmers, wenn während eines Gesprächs ein weiterer Ruf ankommt, ein definierter Zustand "Ruhe vor dem Telefon", Dreierkonferenz und weitere Funktionen, die teilweise auch im privaten Bereich über Nebenstellenanlagen bisher nicht realisierbar waren.

5.2.2 ISDN-Teilnehmeranschluss

Das ISDN ist als universelles digitales Fernmeldenetz konzipiert, an das sowohl multifunktionale wie auch dienstspezifische Teilnehmerendgeräte unabhängig von der Netzkonfiguration in weltweit einheitlicher Weise anschließbar sein sollen. Ein Kernpunkt der ISDN-Standardisierung ist deshalb die Festlegung von Schnittstellen und Bezugspunkten im Teilnehmerbereich. Die Schnittstellen sollen unabhängig von nationalen Varianten im Netzbereich weltweit einheitlich sein. Die ITU-T-Bezugskonfiguration für den Teilnehmerbereich ist in Abb. 5-4 dargestellt.

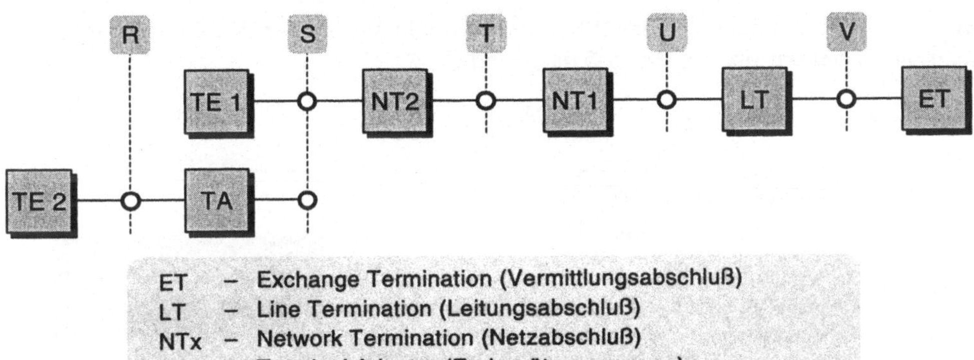

Abb. 5-4. Bezugskonfiguration des ISDN-Teilnehmeranschlusses

Die Bezugskonfiguration beschreibt funktionale Einheiten, die nicht in deckungsgleicher Weise auch als Geräteeinheiten vorhanden sein müssen. Der V-Bezugspunkt definiert die Schnittstelle zwischen der Vermittlungseinrichtung und dem Leitungsabschluss (Leitungsendeinrichtung) der Teilnehmeranschlussleitung an der Ortsvermittlungsstelle. Da bei der Realisierung des ISDN durch die Deutsche Telekom die Leitungsendeinrichtung für die Kupferdoppelader als Teilnehmeranschlussleitung in die ISDN-fähige DIVO integriert ist, tritt diese Schnittstelle als physikalische Schnittstelle nicht auf.

Mit U wird die Leitungsschnittstelle auf der Teilnehmeranschlussleitung bezeichnet. Als Übertragungsverfahren auf der Anschlussleitung setzt die Deutsche Telekom das Echokompensationsverfahren ein, auf das im folgenden Kapitel noch kurz eingegangen wird. Dieses erlaubt eine Vollduplex-Verbindung mit der ISDN-Kanalstruktur $B+B+D_{16}$ auf der zweidrähtigen Anschlussleitung. Die Leitungsschnittstelle für die Kupferdoppelader unter Verwendung des Echokompensationsverfahrens wird als U_{K0} bezeichnet.

Das Gegenstück zum Leitungsabschluss an der Ortsvermittlungsstelle ist auf der Teilnehmerseite der Netzabschluss (NT). Der auch als transparenter Netzabschluss bezeichnete NT1 schließt das Netz im übertragungstechnischen Sinne ab, d.h. er umfasst Funktionen der Schicht 1. Der intelligentere Netzabschluss NT2 führt auch vermittlungstechnische Funktionen der Schichten 2 und 3 aus; beide können zu einem als NT12 bezeichneten Netzabschluss zusammengefasst werden, wobei dann der T-Bezugspunkt nicht als physikalische Schnittstelle vorhanden ist. Die Deutsche Telekom hat nur den NT1 spezifiziert, so dass S- und T-Bezugspunkt zu einer einheitlichen Teilnehmerschnittstelle S_0

am T-Bezugspunkt zusammenfallen. Die Telekom fasst den NT als Abschluss des von ihr verwalteten Netzes auf; der NT gehört also dem Netzbetreiber Deutsche Telekom und stellt dem Teilnehmer die S_0-Schnittstelle zum Anschluss seiner (privaten) Endgeräte zur Verfügung. Der NT hat damit auch eine Schutzfunktion wahrzunehmen, indem er das Netz und damit die Gesamtheit der Teilnehmer vor dem einzelnen Teilnehmer schützt. Außerdem hat der NT, der ein sehr komplexes Teil ist, wichtige Funktionen beim Notbetrieb, wenn bei einem Stromausfall einer der angeschlossenen Fernsprechapparate für die Grundfunktionen des Fernsprechens von der Ortsvermittlungsstelle aus mit Strom versorgt wird.

Die physikalischen Schnittstellen des ISDN-Basisanschlusses bei der ISDN-Realisierung der Deutschen Telekom sind in Abb. 5-5 dargestellt.

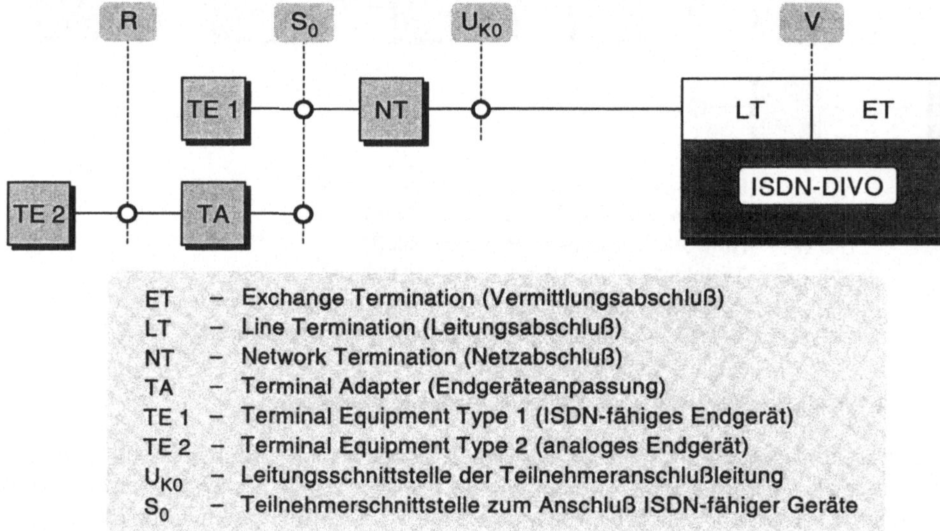

Abb. 5-5. **Physikalische Schnittstellen des ISDN-Basisanschlusses der Deutschen Telekom**

Das ISDN-Konzept sieht auf der Teilnehmerseite Mehrgerätekonfigurationen vor, d.h., es können mehrere Endgeräte installiert sein, wovon aber – da beim Basisanschluss zwei B-Kanäle vorhanden sind – nur zwei gleichzeitig aktiv sein können. Für die Realisierung einer derartigen Konfiguration sind verschiedene technische Lösungen denkbar; die Deutsche Telekom hat sich in Übereinstimmung mit ITU-T darauf festgelegt, die S_0-Schnittstelle am Netzabschluss als passiven Bus für den Anschluss von maximal acht Endgeräten auszulegen. Der S_0-Bus ist vierdrähtig und hat eine maximale Länge von 150 m; bei einer Punkt-zu-Punkt-Verbindung (Einzelgeräteanschluss) beträgt die maximale Entfernung in Abhängigkeit von der Leitungsqualität 600–1000 m.

Der S_0-Bus ist eine Sammelschiene, die allen angeschlossenen Geräten den Zugang zum öffentlichen Netz verschafft. Er kann in der vorliegenden Form aber nicht als universelles Kommunikationsmedium in einem kleinen Unternehmen oder Büro eingesetzt werden, da die interne Kommunikation zwischen Geräten am Bus (etwa zwischen mehreren Fernsprechapparaten) sinnvollerweise nicht möglich ist. Da der Netzabschluss, wie ihn die Telekom vorsieht, keine Vermittlungsfunktionen wahrnehmen kann, könnten

Verbindungen zwischen Geräten am Bus nur über die Ortsvermittlungsstelle hergestellt werden. Sie wären damit gebührenpflichtige externe Verbindungen; außerdem wäre nur eine einzige Internverbindung möglich, und diese würde beide B-Kanäle belegen, so dass der Anschluss dadurch für den echten Externverkehr blockiert wäre. Als Problemlösung für solche Zwecke bieten sich kleine Nebenstellenanlagen an, die inzwischen sehr preiswert zu haben sind.

An die S_0-Schnittstelle können nur ISDN-fähige digitale Endgeräte angeschlossen werden. Eine wichtige Randbedingung für die ISDN-Einführung ist, dass auch existierende Endgeräte an bzw. über das ISDN angeschlossen werden können. Konkret handelt es sich dabei um Geräte mit a/b-Schnittstelle (z.B. analoge Fernsprechgeräte, Telefax-Geräte), X.21-Schnittstelle, X.25-Schnittstelle (z.B. Kommunikationssteuereinheiten) oder V.24-Schnittstelle (z.B. Datenterminals). Für die erforderlichen Anpassungen stehen Terminaladapter (TAs) zur Verfügung, nämlich der TA a/b (über den über Modems auch V.24-Geräte angeschlossen werden können), der TA X.21 (für 2,4 kbps und 64 kbps) und der TA X.25. Der R-Bezugspunkt entspricht dann der a/b-, X.21- oder X.25-Schnittstelle. Aufgabe der Terminaladapter ist die Geschwindigkeitsanpassung (beim TA X.21 z.B. von 2,4 kbps auf 64 kbps) und die recht aufwändige und logisch komplexe Umsetzung der *Inband*-Signalisierung der alten Standards auf die *Outband*-Signalisierung über den D-Kanal.

Solche Adaptionen sind in der Einführungsphase eines neuen Netzes sinnvoll und wichtig, weil sie einen allmählichen Übergang gestatten und dadurch die Einführung neuer Standards erleichtern. Sie können sich aber auch als Investition in die falsche Richtung erweisen, weil sie zu einem späteren Zeitpunkt u.U. ein unnötig langes Überleben der alten Standards bewirken. Überhaupt ist sorgfältig zu prüfen, unter welchen Randbedingungen der Einsatz eines Terminaladapters gerechtfertigt ist; immerhin wird dadurch die sehr leistungsfähige und derzeit noch verhältnismäßig teure S_0-Schnittstelle durch einen erheblichen und auch kostenwirksamen Mehraufwand für den Adapter auf eine der weniger leistungsfähigen und preiswerteren alten Schnittstellen umgesetzt.

Der ISDN-Basisanschluss besitzt am T-Bezugspunkt eine einheitliche Rufnummer, obgleich zwei unabhängige B-Kanäle vorhanden sind und an den S_0-Bus bis zu acht Endgeräte angeschlossen werden können; die ISDN-Nummer bezieht sich also nicht auf einen Kanal, sondern auf den Anschluss. Da das ISDN für verschiedene Kommunikationsdienste genutzt werden kann, gibt es eine Dienstekennung, über die sichergestellt wird, dass nur kompatible Endgeräte angesprochen werden. Wenn mehrere gleiche Geräte angeschlossen sind (z.B. mehrere Fernsprechapparate), so geht ein ankommender Ruf an alle Geräte mit passender Dienstekennung (*Global Call*), und dasjenige Gerät, welches zuerst antwortet, übernimmt den Ruf (bei mehreren Fernsprechapparaten derjenige, bei dem zuerst der Hörer abgehoben wird). Wenn ein solches Verhalten nicht erwünscht ist, dann kann mit Hilfe der Endgeräteadressierung auch ein bestimmtes Gerät eines Teilnehmers angesprochen werden (entspricht der Durchwahl bei einer Nebenstellenanlage). Für den Primärmultiplexanschluss, der vor allem für den Anschluss größerer Nebenstellenanlagen gedacht ist, sind die physikalischen Schnittstellen in Abb. 5-6 dargestellt.

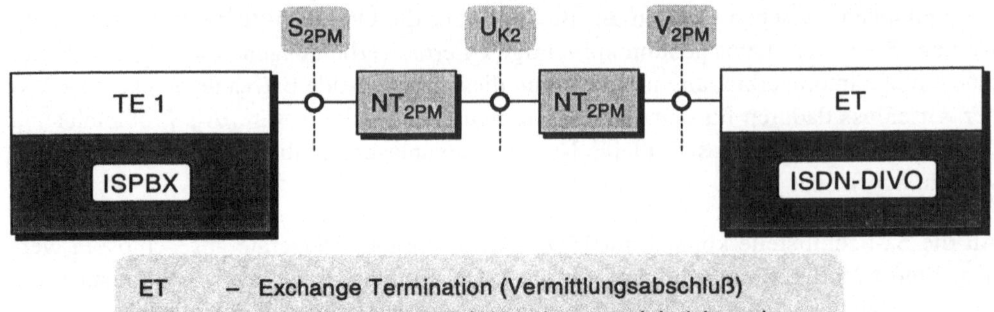

Abb. 5-6. Physikalische Schnittstellen beim ISDN-Primärmultiplexanschluss

Beim Primärmultiplexanschluss existiert an der Ortsvermittlungsstelle eine eigenständige Leitungsendeinrichtung, so dass sich am V-Bezugspunkt die physikalische Schnittstelle V_{2PM} (2,048 Mbps, gemäß ITU-T G.703) befindet. Der Anschluss besteht aus einer Digitalsignalverbindung (DSV2, 2,048 Mbps) mit der Kanalstruktur $30 \times B + D_{64}$ (vollduplex). Die Leitungsschnittstelle bei Verwendung von zwei Kupferdoppeladern als Medium trägt die Bezeichnung U_{K2}. Die Reichweite beträgt je nach Leitungsqualität 1-2 km, kann durch den Einsatz von Zwischenregeneratoren aber fast beliebig vergrößert werden; zur Überbrückung größerer Entfernungen bietet sich jedoch die Verwendung anderer Medien wie Lichtwellenleiter an. Die Benutzerschnittstelle S_{2PM} (in Deutschland auch als S_{2M} bezeichnet) stellt das Bindeglied zwischen dem Netzabschluss (Eigentum der Telekom) und der Teilnehmerendeinrichtung (in diesem Falle eine ISDN-fähige digitale Nebenstellenanlage) dar. Abb. 5-7 zeigt die Anschlussmöglichkeiten im Teilnehmerbereich sowie die Netzanbindung.

Die bisherigen Ausführungen bezogen sich auf Teilnehmeranschlüsse an das öffentliche ISDN. Etwas anders stellt sich die Situation im Anschlussbereich privater ISDN-fähiger Nebenstellenanlagen (ISPBX=*Integrated Services Private Branch Exchange*) dar. Nebenstellenanlagen werden über einen oder mehrere Basisanschlüsse oder – im Falle größerer Anlagen – über einen oder mehrere Primärmultiplexanschlüsse an das öffentliche ISDN angeschlossen. Sie können als universelle Kommunikationsanlagen auch mit den anderen öffentlichen Netzen (analoges Fernsprechnetz, IDN) verbunden werden, um den Teilnehmern Zugriff auf diese Netze oder auf über diese Netze angebotene Kommunikationsdienste zu ermöglichen.

Die private Seite einer NStAnl unterliegt nicht der Regulierung durch die Telekom. Dies hat dazu geführt, dass die Nebenstellenanlagen dort mit herstellerspezifischen Geräteschnittstellen ausgerüstet wurden (und teilweise heute noch sind), was zur Folge hat, dass die Teilnehmer bezüglich der anzuschließenden Endgeräte auf Produkte des Herstellers der NStAnl angewiesen sind. Dies mag akzeptabel sein für einfache Telefonapparate; bei einem Universalnetz, an das eine Vielfalt unterschiedlichster Endgeräte anschließbar sein muss, ist eine derartige Bindung an einen bestimmten Hersteller aber untragbar.

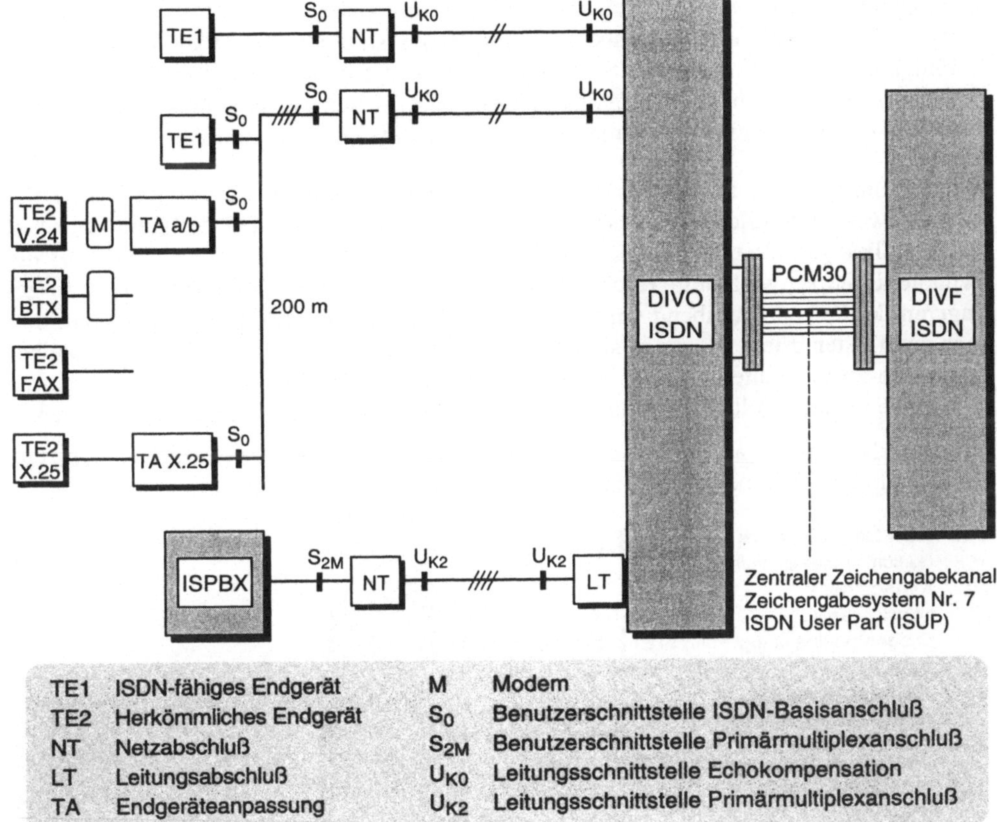

Abb. 5-7. ISDN-DIVO und Anschlussmöglichkeiten im Teilnehmerbereich

Die auf dem deutschen Markt operierenden Hersteller haben sich deshalb – teilweise auf Druck der Kunden – bereits 1985 innerhalb des ZVEI (Zentralverband der Elektrotechnischen Industrie) auf die sogenannte U_{P0}-Schnittstelle geeinigt; dies ist die Leitungsschnittstelle für eine Kupferdoppelader, auf der als Übertragungsverfahren das Zeitgetrenntlage-Verfahren (Ping-Pong-Verfahren) benutzt wird; die Kanalstruktur ist die gleiche wie beim Basisanschluss, und es können maximal vier Endgeräte angeschlossen werden.

Festzustellen ist, dass für den Anschluss von Endgeräten an eine private Nebenstellenanlage andere Randbedingungen gelten als im öffentlichen Bereich (i. Allg. kürzere Entfernungen, kein aufwändiger Netzabschluss zur klaren Trennung von Zuständigkeiten notwendig, keine Fernspeisung durch die Vermittlung für den Notbetrieb erforderlich usw.), die einfachere und kostengünstigere Lösungen ermöglichen.

Bei der Beurteilung der Situation bzgl. Schnittstellen an Nebenstellenanlagen haben sich zwei Lager gebildet:

1. Aus den oben genannten Gründen sollte eine einfache und kostengünstige Benutzerschnittstelle an privaten Nebenstellenanlagen angestrebt werden. Diese Position vertritt ein Teil der Hersteller.

2. Endgeräte sollten ausschließlich über die S_0-Schnittstelle angeschlossen werden, weil diese die international standardisierte Schnittstelle ist, die vollständige Freiheit bei der Endgeräteauswahl verspricht. Sie kann direkt an der NStAnl zur Verfügung gestellt werden (100–150 m bei Busfähigkeit, 600–1000 m bei Einzelgeräteanschluss) oder wie im öffentlichen Bereich hinter einer zweidrähtigen Übertragungsstrecke.

Wahrscheinlich ist die zweite Position die langfristig tragfähigere. Zum einen rechtfertigt eine weltweit einheitliche Geräteschnittstelle, die allein Freiheit bei der Geräteauswahl und Mobilität garantiert, Mehrkosten in begrenztem Umfang. Zum anderen bringt es die technologische Entwicklung (Höchstintegration) mit sich, dass Komplexität u.U. in geringerem Maße kostentreibend wirkt als höhere Stückzahlen kostensenkend wirken; d.h. auch aus Kostengründen kann es sinnvoll sein, auf eine Adaption an bestimmte Randbedingungen zu verzichten – selbst wenn dies zu Vereinfachungen führen würde – um zu einheitlichen und damit in größeren Stückzahlen produzierbaren Lösungen zu kommen.

Grundsätzlich sollten an eine NStAnl teilnehmerseitig alle Anschlussmöglichkeiten wie am öffentlichen Netz bestehen. Darüber hinaus kann der Direktanschluss von Geräten an

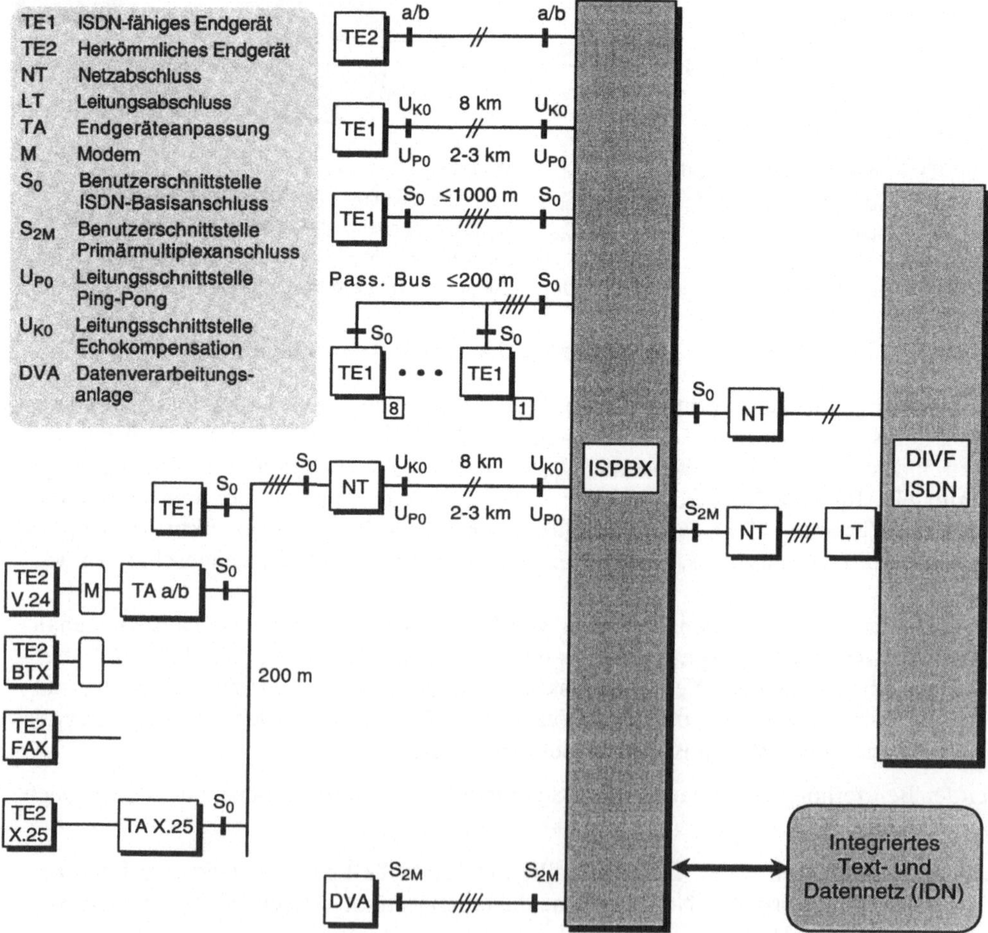

Abb. 5-8. Schnittstellen an ISDN-Nebenstellenanlagen

der U-Schnittstelle (U_{K0} oder U_{P0}) vorgesehen werden. Es bestehen auch Möglichkeiten der Kombination von Einheiten. Beliebt ist die Kombination von digitalem Fernsprechapparat (der an fast jeder Endstelle installiert wird) mit Terminaladapter; auch Netz- und Leitungsabschlüsse können physikalisch in Endgeräte integriert sein. Neben den für den öffentlichen Bereich vorgesehenen Adapter-Typen sind weitere – z.B. für IBM 3270 Terminals – denkbar.

Vermisst wurde im Bereich privater Nebenstellenanlagen lange Zeit eine angemessene Unterstützung der Datenkommunikation im Umfeld der Datenverarbeitung. Hierzu wäre eine standardisierte und leistungsfähige Verbindung zwischen ISPBX und zentralem Computer erforderlich gewesen, etwa basierend auf dem Primärmultiplexanschluss, um eine Vielzahl von Terminals kostengünstig an einen Rechner anschließen zu können. Inzwischen ist die Entwicklung (dezentrale Versorgungsstrukturen) darüber hinweggegangen, so dass ein solcher Bedarf kaum noch sichtbar ist.

5.2.3 Technik des ISDN

Die wichtigsten technischen Neuerungen des ISDN liegen im Teilnehmerbereich. Im eigentlichen Netz der Telekom ist – ausgehend vom digitalen Fernsprechnetz – der Schritt zum ISDN nicht sehr groß. Hier beziehen sich die Ergänzungen vor allem auf die Zeichengabe. Die Digitalisierung der Übertragungsstrecke zwischen Teilnehmerendgerät und Ortsvermittlungsstelle bildet die notwendige Voraussetzung sowohl für die leistungsfähigen Nutzkanäle wie auch für die umfangreiche Zeichengabe (Signalisierung) in einem unabhängigen Kanal (D-Kanal), die wiederum für die Realisierung fortschrittlicher Leistungsmerkmale im ISDN essentiell ist. Die Zeichengabeverfahren auf der Teilnehmeranschlussleitung werden als D-Kanal-Protokoll bezeichnet. Im Folgenden werden deshalb besprochen:

- **Übertragungsverfahren auf der Teilnehmeranschlussleitung**

- **D-Kanal-Protokoll**

- **ITU-T-Zeichengabesystem Nr. 7.**

5.2.3.1 Übertragungsverfahren auf der Teilnehmeranschlussleitung

Da die Kanalstruktur für den ISDN-Basisanschluss mit $B+B+D_{16}$ festgelegt ist, müssen auf der Teilnehmeranschlussleitung drei unabhängige Kanäle mit einer Netto-Summenbitrate von 144 kbps vollduplex übertragen werden. Entscheidend für die Deutsche Telekom wie für alle Fernmeldeverwaltungen ist, dass die existierenden Teilnehmeranschlussleitungen des Fernsprechnetzes dafür verwendet werden können. Das ist die Grundvoraussetzung dafür, dass sich das ISDN durch einen relativ kleinen Zusatzaufwand aus dem digitalen Fernsprechnetz entwickeln und in relativ kurzer Zeit flächendeckend angeboten werden kann. Da eine Anschlussleitung aus einer Kupferdoppelader besteht, scheiden aufgrund dieser Bedingung die einfacheren Vierdrahtverfahren (eine Doppelader pro Übertragungsrichtung) aus. Obwohl rein technisch weitere Varianten denkbar sind (z.B. Übertragung der beiden Richtungen in verschiedenen Frequenzbändern), bleiben unter den gegebenen Randbedingungen zwei sinnvolle Verfahren übrig:

- das Zeitgetrenntlageverfahren (Ping-Pong-Verfahren) und

- das Gleichlageverfahren mit Echokompensation (Echokompensationsverfahren).

Zeitgetrenntlageverfahren

Bei diesem Verfahren wird eine Vollduplex-Verbindung dadurch realisiert, dass mit kurzer Periodendauer abwechselnd in die eine und in die andere Richtung übertragen wird.

Geht man vom 64 kbps-PCM-Kanal aus, bei dem alle 125 µs ein Codewort von 8 Bits anfällt, so ergibt sich eine natürliche Rahmenperiode (P) von 125 µs. Aufgrund der Kanalstruktur des ISDN-Basisanschlusses müssen in dieser Zeit pro Richtung ein Informationsblock von zwei Bytes für die beiden B-Kanäle und zwei Bits für den D-Kanal zuzüglich S Bits Synchronisierungsinformation übertragen werden (vgl. Abb. 5-9). Hinzu kommen Signallaufzeiten (τ) und eine Schutzzeit (δ) bei der Richtungsumschaltung.

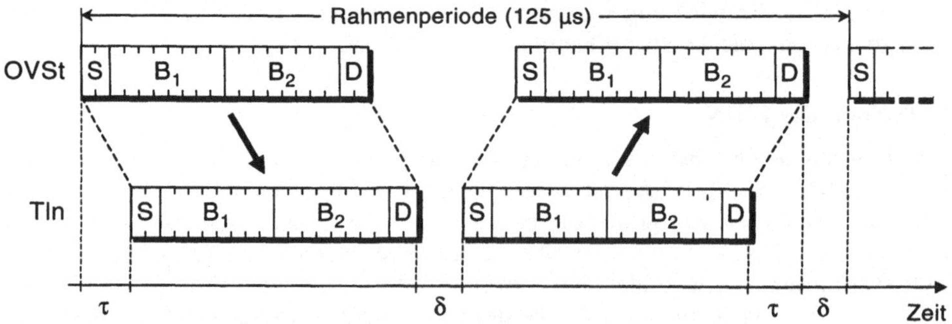

Abb. 5-9. Rahmenperiode beim Zeitgetrenntlageverfahren

Daraus ergibt sich: :

Rahmenperiode = 2 × Blockzeit + 2 × Schutzzeit + 2 × Laufzeit

$$\Rightarrow P = 125\ \mu s = 2 \times (S + 8 + 8 + 2) \times T_B + 2\delta + 2\tau \qquad (T_B = \text{Bitzeit}).$$

Mit den Annahmen: $S = 2$, $\delta = 2T_B$, $\tau = 20$ µs (4 km Distanz, Signallaufzeit 5 µs/km) folgt daraus:

$$T_B = 1{,}93\ \mu s.$$

Daraus ergibt sich – wenn ein 8 kHz-Takt ableitbar sein soll – eine Bitrate von 520 kbps. Diese Bitrate ist bereits sehr hoch, so dass sich die im Beispiel zugrundegelegte Entfernung von 4 km in der Praxis nicht realisieren lässt. Noch größere Entfernungen sind undenkbar, weil jede Vergrößerung der Entfernung wegen der längeren Laufzeiten zugleich auch noch eine Erhöhung der Bitrate zur Folge haben würde.

Die Randbedingungen werden günstiger, wenn eine größere Rahmenperiode gewählt wird ($N \times 125$ µs); da Synchronisationszeit, Schutzzeit und Laufzeit unverändert bleiben, nimmt deren Anteil bezogen auf die Nutzinformation ab. Allerdings müssen die im 125 µs-Takt angelieferten Codewörter zwischengespeichert werden. In diesem Fall lautet die Formel:

$$\Rightarrow P = 125\ \mu s = 2 \times (N \times (8 + 8 + 2) + S + \delta) \times T_B + 2\tau.$$

Noch akzeptabel erscheint eine Rahmenperiode von 1 ms (d.h. $N = 8$), wobei sich allerdings immer noch eine Bitrate von über 300 kbps ergibt. Besonders günstig ist eine Rahmenperiode von 250 µs, woraus eine Bitrate von 384 kbps resultiert.

Unter Berücksichtigung begrenzender Faktoren wie Nebensprechen, Betriebsdämpfung und Störempfindlichkeit liegen die mit dem Ping-Pong-Verfahren überbrückbaren Entfernungen bei maximal 2 bis 3 km. Die Leitungsschnittstelle für das Ping-Pong-Verfahren auf der Kupferdoppelader wird mit U_{P0} bezeichnet.

Gleichlageverfahren mit Echokompensation

Bei den Gleichlageverfahren werden die Signale beider Übertragungsrichtungen in der gleichen Frequenz- und Zeitlage übertragen. Die Bitrate ergibt sich aus der Nettobitrate des ISDN-Basisanschlusses (144 kbps) zuzüglich einem Anteil für Synchronisation und Management; insgesamt muss auf der Teilnehmeranschlussleitung in jeder Richtung eine Bruttobitrate von 160 kbps übertragen werden. Das Problem bei den Gleichlageverfahren besteht darin, dass die von einem Sender ausgehende Information über die Stelle, an der die Aufspaltung der Übertragungsrichtungen geschieht (Gabel), auch an den eigenen Empfänger gelangt, und zwar mit einem Pegel, der die von der Gegenstation ankommenden gedämpften Signale stört.

Der Grundgedanke des Verfahrens besteht nun darin, dass eine Station ja die Signale, die sie selbst sendet, kennt und deshalb in der Lage sein sollte, das Echo (Nahecho), das über die Gabel in den eigenen Empfängerkreis gerät, zu kompensieren. Das Funktionsprinzip ist in Abb. 5-10 dargestellt.

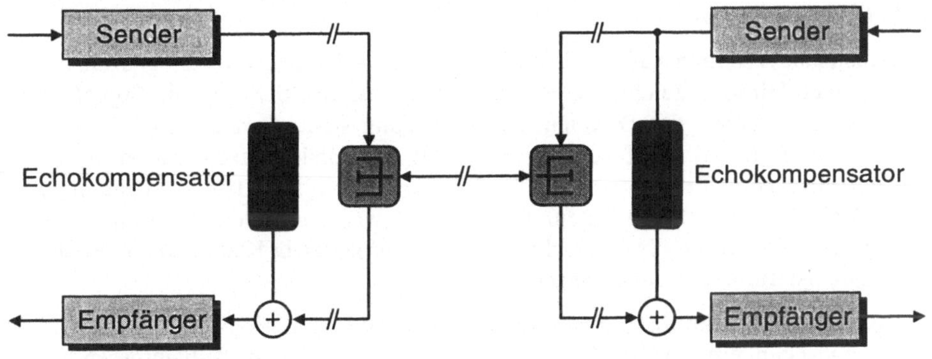

Abb. 5-10. Funktionsprinzip des Echokompensationsverfahrens

Im Echokompensator wird versucht, aus dem Sendesignal ein zu dem Echo inverses Signal zu bilden. Der Echokompensator kann nur solche Echosignale kompensieren, die aus der Senderstufe in den Empfängerkreis der eigenen Übertragungseinrichtung eingekoppelt werden. Da die Signale durch die Übertragungseinrichtungen verzerrt werden, ist der Vorgang der Nachbildung im Echokompensator sehr kompliziert und geschieht adaptiv.

Damit es bei zufällig übereinstimmenden Bitfolgen in beiden Übertragungsrichtungen nicht zu ungewollten Auslöschungen ankommender Signale kommt, werden die Informationen (auf beiden Seiten unterschiedlich) vor der Übertragung verwürfelt.

Das Echokompensationsverfahren ist logisch komplex, hat aber einen geringen Bandbreitenbedarf und kann große Entfernungen überbrücken, bei 0,4 mm Leitungsdurchmesser 4,2 km, bei 0,6 mm Durchmesser 8 km. Mit diesen Reichweiten kann die Deutsche

Telekom 99% aller Anschlussleitungen im Fernsprechnetz ohne Einsatz von Zwischenregeneratoren betreiben. Die Deutsche Telekom hat sich deshalb – wie die meisten Fernmeldeverwaltungen – für die Verwendung des Echokompensationsverfahrens auf den
Teilnehmeranschlussleitungen entschieden. Die Leitungsschnittstelle für das Echokompensationsverfahren auf der Kupferdoppelader wird mit U_{K0} bezeichnet.

Als Leitungscode kommt beim ISDN-Basisanschluss auf der Teilnehmeranschlussleitung
der MMS43-Code (*Modified Monitored Sum*), eine 4B3T-Codierung, zum Einsatz. 4B3T-
Code bedeutet, dass vier Bits des binären Informationsstroms geschlossen in einem drei
Baud langen Ternärsignal dargestellt werden. Der 4B3T-Code ist ein redundanter Code,
da 2^4 Ausgangswerten 3^3 mögliche Codierungen gegenüberstehen. Beim MMS43-Code
wird die vorhandene Redundanz in bestimmter Weise genutzt (zur Fehlerüberwachung
und zur Steuerung des statistischen Leistungsspektrums).

Ein Vorteil des MMS43-Codes ist die vergleichsweise niedrige Schrittgeschwindigkeit
von 120 kBaud auf der Leitung für eine Bitrate von 160 kbps. Die MMS43-Codierung
und das Echokompensationsverfahren kommen zwischen der Ortsvermittlungsstelle
(DIVO) und dem Netzabschluss (NT) beim Teilnehmer zum Einsatz. An der S_0-Schnitt-
stelle bzw. auf dem S_0-Bus gelten wieder andere Randbedingungen; dort wird mit einer
Bruttobitrate von 192 kbps übertragen, und es wird ein modifizierter AMI-Code verwendet.

5.2.3.2 D-Kanal-Protokoll

Das Zeichengabeverfahren auf der Teilnehmeranschlussleitung wird als D-Kanal-Protokoll bezeichnet. Diese Bezeichnung erinnert daran, dass im ISDN für die Signalisierung
ein unabhängiger Kanal, der D-Kanal, zur Verfügung steht. Gemäß den ITU-T-Festle-
gungen ist der D-Kanal nicht ausschließlich für Signalisierungszwecke reserviert; er
kann – mit niedrigerer Priorität – auch für paketorientierte Nutzdatenübertragungen mit
geringen Anforderungen an die Datenrate verwendet werden. In der ersten Phase der Realisierung des ISDN durch die Deutsche Telekom wurde der D-Kanal jedoch ausschließlich für Signalisierungszwecke eingesetzt.

Mit Hilfe des D-Kanalprotokolls werden vor allem teilnehmerindividuelle Steuerinformationen zwischen einer ISDN-Ortsvermittlungsstelle und den Teilnehmerendgeräten
ausgetauscht. Neben den Grundfunktionen für Auf- und Abbau von Verbindungen über
B-Kanäle sind das Abfragen und Aufrufen von Leistungsmerkmalen sowie die Benutzer-
führung wichtige Aufgaben; Signalisierungsvorgänge auf dem D-Kanal müssen nicht im
Zusammenhang mit der Benutzung von B-Kanälen stehen.

- Das D-Kanal-Protokoll soll universell einsetzbar sein, d.h. die Zeichengabeprozedu-
  ren sollen einheitlich und international standardisiert sein.

- Es müssen Punkt-zu-Punkt- und Punkt-zu-Mehrpunkt-Verbindungen (bis zu acht Endgeräte am S_0-Bus) sowie Verbindungen zwischen einer ISDN-Ortsvermittlungsstelle
  und einer privaten Nebenstellenanlage unterstützt werden.

- Die Protokolle müssen zukunftssicher, d.h. für neue Dienste und Dienstmerkmale erweiterbar sein.

Das D-Kanal-Protokoll umfasst die Schichten 1 bis 3 des ISO-Referenzmodells. Die
Schicht 1 ist durch die Schnittstellenfestlegungen (U und S) definiert.

Im Mittelpunkt stehen die Schichten 2 und 3, die im Bereich der Deutschen Telekom für den ISDN-Wirkbetrieb ab Ende 1988 durch die FTZ-Richtlinie 1TR6 festgelegt wurden. Diese Richtlinie umfasst im Wesentlichen die ITU-T-Empfehlungen I.440/441 für die Schicht 2 und I.450/451 für die Schicht 3. Das verwendete Link-Protokoll (Schicht 2) trägt die Bezeichnung LAPD (*Link Access Protocol for D-channels*) und ähnelt sehr stark dem in paketvermittelnden Datennetzen benutzten LAPB und ist wie dieses ein HDLC-Abkömmling. Die grundsätzlichen Ergänzungen gegenüber den ISO-Festlegungen resultieren in erster Linie aus der Mehrgerätefähigkeit und der Aufteilung von Steuerinformation und zugehörender Nutzinformation auf separate Kanäle.

In einer Mehrgerätekonfiguration können über eine Link-Verbindung parallel mehrere Endgeräte Steuerinformationen mit der Vermittlungsstelle austauschen. Sie muss in der Lage sein, solche Informationen eindeutig bestimmten Endgeräten zuzuordnen. Zu diesem Zweck werden Gerätekennungen vergeben (*Terminal Endpoint Identifier*, TEI), die in zwei Wertebereichen entweder in Endgeräten fest eingestellt sind oder durch die Vermittlungsstelle vergeben werden können. Die TEI sind in den Rahmen der Ebene 2 anzugeben und für ihre Verwaltung sind entsprechende Prozeduren definiert:

- Zuweisen eines TEI durch die Vermittlungsstelle, wenn ein auf den S_0-Bus aufgestecktes Endgerät erstmals kommunizieren will,

- Zurücknehmen eines TEI, wenn ein Gerät nicht mehr angeschlossen ist,

- Abfragen von TEI-Werten.

Zukünftige Weiterentwicklungen der Schicht 2 des D-Kanal-Protokolls betreffen die Definition neuer Protokollelemente, etwa zur Übertragung paketvermittelter Benutzerdaten im D-Kanal. Ins Auge gefasst ist auch die Unterstützung von Satellitenverbindungen mit ihren langen Laufzeiten. Dazu müsste der *Extended Mode* von HDLC unterstützt werden, bei dem bis zu 127 unbestätigte Rahmen zulässig sind (derzeit sind die Fenstergrößen 1 beim D_{16}- und 7 beim D_{64}-Kanal).

Während durch die Ebene 2 des D-Kanal-Protokolls festgelegt wird, wie auf dem D-Kanal zwischen Benutzerendgerät und Vermittlungsstelle kommuniziert wird, sind die Nutzinformationen, die im Informationsfeld des Ebene 2-Rahmens übertragen werden, Steuerinformationen der Ebene 3, durch die der Auf- und Abbau von leitungsvermittelten Verbindungen über die B-Kanäle gesteuert wird und weitere Signalisierungsvorgänge realisiert werden.

Die Nachrichten (Pakete) der Schicht 3 haben eine Struktur, die der durch X.25 definierten ähnlich ist (vgl. Abb. 5-11).

Der Kopf enthält drei Felder:

- Protokollkennung (*protocol discriminator*)

- Referenzverwaltung (*call reference*)

- Nachrichtentyp (*message type*).

Durch die Protokollkennung können Nachrichtenklassen (Protokollsätze) ausgewählt werden. Die Telekom sieht zwei Nachrichtenklassen vor:

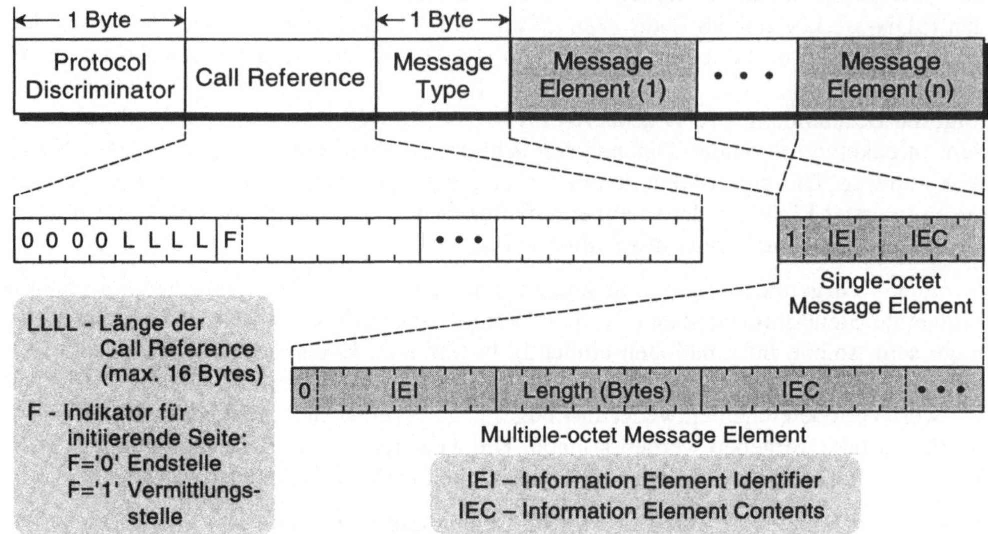

Abb. 5-11. D-Kanal-Protokoll: Struktur der Schicht 3-Pakete

1. International standardisierte Klasse von Protokollen für leitungsvermittelte Verbindungen.

2. National standardisierte Klasse von Protokollen zur Unterstützung von Dienstmerkmalen, für die ein internationaler Standard noch nicht existiert.

Eine weitere denkbare Klasse könnte z.B. Steuerinformationen für paketvermittelte Verbindungen enthalten.

Die *Call Reference* wird zu Beginn des Nachrichtenaustausches zum Aufbau einer Verbindung vergeben und bleibt für die Dauer einer Verbindung fix; unter dieser Nummer sind Nachrichten eindeutig einer bestimmten Verbindung zugeordnet. Das Feld enthält ein Indikatorbit (F), welches angibt, von welcher Seite der Ruf ausging:

F = B'1': Vermittlungsstelle (bei einem ankommenden Ruf)
F = B'0': Endstelle (beim Aufbau einer abgehenden Verbindung).

Vom Nachrichtentyp (Befehl) hängt es ab, wieviele Nachrichtenelemente (Parameterwerte) folgen; manche Elemente können auch optional sein. Es gibt Ein- und Mehr-Oktett-Nachrichtenelemente.

Abgesehen von der Festlegung von Strukturen und der Art, wie der D-Kanal zu benutzen ist, dienen die D-Kanal-Protokolle bisher der Steuerung der von der Telekom angebotenen Kommunikationsdienste. Zur Steuerung weiterer Dienste und Dienstmerkmale sind noch sehr viele Reserven vorhanden. Darüber hinaus ist es wichtig, dass für die Steuerung privater Anwendungen (etwa im Bereich von Nebenstellenanlagen) Freiräume ausgewiesen werden, von denen sichergestellt ist, dass auch bei einer Ausweitung der Signalisierung durch die Telekom im Rahmen zukünftiger Dienstangebote keine Kollisionen eintreten.

5.2.3.3 ITU-T-Zeichengabesystem Nr. 7

Im Gegensatz zu den D-Kanal-Protokollen, die die Signalisierung zwischen Teilnehmerendgeräten und Ortsvermittlung beschreiben, dient das ITU-T-Zeichengabesystem Nr. 7
(ZGS Nr.7) auf dem zentralen Zeichengabekanal (ZZK) der Signalisierung zwischen den
Vermittlungseinrichtungen im Fernmeldenetz. Dieses System ist eine Konsequenz aus
der Entwicklung der Vermittlungstechnik. Da digitale Vermittlungseinrichtungen nach
dem SPC (*Stored Program Control*)-Prinzip arbeiten, d.h. durch Prozessrechner gesteuert werden, bietet es sich an, Steuerinformationen zwischen Vermittlungseinrichtungen
über eine direkte Verbindung dieser Rechner auszutauschen. Um eine solche Verbindung
zwischen Vermittlungseinrichtungen unterschiedlicher Hersteller und über Ländergren-
zen hinweg nutzen zu können, sind international standardisierte Protokolle notwendig.
Diese sind von ITU-T mit dem *Common Channel Signalling System No. 7* (CCSS) entwickelt worden, dem das Zeichengabesystem Nr. 7 entspricht. Dieses Zeichengabesystem
ist also eine Konsequenz der Digitalisierung der Vermittlungstechnik und wird bereits im
digitalen Fernsprechnetz eingesetzt; es ist eine notwendige Voraussetzung für die Diensteintegration im ISDN.

Das Zeichengabesystem besteht aus einem allen Anwendungen gemeinsamen Nachrich-
tentransferteil (*Message Transfer Part*, MTP), der die Schichten 1 bis 3 abdeckt, und
darauf aufsetzenden Anwenderteilen (*User Parts*, UPs). Solche Anwenderteile sind z.B.
definiert für das

- Fernsprechen (*Telephone User Part*, TUP) und das
- ISDN (*ISDN User Part*, ISUP).

Eine gewisse Sonderrolle spielt der Transportfunktionsteil (*Signalling Connection Control
Part*, SCCP), durch den der ISDN-Anwenderteil bei der Ende-zu-Ende-Signalisierung
unterstützt wird.

Der Rahmenaufbau (Schicht 2 des MTP) entspricht dem bei HDLC und die Paketstruktur
(Schicht 3 des MTP) im Wesentlichen der von Paketnetzen bekannten. Die Informationsinhalte und deren Bedeutung werden durch die Anwenderteile bestimmt.

Der zentrale Zeichengabekanal ist ein 64 kbps-Kanal, der als konzentrierende Kommuni-
kationseinrichtung für bestimmte Verkehrswerte ausgelegt sein muss. Da der Zeichenga-
beverkehr zeitlich stark schwankt, sollte die mittlere Auslastung des Zeichengabekanals
0,2 *Erl* nicht übersteigen, damit auch in der Hauptverkehrsstunde Signalisierungsvorgänge ohne Verzögerung abgewickelt werden können. Bei einer solchen Auslegung kann ein
64 kbps-Kanal die Signalisierung für 1000 bis 2000 leitungsvermittelte Kanäle übernehmen.

Dadurch, dass die Zeichengabeinformation über separate Kanäle fließt, wird eine Zweiteilung des Fernmeldenetzes bewirkt: in ein Netz, welches Nutzinformationen transportiert, und in ein Netz, welches Steuerinformationen transportiert. Die Struktur dieser beiden Teilnetze muss nicht identisch sein, d.h. der Weg, der für den Transport der Nutzdaten zwischen den beteiligten Ortsvermittlungsstellen geschaltet wird, muss nicht übereinstimmen mit dem Weg, welchen die Steuerinformationen durch das Netz nehmen.

Wegen des hohen Konzentrationsfaktors muss der zentrale Zeichengabekanal redundant
ausgelegt sein. Eine unabhängige Wegwahl durch das Netz mit alternativen Pfaden bewirkt eine deutliche Erhöhung der Sicherheit.

5.2.4 Ausbau des ISDN

In einem Feldversuch mit je etwa 400 Teilnehmern in Stuttgart und Mannheim 1987/88 haben die Deutsche Telekom und die einschlägige Industrie die wesentlichen ISDN-Komponenten erprobt. Der Regelausbau erfolgt seit Ende 1988. 1993, also fünf Jahre nach Beginn des Regeldienstes, sollte mit der Aufrüstung von ca. fünf Prozent der Fernsprechanschlüsse zu ISDN-Anschlüssen Flächendeckung (d.h. jeder Fernsprechteilnehmer kann unabängig vom Wohnort einen ISDN-Anschluss erhalten) erreicht werden. Dieses Ziel ist im Wesentlichen erreicht worden trotz des während der Planung nicht vorhersehbaren großen Engagements der Telekom in den neuen Bundesländern. Mit der vollständigen Digitalisierung des Fernsprechnetzes bis 1998 sind die Voraussetzungen für eine vollständige Umrüstung aller Fernsprechanschlüsse auf ISDN gegeben. Es müssen dann nur noch die Teilnehmeranschlüsse digitalisiert werden. Während jedoch die Digitalisierung des Fernsprechnetzes ohne Einbeziehung der Teilnehmer erfolgen konnte, erzwingt die Digitalisierung des Teilnehmeranschlusses Veränderungen auch beim Teilnehmer, bei dem ein Netzabschluss (NT) installiert werden und der analoge Fernsprechapparat gegen einen digitalen ISDN-Fernsprechapparat ersetzt werden muss (im Prinzip kann auch ein TA a/b installiert werden, um den alten analogen Fernsprechapparat weiter betreiben zu können, was i. Allg. aber nicht sinnvoll ist).

Derzeit verkaufen sich ISDN-Anschlüsse sehr gut. Mit 22,4 Mio. (Ende 2002) verkauften Basiskanälen (davon im Jahre 2000 mit ca. 8,8 von 17,3 Mio. erstmals mehr als die Hälfte im Privatbereich) nimmt die Deutsche Telekom weltweit eine führende Position ein.

	1990	1991	1992	1993	1994	1995	1996	1997	1998	1999	2000	2001	2002
ISDN PMx-Anschlüsse (Tsd.)	1,8	2,6	6,9	13,6	24,9	35	45,8	56	70	*)	*)	*)	*)
ISDN-Basisanschlüsse (Mio.)	0,01	0,04	0,1	0,22	0,46	0,85	1,92	2,83	4,00	*)	*)	*)	*)
ISDN-Basiskanäle (Mio.)	0,08	0,16	0,4	0,84	1,67	2,74	5,2	7,34	10,0	13,3	17,2	20,4	22,4
Anteil Basisanschlüsse an ISDN-Kanälen	25%	50%	50%	52%	55%	62%	74%	77%	80%	*)	*)	*)	*)
*) seit 1999 macht die Telekom keine Angaben mehr zur Aufteilung der ISDN-Basiskanäle auf Basisanschlüsse und Primärmultiplexanschlüsse													

Wie die Tabelle zeigt, war die Entwicklung in der Anfangsphase (bis etwa 1992) durch Primärmultiplexanschlüsse dominiert, d.h. zunächst haben vor allem große Unternehmen, die von Primärmultiplexanschlüssen (anstelle von dutzenden von Amtsleitungen) profitieren konnten, ISDN eingeführt. Seit 1993 wird die Entwicklung überwiegend durch Basisanschlüsse bestimmt, was zeigt, dass nun auch kleine Gewerbetreibende und private Haushalte mit der Umstellung auf ISDN begonnen haben. Dass die Entwicklung aber noch lange nicht abgeschlossen ist, ist daraus zu ersehen, dass immer noch weniger als 20% der Teilnehmer auf ISDN umgestellt haben, allerdings schon deutlich über 30% der insgesamt vorhandenen sprachtauglichen Kanäle digitale ISDN-Basiskänäle sind.

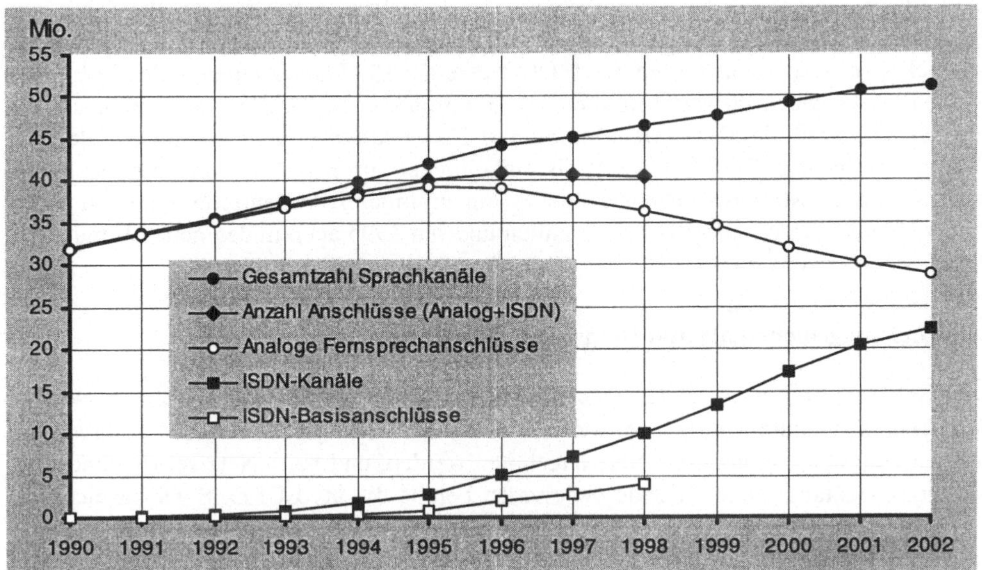

Abb. 5-12. Entwicklung der ISDN/Fernsprechteilnehmerzahlen in Deutschland

In Abb. 5-12 ist zu sehen, dass die Zahl der analogen Fersprechanschlüsse seit 1996 rückläufig ist, während die Zahl der sprachtauglichen Kanäle weiter wächst, d.h. die Ablösung analoger Fernsprechanschlüsse durch ISDN-Anschlüsse hat begonnen. Dass bei wachsender Zahl der Sprachkanäle 1997 und 1998 auch die Gesamtzahl der Anschlüsse (analog und digital) rückläufig war, zeigt, dass die ISDN-Teilnehmer zu einem erheblichen Teil solche waren, die vorher über mehrere analoge Anschlüsse verfügten, und diese wegen der Mehrkanaligkeit der ISDN-Anschlüsse durch eine geringere Anzahl von ISDN-Anschlüssen ersetzen konnten bei gleichzeitiger Erhöhung der verfügbaren Übertragungsleistung. Dies macht auch deutlich, für welche Gruppen ISDN unter den derzeitigen Konditionen von Interesse ist: Für kleine Gewerbetreibende oder Privatleute, die Bedarf für mehr als einen Kanal haben, um parallele Telefongespräche führen oder zusätzliche Dienstangebote wie Internet-Zugriff, T-Online oder sonstige Formen der Datenkommunikation nutzen zu können, ohne das Telefon zu blockieren. Für Teilnehmer, denen ein Fernsprechkanal reicht, rechnet sich ein ISDN-Anschluss derzeit noch nicht.

Wenn die zu den gültigen Gebühren ansprechbare Klientel ausgeschöpft ist oder die seit Anfang 1998 mögliche (aber im Bereich kleiner Kunden noch nicht sehr wirksame) Konkurrenz alternativer Anbieter dies erzwingt, wird es zu weiteren Senkungen der ISDN-Gebühren und damit zu einer relativen Verteuerung analoger Fernsprechanschlüsse kommen. Das langfristige Ziel ist die vollständige Digitalisierung aller Anschlüsse.

Vor allem die EU, die es sich zum Ziel gesetzt hat, in Europa eine einheitliche und leistungsfähige Telekommunkationslandschaft zu schaffen, hat Einführung und Ausbau des ISDN nach einheitlichen europäischen Standards (auf der Basis der ITU-T-Empfehlungen) mit einem europaweit harmonisierten Diensteangebot forciert. Die Empfehlung an die Fernmeldeverwaltungen der Mitgliedsländer lautete: Bis 1993 Ausbau der ISDN Anschlusskapazität auf 5% der Fernsprechteilnehmer im Jahre 1983; damit sollte durch eine geeignete Einführungsstrategie für 80% der Haushalte ein ISDN-Anschluss potentiell möglich sein. Außerdem sollten die ISDN-Netze der EU-Länder miteinander verbunden werden. Dazu haben 26 Netzbetreiber aus 20 europäischen Ländern (also nicht nur die EU-Staaten) 1989 ein MoU (*Memorandum of Understanding*) unterzeichnet, in dem sie sich verpflichteten, ISDN auf der Basis einheitlicher europäischer Standards mit einem harmonisierten (Mindest-) Diensteangebot einzuführen. Die Deutsche Telekom bietet dieses "EURO-ISDN" seit 1994 in den alten und seit 1995 auch in den neuen Bundesländern flächendeckend an.

5.2.5 Leistungsmerkmale und Dienste im ISDN

Das ISDN ist ein Fernmeldenetz, welches offen ist für weitere Entwicklungen. Weiterentwicklungen sind auf zwei – teilweise voneinander abhängigen – Ebenen zu erwarten: bei den Diensten, die über das Netz angeboten werden, und beim Netz selbst. Eine erste Weiterentwicklung ist im Grunde genommen bereits die als EURO-ISDN bezeichnete, europaweit einheitliche ISDN-Version. Die Telekom-Verwaltungen – darunter auch die Deutsche Telekom –, die sehr früh mit der ISDN-Einführung begonnen haben, mussten dies auf der Basis der noch unvollständigen ITU-T-Standards von 1984 tun, die durch eigene Festlegungen ergänzt werden mussten, was zur Ausprägung nationaler ISDN-Systeme führte. Dies betraf vor allem das D-Kanal-Protokoll, für das die Deutsche Telekom die als 1TR6 bezeichnete Variante entwickelt hat, die die Basis des seit 1988 im Regeldienst eingeführten (nationalen) ISDN war. Das EURO-ISDN hingegen basiert auf den ITU-Standards von 1988, in denen DSS1 (*Digital Subscriber Signalling System No. 1*) als D-Kanal-Protokoll vorgeschrieben ist (im Kontext mit den ETSI-Festlegungen für das EURO-ISDN auch als E-DSS1 bezeichnet).

Mit der Einführung des EURO-ISDN 1993 ergab sich für die Deutsche Telekom das Problem, einerseits die Investitionen der Altkunden (des nationalen ISDN) zu schützen, andererseits aber klar zu machen, dass in Zukunft das EURO-ISDN das "normale" ISDN ist (wenn die Telekom heute die Bezeichnung ISDN verwendet, ist damit das EURO-ISDN gemeint; offiziell gibt es die Bezeichnung EURO-ISDN nicht mehr (das war der Projektname vor der Einführung des EURO-ISDN)). Die Telekom hat dieses Problem so gelöst, dass zunächst beide Versionen parallel angeboten wurden (wobei die monatlichen Gebühren für das EURO-ISDN jedoch niedriger angesetzt wurden, um zu verhindern, dass neue Teilnehmer das noch parallel angebotene nationale ISDN wählten) und die Zusammenarbeit von Endgeräten der unterschiedlichen Versionen durch sogenannte IWUs (*Interworking Units*) in den ISDN-Vermittlungsstellen sichergestellt wurde (wobei funktional natürlich nur solche Leistungsmerkmale umgesetzt werden konnten, die in beiden Versionen vorhanden waren). Zum 31.12.2000 wurde der Betrieb des nationalen ISDN eingestellt, so dass den Teilnehmern des nationalen ISDN bis dahin Zeit blieb, ihre Endgeräte umzustellen.

Im Folgenden wird ein kurzer Überblick über die im ISDN (=EURO-ISDN) angebotenen Leistungsmerkmale und Dienste gegeben.

Prinzipiell gibt es den Basisanschluss $(B+B+D_{16})$ und den Primärmultiplexanschluss $(30 \times B + D_{64})$. Beim Basisanschluss unterscheidet die Telekom zwischen Anlagenanschluss und Mehrgeräteanschluss. Beim Anlagenanschluss wird in der Regel eine ISDN-Tk-Anlage (ISDN-NStAnl.) beim Teilnehmer angeschlossen (der Primärmultiplexanschluss ist immer ein Anlagenanschluss). Der Mehrgeräteanschluss geht von einem passiven S_0-Bus als hausinternem Netz aus, der (im EURO-ISDN) bis zu 200 m lang sein kann, und an den maximal zwölf Kommunikationssteckdosen (IAE=ISDN-Anschluss-Einheit, bekannt als Western-Stecker) installiert und bis zu acht unterschiedliche Endgeräte angeschlossen werden können. Die für den Mehrgeräteanschluss und den Anlagenanschluss angebotenen Leistungsmerkmale weichen teilweise voneinander ab, insbesondere deshalb, weil ein Teil der sonst durch die Telekom bereitgestellten Leistungsmerkmale beim Vorhandensein einer privaten Tk-Anlage typischerweise von dieser erbracht wird.

5.2.5.1 Leistungsmerkmale im ISDN

<u>Gemeinsame Leistungsmerkmale für Mehrgeräte- und Anlagenanschluss:</u>

- ***Übermittlung der Rufnummer des Anrufers zum Angerufenen***

  Dem Angerufenen wird – noch vor Annahme des Rufs – die Rufnummer des Anrufenden angezeigt.

- ***Übermittlung der Rufnummer des Angerufenen zum Anrufenden***

  Dadurch können fehlerhafte oder unerwünschte (z.B. durch Anrufweiterleitung) Verbindungen erkannt werden (z.B. wichtig beim Austausch von vertraulichen Daten oder auch Fax-Dokumenten).

- ***Unterdrückung der Übermittlung der Rufnummer (beide Richtungen)***

  Dies kann ständig oder fallweise geschehen. Bei fallweiser Unterdrückung muss das Endgerät dieses Leistungsmerkmal unterstützen.

  Die Unterdrückung der Rufnummer des Anrufenden ist wichtig, wenn die Anonymität gewahrt bleiben soll (z.B. im sozialen Bereich bei Selbsthilfegruppen wie "Anonyme Alkoholiker" u.ä.).

  Die Unterdrückung der Rufnummer des Angerufenen ist wichtig, wenn dessen Nummer unbekannt bleiben, also nur durch Weitervermittlung erreichbar sein soll. Dies ist üblich im Service-Bereich, wo sachkundige Mitarbeiter vor direkten und ungefilterten Anrufen von Kunden geschützt werden sollen, bzw. nur bei Vorliegen eines Beratungsvertrags Auskunft erteilen, was die Einhaltung einer bestimmten Prozedur voraussetzt (die umgangen werden könnte, wenn die Rufnummer des Beraters bekannt wäre).

- ***Geschlossene Benutzergruppe***

  Dadurch kann die Kommunikation auf die Teilnehmer der Gruppe beschränkt werden. Dies dient u.a. auch der Erhöhung der Netzsicherheit.

- *Übermittlung von Tarifinformationen*

  Die Angabe kann in Einheiten oder DM am Ende einer Verbindung oder während und am Ende einer Verbindung erfolgen.

- *Detaillierte Rechnung*

  Beinhaltet eine detaillierte Aufstellung aller entgeltpflichtigen Verbindungen während des Abrechnungszeitraums.

- *Subadressierung*

  Die Adressierungskapazität kann durch Angabe einer Subadresse zusätzlich zur Rufnummer erweitert werden. Die Subadresse (maximal 20 Bytes) kann zur zusätzlichen Auswahl von Endgeräten dienen, aber auch zum Anstoßen besonderer Prozeduren im Endgerät (z.B., wenn dieses ein Computer ist) benutzt werden.

- *Teilnehmer-zu-Teilnehmer-Zeichengabe*

  Damit können beim Verbindungsaufbau und -abbau bis zu 32 Bytes Benutzerinformation zwischen den Teilnehmern transparent über den Steuerkanal ausgetauscht werden. Dies kann beispielsweise für die Übergabe von Passwörtern genutzt werden.

- *Anrufweiterschaltung*

  Hierbei wird ein ankommender Ruf an eine andere (frei wählbare) Rufnummer weitergeleitet. Drei Modi stehen zur Verfügung:
  - ständig,
  - bei "Besetzt",
  - bei "Nichtmelden" (nach 15 Sekunden, so dass der gerufene Teilnehmer die Gelegenheit hat, den Ruf anzunehmen).

- *Dauerüberwachung*

  Hierbei wird die Funktionsfähigkeit und Übertragungsqualität ständig überwacht. Im Fehlerfall wird ein Alarm erzeugt, der zu einer Überprüfung des Anschlusses durch die Telekom führt. Beim Anlagenanschluss wird dieses Leistungsmerkmal standardmäßig untersützt.

- *Identifikation böswilliger Anrufer*

  Unter bestimmten Umständen kann eine Identifizierungsprozedur ausgelöst werden. Diese erfasst die Rufnummern von rufenden und gerufenen Teilnehmern sowie Datum und Uhrzeit.

Leistungsmerkmale nur für den Mehrgeräteanschluss:

- *Mehrfachrufnummer*

  Es können bis zu zehn beliebige Rufnummern aus dem Nummernvorrat des jeweiligen Anschlussbereiches für einen Basisanschluss vergeben werden. Es besteht somit die Möglichkeit, Endgeräten am S_0-Bus individuelle Rufnummern zuzuordnen. Leistungsmerkmale können einem Anschluss insgesamt oder jeder einzelnen Mehrfachrufnummer zugeordnet werden, so dass an einem Basisanschluss unterschiedliche Geräte individuell mit Leistungsmerkmalen versehen werden können.

- ***Halten einer Verbindung***

  Bei diesem Leistungsmerkmal wird – initiiert von einem Endgerät – durch die ISDN-Vermittlungsstelle eine Verbindung zum entfernten Teilnehmer gehalten, während sie zum lokalen Teilnehmer unterbrochen wird. Pro B-Kanal können zwei Verbindungen gehalten werden. Dieses Leistungsmerkmal bildet die Basis für die Leistungsmerkmale "Umstecken von Endgeräten", "Makeln" und "Dreierkonferenz".

- ***Umstecken von Endgeräten***

  Ohne eine bestehende Verbindung abzubrechen, kann ein Endgerät von einer Kommunikationssteckdose am S_0-Bus auf eine andere umgesteckt werden (also z.B. in einen anderen Raum gebracht werden). Durch eine Eingabe am Endgerät wird die Absicht der Vermittlungsstelle mitgeteilt, die dann während des Umsteckens die Verbindung zum entfernten Partner aufrecht erhält und – falls dieser ebenfalls ISDN-Teilnehmer ist – ihn auch darüber informiert.

- ***Anklopfen***

  Während bereits eine Verbindung besteht, wird der Verbindungswunsch eines Anrufers (optisch und/oder akustisch) signalisiert. Neben den Alternativen, den Verbindungswunsch zu ignorieren oder die bestehende Verbindung zu beenden und den Verbindungswunsch zu akzeptieren, besteht durch das Leistungsmerkmal "Halten einer Verbindung" auch die Möglichkeit, die neue Verbindung zu akzeptieren, ohne die bestehende Verbindung zu beenden, und dann zwischen beiden hin und her zu schalten (Makeln).

- ***Makeln***

  Makeln (oder Rückfrage) erlaubt es, zwischen zwei externen Partnern hin und her zu schalten, ohne dass die Verbindung zum gerade wartenden Teilnehmer unterbrochen wird (sie wird von der Vermittlungsstelle aus aufrecht erhalten) oder dieser mithören kann. Aufgrund der Realisierung dieser Funktion durch die Vermittlungsstelle wird zwischen dem lokalen Teilnehmer und der Vermittlungsstelle nur ein B-Kanal belegt, so dass der zweite für andere Zwecke zur Verfügung steht.

- ***Dreierkonferenz***

  Bietet die Möglichkeit, mit zwei externen Partnern gleichzeitig zu kommunizieren. Das Zusammenschalten der Konferenzteilnehmer erfolgt in der Vermittlungsstelle, so dass zu jedem der Teilnehmer nur ein B-Kanal belegt wird.

Leistungsmerkmale nur für den Anlagenanschluss:

- ***Durchwahl***

  Bietet die Möglichkeit, direkt zu Nebenstellen einer privaten Tk-Anlage durchzuwählen. Diese Möglichkeit besteht auch bei analogen Tk-Anlagen, dort aber erst ab acht Amtsleitungen, im ISDN dagegen schon bei einem Basisanschluss.

- ***Anrufweiterschaltung von Nebenstellen einer ISDN-Tk-Anlage***

  Anrufweiterschaltung zwischen den Nebenstellen einer Tk-Anlage ist ein gängiges
  Leistungsmerkmal solcher Anlagen. Das hier angesprochene Leistungsmerkmal erlaubt die Anrufweiterschaltung von einer Nebenstelle aus zu einem externen Anschluss.

Das ISDN ist offen für weitere Leistungsmerkmale und Dienste, die – durch ETSI standardisiert – europaweit einheitlich eingeführt werden sollen. Geplant sind derzeit folgende neuen Leistungsmerkmale:

- ***Automatischer Rückruf bei "Besetzt"***

  Hierbei wird der Verbindungswunsch eines Anrufers (A-Teilnehmer) in der Vermittlungsstelle des (bereits besetzten) Angerufenen (B-Teilnehmer) gespeichert. Sobald
  der besetzte (B-)Teilnehmer die laufende Verbindung beendet, sendet die Vermittlungsstelle des B-Teilnehmers, die den Verbindungswunsch gespeichert hat, eine entsprechende Nachricht an die Vermittlungsstelle des A-Teilnehmers, die ihrerseits den
  A-Teilnehmer anwählt und ihn auffordert, den nicht erfolgreichen Wählvorgang zu
  wiederholen. Dieses Leistungsmerkmal muss vom Endgerät des A-Teilnehmers unterstützt werden.

- ***Konferenz mit bis zu zehn Teilnehmern***

  Hierbei ist es möglich, bis zu zehn Konferenzteilnehmer zusammenzuschalten, so dass
  jeder mit jedem sprechen kann; dies ist eine Erweiterung der Dreierkonferenz.

Es ist darauf hinzuweisen, dass die aufgeführten Leistungsmerkmale beim Standardan-
schluss nur teilweise durch die Grundgebühr abgedeckt werden und darüber hinaus ge-
sondert in Rechnung gestellt werden. Im Komfortanschluss sind die meisten Leistungsmerkmale enthalten.

5.2.5.2 Dienste im ISDN

Bei den Diensten wird zwischen Telediensten (Kommunikationsdiensten) und Übermittlungsdiensten (Transportdiensten) unterschieden. Bei den Telediensten sind die zu verwendenden Protokolle bis zur Ebene 7 des OSI-Modells und die Funktionalität der Endgeräte vorgeschrieben. Bei den Übermittlungsdiensten können Endgeräte (typischerweise
Rechner) das Netz zum Transport beliebiger Informationen benutzen, wobei die einzige
Anforderung an die Endgeräte darin besteht, dass sie in der Lage sein müssen, mit den
Vermittlungsstellen zusammenzuarbeiten, d.h., sie müssen die D-Kanal-Signalisierung
unterstützen.

Teledienste, die im nachfolgen Kapitel behandelt werden, sind:

- ***Fernsprechen (3,1 und 7 kHz)***

- ***Telefax (Gruppe 4)***

- ***T-Online (Datex-J, Btx) mit 64 kbps***

- ***Bildfernsprechen (auch Videokonferenz) mit eingeschränkter Videoqualität.***

Bei den Transportdiensten werden leitungsvermittelnde und paketvermittelnde Übermittlungsdienste angeboten.

ISDN basiert auf leitungsvermittelten 64-kbps-Kanälen (B-Kanälen), die nach dem Verbindungsaufbau einen beliebigen Datenstrom transparent übertragen, d.h. die Endgeräte (Rechner) müssen sich auf die zu verwendenden Protokolle verständigen. Die netzseitigen Anforderungen an die Endgeräte beschränken sich auf die Unterstützung der D-Kanal-Protokolle, damit die für Verbindungsaufbau und -abbau notwendigen Signalisierungen durchgeführt werden können. Endgeräte, die über eine a/b-Schnittstelle (analoge Fernsprechschnittstelle) verfügen (analoge Telefone oder Modems für die Datenübertragung), können über Terminaladapter a/b (TA a/b) angeschlossen werden, die die Signalisierung und die Geschwindigkeitsanpassung übernehmen.

Die paketorientierten Übermittlungsdienste im ISDN basieren auf der Existenz eines eigenständigen paketvermittelnden X.25-Netzes (in Deutschland das Datex-P-Netz). Das ISDN übernimmt dabei eine Zubringerfunktion, die Vermittlungsfunktion liegt im paketvermittelnden Netz.

Der Zugang zum paketvermittelnden Netz kann auf zweierlei Weise erfolgen (Maximalintegration nach X.31):

1. Über den D-Kanal mit Übertragungsgeschwindigkeiten bis 9,6 kbps

Signalisierungsvorgänge im D-Kanal bleiben davon unberührt, da nur ein Teil der verfügbaren Übertragungskapazität für paketorientierte Datenübertragungen genutzt werden kann und diese überdies mit niedrigerer Priorität durchgeführt werden. Der Anschluss der X.25-Datenendeinrichtung kann entweder über eine integrierte S_0-Schnittstelle (beispielsweise bei einem PC) oder über einen Terminaladapter X.25D erfolgen. Wenn die ISDN-Vermittlungsstelle feststellt, dass ein Paket keine Signalisierungsinformation sondern paketierte (X.25) Nutzdaten enthält, wird es über einen integrierten *Packet Handler* an einen Netzknoten des paketvermittelnden Netzes weitergeleitet und von dort zielgerichtet weitervermittelt. Die Zieladresse kann im paketvermittelnden Netz, aber auch wieder im ISDN liegen.

2. Über einen B-Kanal mit 64 kbps

In diesem Falle wird von der Vermittlungsstelle aus ein 64-kbps-Kanal zu einer X.25-Vermittlung aufgebaut. Als Einwählzugang aus dem ISDN dient ein *Packet Handler*. Die Vermittlungsfunktion liegt auch hier im X.25-Netz. Die Zieladresse kann wiederum im X.25-Netz oder im ISDN liegen.

5.3 Breitband-ISDN (T-Net-ATM)

Das heutige ISDN ist insofern noch kein wirklich universelles Netz als es durch die Beschränkung auf 64 kbps bzw. geringe Vielfache davon als Trägersystem für breitbandige Kommunikationsdienste nicht geeignet ist. Bei ITU wie auch bei der Deutschen Telekom und anderen Fernmeldeverwaltungen ist deshalb die Weiterentwicklung des ISDN zum Breitband-ISDN (B-ISDN) von Anfang an geplant gewesen. Das Breitband-ISDN ist eine Weiterentwicklung des heutigen (Schmalband-) ISDN, d.h. grundsätzliche konzeptionelle Unterschiede gibt es nicht, insbesondere nicht, was den Stationsaufbau und die Prinzipien des Teilnehmerzugangs und der Signalisierung angeht. Die Deutsche Telekom war ursprünglich davon ausgegangen, dass auch die breitbandigen Kanäle leitungsvermittelt betrieben würden. Dies trifft aber nicht zu, da durch ITU-T ATM (*Asynchronous Transfer Mode*) als Netztechnik für das Breitband-ISDN festgeschrieben wurde.

Ein ATM-Netz ist universell einsetzbar, da es sowohl isochronen als auch asynchronen Verkehr tragen kann (d.h. Eigenschaften eines leitungsvermittelnden und eines paketvermittelnden Netzes aufweist) und eine dynamische Zuordnung von Bandbreiten gestattet. Insbesondere diese letzte Eigenschaft war für die Entscheidung zugunsten von ATM bedeutsam, da sich die Mitglieder der Standardisierungsgremien gleich zu Anfang nicht auf die Festlegung einer Kanalstruktur und der Bandbreiten (was für ein leitungsvermittelndes Netz jedoch unabdingbar ist) für das Breitband-ISDN einigen konnten. Dies war nicht die Folge eines mangelnden Einigungswillens, sondern unterstreicht die objektive Unmöglichkeit, eine derartige Festlegung (und damit Festschreibung auf Dauer) in sachgerechter Weise treffen zu können.

Die vollständige Einführung des Breitband-ISDN wird – schon wegen der Infrastrukturvoraussetzungen (optimalerweise Lichtwellenleiter bis zum Teilnehmerbereich) – Jahrzehnte in Anspruch nehmen, und niemand ist in der Lage, eine ernstzunehmende Prognose zu stellen, welche Datenraten für welche Dienste in 15 oder 20 Jahren benötigt werden. Selbst für heute bekannte Dienste ist eine solche Aussage kaum möglich, da die technologische Entwicklung im Bereich der Integrierten Schaltungen es erlaubt, zunehmend aufwändigere und damit wirkungsvollere Algorithmen für die Datenkompression kostengünstig zu realisieren und damit auf breiter Front einzusetzen. Besonders intensiv wird dieser Ansatz gerade in Bereichen mit besonders hohen Bandbreitenanforderungen (wie Video, Festbild) verfolgt, zumal dadurch gleichzeitig auch der Speicherplatzbedarf drastisch reduziert wird, was derzeit mindestens so wichtig ist wie eine Reduktion der erforderlichen Bandbreiten.

Wie problematisch das Festschreiben von Bandbreiten sein kann, hat bereits das Schmalband-ISDN gezeigt. Dort wurde zu Beginn des Standardisierungsprozesses der 64-kbps-Sprachkanal festgeschrieben. Als das ISDN als Regeldienst eingeführt wurde, war die seinerzeit angepeilte Sprachqualität bereits mit einer Rate von allenfalls 32 kbps erreichbar, weshalb die Möglichkeit besteht, auf dem 64 kbps-Kanal eine deutlich verbesserte Sprachqualität anzubieten (7-kHz-Fernsprechen).

Vor der Beschreibung der eigentlichen ATM-Technik werden die wichtigsten charakterisierenden Merkmale und Eigenschaften des ATM-Verfahrens in Stichworten aufgelistet:

- ATM ist ein *Fast Packet Switching*-Verfahren, auch als *Cell Switching* (Zellvermittlung) bezeichnet.

    ⇒ ATM basiert auf Vermittlungstechnik, im Gegensatz zu LANs, die – zumindest in ihrer ursprünglichen Form – *Shared-Medium*-Systeme sind.

    ⇒ Die Basistopologie eines ATM-Netzes ist der Stern.

- Der Informationsstrom wird in kleine Pakete fester Länge und Struktur (Zellen) von 53 Bytes (5 Bytes *Header* (Zellkopf) und 48 Bytes *Payload* (Nutzinformation)) unterteilt.

- Die Zellen sind für alle Kommunikationsdienste identisch.

  ⇒ Beliebige Verkehrsströme werden transparent übertragen.

- Die einfache Zellstruktur erlaubt eine hardware-gesteuerte Zellvermittlung, was bei den hohen Geschwindigkeiten auch notwendig ist (bei 600 Mbps müssen ca. 1,4 Mio. Zellen/s bearbeitet werden).

- Die ATM-Spezifikationen beziehen sich auf die Schichten 1 bis 3 des OSI-Referenzmodells.

- ATM ist die Vermittlungs- und Multiplextechnik des Breitband-ISDN. ITU-T sagt dazu in I.121:

  Das Breitband-ISDN stützt sich auf den *Asynchronous Transfer Mode* und ist nicht abhängig von einer bestimmten Übertragungstechnik.

  ⇒ Die Übertragungstechnik ist nicht Bestandteil der ATM-Spezifikation.

  ⇒ ATM kann auf jedem ausreichend fehlerfreien Übertragungsweg betrieben werden.

  Diese letzte Aussage bedarf eines Kommentars:

  Die bisher verbreiteten Netztechniken (wie z.B. X.25) sind ihrer Entstehungszeit entsprechend auf kupferbasierende Übertragungsstrecken mit relativ hohen Bitfehlerraten (10^{-5} bis 10^{-7}) zugeschnitten. Je höher aber die Bitfehlerraten sind, um so effizienter und hardware-näher muss die Fehlerbehandlung organisiert sein, wehalb bei diesen Sytemen bereits auf der Ebene 2 eine umfassende Fehlerbehandlung stattfindet. Bei Übertragungsstrecken mit sehr niedrigen Bitfehlerraten (wozu die heutigen Glasfaserverbindungen mit Bitfehlerraten im Bereich von 10^{-9} bis 10^{-12} zählen), bei denen Fehler vergleichsweise seltene Ereignisse sind, ist es vertretbar, die Fehlerbehandlung auf einer höheren Ebene, d.h. anwendungsnäher, durchzuführen. Dies ist zunächst eine Frage der Effizienz, bekommt in einem universellen Netz aber eine ganz andere Bedeutung. Ein universelles Netz trägt die unterschiedlichsten Informationsströme (num. Daten, Texte, Sprache, Musik, Bilder, Videosequenzen,...), die u.U. unterschiedliche Anforderungen an eine Fehlerbehandlung stellen (z.B. verkraften manche Anwendungen einige verfälschte Bits viel leichter als eine Unterbrechung des Informationsflusses, wie sie bei einer Wiederholung fehlerhafter Daten auftritt). In einem universellen Netz ist es also geradezu eine Notwendigkeit, die Fehlerbehandlung nicht auf der Netzebene durchzuführen, wo über die Informationsinhalte nichts bekannt ist, sondern auf einer höheren Ebene, wo sie anwendungsabhängig und damit anwendungsgerecht erfolgen kann. Dies ist bei ATM, das ja universell nutzbar ist, geschehen, d.h. im eigentlichen ATM-Netz gibt es keinerlei Fehlersicherung für die Nutzdaten. Nachdem dies aber so festgelegt worden ist, ergibt sich umgekehrt die Randbedingung, dass ATM nur auf ausreichend fehlerarmen Übertragungswegen effizient betrieben werden kann.

- Als Übertragungswege für ATM-Netze im öffentlichen Bereich sind mehrere Techniken und etliche Geschwindigkeiten definiert worden. Die wichtigsten sind:

Plesiochrone Hierarchie

USA   1,5 Mbps, 45 Mbps (DS 1, DS 3)

Europa   2 Mbps, 34 Mbps, 140 Mbps (E1, E3, E4)

Synchrone Hierarchie

USA   SONET (*Synchronous Optical Network*)

Europa   SDH (*Synchronous Digital Hierarchy*)

mit den Geschwindigkeiten:

155,52 Mbps (SONET OC-3c (STS-3c); SDH STM-1)

622,08 Mbps (SONET OC-12c (STS-12c); SDH STM-4)

2488,32 Mbps (SONET OC-48c (STS-48c); SDH STM-16)

- Wenn auch die ATM-Technik ihren Ursprung im öffentlichen Bereich hat (als Technik des seit langem angestrebten Breitband-ISDN), so ist sie doch auch in privaten und lokalen Netzen einsetzbar, so dass sich erstmals die Perspektive einer einheitlichen Technik für alle Bereiche abzeichnet.

- Für den Einsatz im lokalen Bereich sind weitere Übertragungssysteme und -geschwindigkeiten definiert, teilweise von ITU-T, zum größeren Teil vom ATM-Forum (eine einflussreiche Vereinigung der wichtigsten Computer- und Telekommunikationsfirmen sowie von Netzbetreibern mit dem Ziel, die Standardisierung und Verbreitung von ATM voranzutreiben). Die folgende Tabelle gibt eine Übersicht.

Übertrag.-Geschw. (Mbps)	Physik. Medium						Bezeichnung/ Basis
	SMF	MMF	STP	UTP 5	UTP 3	COAX	
2488,320	●						SONET/SDH (STS-48c)
622,08	●	●					SONET/SDH (STS-12c)
155,52	●	●					SONET/SDH (STS-3c)
155,52		●	●	●			STS-3c
139,264						●	PDH-EU (E4)
100		●					TAXI/FDDI
97,718						●	PDH-JAP (DS4)
51,84				○	●		STS-1
44,73						●	PDH-US (DS3)
34,368						●	PDH-EU (E3)
25,92				○	●		STS-½
25,6			●	○	●		Token-Ring (IBM)
12,96				○	●		STS-¼
6,312						●	PDH-JAP (DS2)
2,048						●	PDH-EU (E1)
1,544				○	●		PDH-US (DS1)

5.3.1 ATM-Technik

Grundsätzlich hat ein ATM-Netz die in Abb. 5-13 gezeigte Struktur.

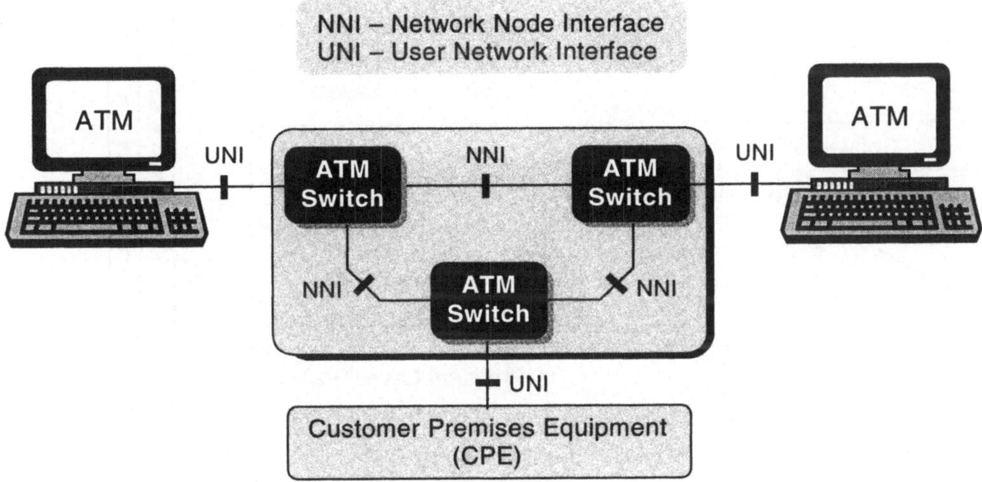

Abb. 5-13. Struktur eines ATM-Netzes

Die ATM-Vermittlungseinrichtungen (*Switches*) bilden ein vermaschtes Netz; sie kommunizieren über eine *Network Node Interface* (NNI) genannte Schnittstelle miteinander. Über eine als *User Network Interface* (UNI) genannte Schnittstelle können ATM-fähige Endgeräte an die Vermittlungen angeschlossen werden. Hinter einem UNI kann sich auch ein (privates) ATM-Netz, bestehend aus privaten ATM-Vermittlungseinrichtungen mit daran angeschlossenen Endeinrichtungen (CPE = *Customer Premises Equipment*), verbergen. Die Verbindung zur existierenden LAN-Welt kann durch Router mit ATM-Interfaces realisiert werden; sie sind im vorgenannten Sinne ATM-fähige Endgeräte.

Das Protokoll-Referenzmodell des Breitband-ISDN (Abb. 5-14) zeigt die bei ITU-T übliche (und vom OSI-Referenzmodell abweichende) Zweiteilung in eine *User Plane* und eine *Control Plane*, wobei die in der *Control Plane* verwendeten Protokolle Erweiterungen der für das Schmalband-ISDN spezifizierten Protokolle sind.

Die ATM-Spezifikation umfasst drei Schichten. Kern ist die mittlere Schicht (*ATM Layer*), die für das Vermitteln und Multiplexen von ATM-Zellen, d.h. für den Transport der Zellen durch das Netz, zuständig ist. Der darüber angesiedelten AAL-Schicht (*ATM Adaption Layer*) obliegt die Anpassung an die höheren Schichten (d.h. Anpassung der verschiedenartigen Informationsströme an die Gegebenheiten des ATM-Netzes), während die darunter liegende PL-Schicht (*Physical Layer*) die Anpassung an das eigentliche Übertragungssystem übernimmt, das selbst nicht Bestandteil der ATM-Spezifikation ist.

Neben der Benutzerebene, die für den Transport der Nutzdaten zuständig ist, sind noch die Steuerebene (*Control Plane*) und die Managementebene (*Management Plane*) definiert. Alle Ebenen benutzen für die Durchführung ihrer Funktionen das darunter liegende ATM-Netz.

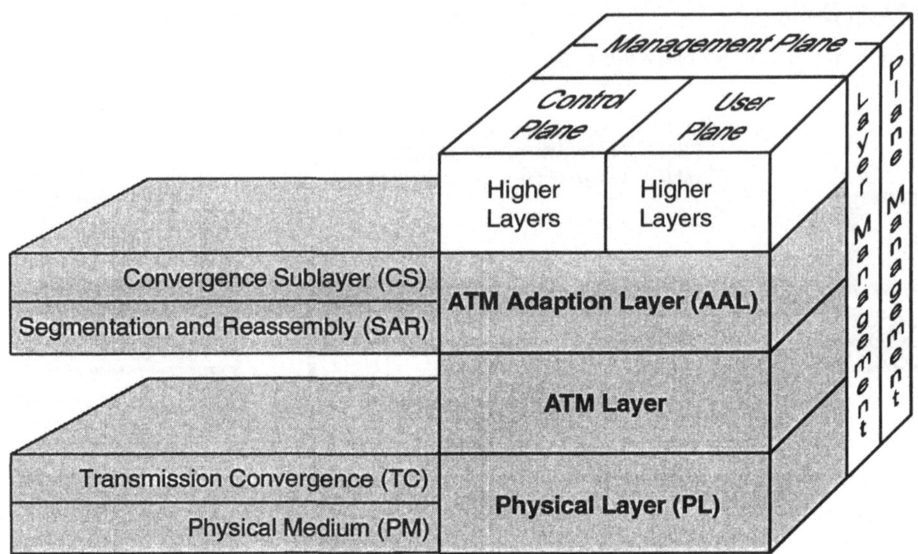

Abb. 5-14. Protokoll-Referenzmodell des Breitband-ISDN

Die Steuerebene ist für Aufbau und Abbau von Verbindungen sowie deren Überwachung während ihres Bestehens zuständig. Da ATM verbindungsorientiert arbeitet, muss durch einen Signalisierungsvorgang auf der Steuerebene zunächst eine Verbindung aufgebaut werden, bevor Benutzerdaten fließen können.

Die Managementebene umfasst zwei Funktionen: Ebenenmanagement (*Plane Management*) und Schichtenmanagement (*Layer Management*).

Das Ebenenmanagement ist für die Koordination der Funktionsabläufe zwischen den drei Ebenen (*User, Control, Management*) zuständig.

Das Schichtenmanagement erfasst Funktionen wie die Meta-Signalisierung und die OAM-Informationsflüsse (OAM = *Operation, Administration and Maintenance*).

Da ATM-Systeme verbindungsorientiert arbeiten, müssen auch Signalisierungsvorgänge über zuvor etablierte Verbindungen abgewickelt werden. Die Meta-Signalisierung besteht aus einem eigenen Informationskanal zur Steuerung der Signalisierungsvorgänge (daher Meta-Signalisierung).

Es gibt fünf OAM-Flüsse, F1 bis F5, die der Fehlerüberwachung, Diagnosezwecken und der Kontrolle der Dienstgüte auf verschiedenen Ebenen dienen. Die Flüsse F1 bis F3 beziehen sich auf die physikalische Schicht und werden in SDH-Systemen in den dort vorhandenen *Overhead*-Bytes transportiert. Die Flüsse F4 und F5 beziehen sich auf die ATM-Schicht.

5.3.1.1 Physical Layer

Die Aufgabe der physikalischen Schicht ist es, ATM-Zellen an die Gegebenheiten des Übertragungssystems anzupassen und zu übertragen. Die Dienste, die die physikalische Schicht der darüber liegenden ATM-Schicht bietet (vgl. Abb. 5-15), nämlich

– den Transport gültiger Zellen und

– die Bereitstellung von *Timing*-Information
   (wird u.U. von Diensten höherer Schichten benötigt),

sind unabhängig vom Übertragungssystem, d.h. die Eigenschaften des Übertragungssystems bleiben der ATM-Schicht verborgen, die ausschließlich auf der Basis von ATM-Zellen arbeitet.

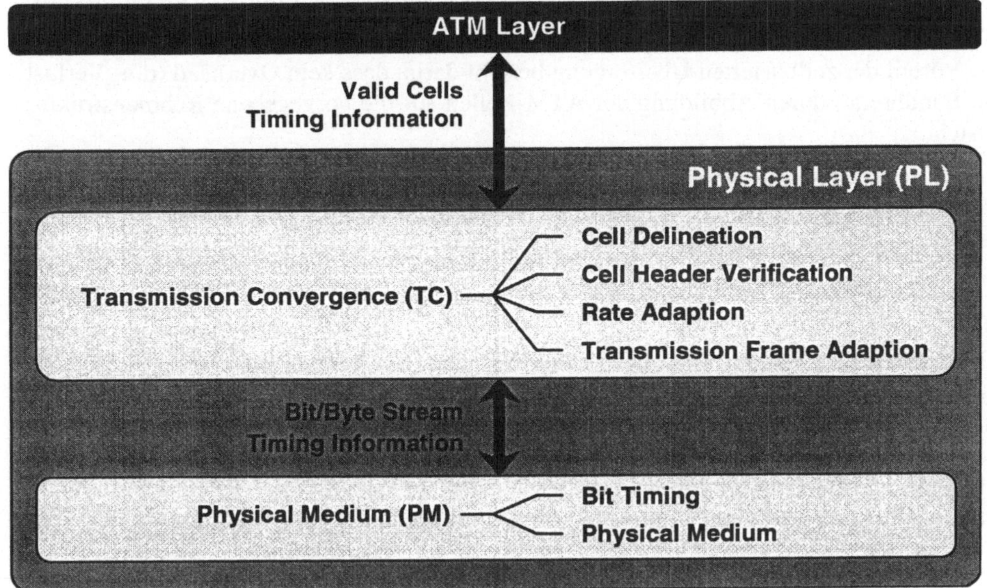

Abb. 5-15. Funktionen des Physical Layer

Die physikalische Schicht besteht aus zwei Teilschichten, dem

• *Transmission Convergence* (TC-) *Sublayer* (Übertragungsanpassung) und dem

• *Physical Medium* (PM-) *Sublayer* (Übertragung).

Die Aufgaben der TC-Schicht sind:

• Abbildung der ATM-Zellen auf die Rahmenstruktur des Übertragungssystems (senderseitig).

• Erkennung und Wiederherstellung von Zellen (empfängerseitig).

• Überprüfung des Zell-*Header* auf Korrektheit.

• Datenratenadaption.
  Auf Senderseite müssen Leer- (*Idle*-) Zellen eingefügt und auf Empfängerseite wieder entfernt werden, wenn der von der ATM-Schicht angelieferte Zellstrom nicht der Geschwindigkeit des Übertragungskanals entspricht, was der Normalfall ist.

Für den von der PM-Schicht zu organisierenden Zelltransport gibt es zwei Ansätze:

- Direkte zellbasierte Übertragung (*Cell Based*) und

- Nutzung von Übertragungsrahmen eines vorhandenen Transportsystems
  (*Cell Mapping*).

Bei der zellbasierten Übertragung werden die ATM-Zellen direkt auf die Leitung gebracht, d.h. die Zellstruktur wird dem Übertragungskanal aufgeprägt. Dies geht nur,
wenn auf dem Übertragungskanal nicht bereits ein Übertragungssystem mit eigener
Rahmenstruktur existiert, also in erster Linie im privaten/lokalen Bereich, da im öffentlichen Bereich Übertragungshierarchien etabliert sind.

Der Vorteil der zellbasierten Übertragung besteht darin, dass kein Overhead (d.h. Verlust
von Bandbreite) durch Abbildung der ATM-Zellen auf die vorgegebene Rahmenstruktur
entsteht.

Nachteilig ist, dass die Übertragung von Kontroll- und Management-Information ebenfalls eigenständig organisiert werden muss (durch Senden von OAM-Zellen), was in den
etablierten Übertragungshierarchien bereits enthalten ist und von den Vermittlungseinrichtungen dieser Hierarchien auch ausgewertet wird.

Für die direkte Zellübertragung sind die gleichen Geschwindigkeitsklassen wie für die
SDH-Hierarchie definiert (nämlich 155 Mbps und 622 Mbps), zusätzlich noch eine
asymmetrische Schnittstelle (622 Mbps in eine Richtung und 155 Mbps in Gegenrichtung) sowie durch das ATM-Forum eine 155-Mbps-Schnittstelle auch für Kupferdoppeladern (STP und UTP Kat. 5) und Schnittstellen für Kupferdoppeladern der Kategorie 3
(51 Mbps, 26 Mbps und 13 Mbps). Darüber hinaus ist eine auf FDDI-Technik basierende
Schnittstelle (TAXI, 100 und 140 Mbps) für Lichtwellenleiter spezifiziert.

5.3.1.2 ATM-Layer

Von dieser Schicht werden die Kernfunktionen eines ATM-Netzes erbracht: das Vermitteln und Multiplexen von Zellen. Dies geschieht auf der Basis der im Zellkopf enthaltenen Informationen (Abb. 5-16).

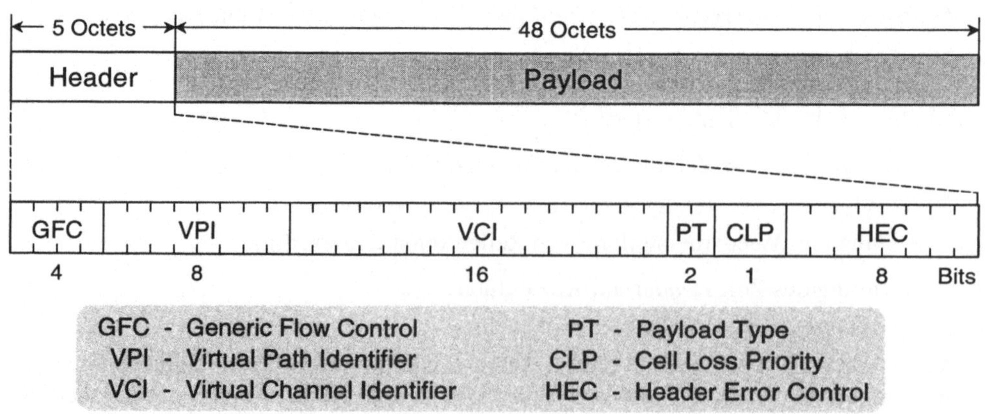

Abb. 5-16. Struktur der ATM-Zelle am User Network Interface

Generic Flow Control (GFC)

Über dieses Feld, das nur am UNI vorhanden ist (am NNI ist das VPI-Feld entsprechend erweitert), kann der **Zugang** zum ATM Netz gesteuert werden, etwa von Netzen aus, die Prioritäten kennen (wie z.B. DQDB) oder wenn verschiedene Informationsströme in das ATM-Netz eingespeist werden.

Virtual Channel Identifier (VCI), Virtual Path Identifier (VPI)

Die in Vermittlungseinrichtungen (*Switches*) für das Vermitteln von ATM-Zellen benötigte Information ist in den VCI- und VPI-Feldern enthalten. Die VCI- und VPI-Werte sind keine Adressen, sondern Kennungen (*Labels*), die für das *Routing* benutzt werden und nur innerhalb des ATM-Netzes von Bedeutung sind. Die Funktionsweise wird später ausführlicher beschrieben.

Payload Type (PT)

Dieses Feld dient der Kennzeichnung der Zellen (z.B. Nutzzellen, Management-Zellen).
Folgende Werte sind festgelegt:

PT	Bedeutung
000	Benutzerzelle, keine Überlast, AUU=0 (vgl. AAL 5)
001	Benutzerzelle, keine Überlast, AUU=1 (vgl. AAL 5)
010	Benutzerzelle, Überlast, AUU=0 (vgl. AAL 5)
011	Benutzerzelle, Überlast, AUU=1 (vgl. AAL 5)
100	Segment-OAM-Zelle
101	Ende-zu-Ende-OAM-Zelle
110	Reserviert für Lastmanagement
111	Reserviert

AUU bedeutet *ATM layer User to User indication;* das Bit kann benutzt werden, um eine nutzungsspezifische Information mitzugeben. Beim AAL-Typ 5 wird das Bit benutzt, um das Paketende (genauer das Ende einer SAR-SDU, vgl. AAL 5) anzuzeigen.

Cell Loss Priority (CLP)

Bietet die Möglichkeit, bei drohenden Zellverlusten steuernd einzugreifen. Zellen, in denen dieses Bit gesetzt ist, werden – falls sich die Notwendigkeit ergibt – vorrangig verworfen. Die Vorgehensweise ist nicht nur geeignet, um zwischen Zellen verschiedener virtueller Verbindungen wichten zu können, sondern kann auch angewendet werden, um innerhalb einer virtuellen Verbindung wichtigere und weniger wichtige Informationen zu unterscheiden (bei einem Videoverteildienst wäre beispielsweise ein geringer Verlust an Bildinformation i. Allg. nicht tragisch, der Verlust der Synchronisation aber schwerwiegend).

Header Error Control (HEC)

Schützt nur die *Header*-Information. Einbit-Fehler können korrigiert werden, Mehrbit-Fehler werden erkannt, fehlerhafte Zellen verworfen. Für die Nutzdaten (*Payload*) gibt es auf der ATM-Ebene keinen Fehlerschutz; für diese Daten ist der Fehlerschutz dienstabhängig auf den höheren Schichten zu organisieren.

ATM arbeitet verbindungsorientiert, d.h. zwischen den Kommunikationspartnern muss eine virtuelle Verbindung (VCC = *Virtual Channel Connection*) aufgebaut werden, bevor Daten ausgetauscht werden können; diese kann permanent sein oder dynamisch auf- und wieder abgebaut werden (was die Existenz entsprechender Signalisierungsprotokolle voraussetzt).

Eine *Virtual Channel Connection* dient nicht nur der Festlegung des Pfades durch das Netz (*Routing*-Information), sondern legt auch die Eigenschaften der Verbindung fest hinsichtlich der Verkehrslast und Dienstgüte (QoS = *Quality of Service*).

Eine virtuelle Verbindung (vgl. Abb. 5-17) besteht aus einer Kette von Verbindungsstrecken (*Virtual Channel Links*). Ein *Virtual Channel Link* verbindet benachbarte Vermittlungseinrichtungen (*Switches*).

Ein VCI-Wert charakterisiert eine virtuelle Verbindung auf einer Verbindungsstrecke (*Virtual Channel Link*). Eine virtuelle Verbindung ist durch die Folge der Verbindungsstrecken mit zugeordneten VCI-Werten bestimmt. Die VCI-Werte sind also nicht netzweit eindeutig (ihre Vergabe müsste sonst zentral gesteuert werden, und auch der Wertevorrat wäre bei der gegebenen Länge des Feldes im Zell-*Header* nicht ausreichend).

Aufgabe einer Vermittlungseinrichtung ist es, die zu virtuellen Verbindungen gehörenden Zellen, d.h. mit einem bestimmten VCI-Wert auf einem gegebenen *Input Port* ankommende Zellen auf einen bestimmten *Output Port* zu vermitteln und von dort mit einem vorbestimmten (und i. Allg. anderen) VCI-Wert abzusenden. Die entsprechenden Werte werden beim Aufbau einer virtuellen Verbindung festgelegt und können dann aus einer *Lookup Table* zum Vermitteln von Zellen abgerufen werden (vgl. Abb. 5-17).

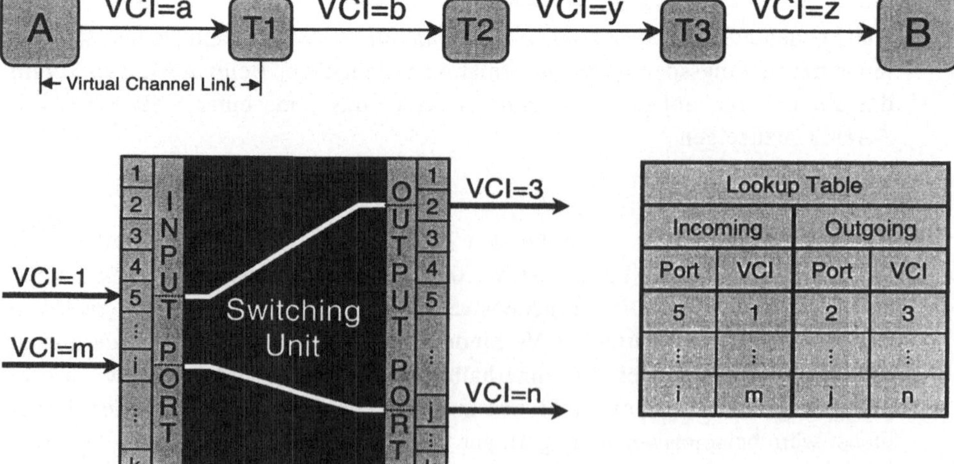

Abb. 5-17. Virtuelle Verbindungen

Wenn die Zahl der virtuellen Verbindungen sehr groß wird (wenn viele Verbindungen geringer Bandbreite, etwa 64-kbps-Sprachkanäle, etabliert werden), steigt der Verwaltungs- und Vermittlungsaufwand stark an. Es wurde deshalb eine zweite Vermittlungsebene definiert, die als virtueller Pfad (*Virtual Path Connection, Virtual Path Link*) bezeichnet wird. Virtuelle Pfade werden analog zu virtuellen Verbindungen gehandhabt mit der Einschränkung, dass VP-Vermittlungen nur das VPI-Feld des Zellkopfes berücksichtigen, wohingegen VC-Vermittlungen VCI- und VPI-Feld auswerten.

Eine VP-Vermittlung (auch als *Cross Connect* bezeichnet) kann somit virtuelle Verbindungen bündelweise schalten (vgl. Abb. 5-18 und Abb. 5-19).

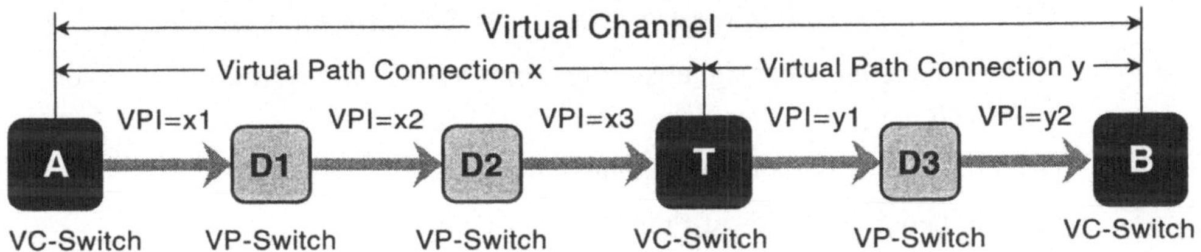

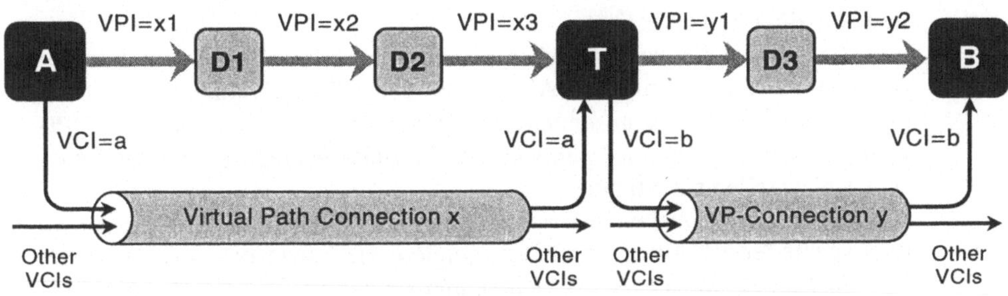

Abb. 5-18. Virtual Path & Virtual Channel Connection: Vermittlungssicht

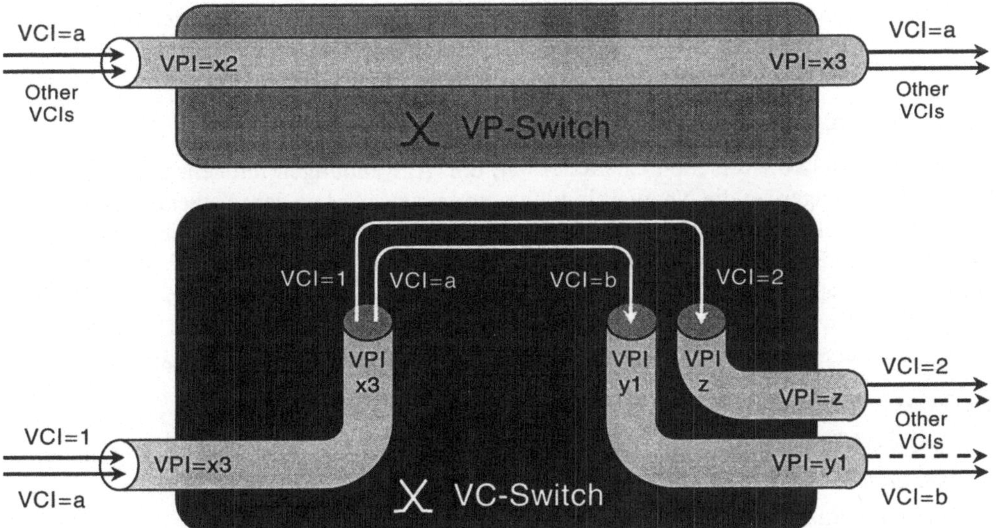

Abb. 5-19. Virtual Path & Virtual Channel Connection: Verbindungssicht

Das Zu- und Abschalten von virtuellen Verbindungen (also auch Auf- und Abbau von VCCs) belastet VP-Vermittlungen nicht. Die Güteparameter von virtuellen Pfaden (VP-Verbindungen) müssen denen der virtuellen Verbindungen (VC-Verbindungen) entsprechen, die sie tragen sollen.

Im Folgenden werde einige der für Steuerungszwecke reservierten VCI/VPI-Werte (an der UNI-Schnittstelle) angegeben:

$VCI = 0$ Leerzellen; diese sind weiterhin durch VPI = 0, PT = 0 und CLP = 1 charakterisiert; überdies enthält jedes Byte im Informationsfeld das Bitmuster B'01101010'. Leerzellen werden in der ATM-Schicht nicht bearbeitet.

$VCI = 1$ VPI ≠ 0, beliebig. Metasignalisierung zum Aufbau von Signalisierungsverbindungen

$VCI = 2$ VPI ≠ 0, beliebig. *Broadcast*-Signalisierung

$VCI = 5$ VPI ≠ 0, beliebig. Punkt-zu-Punkt-Signalisierung

$VCI = 3$ Segment-OAM-Zellen

$VCI = 4$ Ende-zu-Ende-OAM-Zellen
F4-OAM-Zellen dienen der Sicherung eines virtuellen Pfads. Die Funktionen können sich auf einzelne Abschnitte eines Pfads (Segmente) beziehen (VCI = 3) oder auf den gesamten Pfad (Ende-zu-Ende, VCI = 4). Das VPI-Feld gibt den Pfad an, auf den sich der F4-Fluss bezieht; im PT-Feld sind sie als Nutzzellen spezifiziert.
F5-OAM-Flüsse beziehen sich auf virtuelle Verbindungen (VCs). Für sie ist kein spezieller VCI-Wert reserviert, sondern sie haben den VCI-Wert der Verbindung, auf die sie sich beziehen, und werden im PT-Feld als F5-OAM-Zellen spezifiziert (vgl. PT-Feld).

$VCI=16$ ILMI-Zellen. Für sie gilt VPI = 0. Sie dienen der Realisierung der Funktionen des *Interim Local Management Interface* (ILMI) gemäß der UNI-Spezifikation des ATM-Forums.

5.3.1.3 Dienstklassen

Da ein ATM-Netz universellen Charakter hat, d.h. Anwendungen mit sehr unterschiedlichen Anforderungen an die Netzverbindung unterstützt, muss es den Anwendungen möglich sein, virtuelle Verbindungen (VCs) anzufordern, deren Leistungs- und Dienstgütemerkmale den Erfordernissen der Anwendung genügen. Dazu sind beim ATM-Forum fünf Dienstklassen (zu denen es bei ITU-T nicht in allen Fällen genaue Entsprechungen gibt) definiert worden. Diese unterscheiden sich in ihren grundsätzlichen Eigenschaften durch die unterschiedlichen Verkehrs- und Dienstgüteparameter, die spezifizierbar sind.

Die Verkehrsparameter sind:

— *Peak Cell Rate* (PCR),

— *Sustainable Cell Rate* (SCR),

— *Maximum Burst Size* (MBS),

— *Minimum Cell Rate* (MCR).

Die Dienstgüteparameter sind:

— *Cell Delay Variation* (CDV),

— *Cell Transfer Delay* (CTD),

— *Cell Loss Ratio* (CLR).

Wenn Parameter vereinbar sind, stellt sich die Frage, wie dies geschieht und wie die vereinbarten Werte überwacht und sichergestellt werden können. Darauf wird am Ende dieses Kapitels noch eingegangen.

Die spezifizierten Dienstklassen sind:

— **CBR** (*Constant Bit Rate*),

— **rt-VBR** (*realtime Variable Bit Rate*),

— **nrt-VBR** (*non-realtime Variable Bit Rate*),

— **UBR** (*Unspecified Bit Rate*) und

— **ABR** (*Available Bit Rate*).

CBR (*Constant Bit Rate*)

Diese Dienstklasse ist optimal geeignet für isochronen Verkehr, also für Anwendungen, die einen permanenten Informationsstrom fester Rate erzeugen. Dazu zählen klassische Video- und Audioanwendungen (wie Fernsehübertragungen oder Fernsprechen), aber auch die Emulation leitungsvermittelter Kanäle (wie E1, E3, T1, T3).

Für eine CBR-Verbindung ist die *Peak Cell Rate* (max. Übertragungsgeschwindigkeit) bis zur Leistungsgrenze des ATM-Anschlusses frei wählbar. Diese Datenrate steht für die gesamte Dauer der Verbindung zur Verfügung, muss aber nicht permanent genutzt werden. Da diese Dienstklasse auf hochwertige isochrone Verbindungen ausgerichtet ist, sind alle Dienstgüteparameter vorgesehen, d.h. die maximal zulässigen Verzögerungsschwankungen (maxCDV), die Zellen auf ihrem Weg vom Sender zum Empfänger erleiden dürfen sind vorgebbar, ebenso wie die maximale Gesamtverzögerung (maxCTD) und die Zellverlustrate (genauer der Zellverlustquotient, gebildet aus der Zahl der verlorenen Zellen und den insgesamt übertragenen Zellen). Eine gewisse Sonderrolle nimmt der Parameter CTD ein. Jeder Zelltransport unterliegt aufgrund der physikalischen Signallaufzeiten und der *Store-and-Forward-Delays* in den Vermittlungseinrichtungen einer Verzögerung, die für eine gegebene Verbindung eine Konstante ist und nicht unterschritten werden kann. CTD-Werte können deshalb nur oberhalb dieses Minimalwertes spezifiziert werden.

rt-VBR (*realtime Variable Bit Rate*)

Diese Dienstklasse ist zur Übermittlung von isochronem Verkehr variabler Bitrate gedacht. Solcher Verkehr entsteht beispielsweise durch die Anwendung von Kompressionsalgorithmen auf Audio- und Videosignale.

Die Güteparameter (CDV, CTD, CLR) sind wie bei CBR spezifizierbar. Bei den Verkehrsparametern müssen zur Beschreibung des *burst*-artigen Verhaltens neben der *Peak Cell Rate* noch Werte für die *Sustainable Cell Rate* (zulässige Dauerrate) und die *Maximum Burst Size* (max. *Burst*-Dauer) angegeben werden. Es dürfen zeitlich begrenzte *Bursts* (spezifiziert durch die *Maximum Burst Size*) mit der Maximaldatenrate (*Peak Cell Rate*) gesendet werden mit der Maßgabe, dass es auch Phasen mit geringerer Aktivität gibt, so dass im Mittel die *Sustainable Cell Rate* nicht überschritten wird.

Die nrt-VBR-Dienstklasse ist ohne Vorbild, da bisher kein Netz fähig war, solchen Verkehr adäquat, d.h. effizient zu übertragen.
Ein praktisches Problem bei der Nutzung dieser Klasse dürfte z.B. darin bestehen, dass kaum ein Anwender in der Lage sein wird, etwa die Anforderungen eines eingesetzten Video-Codecs so genau zu kennen, dass er die erforderlichen Parameterwerte realitätsnah angeben könnte. Abhilfe könnten in Zukunft Codecs schaffen, die direkt auf ATM aufsetzen und selbst in der Lage sind, ihre Netzanforderungen zu spezifizieren.

Wenn man diese Dienstklasse ernst nimmt und sie bei der Reservierung der Bandbreite nicht einfach mit der PCR berücksichtigt (netzseitig also wie CBR behandelt), dann muss man bezogen auf die PCR Überbuchungen der verfügbaren Bandbreite zulassen. Daraus ergeben sich probabilistische Effekte, die die Frage nach der Verbindlichkeit der Vereinbarungen aufwerfen.

nrt-VBR (*non-realtime Variable Bit Rate*)

Diese Dienstklasse ist für Anwendungen geeignet, die variable Bitraten aber keine *Realtime*-Eigenschaften benötigen, d.h. für hochwertige asynchrone Übertragungen mit garantierten Bandbreiten und vorgebbaren maximalen Zellverlustraten, wie sie etwa in unternehmenskritischen Datenanwendungen (z.B. SAP), im Bankenbereich oder in Reservierungssystemen auftreten.

Die Datenratenanforderungen werden wie bei rt-VBR durch die *Peak Cell Rate, Sustainable Cell Rate* und *Maximum Burst Size* beschrieben, und die tolerierbaren Zellverluste durch Vorgaben für den CLR-Wert angegeben. Da Isochronität nicht gefordert ist, finden die Parameter *Cell Delay Variation* und *Cell Transfer Delay* keine Berücksichtigung.

UBR (*Unspecified Bit Rate*)

Die UBR-Dienstklasse wurde eingeführt mit dem Ziel, die von den vorher beschriebenen, mit Dienstgütegarantien versehenen Dienstklassen nicht benötigten Ressourcen solchen Anwendungen, die keine besonderen Anforderungen an die Eigenschaften einer Netzverbindung haben, im freien Spiel der Kräfte zur Verfügung zu stellen. Es sind dies Anwendungen, die traditionell über sogenannte *Best-Effort*-Paketnetze abgewickelt werden (Datenanwendungen auf der Basis der TCP/IP-Protokolle, LAN-Interkonnektion u.ä.).

Bei UBR gibt es keinerlei Dienstgütegarantie von Seiten des Netzes. Manche Endgeräte oder Netzzugangskomponenten gestatten die Angabe einer maximalen Datenrate (PCR). Diese hat aber nur den Rang einer freiwilligen Selbstbeschränkung des Senders, die keine Verbindlichkeit im Netz besitzt. Das Problem mit UBR ist, dass mit dem Fehlen einer

Vereinbarung zwischen Anwendung und Netz auch vom Sender einzuhaltende Vorgaben fehlen, ein Sender also mit beliebiger Rate senden darf (evtl. begrenzt durch die vorher erwähnte Grenzrate, die sich aber nicht an den konkreten Bedingungen im Netz orientiert). Die Folge ist, dass Überlastprobleme in den Netzknoten auftreten können, die nur durch das Verwerfen von Zellen zu beseitigen sind.

Eine solche Vorgehensweise, bei der (rigorose) Methoden der Beseitigung von Überlastsituationen (nämlich das Verwerfen von Zellen) systematisch zur Flusssteuerung 'missbraucht' werden, ist nur akzeptabel unter der Prämisse, dass aufgrund der Gesamtkonstellation so herbeigeführte Überlastsituationen in den Netzknoten seltene Ereignisse sind. Wenn diese Voraussetzung nicht erfüllt ist – und davon ist auszugehen, da leistungsfähige Workstations heute schon Datenraten von mehreren hundert Mbps erzeugen können und gerade solche Endgeräte vorrangig einen direkten ATM-Anschluss erhalten – ist eine Explosion der Netzanforderungen und ein Zusammenbruch der Performance die Folge (für UBR-Verkehr; auf die anderen Dienstklassen hat dies bei korrekter Auslegung der Vermittlungseinrichtungen keine negativen Effekte).

Dies soll am Beispiel des Transports von IP-Paketen über eine UBR-Verbindung erläutert werden:
IP ist ein paketorientiertes Netzwerkprotokoll, und für den Transport über ein ATM-Netz ist eine maximale Paketgröße (*Maximum Transfer Unit*, MTU) von 9180 Bytes (*default MTU size*) festgelegt worden. Solche Pakete werden für den Transport über das Netz in Zellen zerlegt (d.h. ein Paket in *Default*-Größe entspricht 192 Zellen). Die Logik der Übertragung und insbesondere die Fehlersicherung erfolgt paketorientiert, d.h., bei Verfälschung oder Verlust einer einzigen Zelle muss das gesamte Paket (entsprechend 192 Zellen) wiederholt werden. Das ist im Einzelfall verkraftbar. Wenn aber das Verwerfen von Zellen bei UBR systematisch als Mittel der Flusssteuerung eingesetzt wird, dann wird im Überlastfall durch die Wiederholung ganzer Pakete die Netzlast weiter erhöht, was wiederum die Wahrscheinlichkeit erneuter Zellverluste erhöht usw., bis schließlich die Netzperformance zusammenbricht.

Durch eine geschickte Vorgehensweise beim Verwerfen von Zellen in Vermittlungseinrichtungen kann die vorher geschilderte Problematik entschärft werden; das Stichwort lautet *Packet-level Discard*. Das Prinzip besteht darin, dass – wenn es notwenig geworden ist, eine Zelle zu verwerfen – alle weiteren Zellen des gleichen Pakets ebenfalls verworfen werden. Dadurch wird die verwerfende Vermittlungseinrichtung ebenso wie alle nachfolgenden Netzkomponenten von sinnlosem Verkehr entlastet (da ohnedies das gesamte Paket wiederholt werden muss), und die Wahrscheinlichkeit vergrößert, dass Zellen anderer Pakete unbehelligt bleiben. Es gibt zwei Varianten des *Packet-level Discard*. Die eine, als *Partial* oder *Residual Packet-level Discard* bezeichnet, vehält sich so, wie vorher beschrieben. Diese hat den Nachteil, dass erst gehandelt wird, wenn der Überlastfall eingetreten ist und die Beseitigung der Überlastsituation absoluten Vorrang hat mit der Folge, dass ziemlich wahllos Zellen verworfen werden müssen, u.U. also Zellen aus verschiedenen Paketen oder Zellen aus Paketen, die schon fast vollständig übertragen sind, kurz Zellen, deren Verwerfen einen vergleichsweise großen Schaden bedeutet. Dies versucht die andere Variante, als *Early Packet-level Discard* bezeichnet, zu vermeiden. Hierbei werden, wenn eine Überlastung droht, ganze Pakete verworfen, und zwar nach Möglichkeit Pakete einer virtuellen Verbindung, die für die drohende Überlast (mit-) verantwortlich ist.

Das Systemverhalten beim *Packet-level Discard* kann verbessert werden, wenn die letzte Zelle eines Pakets (die bei der für paketorientierte Übertragungen über ein ATM-Netz zuständigen AAL 5 (vgl. nachfolgendes Kapitel) leicht zu erkennen ist) nicht verworfen wird. Die Ankunft eines Paketes muss empfängerseitig von den höheren Protokollschichten bearbeitet werden; bei einem nicht korrekt übermittelten Paket muss dieses erkannt werden und eine negative Rückmeldung an den Sender erfolgen, der daraufhin die Wiederholung des Pakets startet. Diese Bearbeitung wird durch die Ankunft der letzten Zelle eines Pakets initiiert. Trifft diese letzte Zelle nicht ein, so bleibt der Empfänger in Warteposition bis diese unspezifisch durch Ablauf eines *Timers* beendet wird (jede Netzoperation wird durch *Timer* abgesichert, um unendliche Wartesituationen zu verhindern). Dadurch wird die Behandlung der Situation durch die höheren Protokolle unnötig hinausgezögert, d.h. es geht Zeit verloren, in der auch Netzressourcen unnötig blockiert werden.

Der große Vorteil des *Packet-level Discard* besteht darin, dass es relativ einfach zu realisieren ist und – in welcher Ausprägung auch immer – isoliert einsetzbar ist, d.h. ein abgestimmtes Vorgehen bei der Einführung dieser Technik ist nicht erforderlich. Wenn ein *Switch* diese Technik unterstützt, kann sie nutzbringend eingesetzt werden unabhängig von der Situation anderer *Switches*. Ein weiterer Vorteil besteht darin, dass die Realisierung von *Packet-level Discard* die ATM-Interfaces der Endgeräte nicht betrifft, also unabhängig von den Endbenutzern erfolgt.

Mit *Packet-level Discard* wird von dem Grundprinzip abgewichen, dass sich ATM-Vermittlungen – was den Transport von Nutzzellen angeht – auschließlich um die Vermittlung von Zellen aufgrund ihrer Zugehörigkeit zu zuvor etablierten virtuellen Verbindungen kümmern. Dieses Prinzip wird durch die Berücksichtigung der Struktur, die die in den Zellen transportierte Information außerhalb des ATM-Netzes hat, nämlich die Paketstruktur, verletzt.

ABR (*Available Bit Rate*)

Trotz der möglichen Verbesserung der Situation durch *Packet-level Discard* ist die verbreitete Verwendung von UBR problematisch, weshalb eine weitere Dienstklasse, nämlich ABR, definiert wurde, die UBR weitgehend ersetzen soll. Die Zielsetzung bei ABR ist die gleiche wie bei UBR: Nutzbarmachung der von den mit Garantien versehenen Dienstklassen nicht benötigten Ressourcen durch Anwendungen ohne besondere Anforderungen an die Dienstgüte der Netzverbindung, und zwar möglichst fair und ohne Überlasteffekte, hervorgerufen durch extreme Senderaten einzelner Anwendungen (vgl. Abb. 5-20). Dazu wird bei ABR eine Flusskontrolle etabliert.

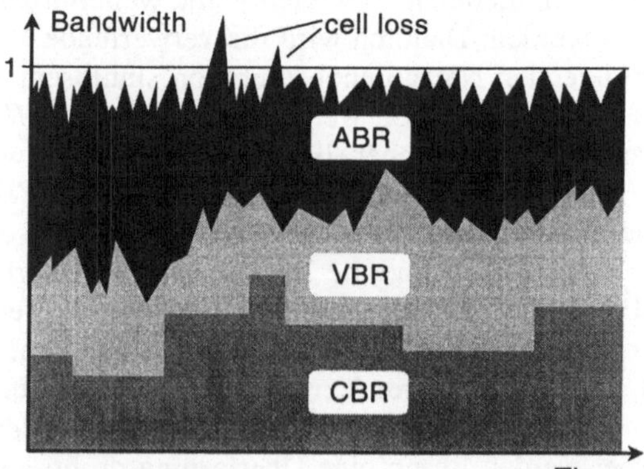

Abb. 5-20. ATM-Dienstklassen

Angebbare Parameter sind *Peak Cell Rate*, *Minimum Cell Rate* und *Cell Loss Ratio*. Die *Peak Cell Rate* hat – wie bei UBR, wenn sie dort angegeben wird – keine Verbindlichkeit im Netz. Sie beschreibt den Wunsch der Applikation und ist eine Beschränkung der Rate, mit der Daten ins Netz eingespeist werden dürfen. Das Netz kann die tatsächliche Rate bei Bedarf bis auf die *Minimum Cell Rate* drosseln, die garantiert wird. Angesichts der Problematik von Zellverlusten bei paketorientierten Übertragungen ist die Vorgabe der tolerierbaren Zellverluste bedeutsam, und zwar sowohl aus Netzsicht zur Vermeidung unnötigen Netzverkehrs als auch aus Anwendungssicht zur Vermeidung niedriger effektiver Datenraten und großer Verzögerungen durch häufige Wiederholungen ganzer Pakete.

Das Ziel von ABR – eine hohe Netzauslastung bei geringen Zellverlusten zu erreichen – wird durch einen Flusskontrollmechanismus erreicht, durch den die Senderate der Endgeräte ständig an den aktuellen Lastzustand des Netzes angepasst wird. Dazu werden von einem Sender in regelmäßigen Abständen (angebbar durch einen Parameter) sogenannte *Resource-Management*-Zellen (RM-Zellen) generiert. Diese sind im *Payload-Type*-Feld des Zellkopfes durch PT = '110' gekennzeichnet (vgl. Abb. 5-16 auf Seite 300). RM-Zellen werden wie Benutzerzellen als *Forward Resource Management Cells* über eine bestehende virtuelle Verbindung zum Empfänger geschickt. Dort werden sie durch Umsetzen des *Direction Bit* in *Backward Resource Management Cells* umgewandelt und an den Absender zurückgeschickt. Empfängerstation und alle auf dem Pfad liegenden Vermittlungseinrichtungen (*Switches*) können in den durchlaufenden RM-Zellen Eintragungen vornehmen, die den Absender, wenn er die Zellen wieder empfängt und die Informationen auswertet, in den Stand versetzen, die Senderate an die Lastsituation im Netz anzupassen (vgl. Abb. 5-21 über die Struktur der RM-Zellen).

Switches, deren Lastzustand in erster Linie den Lastzustand eines Netzes charakterisiert, können die ABR-Flusskontrolle mit unterschiedlicher Funktionalität unterstützen.

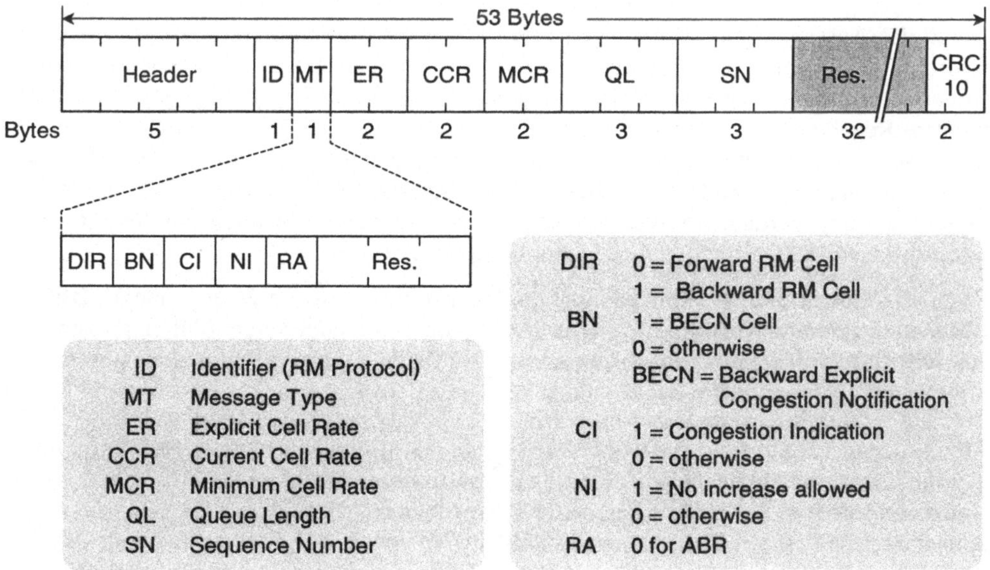

Abb. 5-21. Struktur der RM-Zellen

- ***EFCI Marking (Explicit Forward Congestion Indication)***

  Dieses ist die einfachste und am wenigsten effiziente Form der Unterstützung, die auch nur eine indirekte Unterstützung ist, da der *Switch* die RM-Zellen nicht beachtet, sondern in den durchlaufenden Benutzerzellen (gekennzeichnet durch PT = '0xx' im *Payload-Type*-Feld des Zellkopfes) im Überlastfall das EFCI-Bit setzt (das EFCI-Bit ist das zweite Bit im *Payload-Type*-Feld, d.h. aus PT = '0xx' wird PT = '01x'). Die Zielstation registriert die Überlastsituation (angezeigt durch das gesetzte EFCI-Bit) und setzt daraufhin in der nächsten RM-Zelle das CI-Bit (*Congestion Indication*), bevor sie diese an den Absender zurückschickt, der daraufhin die Senderate reduziert.

- ***Relative Rate Marking***

  Switches, die diese Funktionalität unterstützen, können (bei Bedarf) in den durchlaufenden RM-Zellen selbst das CI-Bit (*Congestion Indication*) oder das NI-Bit (*No Increase allowed*) setzen. Sie dürfen diese Bits – wenn sie in RM-Zellen bereits gesetzt sind – niemals löschen.

- ***Explicit Rate Marking***

  Dieses ist die effizienteste Art der Regelung der Senderate. Hierbei überprüft ein *Switch* den im ER-Feld (*Explicit Cell Rate*) angegebenen Wert. Dieser stimmt, wenn nicht zuvor ein anderer *Switch* eine Korrektur vorgenommen hat, mit dem Wert des CCR-Feldes (*Current Cell Rate*) überein, das wiederum maximal den Wert der vereinbarten *Peak Cell Rate* annehmen kann. Stellt der *Switch* fest, dass er die eingetragene *Explicit Cell Rate* nicht unterstützen kann, so reduziert er den Eintrag auf einen Wert, den zu unterstützen er in der Lage ist, wobei die für die Verbindung garantierte *Minimum Cell Rate* aber nicht unterschritten werden darf.

Durch das Aussenden und Empfangen von RM-Zellen werden Sendestationen mit Lastinformation aus dem Netz versorgt, auf die sie in definierter Weise zu reagieren haben, so dass ein Ende-zu-Ende-Regelkreis entsteht. Dieser große Regelkreis kann in mehrere kleinere Regelkreise aufgespalten werden, indem *Switches* im Pfad als "virtuelle Endgeräte" agieren und empfangene RM-Zellen retournieren und dafür selbst neue RM-Zellen generieren und weitersenden. Auf diese Weise kann die Reaktionszeit auf Überlastsituationen verkürzt werden. Sinnvoll ist eine solche Maßname vor allem an Netzgrenzen, d.h. zwischen ATM-Netzen unterschiedlicher Betreiber.

Switches in einer akuten Überlastsituation können auch sofort eine sogenannte BECN-RM-Zelle (*Backward Explicit Congestion Notification*) generieren (durch Setzen des BN-Bits (*Backward Notification*)), in der das CI-Bit (*Congestion Indication*) gesetzt ist, um eine möglichst schnelle Reaktion des Senders zu erreichen.

Eine sendende Station, die eine *Backward-Resource-Management*-Zelle empfängt, muss auf die darin enthaltene Lastinformation in bestimmter Weise, die durch einige beim Verbindungsaufbau festgelegte Parameter vorgegeben ist, reagieren.
Am einfachsten ist der Fall, wenn das NI-Bit (*No Increase*) gesetzt ist, durch das der Sender angewiesen wird, mit gleicher Rate (*Current Cell Rate*) weiter zu senden, oder wenn durch einen korrigierten Wert im ER-Feld die neue Senderate explizit vorgegeben wird.

Wenn das CI-Bit gesetzt ist, muss die Senderate erniedrigt werden. Wie, bzw. in welchen Schritten dies zu geschehen hat, ist durch die Parameter RDF (*Rate Decrease Factor*) und CDF (*Cutoff Decrease Factor*) festgelegt.

Wenn eine Station *Backward*-RM-Zellen ohne Hinweis auf eine Überlast im Netz empfängt, kann sie stufenweise (gesteuert durch den Parameter RIF = *Rate Increase Factor*) die Senderate bis maximal zur *Peak Cell Rate* erhöhen.

Die Dienstklasse ABR muss von den Endgeräten (den ATM-Interfaces) unterstützt werden, denn diese müssen in der Lage sein, RM-Zellen zu generieren und auszusenden und empfangene RM-Zellen zu retournieren bzw. auszuwerten. Dies erfordert eine neue Generation von Geräteadaptern. Ihre volle Wirkung kann die Flusskontrolle nur entfalten, wenn alle *Switches* im Netz (bzw. im Pfad) sie unterstützen. Es müssen aber nicht alle Netzkomponenten (insbesondere *Switches*) den Flusskontrollmechanismus unterstützen, um ihn einsetzen und auch Nutzen daraus ziehen zu können, obgleich er seine volle Wirksamkeit erst entfalten kann, wenn alle Komponenten teilnehmen.

Vermittlungseinrichtungen (*Switches*) vermitteln Zellen aufgrund ihrer Zugehörigkeit zu einer bestimmten virtuellen Verbindung von einem bestimmten Eingang zu einem bestimmten Ausgang. Da es möglich ist, dass temporär mehr für einen bestimmten Ausgang bestimmte Zellen einlaufen als abfließen können, müssen für jeden Ausgang[1] Pufferspeicher bereitgestellt und Warteschlangen organisiert werden, wenn dieser normale Betriebszustand nicht Zellverluste zur Folge haben soll. Um die Anforderungen der verschiedenen Dienstklassen erfüllen und ausschließen zu können, dass hohes Verkehrsaufkommen oder Überlastprobleme durch eine Dienstklasse negative Rückwirkungen auf andere − insbesondere höherwertige − Dienstklassen haben, müssen eigene Warteschlangen für jede Dienstklasse eingerichtet werden. Aber auch innerhalb einer Dienstklasse können die Anforderungen durch unterschiedlich scharfe Vorgaben für die jeweils angebbaren Parameter sehr unterschiedlich sein, so dass eine sequentielle Abarbeitung innerhalb einer Dienstklasse suboptimale Ergebnisse haben kann. Dies zu Ende gedacht, zeigt, dass für optimale Steuerungsmöglichkeiten eine eigene Warteschlange für jede virtuelle Verbindung erforderlich ist (*per-VC Queuing*). Moderne leistungsfähige ATM-*Switches* bieten diese Funktionalität.

Es muss darauf hingewiesen werden, dass die Pufferung in den *Switches* Einfluss auf die Dienstgüteparameter *Cell Delay Variation* und *Cell Loss Ratio* hat. Große Pufferkapazitäten vermindern die Wahrscheinlichkeit von Zellverlusten, erhöhen gleichzeitig aber die möglichen Verzögerungsschwankungen. Auch hieraus lässt sich ableiten, dass eine Vielfalt von Warteschlangen von Vorteil ist, weil dadurch für unterschiedliche Verbindungen auch hinsichtlich der Pufferung unterschiedliche Strategien verfolgt werden könnnen, also beispielsweise bei nicht *delay*-sensitiven Verbindungen große Pufferspeicher vorzusehen, um dadurch die Wahrscheinlichkeit von Zellverlusten zu reduzieren.

---

[1] Es kann auch eingangsseitig gepuffert werden, jedoch besteht dabei die Gefahr des sogenannten *Head-of-the-line-blocking*, das die Folge der sequentiellen Abarbeitung der Warteschlangen ist, die zur Folge hat, dass durch eine Blockierung des ersten Elements der Warteschlange (weil es beispielsweise auf einen gerade blockierten Ausgang geroutet werden muss) alle nachfolgenden Elemente ebenfalls blockiert werden, obgleich die Blockierungsursache u.U. für sie nicht gilt, sie also weiterbefördert werden könnten, wenn sie nicht durch das erste Element blockiert würden.

5.3.1.4 Verkehrsmanagement

Wenn Anwendungen Verbindungen mit bestimmten Leistungs- und Dienstgütemerkmalen anfordern können, dann müssen Prozeduren existieren, die dieses realisieren und solche, die die Einhaltung der Festlegungen überwachen und gegebenenfalls erzwingen.

Fordert ein Teilnehmer (bzw. eine Anwendung) eine Verbindung mit bestimmten Eigenschaften an, dann muss zunächst der Netzzugangsknoten überprüfen, ob er die dafür benötigten Ressourcen zur Verfügung stellen kann. Wenn dies der Fall ist, versucht er, eine virtuelle Verbindung zu dem gewünschten Adressaten aufzubauen, wobei die gewünschten Leistungs- und Dienstgüteparameter mitgegeben werden. Jeder einzelne *Switch* im Pfad muss nun überprüfen, ob er die geforderten Werte garantieren kann, ohne dass bereits bestehende Verbindungen in Mitleidenschaft gezogen werden. Gegebenenfalls müssen die benötigten Ressourcen reserviert werden. Diese Funktion wird als *Connection Admission Control* (CAC) bezeichnet. Wenn die Verbindung zustande kommt, besteht zwischen dem Teilnehmer und dem Netz ein *Service Contract*, in dem die Leistungs- und Dienstgütemerkmale dieser Verbindung festgeschrieben sind.

Es besteht ein beiderseitiges Interesse, dass die im *Service Contract* vereinbarten Gütekriterien auch eingehalten werden: Aus Sicht des Teilnehmers, weil die für eine Verbindung geforderten Eigenschaften von der Anwendung tatsächlich benötigt werden und u.U. auch dafür bezahlt werden muss; aus Sicht des Netzes, um die übrigen Teilnehmer vor den Folgen einer Überbeanspruchung der vorhandenen Ressourcen über das vereinbarte Maß hinaus zu schützen.

Die Überwachung der für eine Verbindung vereinbarten Werte ist eine Funktion des Netzzugangs (UNI) und wird als *Usage Parameter Control* (UPC) bezeichnet. Die Überwachung darf – da sie für jede virtuelle Verbindung (und das können sehr viele sein) permanent erfolgen muss – nur einen geringen Aufwand erfordern. Die Messung der Datenrate (diese ist die wichtigste zu überwachende Größe) erfolgt beispielsweise durch Messung der zeitlichen Abstände aufeinander folgender Zellen. Eine einfache Differenzmessung genügt allerdings nicht, da das Ankunftsraster vom Senderaster der Datenquelle abweichen kann (z.B. durch Multiplexen mehrerer Zellstöme oder Einschieben von Managementzellen), so dass die Gefahr bestünde, dass ein vom Sender konform zum *Service Contract* eingespeister Zellstrom als nicht konform eingestuft würde. Das Verfahren muss also ein gewisses Maß an Toleranz gegenüber Schwankungen in den Ankunftszeiten, die der Sender nicht zu verantworten hat, aufweisen. Das festgelegte Verfahren trägt die Bezeichnung *Generic Cell Rate Algorithm* (GCRA). Das (äquivalente) Bild, das die Funktion beschreibt, wird als *Leaky Bucket* (löcheriger Eimer) bezeichnet. Ein Eimer mit einem Loch lässt einen gleichmäßigen durch die Größe des Loches bestimmten Strom austreten. Der Zulauf darf ungleichmäßig sein und führt nicht zu Verlusten, solange die Schwankung durch das Volumen des Eimers ausgeglichen werden kann.

Man kann über das Beobachten des Zellstroms (was auch als *Soliciting* bezeichnet wird) hinausgehen und den Zellstrom entsprechend den Vorgaben formen (als *Traffic Shaping* bezeichnet). *Traffic Shaping* kann beim Teilnehmer stattfinden, um von vornherein sicherzustellen, dass der ins Netz eingespeiste Zellstrom konform zum *Traffic Contract* ist. *Traffic Shaping* kann aber auch am Netzzugang vorgenommen werden, um einen nicht (oder nicht mehr) konformen Zellstrom entsprechend den Vorgaben umzuformen. In der

Regel bezieht sich *Traffic Shaping* auf die *Peak Cell Rate* oder die *Maximum Burst Size*, wobei durch Verzögerung von Zellen Spitzen abgebaut werden und ein gleichmäßigerer Zellfluss erreicht wird, was letztlich auch die *Cell Delay Variation* verbessert. Dies ist natürlich nur in dem Maße zulässig wie dadurch nicht andere Dienstgütevorgaben verletzt werden. Generell erlaubt ein gleichmäßigerer Datenfluss eine bessere Auslastung der vorhandenen Ressourcen.

Wenn die Einhaltung der im *Traffic Contract* festgeschriebenen Parameter überwacht wird, muss auch festgelegt werden, was zu geschehen hat, wenn die Vorgaben nicht eingehalten werden. Eine mögliche Reaktion, *Traffic Shaping*, wurde bereits erwähnt. Die Unterstützung von *Traffic Shaping* am Netzzugang ist aber nicht obligatorisch, und selbst wenn es durchgeführt wird, muss es nicht erfolgreich sein. Die normale Reaktion auf die Anlieferung nicht zum *Service Contract* konformer Zellen ist deren Verwerfen. Eine weniger rigorose Reaktion ist die Umwandlung prioritärer (wichtiger) Zellen (manifestiert durch den Wert 0 im *Cell-Loss-Priority*-Bit des Zellkopfes) in nichtprioritäre (bei Bedarf vorrangig zu verwerfende) Zellen (CLP = 1).

Die vorangehende Beschreibung zeigt, dass das Verkehrsmanagement (im weiteren Sinne gehört dazu auch die Flusssteuerung der ABR-Dienstklasse und *Packet-level Discard* bei UBR) in ATM-Netzen eine sehr wichtige Rolle spielt, um gleichzeitig sehr viele und unterschiedliche Netzanforderungen bei guter Auslastung der verfügbaren Ressourcen erfüllen zu können.

5.3.1.5 ATM Adaption Layer (AAL)

Die Aufgaben der Anpassungsschicht sind

- die dienstgerechte Aufbereitung der Nutzinformation auf Senderseite,

- die Extraktion der Nutzinformation und deren (zeitgerechte) Weitergabe auf Empfängerseite und

- die Bereitstellung und Auswertung der erforderlichen Steuer- und Management-Funktionen.

Die AAL-Schicht regelt den Netzzugang; die Festlegung von Dienstgüteparametern und deren Überwachung sowie Flusskontrollfunktionen sind Aufgaben des Netzzugangs.

Es ist die AAL-Schicht, die einem ATM-Netz die Flexibilität verleiht, die unterschiedlichsten Dienste zu transportieren. Ein ATM-Netz hat nicht nur die Fähigkeit der Diensteintegration, sondern auch der Netzintegration, d.h. über ein ATM-Netz können z.B. auch Schnittstellen wie E1, X.25 und *Frame Relay* transportiert werden, ebenso wie Datendienste wie SMDS (*Switched Multimegabit Data Service*) oder dessen europäisches Analogon CBDS (*Connectionless Broadband Data Service*) oder Sprache (Fernsprechen). Obgleich die Abbildung solcher Dienste auf ATM in den Standardisierungsgremien – insbesondere ITU-T – eine große Rolle spielt, soll hier nicht näher darauf eingegangen werden, sondern nur auf einige Grundfunktionen, die für diese Dienste natürlich auch Gültigkeit besitzen. Die verschiedenen Dienstklassen werden durch Protokolle (AAL-Typen, kurz AAL x, Abb. 5-22) realisiert.

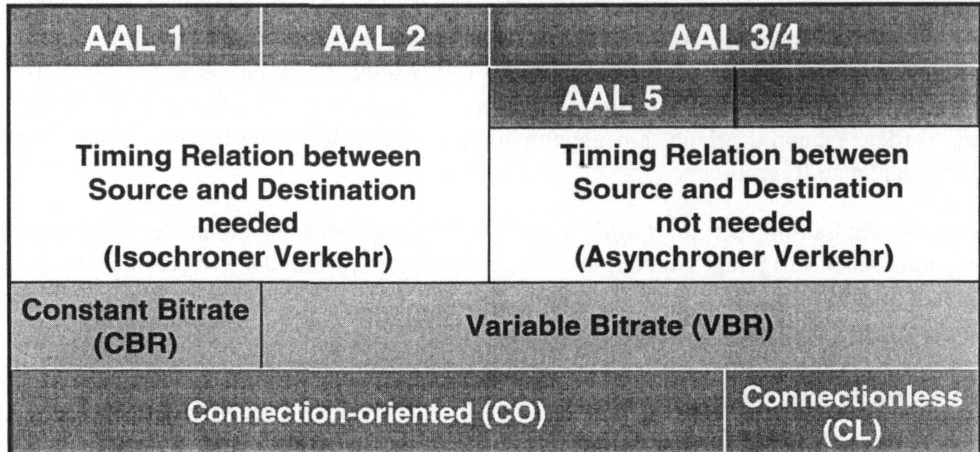

Abb. 5-22. Protokolle der AAL-Schicht

AAL-Typ 1 realisiert die Dienste der Klasse CBR, AAL-Typ 2 die der Klasse rt-VBR. Ursprünglich waren die AAL-Typen 3 bzw. 4 für verbindungsorientierte bzw. verbindungslose asynchrone Anwendungen vorgesehen. Bei der Spezifikation zeigte es sich, dass dazu keine grundsätzlich unterschiedlichen Protokolle erforderlich waren, so dass die beiden Protokolltypen zu einem Typ zusammengefasst werden konnten, der in Anlehnung an die vorher propagierte Struktur als AAL 3/4 bezeichnet wurde.

Ebenfalls nachträglich eingeführt wurde ein stark vereinfachtes Protokoll für asynchronen verbindungsorientierten Verkehr, das als AAL-Typ 5 (SEAL = *Simple and Efficient Adaption Layer)* bezeichnet wird.

Per AAL 5 werden paketorientierte Daten über ein ATM-Netz übertragen. Dazu gehören die LAN-Interkonnektion, der Transport von IP (Internet), der Transport von *Frame Relay* über ATM sowie die Signalisierungskanäle zur Netzsteuerung, so dass diesem Protokoll neben AAL 1 (für kanalvermittelte Verbindungen) eine besondere Bedeutung zukommt.

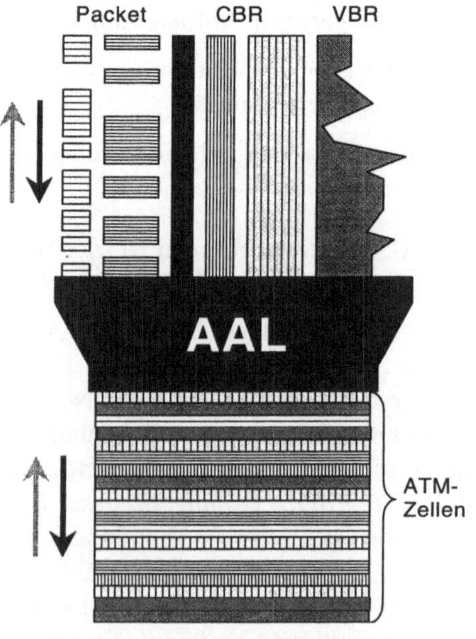

Grob zusammenfassend hat die Anpassungsschicht die Aufgabe (vgl. Abb. 5-23), unterschiedliche Informationsströme anwendungsgerecht aufzubereiten, in eine Folge von Zellen zu zerlegen und für deren Transport durch das ATM-Netz virtuelle Verbindungen aufzubauen, deren Verkehrs- und QoS-Parameter anwendungsspezifisch festzulegen sind. Die Anpassungsschicht bietet noch viel Spielraum für intelligente Lösungen, um Informationen in standardisierter und für die dahinter stehenden Anwendungen wie für den Netzbetrieb optimaler Weise aufzubereiten.

**Abb. 5-23. Funktionsprinzip der
AAL-Schicht**

Die AAL-Schicht benötigt für die Realisierung ihrer Dienste null (AAL 5), ein (AAL 1) oder vier (AAL 3/4) Bytes des *Payload*-Feldes einer jeden erzeugten Zelle. Dies ist neben dem Zell-*Header* und dem Overhead, der durch Abbildung der Zellen auf die Struktur des Übertragungssystems entsteht, die dritte Quelle ATM-spezifischen Overheads, so dass von einem 155-Mbps-Übertragungskanal insgesamt nur etwa 136,7 Mbps (AAL 5), 132,4 Mbps (AAL 1) bzw. 124,3 Mbps (AAL 3/4) für Anwendungsdaten und anwendungsspezifischen Overhead höherer Schichten verbleiben.

Wie schon die PL-Schicht ist auch die AAL-Schicht in zwei Teilschichten unterteilt (s. Abb. 5-24), dem

* **Segmentation And Reassembly** (SAR-) *Sublayer* und dem

* **Convergence Sublayer** (CS).

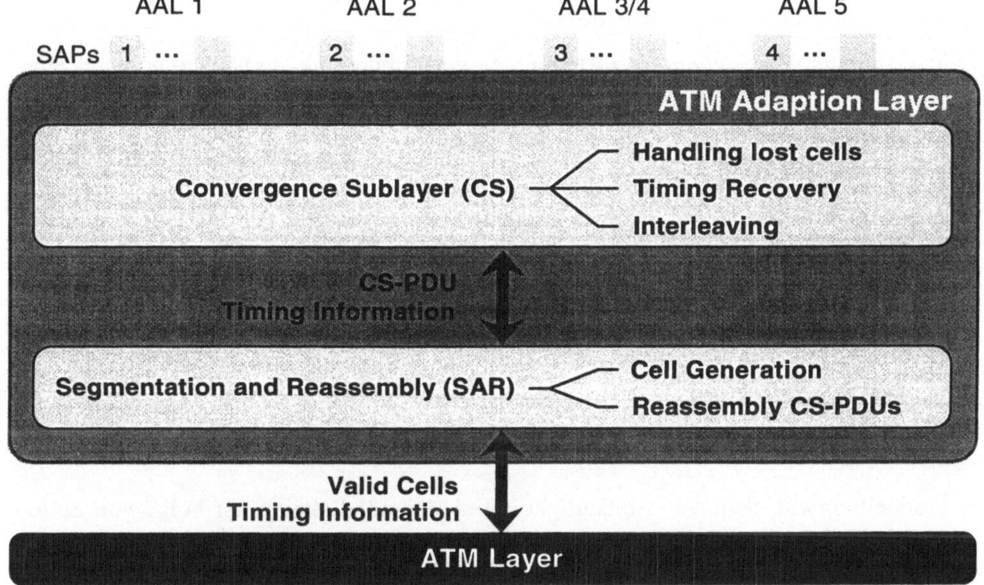

Abb. 5-24. Funktionen der AAL-Schicht

Der SAR-Teilschicht obliegt die Erzeugung von Zellen (auf Senderseite) und die Wiederherstellung der ursprünglichen Datenstruktur auf Empfängerseite.

Alle übrigen Funktionen erbringt die CS-Teilschicht; je nach AAL-Typ ist diese nochmals unterteilt in einen dienstspezifischen Teil (*Service Specific Convergence Sublayer*, SSCS) und einen gemeinsamen Teil (*Common Part Convergence Sublayer*, CPCS). Zu den Aufgaben des *Convergence Sublayer* gehören die anwendungsgerechte Aufbereitung der Daten, die Bereitstellung von Zeitinformation (falls erforderlich) und die Realisierung eines Fehlerschutzes für die Anwendungsdaten (falls adäquat). Eine Ausnahme hiervon bildet nur AAL-Typ 3/4, wo der Fehlerschutz bereits auf der SAR-Ebene realisiert ist.

AAL-Typ 1 (Isochroner Verkehr fester Bitrate, Leitungsemulation)

Beim AAL-Typ 1 sind die Aufgaben der CS-Teilschicht immer dienstspezifisch, so dass hier ein gemeinsamer Teil (CPCS) nicht vorhanden ist.

AAL-Typ 1 ist vorgesehen für

- die Realisierung von synchronen und asynchronen Leitungsschnittstellen,

- die Übertragung von Videodaten,

- die Übertragung von Sprache und

- die Übertragung von Audiosignalen mit hoher Qualität.

Aus Sicht der Anwendung hat die AAL-Schicht die Aufgabe, (unerwünschte) Effekte des ATM-Netzes zu verbergen bzw. zu beseitigen. Im Kontext der Dienstklasse CBR (AAL 1) ergeben sich daraus die folgenden Aufgaben:

- Sicherstellung von Sequenz, Vollständigkeit und Eindeutigkeit einer Folge von Zellen und damit des Anwendungsdatenstroms.

- Übermittlung und Bereitstellung von Taktinformation zur Synchronisation von Nachrichtenquelle und -senke.

- Ausgleich von Verzögerungsschwankungen (*Delay Jitter*) bei der Ankunft von Zellen beim Empfänger.

- Sicherstellung der Integrität der Kontrollinformation der AAL-Schicht.

- Sicherstellung der Integrität der Nutzinformation (falls erforderlich).

Zellverluste können in einem ATM-Netz durch Mehrbit-Fehler im Zell-*Header* und durch Verwerfen von Zellen bei Überlastsituationen in Vermittlungseinrichtungen eintreten.

Zur Feststellung von Sequenz, Eindeutigkeit und Vollständigkeit einer Folge von Zellen werden die Zellen mit einem Sequenznummernfeld versehen. Dazu wird das erste Byte des *Payload*-Feldes der ATM-Zelle verwendet. Die so gebildete Dateneinheit (1 Byte *Header* + 47 Bytes Nutzinformation) wird als SAR-PDU (PDU = *Protocol Data Unit*) bezeichnet (vgl. Abb. 5-25).

Sequence Number (SN)

    Dieses Feld besteht aus zwei Teilfeldern:

    Convergence Sublayer Identification (CSI)

        Dieses Bit wird für verschiedene Funktionen der CS-Teilschicht verwendet, insbesondere bei der Übertragung strukturierter Daten oder bei der Übermittlung von Taktinformation.

    Sequence Count Field (SCF)

        Für die Nummerierung der Zellen stehen 3 Bits zur Verfügung, so dass die Nummerierung modulo 8 erfolgt.

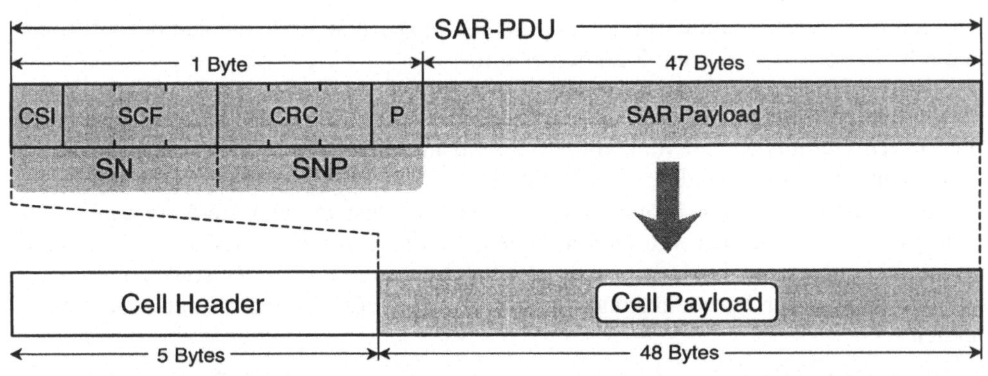

Abb. 5-25. Format der AAL Typ 1 SAR-PDU

Sequence Number Protection (SNP)

Da die Sequenznummer der SAR-PDU im *Payload*-Feld der ATM-Zelle untergebracht ist, unterliegt sie nicht dem Fehlerschutz des Zell-*Header*; sie gehört aber auch nicht zu den Nutzdaten, für die u.U. auf höherer Ebene ein Fehlerschutz etabliert ist. Diese Information muss somit im SAR-*Header* selbst gesichert werden. Dazu wird eine CRC-3-Prüfsumme gebildet (3 Bits) und das ganze Byte (CSI, SN und CRC) zusätzlich durch ein Paritätsbit (*even parity*) gesichert.

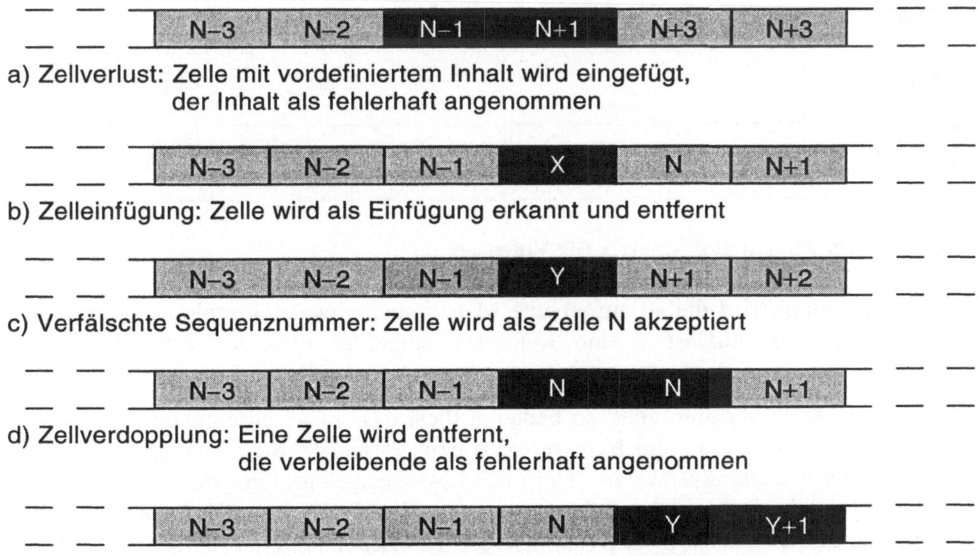

Abb. 5-26. Möglichkeiten der Verletzung der Zellfolge

Die durch das Sequenznummernfeld erkennbaren möglichen Verletzungen der Zellfolge und die Reakionen sind in Abb. 5-26 dargestellt.

Bei isochronem Verkehr werden aus Gründen der Zeitsynchronität verloren gegangene Zellen durch Dummy-Zellen (mit vordefiniertem Inhalt) ersetzt, und fehlerhafte Zellen dürfen nicht verworfen werden; ebenso verbietet sich aus Zeitgründen eine Wiederholung als fehlerhaft erkannter Dateneinheiten, wie sie sonst in der Datenkommunikation gebräuchlich ist. Wenn also die Bitfehlerrate oder die Zellverlustrate im Netz für eine Anwendung intolerabel hoch ist (was z.B. bei hochqualitativen Videoüberspielungen zwischen Studios der Fall sein könnte), dann müssen FEC-Verfahren zur Anwendung kommen.

Ein Zellverlust bedeutet einen Fehlerburst von 47 Bytes Länge (SAR-*Payload*). Der Einsatz eines FEC-Codes, der dies korrigieren könnte, ist in der Praxis nicht vorstellbar. Es musste deshalb eine intelligentere Lösung gefunden werden.

Videodaten werden in 47 Zeilen zu je 124 Bytes plus 4 Bytes FEC-Code (ITU-T schreibt hierfür in I.363 einen (128,124)-Reed-Solomon-Code vor) angeordnet (Abb. 5-27).

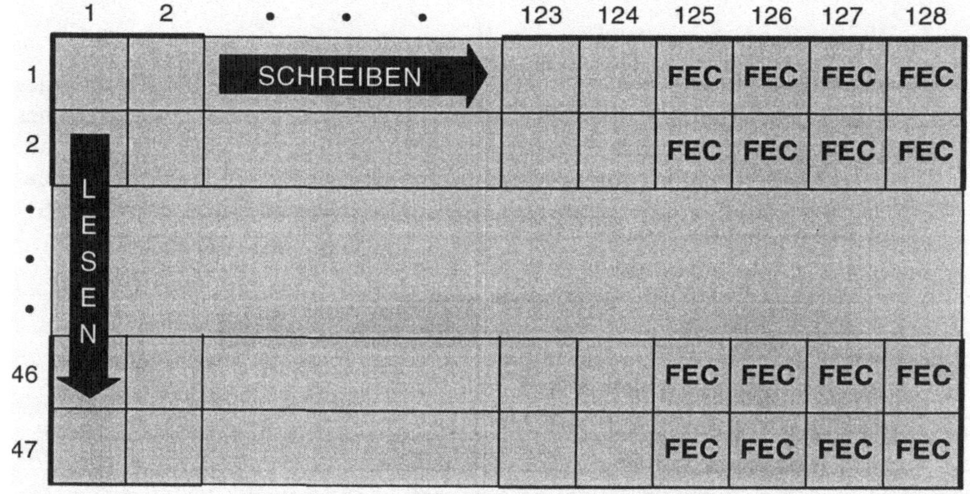

Abb. 5-27. Verschachtelungsmatrix für Videosignale

Für die Übertragung wird die so aufgebaute Matrix spaltenweise ausgelesen, wobei jeweils eine Spalte als Nutzlast in eine SAR-PDU eingefügt wird. Auf Empfängerseite wird die Matrix reziprok dazu spaltenweise geschrieben und zeilenweise ausgelesen.

Wenn nun eine Zelle verloren geht, so bedeutet dies, dass in 47 aufeinander folgenden Zeilen (zu 128 Bytes) jeweils ein Byte verloren bzw. falsch ist, da eine verlorene Zelle durch eine Dummy-Zelle ersetzt wird. Der (128,124)-Reed-Solomon Code ist in der Lage, auf 128 Bytes vier Bytes zu korrigieren, wenn die Position bekannt ist (was bei einem Zellverlust der Fall ist), sonst zwei Bytes; d.h. pro 128 Zellen sind bis zu vier Zellverluste korrigierbar. Dies entspricht einer Rate, die weit oberhalb einer als tolerabel geltenden Zellverlustrate liegt.

Gleichzeitig wird durch diese Vorgehensweise einem ursprünglich unstrukturierten Bit- bzw. Bytestrom eine Strukur aufgeprägt (5828 Bytes = 47 Zeilen zu 124 Bytes, bezogen auf die Nutzinformation), deren Beginn im CSI-Bit angezeigt wird.

Daten – auch isochrone Daten – unterliegen bei der Aufbereitung und beim Transport durch das Netz unterschiedlichen Verzögerungen:

1. Segmentierung (Zellbildung)

   Permanent in einem bestimmten Takt von einer Signalquelle angelieferte Daten müssen für den Transport durch das Netz in Zellen gepackt werden. Bis eine Zelle gefüllt ist, dauert es

   – ca. 5,9 ms bei einem 64-kbps-Strom (etwa Sprachkanal),

   – ca. 2,8 µs bei der maximalen Nutzbitrate von 132,4 Mbps eines 155-Mbps-An-schlusses.

   Die Verzögerungen können aber deutlich über die Minimalzeiten hinausgehen, wenn komplexere Strukturen gebildet werden (wie in dem Beispiel für hochwertige Video-Übertragungen, wo der Anteil der Nutzinformation an der CS-PDU 47×124 (= 5828) Bytes beträgt).

   Die Verzögerungen durch die Zellbildung sind deterministisch und leicht bestimmbar.

2. Signallaufzeiten

   Die Signallaufzeiten sind physikalisch bedingt, entfernungsabhängig, für eine gegebene Verbindung aber fest.

3. Durchlaufzeiten durch Vermittlungseinrichtungen

   Die Durchlaufzeit durch eine Vermittlungseinrichtung setzt sich zusammen aus einer festen minimalen Bearbeitungszeit und lastabhängig variablen Wartezeiten.

Somit unterliegen die Zellen beim Transport durch ein ATM-Netz nicht nur einer festen Zeitverzögerung sondern auch probabilistischen Verzögerungsschwankungen (*delay jitter*). Bei Anwendungen, die Verzögerungsschwankungen nicht vertragen, müssen derartige Schwankungen ausgeglichen werden, was durch einen Zwischenpuffer auf Empfänger-seite (*Playout Buffer*) geschehen kann. Die Weitergabe der Daten erfolgt erst dann, wenn der Puffer einen vorgegebenen Füllstand erreicht hat.

Die Größe des Puffers muss so bemessen sein, dass im Normalfall weder ein Leerlaufen (dann müssen Dummy-Zellen erzeugt werden) noch ein Überlaufen (dann gehen Zellen verloren) eintritt. Simulationen haben ergeben, dass eine relativ geringe Puffergröße (in Abhängigkeit von der Geschwindigkeit der Verbindung zwischen 2 und 100 Zellen) aus-reicht, um die Verlustrate durch den *Playout Buffer* in die Größenordnung der Verlustra-te des Netzes zu bringen.

Die Verzögerungen durch Segmentierung (Zellbildung), Bearbeitung in den Netzknoten und *Playout Buffer* addieren sich zu einem Zeitversatz von

– ca. 10 ms für 64-kbps-Verbindungen (Segmentierungsanteil dominant) und

– ca. 1 ms für Verbindungen im Mbps-Bereich (Pufferanteil dominant).

Die Synchronisation von Anwendungen (d.h. die Übermittlung der Sendefrequenz einer Anwendung vom sendenden Knoten zum empfangenden Knoten) über ein Netz hinweg ist bei hohen Anforderungen an die Genauigkeit eine schwierige Aufgabe.

Prinzipiell gibt es dafür mehrere Ansätze:

1. *Terminal Synchronized with the Transmission Network*

   Logisch und auch praktisch verhältnismäßig einfach ist die Lösung, wenn der Anwendungstakt mit Bezug auf den Netztakt spezifiziert werden kann. Dies geschieht beim SRTS (*Synchronous Residual Time Stamp*)-Verfahren, das auf der Messung der Taktdifferenz zwischen Anwendung und Netztakt beruht. Da der Anwendungstakt auch auf der Empfängerseite bekannt ist, braucht nur die Frequenzabweichung von der Sollfrequenz erfasst und übermittelt zu werden (daher die Bezeichnung *Residual...*). Das Verfahren wird durch einen Zähler realisiert, der bei einer Breite von vier Bits über eine Periode von acht Zellen eine ausreichende Genauigkeit liefert. Die vier Bits des Zählers werden in den CSI-Bits von vier aufeinander folgenden SAR-PDUs mit den Folgenummern 1, 3, 5, 7 übertragen. (Die CSI-Bits der SAR-PDUs mit geraden Folgenummern sind für die Übertragung strukturierter Daten reserviert. Die Struktur wird über *Pointer* angegeben, die im ersten Byte der SAR-*Payload* untergebracht sind, und die CSI-Bits sagen, ob ein solcher *Pointer* vorhanden ist oder nicht.)

   Das SRTS-Verfahren ist standardisiert und kommt beispielsweise bei der Übertragung von PDH-Leitungschnittstellen zur Anwendung.

   Voraussetzung für die Anwendbarkeit dieses Verfahrens ist, dass der Netztakt auf Sender- und Empfängerseite identisch verfügbar ist. Dies ist beispielsweise innerhalb des öffentlichen B-ISDN der Fall, aber nicht notwendig, wenn private ATM-Netze aufgebaut und direkt oder über das öffentliche Netz miteinander verbunden werden.

2. *Free Running Clocks*

   Auf beiden Seiten existieren unabhängige Taktgeber gleicher Frequenz. Eine Synchronisation der Taktgeber findet nicht statt, eventuelle Gangunterschiede müssen über den *Playout Buffer* ausgeglichen werden. Diese Vorgehensweise führt zu so hohen Anforderungen an die Genauigkeit der Taktgeber, dass sie zu vertretbaren Kosten nicht zu realisieren ist.

3. *ATM Clocking Cells*

   Es werden Taktzellen mit niedriger Frequenz (geringe Empfindlichkeit gegen die vergleichsweise kleinen Verzögerungsschwankungen) übertragen, mit deren Hilfe empfängerseitig der Taktgeber justiert wird. Diese Lösung ist preiswert und bei allen Anschlusskonfigurationen anwendbar.

AAL-Typ 2 (Isochroner Verkehr variabler Bitrate)

AAL-Typ 2 ist vorgesehen für die Übertragung von Video- und Audiodaten variabler Bitraten, die durch die Anwendung von Kompressionsverfahren entstehen.

Für diese Dienstklasse gibt es in bisher realisierten Netzen noch kein Vorbild, und sie stellt eine große Herausforderung dar.

Es werden im Folgenden deshalb nur einige Problemfelder stichwortartig angesprochen.

- Wie kann synchroner Verkehr variabler Bitrate adäquat (und praxistauglich) beschrieben werden, so dass die Parameter für die Netzsteuerung sinnvoll verwendet werden können? Eine Lösung wird durch die vorher beschriebene Dienstklasse rt-VBR spezifiziert.

- Die Überwachung bzw. gegebenenfalls auch Durchsetzung der durch Parameterangaben festgelegten Eigenschaften einer Verbindung stellt einen zweiten Problemkreis dar.

- Wenn für isochronen Verkehr variabler Bitrate eine eigene Dienstklasse (und korrespondierend ein eigener AAL-Typ) spezifizert wurde, muss – bezogen auf die angemeldete Maximalrate – eine "Überbuchung" zugelassen werden, d.h., es müssen statistische Effekte genutzt werden. Demzufolge sind Konstellationen kritisch, die das statistische Verhalten verschlechtern (wenn etwa die verfügbaren Ressourcen durch wenige sehr hohe Anforderungen verbraucht werden oder die statistische Unabhängigkeit verschiedener Anforderungen durch mögliche synchronisierende Ereignisse nicht mehr gegeben ist).

Abgesehen von den zusätzlichen aus der variablen Bitrate resultierenden Problemen, sind die Aufgaben und Probleme mit denen des AAL-Typs 1 vergleichbar.

AAL-Typ 3/4 (Verbindungsorientierter und verbindungsloser asynchroner Verkehr)

AAL-Typ 3/4 spezifiziert die verbindungsorientierte und die verbindungslose Übertragung von Datenpaketen (asynchroner Verkehr). Da inzwischen in vielen Fällen für verbindungsorientierte Dienste AAL-Typ 5 bevorzugt wird, wird das Hauptanwendungsfeld von AAL 3/4 in der Übertragung verbindungsloser Dienste wie SMDS (*Switched Multimegabit Data Service*) bzw. CBDS (*Connectionless Broadband Data Service*) liegen.

Unterstützt werden Punkt-zu-Punkt- und Punkt-zu-Mehrpunkt-Verbindungen.

Über die generelle Aufteilung der AAL-Schicht in die Teilschichten SAR (*Segmentation And Reassembly*) und CS (*Convergence Sublayer*) hinausgehend ist bei AAL 3/4 die CS-Schicht nochmals in die Teilschicht SSCS (*Service Specific Convergence Sublayer*) und die darunter liegende Teilschicht CPCS (*Common Part Convergence Sublayer*) unterteilt. Die CPCS-Teilschicht ist immer, die SSCS-Teilschicht jedoch nur dann vorhanden, wenn besondere dienstspezifische Funktionen realisiert werden müssen.

Für die Darstellung der AAL-3/4-Funktionen werden zwei weitere Begriffe eingeführt:

- **SDU** (*Service Data Unit*)

  SDU bezeichnet die Dateneinheit, die einer Schicht von der darüber liegenden Schicht übergeben wird (also die *Payload* der Schicht bildet). Demnach bezeichnet

  - AAL-SDU die Dateneinheit, die von einer Anwendung an die AAL-Schicht übergeben wird,

  - CPCS-SDU die Dateneinheit, die von der SSCS-Schicht an die CPCS-Schicht übergeben wird (d.i. eine SSCS-PDU),

– SAR-SDU die Dateneinheit, die von der CPCS-Schicht an die SAR-Schicht übergeben wird (d.i. eine CPCS-PDU).

Wenn die SSCS-Teilschicht nicht vorhanden ist, entspricht eine AAL-SDU einer CPCS-SDU.

- **IDU** (*Interface Data Unit*)

  Unter Umständen muss eine AAL-SDU bei der Übernahme durch die AAL-Schicht (AAL-Interface) in mehrere Teilblöcke aufgespalten werden; diese werden dann als AAL-IDUs bezeichnet.

AAL3/4 unterstützt zwei Betriebsarten:

- *Message Mode* und

- *Streaming Mode*

Beim *Message Mode* entspricht jeder AAL-SDU genau eine AAL-IDU.
Für die Übertragung kurzer AAL-SDUs fester Länge steht eine *Blocking/Deblocking*-Funktion zur Verfügung, d.h. mehrere AAL-SDUs (und damit wegen der 1:1-Abbildung auch AAL-IDUs) können im *Payload*-Feld einer SSCS-PDU geblockt werden (vgl. Abb. 5-28.a).
Für SDUs variabler Länge gibt es eine *Segmentation/Reassembly*-Funktion. Diese erlaubt es, eine AAL-SDU (und damit IDU) auf die *Payload*-Felder mehrerer SSCS-PDUs zu verteilen (vgl. Abb. 5-28.b).

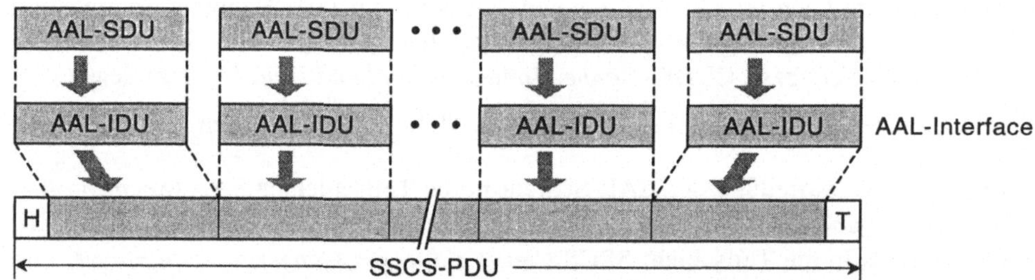

a) AAL 3/4 Message Mode: Blocking/Deblocking bei kurzen AAL-SDUs fester Länge

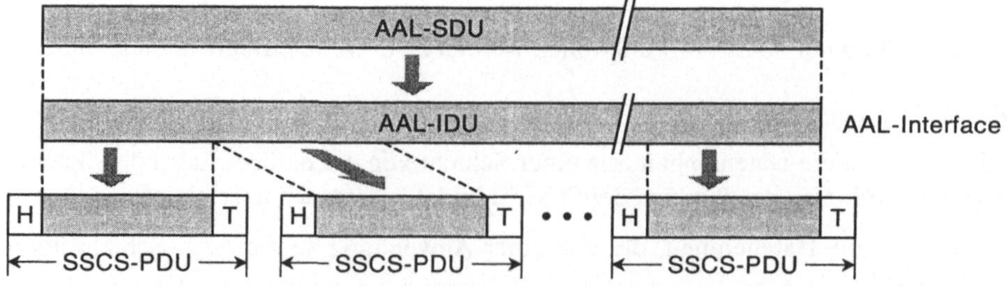

b) AAL 3/4 Message Mode: Segmentation/Reassembly bei AAL-SDUs variabler Länge

Abb. 5-28. AAL 3/4: Message Mode

Beim *Streaming Mode* wird eine AAL-SDU in mehrere AAL-IDUs aufgespalten, die zeitlich unabhängig weiterbearbeitet werden dürfen (vgl. Abb. 5-29.a).

Auch hier gibt es eine *Segmentation/Reassembly*-Funktion, durch die eine AAL-SDU auf mehrere SSCS-PDUs verteilt werden kann (d.h. eine oder mehrere AAL-IDUs pro SSCS-*Payload*, vgl. Abb. 5-29.b).

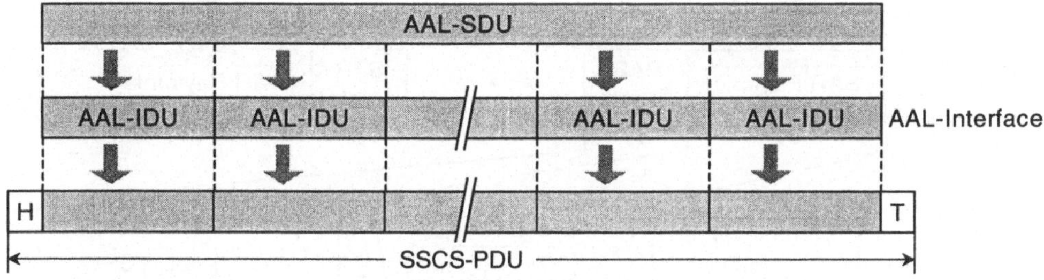

a) AAL 3/4 Streaming Mode

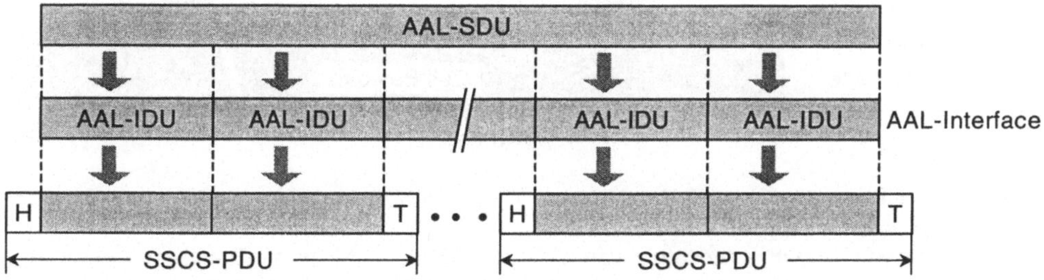

b) AAL 3/4 Streaming Mode mit Segmentation/Reassembly

Abb. 5-29. AAL 3/4: Streaming Mode

Durch eine *Pipeline*-Funktion kann veranlasst werden, dass PDUs einer AAL-SDU bereits versendet werden, bevor die gesamte AAL-SDU empfangen wurde.

Für beide Betriebsarten stehen zwei Übertragungsarten zur Verfügung:

- Garantierte Übertragung (*assured operation*),
  bei der verloren gegangene Blöcke wiederholt werden und Flusskontrollfunktionen zur Verfügung stehen (i. Allg. Punkt-zu-Punkt-Verbindungen), und

- nicht garantierte Übertragung (*non-assured operation*).

Die CPCS-Schicht realisiert nur eine 'nicht garantierte' Übertragung; für eine garantierte Übertragung muss – falls erforderlich – die darüber liegende SSCS-Schicht sorgen.

Die SAR-Teilschicht hat die in Abb. 5-30 angegebene Struktur.

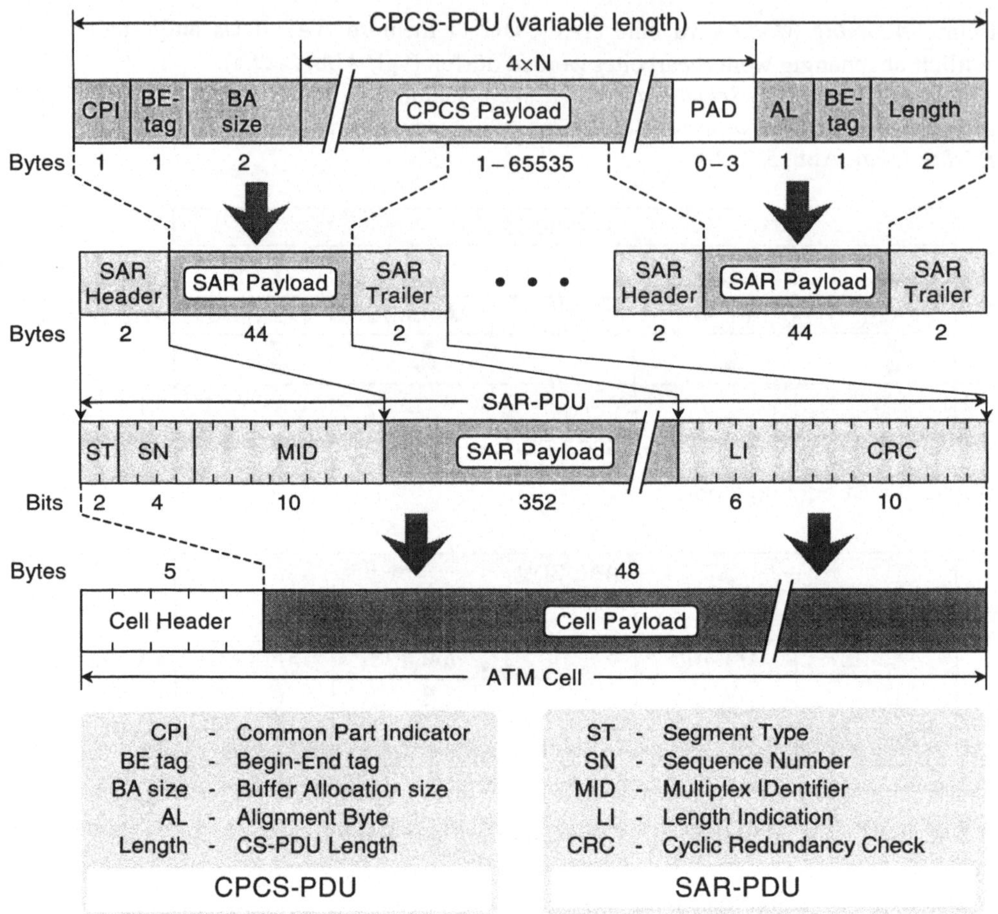

Abb. 5-30. AAL-Typ 3/4: Format von CPCS-PDU und SAR-PDU

Segment Type (ST)

Die Typ-Identifikation beschreibt, welchen Teil einer CPCS-PDU die betreffende SAR-PDU enthält:

Typ	Binärcode
BOM (*Begin of Message*)	10
COM (*Continuation of Message*)	00
EOM (*End of Message*)	01
SSM (*Single Segment Message*)	11

Segment Number (SN)

Da vier Bits zur Verfügung stehen, erfolgt die Nummerierung modulo 16. Die zu einer CPCS-PDU gehörenden SAR-PDUs werden durchnummeriert; Sequenz, Eindeutigkeit und Vollständigkeit einer Folge von SAR-PDUs sind dadurch überprüfbar.

Multiplex IDentifier (MID)

Das Multiplex-Identifikationsfeld erlaubt das Multiplexen mehrerer CPCS-Verbindungen über eine ATM-Verbindung. Alle SAR-PDUs der CPCS-PDUs, die zu einer CPCS-Verbindung gehören, haben den gleichen MID-Wert. Dadurch ist es möglich, SAR-PDUs unterschiedlicher CPCS-Verbindungen verschachtelt zu übertragen, da anhand des MID-Wertes empfängerseitig eine korrekte Zuordnung erfolgen kann.

Length Indication (LI)

Das Längenfeld gibt die Länge des SAR-*Payload*-Feldes in Bytes an. Für die verschiedenen Segment-Typen sind folgende Längen zulässig:

BOM	44
COM	44
EOM	4 – 44
SSM	8 – 44

Ein Sonderfall wird durch eine Längenangabe von 63 in einer EOM-SAR-PDU markiert: Dadurch wird eine sogenannte Abbruch-PDU (Abbruch einer Folge von SAR-PDUs, die zu einer CPCS-PDU gehören) spezifiziert. Der Inhalt des *Payload*-Feldes wird dann ignoriert.

CRC-Field

Kontroll- und Nutzinformation einer SAR-PDU werden durch eine CRC-10-Prüfsumme geschützt.

Da jede SAR-PDU 4 Bytes Kontrollinformation enthält, verbleiben bei AAL-Typ-3/4-Verkehr nur noch 44 Bytes der 48 Nutzbytes der ATM-Zellen für Anwendungsdaten und Kontrollinformationen höherer Schichten.

Die Felder der CPCS-PDU haben folgende Bedeutung (vgl. Abb. 5-30):

Common Part Indicator (CPI)

Bisher ist nur der Wert B'00000000' für dieses Feld spezifiziert, und dieser besagt, dass die Längenangaben in den Feldern *BA-size* und *Length* in Bytes erfolgen.

Begin-End-Tag (BE-tag)

Das *BE-tag*-Feld ermöglicht das Erkennen des Endes des CPCS-PDU-*Header* und des Beginns des CPCS-PDU-*Trailer*. Beide Felder haben in einer PDU den gleichen Wert, müssen in aufeinander folgenden PDUs jedoch verschieden sein (die CPCS-PDUs können beispielsweise modulo 256 durchnummeriert werden). Dadurch wird empfängerseitig überprüfbar, welche *Header* und *Trailer* zur gleichen CPCS-PDU gehören.

Buffer Allocation Size Indicator (BA-size)

Teilt der empfangenden Station mit, welche Größe der für die Aufnahme der CPCS-SDU bereitzustellende Pufferspeicher haben muss. Im *Message Mode* stimmt die Angabe mit der im *Length*-Feld überein. Die Angabe ist erforderlich, wenn – wie im *Streaming Mode* möglich – eine CPCS-SDU durch mehrere CPCS-PDUs übertragen wird. Der maximal angebbare Wert beträgt aufgrund der Feldgröße 65.535 Bytes (Einheit durch CPI-Feld spezifiziert).

Alignment Field (AL)

> Notwendig, um die Länge des *Trailer* auf eine durch vier teilbare Anzahl von Bytes zu bringen.

Length   Gibt die Länge des CPCS-*Payload*-Feldes an. Formal beträgt die angebbare Maximallänge 65.535 Bytes, die u.U. aber nicht voll nutzbar ist, da die maximale Gesamtlänge einer CPCS-SDU (BA-size) ebenfalls 65.535 Bytes beträgt.

Durch PAD-Bytes wird die Länge des CPCS-*Payload*-Feldes ergänzt auf eine durch vier teilbare Anzahl von Bytes.

AAL-Typ 5 (Verbindungsorientierter asynchroner Verkehr)

AAL-Typ 5 wird benutzt für Signalisierungskanäle im B-ISDN und *Frame Relay*, ferner für die Interkonnektion von LANs und für die Abwicklung des IP-Protokolls über ATM-Netze; auch für die Verbreitung komprimierter Videos (MPEG) ist AAL 5 vorgesehen.

AAL 5 unterstützt wie AAL 3/4 die verbindungsorientierte Übertragung von Datenpaketen. Verglichen mit AAL 3/4 ist AAL 5 funktional abgemagert, aber auch deutlich einfacher in seinen Abläufen.

AAL 5 unterstützt die Betriebsarten *Message Mode* und *Streaming Mode* sowie garantierte und nicht garantierte Übertragungen in gleicher Weise wie AAL 3/4. Nicht unterstützt wird das Multiplexen von Zellen (SAR-PDUs) mehrerer CPCS-Verbindungen über eine ATM-Verbindung.

Wie bei AAL 3/4 ist die CS-Teilschicht nochmals unterteilt in die Teilschicht CPCS (*Common Part Convergence Sublayer*), die immer vorhanden ist, und die Teilschicht SSCS (*Service Specific Convergence Sublayer*), die nur dann vorhanden ist, wenn anwendungsspezifische Dienste zu erbringen sind. Ein Beispiel für das Vorhandensein der SSCS-Teilschicht ist das SSCOP (*Service Specific Connection Oriented Protocol*) für die Bereitstellung von für Signalisierungszwecke geeigneten (z.B. garantierte Übertragung) Verbindungen.

Die einzige Funktion, die die SAR-Schicht erbringt, ist die Identifikation der CPCS-PDUs (SAR-SDUs). Dazu wird das PT-Feld (*Payload Type*) des Zell-*Header* herangezogen:

PT = 0: Beginn oder Fortsetzung einer CPCS-PDU

PT = 1: Ende einer CPCS-PDU.

Um diese Funktion zu erbringen, benötigt die SAR-Schicht somit keinen Platz im *Payload*-Feld der ATM-Zellen (vgl. Abb. 5-31).

Die CPCS-PDU besitzt keinen *Header*, sondern nur einen *Trailer*, um ihre Funktionen zu erbringen. Die Felder des CPCS-*Trailer* haben folgende Bedeutungen:

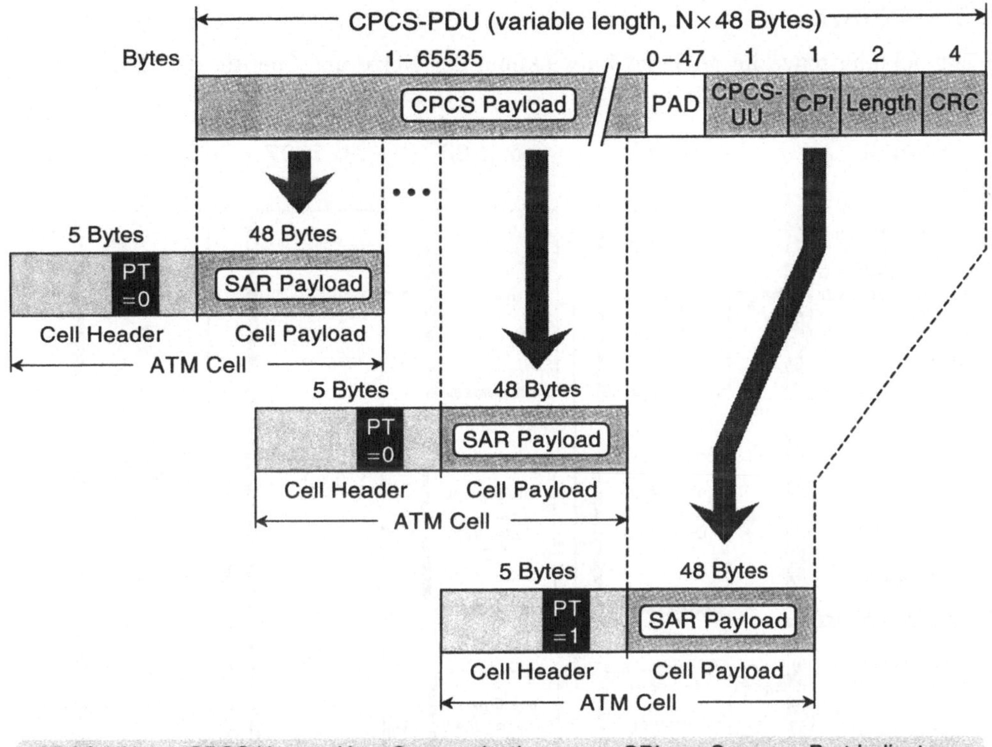

Abb. 5-31. AAL5: Format von CPCS-PDU und SAR-PDU

PAD   Die von der Anwendung an die CS-Schicht übergebenen Datenpakete werden durch PAD-Bytes so aufgefüllt, dass die Gesamtlänge der SAR-SDU (CPCS-PDU) ein Vielfaches von 48 Bytes ergibt, so dass sie ohne Rest auf ATM-Zellen (*Payload*) abbildbar ist.

CPCS-User-to-User-Indication (CPCS-UU)

Gibt Benutzerinformationen weiter.

CPI   Bislang keine Festlegungen.

Length Gibt die Länge der CPCS-*Payload* an. Aufgrund der Feldlänge von zwei Bytes sind Angaben zwischen 1 und 65.535 möglich.
Die Längenangabe 0 markiert eine *Abort*-PDU, die zum Abbruch der laufenden CPCS-SDU-Übertragung führt.

Cyclic Redundancy Check (CRC)

Die CPCS-PDUs werden durch eine CRC-32-Prüfsumme geschützt. Dies muss auf CS-Ebene erfolgen, da – anders als bei AAL 3/4 – die Datenintegrität nicht auf der SAR-Ebene sichergestellt wird.

5.3.2 Perspektiven

Die Entwicklung bzw. die geplante Entwicklung der Netze und Dienste der Deutschen
Telekom ist in Abb. 5-32 dargestellt.

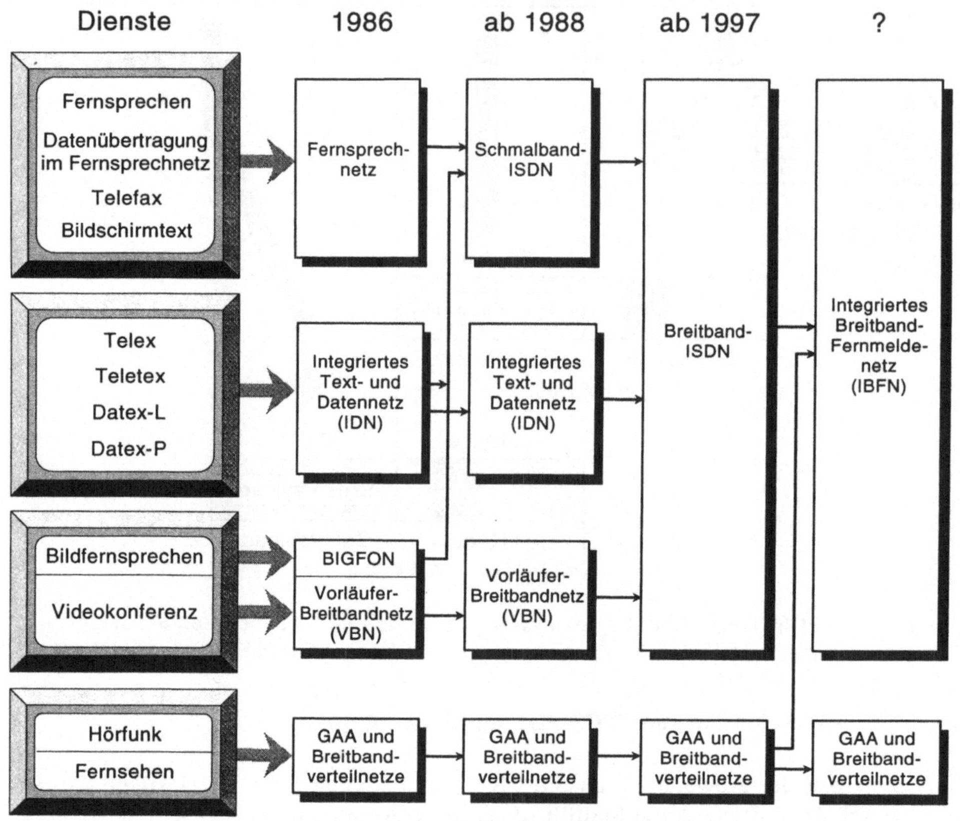

Abb. 5-32. Dienste- und Netzintegration der Deutschen Telekom

Die Technik des Breitband-ISDN ist ATM und wurde in fast allen europäischen Staaten
von den öffentlichen Netzbetreibern in Pilotprojekten erprobt. Achtzehn europäische
Fernmeldeverwaltungen beteiligten sich an einem europäischen ATM-Pilotprojekt (*Pan
European ATM Network*, PEAN). Die ATM-Pilotphase der Deutschen Telekom lief von
1994 bis 1996; seit 1997 wird ATM als Regeldienst (T-Net-ATM) angeboten.

Die Voraussetzung für das Breitband-ISDN im Infrastrukturbereich ist ein Glasfasernetz,
am besten bis zum Teilnehmer. Dies bedeutet, dass die – eine relativ schnelle und kostengünstige Einführung des Schmalband-ISDN sichernde – Randbedingung der uneinge-
schränkten Verwendbarkeit der existierenden Infrastruktur im Teilnehmeranschlussbereich für das B-ISDN nicht mehr gilt. Da die Infrastruktur im Teilnehmerbereich den
größten Kostenanteil eines Fernmeldenetzes repräsentiert, sind für die allgemeine Einführung des Breitband-ISDN außerordentlich hohe Investitionen erforderlich (Schätzun-
gen für die BRD liegen zwischen 30 und 150 Mrd. Euro), und der Prozess wird schon
aufgrund dieser Investitionen viele Jahre in Anspruch nehmen. Wenn in einem viele Jah-

re dauernden Prozess im Teilnehmerbereich eine neue Infrastruktur geschaffen wird, dann muss diese – wie in der Vergangenheit die Kupferdoppelader – den Anforderungen der nächsten Jahrzehnte genügen. Dies kann nur die Glasfaser sein, und zwar die Monomodefaser, die die prinzipbedingten Vorteile aller Glasfasern hat und darüber hinaus eine nach heutigen Maßstäben fast unbegrenzte Übertragungskapazität.

Im Fern- und Regionalbereich ist die Versorgung mit Glasfasern gut. In diesem Bereich sind im Vorgriff auf spätere breitbandige Dienste schon vor Jahren weitaus größere Kapazitäten aufgebaut worden als bislang benötigt werden.

Die Frage nach der Nutzung eines zukünftigen universellen Breitbandnetzes ist viel schwerer zu beantworten als die Frage nach dessen Technik. Infolgedessen existieren auch durchaus unterschiedliche Auffassungen bezüglich der Einführungsstrategie. Die Frage ist, ob Breitbanddienste zunächst im kommerziellen Bereich eingeführt werden sollen, und erst in einer späteren zweiten Phase der private Bereich erschlossen werden soll, oder ob von vornherein auf Massenanwendungen im privaten Bereich abgezielt werden sollte. Eine (anfängliche) Beschränkung auf kommerzielle Anwender hat den Nachteil geringer Teilnehmerzahlen, aufgrund derer die teure Infrastruktur nur schwer zu rechtfertigen ist; sie hat den Vorteil, dass diese Zielgruppe nicht so kostensensitiv reagiert. Bei der Zielgruppe der privaten Teilnehmer ist die Zahl der potentiellen Teilnehmer ungleich größer. Diese Gruppe ist aber sehr viel schwerer vom Nutzen breitbandiger Individualkommunikation zu überzeugen und außerdem äußerst kostensensibel.

Die im Breitband-ISDN möglichen, d.h. die per ATM-Technik realisierbaren breitbandigen Dienste sind in Abb. 5-33 zusammengefasst.

Darüber hinaus können und sollen auch schmalbandige Dienste (wie Fernsprechen, oder allgemeiner, die Dienste des Schmalband-ISDN) integriert werden.

Applikationen

		Supercomputer-Verbindung	LAN-LAN-Verbindung	Bild-Transfer	Videokonferenz	Multimedia-Dialog & Mail	Multimedia Retrieval	Progr.-Transfer zw. Studios	TV-Verteilung	HDTV-Verteilung	Video on Demand
Bitraten	≤ 10 Mbps		●	●	●	●	●		●		●
	≤ 30 Mbps		●	●		●	●	●		●	
	> 30 Mbps	●	●					●		●	
Verkehrsfluß	Constant bit rate				●	●	●	●	●	●	
	Variable bit rate				●	●	●		●	●	●
	Bursty traffic	●	●	●		●	●				
Kommuni-kationsart	Punkt-zu-Punkt	●	●	●	●	●	●	●			●
	Mehrpunkt		●	●	●	●		●	●	●	●
	Verteilung								●	●	
Symmetrie	Unidirektional			●		●		●	●	●	
	Bidirektional asymm.						●				●
	Bidirektional symm.	●	●		●						
Verbindungs-art	Verbindungsorientiert	●	●	●	●	●	●	●	●	●	●
	Verbindungslos		●	●		●	●				

Abb. 5-33. Breitband- und Multimedia-Applikationen (per ATM)

Unumstritten gibt es für breitbandige Kommunikationsdienste im professionellen Bereich einen Bedarf und – wenn die Kosten stimmen – auch ein echtes Nutzungspotential im Bereich der Rechnervernetzung, für multimediale Anwendungen wie Aus- und Weiterbildung oder Aufbau und Nutzung multimedialer Datenbanken und auch für Videokonferenzen. Es gibt auch einen Bedarf an Heimarbeitsplätzen (*Home working*), aber diese Entwicklung ist nicht unumstritten. Neben den von den Befürwortern angeführten und auch tatsächlich vorhandenen Vorteilen wie Verringerung des Verkehrsaufkommens (insbesondere zu Stoßzeiten) und freiere Gestaltung der Arbeitszeiten (was insbesondere Frauen zugute kommen könnte) sind damit für den Arbeitnehmer auch erhebliche Risiken verbunden. Es besteht die Gefahr (und diese Auswirkungen sind in den USA, wo solche Entwicklungen meist einige Jahre früher als in Europa einsetzen, längst real geworden), dass Arbeitnehmer aus gesicherten Positionen in den Unternehmen herausgedrängt werden und anschließend als freie Mitarbeiter (oder Ein-Mann-Unternehmer), für die das auftraggebende Unternehmen keine Fürsorgepflicht hat, für das Unternehmen weiter arbeiten. Dies bestenfalls, denn bei dieser Konstruktion gibt es – sofern leistungsfähige Netze kostengünstig zu Verfügung stehen – keinen Grund, weshalb solche Heimarbeitsplätze im geographischen Umfeld des Unternehmens oder auch nur im Inland (mit immerhin vergleichbaren Lebensbedingungen und Lebenshaltungskosten) angesiedelt sein müssten. Es besteht die Gefahr, dass solche Arbeitsplätze in Billiglohnländer verlagert werden. Nicht zuletzt, um die sich für sie daraus ergebenden Chancen nutzen zu können, sind einige Entwicklungsländer (z.B. Indien) dabei, ihre Datennetze massiv auszubauen.

Zusammenfassend kann festgestellt werden, dass es im professionellen Bereich einen Bedarf gibt, der mittelfristig (kurzfristig schon deshalb nicht, weil die meisten der genannten Dienste noch nicht so ausgereift sind, dass sie problemlos angewendet werden könnten) zu einer entsprechenden Nachfrage führen wird, sofern die Kosten für breitbandige Kommunikation sich im Rahmen halten. Der wiederholte Hinweis auf die Kosten ist deshalb von Bedeutung, weil die breitbandigen Kommunikationsdienste nicht zu jedem Preis einen Markt finden werden und die gegenwärtig von der Deutschen Telekom und konkurrierenden Netzanbietern für breitbandige Kommunikation geforderten Gebühren – obwohl deutlich fallend – immer noch sehr hoch sind.

Drastische Kostensenkungen wären auch die Voraussetzung für eine breite Nutzung durch (extrem preissensitive) private Teilnehmer, Kostensenkungen, die dann auch den gewerblichen Nutzern zugute kämen.

Derzeit wird intensiv nach Anwendungen gesucht, die für eine große Zahl von privaten Nutzern so attraktiv sind, dass sie bereit wären, dafür nicht unerhebliche Teilnahmegebühren zu zahlen, d.h. man ist auf der Suche nach einem Problem, für das man eine Lösung hat. Anwendungen wie *Home Banking, Home Shopping* oder der auch für Privatkunden inzwischen attraktive Internet-Zugriff alleine werden da keinen Durchbruch erzielen, zumal dazu nicht notwendig breitbandige Kommunikation erforderlich ist. Die gesuchte attraktive Applikation, die eine breitbandige Netzanbindung erzwingt ("Killer-Applikation") kann eigentlich nur im Video/Multimediabereich liegen, und das aktuelle Schlagwort lautet *Video on Demand* (VoD). Gemeint ist damit eine zeitlich und inhaltlich freie Programmgestaltung durch die individuellen Teilnehmer.

Bevor auf die technischen, insbesondere die netztechnischen Anforderungen eingegegangen wird, noch einige allgemeine Anmerkungen:

Weltweit und auch in Deutschland wurden und werden Multimedia-Pilotprojekte durchgeführt, um die Technik (und die technischen Alternativen) und die Akzeptanz breitbandiger (multimedialer) Dienstangebote zu testen. Was die Akzeptanzfrage anbelangt, kann festgestellt werden, dass die Projekte nicht sonderlich erfolgreich waren bzw. sind. Sie stützen nicht die Erwartung, dass sich die Bevölkerung unter regulären Bedingungen in Scharen um eine Teilnahme drängen wird. Dennoch scheint zumindest in den USA die Überzeugung zu herrschen, dass in diesem Bereich ein riesiger und lukrativer Markt vorhanden ist oder kurzfristig entstehen wird. Strategische Allianzen und Firmenzusammenschlüsse (auch zwischen sehr potenten Firmen) sind an der Tagesordnung, um die Ausgangsposition der Unternehmen in diesem neuen Markt zu verbessern. Beteiligt sind Gerätehersteller (Netzausrüstung und Endgeräte), Netzbetreiber und Medienunternehmen (für die Dienstangebote), wobei die letzteren nach allen Prognosen den größten Anteil an diesem neuen Multi-Milliardenmarkt haben werden.

Ob sich dieser Markt wirklich so rasch entwickeln wird, darf zumindest für Europa und Deutschland bezweifelt werden.

Neue Dienste wie *Video on Demand* müssen sich in Konkurrenz zu anderen Dienstangeboten, zu denen es auch funktionale Überschneidungen gibt, behaupten. Zu *Video on Demand* konkurrierende, bereits bestehende Angebote sind:

- Satellitenfunk (in Kürze in Digitaltechnik mit mehreren hundert Videokanälen),

- herkömmliche Videotheken,

- Videorecorder, die den Aufbau privater Videoarchive zulassen, die in der Regel zwar vergleichsweise klein, dafür aber auf den individuellen Bedarf zugeschnitten sind.

Ob ein Dienst wie *Video on Demand* sich bei höheren Kosten dagegen etablieren kann, bleibt abzuwarten. Es mehren sich aber die Stimmen, die davon ausgehen, dass dies jedenfalls nicht annähernd so schnell geschehen wird, wie manche Befürworter sich das wünschen.

Dennoch ist davon auszughen, dass langfristig breitbandige Individualkommunikation Verbreitung finden wird. Die technischen Erfordernisse, insbesondere die netzseitigen Erfordernisse werden am Beispiel von *Video on Demand* kurz besprochen.

Video on Demand ist aus Sicht heute verfügbarer Technik tatsächlich eine "Killer-Applikation", weil die Anforderungen enorm hoch sind; ein technisches System, das diesen Anforderungen gerecht wird, kann auch die Basis für andere Anwendungen bilden.

Ein VoD-System besteht aus drei Hauptkomponenten,

- einem Video-*Server* an einem Verteilpunkt eines Dienstanbieters,

- einer *Set Top Box* (auch als *Media Box* bezeichnet) beim Teilnehmer und

- einem Netz, das beide bei Bedarf miteinander verbindet.

Der Video-*Server* enthält die vom Benutzer abrufbaren Videobeiträge (z.B. Filme). Die diskutierten Versorgungskonzepte unterstellen, dass ein Video-*Server* der untersten Stufe (von dem aus die Teilnehmer direkt versorgt werden) die tausend am häufigsten nachgefragten Beiträge enthalten sollte; er hat seinerseits die Möglichkeit, nicht vorhandene Beiträge von einem übergeordneten Speicher abzurufen. Er sollte ein Versorgungsgebiet

von 10.000 Teilnehmern abdecken können, was bei einem unterstellten Gleichzeitig-
keitsfaktor von 25% bedeutet, dass er 2500 Anforderungen parallel bedienen können
muss. Daraus errechnen sich enorme Anforderungen. Unterstellt man als Videokompres-
sionsverfahren MPEG-2 mit einer Rate von 6 Mbps (mindestens PAL-Qualität), so resultiert aus der geforderten Verfügbarkeit von 1000 Beiträgen (der Einfachheit halber werden Filme mit 90 Minuten Spieldauer angenommen) ein Speicherplatzbedarf von etwa
4 Terabyte.
Die Forderung nach gleichzeitiger Bedienung von 2500 Anforderungen resultiert in einer
Gesamtbitrate von 15 Gbps unter der erschwerenden Bedingung, dass sich der Datenstrom aus bis zu 2500 unabhängigen isochronen Teilströmen zusammensetzt.

Die *Set Top Box* hat die Aufgabe, die unterschiedlichen Video-/Audio-Datenströme (aus
dem Breitbandkabelnetz, von Satelliten, von Videorecordern und vom Video-*Server* über
eine individuelle Netzverbindung) für die Darstellung auf dem Endgerät (Fernsehapparat,
evtl. auch PC-Terminal) aufzubereiten. Ferner muss darüber ein Rückkanal zur Steuerung der Abläufe (z.B. Auswahl der Videobeiträge) etabliert werden. Im Falle VoD kann
dieser Rückkanal schmalbandig sein, bei anderen Anwendungen (wie beispielsweise
Bildfernsprechen oder Videokonferenzen mit hoher Qualität) müsste dieser Kanal breitbandig sein.

Das Kommunikationsnetz verbindet die beiden vorher besprochenen Komponenten.

Die Anforderungen an den Video-*Server* sind gemessen am Stand der Technik absolut
gesehen sehr hoch. Die Anforderungen an die *Set Top Box* und an die Netzverbindung
sind hoch, jedoch vor allem unter Kostenaspekten problematisch, da diese Aufwendungen für jeden Teilnehmer erforderlich sind.

Das Netz muss auf Anforderung die individuellen Haushalte mit dem Video-*Server* verbinden (zur Nutzung anderer Dienste wahlweise auch mit anderen diensterbringenden
Instanzen). Ein allgemeines Konzept muss mehrere parallele Verbindungen zulassen
(wenn in einem Haushalt gleichzeitig z.B. mehrere unterschiedliche Videobeiträge empfangbar sein sollen). Beim BIGFON-Feldversuch (BIGFON = Breitbandiges Integriertes
GlasFaser OrtsNetz: erster Feldversuch der damaligen Deutschen Bundespost zur Erprobung breitbandiger Fernmeldedienste, ab 1983) war eine unsymmetrische Versorgungs-
struktur von (u.a.) drei fernsehtauglichen Kanälen zum Benutzer und einem fernsehtauglichen Rückkanal vorgesehen. Die technisch sauberste und jede Frage nach ausreichender
Leistungsfähigkeit ausschließende Lösung besteht in der Ausdehnung des Glasfasernetzes bis zum Teilnehmer (Stichwort: *Fibre to the Home* (FttH)).

Dass überhaupt noch über alternative Techniken diskutiert wird, liegt daran, dass diese
Lösung die teuerste ist. In [62] werden die Kosten für einen Hausanschluss in Glasfasertechnik mit 5-8 TDM angegeben. Das ist einerseits viel Geld, dokumentiert andererseits
aber doch erhebliche Fortschritte, wenn man bedenkt, dass diese Kosten zehn Jahre zuvor noch mit 50-70 TDM beziffert wurden. Immerhin ergeben sich auf dieser Basis für
eine Umstellung aller (etwa 40 Mio.) Fernsprechanschlüsse auf Glasfasertechnik Kosten
von mindestens 100 Mrd. Euro.

Eine abgemilderte Version besteht darin, die Glasfaser bis in die Nähe der Teilnehmer zu
führen, die letzte Verzweigung zum Teilnehmer aber in Kupfer auszuführen (Stichwort:

Fibre to the Curb (FttC)). Die Kosten hierfür werden mit 1,2-2,5 T€ pro Teilnehmer angegeben.

Wenn es darum geht, Kosten einzusparen, ist es sinnvoll, zunächst die bestehenden Infrastrukturen auf ihre Verwendbarkeit hin zu überprüfen. Flächendeckend oder nahezu flächendeckend vorhanden sind :

– das Breitbandkabelnetz und

– das Fernsprechnetz (ISDN).

Das Breitbandkabelnetz ist breitbandig, aber gerichtet (simplex) und als Verteilnetz (Punkt-zu-Mehrpunkt) nicht für Individualkommunikation ausgelegt und a priori auch nicht geeignet. Die vorhandenen Bandbreitenreserven (im Bereich 300 bis 450 MHz bzw. in Zukunft bis 860 MHz) reichen in digitaler Technik für mehrere hundert Kanäle, womit bei individueller Zuordnung eine entsprechende Anzahl von Haushalten mit je einem Kanal versorgt werden könnte. Damit kann die Vorgabe einer Versorgung von etwa 10.000 Haushalten (Ebenen 3 und 4 des Breitbandkabelnetzes) bei weitem nicht erfüllt werden. Es müssten also wenigstens bis zum letzten Verteilpunkt (Ebene 4) zusätzliche Übertragungskapazitäten geschaffen werden. Da dies heute sinnvollerweise in Glasfasertechnik ausgeführt würde, resultiert aus einer solchen Maßnahme letztlich ein *Fibre-to-the-Curb*-Konzept, wobei aber kostensparend für das letzte Stück bis zum Teilnehmer auf bereits vorhandene Leitungen zurückgegriffen werden könnte. Zu berücksichtigen ist auch der technische Aufwand zur Einrichtung eines Rückkanals, der durch einen von allen Teilnehmern gemeinsam zu nutzenden breitbandigen Kanal in Gegenrichtung realisiert werden könnte.

In Deutschland könnte für einen (individuell genutzten) schmalbandigen Rückkanal auch das Fernsprechnetz genutzt werden. In den USA, wo solche pragmatischen Lösungsansätze meist vorexerziert werden, war dies aufgrund der regulatorischen Gegebenheiten bis 1996 nicht zulässig.

Das Fernsprechsystem ist für bidirektionale Punkt-zu-Punkt-Kommunikation ausgelegt, aber nicht breitbandig. Mit moderner Übertragungstechnik (den xDSL-Techniken (vgl. Kap. 5.4), DSL = *Digital Subscriber Line*) können aber über normale Fernsprechleitungen videotaugliche Übertragungsraten über beachtliche Entfernungen, die aber von der Qualität der Anschlussleitung und der benötigten Datenrate abhängen, realisiert werden. Erreichbar sind beispielsweise mit ADSL 1,5 Mbps über eine Distanz von bis zu sechs Kilometern. Das ist eine bemerkenswerte Leistung, aber dennoch nicht ausreichend; zum einen, weil im Fernsprechnetz Entfernungen bis zu 8 km noch normal sind, zum anderen, weil mit 1,5 Mbps nur eingeschränkte Fernsehqualität übertragbar ist, wobei die Möglichkeit, einen Haushalt mit mehreren Kanälen zu versorgen, auch nicht besteht. Bei geringeren Entfernungen können allerdings deutlich höhere Übertragungsraten realisiert werden; dazu müsste aber in jedem Falle eine neue Ebene von aktiven Verzweigungspunkten eingerichtet werden, die ihrerseits über neue breitbandige Verbindungswege versorgt werden müssten, was de facto wieder eine *Fibre-to-the-Curb*-Lösung wäre.

Zusammenfassend kann festgestellt werden, dass die Nachrüstung bestehender Infrastrukturen letztendlich keine zufriedenstellende Lösung darstellt; ein permanentes Ringen um erforderliche Datenraten und mögliche Reichweiten wäre die unausweichliche Folge, und dafür sind Aufwand und Kosten doch recht hoch. Für die Gestaltung der Zukunft ist es wichtig, im Teilnehmeranschlussbereich eine Infrastruktur aufzubauen, die das Potential besitzt, wie die Fernsprechinfrastruktur in den vergangenen vierzig Jahren den Anforderungen der nächsten Jahrzehnte zu genügen. Dies kann nach Lage der Dinge nur eine *Fibre-to-the-Home*-Lösung oder allenfalls eine gut dimensionierte *Fibre-to-the-Curb*-Lösung sein. Die Deutsche Telekom scheint diese Position ebenfalls zu vertreten, denn sie hat bei der Sanierung der Fernmeldeinfrastruktur in den neuen Bundesländern bereits in großem Umfang *Fibre-to-the-Home-* und *Fibre-to-the-Curb*-Lösungen realisiert und damit eine Position bezogen, hinter die sie auch andernorts kaum zurück kann.

Aus der vorangegangenen Diskussion lassen sich zusammenfassend folgende Perspektiven für die breitbandige Individualkommunikation ableiten:

1. Im gewerblichen (professionellen) Bereich gibt es einen Bedarf an breitbandigen Kommunikationsdiensten, der aber erst mittelfristig zu einer spürbaren Nachfrage führen wird. Dies zum einen, weil das Angebot an breitbandigen Diensten quantitativ und qualitativ noch unzureichend ist, zum anderen, weil die Kosten für breitbandige Kommunikation – obwohl nach der Aufhebung des Netzmonopols deutlich fallend – immer noch sehr hoch sind.

2. Im privaten Bereich dürfte sich – trotz einer Vielzahl denkbarer Dienstangebote – in der absehbaren Zukunft nur wenig bewegen. Feldversuche, mit denen die Technik, die Inhalte und die Akzeptanz getestet werden sollten, sind mit zumeist zwiespältigen Ergebnissen durchgeführt worden. Bedauerlicherweise – und das erschwert Prognosen – können aus solchen Pilotprojekten grundsätzlich keine allgemeingültigen Aussagen hinsichtlich der Akzeptanz gewonnen werden, weil die Auswahl der Teilnehmer nicht zufällig erfolgen kann und i. Allg. auch die Konditionen während der Projektphase andere sind als bei einem späteren Regelangebot.

   Die weitere Entwicklung wird eher gemächlich verlaufen und vor 2005 kaum eine nennenswerte Eigendynamik entfalten.

5.4 xDSL-Techniken

Als xDSL (DSL = *Digital Subscriber Line*) werden Verfahren bezeichnet, deren Ziel es ist, mit Hilfe moderner digitaler Übertragungstechnik über die flächendeckend vorhandenen Fernsprechanschlussleitungen (verdrillte Kupferdoppeladern) breitbandige Verbindungen zu den (privaten) Teilehmern zu ermöglichen. Es gibt mehrere Varianten, die sich in ihren Leistungsmerkmalen und -daten unterscheiden und die deshalb für verschiedene Anwendungen in Abhängigkeit von deren Anforderungen unterschiedlich gut geeignet sind.
Eine Übersicht über die wichtigsten Varianten und ihre Merkmale gibt die nachfolgende Tabelle.

Da die Fernsprechanschlussleitung benutzt wird, muss, wenn der Fernsprechdienst über diese Leitung weiterhin möglich sein soll, für diesen ein separater Kanal bereitgestellt werden. Auf Teilnehmerseite ist dafür ein xDSL-Modem mit *Voice Splitter* zu installieren und auf Betreiberseite eine als DSLAM (*Digital Subscriber Line Access Multiplexer*, enthält xDSL-Modem und *Voice Splitter*) bezeichnete Einheit, die den Informationsstrom wieder aufsplittet in Fernsprechverkehr, der der Fernsprechvermittlung zugeführt wird,

und Datenverkehr, der i. Allg. einer Datenvermittlung (z.B. ATM) zugeführt wird, über
die die gewünschten Netze und Dienste zugänglich sind (vgl. Abb. 5-34).

Bezeichnung	Datenrate	Max. Entf.	Bemerkungen

ADSL
 	
Asymmetric Digital Subscriber Line
	1,5 Mbps *downstream*
	176 kbps *upstream*
	
	6,1 Mbps *downstream*
	640 kbps *upstream*
		bis 6 km
		
		bis 4 km
			- ANSI- und ETSI-Standard
			- Erfolgreiche Pilotprojekte
			  in mehreren Ländern
			- Seit 1998 Regelangebote
			  (auch von der DTAG)

RADSL
 	
Rate-adaptive Asymmetric Digital Subscriber Line
	wie ADSL	Datenrate abhängig von der Leitungs- qualität	- Die meisten
			  ADSL-Installationen
			  sind ratenadaptiv

VDSL
 	
Very high-bit-rate Digital Subscriber Line
	13 Mbps *downstream*
	1,6 Mbps *upstream*
	
	52 Mbps *downstream*
	2,3 Mbps *upstream*
		bis 1500 m
		
		bis 330 m
			- Wegen der geringen Reichweiten
			  ist in jedem Falle eine *Fibre-to-the-Curb*-Lösung (FttC) erforder-
			  lich

SDSL/MDSL *Single-pair/ Medium-bit-rate Digital Subscriber Line*	768 kbps *downstream* 768 kbps *upstream*	bis 3,3 km	
HDSL *High-bit-rate Digital Subscriber Line*	Mit 2 Adernpaaren: 768 kbps *downstream* 768 kbps *upstream* Mit 3 Adernpaaren: 2,048 Mbps *downstream* 2,048 Mbps *upstream*	bis 5 km	- Besteht aus mehreren SDSL-Leitungen
HDSL2 *High-bit-rate Digital Subscriber Line Version 2*	1,544 Mbps *downstream* 1,544 Mbps *upstream*	bis 4 km	

CDSL
 	
Consumer Digital Subscriber Line
	1 Mbps *downstream*
	128 kbps *upstream*
		bis 5,5 km	- Proprietärer (preiswerter) Ansatz
			  der Firmen Nortel und Rockwell
			- Erfordert keinen *Voice Splitter* zur
			  Trennung von Sprache und Daten
			- Verwendung wie herkömmliche
			  Modems

HDSL ist allgemein verfügbar, wird überwiegend aber für Festverbindungen eingesetzt.
Daneben ist die Entwicklung bei ADSL am weitesten fortgeschritten. Nach erfolgreich
abgeschlossenen Pilotprojekten in mehreren Ländern gibt es seit 1998 Regeldienstange-
bote (auch von der Deutschen Telekom unter der Bezeichnung T-DSL: 768 kbps *down-*

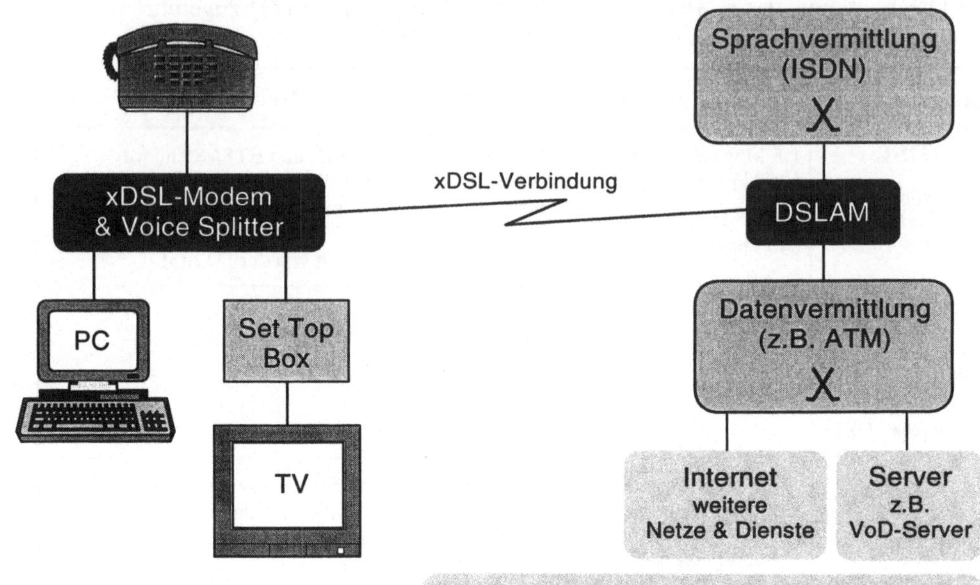

Abb. 5-34. Komponenten einer xDSL-Verbindung

stream, 128 kbps *upstream*; über 4 Mio. Teilnehmer Ende 2003). Die übrigen Varianten befinden sich überwiegend noch in der Entwicklung oder in der Erprobung.

Da die verfügbaren Bandbreiten immer noch knapp sind, ist eine gute Anpassung an die Erfordernisse der gewünschten Anwendungen wichtig. Für Anwendungen wie *Video on Demand* oder auch den privaten Internet-Zugriff sind unsymmetrische Varianten wie ADSL oder VDSL mit einer höheren verfügbaren Bandbreite zum Teilnehmer hin (*downstream*) angemessen; für andere Anwendungen wie LAN-LAN-Verbindungen oder Videokonferenzsysteme sind symmetrische Verbindungen erforderlich. Es ist also wichtig, in Abhängigkeit von den geplanten Anwendungen eine geeignete xDSL-Variante auszuwählen – sofern die Netzanbieter unterschiedliche Varianten anbieten und überhaupt eine Wahlmöglichkeit besteht.

5.5 Integriertes Text- und Datennetz (IDN)

Das integrierte Text- und Datennetz ist ein digitales Fernmeldenetz, dessen Teilnetze in Abb. 5-1 auf Seite 264 aufgeführt sind. Es enthält außerdem noch das nichtöffentliche Gentex-Netz für den Telegrammdienst, auf das hier nicht weiter eingegangen wird. In der Bezeichnung Text- und Datennetz kommt zum Ausdruck, dass die Teilnetze entweder nur für die Bereitstellung öffentlicher (Text-)Kommunikationsdienste (wie das Telex-Netz für den Telex-Dienst) oder sowohl für die Bereitstellung öffentlicher Teledienste wie auch als Transportnetz für private Datenkommunikation (wie das Datex-Netz) oder nur für die Übermittlung von Daten (wie die Datendirektverbindungen) genutzt werden. Die Netzteile Telex (und vor der Betriebseinstellung Datex-L) arbeiten leitungsvermittelt, der Netzteil Datex-P paketvermittelt, und im Direktrufnetz findet überhaupt keine Vermittlung statt, da die Kommunikationspartner fest miteinander verbunden sind (daher auch die Bezeichnung Festverbindung oder Standleitung).

Das IDN ist aufgebaut aus Datenvermittlungsstellen (DVSt) und Datenübertragungseinrichtungen (DÜE), die den Datenendgeräten (DEE) eine definierte Netzschnittstelle zur Verfügung stellen. Die Verbindungsleitung zwischen DÜE und DVSt wird als Datenanschlussleitung (DAL), eine Verbindungsleitung zwischen Datenvermittlungsstellen als Datenverbindungsleitung (DVL) bezeichnet (Abb. 5-35).

5.5.1 Telex-Netz

Das Telex-Netz ist das öffentliche Fernschreibwählnetz der Deutschen Telekom. Es besteht aus Telex-Vermittlungsstellen, Netzknoten und Telex-Teilnehmereinrichtungen sowie Verbindungsleitungen zwischen diesen Komponenten.

Das Netz arbeitet halbduplex im Start/Stop-Verfahren mit einer Übertragungsgeschwindigkeit von 50 bps. Es wird ein 5 Bit-Code benutzt (das weltweit eingesetzte Internationale Telegraphenalphabet Nr. 2). Im deutschen Telex-Netz werden alle Inlandsverbindungen und 99% der Auslandsverbindungen in Selbstwahl hergestellt.

5.5.2 Datex-Netz

Das Datex-Netz (*Data exchange*) wurde speziell für die Belange der Datenkommunikation konzipiert, da die existierenden Netze (insbesondere das analoge Fernsprechnetz) nur bedingt für Datenkommunikation geeignet waren. Die Komponenten des Netzes sind in Abb. 5-35 dargestellt.

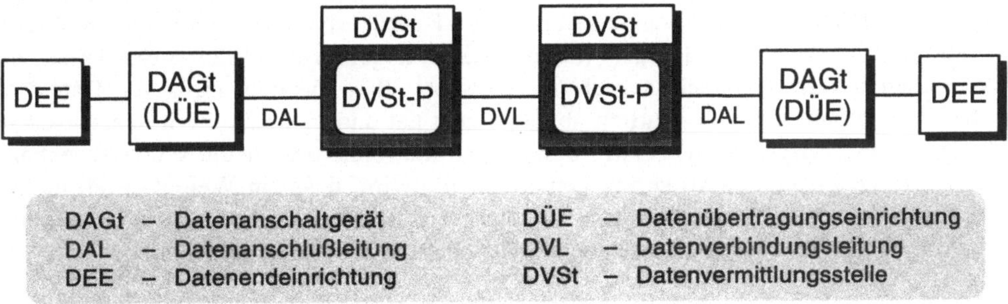

Abb. 5-35. Schematischer Aufbau des Datex-P-Netzes

Für die flächendeckende Versorgung wurden bundesweit 18 Datenvermittlungseinrichtungen installiert. Trotz dieser – gemessen an den Teilnehmerzahlen – respektablen Anzahl von Vermittlungseinrichtungen und die strategisch günstige Aufstellung an Nachfrageschwerpunkten betrug die mittlere Anschlusslänge pro Teilnehmer über 40 km (verglichen mit 2,3 km im Fernsprechnetz). Dies zeigt die Problematik von Sondernetzen. Sie erfordern einen hohen Aufwand pro Teilnehmer, was hohe Kosten für die Benutzer zur Folge hat, wenn der Netzbetreiber kostendeckende Gebühren nimmt.

Das leitungsvermittelnde Datex-L-Netz ging 1975 in Betrieb, das paketvermittelnde Datex-P-Netz 1980. Mit der flächendeckenden Verfügbarkeit des ISDN gab es für ein separates leitungsvermittelndes Datennetz trotz des für die Datenkommunikation angepassteren Abrechnungsmodus (separate Verbindungsaufbaugebühr und Abrechnung der Verbindungsdauer auf 0,1 Sek.) keine ausreichende Rechtfertigung mehr. In den neuen Bundesländern wurde der Dienst deshalb nicht mehr eingeführt, und in den alten Bundesländern waren die Teilnehmerzahlen seit etwa 1990 rückläufig (Abb. 5-36). Der Dienst wurde zum Jahresende 1996 eingestellt.

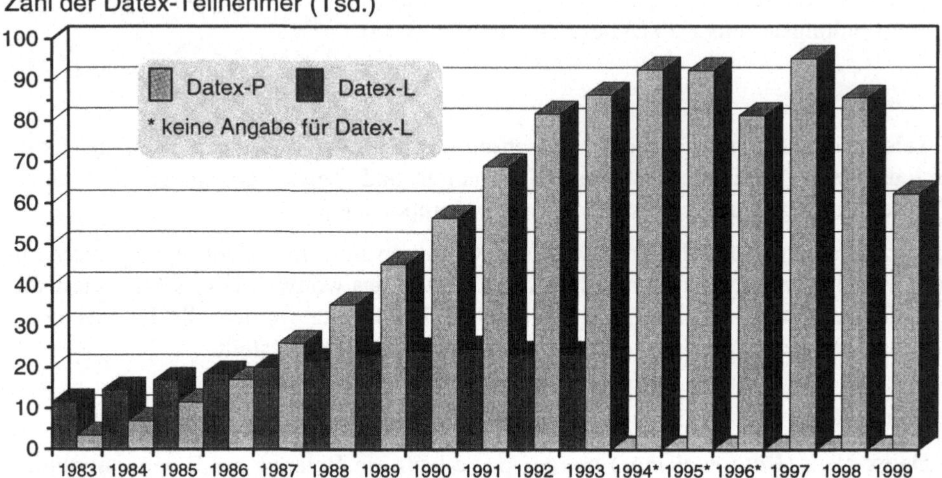

Abb. 5-36. Anzahl der Datex-Netzteilnehmer

Wie Abb. 5-36 zeigt, gibt es auch im Datex-P seit 1994 kaum noch Zuwächse und seit 1999 einen deutlichen Rückgang. Dies ist sicher auch dadurch erklärbar, dass X.25-Endgeräte auch über das ISDN Zugang zum Datex-P-Netz erhalten können und damit die Notwendigkeit eines eigenständigen (in der Statiskik geführten) X.25-Anschlusses in vielen Fällen entfällt. Dennoch ist nicht zu übersehen, dass die Bedeutung von Datex-P für die Datenkommunikation deutlich abgenommen hat und in Relation zu neuen Netzdiensten (ISDN, *Frame Relay*, ATM) weiter abnimmt, ohne dass heute schon absehbar wäre, wann die Bedeutung so gering geworden sein wird, dass ein Weiterbetrieb nicht mehr angebracht ist. Bemerkenswert ist in diesem Zusammenhang, dass seit dem Jahr 2000 in der Telekom-Statistik Angaben zu Datex-P nicht mehr enthalten sind.

5.5.2.1 Datex-P

Das Datex-P-Netz ist in besonderer Weise für die Übertragung asynchroner Datenströme (*bursty traffic*) geeignet.

Die erste Ausbaustufe hatte 1989 ihre Kapazitätsgrenzen erreicht. Seither hat die Deutsche Telekom die Leistungsfähigkeit des Systems durch eine drastische Erhöhung der Zahl der Vermittlungseinrichtungen (auf über 100) sowie den Einsatz leistungsfähigerer Geräte erhöht.

Das Datex-P-Netz basiert auf dem ITU-T-Standard X.25 (Endgeräteschnittstelle); das Zusammenspiel unterschiedlicher X.25-Netze ist durch X.75 geregelt.

Die internationale Konnektivität ist ausgezeichnet: Das Datex-P-Netz der Deutschen Telekom hat Verbindung zu über 210 paketvermittelnden Netzen in mehr als 120 Ländern. Als paketvermittelndes Netz bietet Datex-P:

- Automatische Geschwindigkeitsanpassung (d.h. Endgeräte unterschiedlicher Geschwindigkeit können problemlos miteinander kommunizieren).

- Neben der gemeinsamen Nutzung der *Trunk*-Leitungen durch unterschiedliche Teilnehmer auch Mehrfachnutzung der Anschlussleitung (bis zu 255 virtuelle Verbindungen über eine physikalische Anschlussleitung).

- Bei Ausfall von Verbindungsstrecken/Knoten können – für den Benutzer transparent – alternative Pfade benutzt werden.

Anschließbar sind außer X.25-fähigen Endgeräten über Anpassungsdienste auch Geräte mit anderen Schnittstellen.

Die Bezeichnungen für die diversen Dienste sind systematisch aufgebaut:

Eine Bezeichnung besteht aus dem Buchstaben P,
- gefolgt von einer Kennzahl zur Charakterisierung der Arbeitsweise des Endgeräts,
- gefolgt von einem (selbsterklärenden) Buchstaben zur Kennzeichnung des Zugangs.

Kennzahlen sind

10 für synchrone Endgeräte,
20 für asynchrone Endgeräte,
30 für SNA-Geräte.

Die verfügbaren Dienste/Zugangsmöglichkeiten sind in der folgenden Tabelle zusammengestellt.

Bezeichnung	Zugang	Protokoll
P10H	Hauptanschluss (dir. Verb. zum Datex-P-Knoten)	X.25
P10F	Zugang über Fernsprechnetz	X.32
P10I-D	Übergang zum ISDN (per D-Kanal)	X.31
P10I-B	Übergang zum ISDN (per B-Kanal)	X.31
P20H	Hauptanschluss (dir. Verb. z. Datex-P-Verm. (PAD))	X.28, X.3
P20F	Zugang über Fernsprechnetz	X.28, X.3
P20I	Zugang über ISDN (per D-Kanal)	X.28, X.3, V.110
P30H	Hauptanschluss (dir. Verb. zum Datex-P-Knoten)	SNA/SDLC

Besonders wichtig ist der Datex-P20-Dienst. Über diesen können asynchrone Endgeräte mit V.24-Schnittstelle mit X.25-fähigen Endgeräten (Hosts) kommunizieren. Die dafür erforderlichen Komponenten und Protokolle sind in den ITU-T-Empfehlungen X.3, X.28 und X.29 beschrieben (vgl. Abb. 5-37).

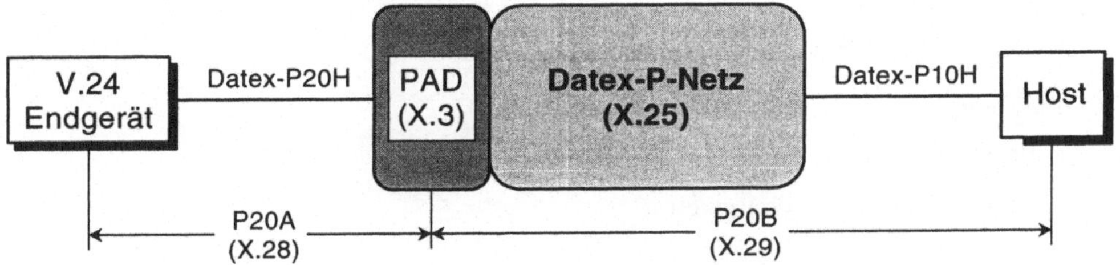

Abb. 5-37. Anschluss von asynchronen Terminals über Datex-P

Der Anschluss P30H ist nur innerhalb eines TDN (*Telecom Designed Network*) verfügbar. Darunter versteht die Telekom eine kundenspezifische Netzlösung, die Leistungen wie Systemberatung und Management sowie einen Ansprechpartner und eine gemeinsame Rechnung für alle Anschlüsse beinhalten kann.

Es werden folgende Geschwindigkeiten angeboten:

Übertragungs-geschwindigkeit	Bezeichnung							
Bit/s	P10H	P10F	P10I-D	P10I-B	P20H	P20F	P20I	P30H
300					•	•		
1.200		•			•	•		
2.400	•	•			•	•		•
4.800	•	•			•	•		•
9.600	•	•	•		•	•	•	•
14.400		•				•		
19.200	•					•		•
23.000						•		
64.000	•			•				•
2...15×64.000	•							
1.920.000	•							

Über das Datex-P-Netz sind fast alle ausländischen Paketnetze erreichbar.

Die Gebührenstruktur des Datex-P-Dienstes weist folgende Merkmale auf:

- Einmalige Anschlussgebühr.

- Monatliche Festgebühr (abhängig von der Übertragungsgeschwindigkeit auf der Anschlussleitung und sonstigen Leistungsmerkmalen).

- Nutzungsabhängige Gebühren,

  - **abhängig von**:

    ○ Datenvolumen (Abrechnung in Segmenten zu 64 Bytes; Ermäßigung bei großen Datenmengen),

    ○ Tageszeit und Wochentag,

  - **unabhängig von**:

    ○ Entfernung,

    ○ Übertragungsgeschwindigkeit.

5.5.3 Datendirektverbindungen (DDV, früher Direktrufanschluss)

Datendirektverbindungen sind über Knoten des IDN fest geschaltete Verbindungen (Bezeichnungen: Festverbindungen, Standleitungen, Mietleitungen) zwischen zwei Anschlüssen. Es handelt sich um duplexfähige, digitale Verbindungen, die für eine Reihe von Übertragungsgeschwindigkeiten angeboten werden:

- 1.200 bps asynchron oder synchron;
- 2.400 bps asynchron oder synchron;
- 4.800 bps asynchron oder synchron;
- 9.600 bps asynchron oder synchron;
- 19.600 bps asynchron oder synchron;
- 64 kbps synchron;
- 128 kbps synchron;
- 1,92 Mbps synchron.

Die Verbindungen sind transparent; den kommunizierenden Partnern wird also Protokollfreiheit geboten.

Die monatlichen Gebühren sind abhängig von der Geschwindigkeit, der Entfernung und besonderen Leistungsmerkmalen, nicht aber von der Nutzungsdauer.

Bei hohem Verkehrsaufkommen zwischen zwei Standorten sind Datendirektverbindungen ein geeignetes Medium. Sie werden häufig benutzt, um private Kommunikationsnetze aufzubauen.

5.5.4 Standardfestverbindungen (SFV), Monopolübertragungswege

Das Recht, Übertragungswege zu errichten und zu betreiben (Netzmonopol), lag bis Mitte 1996 ausschließlich beim Hoheitsträger, dem Bund, vertreten durch den Bundesminister für Post und Telekommunikation (BMPT). Die Ausübung des Monopols war vom BMPT der Telekom übertragen worden mit der Auflage, ein ausreichendes Angebot an Monopolübertragungswegen bereitzustellen.

Standardfestverbindungen sind permanent bereitgestellte Übertragungswege mit analogen oder digitalen Schnittstellen, die für Sprach-, Daten- und Videoübertragungen genutzt werden können. Im Gegensatz zu den Datendirektverbindungen werden im Störungsfall keine Ersatzschaltungen bereitgestellt (dafür sind sie billiger). Die analogen Schnittstellen sind hier nicht von Bedeutung. Digitale Schnittstellen stehen für folgende Übertragungsgeschwindigkeiten zur Verfügung:

- 64 kbps,
- 2 Mbps,
- 34 Mbps,
- 140 Mbps,
- 155 Mbps.

Neben den einmaligen Installationskosten, die für die hohen Übertragungsgeschwindigkeiten signifikant sind, fallen monatliche Gebühren an, die von der Übertragungsleistung und der Entfernung, nicht aber von der Nutzungsdauer abhängen. Für die hohen Übertragungsgeschwindigkeiten (ab 34 Mbps) beträgt die Mindestmietdauer, abweichend von den sonst üblichen drei Monaten, i. Allg. drei Jahre.

5.6 Frame Relay

Frame Relay bezeichnet eine Technologie, die zum Ziel hat, bis zur allgemeinen Verfügbarkeit eines Breitband-ISDN schnelle Datenleitungen (derzeit vor allem T1 bzw. E1, d.h. 1,544 bzw. 2,048 Mbps) effizient für unterschiedliche Anwendungen nutzen zu können. Eine vordringliche Anwendung dürfte die Verbindung von LANs über Weitverkehrsstrecken sein. Derzeit wird *Frame Relay* vor allem in privaten Netzen (d.h. auf Standleitungen höherer Geschwindigkeit) eingesetzt. Inzwischen gibt es auch *Frame-Relay*-Angebote öffentlicher Netzanbieter, seit 1997 auch ein Angebot der Deutschen Telekom unter der Bezeichnung FrameLink Plus.

Frame-Relay-Vermittlungseinrichtungen werden von mehreren namhaften Herstellern von Kommunikationseinrichtungen angeboten, und eine steigende Zahl von Firmen (auch große Rechnerhersteller wie IBM) unterstützt *Frame Relay* in ihren Kommunikationsprodukten.

Die wichtigsten Standardisierungen sind durch ITU-T und ANSI erfolgt (ITU-T I.122 (*Framework for Providing Additional Packet Mode Bearer Services*), und I.441/Q.921 (*ISDN User-Network Interface – Data Link Layer Specification*), ANSI T1.602).

Die Technik des *Frame Relay* basiert auf dem LAPD-Protokoll (I.441/Q.921) des ISDN, einem HDLC-Abkömmling, weshalb *Frame-Relay*-Netze mit relativ geringem Entwicklungsaufwand etabliert werden können.

Frame Relay kann als ein sogenanntes *Lightweight*-Protokoll angesehen werden; die Prinzipien sind:

- Geringe Komplexität ⇒ geringer Overhead ⇒ Eignung für hohe Geschwindigkeiten.

- *Routing* auf Schicht 2 (Schicht 3 kann entfallen).

- Nutzung niedriger Fehlerraten (keine Fehlerwiederholung auf Schicht 2).

- Sequenzerhaltung.

Frame Relay leistet (wie ATM) ein asynchrones Multiplexen unterschiedlicher Datenströme, jedoch auf der Basis variabler (großer) Rahmenlängen (ATM: Zellen fester Länge). Aus diesem Grunde ist *Frame Relay* zur Übermittlung isochroner Datenströme weniger geeignet.

Während ATM-Zellen nur einen vorangestellten *Header* mit Kontrollinformationen besitzen und die Prüfsequenz sich nur auf die *Header*-Information bezieht, haben *Frame-Relay*-Rahmen neben einem vorangestellten *Header* (3 Bytes) auch noch einen nachgestellten *Trailer*, der die (sich auf Kontroll- und Nutzinformation beziehende) Prüfsequenz (2 Bytes) und eine Rahmenkennung *(Flag,* 1 Byte) enthält.

Im LAPD-Protokoll ist bereits eine Ende-zu-Ende-Kennung der beteiligten Endgeräte etabliert; diese Ebene-2-Adresse wird als DLCI (*Data Link Connection Identifier*) bezeichnet. Beim *Frame Relay* wird der DLCI (10 Bits lang) für die Adressierung und das *Routing* auf der Ebene 2 verwendet. Alle Rahmen, die zu einer Verbindung gehören, tragen den gleichen DLCI in ihrem *Header.*

Abweichend vom LAPD-*Header* enthält ein *Frame Relay Header* drei Bits für eine (rudimentäre) Überlaststeuerung: ein *Forward Explicit Congestion Notification* Bit (FECN), ein *Backward Explicit Congestion Notification* Bit (BECN), sowie ein *Discard Elegibility* Bit (DE). Die beiden erstgenannten Bits sollen die beiden Endstellen einer Verbindung über eine Überlastsituation im Netz informieren (die daraufhin die Last, die sie auf das Netz bringen, reduzieren sollen), während das DE-Bit anzeigt, dass ein Rahmen im Überlastfall vorrangig verworfen werden kann.

5.7 Datex-M

Datex-M ist ein auf DQDB basierendes Netz der Deutschen Telekom. 1998 betrug die Zahl der Zugangsknoten 76 und wurde danach nicht weiter erhöht.
Es steht zu erwarten, dass Datex-M als eigenständiges Netz die allgemeine Einführung des Breitband-ISDN nicht überleben wird. Die Telekom-Statistik 2000 enthält zu Datex-M keine Angaben mehr.

Die Zugangsgeschwindigkeiten sind in weiten Bereichen frei wählbar und reichen von 64 kbps bis 34 Mbps. Es gibt 2-Mbps-Anschlüsse für Zugangsgeschwindigkeiten von $n \times 64$ kbps (bis maximal 2 Mbps) und 34-Mbps-Anschlüsse für Zugangsgeschwindigkeiten von $n \times 2$ Mbps (bis maximal 34 Mbps).

Genutzt wird das Datex-M-Netz fast ausschließlich für SMDS (*Switched Multimegabit Data Service*) bzw. dessen europäisches Pendant CBDS (*Connectionless Broadband Data Service*), einem verbindungslosen Datendienst, der in besonderer Weise für die Interkonnektion von LANs geeignet ist.

6 Mobilfunksysteme

6.1 Einführung

Der große Durchbruch der mobilen Kommunikation erfolgte etwa Mitte der neunziger Jahre nach der Einführung des digitalen Mobilfunks für die Sprachkommunikation. Zwar gab es vorher bereits analoge Mobilfunksysteme (etwa das C-Netz der Deutschen Telekom), aber die mobilen Endgeräte dieser Systeme waren zu groß und zu schwer, um herumgetragen zu werden, so dass sich die Mobilität auf den Einbau in Fahrzeuge beschränkte (daher auch die Bezeichnung Autotelefon). Überdies waren diese Endgeräte mit Preisen um 10 TDM viel zu teuer für eine massenhafte Verbreitung.

Bisher werden Mobiltelefone überwiegend zusätzlich zu Festnetzanschlüssen benutzt (dies wohl in erster Linie wegen der doch erheblich höheren Verbindungsgebühren). Während Festnetzanschlüsse als ortsfeste Einrichtungen natürlicherweise Wohnungen zugeordnet sind (und bei einer Gesamtbevölkerung von ca. 80 Mio. in Deutschland und ca. 45 Mio. Anschlüssen praktisch jede Wohnung über einen Anschluss verfügt und damit eine Marktsättigung erreicht ist), werden Mobiltelefone typischerweise Personen zugeordnet. Die Zahl der Mobiltelefone ist in Deutschland von ca. 27 Mio. zu Beginn des Jahres 2000 auf über 60 Mio. Ende 2003 gestiegen und übertrifft damit die Zahl der Festnetzanschlüsse bei weitem. Dies bedeutet aber auch, dass inzwischen mit Ausnahme einiger standhafter Verweigerer und des natürlicherweise nicht in Frage kommenden Personenkreises (Kleinkinder und sehr alte Leute) praktisch jedermann ein Mobiltelefon besitzt und damit auch hier eine Marktsättigung eingetreten ist.

Dies ist nicht nur in Deutschland so. Damit stellt sich für Hersteller und Netzbetreiber die Frage, wo und wie in Zukunft weiteres Wachstum erreicht werden kann. Eine wesentliche Quelle ist der Ersatzbedarf. Dies nicht nur, weil die Geräte schnell veralten, sondern auch wegen der Gebührenstruktur, die dadurch gekennzeichnet ist, dass die Geräte fast vollständig über die laufenden Gebühren finanziert werden, so dass kaum ein Anreiz besteht, nach Ablauf der typischerweise zweijährigen Vertragslaufzeit das alte Handy weiter zu benutzen (ein etwa notwendiger neuer Akku wäre unter diesen Umständen teurer als ein neues Handy).

Neue Anreize werden aber auch durch neue Funktionen geschaffen. Die neuen Dienste, die angeboten werden (sollen), sind Datendienste (insbesondere Internet-Zugriff) und Multimediadienste. Dazu müssen die Funknetze zur für Datendienste optimierten Paketvermittlung befähigt werden. Dies geschieht durch eine technische Aufrüstung der Funknetze der 2. Generation (digitale zelluläre Funksysteme wie GSM (*Global Systems for Mobile Communications*)) und durch Einführung von Funknetzen der 3. Generation wie UMTS (*Universal Mobile Telecommunications System*). Die Bedeutung, die die Netzbetreiber den Funknetzen der 3. Generation beimessen, ist aus den Summen abzulesen, die in England und Deutschland für die Funklizenzen bezahlt wurden (in Deutschland annähernd 100 Mrd. DM für sechs Lizenzen). Diese Beträge sind unvernünftig hoch, zumal noch zweistellige Milliardenbeträge für den Aufbau der Netztechnik hinzukommen, und es derzeit nicht absehbar ist, ob derartig hohe Investitionen sich überhaupt jemals amortisieren werden. Das Kernproblem besteht darin, dass nicht erkennbar ist, welche Kommunikationsdienste (zusätzlich zur Sprache, die mit der etablierten Technik ja bereits zufriedenstellend funktioniert) so attraktiv sein könnten, dass massenweise (und das heißt: auch private) Teilnehmer bereit sind, diese Dienste unter Hinnahme signifikanter Mehrkosten zu nutzen.

Die Einführung von Datendiensten (überwiegend auf IP-Basis) hat auch Rückwirkungen auf diese Dienste, bzw. auf die Art und Weise, wie sie dargeboten werden (können). Das liegt an Einschränkungen, die zum einen aus den vergleichsweise niedrigen in Funknetzen verfügbaren Datenraten resultieren (derzeit um 10 kbps, längerfristig auf einige hundert kbps steigend), zum andern an Limitierungen hinsichtlich Gewicht und Größe (und damit auch Stromverbrauch), denen mobile Endgeräte notwendigerweise unterliegen.

Wenn – wie dies geplant ist – praktisch alle mobilen Endgeräte Internet-fähig werden sollen und diese Fähigkeit auch genutzt wird, dann hat dies wegen der enormen Stückzahlen auch Rückwirkungen auf das Internet-Protokoll selbst. Die Zahl der Internet-fähigen mobilen Endgeräte wird dann in kurzer Zeit mehrere hundert Millionen betragen, die mit Internet-Adressen versorgt werden müssen. Das wird mit dem nahezu verbrauchten Adressvorrat der heutigen Internet-Version (IPv4) nicht möglich sein, so dass die zwingende Folge die beschleunigte Einführung der neuen Internet-Version (IPv6) sein wird.

Die Anforderungen an Mobilfunksysteme sind auch vom Grad der Mobilität abhängig. Man unterscheidet portable Endgeräte, die – wie schon der Name sagt – portabel sind und an jedem Ort, an den sie gebracht werden, kommunikationsfähig sein sollen, und mobile Endgeräte, die auch kommunikationsfähig sein sollen, während sie sich in Bewegung befinden. Letztere können noch in langsam bewegliche (etwa Fußgängergeschwindigkeit) und schnell bewegliche (in einem Fahrzeug) unterschieden werden. Wünschenswert könnte die Nutzung mobiler Kommunikationsdienste auch im Flugzeug sein; diese ist aber wegen möglicher Störungen des Flugfunkverkehrs untersagt. Außerdem wären hierfür satellitengestützte Funksysteme (denen bisher aber kein kommerzieller Erfolg beschieden war) geeigneter als terrestrische.

6.2 Eigenschaften drahtloser Übertragungssysteme

Grundsätzlich unterscheiden sich drahtlose Übertragungskanäle nicht von leitungsgebundenen. Bei genauerem Hinsehen gibt es aber über die Übertragungstechnik im engeren Sinne hinaus, die notwendigerweise medienabhängig ist, doch unterschiedliche Randbedingungen, die abweichende technische Lösungen bedingen.

Für drahtlose Übertragungen werden sehr unterschiedliche Frequenzen des elektromagnetischen Spektrums (vgl. Abb. 2-19 auf Seite 37) benutzt, von den Langwellen (direkt über den hörbaren Frequenzen) über Millimeter- und Mikrowellen bis hin zum Infrarotlicht (mit Wellenlängen unmittelbar unter dem sichtbaren Licht). Diese haben frequenzabhängig durchaus unterschiedliche Ausbreitungseigenschaften.

Wellenlänge und Frequenz sind zueinander invers proportional entsprechend der Formel

$$f \times \lambda = c \quad (f = \text{Frequenz in Hz}, \lambda = \text{Wellenlänge in m}, c = \text{Lichtgeschwindigkeit in m/s}).$$

Die Dämpfung, der alle Signale bei der Ausbreitung unterliegen, ist frequenzabhängig und um so stärker, je höher die Frequenz ist.
Signale hoher Frequenz können mehr Informationen tragen als Signale niedriger Frequenz.

Niederfrequente (also langwellige) Signale (bis einige hundert MHz) können feste Körper leicht durchdringen und sind deshalb auch sehr gut in geschlossenen Gebäuden/Räumen empfangbar (sofern diese nicht einen faradayschen Käfig[2] bilden). Höherfrequente Signale – obwohl bis in den unteren GHz-Bereich in geschlossenen Räumen noch empfangbar – verhalten sich zunehmend wie Licht, d.h., sie können an festen Körpern reflektiert und mit einem Parabolspiegel gebündelt werden, wodurch auch sehr schwache Signale noch verwertbar werden.

Das unterschiedliche Reflexionsverhalten von Funksignalen unterschiedlicher Wellenlänge kann positiv genutzt werden. Während hochfrequente Signale im Mikrowellenbereich (1 bis 7 GHz) die Erdatmosphäre (speziell die Ionosphäre) durchdringen und deshalb für die Satellitenkommunikation verwendet werden, werden niederfrequente Signale (200 kHz bis 30 MHz) an der Ionosphäre reflektiert und sind deshalb rund um die Erde empfangbar.

Reflexionen sind die Ursache für die sogenannte Mehrwegeausbreitung, d.h. ein Empfänger empfängt nicht nur das direkt vom Sender kommende Signal, sondern auch Reflexionen desselben, und zwar zeitversetzt, da diese unterschiedlich lange, in jedem Falle längere Wege bis zum Empfänger zurückgelegt haben. Dies hat – vergleichbar der Modendispersion in Lichtwellenleitern – eine zeitliche Verschmierung des Ausgangssignals zur Folge, die zur Interferenz zwischen den übertragenen Codeelementen (*Inter-Symbol Interference*, ISI) führt und die Unterscheidbarkeit der einzelnen Symbole beeinträchtigen kann, wenn die Dauer der Codeelemente nicht nach unten (und damit die erzielbare Datenrate nach oben) begrenzt wird. Mehrwegeempfang kann durch technische Maßnahmen (z.B. bei der Auslegung von Antennen) unterdrückt werden.

Reflexionen von Funksignalen können aber auch positiv genutzt werden und sicherstellen, dass auch in sogenannten Abschattungsbereichen (in denen aufgrund eines Hindernisses keine Sichtverbindung zwischen Sender und Empfänger besteht und das direkte Signal deshalb nicht empfangbar ist) dennoch kommuniziert werden kann. Reflexionen bilden auch die Ursache für das Entstehen geographisch eng begrenzter Bereiche, in denen aufgrund drastisch reduzierter Signalpegel ein Empfang nicht möglich ist, während in unmittelbarer Umgebung normale Empfangsbedingungen herrschen (*Multipath Fading, Rayleigh Fading*). Der Grund ist, dass sich die beim Empfänger ankommenden Signale überlagern. Von Bedeutung ist hier der Sonderfall, dass sich gegensinnig schwingende Signale überlagern (das ist dann der Fall, wenn die Wegdifferenz ein ungerades Vielfaches von $\lambda/2$ beträgt) und sich gegenseitig schwächen (bei gleicher Signalstärke auslöschen). Bei mobilen Empfängern, die kurzzeitig in derartige signalschwache Bereiche geraten, spricht man von *Short-term Fading*.

In Kap. 2.2.5 wurde bereits auf die Besonderheiten der Satellitenkommunikation hingewiesen, die notwendigerweise immer drahtlos erfolgt. Satelliten in erdnaher Position verändern aus Sicht eines ortsfesten und auch eines mobilen terrestrischen Empfängers permanent ihre Position und verschwinden zeitweilig vollständig; Satelliten in geostationärer Position bedingen aufgrund der großen Entfernung extreme Signallaufzeiten, die sie für Anwendungen mit hoher Interaktionsrate ungeeignet machen und die auch in technischer Hinsicht Anpassungen erfordern (sender- und empfängerseitig große Puffer-

---

[2] Ein faradayscher Käfig, in den elektromagnetische Signale nicht eindringen können, entsteht durch ein Metallgitter (dies können z.B. Stahlmatten in Betonteilen sein), bei dem die Gitterabstände kleiner als die Wellenlängen der Signale sind.

speicher, Anpassung der Fenstergröße in Flusskontrollmechanismen, Anpassung der Zeitintervalle für Überwachungsfunktionen).

Gemeinsam ist allen Funksystemen, dass die Signale von jedermann empfangen werden können, der im Sendegebiet eines Senders liegt und über eine entsprechende Empfangseinrichtung verfügt. Daraus folgt, dass vertrauliche Kommunikation noch in weit höherem Maße als bei leitungsgebundenen Übertragungen des Schutzes bedarf, d.h. jede nicht öffentliche Kommunikation muss durch starke Authentifizierungs- und Verschlüsselungsverfahren gesichert werden.

Funkverbindungen weisen aber auch drastisch höhere Fehlerraten auf als leitungsgebundene Systeme. Aus diesem Grunde müssen zur Sicherung der Integrität (im technischen Sinne) besonders leistungsfähige und effiziente Fehlerbehandlungsmethoden eingesetzt werden. Als weitere unangenehme Eigenheit kommt hinzu, dass Fehler häufig *burst*-artig auftreten. Das liegt daran, dass Fehler durch Störungen des Funkkanals (etwa Interferenzen) entstehen können, deren Dauer so ist, dass mehrere Codeelemente und damit Bits der Nutzinformation betroffen sind. Funksysteme sind somit Übertragungssysteme, die eine hohe Bitfehlerrate aufweisen und für die Fehler-*Bursts* typisch sind.

Für die Fehlerbehandlung sind grundsätzlich zwei Methoden anwendbar: ARQ-Verfahren (*Automatic Repeat Request*), bei denen Fehler durch Wiederholung des empfängerseitig als fehlerhaft erkannten Blocks korrigiert werden, und FEC-Verfahren (*Forward Error Correction*), bei denen der Nutzinformation senderseitig so viel Redundanz hinzugefügt wird, dass zumindest bestimmte Fehler auf Empfängerseite korrigiert werden können. ARQ-Verfahren sind für die Übermittlung isochroner Datenströme (Sprache, Multimedia) wegen der Unterbrechung des kontinuierlichen Informationsflusses nicht geeignet, so dass dafür nur FEC-Verfahren in Frage kommen. Für asynchrone Datenströme sind ARQ-Verfahren geeignet und können da auch zusätzlich zu FEC-Verfahren zum Einsatz kommen.

Zunächst ist festzustellen, dass beim im Mobilfunk bisher dominierenden Fernsprechen die Probleme nicht so gravierend sind, weil der Mensch als Teilnehmer äußerst fehlertolerant ist, da der menschliche Verstand in erheblichem Umfang fehlende Informationen ergänzen kann. Außerdem ist der Mensch intelligent genug, in eigener Verantwortung eine Fehlerwiederholung zu initiieren, indem er den Partner bittet, den letzten Satz zu wiederholen. Dies fällt nicht einmal negativ auf, weil Sprachunverständlichkeit nicht nur durch Unzulänglichkeit des Übertragungskanals entsteht, sondern häufig auch durch außerhalb liegende Ursachen (wie hoher Nebengeräuschpegel, nachlässige Haltung des Hörers usw.).

Die bevorzugte Fehlerkorrekturmethode ist wegen der Ausrichtung auf Sprachübertragung FEC. Diese Methode ist jedoch schlecht geeignet, um Fehler-*Bursts* zu behandeln, weil mit steigender Zahl zu korrigierender Bits (pro Block) der Umfang zusätzlich zu übertragender Redundanzinformation stark zunimmt. Dies kann gerade in einem leistungsschwachen Übertragungskanal nicht hingenommen werden. Um dennoch mit Fehler-*Bursts* umgehen zu können, wendet man eine als *Interleaving* bezeichnete Vorgehensweise an. Dabei wird die Information aus mehreren Informationseinheiten (einschließlich der zugehörigen FEC-Codes) verschachtelt in eigens für die Übertragung gebildeten Übertragungsblöcken angeordnet, die nochmals mit eigenen Fehlercodes versehen sind (Abb. 6-1). Im schlimmsten Fall einer Verfälschung aller Bits einer solchen Übertragungs-

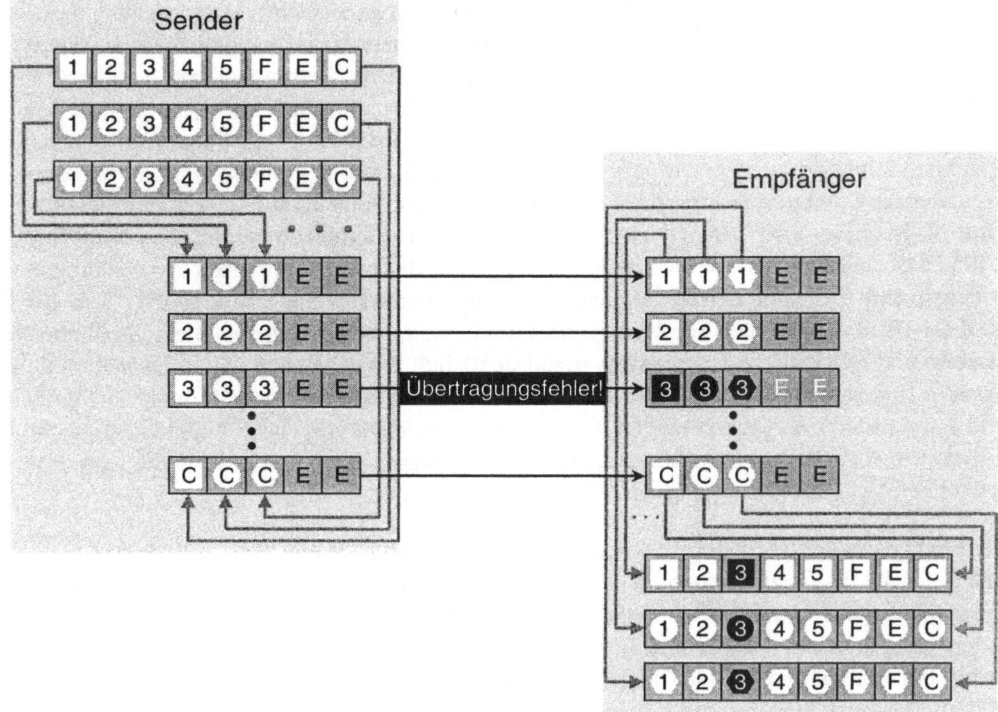

Abb. 6-1. Prinzip des Informations-Interleaving zur Behandlung von Fehler-Bursts

einheit wirkt sich dies auf die beteiligten ursprünglichen Informationseinheiten nur so aus, dass in jeder dieser Einheiten ein Bit falsch ist, was per FEC-Verfahren leicht zu korrigieren ist. Das obige Beispiel soll nur das Prinzip erläutern. In realen Systemen werden größere Einheiten und komplexere Verschachtelungsmuster verwendet. Die Vorgehensweise entspricht logisch genau der in Abb. 5-27 auf Seite 318 für die Videoübertragung in einem ATM-Netz geschilderten.

ARQ-Verfahren eignen sich sehr gut für die Behandlung *burst*-artig auftretender Fehler, da der Aufwand unabhängig von der Anzahl fehlerhafter Bits in dem als fehlerhaft erkannten Block ist, d.h. der Aufwand, der pro Fehlerbit zu treiben ist, fällt mit der Anzahl fehlerhafter Bits in einem Block. Bei Übertragungsstrecken mit hoher Bitfehlerrate ist es wichtig, dass ausreichend kleine Datenblöcke übertragen werden, da zu große Datenblöcke sich in doppelter Hinsicht negativ auswirken. Zum einen sinkt die Wahrscheinlichkeit, dass überhaupt ein Block fehlerfrei übertragen werden kann, zum anderen ist die bei den häufig notwendigen Wiederholungen jeweils zu übertragende Datenmenge groß, was bei leistungsschwachen Übertragungswegen fatal ist. Bei der Verwendung kleiner Blöcke steigen jedoch der Protokoll-Overhead (und damit die insgesamt zu übertragende Datenmenge) und der Bearbeitungsaufwand in den Endpunkten, die beide im Wesentlichen pro Block anfallen. Es ist deshalb sinnvoll, für Anwendungen der mobilen Datenkommunikation FEC- und ARQ-Verfahren zu kombinieren. Blöcke mit wenigen Bitfehlern können mit FEC-Verfahren effizient behandelt werden. Erst wenn eine nicht per FEC-Verfahren korrigierbare Anzahl von Bitfehlern in einem Block auftritt, kommt das ARQ-Verfahren zum Einsatz, das in diesem Falle aber besonders effizient ist.

Ein sich aufgrund der explodierenden Teilnehmerzahlen permanent verschärfendes Problem stellt die Bereitstellung der benötigten Funkfrequenzen dar. Knappheit besteht schon deshalb, weil große Frequenzbereiche für Militär, Polizei, Rettungsdienste usw. reserviert sind und für allgemeine Anwendungen überhaupt nicht zur Verfügung stehen. Andere Bereiche sind für öffentliche Anwendungen wie Rundfunk und Fernsehen und für bestehende Funkdienste fest vergeben. Einige wenige Bereiche können frei, d.h. unlizenziert benutzt werden; dies sind die Frequenzen in den sogenannten ISM-Bändern (*Industrial, Scientific, and Medical*), wobei aber nur der Frequenzbereich von 2,400 bis 2,485 GHz weltweit frei ist. In diesem Bereich sind die nicht regulierten Anwendungen untergebracht, darunter Mikrowellengeräte, Fernsteuerungen und Funk-LANs. Wie für die ISM-Bänder, gilt auch für lizenzierte Funkdienste, dass ihnen in unterschiedlichen Ländern unterschiedliche Frequenzen zugeordnet sind. Zwar bemühen sich internationale Organisationen, voran die ITU, durchaus erfolgreich um eine Harmonisierung, aber dazu sind lang dauernde Anpassungen erforderlich, da einmal vergebene Frequenzen nicht einfach umgewidmet werden können, sondern abgewartet werden muss bis die zugeordneten Dienste überholt sind und eingestellt werden können.

Die Frage nach den verfügbaren Funkfrequenzen ist deshalb so kritisch, weil Frequenzen eine nur sehr begrenzt verfügbare Ressource darstellen, da jede Frequenz im gesamten Sendegebiet (und darüber hinaus) nur einmal verwendet werden kann. Dies ist anders als in leitungsgebundenen Systemen, wo für jede Leitung die gleichen Frequenzen wieder verwendet werden und deshalb durch Vergrößerung der Zahl der Leitungen die Kapazitäten beliebig vergrößert werden können.

Bei Diensten, die europaweit (und darüber hinaus) Verbreitung finden sollen, ist es ausgeschlossen, mit hohen Sendeleistungen das gesamte Gebiet überdeckend, einheitliche Funkfrequenzen zu verwenden. Dies wäre eine sehr ineffiziente Nutzung der Frequenzen, da jede Frequenz in einem so großen geographischen Gebiet nur einmal benutzt werden könnte. Um auf diese Weise die für ein so großes Versorgungsgebiet benötigten Übertragungskapazitäten bereitstellen zu können, müssten so große Frequenzbereiche bereitgestellt werden, wie nicht entfernt zur Verfügung stehen. Aus diesem Grunde sind alle modernen Systeme zellulare Systeme. Diese bestehen aus kleinen Funkzellen, die durch Sende-/Empfangsstationen (Basisstationen) mit geringer Sendeleistung gebildet werden (Abb. 6-2). Anders als in der Abbildung dargestellt, sind die Funkzellen aufgrund unterschiedlicher Ausbreitungsbedingungen sehr unregelmäßig begrenzt, und die Funksignale enden auch nicht an den Grenzen des Sendebereichs, in dem ein sicherer Empfang möglich ist. Aus diesem Grunde müssen in benachbarten Zellen unterschiedliche Frequenzen verwendet werden. Insgesamt aber können in einem großen Sendegebiet, das in viele Funkzellen aufgeteilt ist, die gleichen Frequenzen sehr häufig wieder verwendet werden. Dabei kann die Größe der Funkzellen den Notwendigkeiten angepasst werden. In ländlichen Bereichen mit geringem Verkehrsaufkommen können die Zellen relativ groß gewählt werden, wohingegen an Nutzungsschwerpunkten (Innenstadtbereiche, Messegelände, Kongreßzentren usw.) Mikrozellen von wenigen hundert Metern Ausdehnung gebildet werden.

Von Vorteil ist auch, dass für die kleinen Zellen nur geringe Sendeleistungen erforderlich sind, wodurch eine evtl. von der elektromagnetischen Strahlung ausgehende Gesundheitsgefährdung minimiert wird.

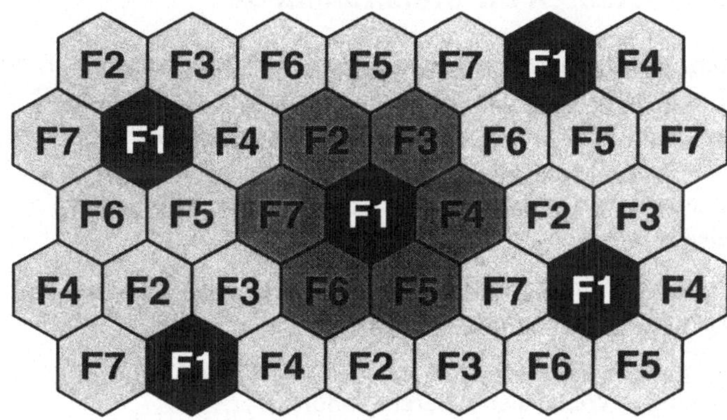

Abb. 6-2. Schematische Darstellung der Zellstruktur eines Funknetzes

Die Zellbildung hat aber auch negative Implikationen. Ein Nachteil besteht darin, dass sehr viele Basisstationen eingerichtet und auch miteinander verbunden werden müssen. Obgleich diese Stationen vergleichsweise leistungsschwach und einfach aufgebaut sein können, erfordert dies deutlich höhere Investitionen als wenige leistungsstarke Stationen, und auch die Aufwendungen für Betrieb und Wartung sind erheblich höher. Als weiteres Problem kommt – zumindest in Deutschland – hinzu, dass es zunehmend schwieriger wird, Standorte für solche Sende-/Empfangsanlagen zu finden. Mit der andauernden Verkleinerung der Funkzellen gerade in Ballungsgebieten rücken die Stationen den Bürgern immer näher, und die Bereitschaft, solche Anlagen im unmittelbaren Wohnumfeld zu akzeptieren, schwindet.

Der zweite Nachteil besteht in einer technischen Komplikation. Da die Teilnehmer mobil sind, können sie sich auch während eines laufenden Kommunikationsvorgangs (Telefongesprächs) von einer Funkzelle in eine andere bewegen. Da dies ein normaler Vorgang ist, der häufig vorkommt, muss die Übergabe eines Teilnehmers von einer Basisstation an eine andere (*Handover*), die einen Übergang auf einen anderen Funkkanal beinhaltet, ohne Unterbrechung eines laufenden Kommunikationsvorgangs erfolgen. Damit dies überhaupt möglich ist, müssen sich die Funkzellen überlappen, so dass zwischen dem mobilen Endgerät und jeder der beteiligten Basisstationen eine einwandfreie Funkverbindung möglich ist. Die Basisstationen und Endgeräte prüfen permanent, wie sich die Qualität der Verbindung entwickelt. Wenn sich ein Teilnehmer von einer Funkzelle in eine andere bewegt, verschlechtern sich die Bedingungen in der Zelle, die er verlässt, und sie verbessern sich in der Zelle, in die er sich hineinbewegt. Wenn die Bedingungen in der neuen Zelle besser sind, erfolgt die Übergabe. In der Logik ist die Steuerung dieses Vorgangs einfach. In der Praxis kann die eindeutige Zuordnung zu einer Basisstation aber durchaus schwierig sein, da die Empfangsbedingungen auch kurzfristig erheblichen Schwankungen unterliegen (z.B. durch Interferenzen) und ein Oszillieren in der Zuordnung von Endgerät zu Basisstation vermieden werden muss, weil die *Handover*-Prozedur aufwändig ist.

6.3 Spezielle Multiplex-Verfahren für Mobilfunknetze

Speziell im Funkbereich kommen Verfahren zur Anwendung, bei denen ein Signal über einen wesentlich größeren Frequenzbereich verschmiert wird als dies aufgrund der Bandbreite des Signals erforderlich wäre. Diese Methode wird als *Spread Spectrum* (SS, Codespreizung) bezeichnet. Diese Vorgehensweise bietet übertragungstechnische Vorteile, insbesondere lassen sich Systeme konzipieren, die sehr attraktive Eigenschaften für einen militärischen Einsatz aufweisen:

– Die Signale sind von normalem Hintergrundrauschen kaum zu unterscheiden, d.h. es ist kaum feststellbar, dass überhaupt übertragen wird.

– Die Signale sind ohne Kenntnis der erzeugenden Zufallsbitfolge (vgl. Kap. 6.3.1) nicht zu decodieren, in gewisser Weise also inhärent abhörsicher.

– Die Signale sind vergleichsweise unempfindlich gegen Mehrwegedämpfung.

– Die Signale sind durch schmalbandige Signale auch mit sehr viel höherem Pegel kaum zu stören.

Aufgrund dieser Eigenschaften kamen diese Verfahren in der Vergangenheit überwiegend beim (amerikanischen) Militär zum Einsatz, und eine zivile Nutzung war nur eingeschränkt möglich. Die Komplexität und der hohe technische Aufwand legten bis vor kurzem eine Nutzung außerhalb des militärischen Bereichs mit seinen speziellen Anforderungen auch nicht nahe.

Es gibt zwei wichtige Verfahren zur Codespreizung:

• *Direct Sequence* (DS), auch als *Pseudo Noise* (PN) bezeichnet,

• *Frequency Hopping* (FH, Frequenzsprungverfahren).

6.3.1 CDMA (*Code Division Multiple Access*)

CDMA ist ein DSSS (*Direct Sequence Spread Spectrum*)-Verfahren. Die Codespreizung wird erreicht, indem die Nutzbits auf eine Pseudozufallsbitfolge addiert werden (mod 2 ($\equiv$ EOR), vgl. Abb. 6-3). Die Bits der Zufallsfolge werden *Chips* genannt und ihre Rate liegt um ein bis zwei Größenordnungen über der Nutzbitrate. Das Verhältnis von *Chip*-Rate zu Bitrate wird als Spreizfaktor (*spread ratio*) bezeichnet. Mit der mit den Nutzbits überlagerten Zufallsfolge wird eine Trägerfrequenz nach einem der gängigen Phasenmodulationsverfahren moduliert und übertragen.

Wenn empfängerseitig die gleiche Pseudozufallsbitfolge wie im Sender zur Verfügung steht (was durch Bereitstellung des gleichen Pseudozufallsgenerators und identischer Anfangswerte erreicht wird) kann durch Modulo-2-Addition der empfangenen Bitfolge auf die Zufallsbitfolge die ursprüngliche schmalbandige Nutzbitfolge wiederhergestellt werden. Das Hauptproblem (wofür aber Lösungen existieren) besteht in der genauen Synchronisation der Pseudozufallsbitfolgen in Sender und Empfänger.

Bisher wurde eine Methode beschrieben, wie aus einem Signal durch Codespreizung ein breitbandigeres erzeugt und aus diesem auf Empfängerseite das ursprüngliche Signal zurückgewonnen werden kann. Das ist noch kein Multiplexverfahren, sondern eine inef-

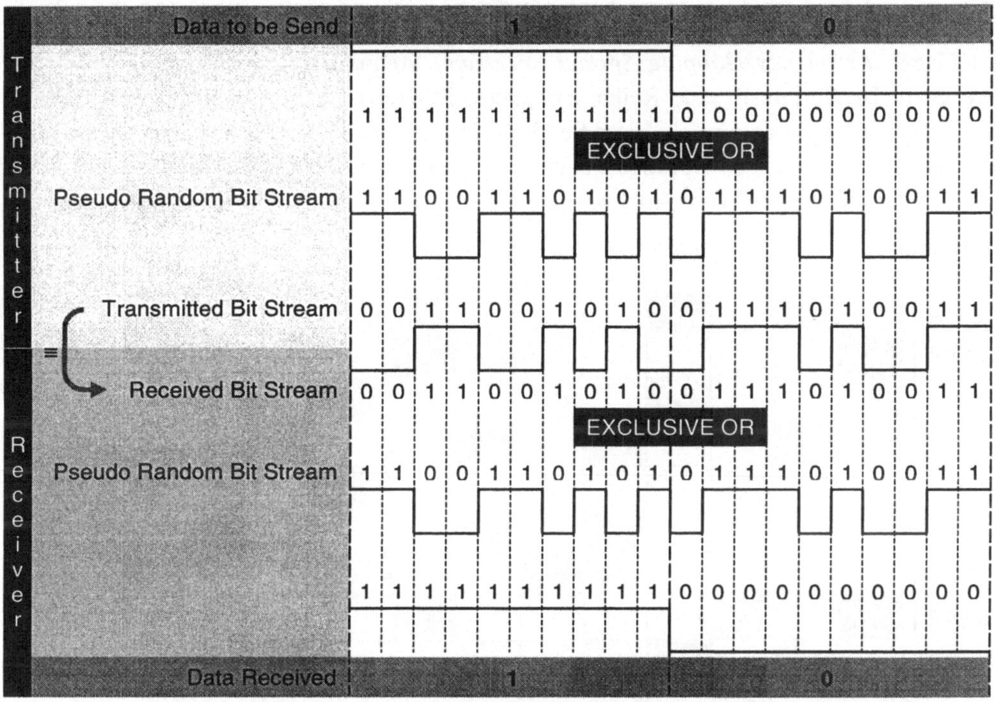

Data to be Send 1 0

Transmitter

1 1 1 1 1 1 1 1 1 1 0 0 0 0 0 0 0 0 0 0

EXCLUSIVE OR

Pseudo Random Bit Stream 1 1 0 0 1 1 0 1 0 1 0 1 1 1 0 1 0 0 1 1

Transmitted Bit Stream 0 0 1 1 0 0 1 0 1 0 0 1 1 1 0 1 0 0 1 1

=

Received Bit Stream 0 0 1 1 0 0 1 0 1 0 0 1 1 1 0 1 0 0 1 1

EXCLUSIVE OR

Receiver

Pseudo Random Bit Stream 1 1 0 0 1 1 0 1 0 1 0 1 1 1 0 1 0 0 1 1

1 1 1 1 1 1 1 1 1 1 0 0 0 0 0 0 0 0 0 0

Data Received 1 0

Abb. 6-3. Prinzip der Direct Sequence Spread Spectrum Modulation

fizientere Nutzung der verfügbaren Frequenzen. Das Verfahren erlaubt es jedoch, in gleicher Weise mehrere schmalbandige Signale über den gleichen breitbandigen Kanal zu transportieren. Dazu wird zu jeder Nutzbitfolge eine Pseudozufallsbitfolge benötigt, die zu allen anderen orthogonal ist. Durch die Verwendung unterschiedlicher (orthogonaler) Pseudozufallsbitfolgen, die mit den Nutzbits überlagert (moduliert) werden, entstehen sogenannte Codekanäle (daher Code-Multiplex), die übertragen werden. Der Empfänger muss sich auf den Codekanal des Senders synchronisieren können und kann dann – wie oben beschrieben – die originale Nutzbitfolge ermitteln. Die übrigen breitbandigen (codegespreizten) Signale werden dadurch nicht verändert und tragen nur zum Rauschpegel bei. Darüber kann die Anzahl gleichzeitig benutzbarer Codekanäle gesteuert werden. Da jeder weitere Kanal zum Rauschpegel beiträgt, wird irgendwann eine kritische Schwelle erreicht, wo eine sichere Decodierung nicht mehr gewährleistet ist.

Ein weiteres CDMA-Problem besteht darin, dass die Pegel der breitbandigen Codekanäle bei allen Empfängern ungefähr gleich sein müssen, weil sonst ein starker Sender in der Nähe eines Empfängers den Empfang eines schwachen Signals verhindern würde. Die Sendeleistungen müssen also so geregelt werden, dass die Signalpegel in den Empfängern ungefähr gleich sind. Dies kann eine verteilte Steuerung nicht leisten, sondern erfordert eine zentrale Instanz (Basisstation), die über die notwendigen Informationen verfügt und auch die Teilnehmerstationen entsprechend steuert.

6.3.2 Frequency Hopping

Bei FHSS (*Frequency Hopping Spread Spectrum*, Frequenzsprungverfahren) wird die verfügbare Bandbreite in eine Reihe schmälerer Bänder (Kanäle) unterteilt. Die Codespreizung wird dadurch erreicht, dass Sender und Empfänger synchron nach einer vorgegebenen pseudozufälligen Sprungsequenz in einem festen Takt (Sprungrate, *hop rate*) von Kanal zu Kanal springen (Abb. 6-4).

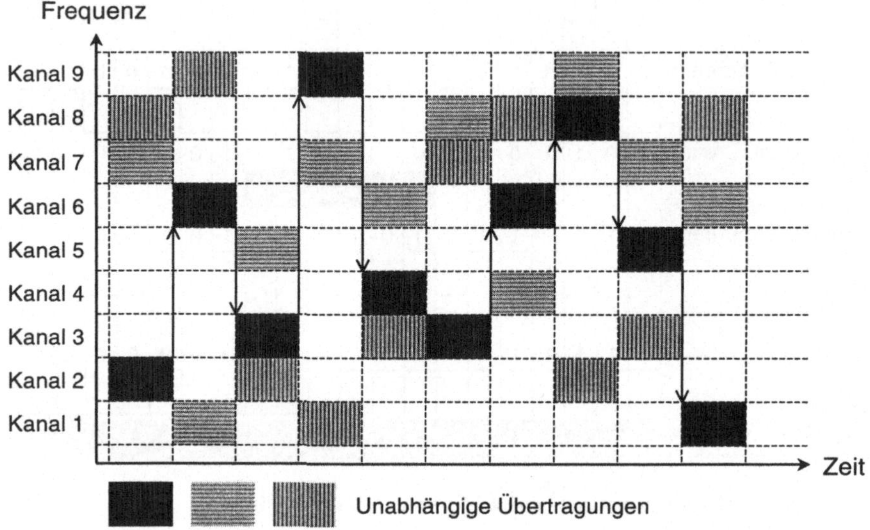

Abb. 6-4. Prinzip des Frequenzsprungverfahrens

Es wird eine Klassifizierung nach der Sprungrate vorgenommen:

- *Fast Frequency Hopping*

  Bei *Fast Frequency Hopping* (FFH) ist die Sprungrate höher als die Symbolrate (also viele *Hops* pro Informationsbit). FFH funktioniert gut bei nicht zu hohen Übertragungsraten bis etwa 1 Mbps. Darüber steigt der Implementierungsaufwand stark an.

- *Slow Frequency Hopping*

  Bei *Slow Frequency Hopping* (SFH) werden mehrere Symbole pro *Hop* übertragen, ein Frequenzwechsel muss jedoch mindestens alle 400 ms stattfinden.

Im Normalfall soll der Sprungbereich alle Frequenzen (Kanäle) umfassen. Mehrere unabhängige Übertragungen können gleichzeitig in dem verfügbaren Frequenzbereich stattfinden. Dabei können Kollisionen auftreten, wenn nicht orthogonale Pseudozufallsfolgen verwendet werden. SFH kann sehr flexibel auf unterschiedliche Störungen reagieren, insbesondere wenn durch geeignete Fehlerkorrekturverfahren der Verlust eines *Hops* ausgeglichen werden kann. Wenn frequenzselektive Störungen auftreten, beeinträchtigen sie nicht <u>eine</u> Übertragung stark, sondern viele (alle) Übertragungen geringfügig, so dass die Fehler in der Regel korrigiert werden können. Längerfristig gestörte Frequenzbereiche (Kanäle) können prinzipiell durch Änderung der Zufallsfolge auch ganz ausgeschlossen werden.

6.4 GSM (*Global System for Mobile Communications*)

GSM (genauer GSM900, da es im 900-MHz-Band operiert) wurde 1990 durch ETSI standardisiert und ist das in Europa aktuelle Mobilfunksystem der zweiten Generation (in Deutschland D-Netze). Der ETSI-Standard DCS1800 (*Digital Cellular System* at 1800 MHz) entspricht bis auf die höheren Frequenzen um 1800 MHz dem GSM-Standard und wird deshalb auch als GSM1800 bezeichnet (in Deutschland E-Netz). Entscheidend für den großen Erfolg der Mobilkommunikation und die führende Rolle Europas in diesem Bereich ist die Tatsache, dass hier mit GSM von Anfang an ein einheitlicher, europaweit akzeptierter Standard die Basis war.

Im GSM-System liegen die Sendefrequenzen der Feststationen (*downlink*, zu den Mobilstationen) im Frequenzbereich zwischen 935 und 960 MHz und die Empfangsfrequenzen (*uplink*, von den Mobilstationen) im Bereich zwischen 890 und 915 MHz. Die im Frequenzmultiplex betriebenen Funkkanäle haben eine Bandbreite von 200 kHz. Die Verbindungen sind vollduplex, und zwischen der Sendefrequenz und der Empfangsfrequenz einer Funkverbindung besteht ein fester Frequenzabstand von 45 MHz. Bei einer Kanalbandbreite von 200 kHz können in den verfügbaren 25 MHz 124 FDM-Kanäle untergebracht werden, wobei noch 200 kHz Sicherheitsabstand zu benachbarten Frequenzbändern bleiben. Jeder FDM-Kanal unterstützt im Zeitmultiplex (TDM) acht Nutzkanäle. Zur Anpassung an die jeweilige Empfangssituation können Mobil- und Feststationen die Sendeleistung in einem großen Bereich variieren.

6.4.1 GSM-Architektur

- Ein GSM-System besteht aus drei Subsystemen (Abb. 6-5):
- *Radio Subsystem* (Funk-Subsystem), bestehend aus
  - *Mobile Stations* (MS, Mobilstationen) und dem
  - *Base Station Subsystem* (BSS, Feststationen), seinerseits bestehend aus
    - Steuereinheiten (*Base Station Controller*, BSC) und
    - Sende-/Empfangseinheiten (*Base Transceiver Stations*, BTS)
- *Network and Switching Subsystem* (NSS, Vermittlungs-Subsystem), bestehend aus mehreren
  - *Mobile Switching Centers* (MSC)
- *Operation Subsystem* (OSS, Betreiber-Subsystem), bestehend aus dem
  - *Operations and Management Center* (OMC).

Radio Subsystem

Die Mobilstation ist das mobile Endgerät eines Teilnehmers. Sie besteht aus dem Funkgerät (Sende-/Empfangseinheit) und der Benutzerschnittstelle, die der Teilnehmer für die Nutzung der GSM-Dienste benötigt und durch das *Subscriber Identity Module* (SIM) realisiert wird, das alle teilnehmerspezifischen Informationen enthält. Ohne SIM ist ein Endgerät nicht benutzbar (abgesehen vom Absetzen von Notrufen und Diensten, die ein Betreiber benutzerunabhängig und kostenlos bereitstellt). Wenn das SIM nicht fest ein-

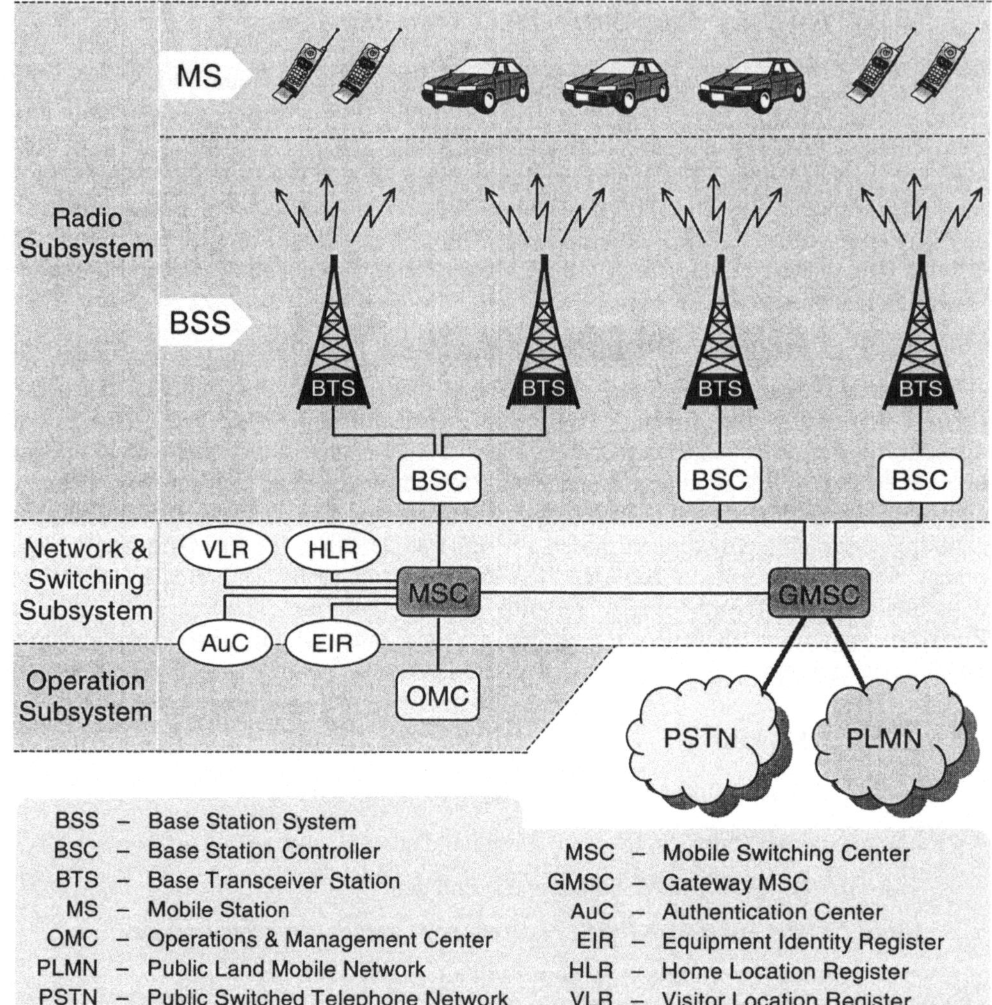

Abb. 6-5. Architektur eines GSM-Systems

gebaut ist, sondern als einsteckbare Karte realisiert ist (was heute meist der Fall ist), kann ein Endgerät durch Einstecken der SIM-Karte eines Teilnehmers für diesen personalisiert werden, d.h. es erhält die Rufnummer und alle sonstigen für den Teilnehmer gültigen Kennungen und Daten (dies ist z.B. in Mietwagen mit fest eingebauten Funktelefonen oder bei der Weitergabe von Handys nützlich).
Das SIM enthält alle persönlichen Daten eines Teilnehmers, sowohl die unveränderlichen bzw. beim Einrichten festgelegten (Identifikationen, Adressen, PIN-Nummer, Liste der abonnierten Dienste) als auch variable Daten wie beispielsweise ein persönliches Adressbuch des Teilnehmers.

Einem mobilen Endgerät sind mehrere Kennungen und Nummern zugeordnet, die zur Realisierung der diversen Funktionen erforderlich sind und auf die bei der Beschreibung der Funktionen noch näher eingegangen wird. Die wichtigsten sind:

- *International Mobile Station Identity* (IMSI)

- *Temporary Mobile Subscriber Identity* (TMSI)

- *Mobile Station International ISDN Number* (MSISDN)

- *Mobile Station Roaming Number* (MSRN).

Das System der Feststationen besteht aus den eigentlichen Sende-/Empfangseinrichtungen (*Base Transceiver Stations*, BTS) und den Steuereinheiten (*Base Station Controller*, BSC). Eine *Base Transceiver Station* enthält die Funkeinrichtungen zur Versorgung einer Funkzelle und nimmt auch die für die Funkstrecke erforderlichen Signalanpassungen (Sprachcodierung/-decodierung, Datenratenanpassung usw.) vor.

Der *Base Station Controller* (BSC) ist für die Verwaltung der Funkschnittstelle zuständig. Das beinhaltet (im Zusammenspiel mit einem MSC (*Mobile Switching Center*)) das Zuweisen von Funkkanälen und die Abwicklung der *Handover*-Prozedur. Ein BSC betreut in der Regel mehrere BTS. Der *Base Station Controller* ist netzseitig mit einem MSC (*Mobile Switching Center*) verbunden und tauscht mit diesem sowohl wechselseitige Protokollinformationen wie verbindungsbezogene Steuer- und Nutzdaten aus.

Die Verbindungen zwischen den Komponenten BTS, BSC und MSC sind Festnetzverbindungen, typischerweise ISDN-basierend. Die Signalisierung zwischen den Komponenten basiert auf dem ITU-T Zentralkanal-Zeichengabesystem Nr. 7, das um einen speziellen Anwenderteil für Mobilfunksysteme (*Mobile Application Part*, MAP) erweitert wurde. An der Schnittstelle zwischen Funknetz und Festnetz sind umfangreiche Signal- und Datenratenadaptionen erforderlich.

Network and Switching Subsystem

Das Vermittlungssubsystem wird durch *Mobile Switching Center* (MSC) realisiert. Über *Mobile Switching Center* (evtl. mehrere) werden Verbindungen von einer Mobilstation zu anderen Teilnehmern hergestellt. Dies gilt für Partner im gleichen Funknetz (sogar in der gleichen Funkzelle) ebenso wie für Partner in einem Funknetz eines anderen Betreibers (allg. PLMN = *Public Land Mobile Network*, landgestütztes Funknetz) oder einem öffentlichen Festnetz (allg. PSTN = *Public Switched Telephone Network*, öffentl. Fernsprechnetz, ISDN). Dazu müssen die MSCs wissen, wo sich Teilnehmer aufhalten und über die relevanten Daten der Teilnehmer verfügen. Jeder Teilnehmer ist in einem MSC verankert, das die zugehörigen Informationen in mehreren Dateien und Registern hält. Die wichtigsten sind:

- *Home Location Register* (HLR)

  Enthält alle Daten eines registrierten Benutzers. Dazu gehören statische Informationen, wie Rufnummer des Teilnehmers, Geräteart und Identifikationsnummer des mobilen Endgeräts, abonnierte Basis- und Zusatzdienste, Authentifizierungsinformation, und veränderliche Informationen (wie etwa der augenblickliche Aufenthaltsort des Teilnehmers), die notwendig sind um eine Verbindung zum Teilnehmer herstellen zu können; auch für die Gebührenabrechnung erforderliche Informationen werden erfasst.

- *Visitor Location Register* (VLR)

  Dient der Verwaltung von Teilnehmern, die sich im Zuständigkeitsbereich eines MSC befinden, in dem sie nicht verankert sind (in dessen HLR sie also nicht erfasst sind). Erfasst werden Rufnummer, abonnierte Dienste, Authentifizierungsinformation usw., die vom *Home Location Register* des zuständigen MSC übernommen werden. Die Verfügbarkeit dieser Informationen setzt das MSC, in dessen Zuständigkeitsbereich sich das mobile Endgerät befindet, in den Stand, dieses betreuen zu können, ohne aus akutem Anlass immer wieder das Heimat-MSC kontaktieren zu müssen. Die Ortsinformationen werden – etwa beim Wechsel in eine andere Funkzelle – permanent aktualisiert. Beim Wechsel in den Zuständigkeitsbereich eines anderen MSC werden die Daten des Teilnehmers in das VLR dieses MSC übernommen.

- *Equipment Identity Register* (EIR)

  In diesem Register sind Teilnehmer- und Gerätekennungsnummern (*International Mobile Equipment Identity*, IMEI) gespeichert. Über diese Liste können beispielsweise gestohlene oder gesperrte Mobilgeräte identifiziert werden. Auf dieses Register wird sowohl für Vermittlungsaufgaben (durch MSC) als auch für Verwaltungszwecke (durch das *Operation Subsystem*) zugegriffen.

- *Authentication Center* (AuC)

  Enthält alle zur Gewährleistung der Sicherheit eines Kommunikationsvorgangs erforderlichen Informationen. Erlaubt die eindeutige Feststellung und Wahrung der Teilnehmeridentität und schützt damit auch vor einer missbräuchlichen Nutzung der abonnierten Dienste durch Dritte. Niedergelegt sind auch Verschlüsselungsinformationen (Verfahren, Schlüssel). Verschlüsselung ist in einem Funknetz zur Sicherstellung der Vertraulichkeit unerlässlich. Wie das EIR wird auch das AuC für Vermittlungs- und Verwaltungszwecke benötigt.

Operation Subsystem

Das *Operation Subsystem* (OSS) ist vor allem für den Betreiber eines GSM-Netzes von Bedeutung. Es dient der Teilnehmerverwaltung, einschließlich der Gebührenabrechnung (die auf der Basis der in den MSCs erfassten Informationen erfolgt). Zur Sicherstellung eines zuverlässigen Netzbetriebs gibt es ein *Operations & Management Center* (OMC), das nicht nur der Betriebssicherheit im alltäglichen Betrieb dient, sondern auch strategisch wichtige Informationen für die Langfristplanung liefern muss.

6.4.2 GSM-Datenstrukturen

In einem FDM-Kanal (Trägerfrequenz) werden im Zeitmultiplex acht physikalische Kanäle realisiert. Dazu wird die Zeitachse in Rahmen (*frames*) von 4,615 ms unterteilt, deren jeder acht Zeitschlitze (*time slots*) von 0,577 ms Dauer enthält (vgl. Abb. 6-6). Ein physikalischer Kanal ist somit durch seine Trägerfrequenz (eine von 124) und die Position des Zeitschlitzes im TDM-Rahmen charakterisiert. Die Rahmen- bzw. *Slot*-Dauer ergibt sich aus der Übertragungsrate des verwendeten Modulationsverfahrens und der Anzahl Bits, die in einem *Slot* übertragen werden soll. In einem *Slot* werden 148 Bits (als *Burst* bezeichnet) übertragen, und es bleiben dann noch 8,25 Bits als Schutzzeit, die verhindern soll, dass es zu Überschneidungen mit anderen *Bursts* kommt. Insgesamt gibt es fünf *Burst*-Arten, die unterschiedliche Bitstrukturen aufweisen:

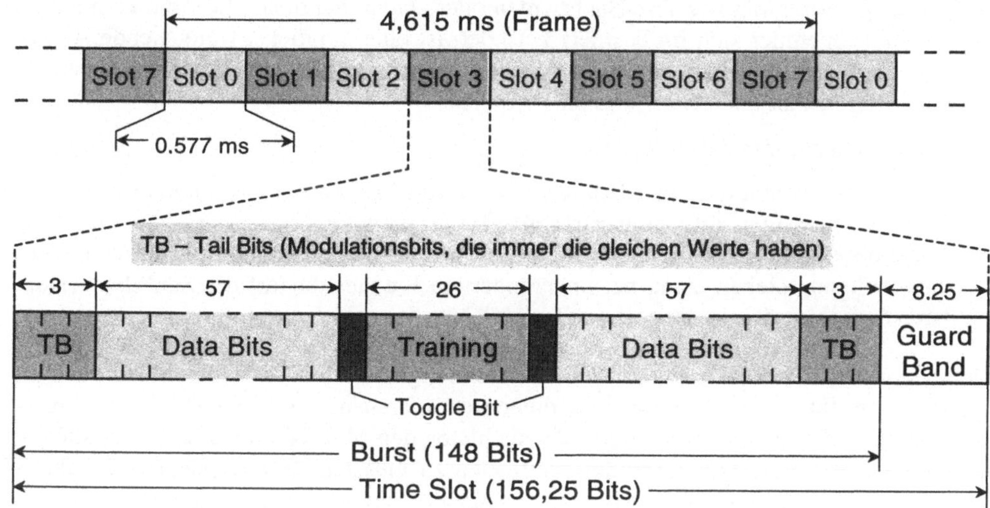

Abb. 6-6. TDMA-Struktur (Normal Burst)

Typ	Funktion
Normal Burst	Informationsübertragung in Verkehrs- und Steuerkanälen
Access Burst	Verbindungsaufbau
Synchronization Burst	Synchronisation
Frequency Correction Burst	Frequenzkorrektur bei der Mobilstation
Dummy Burst	Füllt leere *Slots*

Optional kommt ein Frequenzsprungverfahren (*Slow Frequency Hopping*) zur Anwendung, bei dem nach jedem Rahmen (d.h. alle 4,615 ms) die Übertragungsfrequenz gewechselt wird. Die wechselnden Frequenzen werden durch einen in jeder Mobilstation implementierten Algorithmus bestimmt. Durch Frequenzsprungverfahren können einzelne gestörte Frequenzen die Verbindungsqualität nur geringfügig beeinträchtigen; insgesamt wird dadurch allen Teilnehmern eine vergleichbare Verbindungsqualität geboten.

Durch die feste Zuordnung von Zeitschlitzen in jedem Rahmen entstehen logische Kanäle, deren Datenrate durch die Zahl der pro Rahmen zugeordneten Zeitschlitze (minimal einer, maximal acht) bestimmt ist. In einem GSM-System gibt es

- **Verkehrskanäle** und
- **Steuerkanäle**.

Verkehrskanäle (*Traffic Channel*, TCH) sind Kanäle, über die Informationen zwischen Teilnehmern während einer bestehenden Verbindung transportiert werden. Von diesen gibt es zwei Typen:

– Vollratenkanal (*Full-Rate* TCH)

  Der Vollratenkanal (in Anlehnung an die ISDN-Nomenklatur auch als B$_m$-Kanal (*m* für *mobile*) bezeichnet) hat eine Bruttodatenrate von 22,8 kbps. Da gemäß GSM-Standard verschlüsselte Sprache nur 13 kbps benötigt, steht die restliche Kanalkapazität für Fehlerkorrekturverfahren zur Verfügung.

Für die Übertragung von Fax-Nachrichten oder Daten, bei denen fast immer einer der beiden Teilnehmer sich im Festnetz befindet, ist eine möglichst weitgehende Anpassung an die im Festnetz bereits etablierten Dienste und die dort üblichen Datenraten sinnvoll. Für Fax und Daten sind dies 9,6 kbps.

– Halbratenkanal (*Half-Rate* TCH)

Der Halbratenkanal mit einer Bruttodatenrate von 11,4 kbps kann benutzt werden, um Daten mit niedriger Rate zu übertragen. Von besonderem Interesse ist er aber für die Sprachübertragung. Wenn Sprach-Codecs guter Sprachqualität für Halbratenkanäle zur Verfügung stehen, kann bei unverändertem Frequenzbedarf die Zahl der verfügbaren Sprachkanäle verdoppelt werden.

Steuerkanäle (*Control Channel*, CCH; in Anlehnung an die ISDN-Nomenklatur auch als D_m-Kanal (*m* für *mobile*) bezeichnet), dienen dem Transport von Steuerinformationen. Steuerkanäle arbeiten paketorientiert, d.h. sie bieten den Mobilstationen die Möglichkeit, jederzeit, ohne zuvor eine Verbindung aufbauen zu müssen, Kontrollnachrichten absetzen oder empfangen zu können. Steuerinformationen werden i. Allg. nicht an die Teilnehmer weiter gereicht, sondern dienen der Steuerung des Systems, wozu insbesondere auch Signalisierungsvorgänge gehören, z.B. zum Auf- und Abbau von Verkehrskanälen, zur Steuerung des Zugriffs auf Funkkanäle oder zur Durchführung der *Handover*-Prozedur.

Steuerung und Management eines Funknetzes erfordern einen erheblich höheren Aufwand (und damit auch Anteil der verfügbaren Ressourcen) als in einem Festnetz. Dies liegt zum einen an sehr aufwändigen Signalisierungsvorgängen, die aufgrund der Mobilität der Teilnehmer erforderlich sind, zum anderen daran, dass die Sicherstellung eines zuverlässigen Betriebs auf der Basis stark fehlerbehafteter und in ihrer Qualität permanent schwankender Funkkanäle im Vergleich zu einem Festnetz einen erheblich höheren Kontroll- und Signalisierungsaufwand erzwingt. Aus diesem Grunde sind im GSM eine ganze Reihe von Steuerkanälen definiert, die drei Kategorien zugeordnet werden können,

– *Broadcast Control Channel* (BCCH),

– *Common Control Channel* (CCCH) und

– *Dedicated Control Channel* (DCCH).

Jeder Verkehrskanal wird einem von acht Zeitschlitzen eines Rahmens zugeordnet. Bei den verschiedenen logischen Kanälen kommen unterschiedliche, den speziellen Verwendungszwecken angepasste Codierungen und Verschlüsselungen zum Einsatz. In allen Fällen wird *Interleaving* (Bit-Verschachtelung) verwendet, um *burst*-artig auftretende Fehler empfängerseitig nach Wiederherstellung der ursprünglichen Bitfolge (*de-interleaving*) nach Möglichkeit zu leichter korrigierbaren Einzelfehlern zu machen.

6.4.3 GSM-Funktionen

Die Besonderheit eines Mobilfunknetzes besteht in der Mobilität der Teilnehmer. Unter *Roaming* (Umherstreifen) versteht man die Funktionen eines Mobilfunknetzes, die den Teilnehmern volle Bewegungsfreiheit bei andauernder aktiver und passiver Kommunikationsfähigkeit gestatten. Es gibt *Roaming* innerhalb eines PLMN (wenn sich ein Teilnehmer im Bereich des eigenen Mobilfunknetzes bewegt), auf nationaler Ebene (nur sinnvoll, wenn mehrere nationale Netzbetreiber disjunkte geographische Bereiche abdecken, was in Deutschland nicht der Fall ist, da beide Netze (D1 und D2) landesweite Flächendeckung haben) und internationales *Roaming* (setzt gleiche Technik (GSM) und *Roaming*-Abkommen zwischen den Mobilfunknetzbetreibern voraus).

Damit ein mobiler Teilnehmer jederzeit erreichbar ist, muss bekannt sein, wo er sich befindet. Dazu muss ein Teilnehmer – wo immer er sein Endgerät einschaltet – erfasst und identifiziert werden können, und wenn ein bereits aktives Gerät bewegt wird, müssen die Ortsveränderungen nachgehalten werden.

Eine Handy-Nummer ist wie eine Festnetz-ISDN-Nummer gemäß ITU-T-Standard E.164 aufgebaut, die aus

- Ländercode (*Country Code*, CC; 49 für Deutschland),

- nationaler Zielkennzahl (*National Destination Code*, NDC) und

- Teilnehmernummer (*Subscriber Number*, SN)

zusammengesetzt ist. Bei einer Handy-Nummer (als *Mobile Subscriber ISDN Number*, MSISDN bezeichnet) kennzeichnet die nationale Zielkennzahl nicht wie im Festnetz eine Region, sondern das PLMN (d.h. den Mobilfunknetzbetreiber) des Teilnehmers und damit das *Home Location Register* (HLR), in dem der Teilnehmer registriert ist, und die Teilnehmernummer den Teilnehmer im HLR.

Über die Funkschnittstelle wird ein Teilnehmer durch die *International Mobile Subscriber Identity* (IMSI) identifiziert; diese besteht aus

- Mobil-Ländercode (*Mobile Country Code*, MCC; 262 für Deutschland),

- Kennung des Mobilfunknetzes (*Mobile Network Code*, MNC; 01 für D1, 02 für D2; identifiziert das HLR) und der

- Teilnehmeridentitäts-Nummer (*Mobile Subscriber Identity Number*, MSIN).

Die TMSI (*Temporary Mobile Subscriber Identity*) ist eine Kennung, die dem Teilnehmer vom VLR (*Visitor Location Register*) des Bereiches, in dem er sich gerade aufhält, zugewiesen wird und nur im Bereich dieses VLR und für die Aufenthaltsdauer des Teilnehmers in diesem Bereich Gültigkeit hat.

Die MSRN (*Mobile Station Roaming Number*) sichert die Erreichbarkeit eines Teilnehmers, wenn er sich im Bereich eines fremden (auch ausländischen) PLMN aufhält. Sie besteht aus:

- *Visitor Country Code* (VCC; Ländercode des Landes, in dem sich der Teilnehmer aufhält)

- *Visitor National Destination Code* (VNDC; Identifikation des (fremden) Mobilfunknetzes, in dem der Teilnehmer sich gerade aufhält)

- *Subscriber Number*, bestehend aus VMSC (*Visitor* MSC; MSC, in dessen Bereich sich der Teilnehmer befindet) und VSN (*Visitor Subscriber Number*; durch das VLR zugewiesene Teilnehmernummer).

Die MSRN wird vom fremden VLR (*Visitor Location Register*) auf Anforderung des Heimat-MSC zugewiesen und im HLR des Teilnehmers gespeichert und hat temporäre Gültigkeit (solange sich der Teilnehmer im Bereich des fremden VLR aufhält).

Verbindungsaufbau zu einem mobilen Teilnehmer (*Mobile Terminated Call*)

Will ein Teilnehmer eines Festnetzes einen Mobilfunkteilnehmer erreichen, so wählt er dessen Rufnummer (MSISDN). Die Vermittlungsstelle des Festnetzes erkennt an der MSISDN, dass es sich um einen Teilnehmer eines Mobilfunknetzes handelt, identifiziert dieses Funknetz anhand des in der MSISDN enthaltenen *National Destination Code* (NDC) und sendet die Anforderung an das nächste Gateway-MSC (GMSC) zu diesem Funknetz. Über die Rufnummer ermittelt das GMSC das HLR (*Home Location Register*) des Teilnehmers, stellt anhand des HLR-Eintrags die Existenz des gerufenen Teilnehmers sicher und überprüft die Zulässigkeit der gewünschten Verbindung.

Wenn – im allgemeinen Fall – der Teilnehmer sich nicht im Bereich seines HLR aufhält, kennt dieses das VLR (*Visitor Location Register*), in dessen Bereich er sich gerade befindet. Das HLR fordert vom VLR eine MSRN (*Mobile Station Roaming Number*) an, aus der der aktuelle Aufenthaltsort, insbesondere das zuständige MSC hervorgeht, und teilt dem anfragenden Gateway-MSC das MSC mit, in dessen Zuständigkeitsbereich der angewählte Teilnehmer sich gerade befindet. Das GMSC stellt nun eine Verbindung zu diesem MSC her. Das MSC setzt dann in allen ihm zugeordneten Funkzellen einen Funkruf an den Teilnehmer ab. Wenn sich der Teilnehmer meldet und die Sicherheitsprozeduren erfolgreich ablaufen, wird die Verbindung etabliert.

Verbindungsaufbau von einem mobilen Teilnehmer (*Mobile Originated Call*)

Ein GSM-Teilnehmer kann jederzeit eine Verbindung zu einem anderen Teilnehmer (im gleichen GSM-Netz, in einem anderen (ausländischen) GSM-Netz oder im Festnetz) anfordern. Nachdem die Verbindung zum Funknetz hergestellt ist, wobei – falls sich der Teilnehmer im allgemeineren Fall nicht im Bereich seines HLR aufhält – das zuständige VLR die Zugangsberechtigung überprüft, fordert die rufende Mobilstation das MSC auf, eine Verbindung zum gewünschten Teilnehmer herzustellen. Dabei werden neben der Rufnummer dieses Teilnehmers auch Informationen über die Art der Verbindung übergeben (GSM unterstützt ja nicht nur Sprach- sondern auch Fax- und Datenanwendungen, und es muss sichergestellt werden, dass nur dienstkompatible Endgeräte miteinander kommunizieren). Das MSC überprüft mit Hilfe des VLR die Berechtigung des Teilnehmers, eine solche Verbindung anzufordern und – falls dies der Fall ist – die Verfügbarkeit der benötigten Ressourcen (z.B. eine freie Leitung im bzw. zum Festnetz). Wenn die Zielnummer den gesuchten Teilnehmer als Teilnehmer eines fremden Netzes ausweist, stellt das MSC eine Verbindung zum Gateway-MSC zu diesem Zielnetz her. Ist das Zielnetz ein PLMN, so verläuft die weitere Prozedur wie vorher für die Herstellung einer Verbindung zu einem mobilen Teilnehmer beschrieben.

Die *Handover*-Funktion ist für ein Mobilfunknetz essentiell. Es gibt unterschiedliche Gründe, ein *Handover* zu veranlassen:

- Ein mobiler Teilnehmer bewegt sich von einer Funkzelle in eine andere. Dies dürfte die häufigste Ursache sein.

- Ein bestimmter Funkkanal ist gestört, weshalb innerhalb der gleichen Funkzelle ein Wechsel auf einen anderen Kanal durchgeführt wird.

- Bei Überlastung einer Funkzelle können Mobilstationen, die sich im Randbereich aufhalten und in einer benachbarten Zelle gute Empfangsbedingungen haben, an diese übergeben werden.

Beim *Handover* können verschiedene Fälle eintreten:

Intra-Cell-Handover

Innerhalb einer Funkzelle wird der Funkkanal (die Funkfrequenz) gewechselt. Dies geschieht, wenn ein bestimmter Kanal gestört ist.

Inter-Cell/Intra-BSC-Handover

In diesem Falle erfolgt ein Übergang auf einen Funkkanal einer benachbarten Zelle, die aber vom gleichen *Base Station Controller* (BSC) versorgt wird.

Inter-BSC/Intra-MSC-Handover

Wechsel auf einen Funkkanal einer Zelle eines anderen BSC, der aber im Bereich des gleichen *Mobile Switching Center* (MSC) liegt.

Inter-MSC-Handover

Wechsel zwischen Funkzellen, die im Bereich unterschiedlicher MSCs liegen.

Anlass für ein *Handover* ist i. Allg. die Verschlechterung der Sende/Empfangsqualität der Funksignale. Diese wird deshalb permanent überwacht. Eine Mobilstation (MS) gibt über einen Steuerkanal ständig Informationen über den Empfangspegel und die Signalqualität (ein Maß dafür ist die gemessene Bitfehlerrate) an den BSC; die gleichen Daten misst auch die *Base Transceiver Station* (BTS) und leitet sie an den BSC weiter. Der BSC registriert diese Informationen und wertet sie aus. Die Bewertung der Qualität des aktuell genutzten Funkkanals reicht als Grundlage für eine *Handover*-Entscheidung aber nicht aus; auch die möglichen Alternativen müssen erfasst und bewertet werden. Dazu hört die Mobilstation den *Broadcast*-Steuerkanal (BCCH) benachbarter Funkzellen ab (das kann sie für maximal sechs Funkzellen gleichzeitig), misst deren Qualität und sendet diese Informationen ebenfalls an den BSC.

Die Initiative zu einem *Handover* geht von einem BSC aus; durchgeführt und gesteuert wird die Prozedur vom zuständigen MSC. Wenn die festgelegten Kriterien ein *Handover* nahelegen, sendet der BSC unter Beifügung einer nach Eignung (d.h. Empfangsqualität) geordneten Liste alternativer Zellen eine *Handover*-Anforderung an das MSC. Das MSC fällt unter Berücksichtigung der Netzgegebenheiten (z.B. der Verfügbarkeit von Funkkanälen in der vorgeschlagenen Funkzelle) die Entscheidung.

Wenn ein *Handover* durchgeführt werden soll, reserviert das MSC durch einen entsprechenden Nachrichtenaustausch mit dem BSC der neuen Funkzelle zunächst die dort benötigten Ressourcen, insbesondere einen Funkkanal in der neuen Zelle. Daraufhin gibt das MSC unter Angabe des neuen Funkkanals dem initiierenden BSC die Anweisung, die Umschaltung durchzuführen. Dieser reicht die Anweisung und die Kennung des neuen Funkkanals an die Mobilstation weiter, die daraufhin auf den neuen Funkkanal umschaltet. Die Mobilstation meldet den Vollzug der Umschaltung an den jetzt zuständigen BSC, der die Bestätigung an das MSC weitergibt. Dieses informiert den initiierenden BSC über den Vollzug des *Handover* und veranlasst dadurch die Freigabe des von der Mobilstation in der alten Zelle benutzten Funkkanals.

Intra-Cell- und *Intra-BSC-Handover* könnte ein BSC autonom (d.h. ohne Einschaltung des MSC) durchführen, falls er interne *Handover* unterstützt (was aber nicht vorgeschrieben ist).

Die Beschreibung zeigt, dass die *Handover*-Prozedur recht aufwändig ist und nicht unnötig oft durchgeführt werden sollte, insbesondere sollte mehrfaches Hin- und Herschalten zwischen zwei Funkzellen (Ping-Pong-Effekt) vermieden werden. Daraus ergeben sich Anforderungen an die Entscheidungsprozedur, wann ein *Handover* durchgeführt werden soll. Verschlechterungen der Signalqualität sollten nicht unmittelbar zu einem *Handover* führen; allerdings darf auch nicht so lange gewartet werden, dass die Gefahr einer Funkunterbrechung und damit des Abbruchs eines Kommunikationsvorgangs besteht. Die Fähigkeit von Mobilstation und BTS (*Base Transceiver Station*), die Sendeleistung an die Empfangsbedingungen adaptieren zu können, stellt hinsichtlich der Beurteilung der Empfangsqualität eine Komplikation dar. Eine Erhöhung der Sendeleistung verbessert nicht unbedingt die Signalqualität, da verstärkt störende Interferenzen auftreten können, und dies auch in benachbarten Kanälen. Außerdem wird dadurch die Reichweite vergrößert, was Auswirkungen auf benachbarte Funkzellen haben kann.

6.4.4 GSM-Dienste

<u>Fernsprechen</u>

GSM wurde als System zur Übertragung von Sprache entwickelt und ist dafür optimiert. Sprache wird – wie andere Informationen auch – verschlüsselt übertragen, und es stehen Leistungsmerkmale wie Rufumleitung, Anrufsperre und geschlossene Benutzergruppen zur Verfügung.

<u>Notrufdienst</u>

Durch Wählen der nationalen Notrufnummer wird eine Sprachverbindung zur nächsten, d.h. zu der für den augenblicklichen Aufenthaltsort der Mobilstation zuständigen Rettungsleitstelle hergestellt. Dieser Dienst steht ohne Berechtigungsprüfung und Authentifizierung des Teilnehmers zur Verfügung.

<u>SMS (*Short Message Service*)</u>

Dieser Dienst erlaubt es, Kurznachrichten von maximal 160 Bytes Länge zu übermitteln. Es handelt sich um einen *Store-and-Forward*-Dienst, der über eine SMS-Zentrale (*Short Messaging Service Center*, SMSC) realisiert wird, d.h. eine Kurznachricht wird von der sendenden Mobilstation zur SMS-Zentrale übertragen, dort zwischengespeichert und in einer zweiten Übertragung von dort der adressierten Mobilstation zugestellt. Wenn der Empfänger nicht erreichbar ist, bleibt die Nachricht (für eine vordefinierte Zeit) gespeichert, und es wird in regelmäßigen Abständen versucht, sie zuzustellen.

Für die Übertragung der Kurznachrichten werden Signalisierungskanäle benutzt. Auf- und Abbau eines Verkehrskanals für die nur Sekundenbruchteile beanspruchende Übertragung einer Kurznachricht wäre extrem ineffizient; überdies würden die Betreiber – zumindest bei sekundengenauer Abrechnung – keine kostendeckenden Einnahmen erzielen. Die Gebührenabrechnung erfolgt deshalb pro gesendeter Kurznachricht. Die Sicherheitsfunktionen sind die gleichen wie für die Sprachübertragung (Zulässigkeitsprüfung, Authentifizierung, Verschlüsselung).

<u>Datenübertragung</u>

Für die Datenübertragung wird wie für die Sprachübertragung ein Verkehrskanal (*Traffic Channel*, TCH), i. Allg. ein Vollratenkanal mit einer Bruttobitrate von 22,8 kbps verwendet. Die Signalaufbereitung ist allerdings verschieden von der bei der Sprachübertragung, wo GSM-spezifische Sprachcodecs zum Einsatz kommen; es werden auch andere Leitungscodes verwendet. Wesentlich sind die Anpassungen an die im Festnetz üblichen Datenraten (2,4 kbps, 4,8 kbps, 9,6 kbps und in Zukunft auch 14,4 kbps) und an die 64-kbps-Kanäle, die im leitungsgebundenen Kernnetz der GSM-Systeme typischerweise verwendet werden.

Zur Erfüllung der höheren Ansprüche an die Übertragungssicherheit in der Datenübertragung wurde das *Radio Link Protocol* (RLP) entwickelt, das eine ARQ-Fehlersicherung enthält und die Restfehlerwahrscheinlichkeit auf ein dem Festnetz vergleichbares Niveau senkt. RLP ist ein an die Erfordernisse eines Funknetzes angepasster HDLC-Abkömmling. Unter Verwendung von RLP wird auf einem Vollratenkanal eine Nettobitrate von 9,6 kbps erreicht.

<u>Fax-Dienst</u>

Dieser Dienst basiert auf Standard-Gruppe-3-Faxgeräten (Übertragungsrate 9,6 kbps im analogen Fernsprechnetz oder über a/b-Adapter im ISDN). Es gibt den transparenten Faxdienst, bei dem die codierten Daten und die Signalisierung über einen transparenten Trägerdienst im Funknetz übertragen werden. Beim nichttransparenten Faxdienst werden Adapter benötigt, um ein Standard-Faxgerät an den bereitgestellten GSM-Trägerdienst anzupassen. Die Adapter haben zur Geräteseite hin Modemfunktionalität, zur Netzseite hin wickeln sie die Telefaxprotokolle ab (evtl. mit Modifikationen, die sich aus den Besonderheiten der Funkkanäle ergeben).

6.4.5 Fortgeschrittene GSM-Dienste

6.4.5.1 HSCSD (*High Speed Circuit Switched Data Service*)

Hierbei handelt es sich um einen kanalvermittelten Datendienst höherer Bitrate. Realisiert wird der Dienst durch eine Bündelung mehrerer Verkehrskanäle, d.h. mehrere *Slots* eines Rahmens werden für eine Übertragung bereitgestellt. Theoretisch können alle acht *Slots* eines Rahmens verwendet werden, woraus sich bei Verwendung GSM-konformer 9,6-kbps-Codierung der Einzelkanäle eine maximale Gesamtbitrate von 76,8 kbps (bei 14,4 kbps pro Kanal von 115,2 kbps) ergibt. Da die Kanalbündelung (insbesondere bei mehr als vier Kanälen) einen erhöhten Aufwand für Sende und Empfangseinrichtungen auch in den Mobilstationen bedingt, dürfte die praktische Obergrenze bei vier Kanälen liegen (Gesamtbitrate 38,4 bzw. 57,6 kbps bei 9,6 bzw. 14,4 kbps pro Kanal).

6.4.5.2 GPRS (*General Packet Radio Service*)

GPRS ergänzt die bereits bestehenden kanalvermittelten Sprach- und Datendienste durch einen paketvermittelten Datendienst.

Realisiert wird GPRS durch eine Overlay-Struktur, d.h. durch neue funktionale Komponenten für die Vermittlung und den Transport von Datenpaketen, die zusätzlich implementiert werden (Abb. 6-7).

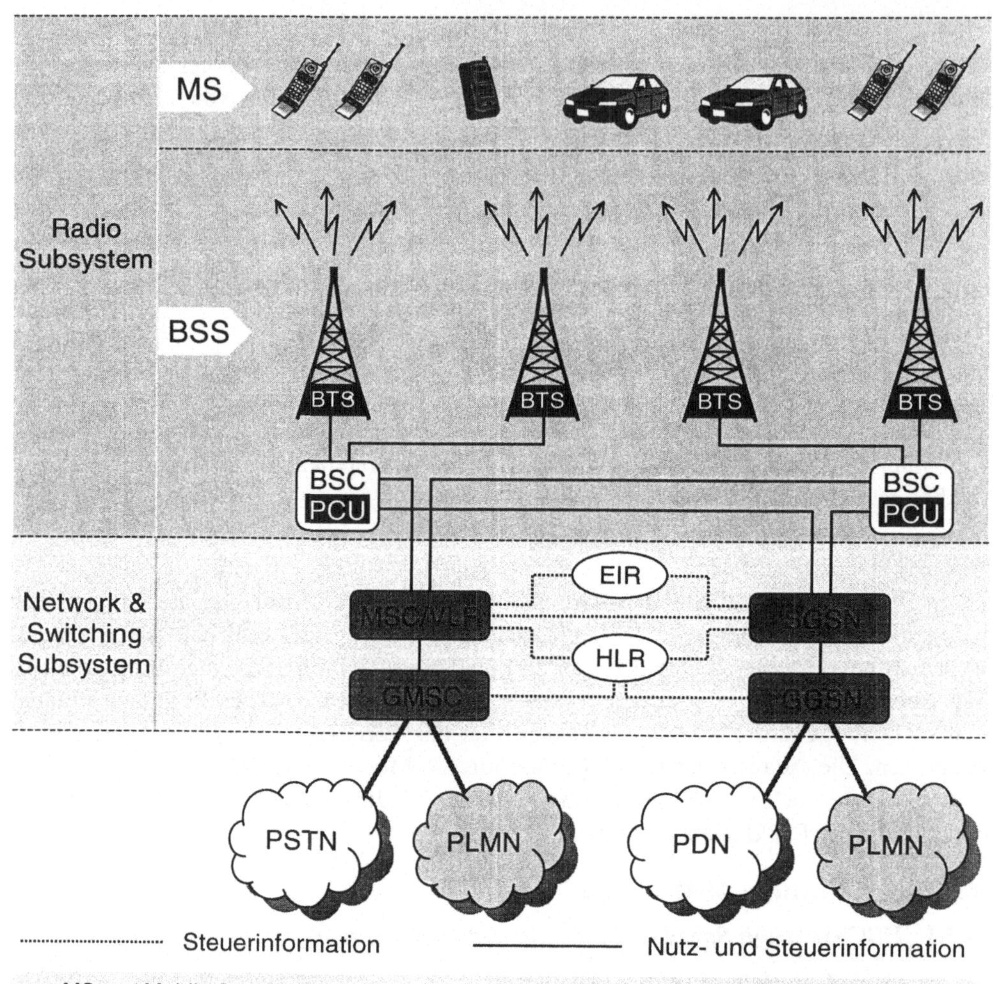

Abb. 6-7. Architektur eines GPRS-Sytems

Die neuen Komponenten sind:

– *Serving GPRS Support Node* (SGSN)

Der SGSN unterstützt das mobile Endgerät bei paketorientierten Übertragungen (Ortsverfolgung, Berechtigungsprüfungen, Sicherheitsfunktionen). Er hat damit für den paketvermittelt arbeitenden Teilnehmer etwa die gleiche Funktion wie das MSC/VLR (das *Mobile Switching Center*, in dessen Bereich sich ein Teilnehmer gerade aufhält) für den normalen GSM-Teilnehmer.

– *Gateway GPRS Support Node* (GGSN)

   Über den GGSN werden Verbindungen zu anderen (paketfähigen) Funknetzen und zu öffentlichen leitungsgebundenen Paketnetzen hergestellt.

Beide *Support Nodes* tauschen Informationen aus mit dem HLR (*Home Location Register*), das um ein GPRS-Register (GR) für GPRS-spezifische Informationen ergänzt wird, und dem *Base Station Controller* (BSC), der funktional um eine *Packet Control Unit* (PCU) erweitert wird, die den paketvermittelten vom kanalvermittelten Verkehr trennt und an die jeweils zuständigen Komponenten weitervermittelt.

Eine Zusammenarbeit zwischen den für Kanalvermittlung und Paketvermittlung zuständigen Instanzen findet beispielsweise beim Mobilitätsmanagement statt, da eine unabhängige Ortsverfolgung für mobile Endgeräte, die sowohl kanalvermittelte als auch paketvermittelte Übertragungen unterstützen, ein unnötiger Mehraufwand wäre.

Bei den für die Realisierung von GPRS erforderlichen Komponenten handelt es sich um funktionale Einheiten, die in unterschiedlicher Weise realisiert und zu physikalischen Einheiten aggregiert werden können. Die augenblickliche Situation ist dadurch gekennzeichnet, dass die GSM-Betreiber gerade mit Milliardenaufwand ihre Netze aufgebaut haben und, um diese Investitionen zu schützen, die neuen Funktionen möglichst durch Ergänzungen der vorhandenen Komponenten (neue Software-Module und, wenn nicht anders möglich, auch ergänzende Hardware-Komponenten) realisieren wollen. Welche Maßnahmen im Einzelnen nötig und möglich sind, ist von der Implementierung des jeweiligen Herstellers abhängig.

Das eigentliche Funksystem bleibt für GPRS unverändert. Es wird für die paketorientierte Datenübertragung ein spezieller *Packet Data Channel* (PDCH) eingeführt, der wie ein leitungsvermittelter Verkehrskanal einen *Slot* in einem Rahmen belegt. Auf einen solchen *Packet Data Channel* können mehrere unabhängige paketorientierte Übertragungen in einer Funkzelle gemultiplext werden, und es können zur Erhöhung der paketorientierten Übertragungskapazität mehrere PDCHs gebündelt werden. Ein *Packet Data Channel* kann permanent eingerichtet sein (d.h. ein *Slot* des Übertragungsrahmens ist statisch zugeordnet), wodurch die entsprechende Übertragungskapazität für paketvermittelten Verkehr reserviert wird, oder temporär eingerichtet werden (d.h. ein *Slot* des Übertragungsrahmens wird dynamisch zugeordnet), was eine flexible Anpassung an wechselnde Anforderungen erlaubt. Bei Kapazitätsengpässen haben kanalvermittelte Verkehrskanäle Vorrang vor dynamischen PDCHs.

Vier unterschiedliche Übertragungsverfahren sind definiert, um eine Anpassung an die Funkbedingungen einerseits und die Erfordernisse der Anwendungen andererseits zu erlauben. Im Wesentlichen unterscheiden sich die Verfahren durch den Umfang der Fehlerkorrektur bis hin zu einem Verzicht auf eine netzseitige Fehlersicherung, was zu einer Übertragungsrate von 21,4 kbps (bei einer Bruttobitrate von 22,8 kbps) führt.

Ziel von GPRS ist es, eine adäquate Transportplattform für asynchronen Verkehr begrenzter Menge bereitzustellen. Bedeutsam ist dies vor allem für elektronische Post (*e-mail*) und die Nutzung von Internet-Diensten. Da eine Verbindung zum *Short Messaging Service Center* (SMSC) eingerichtet ist, können über diese Schiene auch Kurznachrichten transportiert werden.

Die Nutzung von GPRS erfordert paketfähige, also neue, mobile Endgeräte. Der Standard sieht drei Klassen von mobilen Endgeräten vor:

Klasse A: Endgeräte, die gleichzeitig kanalvermittelt und paketvermittelt kommunizieren können, es also beispielsweise gestatten, parallel zu einer im Paketmodus laufenden Datenübertragung ein Telefongespräch zu führen.

Klasse B   Endgeräte, die beide Modi unterstützen und bei einem ankommenden Ruf auch automatisch den richtigen Modus auswählen (d.h. unabhängig vom Modus jederzeit erreichbar sind), aber zu einem Zeitpunkt nur in einem Modus kommunizieren können.

Klasse C   Endgeräte, die entweder als kanalvermittelnde (GSM-) oder paketvermittelnde (GPRS-) Endgeräte angemeldet sind und dann auch nur in diesem Modus kommunizieren können.

Die Paketvermittlung legt eine volumenabhängige Tarifierung (neben einer angemessenen Grundgebühr) nahe und erlaubt einem mobilen Teilnehmer, jederzeit 'online' zu sein, ohne (nur sporadisch benötigte) Ressourcen reservieren und bezahlen zu müssen.

6.4.5.3 EDGE (*Enhanced Data Rates for GSM Evolution*)

Ziel von EDGE ist es, unter möglichst weitgehender Beibehaltung von GSM/GPRS-Struktur und -Technik durch eine effizientere Nutzung der verfügbaren Funkfrequenzen sowohl für kanalvermittelte (*Enhanced Circuit-Switched Data*, ECSD) als auch für paketvermittelte (*Enhanced GPRS*, EGPRS) Datenübertragungen höhere Bitraten zu ermöglichen.

Die wesentlichen Vorgaben von GSM bleiben unverändert. Das gilt für die benutzten Frequenzbänder ebenso wie für die Strukturen; d.h. die Einteilung in Rahmen von 4,615 ms Dauer und die Aufteilung der Rahmen in acht Zeitschlitze bleiben ebenso erhalten wie die *Burst*-Strukturen (in Abb. 6-6 auf Seite 359 für einen Normal-*Burst* dargestellt). Verändert wird lediglich die Codierung. An Stelle von GMSK (*Gaussian Minimum Shift Keying*, eine spezielle zweiwertige Phasenmodulation, bei der die Phasenwechsel bei den Übergängen '0'→'1' und '1'→'0' eines NRZ-codierten Bitstroms vorgenommen werden) bei GSM tritt eine 8-wertige Phasencodierung (8PSK, *8Phase Shift Keying*), so dass pro Takt 3 Bits übertragen werden und – da die Taktrate (Symbolrate) ebenfalls unverändert ist – eine Verdreifachung der Bitübertragungsrate erreicht wird.

Die Verwendung höherwertiger Leitungscodes führt unvermeidlich zu einer Verschlechterung des Signal-/Rauschverhältnisses (*Signal-to-Interference Ratio*, SIR). Um dem entgegenzuwirken wurde der Regelbereich für die Sendeleistung (d.h. die maximale Sendeleistung) gegenüber GSM deutlich erhöht.

Kern von EDGE ist aber die dynamische Anpassung der Übertragungsraten an die Empfangsbedingungen. Insgesamt sind neun in Modulation, Codierung und Aufwand für die Fehlerbehandlung unterschiedliche Verfahren definiert, die in Abhängigkeit von der augenblicklichen Signalqualität (bewertet anhand der gemessenen Bitfehlerrate) zum Einsatz kommen. Vier basieren auf der robusteren GMSK-Codierung und ermöglichen Bitraten von 8,8 bis 17,2 kbps pro Kanal; fünf weitere basieren auf der 8PSK-Codierung und liefern Bitraten zwischen 22,4 und 59,2 kbps pro Kanal. Damit werden durch Kanalbündelung Bitraten von 384 kbps (= 6 × ISDN-Basiskanal) und darüber möglich. Es ist aber davon auszugehen, dass so hohe Bitraten (also 48 kbps pro Kanal und mehr) nur unter günstigen Bedingungen, d.h. im Kerngebiet einer Funkzelle und bei nicht bewegtem mobilem Endgerät, erreichbar sein werden. Unter normalen (d.h. wechselnden) Empfangsbedingungen sind wegen der permanenten Anpassungen die tatsächlich erzielbaren Datenraten kaum vohersagbar. Das Ziel einer optimalen Ausnutzung der Funkfrequenzen wird jedoch insofern erreicht, als die Bitrate immer maximal für die augenblicklichen Empfangsbedingungen gewählt wird.

Die durch EDGE bedingten Veränderungen betreffen die Funkstrecke. Aus diesem Grunde erfordert die Nutzung von EDGE (wieder einmal) neue Endgeräte und auf der Netzseite neue Basisstationen (BTS) sowie Erweiterungen der *Base Station Controller* (BSC). EDGE Sende- und Empfangseinheiten werden weiterhin GSM-Signale verarbeiten können, so dass im gleichen Frequenzband EDGE- und GSM-Signale koexistieren können. Dadurch wird die uneingeschränkte Weiterverwendbarkeit von nicht EDGE-fähigen mobilen Endgeräten sichergestellt.

6.5 UMTS (*Universal Mobile Telecommunications System*)

UMTS ist ein zellulares Mobilfunksystem der 3. Generation. Vorschläge für ein FPLMTS (*Future Public Land Mobile Telecommunication System*) kamen aus verschiedenen Regionen (pazifischer Raum, USA, Europa), deren Standardisierungsgremien (ETSI für Europa) in einem *3rd Generation Partnership Project* (3GPP) die Vorschläge harmonisiert und zusammengefasst haben, damit in Zukunft weltweite mobile Kommunikation möglich werden soll. Das Ergebnis trägt die Bezeichnung IMT-2000 (*International Mobile Telecommunication at 2000 MHz* (manchmal wird 2000 auch als Jahreszahl interpretiert)), dessen Bestandteil UMTS ist. Wie schon die Bezeichnung zum Ausdruck bringt, werden Frequenzen um 2 GHz (genauer: Frequenzbereiche zwischen 1,85 und 2,2 GHz) weltweit für diesen Zweck zugewiesen, was aber nicht vollständig deckungsgleich in allen Ländern gelungen ist.

Kern der 3. Mobilfunkgeneration ist deren universelle Nutzbarkeit. Neben den Funktionen und Diensten der etablierten Mobilfunksysteme (insbesondere GSM und Weiterentwicklungen) sind Datenübertragungen mit höherer Bitrate und vor allem Multimediadienste aller Art (Anwendungen mit Anforderungen an die Dienstgüte) anvisiert. UMTS erlaubt eine maximale Datenrate von 2 Mbps, die allerdings nur unter besonderen Umständen (ein ortsfester Teilnehmer in einer Kleinzelle) erreichbar sein wird (in der Aufbauphase wahrscheinlich gar nicht). Realistisch sind Datenraten bis 384 kbps. Wichtig ist auch die Integration der Funknetze der 2. Generation, denn in den ersten Jahren wird es für UMTS keine Flächendeckung geben, so dass die Teilnehmer in manchen Regionen auf die Netze der 2. Generation angewiesen sein werden. Aber auch nach Erreichen der Flächendeckung werden die Systeme der 2. Generation noch sehr lange parallel weiterbestehen bleiben. Prognosen für UMTS sagen voraus, dass noch im Jahre 2010 annähernd 80% der Nutzung auf Sprache und einfache Nachrichtendienste entfallen wird, auf Dienste also, die sehr zufriedenstellend auch von GSM (+GPRS +EDGE) erbracht werden können. Wenn UMTS für die Teilnehmer teurer wird als GSM, wovon aufgrund der ungünstigen Startbedingungen (überteuerte Lizenzen, neue, teure Infrastruktur) auszugehen ist, wird die überwiegende Zahl der Mobilfunkteilnehmer, die Multimedia und sonstige anspruchsvolle Dienste nicht benötigen oder denen diese Dienste nicht so viel wert sind, wie sie zusätzlich kosten, nicht auf UMTS umsteigen, wodurch die Kostenproblematik weiter verschärft wird. Wenn allerdings die Teilnehmerzahlen und die Nutzung mobiler Dienste weiter steigen wie bisher, werden mittelfristig die Übertragungskapazitäten in den GSM-Systemen knapp werden und die durch UMTS hinzukommenden (weitaus größeren) Kapazitäten auch für Standarddienste benötigt werden.

Die angestrebte Universalität der Mobilfunksysteme der 3. Generation bedingt eine Abkehr von der vertikalen Integration, bei der alle zur Erbringung eines Dienstes erforderlichen Komponenten als aufeinander abgestimmtes Ganzes spezifiziert werden, wie dies noch bei GSM für die mobile Sprachkommunikation geschehen ist. Bei UMTS sind mehrere Bereiche definiert (Abb. 6-8), für die unterschiedliche Realisierungen mit unterschiedlichen Eigenschaften vorgesehen sind, die zur Erbringung eines bestimmten Dienstes in geeigneter Weise kombiniert werden können.

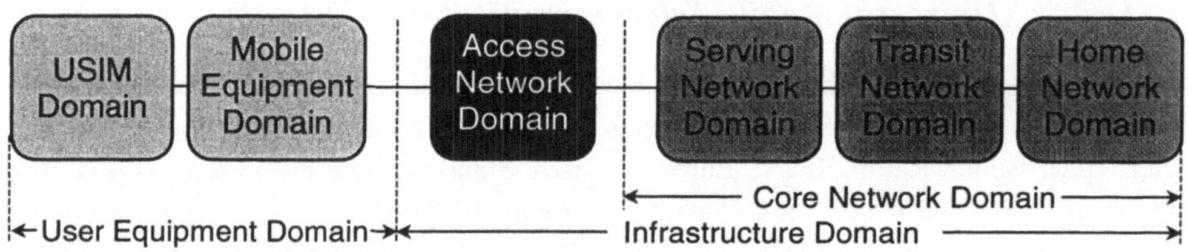

Abb. 6-8. UMTS-Bereiche

Die *User Equipment Domain* (UE-*Domain*, Endgerätebereich) enthält die mobilen Endgeräte (*Mobile Equipment*, ME), mit allen für die Funkübertragung benötigten Komponenten sowie ein zusätzliches Modul (*User Services Identity Module*), durch das ein Endgerät für einen registrierten Benutzer personalisiert wird. Dazu gehören alle Informationen zur Sicherstellung und Wahrung der Identität eines Teilnehmers sowie der Integrität und Vertraulichkeit der für ihn transportierten Informationen. Realisiert ist dieses Modul durch eine SIM-Karte (*Subscriber Identity Module*).
Da über UMTS eine Vielfalt von Diensten angeboten werden soll, sind unterschiedliche dienstspezifische, aber auch multifunktionale mobile Endgeräte vorgesehen.

Die *Access Network Domain* umfasst das Funknetz, über das die Teilnehmer mit ihren mobilen Endgeräten Zugang zum Kernnetz und die darüber zugänglichen Dienste und Netze erhalten. Das Zugangsnetz ist entweder ein UTRAN (*UMTS Terrestrial Radio Access Network*), d.h. ein speziell für UMTS spezifiziertes Funknetz, oder ein bereits vorhandenes Funknetz, insbesondere ein GSM-BSS (*Base Station System*).
Es gibt verschiedene UMTS-Funkeinrichtungen mit unterschiedlichen Eigenschaften, von denen eine Anwendung eine den Anforderungen genügende auswählen kann.

Die *Core Network Domain* (CN-Domain, Kernnetzbereich) besteht aus verschiedenen paketvermittelnden (z.B. Internet), kanalvermittelnden (ISDN, B-ISDN) oder auch GSM-Transportnetzen, die über *Interworking Units* (IWUs) untereinander verbunden sind.

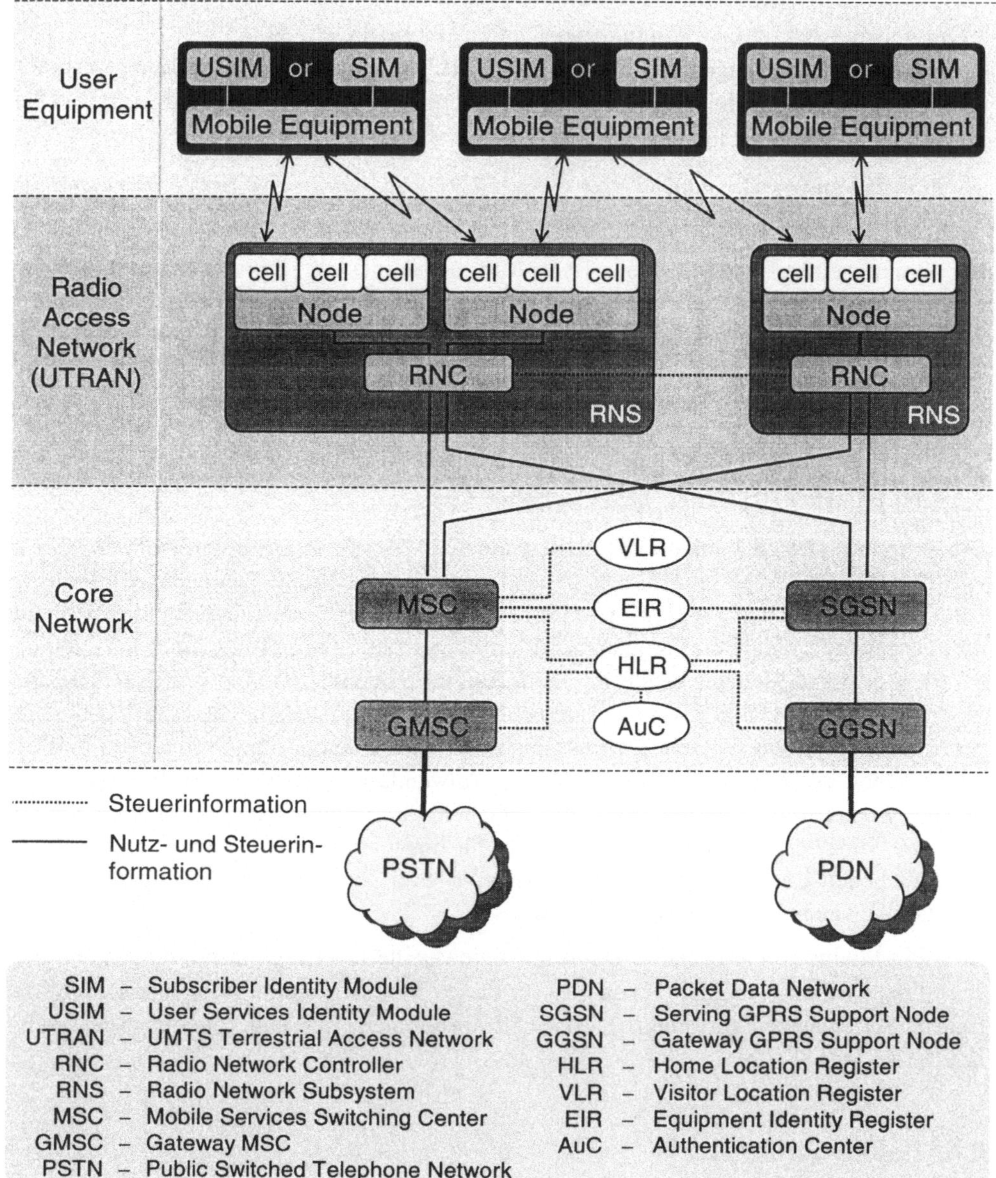

Teilbereiche sind:

– *Serving Network Domain*,

 die mit dem Zugangsnetz (Funknetz) verbunden ist, alle ortsabhängigen Funktionen einschließlich *Mobility Management* (Ortsverfolgung) für die Teilnehmer realisiert und paket- bzw. kanalvermittelte Verbindungen bereitstellt.

– *Home Network Domain*,

in der alle von der Bewegung und dem augenblicklichen Aufenthaltsort eines Teilnehmers unabhängigen Funktionen (z.B. HLR, *Home Location Register*) erbracht werden, aber auch für den Netzbetreiber wichtige Funktionen wie Sammeln und Bereitstellen von abrechnungsrelevanten Informationen.

– *Transit Network Domain*,
die den Übergang zu fremden Netzen realisiert.

Die Struktur eines UMTS-Systems ist in Abb. 6-9 dargestellt. Es ist offensichtlich, dass weitgehende Übereinstimmungen mit GSM/GPRS bestehen. Eine Verallgemeinerung stellen die *Radio Network Subsystems* (RNSs) dar, die nicht auf mehrere Instanzen in gleicher Funktechnik beschränkt sind, sondern unterschiedliche Funknetze repräsentieren. RNSs sind GSM/EDGE oder originäre UTRANs (*UMTS Terrestrial Radio Access Networks*). Als Node B wird eine logische Einheit bezeichnet, die für die Funkübertragung in einer oder mehreren Zellen verantwortlich ist; sie kann als Analogon zum *Base Station Controller* (BSC) bei GSM angesehen werden.

Die originäre UMTS-Funktechnik basiert auf CDMA (*Code Division Multiple Access*, vgl. Kap. 6.3.1). UMTS nutzt Frequenzbänder von 5 MHz Breite. Der normale Modus ist FDD (*Frequency Division Duplex*). Hierbei ist jedem *upstream* (vom mobilen Teilnehmer ausgehend) genutzten Frequenzband ein *downstream* (zum Teilnehmer hin) genutztes Frequenzband gleicher Breite in einem festen Frequenzabstand zugeordnet. Dies bedeutet, dass gleich große, jeweils zusammenhängende Frequenzbereiche immer paarweise bereitgestellt werden müssen. Dies ist angesichts der knappen Funkfrequenzen und der Zerrissenheit des Funkspektrums für diverse Anwendungen weltweit ein Problem. FDD ist für symmetrische Übertragungen mit gleichen Übertragungsraten in beiden Richtungen (wie Sprache, Videokonferenz u.ä.) gut, für unsymmetrische Übertragungen mit unterschiedlichen Übertragungsraten für *Upstream-* und *Downstream*-Verkehr (typisch für Internet-Anwendungen) weniger geeignet.

Im TDD-Modus (*Time Division Duplex*) werden beide Übertragungsrichtungen im gleichen Frequenzband realisiert, so dass es für diesen Modus in Zukunft leichter sein dürfte, freie Funkfrequenzen zu finden. TDD ist für unsymmetrische Übertragungen gut geeignet.

6.6 Lokale Funknetze

Lokale Funknetze gibt es in unterschiedlicher Ausprägung und Zielsetzung, obwohl sich die Anwendungsbereiche insbesondere bei den weiterentwickelten Versionen durchaus überlappen.

DECT ist eine lokale Funktechnik, die in erster Linie einen flexiblen und komfortablen Zugang zum Fernsprechnetz (bzw. ISDN) für die Sprachkommunikation bieten soll, was auch durch die Bezeichnung Schnurlostelefon unterstrichen wird. Die Technik erlaubt aber – auch wenn diese Fähigkeit bisher kaum genutzt wird – auch Datenübertragungen mit Geschwindigkeiten bis etwa 64 kbps (ISDN-Geschwindigkeit).

Eine andere Klasse bilden die *Wireless* LANs. WLANs sind drahtlose lokale Netze, die sich durch vergleichsweise hohe Übertragungsgeschwindigkeiten auszeichnen und Entfernungen bis etwa 300 m in einer Funkzelle überbrücken können. Zur Versorgung größerer Bereiche können komplexe Infrastrukturen aufgebaut werden. Im Allgemeinen dienen sie heute beweglichen Endgeräten (wie Laptops) als komfortabler Zugang zur drahtgebundenen LAN-Infrastruktur und damit zu den im Firmennetz angebotenen Diensten einschließlich des Zugriffs auf externe Netze (z.B. Internet). *Roaming* und *Handover* werden unterstützt, so dass sich die Teilnehmer im Gesamtbereich eines WLAN frei bewegen können. Zwei WLANs sind heute von Bedeutung: HIPERLAN (von ETSI standardisiert) und IEEE 802.11 WLAN.

Eine weitere wichtige Funktechnik ist Bluetooth. Bluetooth war ursprünglich gedacht als Technik, um zwischen einem Datenendgerät (z.B. *Handheld* Computer) und einem Handy (GSM, GPRS, UMTS) ohne lästige Verkabelung eine Verbindung herstellen und so die etablierten Funknetze auf einfache Weise für die Datenkommunikation nutzen zu können. Inzwischen sind die potentiellen Anwendungsbereiche erheblich ausgeweitet worden. Es besteht die Perspektive, alle Arten von kommunikationsfähigen Geräten (auch solche aus dem Unterhaltungsbereich) ohne Kabelsalat und Steckerprobleme mit Hilfe von Bluetooth auf einfache Weise miteinander zu vernetzen. Dazu gehört allerdings, dass die Technik automatisch (d.h. ohne irgendwelche Vorarbeiten und Vorkenntnisse) zuverlässig funktioniert, der Standard allgemein anerkannt wird und die Bausteine durch Massenproduktion so billig werden, dass sie ohne spürbare Preiserhöhungen grundsätzlich auch in preiswerte Endgeräte eingebaut werden können.

Einige Funknetze – insbesondere auch Bluetooth – erlauben die Bildung sogenannter Adhoc-Netze. Darunter versteht man die Fähigkeit der mit einer solchen Technik ausgerüsteten Endgeräte, spontan und ohne Zuhilfenahme einer zentralen Steuerungskomponente Kommunikationsverbindungen zueinander aufbauen zu können. Das bedeutet, dass z.B. zwei mit Bluetooth ausgestattete Laptops, sobald sie in Funkreichweite gelangen (wo immer das sein mag), sofort eine Funkverbindung aufbauen können.

Bei lokalen Funknetzen muss davon ausgegangen werden, dass solche Netze mit sich überschneidenden Funkbereichen unabhängig voneinander aufgebaut und betrieben werden, d.h. die Technik muss in besonderer Weise darauf ausgelegt sein, mit Interferenzen im gleichen Frequenzband fertig zu werden. Es ergeben sich auch Anforderungen an die Sicherheit (es muss ausgeschlossen werden, dass ein Teilnehmer im falschen Netz registriert wird). Bei Benutzung des völlig freien ISM-Frequenzbandes (*Industrial, Scientific, Medical*) bei 2,4 GHz muss nicht nur mit durch gleichartige Systeme hervorgerufenen Interferenzen gerechnet werden, sondern darüber hinaus mit vielfältigen anderen Störquellen (bis hin zu Mikrowellenherden, die zwar gut geschirmt sind, aber auch mit um Größenordnungen höheren Leistungen arbeiten). In diesem Frequenzbereich ist es nahezu unvermeidlich, *Spread-Spectrum*-Verfahren zu verwenden.

Ebenfalls völlig frei (abgesehen von Begrenzungen der Sendleistung) ist die Verwendung von Frequenzen im Infrarotbereich. Diese können im Außenbereich (abgesehen von Punkt-zu-Punkt-Laserstrecken) wegen des hohen Infrarotanteils im natürlichen Spektrum nicht verwendet werden. In Gebäuden sind Infrarotsysteme auf einen Raum beschränkt, da Infrarotstrahlung Wände nicht durchdringen kann (was u.U. auch ein erwünschter Effekt sein kann).

6.6.1 DECT (*Digital Enhanced Cordless Telecommunications*)

DECT wurde durch ETSI standardisiert. Es ist ein kleinzelliges (Mikrozellen) digitales Funknetz für kleine Entfernungen bis zu 50 m in Gebäuden und 300 m unter guten Bedingungen im Freien.

Überwiegend wird DECT als drahtlose Zugangstechnik zum leitungsgebundenen Fernsprechnetz oder ISDN eingesetzt. Die Systeme für den Privatbereich bestehen aus einer Feststation, die an das Festnetz angeschlossen ist (über eine *Interworking Unit*, IWU) und mindestens einem Mobilteil. Aktuelle Systeme erlauben in der Regel den Anschluss von bis zu sechs Mobilteilen. In diesem Falle hat die Feststation Vermittlungsfunktionalität, so dass die mobilen Teilnehmer ohne Inanspruchnahme der Vermittlungseinrichtung des öffentlichen Anbieters gebührenfrei miteinander telefonieren können.
Der Standard erlaubt aber auch Datenkommunikation und den Aufbau komplexer DECT-Infrastrukturen, die bis auf die begrenzten Reichweiten und Teilnehmerzahlen (bis 1000 in einem sogenannten Aufenthaltsbereich) deutliche Ähnlichkeit mit GSM aufweisen.

DECT beherrscht *Handover* zwischen unterschiedlichen Kanälen in der gleichen Funkzelle, zwischen verschiedenen Funkzellen und zwischen verschiedenen Aufenthaltsbereichen. Zumindest im letzteren Fall erfolgt ein *Handover* nicht transparent, d.h. eine bestehende Kommunikationsverbindung wird unterbrochen. Eine gut funktionierende *Handover*-Funktion ist in kleinzelligen Systemen besonders wichtig, weil mobile Teilnehmer sehr schnell Zellgrenzen überschreiten.

DECT-Systeme benutzen den Frequenzbereich zwischen 1880 und 1900 MHz, der per Frequenzmultiplex in zehn Trägerfrequenzen mit einem Frequenzabstand von 1,728 MHz unterteilt wird. In einem Frequenzkanal werden Rahmen (*frames*) von 10 ms Dauer übertragen, die (per Zeitmultiplex) in 24 *Slots* unterteilt sind (Abb. 6-10).

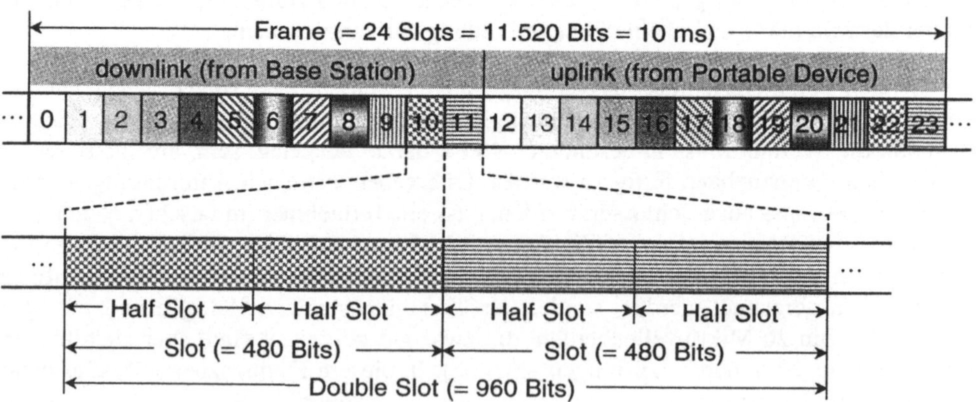

Abb. 6-10. DECT Zeitmultiplex-Struktur

Ein *Slot* enthält 480 Bits, woraus sich eine *Frame*-Größe von 11.520 Bits und eine Gesamtbruttobitrate von 1,152 Mbps für den gesamten Frequenzkanal ergibt. Da DECT im *Time Division Duplex* (TDD) arbeitet, bei dem für jeden *Slot* k, der für eine Verbindung zu einer Mobilstation (*downstream*) zugeteilt wird, der *Slot* k+12 für die Gegenrichtung (*upstream*) reserviert ist, enthält ein Rahmen 12 Vollduplex-Zeitkanäle und ein DECT-

System insgesamt 120 Kanäle. Auf der Basis der *Slots*, Halb-*Slots* und Doppel-*Slots* werden für unterschiedliche Anforderungen unterschiedliche physikalische Pakete definiert, denen allen gemeinsam ist, dass sie aus einem 32-Bit langen Synchronisationsfeld und einem (unterschiedlich langen) Datenfeld bestehen und einen Sicherheitsabstand (*guard space*) von mindestens 55 Bits zum nachfolgenden *Slot* (und damit Datenpaket) halten.

Nach den vorherigen Angaben entspricht ein *Slot* einem Kanal mit einer Bruttobitrate von 48.000 bps. Unter den Vorgaben des DECT-Standards ergibt sich daraus eine Nettobitrate von 32 kbps für Anwendungen.

Darauf abgestimmt kommt eine 32-kbps-ADPCM-Sprachcodierung zum Einsatz. ADPCM (*Adaptive Differential Pulse Code Modulation*) basiert auf der Annahme, dass benachbarte Abtastwerte eines analogen Sprachsignals (also benachbarte PCM-Werte) nicht sehr stark voneinander abweichen, so dass eine Codierung auf der Basis der Differenzen effizienter ist. Tatsächlich entspricht die Qualität 32-kbps-ADPCM-codierter Sprache der im ISDN üblichen 64-kbps-PCM-Sprachcodierung.

Für eine fehlergeschützte Datenübertragung bleiben von der Nettobitrate von 32 kbps noch 25,6 kbps. Bei der Verwendung von Doppel-*Slots* für physikalische Pakete können auch höhere Datenraten erzielt werden (z.B. passend für ISDN 64 kbps).

6.6.2 HIPERLAN/2

HIPERLAN/2 (*High Performance Radio LAN, Version 2*) wird von ETSI im Rahmen des BRAN-Projekts (*Broadband Radio Access Networks*) spezifiziert. Während HIPERLAN/1 (1997 standardisiert) schwerpunktmäßig asynchrone Datentransfers (*best effort*) unterstützt, arbeitet HIPERLAN/2 verbindungsorientiert und erlaubt die Vereinbarung verbindlicher Dienstgüteeigenschaften (QoS). HIPERLAN/2 umfasst für die unteren Schichten (*Physical* (PHY) und *Data Link Control* (DLC)) eine eigenständige Technik, die durch eine Anpassungsschicht (*Convergence Layer*, CL) an unterschiedliche vorhandene Netztechniken (Ethernet, ATM, IEEE 1394 (*Firewire*), UMTS-*Backbone*) adaptiert wird.

HIPERLAN/2 arbeitet im 5-GHz-Bereich. In Europa stehen in den Frequenzbereichen 5,15 bis 5,35 GHz und 5,470 bis 5,725 GHz insgesamt 19 Frequenzkanäle à 20 MHz zur Verfügung, und die Steuerung der Sendeleistung und eine dynamische (optimale) Frequenzkanalwahl sind vorgeschrieben. Die maximale mittlere Sendeleistung beträgt im Bereich 5,15 bis 5,35 GHz 200 mW (Innenräume), sonst 1 W.

Ein HIPERLAN/2-Netz besteht aus mobilen Teilnehmerstationen (*Mobile Terminals*, MTs) und mindestens einem Zugangspunkt (*Access Point*, AP), der aus den Funktionseinheiten *Access Point Controller* (APC) und *Access Point Transceiver* (APT) besteht. Ein APC kann mehrere APTs steuern. Wenn mehrere APs vorhanden sind, sind alle mit dem Festnetz verbunden und tauschen über dieses Nutz- und Steuerdaten aus (Abb. 6-11).

Die Teilnehmer können sich in dem abgedeckten Funkbereich frei bewegen und werden automatisch vom günstigsten Zugangspunkt versorgt (*Handover*). Eine Frequenzplanung ist nicht erforderlich, da jeder AP permanent die Funkbedingungen überwacht und jeweils den besten Frequenzkanal auswählt.

HIPERLAN/2 kennt zwei Betriebsmodi:

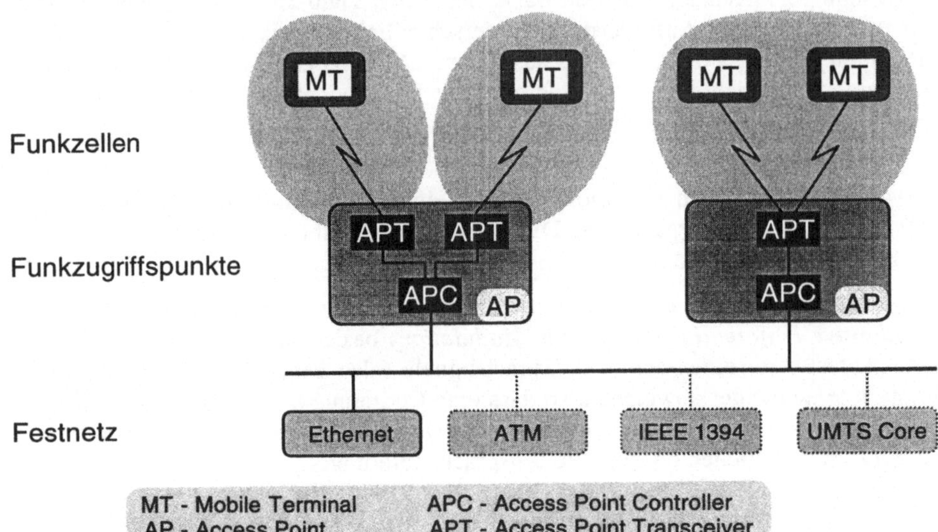

Abb. 6-11. HIPERLAN/2: Netzstruktur

Centralized Mode (CM)

In diesem Modus sind alle APs an das Festnetz angeschlossen, und jede Kommunikation läuft über einen AP (auch wenn zwei mobile Teilnehmer in der gleichen Funkzelle miteinander kommunizieren). Dieser Modus ist obligatorisch.

Direct Mode (DM)

In diesem Modus können Teilnehmerstationen der gleichen Funkzelle, die sich in Funkreichweite befinden, direkt Daten miteinander austauschen. Gesteuert wird der Kommunikationsvorgang aber auch in diesem Fall durch den AP. Es handelt sich also nicht um *Ad hoc Networking*, bei dem Teilnehmerstationen ohne Existenz einer zentralen Komponente direkt miteinander kommunizieren. Dieser Modus ist optional.

HIPERLAN/2 arbeitet verbindungsorientiert, d.h. bevor Nutzinformationen fließen können, muss eine Verbindung aufgebaut werden. Wegen der Verbindungsorientierung sind verbindliche Dienstgütevereinbarungen möglich. Wie alle Funknetze unterstützt auch HIPERLAN/2 Authentisierung und Verschlüsselung.

Auf der physikalischen Ebene sind sieben unterschiedliche Übertragungsmodi definiert, die sich im Modulationsverfahren (vom einfachen BPSK (*Binary Phase Shift Keying*) bis zur optionalen 64QAM (*Quadrature Amplitude Modulation*)) und in der Coderate unterscheiden. Die jeweiligen Datenraten reichen auf dieser Ebene von 6 Mbps bis 54 Mbps).

Auf der MAC-Ebene wird ein physikalischer Kanal in *MAC-Frames* (Rahmen) von 2 ms Dauer unterteilt (Abb. 6-12). Jeder Rahmen besteht aus einer

– *Broadcast Phase*
(zur Übertragung von Informationen vom AP an alle erreichbaren MTs),

– *Downlink Phase*
(zur Übertragung von Nutzdaten vom AP an MTs),

– *Uplink Phase*
(zur Übertragung von Nutzdaten von MTs an den AP),

– *Random Access Phase*
  (zur Anmeldung noch nicht registrierter MTs und für Kapazitätsanforderungen bereits angemeldeter MTs).

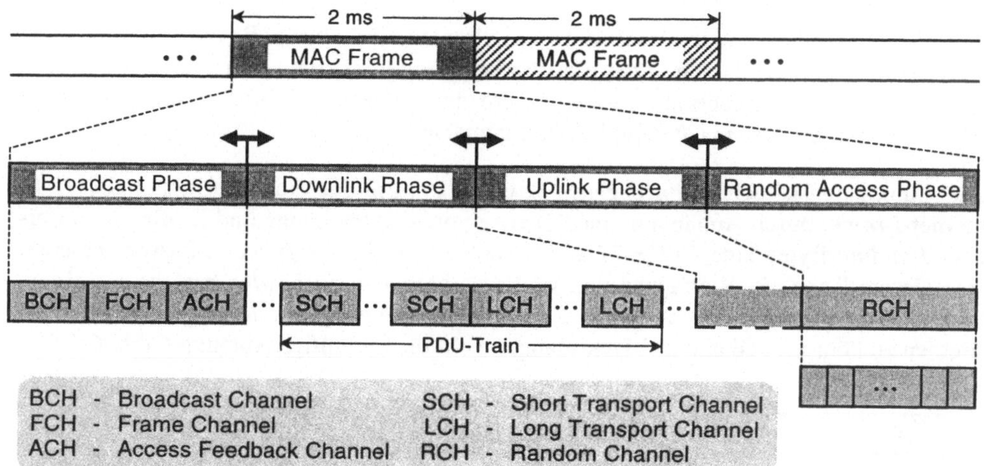

Abb. 6-12. Struktur der HIPERLAN/2 MAC Frames

In den einzelnen Phasen stehen zum Transport von MAC-PDUs (*Protocol Data Units*) Transportkanäle zur Verfügung, deren Kapazität von *Frame* zu *Frame* unterschiedlich sein kann:

Broadcast Channel (BCH)
  In diesem werden grundlegende Informationen über die Funkzelle (z.B. Identifizierung des AP, Strukturinformation über den *Frame*, aktuelle Sendeleistung) an alle MTs der Funkzelle übertragen.

Frame Channel (FCH)
  Enthält Strukturinformation für die *Downlink-* und *Uplink*-Phase.

Access Feedback Channel (ACH)
  Übermittelt den Status des Zugriffs auf den *Random Access Channel* (RCH) im vorigen *Frame*.

Short Transport Channel (SCH)
  Besitzt eine feste Länge von 9 Bytes und transportiert S-PDUs, die Steuerdaten enthalten.

Long Transport Channel (LCH)
  Hat eine feste Länge von 54 Bytes und transportiert L-PDUs, die Nutzdaten enthalten.

Random Access Channel (RCH)
  Über einen RCH nimmt ein noch nicht registrierter MT erstmalig Verbindung zum AP auf. Darüber hinaus werden RCHs für *Handover* und die Reservierung von Transportkapazität verwendet. Bis zu 31 RCHs können in einer *Random-Access*-Phase verwendet werden.

Während einer *Downlink*-Phase können Informationen zu verschiedenen MTs transportiert werden. Eine Gruppe von SCHs und LCHs, die an einen MT gehen, wird als PDU-*Train* bezeichnet. Die Aufteilung der *Downlink*-Phase (und auch der *Uplink*-Phase) ist im *Frame Channel* angegeben.

Die *Uplink*-Phase ist ähnlich strukturiert wie die *Downlink*-Phase. Bevor ein MT Transportkapazitäten nutzen darf, muss er eine Anforderung über einen *Random Access Channel* oder über einen Steuerkanal absetzen. Im nachfolgenden MAC-*Frame* wird diese zugewiesen und im *Frame Channel* bekannt gemacht.

In der Anpassungsschicht (*Convergence Layer*, CL) wird aus einem Originalpaket (z.B. Ethernet-*Frame*) durch Anhängen eines *Trailer* von 4 Bytes Länge und Einfügen von bis zu 47 *Padding*-Bytes eine CPCS-PDU (*Common Part Convergence Sublayer*) erzeugt, deren Gesamtlänge ein Vielfaches von 48 Bytes beträgt. Der *Trailer* besteht aus einem Längenfeld (2 Bytes), das benötigt wird, um die *Padding*-Bytes empfängerseitig wieder entfernen zu können, und einem 2 Bytes langen Feld für zukünftige Nutzung (Abb. 6-13).

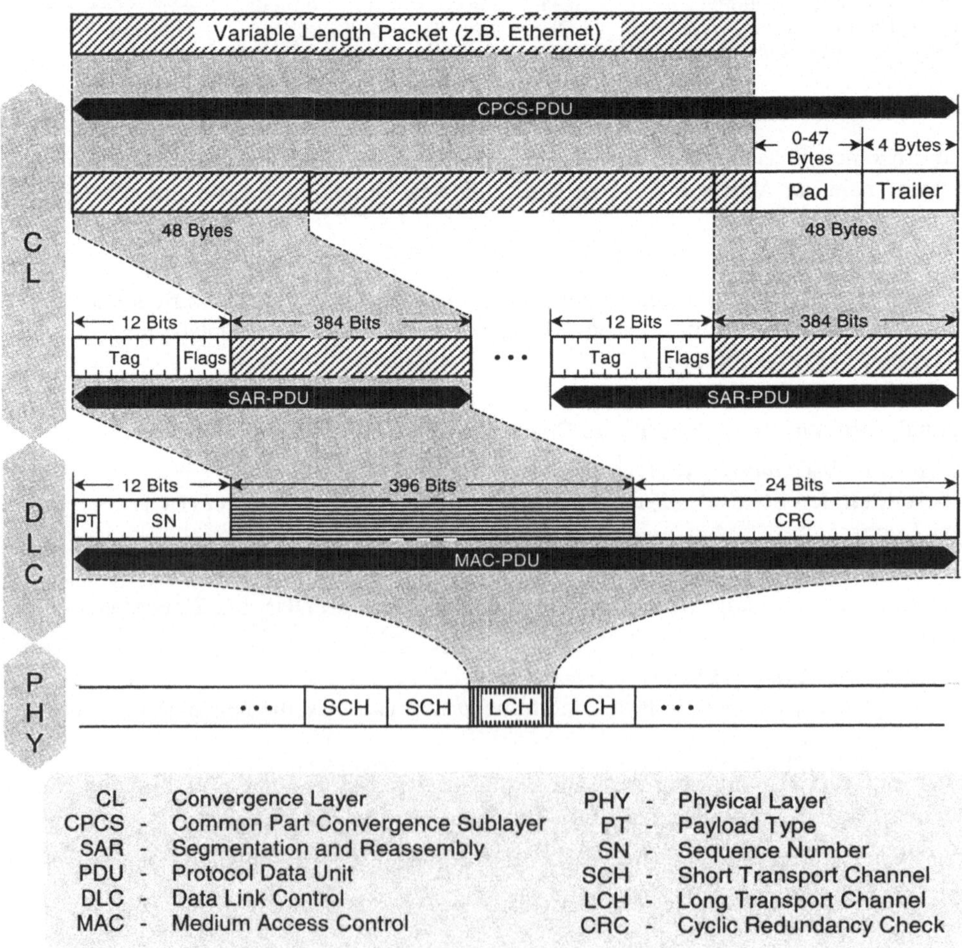

Abb. 6-13. HIPERLAN/2: Anpassungsschicht Rahmenstruktur

Die CPCS-PDU wird in 48-Byte-Abschnitten in das *Payload*-Feld aufeinander folgender SAR-PDUs geladen. Vorangestellt ist dem *Payload*-Feld ein *Header*, bestehend aus einem 12-Bit-*Tag*-Feld und 4-*Flag*-Bits, wovon bisher nur ein *Flag*-Bit als SAR-Stopbit benutzt wird.

Auf der DLC-Ebene (*Data Link Control*) wird jeweils eine SAR-PDU in das *Payload*-Feld einer L-PDU (*Long Transport Channel* PDU) geladen, die ihrerseits in einem LCH (*Long Transport Channel*) der physikalischen Ebene transportiert wird. Dem *Payload*-Feld ist ein *Header*, bestehend aus 2 Bits *PDU-Type* und 10 Bits *Sequence Number* (SN), vorangestellt und ein 24-Bit CRC (*Cyclic Redundancy Check*) angehängt.

6.6.3 IEEE 802.11 *Wireless* LAN (WLAN)

1997 hat IEEE mit dem Standard 802.11 eine erste Version eines Standards für *Wireless* LANs (WLANs) verabschiedet. IEEE 802.11 arbeitet im 2,4-GHz-ISM-Band, und zukünftige leistungsfähigere Versionen werden im 5-GHz-ISM-Bereich arbeiten. Bisher sind auf der physikalischen Ebene zwei Verfahren im 2,4-GHz-Frequenzband spezifiziert:

- *Frequency Hopping Spread Spectrum* (FHSS) und

- *Direct Sequence Spread Spectrum* (DSSS)

und dazu ein weiteres Verfahren im IR-Bereich.

Für die Infrarot-Variante ist die Reichweite auf einen Innenraum (10 bis 20 m) beschränkt, mit den Funk-Varianten können Entfernungen von 30 m (in Gebäuden mit Zwischenwänden) bis 300 m (unter günstigen Bedingungen im Freien) überbrückt werden. Die Sendeleistung ist in Europa auf 100 mW (DSSS) beschränkt. Bei allen Varianten beträgt die Übertragungsleistung 1 Mbps oder wahlweise 2 Mbps. Es gibt bereits Implementierungen mit 11 Mbps (IEEE 802.11b) und in Arbeit sind Varianten mit 20 Mbps im 5-GHz-Frequenzband. In jedem Falle ist die angegebene Übertragungsleistung die Gesamtleistung einer Funkzelle, die sich alle Teilnehmer in der Funkzelle teilen (es handelt sich also wie bei den ursprünglichen Versionen der IEEE-LANs um einen *Shared-Medium*-Ansatz).

Oberhalb der MAC-Ebene gibt es zu den anderen IEEE-LANs keinen Unterschied, d.h. alle Besonderheiten der drahtlosen Technik einschließlich der Mobilitätsverwaltung beschränken sich auf die physikalische und die MAC-Schicht.

802.11-WLAN unterstützt *Ad hoc Networking*, d.h. Mobilstationen (i. Allg. Rechner mit 802.11-Interface) können ohne Bereitstellung weiterer Infrastrukturkomponenten spontan miteinander kommunizieren, wenn sie sich in Funkreichweite zueinander befinden.

Die einfachste Form eines 802.11-Netzes ist der *Basic Service Set* (BSS). Er besteht aus zwei oder mehr Endgeräten, deren Kommunikation durch eine *Coordination Function* (CF) gesteuert wird. Diese Steuerung kann eine verteilte sein (*Distributed Coordination Function*, DCF) oder zentral erfolgen (*Point Coordination Function*, PCF), wobei letztere optional ist.

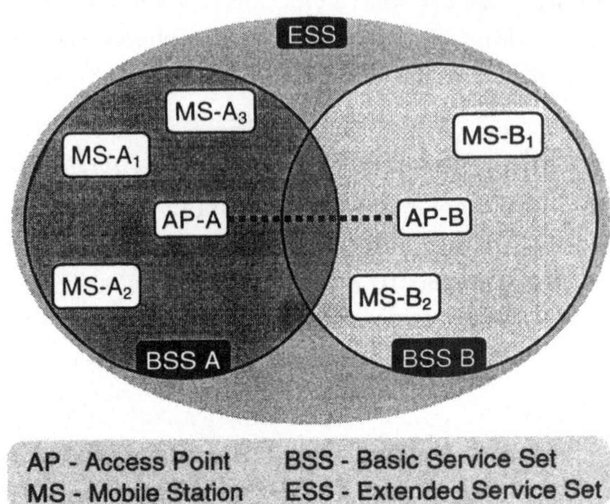

Abb. 6-14. IEEE 802.11 WLAN-Struktur

Ein *Extended Service Set* (ESS) besteht aus mehreren *Basic Service Sets* (BSSs), die durch das *Distribution System* (DS) miteinander verbunden sind. Realisiert wird das *Distribution System* durch *Access Points* (APs) in den BSSs, die miteinander verbunden sind. Die APs haben Brücken-Funktionalität (*Wireless Bridge*). Eine bestimmte Technik für ihre Vernetzung ist nicht vorgeschrieben. In den meisten Fällen wird die Verbindung durch eines der klassischen IEEE-LANs (vorzugsweise Ethernet) realisiert werden, sie kann aber auch auf Funktechnik basieren (Abb. 6-14).

Die *Access Points* erbringen die *Distribution System Services* (DSS), die den Austausch von *MAC Service Data Units* (MSDUs, maximal 2304 Bytes lang) erlauben und die Mobilität der Teilnehmer unterstützen. *Handover* wird unterstützt, wenn ein mobiles Endgerät von einem BSS in einen anderen desselben ESS bewegt wird. (Unterbrechungsfreies) *Handover* zwischen Funkzellen in verschiedenen ESSs wird nicht unterstützt.

Distributed Coordination Function (DCF)

DCF ist das obligatorische MAC-Protokoll, bei dem der Zugriff zum Medium verteilt per CSMA/CA-Verfahren (*Carrier Sense Multiple Access with Collision Avoidance*) gesteuert wird. Das CSMA/CA-Verfahren basiert auf dem LBT-Prinzip (*Listen Before Talking*) und einer *Backoff*-Strategie, durch die in einem begrenzten Zeitintervall eine zufällige Wartezeit festgelegt wird. Wenn eine sendewillige Station nach Beendigung einer laufenden Übertragung und Ablauf einer vorgegebenen Wartezeit (*Interframe Space*, IFS) das Medium frei findet, startet sie eine Übertragung; wenn sie es belegt findet, stellt sie ihren Übertragungswunsch für eine durch die *Backoff*-Strategie ermittelte Zeitspanne zurück und versucht erst danach wieder, auf das Medium zuzugreifen.

Generell gilt, dass nicht ausgeschlossen werden kann, dass zwei Stationen gleichzeitig mit der Übertragung eines Rahmens beginnen, und es zu einer Kollision kommt. Da eine Kollision im Funkbereich nicht ohne weiteres erkennbar ist, wird ein Sender durch eine positive Bestätigung (*Acknowledgement*, ACK) vom Empfänger über den Empfang eines Rahmens informiert. Das Ausbleiben einer solchen Bestätigung (innerhalb einer vorgegebenen Frist) wird als Kollision gewertet, und der Sender wiederholt den Rahmen (nach einer durch die *Backoff*-Strategie festgelegten Wartezeit).

Um für bestimmte Stationen bzw. Funktionen unterschiedliche Prioritäten für den Medienzugriff zu realisieren, sind mehrere Wartezeiten definiert (vgl. Abb. 6-15). Nach absteigender Dauer sind dies:

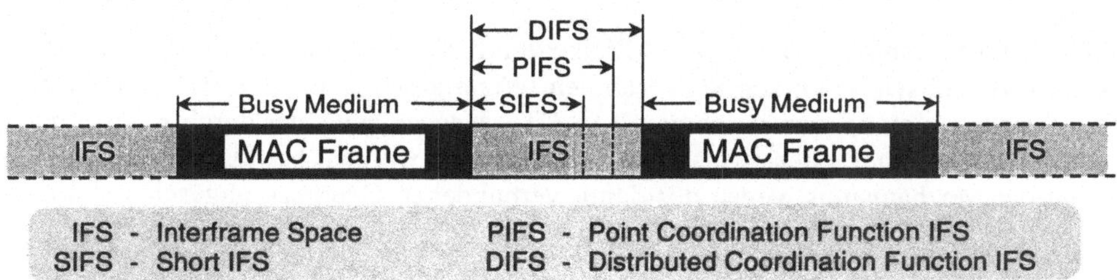

Abb. 6-15. Wartezeiten beim CSMA/CA-gesteuerten Zugriff

- DIFS (*Distributed Coordination Function Interframe Space*)
  Diese vergleichsweise lange Wartezeit gilt für Endgeräte, die im DCF-Modus normale Nutz- oder Steuerinformationen übertragen wollen. Solche Übertragungen kommen nur zustande, wenn Aktivitäten, für die die nachfolgend aufgeführten kürzeren Wartezeiten gelten, nicht anstehen.

- PIFS (*Point Coordination Function Interframe Space*)
  Diese Wartezeit wird benutzt, um im Rahmen der *Point Coordination Function* (PCF) für bestimmte Stationen einen zentral gesteuerten, deterministischen Zugriff zum Medium zu gewährleisten.

- SIFS (*Short Interframe Space*)
  Wird für die unmittelbare Bestätigung eines empfangenen Rahmens (ACK), für eine CTS-Nachricht (*Clear-to-Send*) als Antwort auf ein RTS (*Request-to-Send*) und einige andere vorrangig zu befördernde Rahmen verwendet.

RTS/CTS-Mechanismus

Bei der verteilten Zugriffssteuerung gibt es das sogenannte *Hidden-Terminal*-Problem, eine Konstellation, bei der das LBT-Prinzip wirkungslos ist. Wenn die Stationen MS_1 und MS_2 sowie MS_1 und MS_3 in Funkreichweite zueinander liegen, nicht aber die Stationen MS_2 und MS_3, dann kann es in MS_1 vermehrt zu Kollisionen kommen, da – wenn beispielsweise MS_2 bereits sendet – MS_3 dieses per LBT nicht feststellen kann und somit glaubt, selbst senden zu dürfen. Um die Gefahr solcher Kollisionen zu verringern, beinhaltet das IEEE 802.11-MAC-Protokoll den RTS/CTS-Mechanismus. Bei diesem sendet eine sendewillige Station (z.B. MS_2) einen RTS-Rahmen (*Request-to-Send*) an MS_1. MS_1 antwortet darauf mit einem CTS-Rahmen (*Clear-to-Send*). RTS- und CTS-Rahmen enthalten ein Feld, in dem die Dauer der angemeldeten Übertragung angegeben ist. Da MS_3 den von MS_1 gesendeten CTS-Rahmen ebenfalls empfängt, weiß MS_3, wie lange MS_2 senden wird, und sie selbst also nicht senden darf.

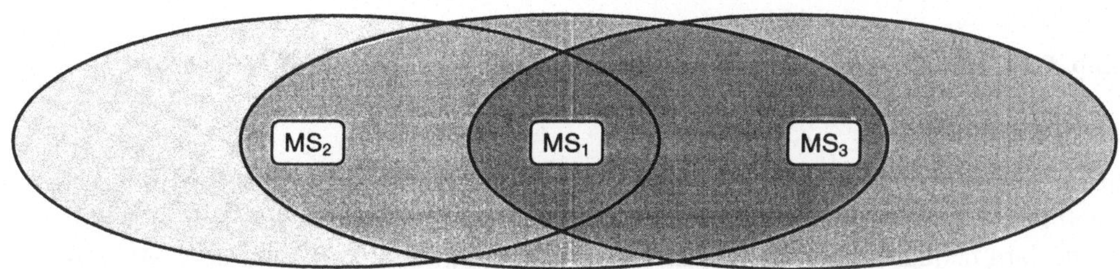

Abb. 6-16. Hidden Terminal Problem bei der verteilten Zugriffssteuerung

Der RTS/CTS-Mechanismus beseitigt das Risiko von Kollisionen nicht, aber er beschränkt es auf die vergleichsweise kurzen RTS-Rahmen. Wenn große Datenmengen (große Rahmen) zu übertragen sind, kann durch den RTS/CTS-Mechanismus der durch Kollisionen bedingte effektive Bandbreitenverlust deutlich verringert werden; bei kurzen Interaktionen sollte der Mechanismus wegen des damit verbundenen Overhead abgeschaltet werden.

Point Coordination Function (PCF)

IEEE 802.11 WLAN unterstützt mit der *Point Coordination Function* (PCF) optional ein zentral gesteuertes MAC-Protokoll, das den teilnehmenden Stationen einen bevorrechtigten deterministischen Zugriff auf das Medium erlaubt. Die zentrale Steuerung übernimmt ein *Point Coordinator* (PC), i. Allg. realisiert in einem AP (*Access Point*) mit Festnetzanschluss. Die PCF basiert auf der DCF (*Distributed Coordination Function*) und muss – wenn sie implementiert ist – mit dieser koexistieren, d.h. es gibt regelmäßig wiederkehrend Zeitintervalle, in denen der Medienzugriff im DCF-Modus im per CSMA/CA gesteuerten Wettbewerb erfolgt (weshalb ein solches Intervall als *Contention Period* (CP) bezeichnet wird), und Zeitintervalle, in denen eine deterministische Zuteilung im PCF-Modus erfolgt (diese werden als *Contention Free Period* (CFP) und der zeitliche Abstand zwischen aufeinander folgenden CFPs als *Repetition Interval* bezeichnet). Eingeleitet wird eine CFP durch ein vom *Point Coordinator* (PC) abgesetztes spezielles Signal (*Beacon*), das auch die maximale Dauer der CFP angibt (Abb. 6-17). Alle im DCF-Modus arbeitenden Stationen in der Funkzelle (BSS) laden diesen Wert in ihren NAV (*Network Allocation Vector*), was bedeutet, dass sie in dieser Zeit keinen Zugriff zum Medium versuchen werden. Da der PC (*Point Coordinator*) nach Abschluss eines Übertragungsvorgangs nur die kürzere PIFS-Wartezeit (*Point Coordination Function* IFS) nutzt, kann er vorrangig eine CFP etablieren. Danach teilt der PC den teilnehmenden Stationen das Medium gemäß einer von ihm geführten *Polling List* zu. Wenn die Liste abgearbeitet ist, beginnt eine neue *Contention Period*, während der der Medienzugriff im CSMA/CA-Modus erfolgt.

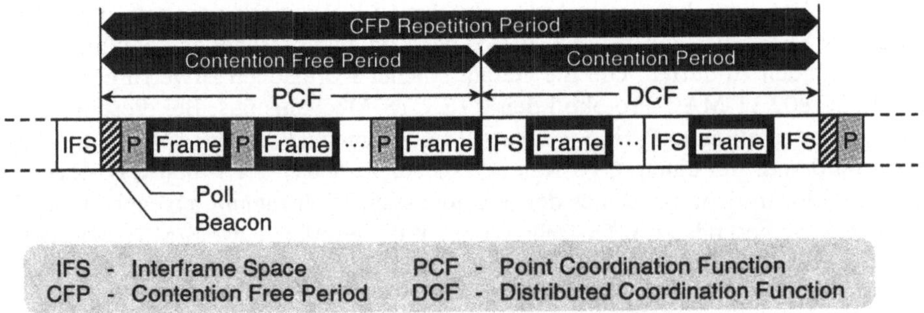

Abb. 6-17. Beziehung zwischen verteilter (DCF) und zentraler (PCF) Steuerung

6.6.4 Bluetooth

Bluetooth ist ein Funksystem geringer Reichweite, welches im 2,4-GHz-ISM-Band arbeitet und portablen Endgeräten die Bildung von Ad-hoc-Netzwerken ermöglicht. Im aktuellen Standard beträgt die überbrückbare Entfernung 10 m und die Datenrate 1 Mbps. Zukünftige Versionen werden höhere Datenraten (2 Mbps) und größere Entfernungen (bis 100 m) ermöglichen. Die Vorgaben für die Entwicklung waren:

- Das System soll weltweit Verbreitung finden können.

- Das System muss Sprach- und Datenkommunikation (auch Multimedia-Anwendungen) unterstützen.

- Der Baustein soll klein und stromsparend sein, so dass er in kleine batteriebetriebene tragbare Endgeräte eingebaut werden kann.

Bluetooth benutzt FHSS (*Frequency Hopping Spread Spectrum*), eine Technik, die preiswert und für interferenzgefährdete Frequenzbereiche besonders geeignet ist. In den USA und im größeren Teil Europas stehen 80 MHz im 2,4-GHz-ISM-Band zur Verfügung, die in 79 Kanäle à 1 MHz unterteilt sind. Es wird mit einer Symbolrate von 1 MHz übertragen, woraus sich, da ein 2-wertiger Code (GFSK = *Gaussian Frequency Shift Keying*) verwendet wird, eine Bruttobitrate von 1 Mbps ergibt.

Ein Frequenzkanal ist in Zeitschlitze (*Time Slots*) von 625 µs Dauer unterteilt. Ein Frequenzsprung auf einen anderen der 79 Frequenzkanäle findet nach jedem *Slot* statt, so dass sich 1600 Frequenzwechsel pro Sekunde ergeben. Nach jedem *Slot* ist der folgende für eine Übertragung in Gegenrichtung reserviert (*Time Division Duplex*, TDD).

Basis eines Bluetooth-Systems ist ein Pikonetz. Ein Bluetooth-Pikonetz ist ein Ad-hoc-Netz, bestehend aus mindestens zwei und maximal acht in Funkreichweite befindlichen Bluetooth-fähigen Stationen, wovon genau eine *Master*-Status hat und die Kommunikation in dem Pikonetz steuert, während die übrigen *Slave*-Status haben. Prinzipiell hat jede Bluetooth- Station die Fähigkeit, *Master* zu werden; in der Regel wird es die Station, die das Pikonetz initiiert. Aus der Identität der *Master*-Station ergibt sich die pseudozufällige Sprungfolge und basierend auf ihrer *Clock* die Phase, nach denen sich die *Slave*-Stationen zu richten haben. Alle Stationen in einem Pikonetz teilen sich einen FH (*Frequency Hopping*)-Kanal, also die Übertragungsrate von 1 Mbps.

In einem *Slot* kann ein Datenpaket zwischen dem *Master* und einem *Slave* transferiert werden. Ein Paket (vgl. Abb. 6-18) beginnt mit dem *Access-Code*-Feld. Dieses wird aus der Identität der *Master*-Station abgeleitet und ist eindeutig für den vom *Master* kontrollierten FH-Kanal. Die *Slaves* benutzen dieses Feld, um Informationen des ihr Pikonetz definierenden Kanals zu identifizieren und zur Synchronisation.

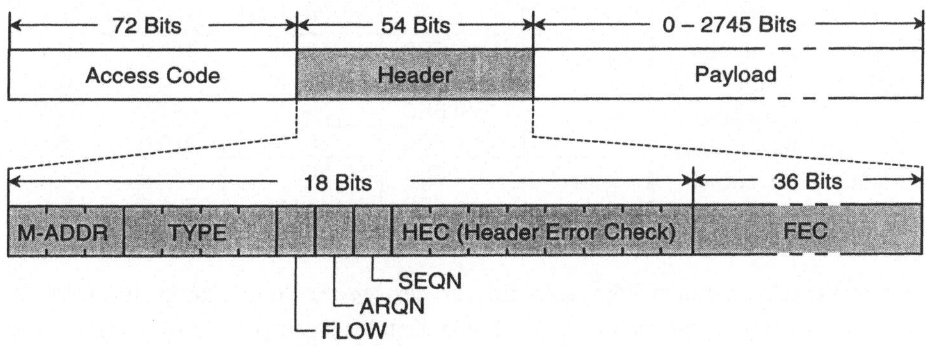

Abb. 6-18. Bluetooth Header-Format

Dem *Access-Code*-Feld folgt ein *Header*-Feld mit einer festen Länge von insgesamt 54 Bits. Dieses enthält eine 3-Bit MAC-Adresse (ausreichend, um die maximal acht Stationen in einem Pikonetz zu identifizieren), ein *Packet-Type*-Feld (4 Bits), weitere Steuerbits sowie ein 8 Bits langes HEC (*Header Error Check*)-Feld. Die 18 *Header*-Bits werden durch 36 Bits FEC-Code geschützt (FEC *Rate* 1/3).
Dem *Header* folgen 0 – 2745 Bits Nutzinformation (*Payload*).

Neben 1-*Slot*-Paketen wurden auch Multi-*Slot*-Pakete von 3 und 5 *Slots* Länge definiert, um einen höheren Durchsatz zu erzielen. Die Multi-*Slot*-Pakete haben Einfluss auf die Sprungsequenz, da während der Übertragung eines Pakets keine Frequenzsprünge stattfinden.

Um sowohl isochrone (Sprache) wie asynchrone (Daten) Informationsströme adäquat transportieren zu können, wurden zwei Verbindungsarten definiert:

- *Synchronous Connection-Oriented* (SCO) und

- *Asynchronous Connectionless* (ACL).

SCO-Verbindungen unterstützen symmetrische leitungsvermittelte Punkt-zu-Punkt-Kommunikation.

Für SCO-Verbindungen wurden drei unterschiedliche *Single-Slot*-Sprachpakete für eine Sprachdatenrate von 64 kbps definiert. Sprachpakete werden niemals wiederholt. Sie werden ungeschützt übertragen oder – wenn nötig – durch FEC-Codes geschützt mit einer FEC-Rate von 2/3 oder 1/3 (d.h. ⅔ Nutzinformation und ⅓ FEC-Code oder ⅓ Nutzinformation und ⅔ FEC-Code). Als Sprachcodierung wird CVSD verwendet (*Continuously Variable Slope Delta Modulation*, eine Art der Deltamodulation, bei der die Delta-Werte des approximierten Signals kontinuierlich vergrößert oder verkleinert werden, um das approximierte Signal besser an das analoge Eingangssignal anzupassen).

ACL-Verbindungen unterstützen symmetrische und unsymmetrische Punkt-zu-Punkt- und Punkt-zu-Mehrpunkt-Kommunikation. Für den verbindungslosen, *burst*-artigen Verkehr sind 1-*Slot*-, 3-*Slot*- und 5-*Slot*-Pakete definiert. Datenpakete werden durch einen ARQ-Mechanismus geschützt, bei dem verlorene bzw. nicht ordnungsgemäß empfangene Pakete automatisch wiederholt werden.
Wahlweise kann zusätzlich ein FEC-Verfahren mit einer FEC-Rate von 2/3 zum Einsatz kommen. Die erreichbaren Datenraten (nach [66]) sind der Tabelle zu entnehmen.

Paket-Typ		Datenraten (kbps)		
		symmetrisch	unsymmetrisch	
1-*Slot*	mit FEC	108,8	108,8	108,8
	ohne FEC	172,8	172,8	172,8
3-*Slot*	mit FEC	256,0	384,0	54,4
	ohne FEC	384,0	576,0	86,4
5-*Slot*	mit FEC	286,7	477,8	36,3
	ohne FEC	432,6	721,0	57,6

Der gesamte Verkehr in einem Pikonetz wird von der *Master*-Station kontrolliert. SCO-Verbindungen ordnet der *Master* in regelmäßigen Zeitabständen paarweise – jeweils für Hin- und Rückrichtung – *Slots* zu.

Für ACL-Pakete werden die *Slots* vom *Master* durch *Polling* vergeben. Datenpakete, die vom *Master* zum *Slave* übertragen werden, bewirken automatisch ein *Polling* des *Slave*. Da zu jedem *Slot* der direkt folgende für eine Übertragung in Gegenrichtung reserviert ist (TDD-Modus), kann ein *Slave*, der ein Datenpaket oder eine *Polling*-Nachricht vom *Master* empfängt, den nächsten *Slot* für eine Übertragung zum *Master* nutzen. Es ist ersichtlich, dass in einem Pikonetz mit mehr als zwei Stationen der Informationsaustausch zwischen *Slaves* über die *Master*-Station läuft.

Scatternet

Bluetooth-fähige Geräte, die sich in Funkreichweite zueinander befinden, können spontan (d.h. ohne eine zentrale Steuerungskomponente) ein Pikonetz bilden (wie in Abb. 6-19 gezeigt).

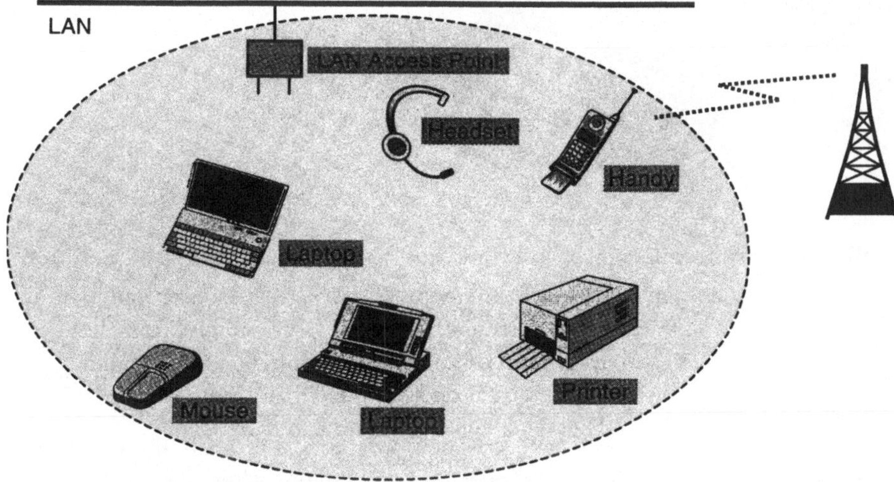

Abb. 6-19. Bluetooth Pikonetz

Die Beschränkung auf ein einziges Pikonetz für alle in Reichweite befindlichen Stationen kann aber Einschränkungen zur Folge haben:

1. Die Zahl der Stationen in einem Pikonetz ist auf acht beschränkt, so dass, wenn mehr Stationen vorhanden wären, die überzähligen – nach welchen Kriterien auch immer – von der Kommunikation ausgeschlossen werden müssten.

2. Alle Stationen im Pikonetz müssen sich die Bandbreite eines FH-Kanals (1 Mbps) teilen, was, wenn beispielsweise paarweise Datentransfers stattfinden, sehr ungünstig ist. Überdies wäre die Nutzung eines einzigen FH-Kanals bei 79 verfügbaren FH-Frequenzen extrem ineffizient.

Aus den genannten Gründen erlaubt Bluetooth die Bildung mehrerer Pikonetze mit überlappenden Funkbereichen, die zusammen ein *Scatternet* bilden.

Kriterium für die Bildung von Pikonetzen könnte beispielsweise sein, dass solche Stationen, die direkt miteinander kommunizieren wollen, jeweils ein Pikonetz bilden. Bei der in Abb. 6-19 gezeigten Konstellation, könnte dann ein aus drei Pikonetzen bestehendes *Scatternet* sowie ein separates Pikonetz, wie in Abb. 6-20 gezeigt, gebildet werden.

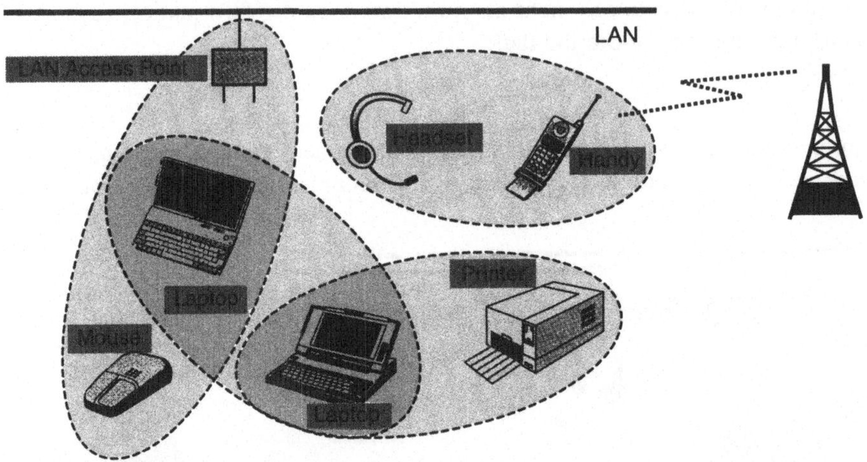

Abb. 6-20. Bluetooth Scatternet

Datenaustausch zwischen den Pikonetzen in einem *Scatternet* ist dadurch möglich, dass Stationen Teilnehmer in mehreren Pikonetzen sein können. Tatsächlich bilden nur solche Pikonetze ein *Scatternet*, die über gemeinsame Stationen miteinander verbunden sind. Stationen können *Slave*-Status in mehreren Pikonetzen haben, zu einem Zeitpunkt jedoch nur in einem der Pikonetze aktiv Daten senden oder empfangen. Stationen, die in einem Pikonetz *Master* sind, können in weiteren Pikonetzen *Slave*-Status haben, aber in keinem weiteren *Master* sein. Dies folgt aus der Definition eines Pikonetzes, das durch die Identität und die *Clock* der *Master*-Station (einschließlich der pseudozufälligen Sprungsequenz) eindeutig bestimmt ist, so dass ein zweites Pikonetz mit der gleichen Station als *Master* per Definition mit dem ersten identisch wäre.

Die Funktionen, die in einem Bluetooth-*Scatternet* erbracht werden müssen, sind:

– Bildung eines *Scatternet* (und der darin zusammengeschlossenen Pikonetze) und permanentes Anpassen an veränderte Randbedingungen (durch neu hinzukommende oder den Funkbereich verlassende Stationen, aber auch durch veränderte Kommunikationsbeziehungen zwischen den teilnehmenden Stationen).

– Sicherstellen von *Scatternet*-weitem Informationsaustausch (*Multi-hop*-Transfers über Pikonetzgrenzen hinweg).

– *Scheduling* von Intra- und Inter-Pikonetz-Paketen.

Ursprüngliches Ziel der von der Fa. Ericsson initiierten Bluetooth-Entwicklung war es, mobilen Endgeräten (wie Laptops) über eine Funkverbindung geringer Reichweite einen komfortablen Zugang zu GSM-Mobilstationen und damit zu Weitverkehrsfunknetzen und den darüber zur Verfügung stehenden Diensten zu verschaffen. Die Fähigkeit, spontan jederzeit und an jedem Ort ohne zusätzliche Infrastruktur Ad-hoc-Netze bilden zu können, bietet Bluetooth-fähigen Geräten eine sehr komfortable Möglichkeit, miteinander Daten austauschen zu können (z.B. zwischen zwei Laptops, zwischen einem Laptop und einem Drucker usw.).

Die Vorteile sind nicht auf Geräte aus dem Computerbereich beschränkt, sondern gelten gleichermaßen für Geräte der Unterhaltungsbranche (etwa für CD-Player und Verstärker). Tatsächlich wird die Möglichkeit gesehen, durch Bluetooth das lästige und im Ergebnis oft unschöne Hantieren mit Kabeln und Steckern weitgehend überflüssig zu machen. Dies wird aber nur möglich sein, wenn Bluetooth (derzeit ein De-facto-Standard des Bluetooth-Konsortiums, dem die weltweit wichtigsten einschlägigen Firmen angehören) weltweit Anerkennung und Verbreitung findet, die Bausteine samt zugehöriger Software unter allen Bedingungen sicher und einfach funktionieren und in der Folge in großer Stückzahl billig verfügbar werden, so dass sie auch in billige Geräte ohne spürbare Verteuerung eingebaut werden können. Nicht übersehen werden darf allerdings, dass die Datenraten bisher nicht ausreichen, um Videoströme gehobener Qualität übertragen zu können.

Literatur

[1]   Aber, R.: xDSL Supercharges Copper.
        Data Communications, March 1997, S. 99-105.

[2]   Albensöder, A. (Hrsg.): Telekommunikation – Netze und Dienste der Deutschen
        Bundespost. R. v. Decker's Verlag, Heidelberg, 1987.

[3]   Arnold, F.: Grundsätze und Probleme des Aufbaus neuer Fernmeldenetze.
        ONLINE '86, Kongreßband I 'Ausbaustrategien von Netzinfrastrukturen in Europa
        und ihre möglichen Auswirkungen auf die Volkswirtschaft',
        Hamburg, 5.-8.2.1986, Beitrag 4A.

[4]   van As, H.R.: Performance Evaluation of Bandwidth Balancing in the DQDB
        MAC Protocol. EFOC/LAN '90, Proc. LAN, IGI Europe 1990, S. 231-239.

[5]   van As, H.R., Wong, J.W., Zafiropulo, P.: Fairness, Priority and Predictability of
        the DQDB MAC Protocol under Heavy Load.
        Proc. 'International Zürich Seminar on Digital Communications', März 1990, Bei-
        trag E8, S. 410-417.

[6]   Badach, A.: ISDN im Einsatz. DATACOM-Verlag, Bergheim 1994.

[7]   Bament, S., Binder, U.: Frame Relay: Der nächste Standard in der Datenkommu-
        nikation. Datacom 9/1990, S. 78-80.

[8]   Bedermann, S.: Source Routing.
        Data Communications, Februar 1986, S. 127-128.

[9]   Bergmann, K.: Lehrbuch der Fernmeldetechnik.
        Verlag Schiele & Schön, Berlin, 4. Aufl., 1978. (Neuauflage Bd. I u. II, 1986).

[10]   Blake, S., Black, D., Carlson, M., Davis, E., Wang, E., Weiss, W.:
        An Architecture for Differentiated Services. RFC 2475, December 1998.

[11]   Berndt, W.: Die Bedeutung der Standardisierung im Telekommunikationsbereich
        für Innovation, Wettbewerb und Welthandel.
        Jahrbuch der Deutschen Bundespost 1986, Verlag für Wissenschaft und Leben,
        Bad Windsheim.

[12]   Blomeyer-Bartenstein, H.P., Both, R.: Datenkommunikation und Lokale Compu-
        ter-Netzwerke: Grundlagen und Einsatz der Telematik.
        Verlag Markt & Technik, 1983.

[13]   Bocker, P.: Datenübertragung, Bd. 1: Grundlagen.
        Springer-Verlag Berlin Heidelberg New York, 1976.

[14]   Bocker, P.: Datenübertragung, Bd. 2: Einrichtungen und Systeme.
        Springer-Verlag Berlin Heidelberg New York, 1977.

[15]   Bocker, P.: ISDN, das diensteintegrierende digitale Nachrichtennetz: Konzept,
        Verfahren, Systeme.
        Springer-Verlag Berlin Heidelberg New York, 2. Aufl., 1987.

[16]   Borowka, P.: Netzstrukturierung – Brücken versus Router, Teil 1.
        Datacom 6/1989, S. 76-80.

[17]   Borowka, P.: Netzstrukturierung – Brücken versus Router, Teil 2.
        Datacom 8/1989, S. 102-113.

[18]   Brüning, J.: Turbo-Schub für Ethernet. Datacom 1/1993, S. 10-12.

[19]   Budrikis, Z.L., Hullett, J.L., Newman, R.M., Economou, D., Fozdar, F.M.,
        Jeffery, R.D.: QPSX: A Queue Packet and Synchronous Circuit Exchange.
        Proc. ICCC '86, P. Kühn (Ed.), North Holland 1986, S. 288-293.

[20]   Burkhardt, H.J.: Von 'Open Systems Interconnection' zu 'Open Systems'.
        ONLINE '86, Kongreßband VI, 'Fortschritt der Telematiksysteme und Kommuni-
        kationsnetze', Hamburg, 5.-8.2.1986, Beitrag 2Y.

[21]   Bux, W.: Performance issues in local-area networks.
        IBM Systems Journal, Vol. 23, 4, 1984, S. 351-374.

[22]   Calvo, R., Teener, M.: FDDI-II Architectural and Implementation Examples.
        EFOC/LAN '90, Proc. LAN, IGI Europe 1990, S.76-86.

[23]   Carlson, D.E.: Bit-Oriented Data Link Control Procedures.
        IEEE Transactions on Communications, Vol. COM-28, 4 (April 1980), S. 455-467.

[24]   CCITT Red Book, Vol. III - Fascicle III.5, 'Integrated Services Digital Network
        (ISDN)'. Recommendations of the series 1, Genf 1985.

[25]   Chylla, P., Hegering, H.-G.: Ethernet-LANs: Planung, Realisierung und Netz-
        Management. DATACOM Buchverlag, Pulheim, 1987.

[26]   Claus, J., Siegmund, G. (Hrsg.): Das ATM-Handbuch: Grundlagen, Planung,
        Einsatz. Hüthig-Verlag Heidelberg 1995.

[27]   Clos, C.: A study of non-blocking switching networks.
        Bell Syst. Techn. J. 32 (1953), S. 406-424.

[28]   Comer, D.E.: Internetworking with TCP/IP. Vol. 1: Principles, Protocols, and
        Architecture. Second Edition, Prentice-Hall, Englewood Cliffs, 1991.

[29]   Conard, J.W.: Character-Oriented Data Link Control Protocols.
        IEEE Transactions on Communications, Vol. COM-28, 4 (April 1980), S. 445-454.

[30]   Conrads, D.: ATM - die Vermittlungs- und Multiplextechnik des Breitband-ISDN.
        Zentralinstitut für Angewandte Mathematik, Forschungszentrum Jülich, Interner
        Bericht KFA-ZAM-IB-9504, März 1995.

[31]   Conta, A., Deering, S.: Internet Control Message Protocol (ICMPv6) for the
        Internet Protocol Version 6 (IPv6) – Specification. RFC 2463, December 1998.

[32]   Conti, M., Gregori, E., Lenzini, L.: An Extensive Analysis of DQDB Perfor-
        mance and Fairness in Asymptotic Conditions.
        EFOC/LAN '90, Proc. LAN, IGI Europe 1990, S. 259-265.

[33]   Datapro: Frame Relay and Fast Packet Switching.
        Datapro Report on International Communications Equipment, McGraw-Hill,
        1990, S. 301-307.

[34]   Datex-P: Datenkommunikation, die die Welt verbindet.
        Herausgeber: Deutsche Telekom AG, Generaldirektion, Sonderbereich GK 41,
        KNr. 641 260 211, Stand: August 1995.

[35]   Datex-P: Zusammenstellung technischer Daten.
        Herausgeber: Deutsche Telekom AG, FTZ, KNr. 641 260 234, Stand: Juli 1995.

[36]   Deaton, G.: Juggling ATM Traffic. Data Communications, April 1996, S. 130-138.

[37]   Deering, S., Hinden, R.: Internet Protocol, Version 6 (IPv6) – Specification.
        RFC 2460, December 1998.

[38]   Deutsche Bundespost: Mittelfristiges Programm für den Ausbau der technischen
        Kommuniktionssysteme.
        Heft 3 der Schriftenreihe über Konzepte und neue Dienste der Telekommunikati-
        on des Bundesministers für das Post- und Fernmeldewesen, Bonn 1986.

[39]   Deutsche Telekom: Neue Wege in die Zukunft. Forschung und Technologie.
        Herausgeber: Deutsche Telekom AG, Generaldirektion, Geschäftsbereich Presse
        und Unternehmenskommunikation, KNr. 642 100 008.

[40]   Deutsche Telekom: Standard-Festverbindungen; Monopolübertragungswege mit
        allen Leistungen.
        Herausgeber: Deutsche Telekom AG, Generaldirektion, Sonderbereich GK 90,
        KNr. 641 260 451, Stand: Februar 1995.

[41]   Deutsche Telekom: Das Geschäftsjahr 1998. Geschäftsbericht der Deutschen
        Telekom AG.

[42]   Dixon, R.C.: Synchronous Data.
        Data Communications, Februar 1986, S. 131-135.

[43]   Effelsberg, W., Fleischmann, A.: Das ISO-Referenzmodell für offene Systeme
        und seine sieben Schichten: Eine Einführung.
        Informatik-Spektrum 9, 5 (Oktober 1986), S. 280-299.

[44]   Engels, Y.: »Aufrüstung« für strukturierte Verkabelung. Datacom 11/97, S. 82-84.

[45]   Evitts, S.: Fibre Optic Standards – Current Status.
        EFOC/LAN '90, Proc. LAN, IGI Europe 1990, S.167-171.

[46]   Faßhauer, P.: Optische Nachrichtensysteme: Eigenschaften und Projektierung.
        Dr. Alfred Hüthig Verlag Heidelberg, 1984.

[47]   Fernmeldedienste.
        Informationsordner der Bodo Peters GmbH, Wiesik 8, 24848 Kropp.

[48]   Folts, H.C.: X.25 Tansaction-Oriented Features – Datagram and Fast Select.
        IEEE Transactions on Communications, Vol. COM-28, 4 (April 1980), S. 496-500.

[49]   Frodigh, M., Johansson, P., Larsson, P.:
        Wireless *ad hoc* networking – The art of networking without a network.
        Ericsson Review No. 4 (2000), s. 248-263.

[50]   Fromm, I.: Local Area Networks (LANs).
        Vieweg-Verlag, Braunschweig, 1987, S. 19-45.

[51]   Fromm, M.: EURO-ISDN - Marktentwicklungen auf dem Weg zu einem transeu-
        ropäischen Information-Highway. ONLINE '95, Band V, Beitrag C440.

[52]   Fundneider, O.: Breitband-ISDN auf Basis ATM: Das zukünftige Netz für jede
        Bitrate. Proc. der GI/NTG-Fachtagung 'Kommunikation in verteilten Systemen',
        Informatik-Fachbericht 267, Springer Verlag, 1991, S. 1-15.

[53]   Garnham, R.A., Walker, S.D.: Future ultra long span optical transmission systems
        using nonsilica fibre.
        Information Gatekeepers Inc., Proc. EFOC/LAN '87, S. 79-81.

[54]   Geckeler, S.: Physikalische Grundlagen von Lichtwellenleitern.
        telcom report 6 (1983), Beiheft 'Nachrichtenübertragung mit Licht', S. 9-14.

[55]   Gerke, P.: Neue Kommunikationsnetze: Prinzipien, Einrichtungen, Systeme.
        Springer-Verlag Berlin Heidelberg New York, 1982.

[56]   Gerschau, L.: Basis aller Bits; Verkabelung, Teil 1: Kabel in Rechnernetzen.
        iX 12/1992, S. 116-121.

[57]   Gerschau, L., Heinen, I.: Basis aller Bits; Verkabelung, Teil 2: Systematische
        Infrastruktur. iX 1/1993, S. 126-131.

[58]   Gerschau, L.: Strukturierte Verkabelung /Komponenten, Kriterien, Standards/.
        DATACOM Buchverlag, Bergheim 1995.

[59]   Gibson, R.: IEEE 802 Standards Efforts.
        Computer Networks and ISDN-Systems 19 (1990), S. 95-104.

[60]   Glaser, G.M., Hein, M., Vogl, J.: TCP/IP: Protokolle, Projektplanung, Realisie-
        rung. DATACOM-Fachbuchreihe, DATACOM-Buchverlag, Pulheim, 1990.

[61] Gloge, D., Mercantili, G.A.: Multimode theory of graded core fibers. Bell Syst. Techn. J. 52 (1973), S. 1563-1578.

[62] Goedhart, F.: Multimedia, Vision und Wirklichkeit: Konzept, aktuelle Entwicklung und Perspektiven. ONLINE '95, Band II, Beitrag C.246.

[63] Göhring, H.-G., Kauffels, F.-J.: Token-Ring: Grundlagen, Strategien, Perspektiven. DATACOM-Fachbuchreihe, DATACOM-Verlag Lipinski, Bergheim 1990.

[64] Granbohm, H., Wiklund, J.: GPRS – General packet radio service. Ericsson Review No. 2 (1999), S. 82-88.

[65] Gregor, P., Oehler, A., Ortkraß, G.: Der aktuelle Stand der Gebäudeverkabelung. Datacom 9/1993, S. 76-79.

[66] Haartsen, J.: BLUETOOTH – The universal radio interface for *ad hoc*, wireless connectivity. Ericsson Review No. 3 (1998), S. 110-117.

[67] Hafner, E.R., Nenadal, Z., Tschanz, M.: A digital loop communications system. IEEE Transactions on Communications, Vol. COM-22, 6 (Juni 1974), S. 877-881.

[68] Hammond, J.L., O'Reilly, P.J.P.: Performance Analysis of Local Computer Networks. Addison-Wesley Publishing Comp., 1986.

[69] Harkins, D., Carrel, D.: The Internet Key Exchange (IKE). RFC 2409, Nov. 1998.

[70] Haugdahl, J.S.: Inside the Token Ring. North-Holland, 1987.

[71] Henkel, P.: Fast Ethernet – Technik und Trends. Datacom 1/1995, S. 50-54.

[72] Hess, M.L., Brethes, M., Saito, A.: A Comparison of four X.25 Public Network Interfaces. IEEE 1979.

[73] Hewlett-Packard: Digitale Datenübertragung mit einem Lichtwellenleitersystem. Design und Elektronik 13 (Juni 1986), S. 142-154.

[74] Hinden, R., Deering, S.: IP Version 6 Addressing Architecture. RFC 2373, July 1998.

[75] Hopper, A., Temple, S., Williamson, R.: Local area network design. Addison-Wesley Publishing Comp., 1986.

[76] Housel, B.C., Scopinich, C.J.: SNA Distribution Services. IBM Systems Journal, Vol. 22, 4 (1983), S. 319-343.

[77] IBM International Technical Support Organization: An Introduction to Wireless Technology. Publ. No. SG24-4465-01 (Oct. 1995).

[78] IBM: Network Program Products: General Information. Publ. No. GC30-3350-1 (1988).

[79]   IBM: Systems Network Architecture: Concepts and Products.
       Publ. No. GC30-3072-0 (1981).

[80]   IBM: Token-Ring Network: Architecture Reference.
       Publ. No. SC30-3374-0 (1986).

[81]   IBM: Token-Ring Network: Introduction and Planning Guide.
       Publ. No. GA27-3677-0 (1985).

[82]   IBM: Token-Ring Network: Optical Fiber Options.
       Publ. No. GA27-3747.

[83]   ISDN: Leistungen und Technik.
       Deutsche Telekom, Generaldirektion, Fachbereich GK 22, KNr. 641 180 015,
       Stand: Januar 1995.

[84]   ITU-TS Recommendation I.121: ISDN General Structure and Service Capabili-
       ties: Broadband Aspects of ISDN, Geneva 1991.

[85]   Kafka, G.: ISDN geht, xDSL kommt. Datacom 1/98, S. 48-51.

[86]   Kahl, P. (Hrsg.): ISDN – Das künftige Fernmeldenetz der Deutschen Bundespost.
       R. v. Decker's Verlag, Heidelberg, 2. durchgesehene Auflage, 1986.

[87]   Kao, K.C., Hockham, G.A.: Dielectric-fiber surface waveguides for optical fre-
       quencies. Proc. IEE 113 (7), 1966, S. 1151-1158.

[88]   Kauffels, F.-J.: Rechnernetzwerksystemarchitekturen und Datenkommunikation.
       Bibliographisches Institut Mannheim/Wien/Zürich, Reihe Informatik Bd. 54, 1987.

[89]   Kent, S., Atkinson, R.: IP Authentication Header. RFC 2402, Nov. 1998.

[90]   Kent, S., Atkinson, R.: IP Encapsulating Security Payload (ESP).
       RFC 2406, Nov. 1998.

[91]   Kent, S., Atkinson, R.: Security Architecture for the Internet Protocol.
       RFC 2401, November 1998.

[92]   Khun-Jush, J., Malmgren, G., Schramm, P., Torsner, J.: HIPERLAN type 2 for
       broadband wireless communication. Ericsson Review No. 2 (2000), S. 108-118.

[93]   Killat, U.: B-ISDN und MAN: Konkurrierende Netztechnologien?
       Tutorium der GI/NTG-Fachtagung 'Kommunikation in verteilten Systemen',
       Hrsg.: W. Effenberg, Mannheim 1991, S. 1-34.

[94]   Kleinrock, L., Gerla, M.: Flow control: A comparative survey.
       IEEE Transactions on Communications, Vol. COM-28, 4 (April 1984) S. 553-574.

[95]   Knudsen, G.: Status and trends for silica based optical fibres.
       Information Gatekeeper Inc., Proc. EFOC/LAN 87, S. 131-134.

[96]   Krawczyk, H., Bellare, M., Canetti, R.: HMAC: Keyed-Hashing for Message
       Authentication. RFC 2104, Feb. 1997.

[97]   Kyas, O.: ATM-Netzwerke - Aufbau, Funktion, Performance.
       DATACOM-Verlag, 2. Aufl. 1995 (DATACOM-Fachbuchreihe).

[98]   Kyas, O.: Fast Ethernet. DATACOM-Buchverlag, Bergheim 1995.

[99]   Laut, Th.: Frame Relay – ein neues Übertragungsprotokoll im Bereich der
       Datenkommunikation.
       Unterrichtsblätter der Deutschen Telekom, Jg. 48, 11/1995, S. 618-630.

[100] Le Boudec, J.-Y.: The Asynchronous Transfer Mode: a tutorial.
       Computer Networks and ISDN-Systems 24 (1992), S. 279-309.

[101] Madson, C., Doraswamy, N.: The ESP DES-CBC Cipher Algorithm with Ex-
       plicit IV. RFC 2405, Nov. 1998.

[102] Madson, C., Glenn, R.: The Use of HMAC-MD5-96 within ESP and AH.
       RFC 2403, Nov. 1998.

[103] Madson, C., Glenn, R.: The Use of HMAC-SHA-1-96 within ESP and AH.
       RFC 2404, Nov. 1998.

[104] Maßmann, J., Zivadinovic, D.: Daten im Strom – Datenübertragung über Energie-
       netze. c't 1998, Heft 11, S. 174-180.

[105] Maughan, D., Schertler, M., Schneider, M., Turner, J.: Internet Security Associa-
       tion and Key Management Protocol (ISAKMP). RFC 2408, Nov. 1998.

[106] McCann, J., Deering, S., Mogul, J.: Path MTU Discovery for IP version 6.
       RFC 1981, August 1996.

[107] Melatti, L.: Fast Ethernet: 100 Mbit/s Made Easy.
       Data Communications 11/1994, S. 111-116.

[108] Metcalfe, R.M., Boggs, D.R.: Ethernet: Distributed Packet for Local Computer
       Networks. CACM 19, 7 (1976), S. 395-404.

[109] Moritz, P.: Wandel im Wettbewerb: Datex-P. Datacom 6/1993, S. 76-81.

[110] Moritz, P.: Datex-P: Neue Preise, mehr Leistung. Datacom 7/1994, S. 22-28.

[111] Neumann, K.H., Schnöring, Th.: Das ISDN - Ein Problemfeld aus volkswirt-
       schaftlicher und gesellschaftspolitischer Sicht.
       Jahrbuch der Deutschen Bundespost 1986, Verlag für Wissenschaft und Technik,
       Bad Windsheim.

[112] Newman, R.M., Hullet, J.L.: Distributed Queueing: A Fast and Efficient Packet
       Access Protocol for QPSX.
       Proc. ICCC '86, P. Kühn (Ed.), North Holland 1986, S. 294-299.

[113] Nichols, K., Blake, S., Baker, F., Black, D.: Definition of the Differentiated Ser-
       vices Field (DS Field) in the IPv4 and IPv6 Headers. RFC 2474, December 1998.

[114] Ochel, G., Klein-Hennig, A., Gläser, M.: Die Arbeit der Projekt-Teams im ETSI.
       Datacom 12/90, S. 119-125.

[115] Opderbeck, H.: Frame Relay Networks: Not as Simple They Seem.
       Data Communications International, Dec. 1990, S. 89-91.

[116] Orman, H.: The OAKLEY Key Determination Protocol. RFC 2412, Nov. 1998.

[117] Paulus, M., Raab, F.: Spezifikation von Hochleistungsverkabelungssystemen.
       Datacom 6/1993, S. 128-136.

[118] Pierce, J.R.: How far can loops go?
       IEEE Transactions on Communications, Vol. COM-20, 3 (Juni 1972), S. 527-530.

[119] Pierce, J.R.: Network for block switching of data.
       Bell Syst. Techn. J., Vol. 51, 6 (Juli/August 1982), S. 1133-1143.

[120] Rauch, P., Lawrence, S.: 100VG-AnyLAN: The Other Fast Ethernet.
       Data Communications 3/1995, S. 129-134.

[121] Rech , J.: Volldampf voraus. Die Technik des Gigabit Ethernet.
       c't 1998, Heft13, S. 212-220.

[122] Restivo, K.: The Boring Facts about FDDI.
       Data Communications 12/1994, S. 85-90.

[123] Ritter, M., Tran-Gia, P.: Mechanismen zur Steuerung und Verwaltung von ATM-
       Netzen. Teil 1: Grundlegende Prinzipien.
       Informatik Spektrum 20, 1997, S. 216-224.

[124] Rosenbrock, K.H.: ISDN – eine folgerichtige Weiterentwicklung des digitalen
       Fernsprechnetzes.
       Jahrbuch der Deutschen Bundespost 1984, Verlag Wissenschaft und Leben, Bad
       Windsheim.

[125] Ross, F.E.: FDDI – a Tutorial.
       IEEE Communications Magazine, Vol. 24, 5 (Mai 1986), S. 10-17.

[126] Salter, J., Evans, P.: The IEEE 802.6 Standard for MANs, its Scope and Purpose.
       EFOC/LAN '90, Proc. LAN, IGI Europe 1990, S.151-163.

[127] Saltzer, J.H., Progran, K.I., Clark, D.: Why a Ring?
       Computer Networks 7 (1983), S. 223-231.

[128] Santoso, H., Fdida, S.: Protocol Evaluation and Performance Analysis of The
       IEEE 802.6 DQDB MAN.
       EFOC/LAN '90, Proc. LAN, IGI Europe 1990, S. 226-230.

[129] Saunders, S.: Premises Wiring Gets the Standard Treatment.
Data Communications, Nov. 1992, S. 105-115.

[130] Schill, A., Zieher, M.: Performance Analysis of the FDDI 100 Mbit/s Optical
Token Ring. Proc. IFIP WG 6.4 Workshop 'High Speed Local Area Networks',
Aachen, 16.-17. Feb. 1987, S. 57-78.

[131] Schön, H.: ISDN und Ökonomie. Jahrbuch der Deutschen Bundespost 1986,
Verlag Wissenschaft und Leben, Bad Windsheim.

[132] Schöttler, M.: DSL-Technologien vor dem Durchbruch? Datacom 10/97, S 80-82.

[133] Schuberth, W.: Verkehrstheorie elektronischer Kommunikationssysteme.
Dr. Alfred Hüthig-Verlag Heidelberg, 1986.

[134] Schulte, G.: Wellenreiter – Technik und Standardisierung von drahtlosen Netzen.
c't 6 (1999), S. 222-228.

[135] Senior, J.M.: Optical Fiber Communications: Principle and Practice.
Prentice-Hall International, London 1985.

[136] Simon,Th.: Überlegungen zur Spezifikation eines universellen Verkabelungssystems. Datacom 4/1993, S. 109-111.

[137] Spaniol, O.: Satellitenkommunikation.
Informatik-Spektrum 6, 3 (August 1983), S. 124-141.

[138] Stallings, W.: Local Networks.
Computing Surveys, Vol. 16, 1 (März 1984), S. 3-41.

[139] Steinkühler, B.: Das offene Netz wird Wirklichkeit: Teil 1.
Datacom 8/1992, S. 100-102.

[140] Steinkühler, B.: Das offene Netz wird Wirklichkeit: Teil 2.
Datacom 9/1992, S. 146-153.

[141] Steinkühler, B.: Design von Verkabelungssystemen für Hochgeschwindigkeits-
netze. Teil 1: Einführung und Standards. Datacom 4/1993, S. 114-120.

[142] Steinkühler, B.: Design von Verkabelungssystemen für Hochgeschwindigkeits-
netze. Teil 2: STP-System oder UTP-System? Datacom 5/1993, S. 118-124.

[143] Tollkiehn, G.: E-DSS1, der Schlüssel für ein europaweites ISDN: Der Weg vom
heutigen internationalen ISDN zum EURO-ISDN.
ONLINE '94, Band V, Beitrag C.533.

[144] Träxler, P.: Mit Fast Packet Switching im Trend. Datacom 8/1990, S. 50-52.

[145] Vu, D.L.: Verkehrs- und Überlast-Steuerung in ATM-basierten LANs.
Datacom 2/96, S. 150-156.

[146] Walke, B.: Mobilfunknetze und ihre Protokolle, Band 1: Grundlagen, GSM,
       UMTS und andere Mobilfunknetze. 2., überarbeitete und erweiterte Auflage, B.
       G. Teubner-Verlag Stuttgart Leipzig Wiesbaden 2000.

[147] Walke, B.: Mobilfunknetze und ihre Protokolle, Band 2: Bündelfunk, schnurlose
       Telefonsysteme, W-ATM, HIPERLAN, Satellitenfunk, UPT. 2., überarbeitete und
       erweiterte Auflage, B. G. Teubner-Verlag Stuttgart Leipzig Wiesbaden 2000.

[148] Welzel, P.: Grundlagen der Datenkommunikation.
       Vieweg-Verlag, Braunschweig, 1987, S. 3-18.

[149] Ziehr, S.: EURO-ISDN – Leistungsmerkmale und Strategien.
       Datacom 1/1995, S. 120-124.

Sachwortverzeichnis

Weitere Titel zur Informationstechnik

Küveler, Gerd / Schwoch, Dieter
Informatik für Ingenieure
C/C++, Mikrocomputertechnik,
Rechnernetze
4., durchges. u. erw. Aufl. 2003.
XII, 594 S. Br. € 38,90
ISBN 3-528-34952-2

Meyer, Martin
Signalverarbeitung
Analoge und digitale Signale, Systeme
und Filter
3., korr. Aufl. 2003. XII, 287 S. mit 134
Abb. u. 26 Tab. Br. € 21,90
ISBN 3-528-26955-3

Werner, Martin
**Digitale Signalverarbeitung
mit MATLAB**
Intensivkurs mit 16 Versuchen
2., verb. und erw. Aufl. 2003. X, 305 S.
mit 129 Abb. u. 51 Tab (Studium
Technik) Br. € 29,90
ISBN 3-528-13930-7

Duque-Antón, Manuel
Mobilfunknetze
Grundlagen, Dienste und Protokolle
Mildenberger, Otto (Hrsg.)
2002. X, 315 S. mit 167 Abb. u. 19 Tab.
Geb. € 34,90
ISBN 3-528-03934-5

Wüst, Klaus
Mikroprozessortechnik
Mikrocontroller, Signalprozessoren,
speicherbausteine und Systeme
hrsg. v. Otto Mildenberger
2003. XI, 257 S. Mit 174 Abb.
u. 26 Tab. Br. € 21,90
ISBN 3-528-03932-9

Werner, Martin
Nachrichtentechnik
Eine Einführung in alle Studiengänge
4., überarb. und erw. Aufl. 2003.
IX, 254 S. mit 189 Abb. u. 29. Tab.
Br. € 19,80
ISBN 3-528-37433-0

Abraham-Lincoln-Straße 46
65189 Wiesbaden
Fax 0611.7878-400
www.vieweg.de

Stand Januar 2004.
Änderungen vorbehalten.
Erhältlich im Buchhandel oder im Verlag.